Wolfram Lohse

Stahlbau 2

20., aktualisierte und erweiterte Auflage 2005

Mit 286 Abbildungen, 75 Tabellen und 43 Beispielen

Teubner

Bibliografische Information Der Deutschen Bibliothek
Die Deutsche Bibliothek verzeichnet diese Publikation in der Deutschen Nationalbibliografie;
detaillierte bibliografische Daten sind im Internet über <http://dnb.ddb.de> abrufbar.

Professor Dr.-Ing. Wolfram Lohse, Beratender Ingenieur und Schweißfachingenieur, lehrt an der
Fachhochschule Aachen Stahl- und Verbundbau, Baustatik und Schweißtechnik. Er ist Prüfingenieur
für Baustatik/Metallbau und Prüfer für bautechnische Nachweise im Eisenbahnbau.

Email: lohse@fh-aachen.de
Internet: www.fh-aachen.de

17. Auflage 1992
18. Auflage 1997
19. Auflage 2000
20., akt. u. erw. Auflage März 2005

Umschlaggestaltung: Ulrike Weigel, www.CorporateDesignGroup.de
Gedruckt auf säurefreiem und chlorfrei gebleichtem Papier.

ISBN-13: 978-3-322-80167-8   e-ISBN-13: 978-3-322-80166-1
DOI: 10.1007/ 978-3-322-80166-1

Vorwort zur 18. Auflage

Die im Teil 1 begonnene Behandlung von Konstruktion und Berechnung der Stahlbauten auf der Grundlage von DIN 18800–1 bis –3 (11.90) wird im Teil 2 fortgesetzt, wobei auch Berechnungsweisen nach dem Eurocode 3 und 4 zur Anwendung kommen.

In konsequenter Fortführung von Teil 1 werden zunächst die geschweißten Vollwandträger behandelt. Dabei wird auf die Theorie der Plattenbeulung ausführlicher als bisher eingegangen. Es folgt der Abschnitt über Fachwerke (Fachwerkträger) aus offenen und geschlossenen Profilen. Bei letzteren werden die Nachweise nach Eurocode 3 vorgestellt.

Unter den Vollwandträgern nehmen die Kranbahnträger infolge der sich häufig ändernden Beanspruchungen aus dem beweglichen Kran eine besondere Stellung ein. Wegen der Bedeutung des Verhaltens der Stähle bei dynamischer Beanspruchung ist dem Betriebsfestigkeitsnachweis ein eigenständiger Abschnitt gewidmet, in dem auch auf die theoretischen Hintergründe der einschlägigen Regelungen unter Einbezug von Eurocode 3 eingegangen wird.

Die Behandlung der Rahmentragwerke wurde wesentlich erweitert. Neben der elastischen Berechnung nach Theorie I. und II. Ordnung wird auch die Fließgelenktheorie behandelt. Es wird gezeigt, wie diese baustatische Berechnungsmethode mit Hilfe üblicher Rechenprogramme auch auf die Theorie II. Ordnung angewendet werden kann. Die Berechnung steifenloser Rahmenecken erfolgt nach Eurocode 3.

Es schließt sich der Abschnitt über die Berechnung von Tragelementen mit dünnwandigen Querschnittsteilen an, wobei eine Beschränkung auf Druckstäbe und Vollwandträger mit schlanken Stegen sinnvoll erschien.

Eine Erweiterung hat auch der Abschnitt über Verbundkonstruktionen erfahren. Es werden jedoch nur die Verbundträger und Verbundstützen behandelt. Auf die Regelungen für Verbunddecken wird hier nicht eingegangen, da diese i. Allg. anhand von bauaufsichtlichen Zulassungen ausgewählt werden. Dabei erschien es sinnvoll, nur die einheitlichen Berechnungsmethoden nach Eurocode 4 vorzustellen, deren theoretische Hintergründe weitgehendst mit den nationalen Regelwerken übereinstimmen.

Aufgrund der Fülle des behandelten Stoffes musste auf einige Abschnitte der letzten Ausgabe dieses Teils 2 verzichtet werden. Bezüglich des Stahlbrückenbaus ist mir dies nicht schwergefallen, da er ohnehin den Spezialisten vorbehalten bleibt.

Dies gilt jedoch nicht für die Abschnitte über Dachkonstruktionen, Stahlskelettbau und Hallenbau sowie die Treppen bei den Bauwerksteilen, die – bei gründlicher Überarbeitung – nur aus Umfangsgründen nicht mehr aufgenommen werden konnten.

Ich habe mich bemüht, stets Sinn und Zweck der rechnerischen und konstruktiven Maßnahmen ausführlich zu erklären, damit der Studierende und der Praktiker bei ähnlichen Aufgaben selbständig die technisch richtige und wirtschaftlichste Lösung finden kann. Dabei war eine lückenlose Darstellung der Zusammenhänge natürlich nicht immer möglich und erfordert fallweise ein zusätzliches Studium der einschlägigen Fachliteratur.

Auch wurde bei den Abbildungen die konsequente Anwendung der neuesten Normen für technische Zeichnungen nicht immer beachtet, weil es dem Zweck des Buches nicht von Nachteil erschien.

Man könnte den Vorwurf erheben, dass es besser gewesen wäre, den gesamten Teil 2 nur nach dem Regelwerk „Eurocode 3" abzufassen. Ich habe mich dennoch entschieden, fallweise die nationalen Regelwerke oder den Eurocode 3 vorzustellen mit Rücksicht auf die Baupraxis und die Unsicherheiten mit einer generellen Einführung europäischer Vorschriften.

Schwierigkeiten gab es auch mit der Bezeichnung der Stahlwerkstoffe, die neu geregelt wurden.

Diese werden hier auch noch so benannt wie in den jeweiligen Vorschriften über „Berechnung und Anwendung", damit der Leser auf eine Übersetzung beim Studium der Normen verzichten kann. Die neuen Bezeichnungen sind dann in Klammern gesetzt. In allen anderen Fällen (also ohne Bezug auf Berechnung und Anwendung) werden die neuen Bezeichnungen verwendet.

Mit vorgenannten Ausführungen wird deutlich, dass der 2. Teil des Werkes eine völlige Neubearbeitung darstellt. Ich hoffe, dass die Fachwelt auch diesen Teil mit gleichem Interesse aufnimmt, wie die vorhergehenden Auflagen und mich durch Hinweise und sachliche Kritik bei der Weiterentwicklung des Werkes unterstützt.

Aachen, im Juni 1997   W. Lohse

Vorwort zur 20. Auflage

In der vorliegenden 20. Auflage wird auf die vorgespannten, biegesteifen Stirnplattenverbindungen ausführlicher als bisher eingegangen, wobei das gesamte Bemessungskonzept der ursprünglichen „Typisierten Verbindungen im Stahlhochbau" [45] – übertragen auf die Regelungen der DIN 18800-1 – vorgestellt wird, vgl. auch [46]. Dieses, mechanisch recht einfache Tragfähigkeitskonzept hat sich in der Praxis bewährt und ist zudem auch (noch) für eine Handrechnung geeignet. Das Verhalten der vorgespannten Schrauben unter der Wirkung zusätzlicher, äußerer Zugbelastung wird bis zum Schraubenbruch formelmäßig (und in Beispielen) verfolgt.

Auf den Gebieten des Kranbaus und der Kranbahnen ist in nächster Zukunft mit neuen, normativen Regelungen zu rechnen, wobei auch der Betriebsfestigkeitsnachweis nach dem Eurocode 3 (EC 3) betroffen ist. Auf diese Entwicklungen wird informativ eingegangen und Unterschiede zu den bisherigen Berechnungen (auch in Beispielen) aufgezeigt. Der Leser wird dann früher in der Lage sein, die neuen Normen in der Praxis richtig anzuwenden..

Ich hoffe, dass auch diese Auflage einen ebenso regen wie positiven Zuspruch erfährt wie die vorangegangene, und ich bin allen Lesern dankbar für anregende Kritik zur Weiterentwicklung und möglicher Verbesserung des Werkes.

Aachen, im Dezember 2004   W. Lohse

Inhalt

1 Geschweißte Vollwandträger

1.1 Allgemeines

Geschweißte Vollwandträger (Blechträger) werden aus Blechen und Breitflachstählen sowie Teilen von Walzprofilen zusammengesetzt. Gegenüber den Walzträgern haben sie den *Vorteil*, dass man die Querschnittsabmessungen nach statischen, konstruktiven und räumlichen Erfordernissen frei wählen kann und nicht eng an ein festliegendes Walzprogramm gebunden ist. Auch in ästhetischer Hinsicht lassen sich solche Träger günstig in ein architektonisches Gesamtkonzept einplanen. Sie werden demgemäß verwendet, wenn

- ausreichend tragfähige Walzträger nicht zur Verfügung stehen;
- Walzträger bei großen Stützweiten mit Rücksicht auf Formänderungsbegrenzungen überdimensioniert werden müssen, während man Blechträger so entwerfen kann, dass die Grenzwerte der Festigkeiten und Forderungen der Gebrauchstauglichkeiten ausgenützt werden;
- für die äußeren Maße des Trägers konstruktiv so enge Grenzen vorgeschrieben sind, dass diese mit Walzträgern nicht eingehalten werden können;
- ein Blechträger billiger wird als ein Walzträger.

Kostenersparnisse erzielt man bei Blechträgern durch geringere Materialpreise für Bleche und Breitflachstähle, durch einen allgemein geringeren Materialeinsatz, insbesondere bei den dünneren Trägerstegen, und durch eine mögliche Abstufung der Gurte oder Trägerhöhe entsprechend dem Schnittkraftverlauf (M_y, V_z). Diesen Kosteneinsparungen sind die Kosten für das Brennen, Schneiden und Verschweißen der Einzelteile gegenüberzustellen. Eine wirtschaftliche Fertigung ist i.d.R. nur durch den Einsatz von Schweißautomaten (mit Mehrfachschweißköpfen) möglich.

1.2 Querschnittsformen

Typische *Querschnitte* (Bezeichnungen nach Bild **1.1**a) von geschweißten Vollwandträgern zeigt Bild **1.1**. Die Gurte werden mit dem Stegblech durch *Halsnähte* (Kehlnähte, HV-Nähte ...) unmittelbar verschweißt. Die Verbindung von Gurtplatten in Längsrichtung (Bild **1.1**b) erfolgt über *Flankenkehlnähte* bei besonderer Ausbildung der Gurtplattenenden. Einstegige (offene) I-Querschnitte werden i. Allg. doppelsymmetrisch ausgeführt, wenn aufgrund der *Kippgefährdung* keine besondere Druckgurtausbildung erforderlich ist. Sie eignen sich vorzugsweise für einachsige Biegung (um die starke y-Achse), wobei auch mäßige Querbiegemomente M_z und Druckkräfte aufgenommen werden können.

Zweistegige Hohlkastenquerschnitte (Bild **1.1**c) werden ausgebildet bei merklicher *Torsionsbeanspruchung*, die von I-Querschnitten nur unter Inkaufnahme größerer Querschnittsverdrehungen schon bei geringen Torsionsmomenten M_T ($= M_x$) übertragen werden können. Bei etwas höherem Stahlverbrauch lassen sich besonders niedrige Trägerhöhen erzielen. Sind Hohlkastenquerschnitte nicht begehbar, müssen sie aus Korrosionsgründen luftdicht verschlossen werden. Andernfalls lässt man sie offen, damit durch Belüftung die Feuchtigkeit begrenzt bleibt. Die Beschichtungsfläche wird dadurch allerdings verdoppelt.

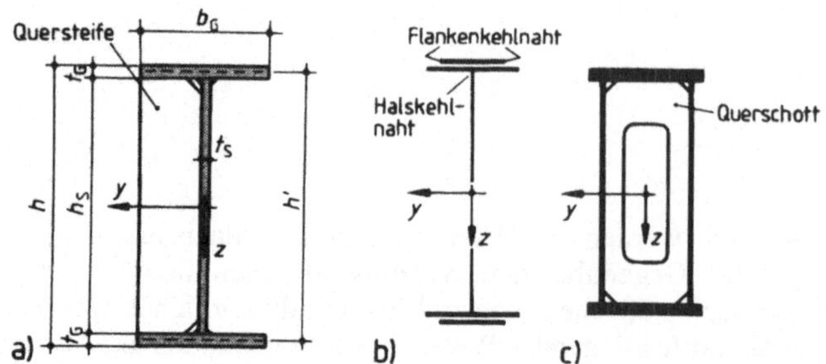

Bild **1.1**   Querschnitte geschweißter Vollwandträger a) einwandig, Bezeichnungen, b) mit zusätzlichen Gurtlamellen, c) zweiwandiger Kastenträger

Stegbleche

Zur Erhaltung der Querschnittskontur und Einleitung hoher Einzellasten sowie zur Erzielung einer ausreichenden *Beulstabilität* werden die Stegbleche (bei Kastenträgern auch der gedrückte Gurt) in regelmäßigen Abständen durch *Quersteifen* (*Querschotte*) gestützt. Auf *Längssteifen* wird man bei Hochbaukonstruktionen i.d.R. aus Kostengründen verzichten. Weitere Einzelheiten hierzu s. Abschn. 2.

Gurtquerschnitte

Eine besondere Bedeutung hat die statische und konstruktive Ausbildung der Trägergurte, da diese den größten Anteil der Hauptbeanspruchung (M_v) übernehmen und für eine ausreichende Kippstabilität verantwortlich sind. Hier gelten die gleichen Grundsätze wie bei den Walzträgern (s. Teil 1 Abschn. 8.2.2). Für die Anzahl der Gurtplatten (Lamellen) gilt i. Allg. $n \leq 3$, für ihre Dicke $t = 10$ bis 50 mm; sie werden aus Breitflachstählen oder auch aus Blechen hergestellt. Liegen in Zugbereichen Schweißnähte vor, so ist bei Blechdicken über 30 mm der Aufschweißbiegeversuch durchzuführen und durch ein Prüfzeugnis zu belegen. Gurtplatten von mehr als 50 mm Dicke dürfen nur verwendet werden, wenn ihre einwandfreie Verarbeitung durch entsprechende Maßnahmen sichergestellt ist. Zu diesen Maßnahmen gehört z.B. das Vorwärmen im Bereich der Schweißzonen, um zu große Abkühlungsgeschwindigkeiten beim Schweißen zu vermeiden. In jedem Fall sind die Stahlgütegruppen aller Teile wegen der Sprödbruchgefahr nach [36] sorgfältig zu wählen. Abweichend von den vorstehenden Angaben werden die direkt befahrenen Obergurte von Kranbahnen im Hinblick auf die Betriebsfestigkeitsuntersuchung grundsätzlich einteilig ausgeführt, wobei Gurtplatten bei Druck bis zu 80 mm, bei Zug bis zu 50 mm Dicke verwendet werden, selbstverständlich unter besonderer Beachtung der Voraussetzungen hinsichtlich der Werkstoffwahl und der schweißtechnischen Maßnahmen; die Sprödbruchgefahr (beim Verschweißen dicker Bleche) wird hier geringer eingeschätzt als die Dauerbruchgefahr in den Flankenkehlnähten. Für die nur an ihren Rändern durch Schweißnähte durchlaufend gehaltenen Gurtplatten soll mit Rücksicht auf volles Mittragen unter Druckspannungen bei S 235 $b_\mathrm{G} \leq 26\,t_\mathrm{G}$ (22 t_G bei S 355) sein (s. Teil 1, Tafel **2.4**, grenz b/t). Im Zugbereich kann man die Gurtlamellen etwas breiter wählen, jedoch ist auch hier eine Beschränkung auf $b_\mathrm{G} \leq 30\,t_\mathrm{G}$ empfehlenswert, da andernfalls die Regelungen der *mittragenden Breite infolge Schubverzerrung* anzuwenden wären. Die *Breitenabstufung* zwischen zwei aufeinanderliegenden Gurtplatten muss mit Rücksicht auf die dicke Kehlnaht am Gurtplattenende $\Delta b \approx t + 10$ mm sein (Bild **1.2**a).

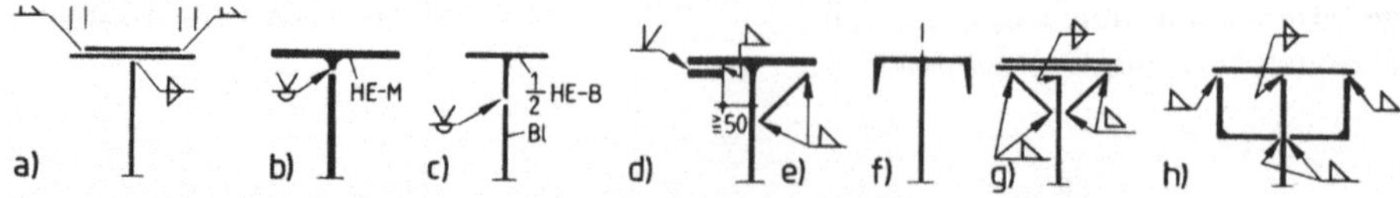

Bild **1.2**   Gurtquerschnitte geschweißter Vollwandträger

Statisch günstiger wäre eine umgekehrte Reihenfolge der Gurtplatten; da die schweißtechnischen Nachteile beim Anschluss der Gurtplattenenden überwiegen, verzichtet man auf eine solche Ausführung.

Für die unmittelbar mit dem Stegblech verschweißte *Grundlamelle* kann man statt eines Breitflachstahles die unterhalb der Ausrundung abgetrennten Flansche von kräftigen Walzträgern, halbierte Walzträger (Bild **1.**2b, c) oder liegende U-Profile (1.2f) verwenden. Die Halsnaht liegt dann von der großen Stahlmasse des Gurtes weiter entfernt; sie kühlt beim Schweißen nicht so rasch ab, wodurch ihre Güte verbessert wird. Außerdem liegt sie nicht mehr so nahe an der hochbeanspruchten Randzone. Falls die von zusätzlichen Gurtplatten verursachte Änderung der Trägerhöhe unerwünscht ist, können Verstärkungsteile (auch bei Walzträgern) notfalls innen angebracht werden. Die an der Innenfläche des Flansches liegende Lamelle muss hierbei vom Steg einen Mindestabstand von etwa 50 mm aufweisen, damit die Verbindungsnaht ordnungsgemäß gezogen werden kann (1.2d); die schrägliegende Platte ist günstiger, sofern innerhalb ihrer Länge keine Träger anzuschließen sind (1.2e).

Bei großen freien Trägerlängen lässt sich die *Kippsicherheit* durch Vergrößerung des Trägheitsmomentes I_z des Druckgurtes (Bild **1.**2f) und/oder eine Erhöhung der *Torsionssteifigkeit* des Gesamtträgers durch Ausbildung geschlossener Querschnittsteile (Bild **1.**2f bis h) beträchtlich steigern. Schräglamellen, auch im Zugbereich, dienen ferner dem konstruktiven *Korrosionsschutz*.

Als Nachteil der genannten Gurtquerschnitte sind die großen Schweißnahtlängen anzusehen, außerdem verursachen Stoßverbindungen und die Anschlüsse oberflanschbündiger, seitlich einmündender Träger konstruktive Schwierigkeiten. Die folgenden Ausführungen beziehen sich vorzugsweise auf den im Hochbau üblichen, offenen I-Querschnitt.

1.3 Bemessung und Nachweise

Die *Festigkeitsnachweise* geschweißter Blechträger erfolgen in der Regel nach dem Nachweisverfahren *elastisch – elastisch*, d.h. Beginn des Fließens in der meistbeanspruchten Querschnittsfaser (s. Teil 1, Abschn. 2.5). Fallweise lässt man eine gewisse Querschnittsplastierung zumindest über die Dicke der Flansche zu (Bild **1.**3), wenn die entsprechenden Werte von grenz (*b/t*) eingehalten sind. Das Nachweisverfahren *plastisch – plastisch* (Ausbildung einer Fließgelenkkette bei Durchlaufträgern) wird bei Blechträgern auf Ausnahmefälle beschränkt bleiben. Da im Stahlhochbau Blechträger vorzugsweise als einfeldrige Unterzüge oder Dachträger eingesetzt werden, scheidet dieses Nachweisverfahren ohnehin aus.

Zur Festlegung der Abmessungen eines ausreichend dimensionierten Trägers müssen die Stegblechhöhe und -dicke sowie die erforderlichen Gurtquerschnitte vorab bestimmt werden. Hierzu liefern die nachfolgenden Überlegungen hilfreiche Anhaltswerte über Formeln bzw. Tabellen.

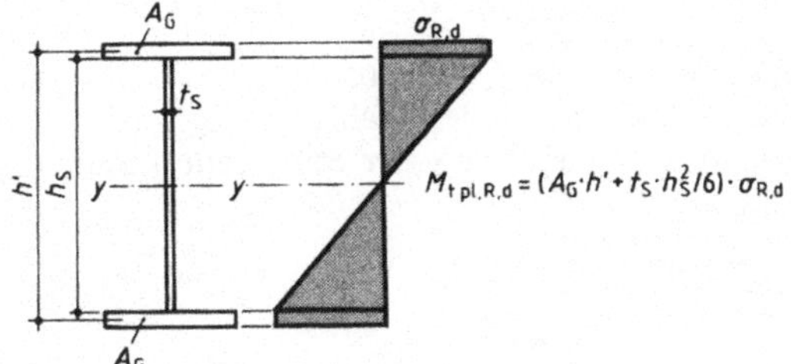

Bild **1.**3   Elastische Spannungsverteilung mit Teilplastizierung

Sind die Auflager- und Schnittgrößen des Blechträgers unter Berücksichtigung seines Eigengewichtes bekannt, dann sind die Tragsicherheitsnachweise und Gebrauchstauglichkeitswerte nach den Regeln der Statik- und Festigkeitslehre unter Beachtung der maßgebenden Vorschriften (insbesondere DIN 18800-1, -2 und -3 sowie DIN 4132) zu führen.

Trägereigengewicht g_{Tr}

Das zunächst noch unbekannte Trägereigengewicht kann unter Voraussetzung eines wirtschaftlich bemessenen Querschnitts und bei „normalen Lasten und Stützweiten" aus Gl. (1.1) abgeschätzt werden zu

$$g_{Tr} \approx (0,10 \div 0,12) \cdot \sqrt[3]{\left(\frac{\max M_d}{\sigma}\right)^2} \tag{1.1}$$

in kN/m mit max M_d in kNm und der möglichen Randspannung σ in kN/cm². Gl. (1.1) gilt bei „üblichen Trägerhöhen". Wird hiervon abgewichen oder bei Kastenträgern, ist g_{Tr} etwas höher anzusetzen.

Stegblechhöhe h_S

Sie soll folgenden Bedingungen genügen: Innerhalb der Grenzen des Gebrauchstauglichkeitsnachweises (Durchbiegung) soll die Grenzspannung voll ausgenutzt werden. Die Trägerhöhe ist mindestens so zu wählen, dass der *Baustoffaufwand* für den Träger unter Beachtung der Fertigungskosten ein Minimum wird.

Der *Formänderungsbegrenzung* entsprechen bei etwa gleichmäßig verteilten Lasten beim frei drehbar gelagerten Balken auf zwei Stützen mit Stützweite l die Steghöhen in Tafel **1.1**.

Bei Durchlaufträgern genügt das 0,8 bis 0,9fache dieser Werte. Muss man h_S aus baulichen Gründen ausnahmsweise kleiner ausführen, darf man σ_{Rd} nicht voll in Anspruch nehmen, weil andernfalls die Formänderungen zu groß werden; dadurch wächst der Stahlverbrauch sehr rasch an.

Tafel **1.1**   Steghöhe einfeldriger Blechträger

Durchbiegung grenz f	l/300		l/500	
Werkstoff	S 235	S 355	S 235	S 355
Steghöhe $h_S \approx$	l/22	l/14,5	l/13	l/9

Für Einfeldträger im Hochbau lässt sich bei Vorgabe des Verhältnisses A_G/A_S (A_S = Stegfläche) aus dem Nachweis der größten Randspannung (max σ = max $M_d/W_v \le \sigma_{R.d}$) die erforderliche Stegblechhöhe gemäß Gl. (1.2)

$$h_S \approx (4,3 \div 5,3) \cdot \sqrt[3]{\frac{\max M_d}{\sigma_{R,d}}} \tag{1.2}$$

ableiten; 4,3 bei sehr guter, 4,8 bei mittlerer und 5,3 ohne Gurtplattenabstufung; max M_d und $\sigma_{R.d}$ sind in Gl. (1.2) dimensionsgerecht einzusetzen. Die praktische Erfahrung zeigt, dass sich wirtschaftliche Trägerhöhen bei „normalen Verhältnissen" auch aus der Stützweite l ableiten lassen

$$h_S \approx \frac{l}{10} \div \frac{l}{12} \quad \text{bzw.} \quad \frac{l}{15} \div \frac{l}{25} \tag{1.3}$$

ohne   mit Überhöhung und bei Durchlaufträgern

Stegblechdicke t_S

Da ein großer Teil des Stegblechs in der Nähe der Biegenullinie liegt und sich nur unvollkommen an der Aufnahme der Biegemomente beteiligt, ist es richtig, die Querschnittsflächen mit größerem Wirkungsgrad in den Gurten zu konzentrieren und den Steg so dünn wie möglich auszuführen. Dem sind jedoch wegen der Aufnahme der Querkräfte und wegen der *Beulgefahr des Stegblechs* Grenzen gesetzt. Aus dem *Allgemeinen Spannungsnachweis* lässt sich ein erster, für S 235 und S 355 gültiger Wert für die Mindestdicke des Stegblechs herleiten. Aus dem Schubspannungs-nachweis

$$\max \tau \le 1{,}1\,\tau_m = 1{,}1\,V_{z,d}/(h_S \cdot t_S) \le \tau_{R,d} \text{ erhält man mit}$$

$$\tau_{R,d} = f_{y,k}/(\gamma_M \cdot \sqrt{3}) \text{ und } \gamma_M = 1{,}1$$

$$t_S \ge 2{,}1 \frac{\max V_{z,d}}{h_S \cdot f_{y,k}} \tag{1.4}$$

Die zur Erfüllung der Beulsicherheitsnachweise notwendige Stegblechdicke (s. Abschn. 2) lässt sich überschlägig aus

(1.5) – Schubbeulen unter $\tau =$ konst. und $\sigma_x = 0$ bzw.

(1.6) – Spannungen σ_x aus M_y und $\tau = 0$

$$t_S \ge \sqrt{\frac{V_{z,d} \cdot \alpha}{80\sqrt{(5{,}34\alpha^2 + 4{,}0)}\,f_{y,k}}} \approx 0{,}07 \sqrt{\frac{V_{z,d}}{\sqrt{f_{y,k}}}} \tag{1.5}$$

$$t_S \ge \frac{h_S\sqrt{f_{y,k}}}{670} \tag{1.6}$$

angeben.

Hierin bedeuten:

$V_{z,d}$ größte Querkraft in kN

α Seitenverhältnis a/b (s. Abschn. 2), $\alpha \ge 1$

$f_{y,k}$ charakteristischer Wert der Streckgrenze in kN/cm^2

Maßgebend ist der größte Wert aus vorgenannten Gleichungen. Oftmals genügt die Abschätzung von t_S anhand Tafel **1.2**. Führt man Stegbleche mit $t_S < 6$ mm aus, ist der Tragsicherheitsnach-weis nach Abschn. 7.3 führbar. Dabei ist zu beachten, dass dann der Steg bereits unter den Gebrauchslasten merkliche Deformationen in Form von Beulen aufweist, welche das Erschei-nungsbild u.U. beeinträchtigen können. Will man diese Beulen vermeiden, sind zusätzliche Quer- und/oder Längssteifen – letztere im Druckbereich – anzuordnen. Wegen der dabei anfallenden Lohnkosten ist diese Maßnahme jedoch im Hochbau selten wirtschaftlich, im Brückenbau dage-gen die Regel, wobei hier i. Allg. $t_S > 10$ mm ist.

Tafel **1.2**   Stegblechdicke in Abhängigkeit von h_S (Steg ohne Längssteifen)

h_S [mm]	t_S [mm]
500	6 bis 12
750	8 bis 12
1000	8 bis 14
1500	10 bis 18
>2000	12 bis 25

Gurtquerschnitt A_G

Nach Wahl der Stegblechabmessungen kann der notwendige Gurtquerschnitt (als Breitflachstahl mit $A_G = b_G \times t_G$ und $h_S \approx h'$) ermittelt werden Gl. (1.7)

$$\text{erf} A_G \geq \frac{M_{y,d}}{h_S \cdot \sigma_{R,d}} - \frac{1}{6} A_S \approx (0,6 \div 0,8) \cdot \frac{M_{y,d}}{h_S \cdot \sigma_{R,d}} \qquad (1.7)$$

mit

$$A_S = h_S \times t_S$$

Gl. (1.7) liefert den Gurtquerschnitt an der Stelle mit $M_{y,d}$.

Wird der Druckgurt nur aus Breitflachstählen (Blechen) gebildet, so können aus dem vereinfachten Kippnachweis (s. Teil 1, Abschn. 8.2.2.3) und einigen Annahmen Richtwerte für die erforderliche Gesamtdicke des Gurtes bzw. deren Breite aus Gl. (1.8a, b) abgeleitet werden.

$$t_G \leq \frac{\text{erf} A_G \cdot \lambda_a}{6,25c} \text{ (a)} \qquad b_G \geq \frac{6,25c}{\lambda_a} \text{ (b)} \qquad (1.8)$$

Hierin bedeuten:

λ_a Bezugsschlankheit S 235: $\lambda_a = 92,9$; S 355: $\lambda_a = 75,9$
c Abstand der seitlichen Stützung des gedrückten Gurtes (s. Teil 1, Abschn. 8.2.2)

Mit Gl. (1.7) und (1.8) sind Sonderformen der Gurtausbildung nicht erfasst; ferner wird auf die Beschränkung der b_G/t_G-Verhältnisse nach Abschn. 1.2 hingewiesen. Nach Wahl des Trägerquerschnittes – u. U. mit Gurtplattenabstufung – werden die Querschnittswerte ermittelt und alle erforderlichen Tragsicherheitsnachweise geführt.

Da alle in Abschn. 1.3 gemachten Angaben über erforderliche Querschnittsabmessungen auf Vereinfachungen beruhen, ist die Tragsicherheit des Trägers allein auf der Grundlage der Querschnittswahl noch nicht gewährleistet.

1.4 Konstruktive Durchbildung

1.4.1 Trägerabstufungen (Gurtplatten)

Träger *kurzer Stützweite* werden mit gleichbleibendem Querschnitt ausgebildet. Bei *größeren* (*großen*) *Stützweiten* (und stets im Brückenbau) passt man den Querschnitt den Beanspruchungsverhältnissen (M_y, V_z) an.

Eine solche Anpassung ist auf verschiedene Weise möglich, Bild **1.4**.

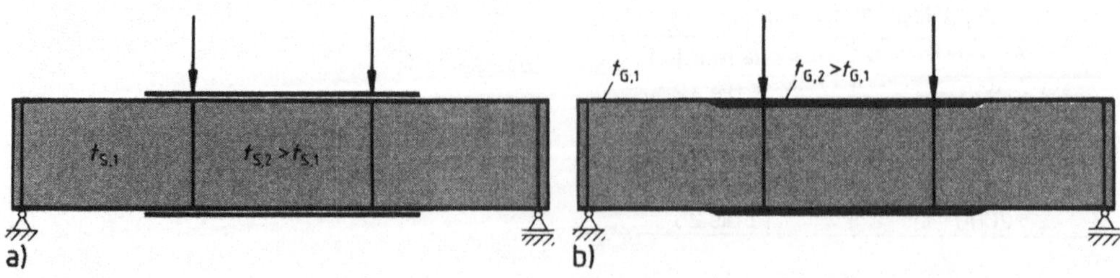

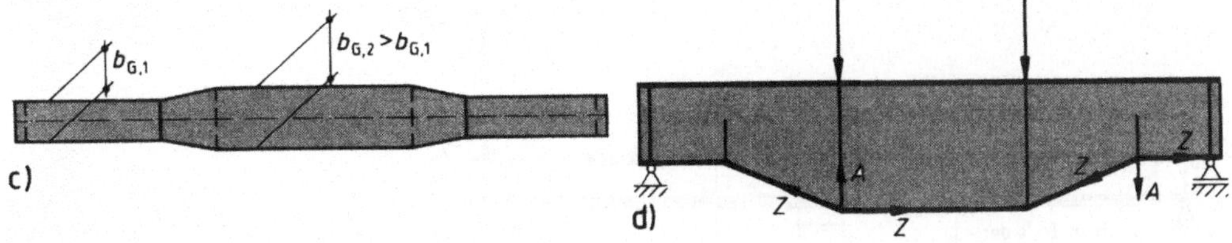

Bild **1**.4   Trägerabstufung durch a) zusätzliche Gurtlamellen, b) Dickenänderung in den Gurten, c) Gurtverbreiterung, d) Höhenänderung

Fall a)

Wenn ein Höhenversprung innerhalb der Trägerlänge nicht störend ist, wird man diese Lösung auch bei Inkaufnahme der längeren Schweißnähte bevorzugen, weil ein Nachweis der Güte der Flankenkehlnähte nicht erforderlich ist. Die *Längenabstufung* der Gurtplatte(n) wird entweder rechnerisch oder- einfacher- zeichnerisch mit Hilfe der *Momentendeckungslinie* (Bild **1**.5) und des *min/max M_y – Verlaufs bei Lastfallkombinationen* bestimmt. Bei ausreichender Kipp- und Beulsicherheit ist das *elastische Grenzmoment* $M_{gr,el}$ des Querschnittes i

$$M^i_{gr,el} = \sigma_{R,d} \times W^i_{el} \tag{1.9}$$

Die Errechnung von Grenzrandspannungen aus den Kipp- und Beulnachweisen nach DIN 18800-2 und -3 („rückwärts") ist nicht mehr möglich bzw. zu aufwendig, sodass mit Gl. (1.9) nur der Tragsicherheitsnachweis gegen Fließen erfasst ist.

Wegen der i. Allg. geringen Schubspannungen im Steg wird der Nachweis der Vergleichsspannung am Stegrand normalerweise nicht maßgebend.

Bei einfachsymmetrischen Trägern ist zu beachten, dass die Widerstandsmomente auf der Biegedruck- und Zugseite unterschiedlich groß sind. Fällt ein *Stegblechquerstoß* zufälligerweise in unmittelbarer Nähe eines *theoretischen Gurtplattenendes*, ist Rücksicht zu nehmen auf die reduzierte Stumpfnahtgrenzspannung $\sigma_{w,R,d}$ im Zugbereich, wenn die Nahtgüte nicht nachgewiesen wird. Über das theoretische Gurtplattenende hinaus ist jede Gurtplatte mit einem Überstand von $\ddot{u} = b/2$ (b = Gurtplattenbreite) *vorzubinden*, damit sie am theoretischen Ende bereits voll wirksam ist. Die rechtwinklig abzuschneidende *Verstärkungslamelle* erhält an ihrem Ende eine kräftige *Stirnkehlnaht*, deren Schenkelhöhe mindestens die halbe Plattendicke erfassen muss. Sehr dicke Gurtplatten dürfen aber am Ende flach abgeschrägt werden, um zu dicke Stirnkehlnähte zu vermeiden. Auf der Länge $b/2$ – entsprechend dem Plattenüberstand $\ddot{u}$ über das theoretische Ende – vollzieht sich der Übergang von der Stirnkehlnaht zur dünneren Verbindungsnaht (Bild **1**.6). Während im Hochbau die Stirnkehlnaht gleichschenklig sein darf, muss sie bei nicht vorwiegend ruhender Belastung ungleichschenklig und am Plattenende kerbfrei bearbeitet sein (Bild **1**.8).

In der Regel ist die Verstärkungslamelle schmaler als die darunter befindliche Gurtplatte. Muss man sie breiter ausführen, dann sollte sie sich zum Ende hin verjüngen, um den kontinuierlichen Übergang der Stirnkehlnaht in die Flankenkehlnaht zu ermöglichen; bei der Herstellung muss der Träger gedreht werden, um Schweißen in Zwangslage zu vermeiden (Bild **1**.7). Verstärkungslamellen können auch an den Innenseiten der Flansche angebracht werden. Dies ist bei Blechträgern weniger schwierig als bei Walzträgern, weil sich das Stegblech durch Verkleinern seiner Höhe an das dickere Gurtpaket anpassen lässt (Bild **1**.8).

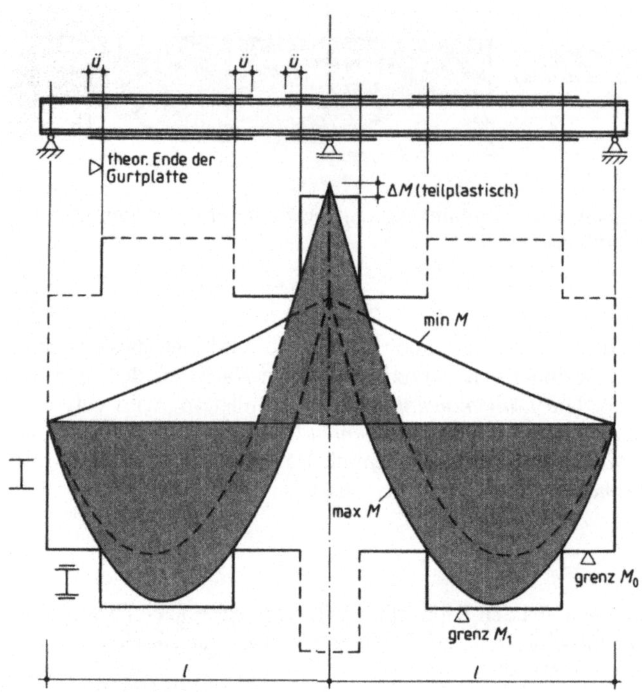

Bild **1.5**   Gurtplattenabstufung und Momentendeckungslinie

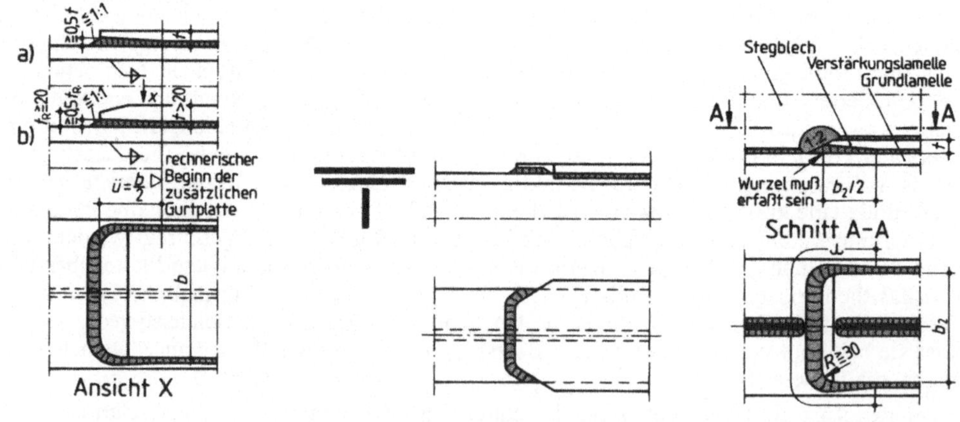

Bild **1.6**   Schweißnähte am Gurtplattenende:
a) bei Plattendicke $t \leq 20$ mm,
b) mögliche Ausführung bei $t > 20$ mm

Bild **1.7**   Schweißnähte am Ende einer breiteren Verstärkungslamelle

Bild **1.8**   Gurtverstärkung auf der Gurtinnenseite bei nicht vorwiegend ruhender Einwirkung (z.B. Kranbahnträger)

Fall b), c)

Wird die Verstärkung des geschweißten Querschnitts nicht durch Zulegen weiterer Gurtplatten, sondern durch Vergrößern der Dicke und/oder Breite des Gurtes mittels Stumpfschweißung vorgenommen, dann erfolgt die Bestimmung der Gurtplattenlängen in gleicher Weise sowohl am Druckgurt wie auch am Zuggurt, sofern im Zugbereich nachgewiesen wird, dass die Stumpfnaht frei von Rissen, Binde- und Wurzelfehlern ist. Wird dieser Nachweis am Zuggurt nicht erbracht, ist die Grenzschweißnahtspannung $\sigma_{w,R,d}$ kleiner als die Grenzspannung des Grundmaterials; dadurch entsteht in der Momentendeckungslinie eine Einkerbung, die zur Folge hat, dass die dickere Gurtplatte im Zugbereich länger wird (Bild **1.9**)

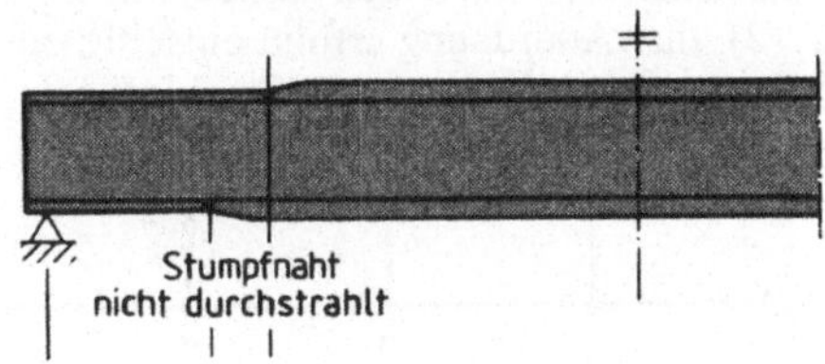

Bild **1.9** Versetzte Stumpfnaht im Zuggurt (bei Dickenwechsel)

Stumpfnähte müssen rechtwinklig zur Kraftrichtung liegen. Ihre Ausführung am Übergang zur dickeren Gurtplatte bzw. zum dickeren Stegblech ist vorgeschrieben (Bild **1.10**). Übereinanderliegende Gurtplatten sollen nicht an der gleichen Stelle gemeinsam stumpf gestoßen werden; falls unvermeidlich, sind sie vor dem Schweißen an ihrer Stirnseite durch Nähte so zu verbinden, dass diese Nähte beim Schweißen des Stoßes erhalten bleiben (Bild **1.11**).

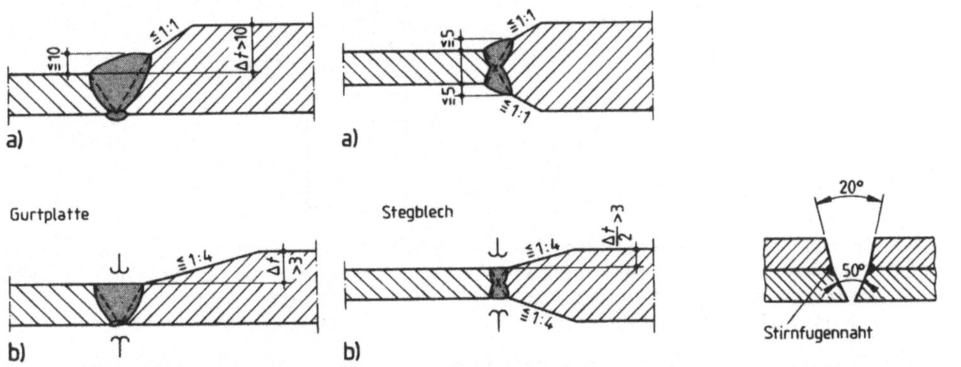

Bild **1.10** Stumpfstöße in Gurtplatten und Stegblechen a) bei vorwiegend ruhender, b) bei nicht vorwiegend ruhender Einwirkung

Bild **1.11** Nahtvorbereitung beim Stumpfstoß aufeinanderhegender Gurtplatten

Fall d)

Diese Ausführung ist lohnintensiv und kommt zur Ausführung, wenn am Auflager nur eine beschränkte Bauhöhe verfügbar ist. An den Knickpunkten des Gurtes entstehen *Abtriebs-* bzw. *Umlenkkräfte*. Zur Vermeidung einer zu großen Querbiegung der Flansche stützt man sie durch Einbau von Steifen beidseitig des Steges ab. Diese müssen nicht über die gesamte Trägerhöhe reichen (Bild **1.4d**).

1.4.2 Stegblechaussteifungen

Stegbleche werden – mit Ausnahme von den Sonderfällen – auch zur Erzielung einer gewissen Seiten- und Torsionssteifigkeit in mehr oder weniger regelmäßigen Abständen durch *Quersteifen* unterteilt. Sie werden auch dort angeordnet, wo hohe Einzellasten angreifen, d.h. immer an den

Auflagerstellen oder wo Querträger anzuschließen sind. Sie stützen den gedrückten Gurt gegen Knicken (Beulen) und gliedern den Steg in *beulsichere Teil- oder Gesamtfelder*. (*Längssteifen* dagegen haben die Aufgabe, die Beulstabilität des gedrückten Stegbleches zu erhöhen). Quersteifen werden vorzugsweise aus Flachstählen, T- oder L-Stählen gebildet, seltener aus I-Stählen, Wulststählen, mit beiden Schenkeln am Steg anliegenden Winkeln oder Trapezprofilen (Bild **1.12**). Ihre Anordnung erfolgt einseitig oder beidseitig des Steges; einseitige Anordnung hat einen höheren Schweißverzug der Stegbleche durch Winkelschrumpfung zur Folge.

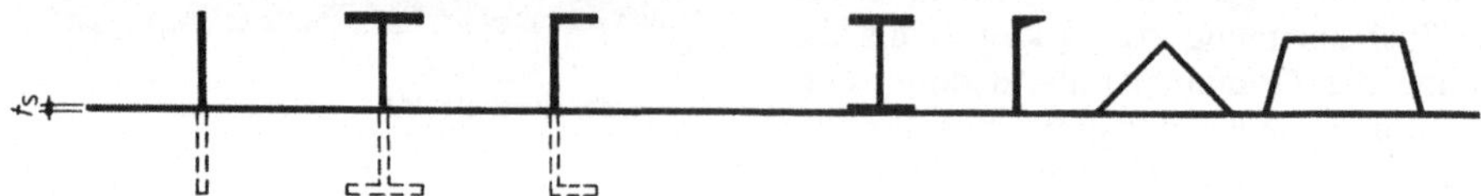

Bild **1.12**   Beispiele für Steifenquerschnitte

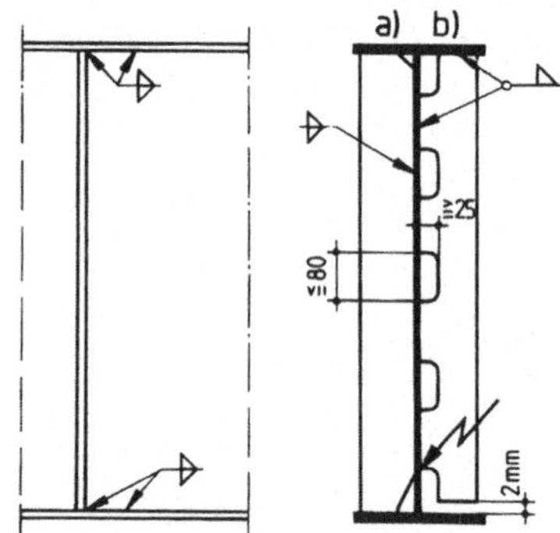

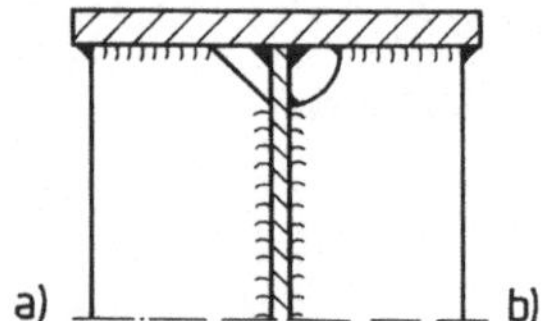

Bild **1.13**   Schweißnähte an Quersteifen a) am Steg und an beiden Gurten b) mit Ausschnittschweißung am Steg und Anschluss nur am Druckgurt[1]

Bild **1.14**   Anschluss der Steifen am Druckgurt a) mit Schrägschnitt b) mit Rundschnitt und umlaufenden Nähten

Bei *hohen Stegen* kann man durch unterbrochene Nähte, im Freien durch Ausschnittschweißung an Nahtlänge Einsparungen erzielen (Bild **1.13**). Außer am Steg sind die Steifen auch am Druckgurt, an Einleitungsstellen von Einzelkräften und nach Möglichkeit auch am Zuggurt anzuschließen. Am *Druckgurt* ruft der Anschluss mit endlos um die Kanten herumgeführten Nähten (Bild **1.14b**) geringere Kerbwirkung hervor als am Schrägschnitt endende Kehlnähte (Bild **1.14a**); er ist bei nicht vorwiegend ruhend belasteten Bauteilen unbedingt zu bevorzugen und für den Hochbau zu empfehlen. Während im Hochbau der Anschluss am *Zuggurt* wie beim Druckgurt ausgeführt werden kann, müssen die Anschlussnähte bei dynamischer Belastung mit Rücksicht auf die *Ermüdungsfestigkeit* bereits am Steg in Zonen geringerer Zugspannung enden. Man kann die Steife ohne Schweißanschluss aus optischen Gründen herunterziehen und mit Erhaltungsspielraum vor dem Gurt enden lassen (Bild **1.13b**), oder man passt in die Lücke ein Blechstück ein (Bild **1.15a**). Ggf. kann man die Steife am Zuggurt anschrauben; der Querschnittsverlust durch die Bohrungen ist weniger einschneidend als die durch eine Schweißnaht quer zur Kraftrichtung verursachte Kerbwirkung mit Minderung der *Betriebsfestigkeit*. Bei *Kastenträgern* liegen die Aussteifungen innen. Wird der Träger überwiegend auf Biegung beansprucht, werden die als Querschotte aus-

---

[1] Bei Ausschnitten nach Bild **1.13b** sind schon Schäden im Zugbereich des Steges aufgetreten.

gebildeten Aussteifungen nur an den Stegen und am Druckgurt angeschweißt. Der Zuggurt wird beim Zusammenbau zum Schluss aufgelegt und i. Allg. nicht mit dem Schott verbunden, sofern der Kasten nicht groß genug ist, um ihn durch Mannlöcher zugänglich zu machen.

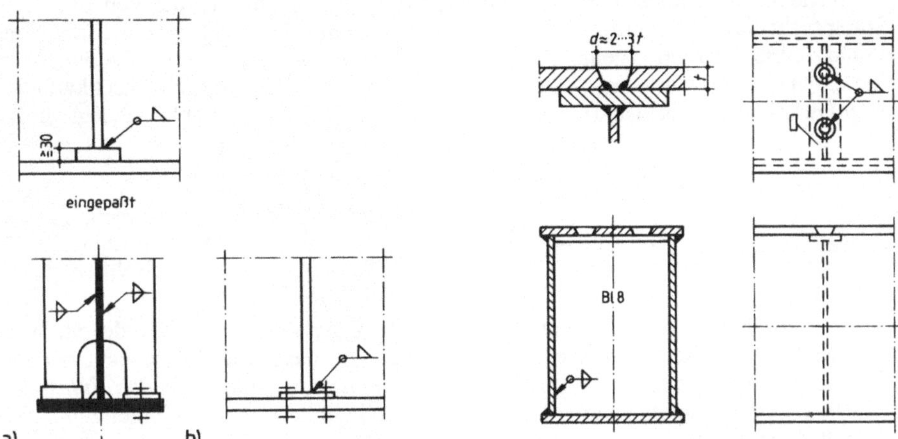

Bild **1.15** Anschluss von Quersteifen am Zuggurt bei nicht vorwiegend ruhenden Einwirkungen

Bild **1.16** Lochschweißung zum Anschluss von Querschotten bei Kastenträgern

Bei Torsionsbeanspruchung des Kastenträgers müssen jedoch Schubkräfte zwischen dem Querschott und allen vier Wänden des Querschnitts übertragen werden. Ist das Kasteninnere unzugänglich, wird die vierte Wand mit schweißtechnisch allerdings wenig günstigen Loch- oder Schlitznähten von außen an das Schott angeschweißt (Bild **1.16**); andernfalls verwendet man für diese Verbindung besser HV-Schrauben.

1.4.3 Stoßausbildung

Werkstattstöße kommen für Einzelteile des Querschnitts in Betracht, wenn die Lieferlänge des Walzmaterials kürzer ist als die Bauteillänge (Bild **1.33**) oder wenn ein Querschnittswechsel vorzunehmen ist (Bild **1.10**). Die zu stoßenden Bauteile (Stegblech, Gurte) werden vor dem Zusammenbau rechtwinklig stumpf miteinander verschweißt, wobei die Stoßstellen in der Regel gegeneinander versetzt werden (Bild **1.17**). Berechnung und Ausführung von Stoßverbindungen s. Teil 1.

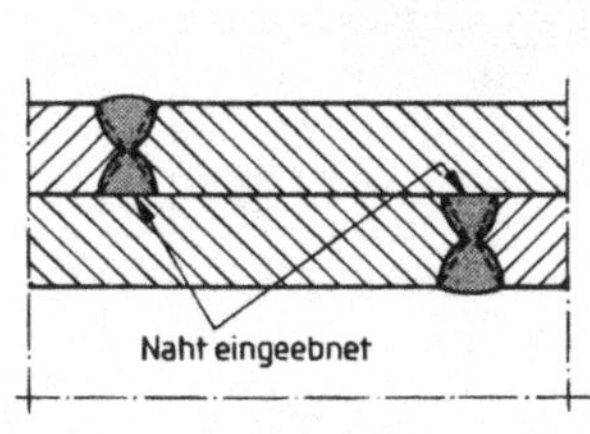

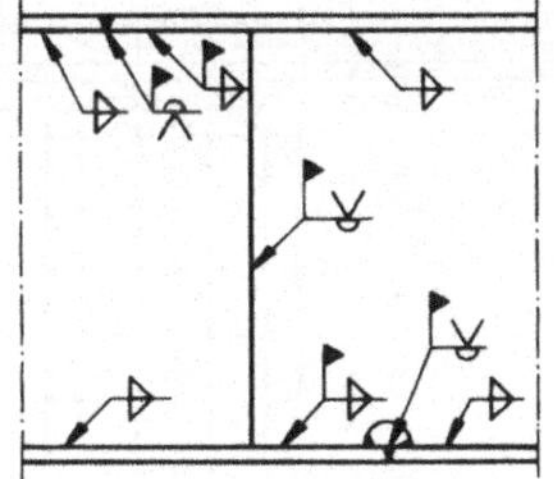

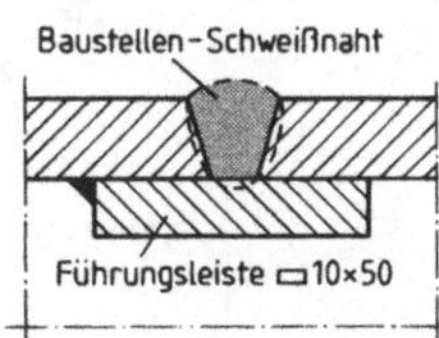

Bild **1.17** Versetzte Stumpfstöße in aufeinanderliegenden Gurtplatten

Bild **1.18** Geschweißter Baustellenstoß eines Vollwandträgers

Bild **1.19** Stumpfnaht am Baustellenstoß eines Kastenträgers

Bei Bauteilen mit vorwiegend ruhender Belastung brauchen Stumpfnähte in Stegblechstößen nicht berechnet zu werden. *Baustellenstöße* sind Gesamtstöße des Querschnitts. Man kann auch sie *schweißen*, sofern die Verbindungsnähte so gestaltet werden können, dass man sie ohne (meist unmögliches) Wenden einwandfrei herstellen kann (Bild **1**.18); um hierfür die von oben geschweißte Stumpfnaht des Untergurtes auf ganzer Länge zugänglich zu halten, erhält der Steg eine Ausnehmung. Eine Alternative zeigt Bild **1**.20: Im Bereich des Stoßes werden die einfachen Halskehlnähte durch eine K-Naht von ca. 200 mm Länge ersetzt, welche erst nach Abschluss aller Arbeiten an der Gurtplattenstumpfnaht (Gegenschweißen, Einebnen, Durchstrahlen) gelegt wird.

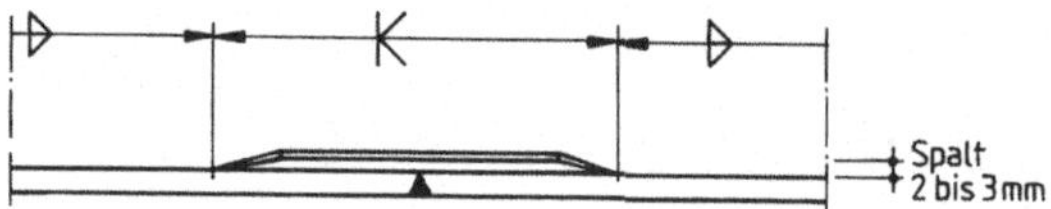

Bild **1**.20   Gurtplattenstumpfstoß mit nachträglich geschweißter Halsnaht (K-Naht)

Soll der Stoß von *Kastenträgern* geschweißt werden, dann können die *Stumpfnähte* der Stoßverbindung nicht von der Wurzelseite gegengeschweißt werden, falls das Kasteninnere nicht zugänglich ist. Man versieht dann das Ende des einen Kastens mit einer ringsum laufenden *Führungsleiste* (Bild **1**.19), die den Zusammenbau erleichtert und dazu beiträgt, dass die Wurzel von außen her durchgeschweißt werden kann.

Geschweißte Baustellenstöße im Hochbau bilden aus Kostengründen und wegen der Abhängigkeit der Schweißarbeiten von äußeren Bedingungen aber die Ausnahme. In der Regel werden Baustellenstöße mit ausreichend bemessener und angeschlossener Laschendeckung jedes einzelnen Querschnittteils geschraubt. Der *Trägersteg* erhält auf beiden Seiten Steglaschen (Bild **1**.21), die die Steghöhe möglichst ganz überdecken und deren Schraubenanschluss für den Momentenanteil des Steges und für die volle Querkraft nachzuweisen ist (Berechnung s. Teil 1).

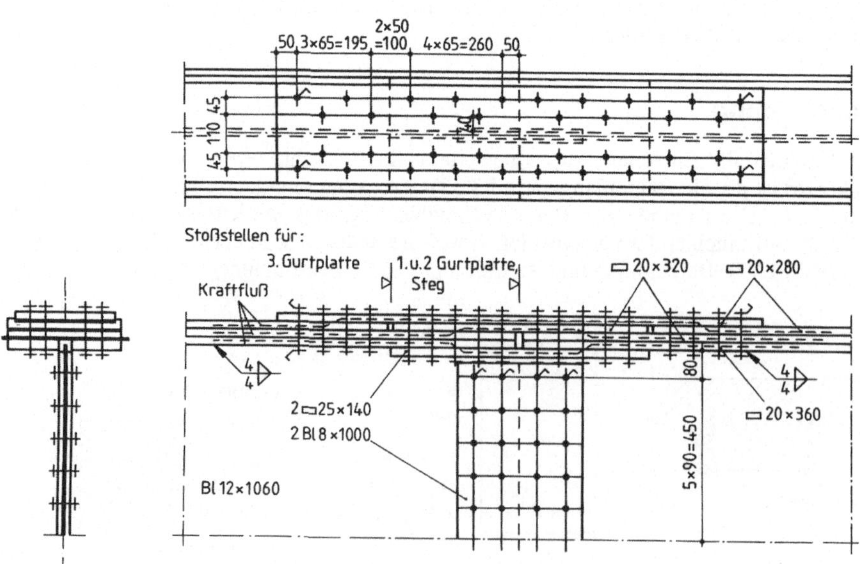

Bild **1**.21   Baustellenstoß eines Vollwandträgers mit direkter Laschendeckung und GV-Verbindung, Kraftfluss in den Gurtplatten und Lamellen

Bei der *direkten* Stoßdeckung der *Gurtplatten* kann die Stoßdeckung der 1. Lamelle zweiteilig auf der Unterseite angeordnet werden, die Stoßlasche der 2. Lamelle liegt in der Ebene der 3. Gurtplatte, die dafür nach Maßgabe der Anschlusslänge der Lasche vorher enden muss. Die Anschlussschrauben können sowohl die Kraft der 1. als auch der 2. Gurtplatte zugleich übernehmen, weil der Schraubenschaft die beiden Kräfte in zwei verschiedenen Querschnitten überträgt. Die obenauf liegende Stoßlasche übernimmt die Kraft der 3. Lamelle und leitet sie über die gesamte Stoßlänge hinweg. Dem Nachteil der großen erforderlichen Schraubenzahl des direkten Stoßes steht der Vorteil des klaren Kraftflusses, des ungefährdeten Transports der Trägerteile und die einfache Montage gegenüber. Ein kürzerer Gurtplattenstoß mit weniger Baustellenschrauben ist der seltener ausgeführte *indirekte* Stoß (Bild **1.**22). Im linken Teil des Stoßes ist die Zahl *n* der

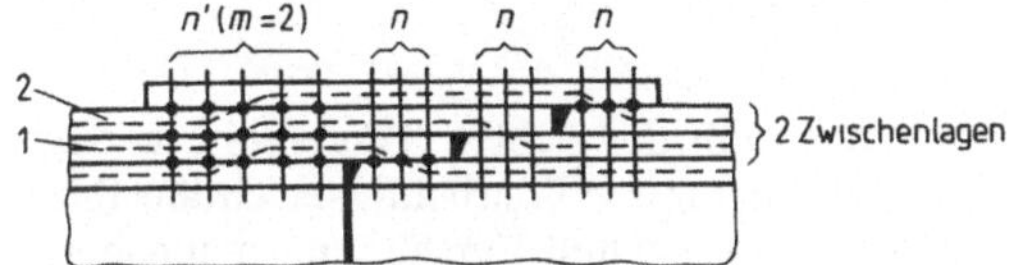

Bild **1.**22   Kraftfluss bei indirekter Laschendeckung

Anschlussschrauben wegen der indirekten Stoßdeckung auf $n' = n \cdot (1 + 0{,}3 \cdot m)$ zu erhöhen, wobei *m* die Zahl der Zwischenlagen zwischen Stoßlasche und dem zu stoßenden Teil ist.

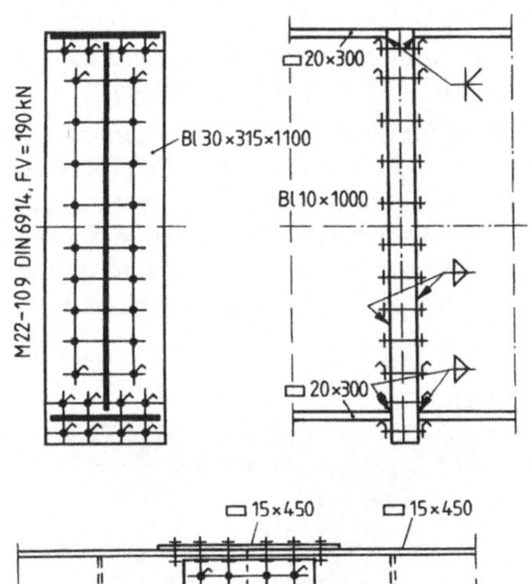

Bild **1.**23   Baustellenstoß eines geschweißten Vollwandträgers mit Stirnplatten und HV-Schrauben

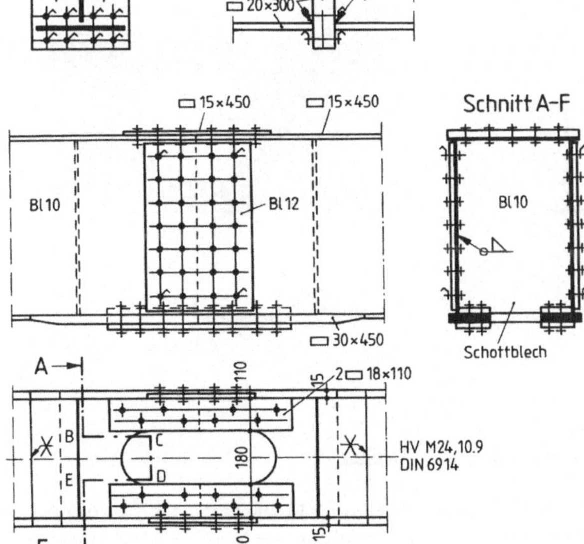

Bild **1.**24   Geschraubter Baustellenstoß eines Kastenträgers

Bei nicht zu großen Gurtquerschnitten kann wie bei Walzträgern ein biegefester *Stoß* mit *Stirnplatten* und HV-Schrauben ausgeführt werden (Bild **1**.23), doch ist zu beachten, dass man die bei Walzträgern üblichen Berechnungsverfahren für Schrauben und Stirnplatten wegen des großen Trägheitsmomentes des Steges hier nicht anwenden darf. Beim geschraubten Stoß eines Kastenträgers (Bild **1**.24) wird die Stoßstelle durch Handlöcher zugänglich gemacht, wobei die Querschnittsschwächung infolge dieser Öffnungen durch Verstärkungen ausgeglichen werden muss. Die beiden Kastenabschnitte werden beiderseits der Stoßstelle durch ringsum eingeschweißte Querschotte luftdicht verschlossen, um das Kasteninnere gegen Korrosion zu schützen.

1.4.4 Sonderfälle

Stegdurchbrüche

Im Industriebau werden *Versorgungsleitungen* meist innerhalb der lichten Trägerhöhe verlegt, was bei entsprechender Leitungsführung zu Stegdurchbrüchen mit z.T. erheblicher Größe führt. Kleinere Stegöffnungen können jedoch ohne besondere Nachweise und Verstärkungsmaßnahmen in Kauf genommen werden. Sind größere (große) Stegdurchbrüche (z.B. für Klimakanäle) erforderlich, so wird man zunächst durch Einflussnahme bei der Haustechnik versuchen, solche an Stellen geringer Querkraft- und Momentenbeanspruchung zu legen. Die Tragsicherheitsnachweise sind auf jeden Fall mit dem geschwächten Querschnitt zu führen. Liegen die Stegdurchbrüche dicht hintereinander, kann die Querkraft nur über eine *Vierendeel – Rahmentragwirkung* wie beim *Wabenträger* (Bild **1**.25) übertragen werden, die eine zusätzliche Beanspruchung aus ΔM verursacht, dann. (Die Berechnung von Wabenträgern kann nach [35 a] und [38] erfolgen).

Weitere Berechnungshinweise sind der einschlägigen Fachliteratur [41] zu entnehmen oder man folgt sinngemäß den Regelungen der DAST-Ri. 015 [23]. *Runde* Durchbrüche sind weniger empfindlich als *rechteckige*, die grundsätzlich nicht scharfkantig ausgeführt werden sollten. Bei nicht ausreichender Tragsicherheit des Restquerschnittes sind entsprechende *Stegverstärkungen* erforderlich: Stegzulagen, die an den Gurten voll anzuschließen sind und den geschwächten Bereich ausreichend weit überdecken (Bild **1**.26a), gewährleisten die sichere Übertragung der Querkräfte.

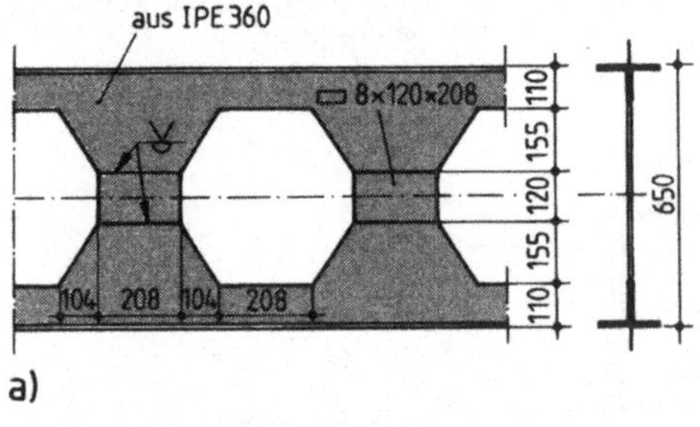

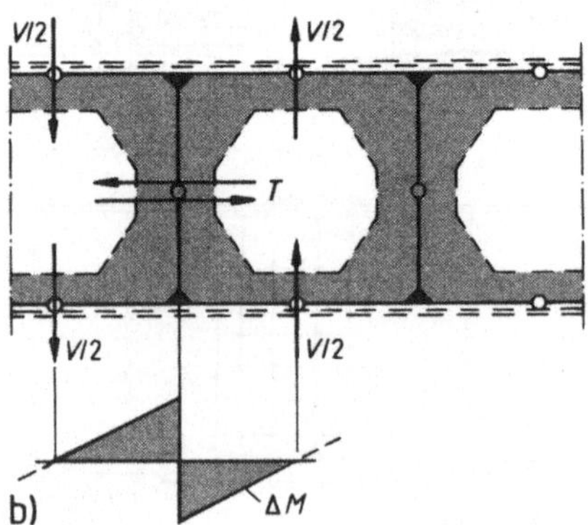

Bild **1**.25   Wabenträger
       a) mit zusätzlichen Stegblechen
       b) vereinfachtes System für die statischen Nachweise

Randeinfassungen in Form eingeschweißter Rohre (Bild **1**.26b) oder Flachstähle (Bild **1**.26c) sichern die Biegetragfähigkeit und reduzieren örtliche Deformationen (infolge der Querkraftwirkung).

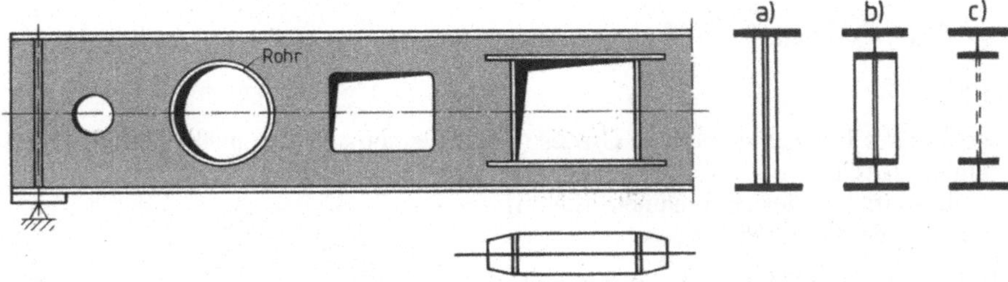

Bild **1**.26 Stegausschnitte in Vollwandträgern a) Stegblechverstärkung im Ausschnittbereich, Ausschnitteinfassung durch Rohrstücke b) oder Flachstähle c)

Kippaussteifung

Es ist häufig nicht möglich, die Kippsicherheit des Trägers über am gedrückten (Ober)-Gurt angeschlossene *Verbände* oder *Dachscheiben* (Trapezblech als *Schubfeld*, Ortbetondecke ...) zu gewährleisten. In solchen Fällen können z.B. am Untergurt angeschlossene Dach- oder Deckenträger die Kippstabilisierung übernehmen, falls sie biegesteif mit dem zu stabilisierenden Blechträgerunterzug verbunden sind (Bild **1**.27) und die erforderliche Steifigkeit bis zum gefährdeten Gurt konstruktiv gewährleistet ist. Der Kippsicherheitsnachweis kann dann – abgesehen von genaueren Rechenverfahren nach Theorie II. Ordnung unter Berücksichtigung von Vorverformungen [37] – als Knicknachweis des gedrückten Gurtes (bestehend aus dem Flansch und $\frac{1}{5}$ der Stegfläche) bei Ausweichung rechtwinklig zur Stegblechebene geführt werden. Der Nachweis erfolgt mit einer über die Trägerlänge gemittelten Normalkraft aus der Biegenormalspannung des Druckgurtes, für den ein ebenso gemitteltes Trägheitsmoment I_{zm} zugrunde gelegt wird. Die *Federsteifigkeit des Halbrahmens C* kann nach (Bild **1**.28) ermittelt werden, wobei h_v der Abstand zwischen Druckgurt und eines stets notwendigen Verbandes in Höhe der Querträger darstellt. Die Federsteifigkeit C wird über den Abstand der Querträger gleichmäßig verteilt; dann erhält man einen *Druckstab mit elastischer Bettung*, dessen Knicklast N_{Ki} aus Gl. (1.10) bestimmt wird.

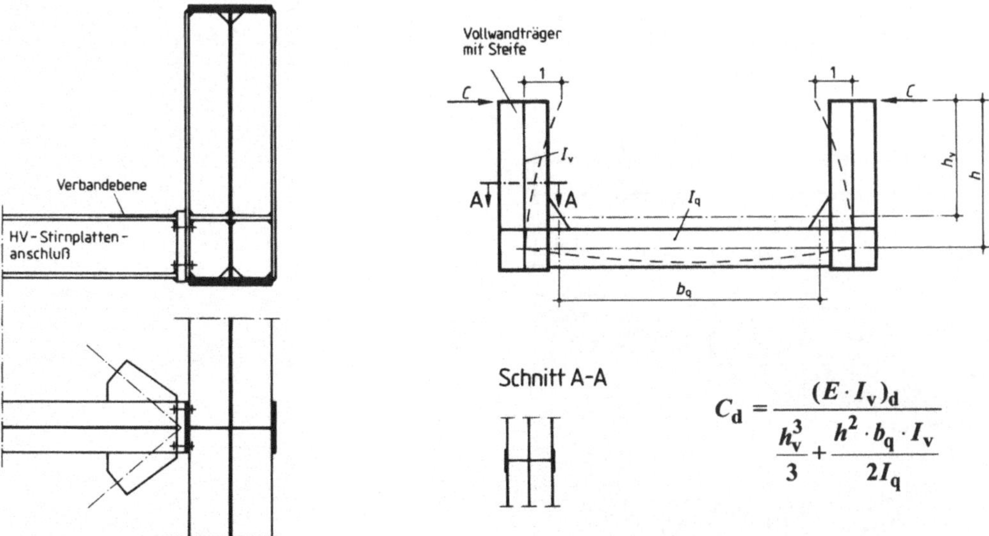

$$C_d = \frac{(E \cdot I_v)_d}{\dfrac{h_v^3}{3} + \dfrac{h^2 \cdot b_q \cdot I_v}{2 I_q}}$$

Bild **1**.27 Kippsicherung von Vollwandträger über eine Halbrahmenwirkung

Bild **1**.28 Beanspruchung des Halbrahmens nach [14]

$$N_{ki} = 2\sqrt{EI_{zm} \cdot C / b} \tag{1.10}$$

Hierin bedeuten:

I_{zm} gemitteltes Flächenmoment 2. Grades (Trägheitsmoment) des maßgebenden Druckgurtes um die z-Achse
C Federsteifigkeit des Halbrahmens [kN/m]
b Abstand der Querträger

Über die bezogene Schlankheit $\overline{\lambda}_K$ nach Gl. (1.11)

$$\overline{\lambda}_K = \sqrt{N_{pl} / N_{Ki}} \tag{1.11}$$

wird der Abminderungsfaktor $\varkappa$ bestimmt und der Tragsicherheitsnachweis für „planmäßig mittigen Druck" (s. Teil 1) geführt.

Der Querträger und sein Anschluss am kippgefährdeten Blechträger sowie die Aussteifung selbst müssen das Moment

$$M_A = C \cdot h \tag{1.12}$$

mit ausreichender Tragsicherheit übertragen.

1.5 Beispiele

Beispiel 1 (Bild 1.29)

Der geschweißte Vollwandträger aus S 235 ist zu dimensionieren, anschließend sollen die wesentlichen Nachweise geführt werden. Der Druckgurt ist an den Einleitungsstellen der Einzellast und an den Auflagern gegen seitliches Ausweichen unverschieblich gehalten. Aus besonderen Gründen soll die Durchbiegung auf $f \leq l/500$ begrenzt werden. Das geschätzte Trägereigengewicht ist vereinfachend in den Einzellasten enthalten.

$$\sigma_{R,d} = f_{y,k} / \gamma_M = 24{,}0/1{,}1 = 21{,}8 \text{ kN/cm}^2 \qquad \tau_{R,d} = \sigma_{R,d} / \sqrt{3} = 12{,}6 \text{ kN/cm}^2$$

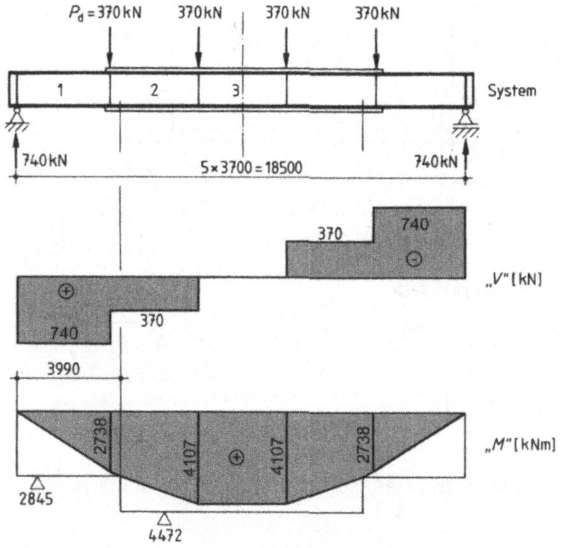

Bild **1.29** Abmessungen, Einwirkungen und Schnittgrößen zum Beispiel 1

Dimensionierung

Stegblechhöhe:

$$h_S \approx 4{,}8 \cdot \sqrt[3]{\frac{410700}{21{,}8}} = 127{,}7 \text{ cm} \qquad\qquad \text{nach Gl. (1.2)}$$

$$h_S \approx 1850/13{,}0 = 142{,}3 \text{ cm} \qquad\qquad \text{nach Tafel } \mathbf{1.1}$$

gewählt: $h_S = 140$ cm

Stegblechdicke:

$$t_S \geq 2{,}1 \cdot \frac{740}{140 \cdot 24{,}0} = 0{,}46 \text{ cm} < 0{,}6 \text{ cm} \qquad\qquad \text{nach Gl. (1.4)}$$

$$\alpha = 370/140 \qquad = 2{,}643$$

$$t_S \geq \sqrt{\frac{740 \cdot 2{,}643}{80 \cdot \sqrt{(5{,}34 \cdot 2{,}643^2 + 4{,}0) \cdot 24{,}0}}} = 0{,}88 \text{ cm} \qquad\qquad \text{nach Gl. (1.5)}$$

$$(\, t_S \approx 0{,}07 \cdot \sqrt{740/\sqrt{24{,}0}} \qquad = 0{,}86 \text{ cm})$$

$$t_S \geq \frac{140 \cdot \sqrt{24{,}0}}{640} \qquad\qquad = 1{,}02 \text{ cm} \qquad\qquad \text{nach Gl. (1.6)}$$

gewählt: $t_S = 1{,}2$ cm $= 12$ mm $\qquad\qquad$ (vgl. Tafel **1.2**)

$\qquad\qquad A_S = 1{,}2 \cdot 140 = 168$ cm^2

Gurtquerschnitte:

Es wird ein doppelsymmetrischer Querschnitt gewählt. Ein Grund-Querschnitt (0) soll für die Randfelder ausreichende Tragfähigkeit aufweisen, in den drei Innenfeldern erhält der Querschnitt eine zusätzliche Lamelle oben und unten (v)

$$\text{erf}A_G^0 \geq \frac{273800}{140 \cdot 21{,}8} - \frac{1}{6} \cdot 168 \qquad = 61{,}7 \text{ cm}^2 \qquad\qquad \text{Gl.(1.7)}$$

$$\text{erf}A_G^v \geq \frac{410700}{140 \cdot 21{,}8} - \frac{1}{6} \cdot 168 \qquad = 106{,}6 \text{ cm}^2$$

$$t_G^0 \leq \frac{61{,}7 \cdot 92{,}9}{6{,}25 \cdot 370} \qquad\qquad = 2{,}48 \text{ cm} \qquad\qquad \text{Gl.(1.8a)}$$

$$b_G^0 \geq 6{,}25 \cdot 370/92{,}9 \qquad = 24{,}9 \text{ cm} \qquad\qquad \text{Gl.(1.8b)}$$

gewählt: $A_G^0 = 2{,}0 \cdot 33{,}0 \qquad = 66{,}0 \text{ cm}^2 > 61{,}7 \text{ cm}^2$

$\qquad\qquad A_G^l = 1{,}8 \cdot 30{,}0 \qquad = 54{,}0 \text{ cm}^2$

$\qquad\qquad A_G^v = 66{,}0 + 54{,}0 \qquad = 120 \text{ cm}^2 > 106{,}60 \text{ cm}^2$

Für die Trägerquerschnitte nach Bild 1.30 werden die für die Nachweise erforderlichen Querschnittswerte ermittelt.

		Querschnitt 0	Querschnitt v
I_y	[cm^4]	939812	1513768
W_y	[cm^3]	13053	20512
$S_y^{0,v}$	[cm^3]	4686	3937 (obere Gurtlamelle)
			8623 (beide Gurtlamellen)
S_y	[cm^3]	7626	11563

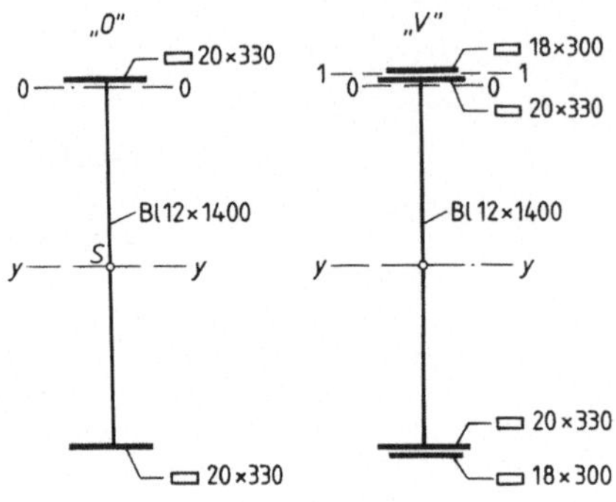

Bild **1**.30   Querschnitt 0 und v zum Beispiel 1

Nachweise

Tragsicherheitsnachweis gegen Fließen (allg. Spannungsnachweis). In Trägermitte wird

$$\max \sigma = \frac{410700}{20512} = 20{,}02 \text{ kN/cm}^2 \qquad \max \sigma / \sigma_{R,d} = 20{,}02/21{,}8 = 0{,}92 < 1$$

$$\tau_m = 370/168 = 2{,}20 \text{ kN/cm}^2 \qquad \tau_m / \tau_{R,d} = 2{,}2/12{,}6 = 0{,}18 < 1$$

(mit $A_{Gurt}/A_{Steg} \approx 120/168 = 0{,}71 > 0{,}6$ darf die mittlere Schubspannung nachgewiesen werden)

und am Auflager bzw. im 1. Feld

$$\max \tau = \frac{740 \cdot 7626}{939812 \cdot 1{,}2} = 5{,}0 \text{ kN/cm}^2 \qquad \max \tau_m / \tau_{R,d} = 0{,}40 < 1$$

Da $\max \tau < 0{,}5\ \tau_{R,d}$ ist, kann der Nachweis der Vergleichsspannung entfallen.

Kippsicherheitsnachweis

Feld 1

$$A_G = 66{,}0 + \frac{1}{5} \cdot 168 = 99{,}6 \text{ cm}^2 \qquad\qquad I_{z,G} \approx \frac{2{,}0 \cdot 33^3}{12} = 5990 \text{ cm}^4$$

$$i_{z,g} = \sqrt{\frac{5990}{99{,}6}} = 7{,}76 \text{ cm}^2$$

Druckkraftbeiwert k_c nach Tafel **8**.4, Teil 1 mit $\psi = 0$

$$k_c = \frac{1}{1{,}33 - 0} = 0{,}752$$

$$M^0_{pl,d} = 2 \cdot S_y \cdot \sigma_{R,d} = 2 \cdot 7626 \cdot 21{,}8 \cdot 10^{-2} = 3325 \text{ kNm}$$

$$M^0_{gr,el} = W_y \cdot \sigma_{R,d} = 13053 \cdot 21{,}8 \cdot 10^{-2} = 2845 \text{ kNm}$$

$$\alpha_{pl} = 3325/2845 = 1{,}17 < 1{,}25$$

Da innerhalb der betrachteten Feldlänge $c = 370$ cm keine Querlasten angreifen, muss h/t nicht der Bedingung Gl. (8.15), Teil 1 genügen.

$$\bar{\lambda}_K = \frac{c \cdot k_c}{i_{z,g} \cdot \lambda_a} = \frac{370 \cdot 0{,}752}{7{,}76 \cdot 92{,}9} = 0{,}386$$

Nachweis: $0{,}386 < 0{,}50 \cdot 3325/2738 = 0{,}607$

Feld 3

$$A_G = 99,6 + 54,0 = 153,6 \text{ cm}^2 \qquad\qquad I_{z,G} = 5990 + 1,8 \cdot 30^3/12 = 10040 \text{ cm}^4$$

$$i_{z,g} = \sqrt{\frac{10040}{153,6}} = 8,09 \text{ cm} \qquad\qquad k_c = 1,0$$

$$\left.\begin{aligned}
M_{pl,d}^v &= 2 \cdot 11563 \cdot 21,8 \cdot 10^{-2} = 5041 \text{ kNm} \\
M_{gr,el}^v &= 20512 \cdot 21,8 \cdot 10^{-2} = 4472 \text{ kNm}
\end{aligned}\right\} \quad \alpha_{pl} = 1,13 < 1,25$$

$$\lambda_K = \frac{370 \cdot 1,0}{8,09 \cdot 92,9} = 0,492 < 0,5 \cdot 5041/4107 = 0,614$$

Gurtplattenabstufung

Der Grundquerschnitt „0" ist bis zur Stelle x_0 ausreichend, welche über das elastische Grenzmoment $M_{gr,el}^0$ bestimmt wird.

$$2845 = 740 \cdot x_0 - 370 \cdot (x_0 - 3,7) = 370 \cdot x_0 + 1369$$

$$x_0 = \frac{2845 - 1369}{370} = 3,99 \text{ m}$$

Aus konstruktiven Gründen wird das Gurtplattenende um $b/2 = 150$ mm vor die 1. Quersteife ($x = 3,55$ m) gelegt (440 mm > $b/2 = 150$ mm). Damit sind auch die Biegespannungsverhältnisse im 2. Stegblechfeld eindeutig.

Hals- und Flankenkehlnähte (Bild 1.31)

Aus schweißtechnischen Gründen wird die Halsnahtdicke zum Anschluss der oberen Gurtplatte aus

$$a_3 \geq \sqrt{\max \tau} - 0,5 = \sqrt{20} - 0,5 \approx 4,0 \text{ mm}$$

ermittelt.

$$\tau_\parallel = \frac{370 \cdot 3937}{1513768 \cdot 2 \cdot 0,4} = 1,20 \text{ kN/cm}^2$$

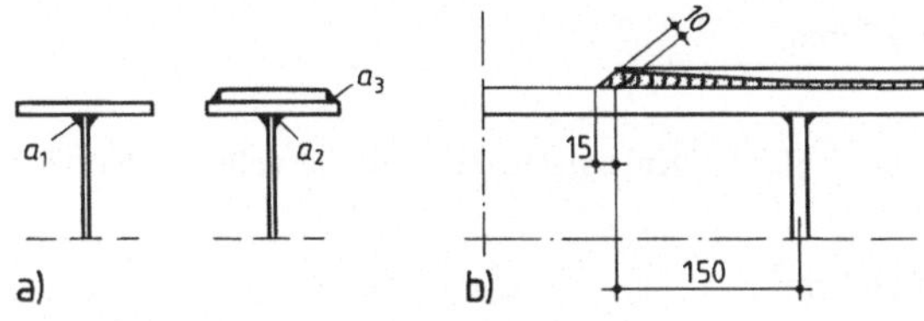

Bild 1.31   Schweißnahteinzelheiten zum Beispiel 1
a) Hals- und Flankenkehlnähte
b) Gurtplattenende und Quersteifenanschluss

Für a_1 und a_2 wird die gleiche Nahtdicke gewählt

$$\tau_\parallel = \frac{740 \cdot 4686}{939812 \cdot 2 \cdot 0,4} = 4,61 \text{ kN/cm}^2$$

$$\tau_\parallel = \frac{370 \cdot 8623}{1513768 \cdot 2 \cdot 0,4} = 2,64 \text{ kN/cm}^2$$

Mit $\tau_{w,R,d} = \alpha_w \times f_{yk}/\gamma_M = 0,95 \cdot 24,0/1,1 = 20,7$ kN/cm^2 sind die Schubspannungen in den Hals- und Flankenkehlnähten vernachlässigbar klein. Am Gurtplattenende erfolgt die Nahtausführung nach Bild 1.31b.

Nachweis der Endquersteife (Bild 1.32)

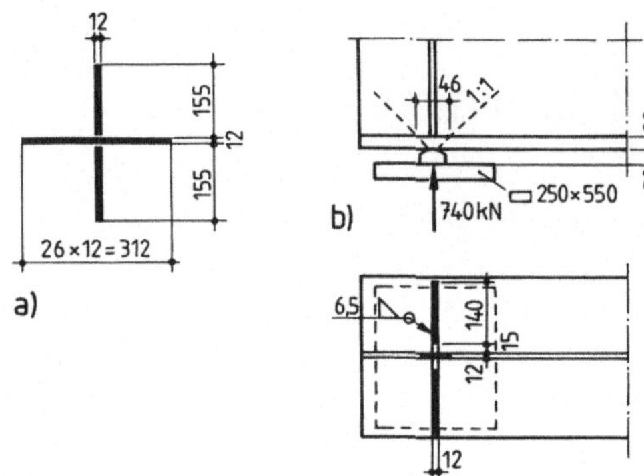

Bild 1.32 Stegblechaussteifung an Auflager
a) Steifenquerschnitt und mitwirkendes Stegblech
b) wirksamer Querschnitt zur Einleitung der Auflagerkraft

Der Blechträger wird auf eine im Mauerwerk verankerten Auflagerplatte mit Zentrierleiste und seitlichen Führungsblechen aufgelegt. In Trägerlängsrichtung erfolgt die Arretierung des Träleruntergurtes über Anschlagknaggen. Der Obergurt wird seitlich gehalten durch einen im Mauerwerk angedübelten Winkel mit Langlöchern (1.33).

Pressung in der Ausgleichsschicht (C20/25)

$$\sigma_B = 740/(25 \cdot 55) = 0,54 \text{ kN/cm}^2 < 2,0/1,5 = 1,33 \text{ kN/cm}^2 = f_{c,k}/\gamma_c$$

Steifenpressung

Bei einer Lastausbreitung von 45° in den Steifenquerschnitt wird

$$\begin{aligned}
b_m &= 0,2 \cdot 3,0 + 2 \cdot 2,0 &&= 4,6 \text{ cm} \\
A_{St} &= 1,2(4,6 + 2 \cdot 14) &&= 39,12 \text{ cm}^2 \\
\sigma &= 740/39,12 &&= 18,92 \text{ kN/cm}^2 \\
\sigma/\sigma_{Rd} &= 18,92/21,8 &&= 0,87 < 1
\end{aligned}$$

Der Steifenanschluss am Untergurt erfolgt mit $a = 6,5$ mm.

Knicken

Auf der sicheren Seite wird $s_K = 140$ cm angenommen. Für den Knicknachweis wird die volle Steifenfläche und ein Steganteil von der Breite $26 \cdot t_S$ angesetzt.

$$\begin{aligned}
A_{St} &= 1,2 \cdot (2 \cdot 15,5 + 26 \cdot 1,2) &&= 74,64 \text{ cm}^2 \\
I_{St} &\approx 1,2 \cdot (2 \cdot 15,5)^3/12 &&= 2979 \text{ cm}^4 \\
i &= \sqrt{\frac{2979}{74,64}} &&= 6,32 \text{ cm} \\
\bar{\lambda}_k &= 140/(6,32 \cdot 92,9) &&= 0,24 \\
\varkappa_c & &&= 0,98 \\
N_{pl,d} &= 74,64 \cdot 21,8 &&= 1627 \text{ kN}
\end{aligned}$$

$$\text{Nachweis: } \frac{740}{0,98 \cdot 1627} = 0,46 < 1,0$$

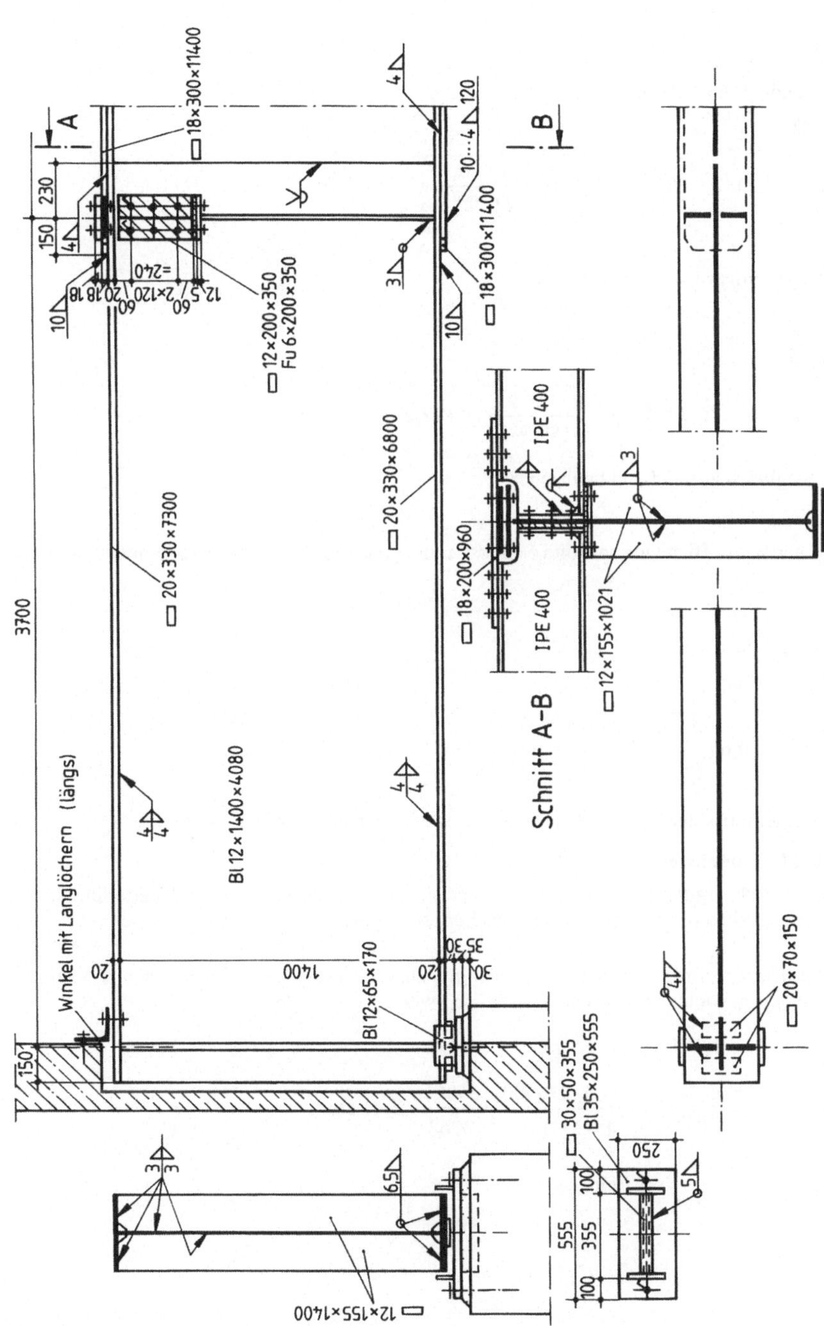

Bild **1.33** Konstruktive Ausbildung des geschweißten Vollwandträgers

Nachweis ausreichender Bauteildicke (s. Teil 1)

Flansch im Feld 1

$$M = 2738 \text{ kNm}$$

$$\sigma \leq 273800/13053 = 20,98 \text{ kN/cm}^2$$

$$k_\sigma = 0,43$$

$$b/t = (33 - 1,2)/(2 \cdot 2,0) = 7,95 < 305 \cdot \sqrt{\frac{0,43}{(209,8 \cdot 1,1)}} = 13,16$$

Stegblech im Feld 3

$$\sigma_1 = 20,02 \cdot 70/73,8 = 18,99 \text{ kN/cm}^2$$

$$\tau = 0$$

$$k_\sigma = 23,9$$

$$b/t = 140/1,2 = 116,7 < 420,4 \cdot \sqrt{\frac{23,9}{189,9 \cdot 1,1}} = 142,2$$

Im Feld 3 ist das Stegblech ausreichend beulsicher.

Stegblech im Feld 1, 2

In diesen Feldern herrschen Biegenormal- und Schubspannungen. Ein Beulsicherheitsnachweis ist erforderlich, wenn gilt:

$$b/t > 0,64 \sqrt{\frac{k_\sigma \cdot E}{f_{y,k}}} \qquad (1.13)$$

$$b/t = 116,7 > 0,64 \sqrt{\frac{23,9 \cdot 21 \cdot 10^3}{24,0}} = 92,5$$

Für diese beiden Felder muss der Beulsicherheitsnachweis (s. Abschn. 2) geführt werden.

Gebrauchstauglichkeitsnachweis

Es wird die größte Durchbiegung in Trägermitte näherungsweise bei parabolischer M-Verteilung und unter Vernachlässigung der geringeren Biegesteifigkeit der Endfelder geführt.

Dabei sind die *charakteristischen Werte der Einwirkungen* zu berücksichtigen. Sie werden hier bestimmt aus einem mit $\gamma_{F,G}$ und $\gamma_{F,Q}$ gewichteten Gesamtsicherheitsbeiwert $\gamma_{F,m} = 1,486$.

$$\max M_k = 4107/1,486 = 2764 \text{ kNm}$$

$$\max f \approx \frac{5,5 \max M \cdot l^2}{48 EI} = \frac{5,5 \cdot 276400 \cdot 1850^2}{48 \cdot 21 \cdot 10^3 \cdot 1513768} = 3,41 \text{ cm}$$

$$= \frac{l}{542} < \frac{l}{500} = 3,7 \text{ cm}$$

2 Beultheorie ebener Rechteckplatten

2.1 Allgemeines

Ebene, dünnwandige Platten, bei denen die Blechdicke t wesentlich kleiner ist als die Flächengeometrie $a \times b$, unterliegen bei *Druck- und/oder Schubbeanspruchung* in Blechmittelebene der Gefahr des *Beulens:* Bei Erreichen einer kritischen Beanspruchung geht die *anfänglich ideal ebene Platte* in eine doppelt *gekrümmte Fläche* über, Bild **2.1**a. Im ausgebeulten Zustand treten zu den reinen *Membranspannungen* aus σ und/oder τ u.a. noch Spannungen aus den Plattenbiegemomenten hinzu. Mit der Ausbeulung verbunden sind *Spannungsumlagerungen* aus Bereichen großer Beulen in die steiferen (ebenen) Randbereiche, Bild **2.1**b.

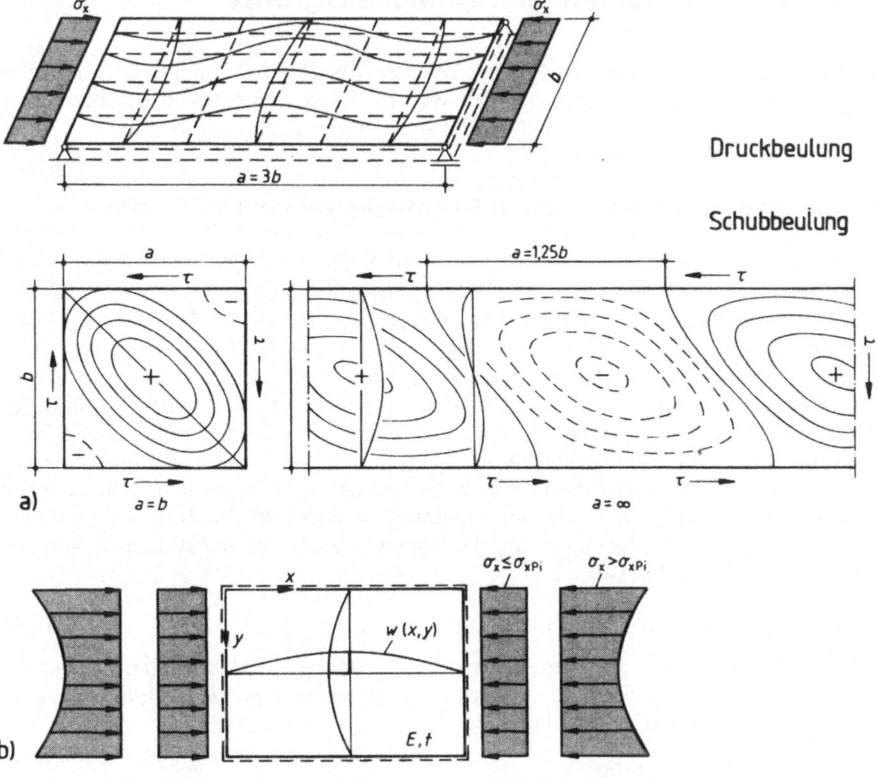

Bild **2.1**   Ausgebeulte Bleche
a) bei Druckspannungen bzw. Schubspannungen
b) Spannungsverteilung vor und nach dem Beulen

Die Grenztragfähigkeit solcher beulgefährdeten Bleche hängt von einer Vielzahl von Parametern ab, insbesondere auch von *unvermeidbaren Vorbeulen,* die aus dem reinen Stabilitätsproblem mit Gleichgewichtsverzweigung ein *Spannungsproblem* (ohne Gleichgewichtsverzweigung) machen.

Aus diesen, aber auch noch anderen Gründen ist die Ableitung eines *Nachweisverfahrens* zur Gewährleistung ausreichender Tragsicherheit nur unter Zuhilfenahme experimenteller Ergebnisse möglich. Dabei leistet die *klassische lineare Beultheorie* dennoch gute Dienste, da mit ihrer Hilfe wesentliche Aussagen hinsichtlich einer Beulgefährdung getroffen werden können.

Beulgefährdete Bleche können Querschnittsteile von *Biegeträgern* ohne oder mit Normalkraft bzw. von *Druckstäben* sein, wobei der Einfluss ausgebeulter Querschnittsteile auf die Tragfähigkeit des Gesamtbauteils unterschiedlich zu bewerten ist.

Die folgenden Ausführungen beschäftigen sich (fast) ausschließlich mit dem Fall *unausgesteifter Gesamtfelder*, dem Regelfall im Stahlhochbau, während im Brückenbau nur zusätzliche Längs- und Queraussteifungen eine wirtschaftliche Lösung der Bauaufgabe ermöglichen.

2.2 Die lineare Beultheorie und ihre Gültigkeitsgrenze

Zum besseren Verständnis der notwendigen Nachweise nach DIN 18800-3 soll auf die *klassische Theorie linearer Beulung* etwas näher eingegangen werden. Hierzu eignet sich der besonders einfache Fall einer Rechteckplatte mit konstanter Druckspannung an den Querrändern.

2.2.1 Ideale Beulspannung der ebenen Rechteckplatte mit σ_x = konst.

Wir betrachten die an allen vier Rändern gelenkig gelagerte Platte der Dicke t. Der rechte Querrand ist in (negativer) x-Richtung beweglich (Scharnierlagerung der Längsränder). Auf die Querränder wirkt die konstante Spannung σ_x (in Blechmittelebene) ein, die wir bei Erreichen der kritischen Beulspannung σ_{xPi} nennen. Unter dieser Beanspruchung kann die Platte (Scheibe) in ihrer ursprünglichen (ebenen) Lage verharren, oder sie beult in einer zunächst unbekannten *Beulfigur* aus (Bild 2.2a). Schneidet man (gedanklich) aus dieser ausgebeulten Platte einen Streifen der Breite „1" und der Länge „dx" heraus und trägt die äußeren Kräfte an den Schnittkanten an (Bild 2.2b), so erkennt man, dass die *Membrankräfte* $n_x = \sigma_{xPi} \cdot t$ längs dx eine Richtungsänderung erfahren, welche durch die Neigungsänderung $w'' \cdot$ dx bedingt ist. ($w'' =$ 2. partielle Ableitung der Beulbiegefläche $w\,(x, y)$ nach x). Diese Richtungsänderung bedeutet für die Platte eine zur x-y-Ebene lotrecht gerichtete *Abtriebskraft* $q_z\,(x, y)$, die bei vorraussetzungsgemäß kleinen Verformungen aus dem Krafteck (Bild 2.2c) zu

$$q_z\,(x, y) = \sigma_{xPi} \cdot t \cdot w'' \cdot \mathrm{d}x \tag{2.1}$$

bestimmt werden kann. (Für $w'' < 0$, d.h. negativ, wirkt q_z in positive z-Richtung). Diese über die Plattenfläche veränderliche Abtriebskraft $q_z\,(x, y)$ wird in die bekannte *partielle Differentialgleichung (DGL) der Plattenbiegung* (Gl. 2.2) eingesetzt.

$$w'''' + 2\,w''^{\bullet\bullet} + w^{\bullet\bullet\bullet\bullet} = -\,q_z/K \tag{2.2}$$

Hierin bedeuten:

$$\begin{aligned}
w &= w\,(x, y) - \text{Beulfläche} \\
w'''' &= \partial^4 w/\partial\,x^4; \\
w''^{\bullet\bullet} &= \partial^4 w/\partial\,x^2\,\partial y^2 \\
w^{\bullet\bullet\bullet\bullet} &= \partial^4 w/\partial y^4 \\
K &= \frac{Et^3}{12\,(1 - \mu^2)} - \text{Plattensteifigkeit} \\
\mu &= \text{Querdehnungszahl.}
\end{aligned}$$

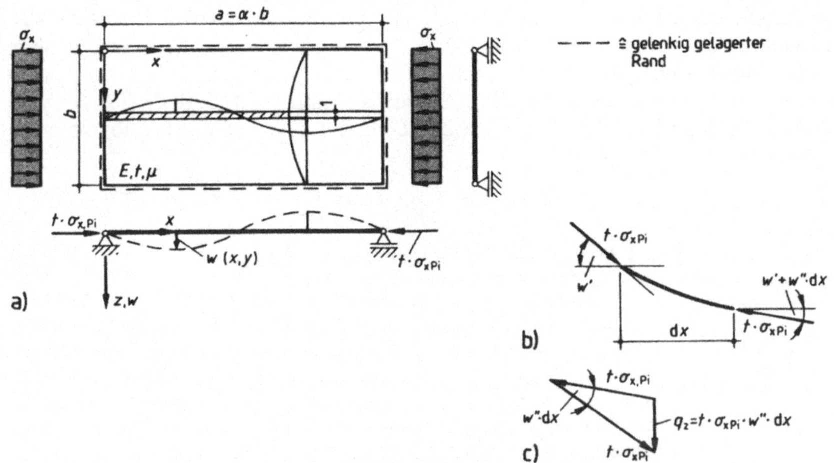

Bild **2.2**   Zur Ableitung der Druckbeulspannung σ_{xPi}
a) Beulfeldabmessung und Beulfigur b) Beanspruchung eines Blechstreifens
c) Umlenkkräfte beim Ausbeulen

Die Lösung dieser DGL muss den Randbedingungen genügen, welche in unserem Falle bei vereinfachter Schreibweise lauten:

$$x = 0, \ a\text{:} \ w = w'' = 0 \ \text{für beliebige Werte } y$$

$$y = 0, \ b\text{:} \ w = w^{\bullet\bullet} = 0 \ \text{für beliebige Werte } x \tag{2.3}$$

An den Quer- und Längsrändern müssen die Durchbiegungen und Plattenbiegemomente verschwinden – gelenkige Lagerung. Aus der ingenieurmäßigen Anschauung heraus liegt die Vermutung nahe, dass ein Produktansatz nach Gl. (2.4) sowohl die DGL als auch die Randbedingungen erfüllt.

$$\text{Ansatz:} \quad w\,(x, y) = A_{mn} \cdot \sin\frac{m \cdot \pi \cdot x}{a} \cdot \sin\frac{n \cdot \pi \cdot y}{b} \tag{2.4}$$

Hierin sind m und n die ganzzahlige Anzahl der sin-Halbwellen in Längs (x)- und Querrichtung (y).

Wie man sich leicht überzeugt, sind sowohl die *geometrischen* Randbedingungen und die *mechanischen* Randbedingungen $(w'', w^{\bullet\bullet})$ erfüllt. Bildet man die nach Gl. (2.1) und (2.2) erforderlichen partiellen Ableitungen und führt das *Seitenverhältnis* $\alpha = a/b$ ein, so erhält man nach einigen mathematischen Umformungen:

$$A_{mn} \cdot \sin\frac{m \cdot \pi \cdot x}{a} \cdot \sin\frac{n \cdot \pi \cdot y}{b} \cdot \left[\left(\frac{m}{\alpha}\right)^2 + 2 \cdot n^2 + \frac{n^4\alpha^2}{m^2}\right] =$$

$$A_{mn} \cdot \sin\frac{m \cdot \pi \cdot x}{a} \cdot \sin\frac{n \cdot \pi \cdot y}{b} \cdot \left[\sigma_{xPi}\frac{t}{K} \cdot \left(\frac{b}{\pi}\right)^2\right]$$

Durch Gleichsetzen der eckigen Klammerausdrücke und Auflösung nach σ_{xPi} gilt:

$$\sigma_{xPi} = \frac{\pi^2 \cdot E \cdot t^2}{12\,(1-\mu^2) \cdot b^2} \cdot \left[\left(\frac{m}{\alpha}\right) + \left(\frac{\alpha \cdot n^2}{m}\right)\right]^2 \ \ m, n \ \text{ ganzzahlig} \tag{2.5}$$

Da die Platte unter der kleinsten Last auszubeulen versucht, muss in der eckigen Klammer (Gl. 2.5) bei beliebigen Werten von m und α offensichtlich $n = 1$ gesetzt werden, d.h., es entsteht stets nur eine Halbwelle in Querrichtung, während m noch variabel ist. Der Ausdruck vor der Klammer tritt in allen Beulberechnungen unausgesteifter Bleche auf und wird (Euler'sche) *Bezugsspannung* σ_e genannt. Der eckige Klammerausdruck heißt *Beulwert* und wird mit $k_{\sigma x}$ abgekürzt.

$$\sigma_{xPi} = k_{\sigma x} \cdot \sigma_e \tag{2.6a}$$

$$\sigma_e = \frac{\pi^2 E}{12\,(1-\mu^2)} \cdot \left(\frac{t}{b}\right)^2 = 1{,}898 \cdot \left(\frac{100 \cdot t}{b}\right)^2 \left[\text{kN/cm}^2\right] \tag{2.6b}$$

$$k_{\sigma x} = \left(\frac{m}{\alpha} + \frac{\alpha}{m}\right)^2 \tag{2.6c}$$

Wertet man die Gl. (2.6 c) bei Vorgabe von $m = 1, 2, 3$ nacheinander in Abhängigkeit von *a* aus, so ergeben sich die bekannten Girlandenkurven, Bild (**2.3**). Für σ_{xPi} ist stets min σ_x maßgebend (dick ausgezogene Kurven). Dies bedeutet, dass Platten mit $\alpha \leq 1{,}41$ in Längsrichtung mit einer sin-Halbwelle, Platten mit $1{,}41 < \alpha \leq 2{,}45$ mit zwei sin-Halbwellen usw. ausbeulen. Zwischen den Halbwellen liegen die *natürlichen Knotenlinien* der Beulfläche. Mit wachsendem α nähert sich $k_{\sigma x}$ immer mehr dem kleinsten Wert von min $k_{\sigma x} = 4$ an. Zur Vereinfachung der Berechnung wird üblicherweise gesetzt:

$$\left.\begin{array}{l} \alpha < 1: \ k_{\sigma x} = (\alpha + 1/\alpha)^2 \\[2mm] \alpha \geq 1: \ k_{\sigma x} = 4.0 \end{array}\right\} \tag{2.6 d}$$

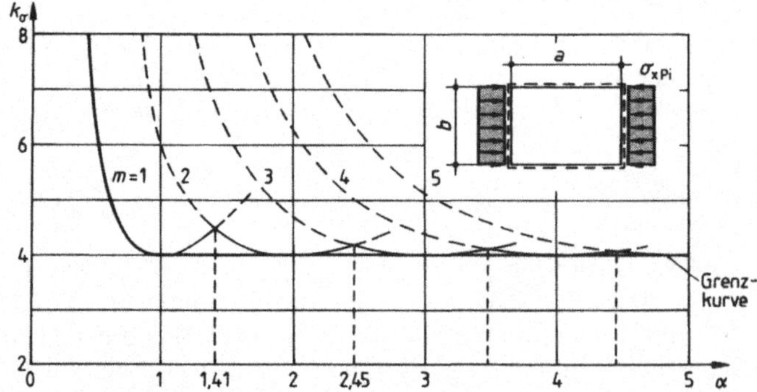

Bild **2.3**   Beulwert $k_{\sigma x}$ – Girlandenkurve

Es ist noch anzumerken, dass in den Gl. (2.6) die Materialfestigkeit, z.B. Streckgrenze, nicht auftritt, da ein *Hookescher Idealwerkstoff* ($\sigma = \varepsilon \cdot E$) vorausgesetzt wurde.

2.2.2 Beulspannungen σ_{xPi}, (σ_{yPi}), τ_{Pi} bei beliebigen Lagerungsbedingungen und Spannungsverteilungen

Eine (geschlossene) exakte Lösung der Beulaufgabe mit formelmäßiger Angabe der idealen Beulspannung lässt sich über die in 2.2.1 skizzierte Methode – Lösung der homogenen DGL – nur in wenigen Fällen angeben. In den meisten Fällen ist man auf *Näherungslösungen* angewiesen, die auf ingenieurgerechte Berechnungsverfahren zurückgreifen. Will man eine allgemeine Formel ableiten, so leistet die *Energiemethode* mit *Ritz – Ansätzen* für die Biegefläche wertvolle Dienste. Numerische Verfahren mit entsprechenden EDV-Programmen (i.d.R. über eine *Finite – Elemente – Methode*) lösen nur Einzelaufgaben und lassen sich nicht verallgemeinern. Auf eine weitere Behandlung der genannten Methoden muss im Rahmen dieses Werkes verzichtet werden; der interessierte Leser wird auf die einschlägige Fachliteratur verwiesen, z.B. [42]. Hier werden insbesondere auch Beulwerte quer- und längsausgesteifter Gesamtfelder angegeben, die im Brückenbau den Regelfall darstellen.

Zusammenfassung

Die für unausgesteifte, allseitig gelenkig gelagerte Blechfelder wichtigsten Beulwerte $k_{\sigma x}$ und k_τ können der Tafel **2.1** entnommen werden. Bei anderen Lagerungs- und/oder Beanspruchungsfällen sind solche der Literatur zu entnehmen [41], [42], [48].

2.2.3 Tragverhalten ausgebeulter Platten oberhalb der idealen Beulspannungen

Das Tragverhalten ausgebeulter Bleche oberhalb der idealen Beulspannung unterscheidet sich wesentlich vom Tragverhalten ausgeknickter Druckstäbe, die oberhalb der idealen Knicklast N_{Ki} außer den plastischen *Querschnittsreserven* über keinerlei *Systemreserven* verfügen. Nur bei sehr schlanken Stäben ist eine mäßige Laststeigerung oberhalb N_{Ki} bei rascher Querschnittsplastisierung möglich, während die Grenzlast N_u bei gedrungenen Stäben stets unter N_{Ki} liegt, Bild **2.4a**. Ausgebeulte Platten hingegen verhalten sich hier i. Allg. wesentlich günstiger, weil sich oberhalb der idealen Beulspannung ein *überkritischer Tragmechanismus* einstellt: Bei längsbeanspruchten Platten verlagern sich die Spannungen der ausgebeulten Bereiche an die wesentlich steiferen Ränder und der Grundmembranspannungszustand wird überlagert durch sekundäre Zugmembranspannungen in Querrichtung. Die Abtragung der Umlenkkräfte über die Plattenbiegesteifigkeiten ist dagegen vernachlässigbar klein. Mit steigender Last beginnt die Platte an den Rändern zu fließen und erreicht ihre Grenztragfähigkeit, Bild **2.4b**.

$$N_u = t \cdot \int_0^b \sigma_x(y)\, \mathrm{d}y$$

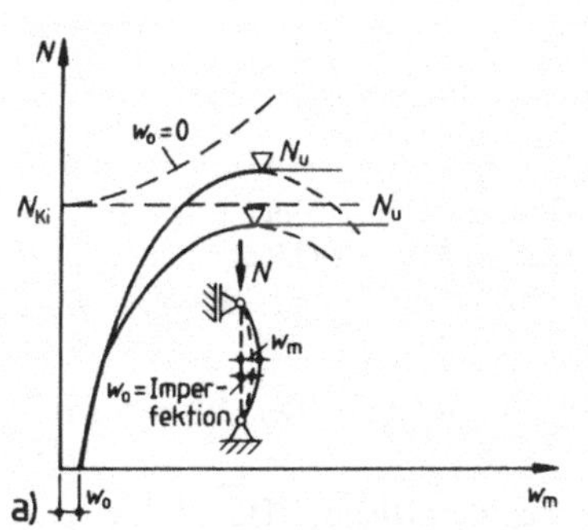

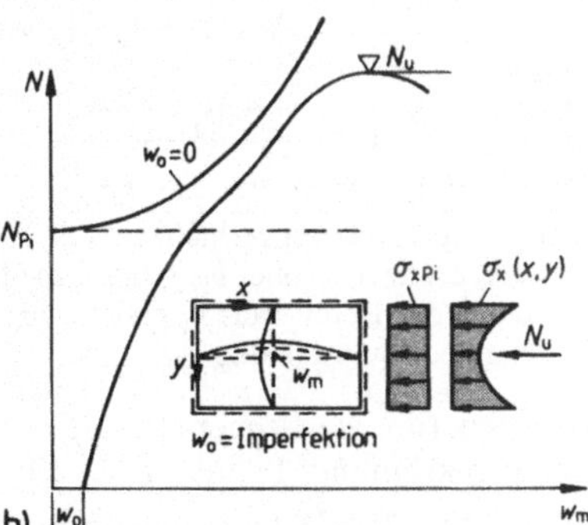

Bild **2.4** Überkritisches Tragverhalten
  a) beim Druckstab,
  b) beim ebenen Blech, jeweils mit Imperfektion

Tafel **2.1** Beulwerte k_σ und k_τ vierseitig gelagerter Beulfelder

	1	2	3	4
1	Belastung	Beul-spannung	Gültig-keits-bereich	Beulwert
2	Geradlinig verteilte Druckspannungen $0 \leq \psi \leq 1$	$\sigma_{xPi} = k_\sigma \cdot \sigma_e$	$\alpha \geq 1$	$k_\sigma = \dfrac{8,4}{\psi + 1,1}$
			$\alpha < 1$	$k_\sigma = \left(\alpha + \dfrac{1}{\alpha}\right)^2 \cdot \dfrac{2,1}{\psi + 1,1}$
3	Geradlinig verteilte Druck- u. Zugspannungen mit überwiegendem Druck $-1 < \psi < 0$	$\sigma_{xPi} = k_\sigma \cdot \sigma_e$		$k_\sigma = (1 + \psi) \cdot k' - \psi\, k'' + 10\, \psi \cdot (1 + \psi)$, worin k' den Beulwert für $\psi = 0$ (nach Reihe 2) und k'' den Beulwert für $\psi = -1$ (nach Reihe 4) bedeuten
4	Geradlinig verteilte Druck- u. Zugspannungen mit gegengleichen Randwerten $\psi = -1$ oder mit überwiegendem Zug[1] $\psi < -1$	$\sigma_{xPi} = k_\sigma \cdot \sigma_e$	$\alpha \geq \dfrac{2}{3}$	$k_\sigma = 23,9$
			$\alpha < \dfrac{2}{3}$	$k_\sigma = 15,87 + \dfrac{1,87}{\alpha^2} + 8,6 \cdot \alpha^2$
5	Gleichmäßig verteilte Schubspannungen	$\tau_{Pi} = k_\tau \cdot \sigma_e$	$\alpha \geq 1$	$k_\tau = 5,34 + \dfrac{4,00}{\alpha^2}$
			$\alpha < 1$	$k_\tau = 4,00 + \dfrac{5,34}{\alpha^2}$

[1] Bei der Berechnung des Seitenverhältnisses α und der Eulerspannung σ_e ist hier b durch den ideellen Wert $b_i = 2\, b_D$ zu ersetzen, wobei $b_D < 0,5\, b$ die Breite der Druckzone ist. Dies ist jedoch nicht zulässig für die Berechnung des Beulwertes k_τ gleichzeitig wirkender Schubspannungen und der Bezugspannung σ_e zur Ermittlung der Beulspannung τ_{Pi}

Näherungslösungen (im elastischen Bereich) liegen vor durch Anwendung der *Nichtlinearen Beultheorie* stark gekrümmter Platten, z.B. [39].

Noch auffälliger sind *überkritische Tragreserven* schubbeanspruchter Bleche: Hier bildet sich oberhalb τ_{Pi} ein *Zugfeld* aus, und der Vollwandträger nimmt einen fachwerkartigen Charakter an (s. Abschn. 7).

Die hier beschriebenen überkritischen Tragreserven (schlanker) Platten werden beim Beulnachweis nach DIN 18800-3 bewusst ausgenutzt.

2.2.4 Reale Beulspannungen

Neben dem in Abschn. 2.2.3 beschriebenen Effekt überkritischer Tragreserven wird das reale Beulverhalten auch noch von einer Reihe baupraktischer Einflüsse wie z.B.

- *Vorbeulen* durch den Schweißverzug
- wirkliche Lagerungsbedingungen
- Walz- und *Schweißeigenspannungen*
- Streuung der Streckgrenze etc.

bestimmt, die in Rechenmethoden (EDV-Programmen) zwar berücksichtigt werden können, sich jedoch nicht direkt und normativ erfassen lassen. Die *Versuchstechnik* muss hier die Lücken schließen und zwingt notwendigerweise zu Vereinfachungen. So sind die Grenzbeulspannungen (vgl. Abschn. 2.3.3) das Ergebnis von Versuchsauswertungen und theoretischen Berechnungen.

2.3 Plattenbeulnachweise nach DIN 18800-3

2.3.1 Einführung

DIN 18800-3 – Plattenbeulen – stellt eine Fortentwicklung der DASt-Richtlinie 012 von 1978 dar, welche unter großem Zeitdruck nach schweren Unfällen im Brückenbau in den 70er Jahren erarbeitet wurde. Die damit verbundenen Mängel dieser Richtlinie wurden durch die neue Norm beseitigt bei Beibehaltung bewährter Regelungen: Bezug auf ideale Beulspannungen als Eingangsparameter, die Einführung der *Plattenschlankheit* λ_P und den Bezug von Spannungen auf die Fließgrenze $f_{y,k}$ bzw. der Plattenschlankheit λ_P auf die Vergleichsschlankheit λ_a, womit eine werkstoffunabhängige Darstellung der *Abminderungsfaktoren* $\varkappa$ möglich ist.

2.3.2 Definitionen und Begriffe

Beulfelder

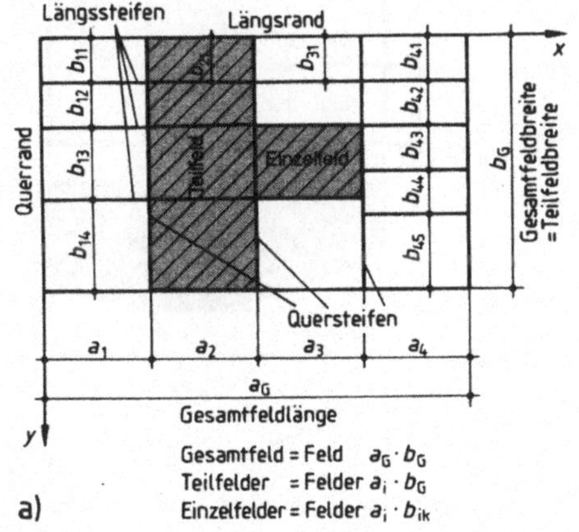

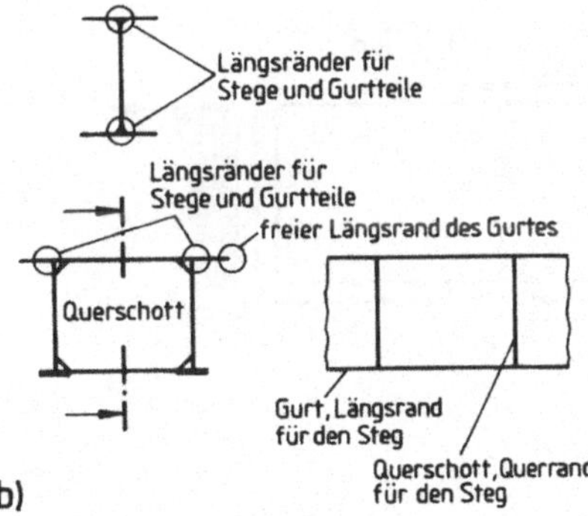

Bild **2.5**   Begriffe beim Beulnachweis
           a) Beulfelder b) Plattenränder

Beulgefährdete Rechteckplatten sind durch *starre Längs- und Querränder* begrenzt und können durch *biegeweiche* Längs- und/oder Quersteifen versteift sein. Diese unterteilen dann das *Gesamtfeld* in unversteifte *Einzelfelder* (zwischen Steifen oder Steifen und Ränder) sowie in längs- oder unversteifte *Teilfelder* (zwischen Quersteifen oder Quersteifen und einem Querrand), Bild **2.5a**. Längsränder sind in Längsrichtung des Bauteils orientiert und werden von den Gurten oder Stegen der Blechträger gebildet. Querränder sind zwischen Gurten angeordnete Steifen oder Schottbleche; Ränder können auch elastisch gestützt oder frei sein, Bild **2.5b**. Die maßgebenden Beulfeldbreiten b_G (für Gesamt- und Teilfelder) sowie b_{ik} (für Einzelfelder) werden nach Bild **2.6** bestimmt.

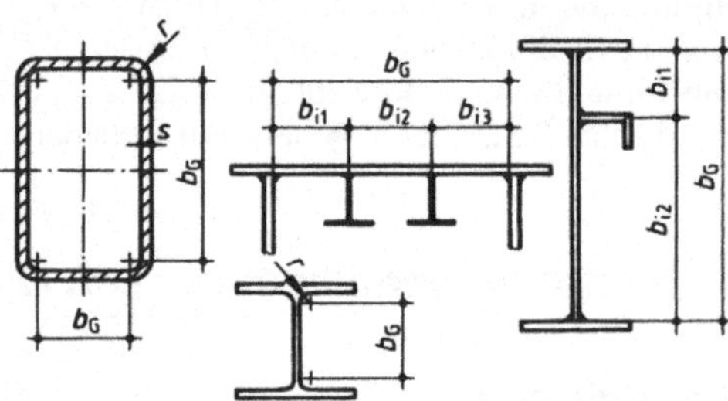

Bild **2.6**   Maßgebende Beulfeldbreiten

Spannungen

Auf das untersuchte Beulfeld können Spannungen – einzeln oder gemeinsam – nach Bild **2.7a** einwirken.

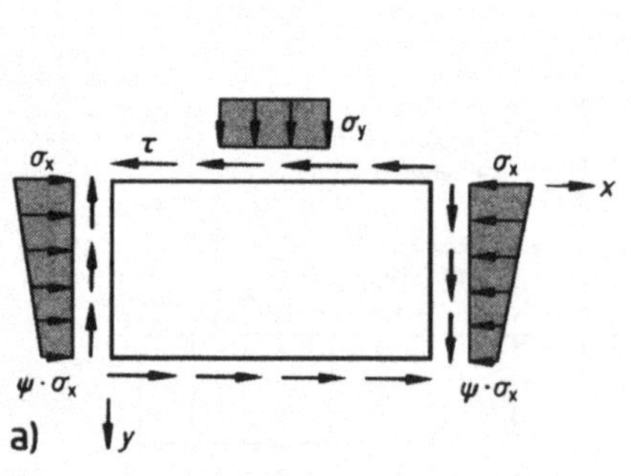

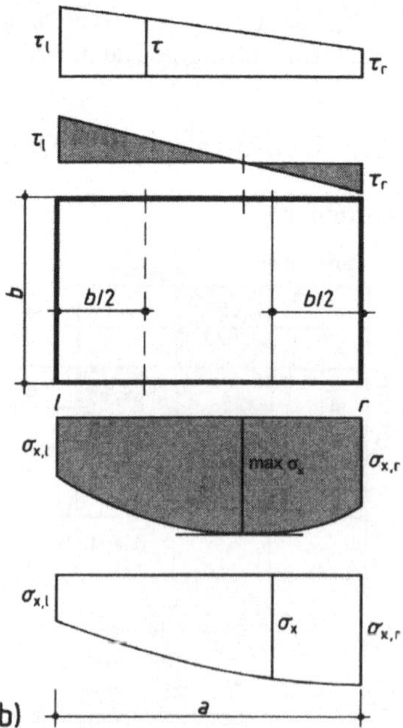

Bild **2.7**   Beanspruchungen bei Beulfeldern
       a) an den Rändern b) Verteilung in Längsrichtung

Im Falle von Längsspannungen σ_x wird die (betragsmäßig) größte Druckspannung mit σ_1 und die am gegenüberliegenden Rand vorhandene Spannung mit σ_2 bezeichnet. Es gilt für das *Randspannungsverhältnis* Ψ

$$\sigma_2 = \Psi \cdot \sigma_1 \qquad \Psi = \sigma_2/\sigma_1 \qquad\qquad -\infty \leq \Psi \leq 1 \tag{2.7}$$

Die Spannungen sind aus den Bemessungswerten der Einwirkungen (i. Allg. nach Theorie I. Ordnung) zu ermitteln.

Bei *veränderlichen Spannungen* σ_x oder τ über die Beulfeldlänge a sind die Nachweise i.d.R. zu führen mit den zugeordneten Spannungen (max σ, zugeh. τ) und (max τ, zugeh. σ), Bild **2.7**b (angelegte Flächen). Treten die Größtwerte der Spannungen an den Querrändern auf (nicht angelegte Flächen) dürfen die Spannungen in Beulfeldmitte jedoch nicht weniger als die Werte im Abstand $b/2$ vom Querrand mit den jeweiligen Größtwerten bzw. nicht weniger als die Mittelwerte der Spannungen über die Beulfeldlänge a angesetzt werden.

Veränderliche *Schubspannungen* über die Querränder werden mit dem Mittelwert τ_m bzw. $0{,}5 \cdot$ max τ berücksichtigt. Der größere Wert ist maßgebend.

Diese rechnerischen Spannungen sind über die Beulfeldlänge als konstant anzunehmen, Bild **2.7**a. Außerdem wird von gleichbleibenden Plattenkennwerten (i.w. t und $f_{y,k}$) ausgegangen.

Bei *veränderlichen Plattenkennwerten* sind zusätzliche Nachweise zu führen (s. Norm).

Lagerungsbedingungen

Mit Ausnahme freier Ränder (z.B. bei Gurten) werden *gelenkige* Lagerungsbedingungen unterstellt. Liegen durch konstruktive Maßnahmen eindeutig *günstigere* Bedingungen vor, so wird dies über die Beulwerte $k_{\sigma,\tau}$ erfasst, die dann der Literatur zu entnehmen sind.

Steifenquerschnitte

Da im Rahmen dieses Werkes nur unausgesteifte Gesamtfelder behandelt werden, sind diesbezügliche Regelungen in der Norm nachzulesen. Hiervon ausgenommen sind die Quersteifen von Platten mit *knickstabähnlichem Verhalten*. Sie sind nach Abschn. 2.3.4 nachzuweisen.

2.3.3 Grenzbeulspannungen und Nachweise

Mit Hilfe genauerer Berechnungsverfahren (EDV-Programme) und mit der Bezugnahme auf die Werte der linearen Beultheorie sowie gestützt auf eine sorgfältige Auswertung zahlreicher Versuchsergebnisse werden 5 *Tragbeulspannungskurven* für verschiedene Lagerungs- und Belastungsfälle in Abhängigkeit eines *bezogenen Plattenschlankheitsgrades* λ_P angegeben. Mit Bezug auf die Fließgrenze ergeben sich die *Abminderungsfaktoren* $\varkappa \leq 1$ nach Bild **2.8**. Ihre rechnerische Ermittlung erfolgt nach Tafel **2.2**.

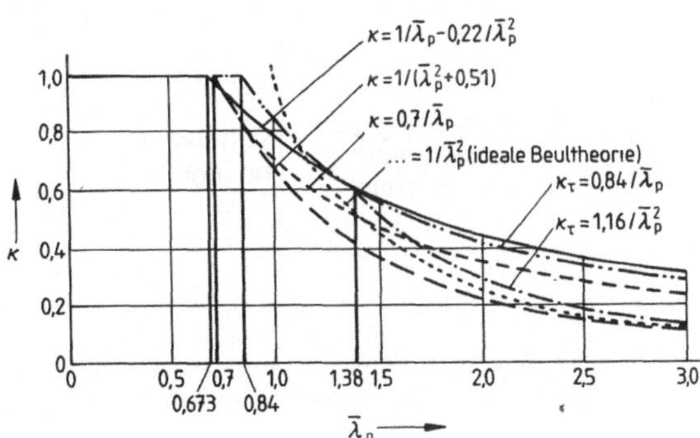

Bild **2.8**   Bezogene Tragbeulspannungen = Abminderungsfaktor $\varkappa$

Zur Bestimmung der den Nachweisen zugrunde zu legenden maßgebenden Grenzbeulspannungen sind noch *4 Fälle* zu unterscheiden für

- Bauteile *ohne Knickeinfluss* (reine Biegeträger)
- Bauteile *mit Knickeinfluss* (Biegeträger mit Druckkraft oder Druckstäbe mit Biegemomenten)
- Platten *ohne knickstabähnliches Verhalten*
- Platten *mit knickstabähnlichem Verhalten*

In allen vier Fällen sind zunächst einheitliche Rechengänge (nach Festlegung der Plattengeometrie und der Lagerungsbedingungen) erforderlich:

Tafel 2.2   Abminderungsfaktoren $\varkappa$ (= bezogene Tragbeulspannungen) bei alleiniger Wirkung von σ_x, σ_y oder τ

	1	2	3	4	5
	Beulfeld	Lagerung	Beanspruchung	Bezogener Schlankheitsgrad	Abminderungsfaktor
1	Einzelfeld	allseitig gelagert	Normalspannungen σ mit dem Randspannungsverhältnis $\psi_T \leq 1^{*)}$	$\overline{\lambda}_P = \sqrt{\dfrac{f_{y,k}}{\sigma_{Pi}}}$	$\varkappa = c\left(\dfrac{1}{\overline{\lambda}_P} - \dfrac{0{,}22}{\overline{\lambda}_P^2}\right) \leq 1$ mit $c = 1{,}25 - 0{,}12\,\psi_T \leq 1{,}25$
2		allseitig gelagert	Schubspannungen τ	$\overline{\lambda}_P = \sqrt{\dfrac{f_{y,k}}{\tau_{Pi} \cdot \sqrt{3}}}$	$\varkappa_\tau = \dfrac{0{,}84}{\overline{\lambda}_P} \leq 1$
3	Teil- und Gesamtfeld	allseitig gelagert	Normalspannungen σ mit dem Randspannungsverhältnis $\psi \leq 1$	$\overline{\lambda}_P = \sqrt{\dfrac{f_{y,k}}{\sigma_{Pi}}}$	$\varkappa = c\left(\dfrac{1}{\overline{\lambda}_P} - \dfrac{0{,}22}{\overline{\lambda}_P^2}\right) \leq 1$ mit $c = 1{,}25 - 0{,}25\,\psi \leq 1{,}25$
4		dreiseitig gelagert	Normalspannungen σ	$\overline{\lambda}_P = \sqrt{\dfrac{f_{y,k}}{\sigma_{Pi}}}$ $^{**)}$	$\varkappa = \dfrac{1}{\overline{\lambda}_P + 0{,}51} \leq 1$
5		dreiseitig gelagert	konstante Randverschiebung u	$\overline{\lambda}_P = \sqrt{\dfrac{f_{y,k}}{\sigma_{Pi}}}$ $^{**)}$	$\varkappa = \dfrac{0{,}7}{\overline{\lambda}_P} \leq 1$
6		allseitig gelagert, ohne Längssteifen	Schubspannungen τ	$\overline{\lambda}_P = \sqrt{\dfrac{f_{y,k}}{\tau_{Pi} \cdot \sqrt{3}}}$	$\varkappa_\tau = \dfrac{0{,}84}{\overline{\lambda}_P} \leq 1$
7		allseitig gelagert, mit Längssteifen	Schubspannungen τ	$\overline{\lambda}_P = \sqrt{\dfrac{f_{y,k}}{\tau_{Pi} \cdot \sqrt{3}}}$	$\varkappa_\tau = \dfrac{0{,}84}{\overline{\lambda}_P} \leq 1$ für $\overline{\lambda}_P \leq 1{,}38$ $\varkappa_\tau = \dfrac{1{,}16}{\overline{\lambda}_P^2}$ für $\overline{\lambda}_P > 1{,}38$

$^{*)}$ Bei Einzelfeldern ist ψ_T das Randspannungsverhältnis des Teilfeldes, in dem das Einzelfeld liegt.
$^{**)}$ Zur Ermittlung von σ_{Pi} ist der Beulwert min $k_\sigma(\alpha)$ für $\psi = 1$ einzusetzen.

Allgemeiner Rechengang

$$\sigma_e \;=\; 1{,}898 \cdot \left(100 \cdot \frac{t}{b}\right)^2 \; [\text{kN/cm}^2] \tag{2.6 b}$$

$$\alpha = a/b \qquad\qquad \psi = \sigma_2/\sigma_1 \tag{2.5) (2.7}$$

$$k_\sigma \quad \text{und/oder} \qquad k_\tau \qquad\qquad\qquad \text{Tafel 2.1}$$

$$\sigma_{xPi} = k_{\sigma x} \cdot \sigma_e \qquad\qquad \sigma_{yPi} = k_{\sigma y} \cdot \sigma_e \tag{2.6 a}$$

$$\tau_{Pi} = k_\tau \cdot \sigma_e \tag{2.8}$$

$$\lambda_P = \pi \sqrt{\frac{E}{\sigma_{Pi}}} \qquad \text{bzw.} \qquad \lambda_P = \pi \sqrt{\frac{E}{\tau_{Pi} \cdot \sqrt{3}}} \tag{2.9}$$

$$\bar{\lambda}_P = \lambda_P/\lambda_a \qquad\qquad \text{mit} \tag{2.10}$$

$$\lambda_a = \pi \sqrt{\frac{E}{f_{y,k}}} \qquad\begin{array}{ll} = 92{,}9 & \text{S 235} \\[4pt] = 75{,}9 & \text{S 355} \end{array} \tag{2.11}$$

$\varkappa_\sigma, \varkappa_\tau$ Abminderungsfaktor für Platten *ohne* knickstabähnliches Verhalten nach Tafel **2.2** oder Bild **2.8**

Die Spannungen σ_{Pi} und τ_{Pi} werden unter der Voraussetzung der alleinigen Einwirkung einer der Spannungen σ oder τ bestimmt (*Einzelbeulspannungen*). Eine gemeinsame Wirkung beider Spannungskomponenten im betrachteten Beulfeld wird erst im *Nachweis* berücksichtigt. (Der Begriff einer *Vergleichsbeulspannung* ist in dieser Norm nicht mehr vorgesehen, s. ältere Vorschriften). Gleiche Voraussetzungen gelten für die Abminderungsfaktoren $\varkappa_\sigma$ und $\varkappa_\tau$ (alleinige Wirkung einer der Spannungen σ, τ). Nach diesem Rechnungsgang beginnt die zuvor erwähnte Fallunterscheidung, wobei knickstabähnliches Verhalten sowohl bei Biegeträgern als auch bei Druckstäben vorliegen kann. Dieser Sonderfall bedarf zusätzlicher Erläuterungen.

Grenzbeulspannungen ohne Knickeinfluss

Die Grenzbeulspannungen werden nach den Gl. (2.12) und (2.13) bestimmt.

$$\sigma_{x,P,R,d} = \varkappa_x \cdot f_{y,k}/\gamma_M \tag{2.12}$$

$$\sigma_{y,P,R,d} = \varkappa_y \cdot f_{y,k}/\gamma_M$$

$$\tau_{P,R,d} = \varkappa_\tau \cdot f_{y,k}/(\sqrt{3} \cdot \gamma_M) \tag{2.13}$$

mit $\varkappa_x$, $\varkappa_y$, $\varkappa_\tau$ nach Tafel **2.2**

Grenzbeulspannungen mit Knickeinfluss

Ist das beulgefährdete Beulfeld Teil eines Druckstabes, ist die gegenseitige Beeinflussung von *Knicken* und *Beulen* zu berücksichtigen. Beulen nämlich einzelne Querschnittteile des Druckstabes vor Erreichen der kritischen Druckkraft N_U (bei Annahme *ebener* Bleche) vorzeitig aus, so bedeutet dies für den Druckstab eine Abnahme der Steifigkeit ($I^* < I$) ein Absinken der tragbaren Druckkraft auf einen Wert $N_U^* < N_U$, Bild **2.9**. Die Erfassung beider Effekte kann auf zweierlei Weise erfolgen

–   nach DIN 18800-2 durch Ansatz eines *reduzierten* Querschnittes (s. Abschn. 7) oder
–   durch *Abminderung* der Grenzbeulspannung $\sigma_{x,P,R,d}$ mit Hilfe des Abminderungsfaktors $\varkappa_K$ für Knicken (s. Teil 1).

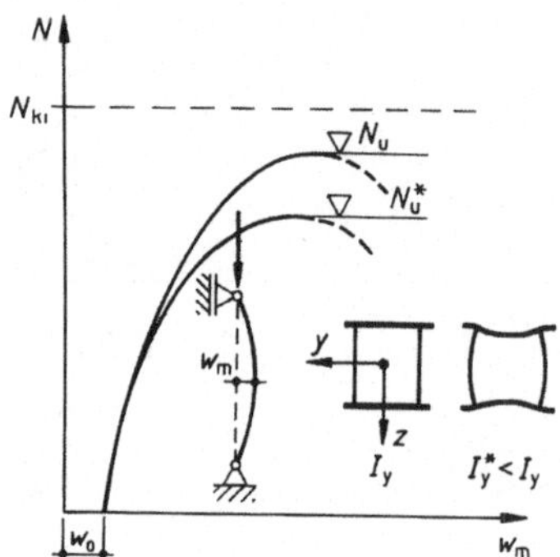

Bild **2.9**   Gegenseitige Beeinflussung von Beulen und Knicken

Letztere (und kürzere) Vorgehensweise ist dann sinnvoll, wenn die Spannung σ_x vorzugsweise aus der Druckkraft und weniger aus dem Biegemoment stammt und der bezogene Schlankheitsgrad $\overline{\lambda}_K$ für Knicken relativ klein ist. In anderen Fällen empfiehlt sich (aus wirtschaftlichen Gründen) der – allerdings wesentlich aufwendigere – erste Rechengang, wie er in Abschn. 7 vorgeführt wird.

Bei der vereinfachten Berechnung wird die *Grenzbeulspannung* ($\sigma_{x,p,R,d}$ nach Gl. (2.12) zusätzlich abgemindert um den Faktor $\varkappa_K$

$$\sigma_{x,p,R,d} = \varkappa_K \cdot \varkappa_x \cdot f_{y,k}/\gamma_M \tag{2.12a}$$

mit

$\varkappa_K$ –   Abminderungsfaktor für Knicken nach DIN 18800-2, s. Teil 1 des Werkes. Hierbei ist $\varkappa_K$ für jene Ausweichrichtung zu bestimmen, die im betrachteten Beulfeld beim Knickvorgang die ungünstigsten Druckspannungsverhältnisse erzeugt.

Nachweise

Bei *alleiniger Wirkung von Spannungen* σ_x, σ_y oder τ ist für Einzel-, Teil- und Gesamtfelder der Nachweis zu führen, dass die Spannungen aus den Einwirkungen nicht größer als die Grenzbeulspannungen sind, Gl. (2.14).

$$\frac{\sigma_x}{\sigma_{x,P,R,d}} \le 1 \qquad \frac{\sigma_y}{\sigma_{y,P,R,d}} \le 1 \qquad \frac{\tau}{\tau_{x,P,R,d}} \le 1 \tag{2.14}$$

Unter gewissen Voraussetzungen enthält dieser Nachweis für das Gesamtfeld auch den Nachweis für Teil- und Einzelfelder, s. Norm.

Sind in einem Beulfeld *mehrere Spannungskomponenten* σ_x, σ_y *und* τ *gleichzeitig* wirksam, wobei es sich stets einander zugeordnete Spannungen handelt, so ist folgender *Interaktionsnachweis* zu erbringen:

$$\left(\frac{|\sigma_x|}{\sigma_{x,P,R,d}}\right)^{e_1} + \left(\frac{|\sigma_y|}{\sigma_{y,P,R,d}}\right)^{e_2} - V \cdot \left(\frac{|\sigma_x \cdot \sigma_y|}{\sigma_{x,P,R,d} \cdot \sigma_{y,P,R,d}}\right) + \left(\frac{\tau}{\tau_{P,R,d}}\right)^{e_3} \le 1 \tag{2.15}$$

Hierin bedeuten:

$$\left.\begin{aligned} e_1 &= 1 + \varkappa_x^4 \\ e_2 &= 1 + \varkappa_y^4 \\ e_3 &= 1 + \varkappa_x \cdot \varkappa_y \cdot \varkappa_\tau^2 \end{aligned}\right\}$$

sind einzelne Spannungen nicht vorhanden, so sind in e_3 die entsprechenden Abminderungsfaktoren mit $\varkappa = 1$ zu berücksichtigen $\qquad$ (2.16)

V ist nach Gl. (2.17) zu bestimmen, wenn σ_x und σ_y Druckspannungen sind; andernfalls gilt Gl. (2.18).

$$V = (\varkappa_x \cdot \varkappa_y)^6 \qquad \sigma_x, \sigma_y \text{ Druck} \tag{2.17}$$

$$V = \text{sign}\,(\sigma_x \cdot \sigma_y) \qquad (V = \pm 1) \tag{2.18}$$

Bei *Zugspannungen* $\sigma_{(x,\,y)}$ sind die Abminderungsfaktoren $\varkappa_{(x,\,y)} = 1$ zu setzen.

Grenzbeulspannung $\sigma_{PK,R,d}$ bei knickstabähnlichem Verhalten

Bei extremen Abmessungsverhältnissen unversteifter Platten ($\alpha \ll 1$ bei σ_x-Spannungen bzw. $\alpha > 1$ bei σ_y-Spannungen) und bei längsversteiften Platten mit nahezu beliebigem Seitenverhältnis α verhält sich die Platte beim Ausbeulen nicht „plattenartig" (Abstützung auf alle vier Ränder), sondern die mittleren Plattenbereiche wirken wie eine Schar nebeneinander liegender Streifen mit gleicher Maximalauslenkung, d.h. wie einzelne Knickstäbe. Die mittlere Beulfläche ist einsinnig gekrümmt und daher abwickelbar im Gegensatz z.B. zur Beulfläche einer quadratischen Platte, Bild 2.10a, b. Dadurch besitzt die Platte – genau so wie Knickstäbe – keine überkritischen Tragreserven durch Mobilisierung von quer gerichteten Membranspannungen und muss eingeordnet werden zwischen die Versagensfälle „Beulen" und „Knicken". Dies geschieht in DIN 18800-3 mit Hilfe eines *Wichtungsfaktors* ϱ; für $\varrho = 0$ liegt „Beulen" vor, bei $\varrho = 1$ dagegen „Knicken". Ist der Wichtungsfaktor $\varrho \geq 0$, muss die Grenzbeulspannung über dem Abminderungsfaktor $\varkappa_{PK}$ nach Gl. (2.22) bestimmt werden.

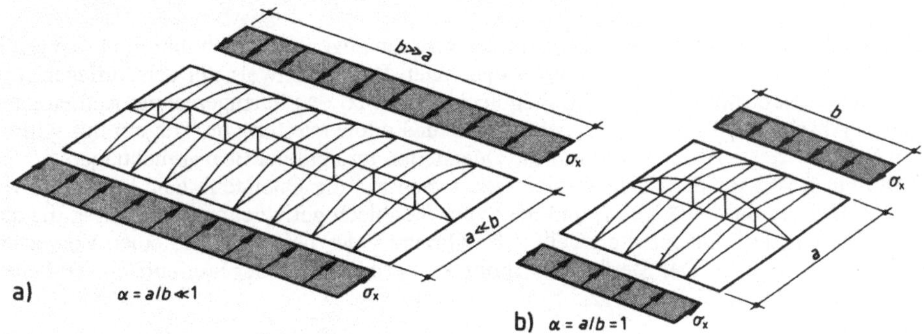

Bild **2.10**   Beulfläche in Abhängigkeit vom Seitenverhältnis α
                      a) abwickelbar (knickstabähnlich), b) nicht abwickelbar

Es gilt

$$\varrho = \frac{\Lambda - \sigma_{Pi}\,/\,\sigma_{Ki}}{\Lambda - 1} \geq 0 \tag{2.19}$$

mit

$$\Lambda = \overline{\lambda}_P^2 + 0,5 \quad \text{jedoch} \quad 2 \leq \Lambda \leq 4 \tag{2.20}$$

σ_{Ki} Eulersche Knickspannung des Beulfeldes, wobei die Ränder in Richtung der Druckspannung als frei anzunehmen sind.

Bei unversteifter Platte mit Spannungen σ_x wird

$$\sigma_{Pi}\,/\,\sigma_{Ki} = k_\sigma \cdot \alpha^2 \geq 1 \tag{2.21}$$

(Liegen Spannungen σ_y vor, so sind a und b zu vertauschen; im Falle längsversteifter Platten s. Norm).

Für den Abminderungsfaktor gilt

$$\varkappa_{PK} = (1 - \varrho^2) \cdot \varkappa_P + \varrho^2 \cdot \varkappa_K \tag{2.22}$$

und $\qquad \sigma_{PK,R,d} = \varkappa_{PK} \cdot f_{y,k} / \gamma_M$ $\qquad\qquad\qquad\qquad\qquad\qquad\qquad\qquad$ (2.23)

mit

$\varkappa_P \qquad$ Abminderungsfaktor für Beulen nach Tafel **2.5**

$\varkappa_K \qquad$ Abminderungsfaktor für Knicken nach Knickspannungslinie b in DIN 18800-2 für einen gedachten Stab mit dem bezogenen Schlankheitsgrad $\bar{\lambda}_P$

$$\bar{\lambda}_P \leq 0{,}2:\; \varkappa_K = 1$$

$$\left.\begin{array}{l}
\bar{\lambda}_P > 0{,}2:\; \varkappa_K = \dfrac{1}{k + \sqrt{k^2 - \bar{\lambda}_P^2}} \\[3ex]
k = 0{,}5 \cdot [1 + 0{,}34 \cdot (\bar{\lambda}_P - 0{,}2) - \bar{\lambda}_P^2]
\end{array}\right\} \tag{2.24}$$

Die Nachweise nach Gl. (2.14) bzw. (2.15) sind bei $\varrho \geq 0$ mit der Spannung $\sigma_{P,K,R,d}$ zu führen.

2.3.4 Nachweis der Quersteifen

Quersteifen werden konstruktiv so steif ausgebildet, dass sie augenscheinlich ihre Funktion erfüllen. Für *Auflagersteifen* führt man näherungsweise einen Knicknachweis mit der Auflagerkraft, wobei zum Steifenquerschnitt ein Teil des Stegbleches (z.B. $26 \cdot t_s$) hinzugerechnet werden kann (s. Beispiel 1, Abschn. 1). Besondere Regeln gelten für Endquersteifen von Trägern mit schlanken Stegen bei $\tau_m > \tau_{Pi}$, s. Abschn. 7.3. Für die Quersteifen im Feld bei Beanspruchungen σ_x und $\varrho \geq 0{,}7$ kann ein Nachweis dergestalt erfolgen, dass man auf die Quersteife eine konstante Abtriebskraft q_A über die Steifenlänge b_G und quer zum Stegblech gerichtet angreifen lässt, die aus der Kraftumlenkung der benachbarten Teil- oder Gesamtfelder bei Annahme einer Vorverformung w_0 entsteht, Bild **2.11**. Der Steifenquerschnitt wird ermittelt aus der Steifenfläche und einer *wirksamen Stegblechbreite a'*, Bild **2.12**.

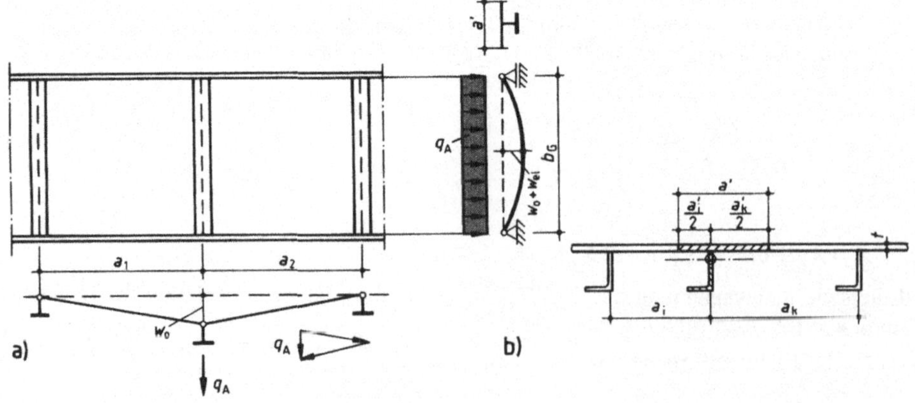

Bild **2.11**   Zum Nachweis der Quersteifen
a) Abtriebskraft q_A
b) statisches System

Bild **2.12**   Gurtbreite von Quersteifen

$$\text{mit} \qquad a' = (a'_i + a'_k)/2 \qquad\qquad\qquad\qquad (2.25)$$

$$a'_{i,k} = 0{,}605 \cdot t_S \cdot \lambda_a \cdot (1 - 0{,}133 \cdot t_S \cdot \lambda_a / a_{i,k}) \qquad\qquad (2.26)$$

jedoch $\quad a'_{i,k} \le a_{i,k}$ und $\quad a'_{i,k} \le b_G/3$

$$\lambda_a \qquad\qquad\qquad\qquad\qquad\qquad\qquad\qquad \text{nach Gl. (2.11)}$$

$$q_A = \pi \cdot \sigma_m \cdot (w_0 + w_{el})/4 \qquad\qquad\qquad\qquad (2.27)$$

$$\text{mit} \qquad \sigma_m = \frac{\sigma_x \cdot t_S}{2} \cdot \frac{(1+\psi)}{\sigma_{Pi}/\sigma_{Ki}} \cdot \left(\frac{1}{a_1} + \frac{1}{a_2} \right) \qquad\qquad (2.28)$$

Hierin bedeuten:

$\psi \ge 0$ Randspannungsverhältnis nach Gl. (2.7)

$$\sigma_{Pi}/\sigma_{Ki} \qquad\qquad\qquad\qquad\qquad\qquad \text{nach Gl. (2.21)}$$

a_1, a_2 Längen der angrenzenden Felder

$$\left. \begin{array}{l} w_0 = b_G / 300, \quad \text{jedoch} \quad w_0 \le \min a_i / 300 \\ \qquad\qquad\qquad\qquad\qquad \le 10 \text{ mm} \end{array} \right\} \qquad (2.29)$$

w_{el} = iterativ zu bestimmende elastische Verformung, die kleiner sein soll als $b_G/300$. Nimmt man $w_{el} = b_G/300$ an, entfällt eine Iteration.

Es ist nachzuweisen, dass unter q_A die größte Spannung max $\sigma \le \sigma_{R,d}$ ist. Werden über die Quersteifen hohe Einzellasten eingeleitet, sind diese als Druckkraft zu berücksichtigen, wobei von einer dreiecksförmigen Druckkraftverteilung mit $s_K \approx 0{,}7 \cdot b_G$ ausgegangen werden kann. Der Nachweis erfolgt wie für Druck mit einachsiger Biegung.

2.3.5 Herstellungsungenauigkeiten und konstruktive Forderungen

Unausgesteifte und ausgesteifte Blechfelder weisen aufgrund des Verzugs beim Schweißen *Vorbeulen* auf. Im unbelasteten Zustand sollen diese *Abweichungen von der Sollform* gewisse Höchstwerte nicht überschreiten. Regelungen hierzu s. Norm! Unter Umständen sind Richtarbeiten erforderlich. Eine Entscheidung hierüber sollte mit dem Aufsteller der statischen Berechnung getroffen werden.

Konstruktive Forderungen werden bezüglich der Steifenausbildung, eventueller Steifenausschnitte und der Stöße von gedrückten Blechen unterschiedlicher Dicke erhoben. Hier werden nur die Quersteifen und Blechstöße behandelt, Bild **2.13**.

Quersteifen sind i.d.R. mit der zu versteifenden Platte (und mit den Gurten) zu verbinden. Dabei dürfen die Nähte unterbrochen ausgeführt werden. Die Länge der Unterbrechung ist wie ein *Ausschnitt* zu behandeln. Sind Ausschnitte in Quersteifen erforderlich (Bild **2.14**), so muss an dieser Stelle eine Querkraft

$$V = \frac{I_{\text{netto}}}{\max e} \cdot f_{y,d} \cdot \frac{\pi}{b_G} \qquad\qquad\qquad\qquad (2.30)$$

mit

max e größter Randabstand des Steifennettoquerschnittes
b_G Stützweite der Quersteife

übertragen werden.

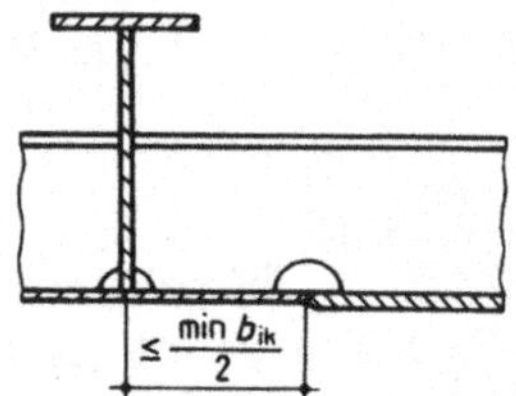 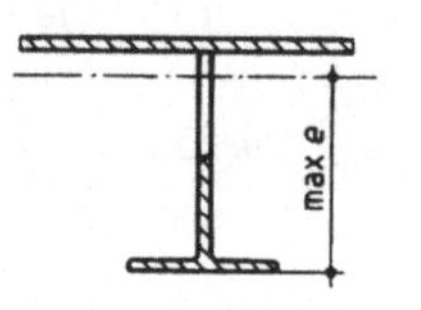 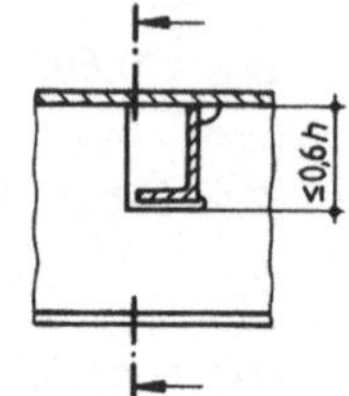

Bild **2.13**   Lage des Querstoßes von Platten   Bild **2.14**   Ausschnitte in Quersteifen
              unterschiedlicher Dicke

Für die Ausschnittshöhe gilt $\Delta h < 0,6 \cdot h$ (h = Steifenhöhe). Sind gedrückte Bleche unterschiedlicher Dicke exzentrisch (z.B. einseitig bündig) zu stoßen, sollte der Stoß in der Nähe einer Quersteife liegen, Bild **2.13**. Die Exzentrizität bleibt unberücksichtigt, wenn die Stoßstelle nicht weiter als $0,5 \cdot \min b_{ik}$ von der jenigen Quersteife entfernt ist, die die dünnere Platte stützt ($\min b_{ik}$ = kleinste Breite der Einzelfelder mit Blechdickenänderung).

2.4 Beispiele

Beispiel 1 (Bild **2.15**)

Für den im Abschn. 1 nachgewiesenen Blechträger aus S 235 ist der Beulnachweis für die Stegfelder 1 und 2 zu führen. Dabei handelt es sich jeweils um 4-seitig gelenkig gelagerte Gesamtfelder.

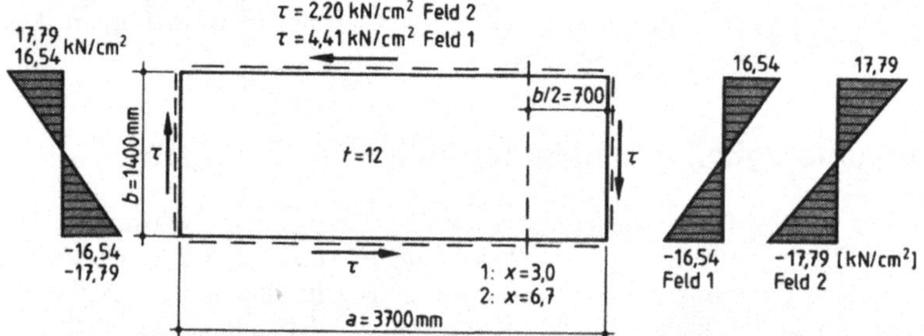

Bild **2.15**   Beulfeldabmessungen und Beanspruchungen im Beispiel 1

Während die Schubspannungen τ längs der Ränder für beide Felder jeweils konstant sind, ändern sich die Randspannungen $\sigma_{1,2}$ längs der Plattenränder entsprechend dem M_y-Verlauf. Abmessungen, Spannungen s. Bild **2.15**.

Schnittgrößen, Spannungen

Feld 1		Feld 2	
$M_{x=3,0} = 2738 \cdot 3,0/3,7$	= 2220 kNm	$M_{x=6,7} = 2738 + \dfrac{4107-2738}{3,7} \cdot 3,0$	= 3848 kNm
$V_z =$	= 740 kN	$V_z =$	= 370 kN
$\sigma_1 = -\sigma_2 = \dfrac{222\,000}{939812} \cdot 70$	= 16,54 kN/cm²	$\sigma_1 = -\sigma_2 = \dfrac{384\,800}{1513768} \cdot 70$	= 17,79 kN/cm²
$\tau = 740/168$	= 4,41 kN/cm²	$\tau = 370/168$	= 2,20 kN/cm²

Vorwerte für beide Felder (s. Tafel **2**.1)

$$\alpha = 370/140 = 2{,}643 \qquad\qquad \sigma_e = 1{,}898 \cdot \left(\frac{100 \cdot 1{,}2}{140}\right)^2 = 1{,}394 \; \text{kN/cm}^2$$

Ideale Beulspannung bei $\alpha \geq 2/3$ und $\psi = -1$

$$k_\sigma \qquad\qquad\qquad = 23{,}9$$
$$\sigma_{xPi} = 23{,}9 \cdot 1{,}394 \qquad = 33{,}32 \; \text{kN/cm}^2$$

Ideale Schubbeulspannung bei $\alpha \geq 1$

$$k_\tau = 5{,}34 + 4{,}0/2{,}643^2 \qquad = 5{,}91$$
$$\tau_{Pi} = 5{,}91 \cdot 1{,}394 \qquad\qquad = 8{,}24 \; \text{kN/cm}^2$$

Abminderungsfaktoren $\varkappa$ nach Tafel 2.2

bei alleiniger Wirkung von σ_x

$$\overline{\lambda}_P = \sqrt{\frac{24{,}0}{33{,}32}} = 0{,}849 \qquad c = 1{,}25 - 0{,}25\,(-1{,}0) = 1{,}5 > 1{,}25 \qquad c = 1{,}25$$

$$\varkappa_x = 1{,}25 \cdot \left(\frac{1}{0{,}849} - \frac{0{,}22}{0{,}849^2}\right) = 1{,}09 > 1{,}0 \qquad\qquad \varkappa_x = 1{,}0$$

bei alleiniger Wirkung von τ

$$\overline{\lambda}_P = \sqrt{\frac{24/\sqrt{3}}{8{,}24}} = 1{,}297$$

$$k_\tau = \frac{0{,}84}{1{,}297} = 0{,}648$$

Grenzbeulspannungen

$$\sigma_{P,R,d} = 1{,}0 \cdot \frac{24{,}0}{1{,}1} \qquad = 21{,}8 \; \text{kN/cm}^2$$

$$\tau_{P,R,d} = 0{,}648 \cdot \frac{21{,}8}{\sqrt{3}} \qquad = 8{,}16 \; \text{kN/cm}^2$$

Nachweise

$$e_1 = 1 + 1{,}0^4 = 2{,}0 \qquad e_2 \text{ entfällt} \qquad e_3 = 1 + 1{,}0 \cdot 1{,}0 \cdot 0{,}648^2 = 1{,}42$$

$$\text{Feld 1:} \quad \left(\frac{16{,}54}{21{,}8}\right)^2 + \left(\frac{4{,}41}{8{,}16}\right)^{1{,}42} = 0{,}99 < 1$$

$$\text{Feld 2:} \quad \left(\frac{17{,}79}{21{,}8}\right)^2 + \left(\frac{2{,}20}{8{,}16}\right)^{1{,}42} = 0{,}82 < 1$$

Knickstabähnliches Verhalten

$$\Lambda \qquad = 0{,}849^2 + 0{,}5 \quad = 1{,}22 < 2{,}0 \quad \Lambda = 2{,}0$$

$$\sigma_{Pi}/\sigma_{Ki} = k_\sigma \cdot \alpha^2 \qquad = 23{,}9 \cdot 2{,}643^2 = 166{,}95$$

$$\rho \qquad = \frac{2 - 166{,}95}{2 - 1} \qquad = -164{,}95 < 0$$

Damit liegt für das Stegblech reines Beulverhalten vor.

Da die ideale Beulquerkraft

$$V_{\text{Pi}} = 140 \cdot 1{,}2 \cdot 8{,}24 = 1384 \text{ kN} > 740$$

ist, entfallen die Nachweise für die konstruktiv gewählte Endquersteife.

Beispiel 2 (Bild **2.16**)

Für die in Bild **2.16** dargestellte Kragstütze mit einem dünnwandigen, geschweißten Hohlquerschnitt aus S 355 ist der Tragsicherheitsnachweis unter Berücksichtigung des Beuleinflusses zu führen. In der angegebenen Horizontallast ist eine Ersatzlast aus Imperfektion (Vorverdrehung φ_0) bereits enthalten:

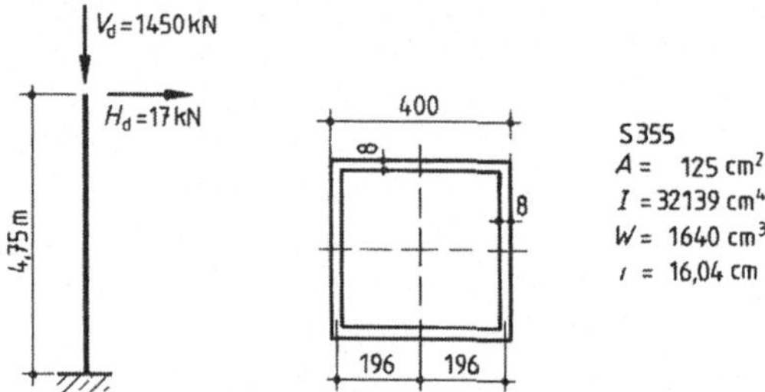

Bild **2.16**   Statisches System und Querschnitt für Beispiel 2

Der Nachweis des stabilen Gleichgewichts bei Einhaltung der maßgebenden Grenzspannung wird nach dem Verfahren Elastisch – Elastisch erbracht. Dabei sind die Schnittgrößen (Biegemomente) nach Theorie II. Ordnung zu bestimmen, wenn die Normalkraft mehr als 10 % der Verzweigungslast beträgt.

Mit der Knicklänge $s_{\text{K}} = 2 \cdot h$ wird

$$N_{\text{Ki,d}} = \frac{\pi^2 \cdot EI_{\text{d}}}{(2 \cdot h)^2} = \frac{\pi^2 \cdot 21 \cdot 10^3 \cdot 32139}{(2 \cdot 475)^2 \cdot 1{,}1} = 6710 \text{ kN} \qquad \text{und}$$

$$N_{\text{d}}/N_{\text{Ki,d}} = 1450/6710 = 0{,}216 > 0{,}1$$

Das Einspannmoment nach Theorie II. Ordnung kann mit ausreichender Genauigkeit über den Vergrößerungsfaktor α (s. Teil 1) bestimmt werden.

$$\max M^{\text{II}} = 17{,}0 \cdot 4{,}75 \cdot \frac{1}{1-0{,}216} = 103 \text{ kNm}$$

Die Gurtspannung (in der Blechmittelebene) beträgt

$$\sigma = 1450/125 + 10300/1640 = 11{,}6 + 6{,}3 = 17{,}9 \text{ kN/cm}^2$$

Mit $\psi = 1{,}0$ ist

$$b/t = 39{,}2/0{,}8 = 49 > \text{grenz } b/t = 293 \cdot \sqrt{\frac{4{,}0}{179 \cdot 1{,}1}} = 41{,}8$$

Für das Gurtblech ist ein Beulnachweis erforderlich mit der Grenzbeulspannung nach Gl. (2.12).

Beulen

$$\alpha > 1{,}0 \quad k_\sigma = 4{,}0 \qquad\qquad \sigma_{\text{e}} = 1{,}898 \cdot \left(100 \cdot \frac{8}{392}\right)^2 = 7{,}9 \text{ kN/cm}^2$$

$$\sigma_{\text{Pi}} = 4{,}0 \cdot 7{,}9 = 31{,}6 \text{ kN/cm}^2 \qquad\qquad \overline{\lambda}_{\text{P}} = \sqrt{36{,}0/31{,}6} = 1{,}067$$

$$c = 1{,}25 - 0{,}25 \cdot 1{,}0 = 1{,}0 \qquad\qquad \varkappa_{\text{x}} = 1{,}0 \cdot \left(\frac{1}{1{,}067} - \frac{0{,}22}{1{,}067^2}\right) = 0{,}744$$

Knicken

$$\overline{\lambda}_P = 2 \cdot 475/(16,04 \cdot 75,9) = 0,78$$

Linie b $\varkappa_K = 0,737$

Unter Berücksichtigung des gleichzeitigen Versagens infolge von *Beulen* und *Knicken* ist die Grenzspannung

$$\sigma_{x,P,R,d} = 0,737 \cdot 0,744 \cdot 36,0/1,1 = 17,9 \text{ kN/cm}^2$$

Nachweis:

$$\sigma/\sigma_{x,P,R,d} = 17,9/17,9 = 1,0$$

Der Nachweis liegt auf der sicheren Seite, da ⅓ der Spannung von $\sigma = 17,9$ kN/cm^2 aus Biegemomenten stammt, während der Abminderungsfaktor $\varkappa_K$ (aus planmäßig mittigen Druck) auf beide Spannungsanteile (Normalkraft, Biegemoment) angewendet wird.

Beispiel 3 (Bild **2.17**)

Es soll der Beulnachweis für ein Einzelfeld bei σ_x- und σ_y -Beanspruchung und knickstabähnlichem Verhalten gezeigt werden. Die Abmessungs- und Beanspruchungsverhältnisse gehen aus Bild **2.17** hervor, Material S 355, $\psi = \psi_T = 1,0$.

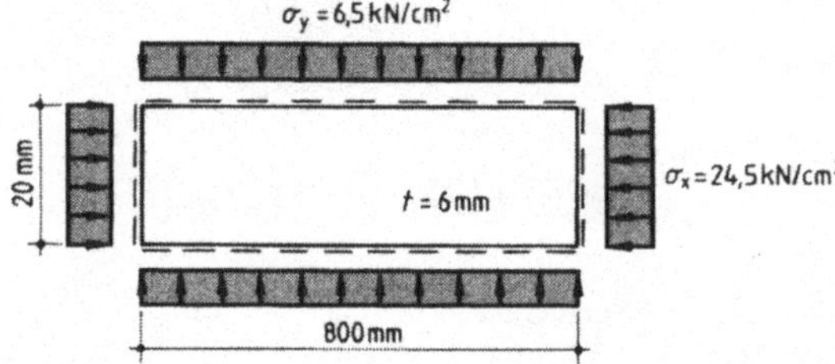

Bild **2.17**   Beulfeld mit Beanspruchungen für Beispiel 3

Einzelbeulspannungen

σ_x- Spannungen:

$$\alpha \quad = 800/200 = 4,0 \qquad k_{\sigma_x} = 4,0$$

$$\sigma_e \quad = 1,898 \cdot (100 \cdot 6/200)^2 \qquad = 17,08 \text{ kN/cm}^2$$

$$\sigma_{xPi} = 4,0 \cdot 17,08 \qquad = 68,32 \text{ kN/cm}^2$$

σ_y -Spannungen (a und b sind zu vertauschen):

$$\alpha \quad = 200/800 = 0,25 < 1$$

$$k_{\sigma y} = \left(0,25 + \frac{1}{0,25}\right)^2 \cdot \frac{2,1}{1,0+1,1} = 18,06 \qquad \text{Tafel 2.1}$$

$$\sigma_e \quad = 1,898 \cdot (100 \cdot 6/800)^2 \qquad = 1,07 \text{ kN/cm}^2$$

$$\sigma_{yPi} = 18,06 \cdot 1,07 \qquad = 19,32 \text{ kN/cm}^2$$

Abminderungsfaktoren für Beulen (ohne knickstabähnlichem Verhalten)

σ_x -Spannungen:

$$\overline{\lambda}_P = \sqrt{36,0/68,32} = 0,726$$

$$c \quad = 1,25 - 0,12 - 1,0 = 1,13$$

$$\varkappa_x \quad = 1,13 \cdot (1/0,726 \cdot 0,22/0,726^2) = 1,08 > 1 \qquad \varkappa_x = 1,0$$

σ_y -Spannungen:

$$\overline{\lambda}_P = \sqrt{736{,}0/19{,}32} = 1{,}365 \qquad c = 1{,}13$$

$$\varkappa_y = 1{,}13\,(1/1{,}365 - 0{,}22/1{,}365^2) = 0{,}694$$

Knickstabähnliches Verhalten

Für die Beanspruchung σ_y ist mit $\alpha = 0{,}25 \ll 1$ knickstabähnliches Verhalten zu unterstellen. Dies wird bestätigt durch den Wichtungsfaktor ϱ.

Mit

$$\sigma_{yPi}/\sigma_{Ki} = 18{,}06 \cdot 0{,}25^2 = 1{,}13 \qquad\qquad \text{Gl. (2.21)}$$

wird mit

$$\Lambda = 1{,}365^2 + 0{,}5 = 2{,}363$$

$$\varrho = \frac{2{,}363 - 1{,}13}{2{,}363 - 1} = 0{,}905 > 0$$

Knickstabähnliches Verhalten ist maßgebend. Der Abminderungsfaktor $\varkappa_{yPK}$ wird nach Gl. (2.22) und (2.24) bestimmt.

Knicken:

$$k = 0{,}5 \cdot [1 + 0{,}34 \cdot (1{,}365 - 0{,}2) + 1{,}365^2] = 1{,}63$$
$$1/\varkappa_K = 1{,}63 + \sqrt{1{,}63^2 - 1{,}365^2} \qquad \varkappa_K = 0{,}40 \qquad\bigg\} \text{ nach Gl.(2.24)}$$

$$\varkappa_{yPK} = (1 - 0{,}905^2) \cdot 0{,}694 + 0{,}905^2 \cdot 0{,}4 = 0{,}453 \qquad \text{nach Gl.(2.22)}$$

Grenzbeulspannungen

$$\sigma_{xP,R,d} = 1{,}0 \cdot 36{,}0/1{,}1 = 32{,}73 \ \text{kN/cm}^2$$
$$\sigma_{yPK,R,d} = 0{,}453 \cdot 36{,}0/1{,}1 = 14{,}82 \ \text{kN/cm}^2$$

Beulnachweis

$$e_1 = 1 + 1{,}0^4 = 2{,}0$$
$$e_2 = 1 + 0{,}453^4 = 1{,}04$$

Da σ_x und σ_y Druckspannungen sind, wird

$$V = (1{,}0 \cdot 0{,}453)^6 = 0{,}009$$

und der Interaktionsnachweis lautet:

$$\left(\frac{24{,}5}{32{,}73}\right)^{2{,}0} + \left(\frac{6{,}5}{14{,}82}\right)^{1{,}04} - 0{,}009 \cdot \frac{24{,}5 \cdot 6{,}5}{32{,}73 \cdot 14{,}82} + 0 = 0{,}98 < 1$$

Weitere Beispiele s. Abschn. 4.6.

3 Fachwerke, Fachwerkträger

Fachwerke als Träger oder sonstige Tragkonstruktionen haben nach wie vor eine große Bedeutung und werden eingesetzt, wenn

- große Stützweiten frei zu überspannen und
- örtlich hohe Einzellasten abzuleiten sind
- gewichtssparend zu konstruieren ist oder
- ästhetische Gesichtspunkte der Architektur eine filigrane Tragkonstruktion erfordern.

Sie werden daher vorzugsweise eingesetzt als

- Haupt- und Nebenträger des Hoch- und Brückenbaus, Bild **3.**1a, b
- Horizontal- und Vertikalverbände von Tragwerken zur Ableitung von Wind- und Seitenkräften
- bzw. zur Stabilisierung von Biegeträgern und Rahmenriegeln, Bild **3.**1c
- Vergitterung von Druckstäben (Stützen) im Mast- und Turmbau, Bild **3.**1d.

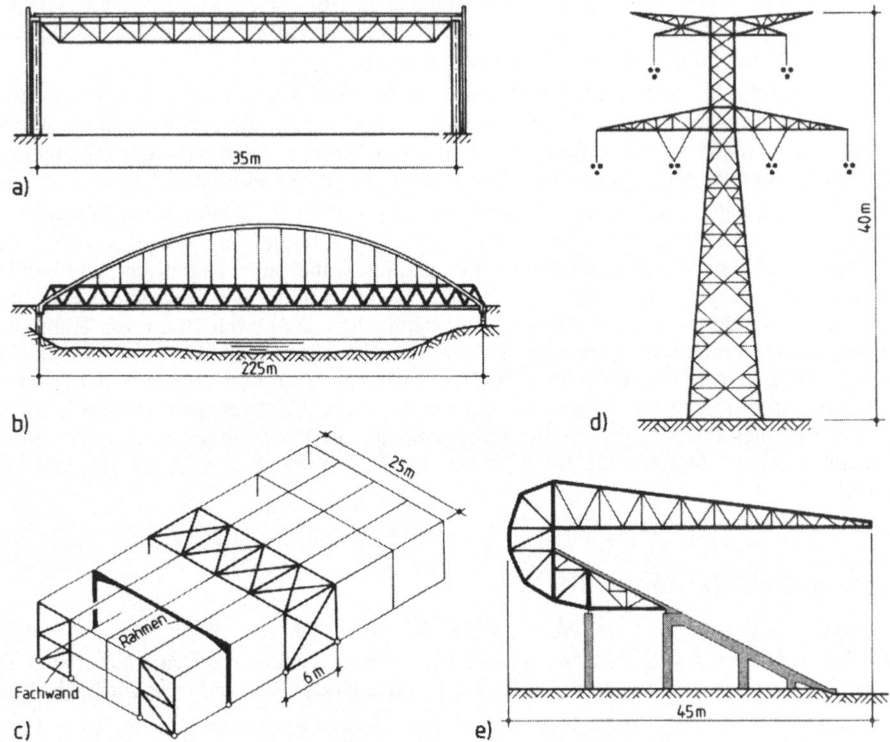

Bild **3.**1   Fachwerke
a) als Dachträger im Hallenbau
b) als Versteifungsträger einer Eisenbahn-Bogenbrücke
c) als Wind- und Stabilisierungsverband
d) im Mastbau
e) in Stadionüberdachungen

Fachwerke werden aus geraden, ein- oder mehrteiligen Stäben zusammengesetzt, die ein Netz bilden, indem von einem Grunddreieck ausgehend jeder neu hinzugefügte Knotenpunkt mit zwei neuen Stäben angeschlossen wird (Fachwerk 1. Art). Darüber hinaus vorgesehene Stäbe machen das Fachwerk *innerlich statisch unbestimmt*. Die *Netzlinien* schneiden sich in der Regel in den Knotenpunkten, und die Fachwerkstäbe werden dort statisch als *gelenkig* verbunden angesehen. Bei Belastung nur in den Systemknoten erhalten die Stäbe unter diesen Voraussetzungen nur Zug- oder Druckkräfte. Die Annahme gelenkiger Knotenpunkte trifft im realen Fachwerk bei den stahlbaumäßigen Stabanschlüssen der Fachwerkfüllstäbe über Schrauben oder Schweißnähte und der Durchlaufwirkung der meist über eine größere Knotenzahl ohne Unterbrechung durchlaufenden Gurte nicht zu und ist auch bei Bolzengelenken wegen der Gelenkreibung nicht ganz erfüllt.

Aufgrund der Stabverlängerungen und -verkürzungen verformt sich das belastete Fachwerk insgesamt. Durch Knotenverdrehungen und Stabverschwenkungen entstehen zwangsläufig neben den Stabnormalkräften auch Biegemomente (und vernachlässigbare Querkräfte). Bei schlanken Stäben und (konstruktiv) kleinen Knotenpunkten bleiben die Zusatzmomente gering und erzeugen auch nur mäßige *Nebenspannungen* an den Stabenden. Bei vorwiegend ruhender Belastung werden Spannungsspitzen plastisch abgebaut. Bei völliger Durchplastizierung der Stabendquerschnitte verhält sich das Tragwerk wie ein ideales Fachwerk.

Bei nicht vorwiegend ruhender Belastung (Kranbahnträger, Brücken) sind diese Nebenspannungen jedoch in die Betriebsfestigkeitsuntersuchung einzubeziehen. Im Rahmen dieses Werkes sollen vorzugsweise *ebene* Fachwerkträger des Hochbaus behandelt werden. Hier können sie in allen Stützweitenbereichen anstelle von Vollwandträgern verwendet werden.

Der Baustoffverbrauch für Fachwerke ist kleiner als bei Vollwandkonstruktionen, doch ist der Fertigungsaufwand höher, sodass in jedem Falle untersucht werden muss, welche der beiden Bauweisen wirtschaftlicher ist. Bei der Entscheidung spielen aber auch ästhetische und bauliche Fragen mit: Vollwandträger wirken mit ihren großen Flächen ruhiger, das Filigran des Fachwerks erscheint hingegen leichter, lichtdurchlässiger und begünstigt das Durchführen von Rohrleitungen, Laufstegen usw. Auch die Probleme des Korrosionsschutzes (große Beschichtungsflächen) und dessen Unterhaltung (Zugänglichkeit), des konstruktiven Brandschutzes (Verkleidung) und der Verstärkung bei erhöhten Lasten sind bei der Planung zu berücksichtigen. Die Entscheidung für den Fachwerkträger anstelle eines Vollwandträgers kann auch abhängig sein von der erforderlichen Hebekraft bei der Montage (Gewicht) oder von der erforderlichen Biegesteifigkeit (Verformungen).

3.1 Fachwerksysteme

Fachwerkträger (kurz: Fachwerke) bestehen aus einem oberen und unteren Begrenzungsstab, dem *Obergurt* und *Untergurt*, und aus Vertikal- und Diagonalstäben (Streben), den *Füllstäben*, Bild **3.2**.

Zum Entwurf von Fachwerken können folgende Regeln dienen:

1. An den Lasteinleitungsstellen sollen Knotenpunkte des Fachwerknetzes angeordnet werden, da die Stäbe andernfalls querbelastet und dadurch zusätzlich auf Biegung beansprucht werden (z.B. Binderobergurte infolge unmittelbarer Auflagerung der Dachhaut oder durch Pfettenauflagerung zwischen den Knoten, Untergurte durch Deckenträger oder Kranbahnen).

2. Die Gurte sollen innerhalb der vorgefertigten Teilstücke des Fachwerks geradlinig sein; denn sonst unvermeidliche Werkstattstöße an den Knickstellen sind teuer, Bild **3.2d, e**

3. Engmaschige Systemnetze sind zu vermeiden, weil sie den Werkstattaufwand vergrößern; ggf. kann von Punkt 1 abgewichen werden.

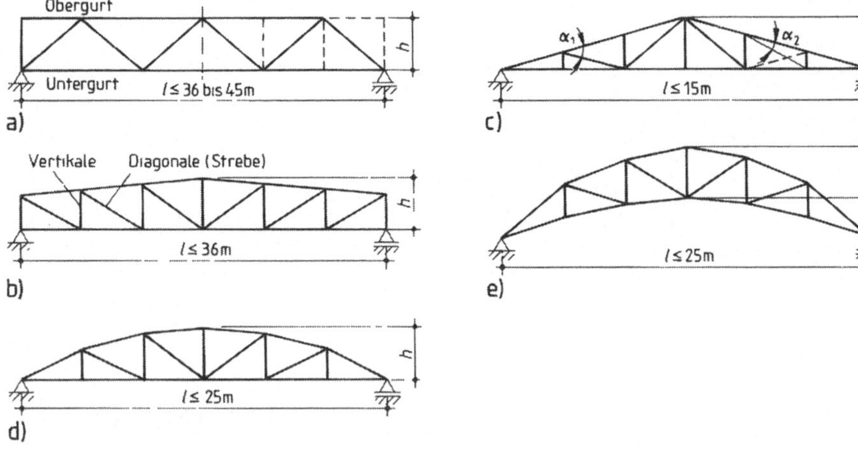

Bild **3.2** Grundformen der Fachwerke
a) Parallelfachwerk
b) Trapezfachwerk c) Dreieckfachwerk
d) Parabelträger (in umgekehrter Lage als Fischbauchträger)
e) Sichelträger

4. Druckstäbe sollen mit Rücksicht auf ihre Knicksicherheit möglichst kurz, Zugstäbe möglichst lang sein.

5. Fachwerkstäbe dürfen nicht unter zu spitzen Winkeln ($>$ 30°) zusammentreffen, weil sonst die Schweißnähte der Stabanschlüsse schlecht zugänglich sind oder aber lange, hässliche Knotenbleche entstehen (Bild **3.2**c).

6. Gekrümmte Stäbe sind wegen ihrer Biegebeanspruchung, Knickempfindlichkeit und teuren Herstellung zu vermeiden.

Fachwerke werden als Einfeld-, Durchlauf-, Gelenk- und Kragträger ausgeführt.

Grundformen der Fachwerke

Sie werden nach dem Trägerumriss benannt (Bild **3.2**). *Parallelfachwerke* (Bild **3.2**a) verwendet man im Hochbau als Pfetten, Dachträger, Verbände und Windträger, als Binder für Pultdächer, als Kranbahnträger und als Unterzüge unter Bindern, Decken und Mauern. Träger mit *geneigten Obergurten* sind ausschließlich Formen für *Dachbinder*. Die *Netzhöhe* der Fachwerkträger wird wirtschaftlich zu $h \approx l/8$ bis $l/12$ angenommen, in Ausnahmefällen bis herab auf $l/15$ (große Durchbiegung). Bei Dreieckfachwerken muss h jedoch wesentlich höher ausgeführt werden, weil sonst die Winkel zwischen den Stäben zu spitz sind (Bild **3.2**c); Dreiecksbinder kommen daher nur für steile Dachneigungen in Frage, doch führt dann die im Bild gezeigte schematische Anordnung der Füllstäbe zu Transportproblemen (s.u.).

Da das Fachwerknetz von den Stabschwerlinien gebildet wird, ist die Konstruktionshöhe des Fachwerks größer als die Netzhöhe h. Um das Fachwerk in möglichst großen Teilstücken in der Werkstatt vorfertigen und zur Baustelle befördern zu können, darf die Konstruktionshöhe die zulässigen *Lademaße* nicht überschreiten.

Diese richten sich nach der Transportmöglichkeit (Schiene oder Straße, Beschaffenheit des Fahrzeugs, Werkstücklänge, Sondertransport mit Lademaßüberschreitung). Bei normalem Bahntransport mit $h \leq 2{,}90$ m kommt man bei Fachwerken nach Bild **3.2**a, b und d auf max $l \approx 25$ bis 35 m.

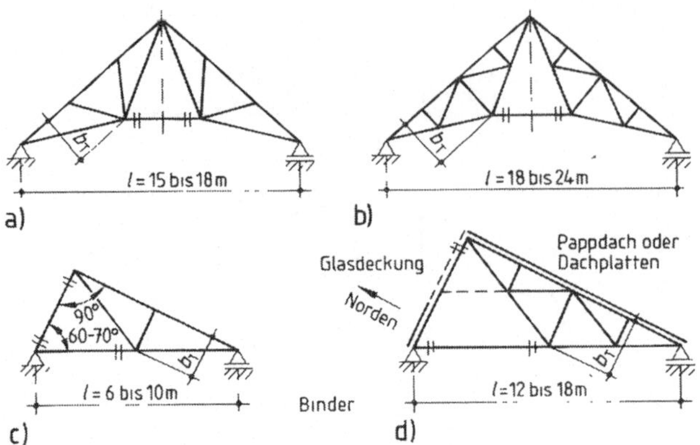

Bild 3.3 Dreieckbinder als Dachtragwerke, Montagestoß (II), a) bis b) Polenceau-Binder, c) bis d) Sheddach-Binder

Überschreitet die Konstruktionshöhe bei großen Stützweiten die Transportbreite, dann müssen die Füllstäbe lose geliefert und auf der Baustelle eingeschraubt werden.

Aus diesen Gründen wählt man *bei Dreieckbindern* das Bindersystem so, dass es sich leicht in zwei schmale, transportfähige Fachwerkscheiben zerlegen lässt, welche bei der Montage im Firstpunkt sowie durch ein Zugband miteinander verbunden werden (Bild **3.3**a, b). Die Höhenlage des Zugbandes kann sich der Form der Unterdecke anpassen. In ähnlicher Weise können auch Shedbinder entworfen werden (Bild **3.3**c, d). Fachwerknetze nach Bild **3.3**b sind Fachwerke 2. Art; sollen die Stabkräfte graphisch ermittelt werden, ist die Zugbandkraft vorab zu berechnen (z.B. nach dem Ritterschen Schnitt) und als bekannte Knotenlast im Cremonaplan einzufügen. *Parabel-* und *Sichelträger* (Bild **3.2**d, e) sind veraltet und kommen heute nicht mehr in Betracht, weil die Knicke in den Gurten und in der Dacheindeckung ihre Ausführung zu teuer machen.

Sonderformen der Fachwerke

Solche kommen z.B. vor bei Tribünenüberdachungen (Bild **3.1**e), als Dachträger bei Sport- und Mehrzweckhallen und bei Flugzeughangars (Bild **3.4**). Für ihre äußere Gestaltung sind architektonische oder zweckbedingte Gesichtspunkte maßgebend, während hinsichtlich der Querschnittswahl der Stäbe und der Anordnung der Füllstäbe die grundsätzlichen Regeln gelten.

Bei *Pfostenfachwerken* (Bild **3.2**b) lässt man die Diagonalen nach der Mitte zu fallen, weil so die langen Diagonalen Zug, die kurzen Vertikalen Druck erhalten. Bei *Dreieck-Fachwerken* richtet sich die Anordnung der Diagonalen auch nach den Neigungswinkeln der Stäbe untereinander (Bild **3.2**c α_1, $\alpha_2 < \alpha_1$), wobei Ausfachungen mit möglichst vielen gleichen Winkeln (Bild **3.3**b) ruhiger wirken als solche mit unterschiedlichen Winkeln (Bild **3.3**a). *Strebenfachwerke* (Bild **3.2**a) haben abwechselnd steigende und fallende Diagonalen. Zwar ist jede zweite Diagonale gedrückt und muss entsprechend kräftig bemessen werden, doch spart man gegenüber dem Pfostenfachwerk die stark auf Druck beanspruchten Vertikalstäbe und praktisch jeden zweiten Gurtknoten ein, sodass das Strebenfachwerk meist wirtschaftlicher als das Pfostenfachwerk ist. Sind am belasteten Gurt zwischen den Hauptknotenpunkten weitere Einzellasten aufzunehmen oder soll die Knicklänge des Druckgurtes verkleinert werden, kann man *Zwischenpfosten* oder *Zwischenfachwerke* einschalten (Bilder **3.2**a, **3.5**a, **3.6**a, c). Andernfalls erhält der Gurt nicht nur Normalkräfte, sondern auch Biegemomente und muss als biegesteifer Querschnitt dimensioniert werden (Bild **3.6**b); trotz des hierdurch verursachten größeren Stahlbedarfs für den Gurt ist diese Ausführung wegen der kleineren Zahl der Knotenpunkte in der Regel wirtschaftlicher.

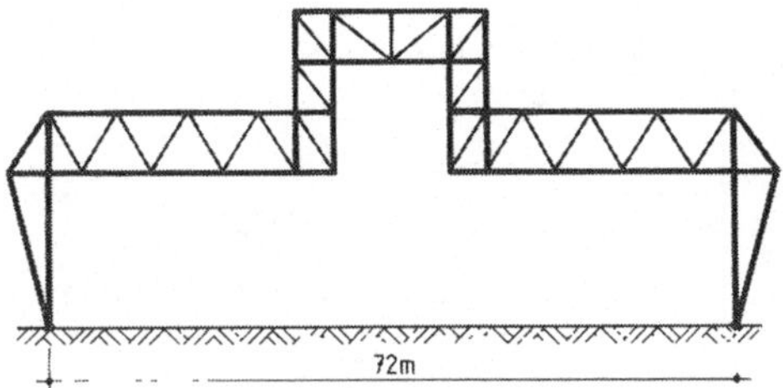

Bild **3.4**   Querschnitt eines Flugzeughangars

Zwei oder mehrere sich kreuzende Strebenzüge bilden nach Bild **3.5a** das *Rautenfachwerk*. Das System nach Bild **3.5b** ist 1-fach statisch unbestimmt; das System **3.5a** wäre ohne den (unschönen) Stabilisierungsstab in der Mitte labil. Rautenfachwerke wurden als Haupttragwerke weitgespannter Brücken sowie für Windverbände verwendet. Wegen der hohen Fertigungskosten durch die große Zahl der Stabkreuzungspunkte werden sie heute nur noch in Ausnahmefällen ausgeführt. Ebenfalls vornehmlich für Verbände werden das *K-Fachwerk* mit seinen kurzen Druckstäben (Bild **3.5c**) oder die Ausfachung mit *gekreuzten Diagonalen* (Andreaskreuz, Bild **3.5d**) gewählt.

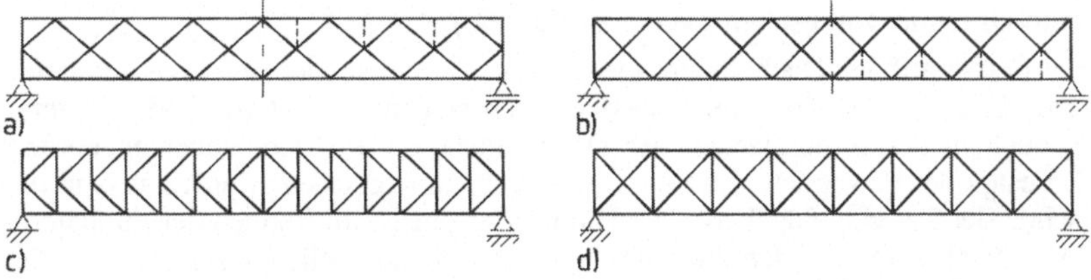

Bild **3.5**   Parallelgurtfachwerke
a) und b) Rautenfachwerk c) K-Fachwerk d) mit gekreuzten Diagonalen

Man bemisst die gekreuzten Diagonalen bei vorwiegend ruhender Belastung nur auf *Zug*, sodass die nach der Mitte zu steigenden und an sich auf Druck beanspruchten Streben als ausgeknickt und nicht vorhanden anzusehen sind; es entsteht dann statisch ein Pfostenfachwerk nach Bild **3.2b**.

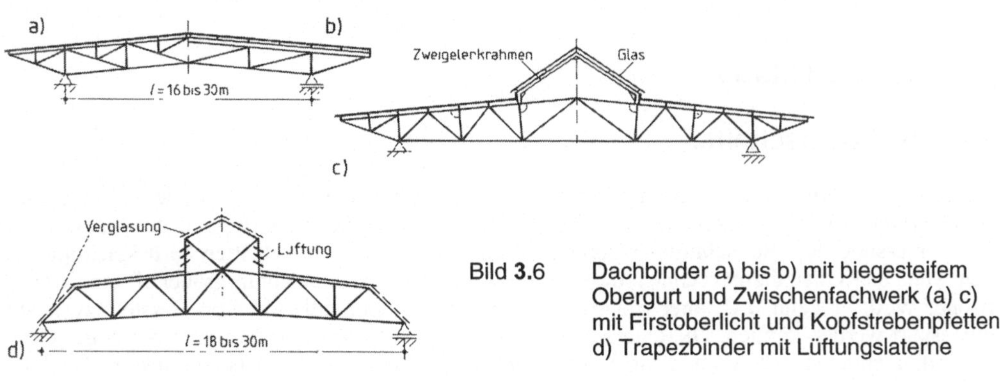

Bild **3.6**   Dachbinder a) bis b) mit biegesteifem
Obergurt und Zwischenfachwerk (a) c)
mit Firstoberlicht und Kopfstrebenpfetten
d) Trapezbinder mit Lüftungslaterne

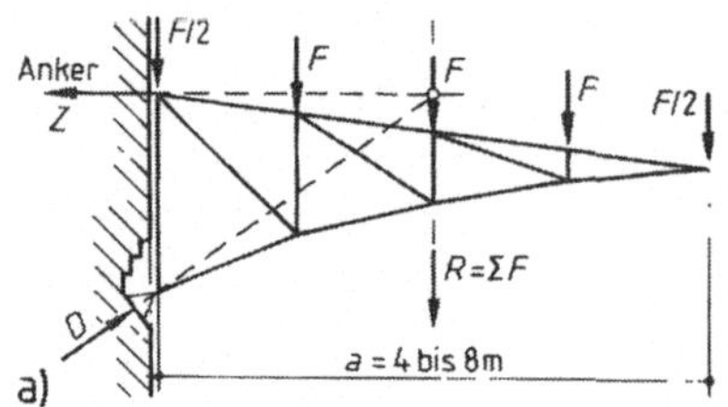
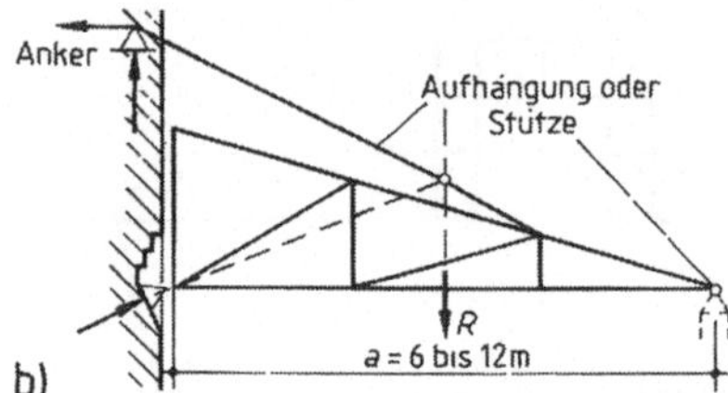

Bild 3.7   Vordachbinder

Bei Umkehr der Lastrichtung werden die anderen Diagonalen wirksam. Bei raschem Wechsel der Lastrichtung, wie bei Verbänden im Kranbahnbau und Brückenbau, müssen die Diagonalen hingegen *drucksteif* gemacht werden, und es wird ihnen jeweils die halbe Feldquerkraft auf Zug und Druck zugewiesen.

Beispiele für Dachbinder

Trapezbinder (mit oder ohne Zwischenfachwerk, Bild **3.**6a, b) weisen parallele Gurte auf, und die Dachneigung wird durch einen Knick im Gesamtfachwerk hergestellt. Erhält der Binderuntergurt Druckkräfte, z.B. bei Kragarmen oder infolge Windsog, dann kann man ihn mit *Kopfstreben* schräg gegen die Pfetten abstützen, um seitliches Ausknicken zu verhindern. Da die Pfetten meist senkrecht zum Obergurt stehen, müssen die zur Befestigung der Kopfstreben dienenden Füllstäbe ebenfalls senkrecht zum Obergurt vorgesehen werden (Bild **3.**6c).

Laternen oder *Firstoberlichter* auf den Dachbindern dienen zum Belichten oder Entlüften der darunter befindlichen Räume. Die Glasflächen können in den Dachflächen der Laternen oder in ihren Seitenwänden liegen; auch in den Seitenflächen der Dachbinder können Lichtbänder angeordnet werden (Bild **3.**6c, d). Feste oder bewegliche Lüftungsvorrichtungen (Jalousien) werden stets in den senkrechten Seitenflächen der Laterne eingebaut. Der Binderobergurt ist im Bereich der Firstlaterne auf deren Stützweite knicksicher auszubilden oder durch einen Verband seitlich abzustützen. Sollen (in Ausnahmefällen) fachwerkartige Dachaufbauten in das statische System miteinbezogen werden, ist das Fachwerkbildungsgesetz zu beachten. I.d.R. werden statisch unabhängige Systeme (z.B. Zweigelenkrahmen, Bild **3.**6c) ausgebildet oder vorgefertigte Standardfabrikate verwendet.

Vordachbinder (Bild **3.**7) werden an höher geführte Gebäude oder an Stützen angehängt. Der obere Lagerpunkt wird meist waagerecht in der Geschossdecke verankert. Der untere Auflagerpunkt erhält ein Lager, das den (schrägen) Druck D aufnehmen muss. Falls der gedrückte Untergurt nicht seitlich durch einen Untergurtverband oder durch Kopfstreben gegen die Pfetten abgestützt wird, ist seine *Knicklänge* senkrecht zur Binderebene gleich der ganzen Untergurtlänge. Bei größeren Ausladungen wird das freie Ende durch eine Stütze oder Aufhängung abgefangen.

3.2 Fachwerkstäbe

3.2.1 Stabquerschnitte

Die *Stabquerschnitte* sollen zur Fachwerkebene symmetrisch sein. Bei Stäben, deren Schwerachse außerhalb der Fachwerkebene liegt (Tafel **3.**1, b3), muss die Ausmittigkeit der Stabkraft bei der Bemessung des Querschnitts entsprechend den Berechnungsvorschriften berücksichtigt werden. Stets muss man damit rechnen, dass ein unsymmetrischer Querschnitt größer als ein symmetrischer wird; er kann u.U. aber trotzdem wirtschaftlich sein, falls mit ihm Herstellungskosten eingespart werden können. Die *Querschnittsform* ist im Wesentlichen bestimmt durch die Größe der aufzunehmenden Kraft und die Verbindungsart der Stäbe in den Knotenpunkten. Genietete

Träger werden – abgesehen von Ausnahmen wie z.B. beim Ersetzen denkmalgeschützter Bauten – nicht mehr hergestellt. Fachwerkträger werden heute möglichst vollständig geschweißt und nur noch an evtl. erforderlichen Montagestößen verschraubt. Fachwerke als Verbände oder bei mobilen Geräten wie bei Rüst- und Behelfskonstruktionen werden demgegenüber überwiegend verschraubt. Des Weiteren ist die Profilwahl noch davon abhängig, ob notwendige Knotenbleche *einwandig* oder *zweiwandig* auszuführen sind.

Tafel 3.1 Auswahl üblicher Querschnittsformen für Fachwerkstäbe

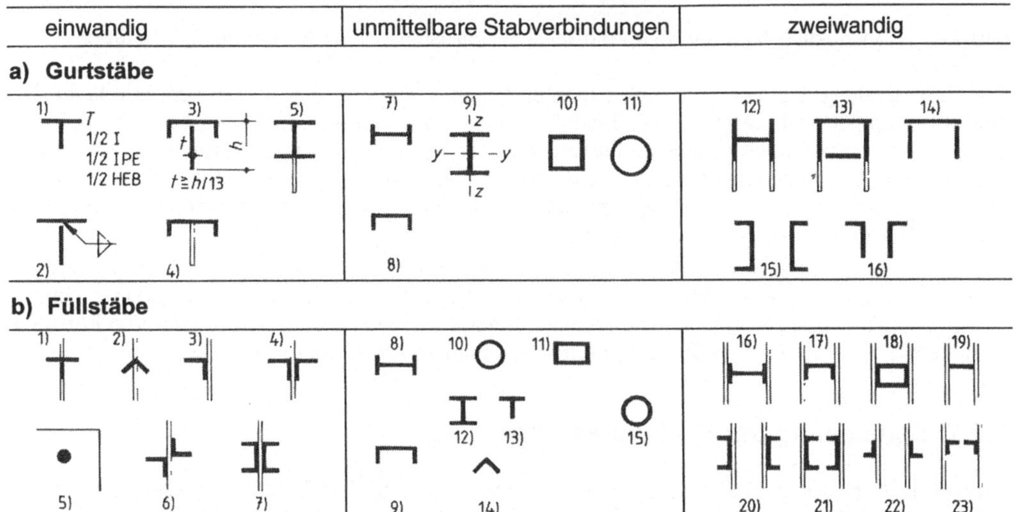

Bei *geschweißten* Fachwerken wählt man vorzugsweise *einteilige Querschnitte*, bei *geschraubten Fachwerken ein- und mehrteilige Querschnitte*.

Gurtprofile

Gurtprofile werden nach der größten Beanspruchung bemessen und über die ganze Trägerlänge in diesem Profil durchgeführt; am Baustellenstoß kann jedoch ggf. ein Profilwechsel vorgenommen werden. *Verstärkungen* der Querschnitte sind wegen des Arbeitsaufwandes zu vermeiden oder auf kurze Strecken zu beschränken.

Füllstäbe

Füllstäbe werden jeder für sich für die jeweilige Stabkraft bemessen. Zugstäbe erhalten die gleiche steife Querschnittsform wie Druckstäbe, um sie bei Transport und Montage gegen Beschädigungen zu schützen. Schlaffe Querschnitte nach Tafel 3.1b, 5 und 19 sind auf Sonderfälle, wie z.B. R-Träger, zu beschränken. Die Stäbe sollen nach Möglichkeit *einteiligen Querschnitt* aufweisen. Gegenüber mehrteiligen Stäben haben sie den Vorteil, dass sie von allen Seiten leicht zugänglich und darum leicht zu unterhalten sind und dass ihre Beschichtungsflächen i. Allg. kleiner sind. Außerdem verursacht ihre Herstellung geringere Lohnkosten, weil die bei mehrteiligen Stäben notwendigen Verbindungen zwischen den Knotenpunkten entfallen. Hinzu kommt, dass der Zwischenraum bei mehrteiligen Stäben wegen Erhaltungsmaßnahmen entweder ausreichend breit sein muss (Bild **3.8**a, b) oder bei erhöhter Korrosionsgefahr mit einem durchgehenden Futter auszufüllen ist (Bild **3.8**c). Bei „einwandigen" Fachwerken (Tafel **3.1**) können die Füllstäbe mit Flankenkehlnähten oder Stumpfnähten entweder unmittelbar an die Stege der Gurtprofile oder aber an entsprechende Knotenbleche angeschweißt werden (z.B. Bild **3.19**). Bei „zweiwandigen" Fachwerken sind zwei solcher Anschlussebenen vorhanden.

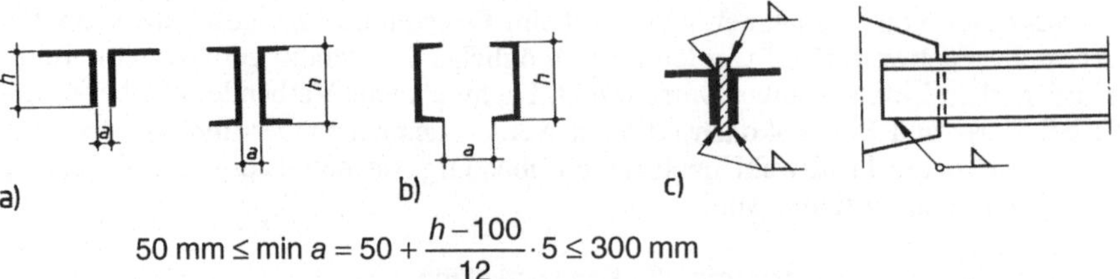

$$50\ \text{mm} \le \min a = 50 + \frac{h-100}{12} \cdot 5 \le 300\ \text{mm}$$

Bild 3.8 Konstruktive Anforderungen hinsichtlich Korrosionsschutz bei mehrteiligen Stäben

Die Verdoppelung der Anschlussmöglichkeiten gegenüber einwandigen Fachwerken erlaubt den Anschluss großer Stabkräfte; im Hochbau kommen zweiwandige Fachwerke bei sehr weit gespannten oder sehr schwer belasteten Fachwerken vor, sie stellen aber im Brückenbau den Regelfall dar. Häufiger ausgeführt wird die unmittelbare Stabverbindung, bei der die Füllstäbe stumpf gegen die Gurte stoßen und mit Stumpfnähten und/oder umlaufenden Kehlnähten an die Gurte geschweißt werden (knotenblechfreie Fachwerke).

Die in Tafel 3.1 dargestellten Querschnittsformen sind für geschweißte Fachwerke geeignet. Muss am Baustellenstoß ein Füllstab angeschraubt werden, so ist sein Profil zweckentsprechend zu wählen (Tafel 3.1b, 3, 4, 6, 7). Die gleichen Stabquerschnitte kommen für Gurte und Füllstäbe in Betracht, wenn ein Fachwerk nicht geschweißt, sondern geschraubt werden soll.

3.2.2 Bemessung der Fachwerkstäbe

Zugstäbe. Bemessung und Tragsicherheitsnachweise s. Teil 1. Weil für die Dimensionierung lediglich die Größe der Querschnittsfläche maßgebend ist, kann die Wahl der Querschnittsform ausschließlich aufgrund konstruktiver Aspekte, wie z.B. günstige Anschlussmöglichkeiten, vorgenommen werden.

Lässt sich der Stab ohne Bearbeitung an die Knotenpunkte anschweißen, entsteht kein Querschnittsverlust; muss das Stabende jedoch geschlitzt oder ausgeklinkt werden, ist der geschwächte Querschnitt unter Berücksichtigung des Querschnittsverlustes ΔA nachzuweisen (Bild 3.12). Am geschraubten Baustellenstoß eines Zuggurtes kann man den Lochabzug klein halten, indem man die Bohrungen gegeneinander versetzt (Bild 3.13).

Wenn ein Stab aus einem Einzelwinkel (Tafel 3.1b, 3) mit zwei hintereinanderliegenden Schrauben oder mit Schweißnähten, deren Länge mindestens der Schenkelbreite entspricht, angeschlossen ist, darf die Ausmitte des Kraftangriffs unberücksichtigt bleiben, wenn $\sigma \le 0,8 \cdot \sigma_{R,d}$ ist.

Zum Versteifen der Zugstäbe gegen Beschädigung bei Transport und Montage werden zweiteilige Stäbe zwischen den Knotenpunkten durch eingeschweißte Futter in der Art der Bindebleche von Druckstäben in 1200 bis 2000 mm Abstand miteinander verbunden. Je schwächer der Stab ist, um so enger werden die Verbindungen gesetzt. In schweren Fachwerken und bei Tragwerken mit nicht ruhender Belastung werden mehrteilige Zugstäbe wie Druckstäbe mit Bindeblechen an den Stabenden und in den Drittelpunkten versehen.

Druckstäbe. Bemessung und Stabilitätsnachweis s. Teil 1. Für die Querschnittswahl der Druckstäbe ist neben konstruktiven Gesichtspunkten besonders die ausreichende Knicksteifigkeit maßgebend. Für die Knicklänge planmäßig mittig gedrückter Stäbe mit unverschieblich gehaltenen Stabenden gelten folgende Regelungen:

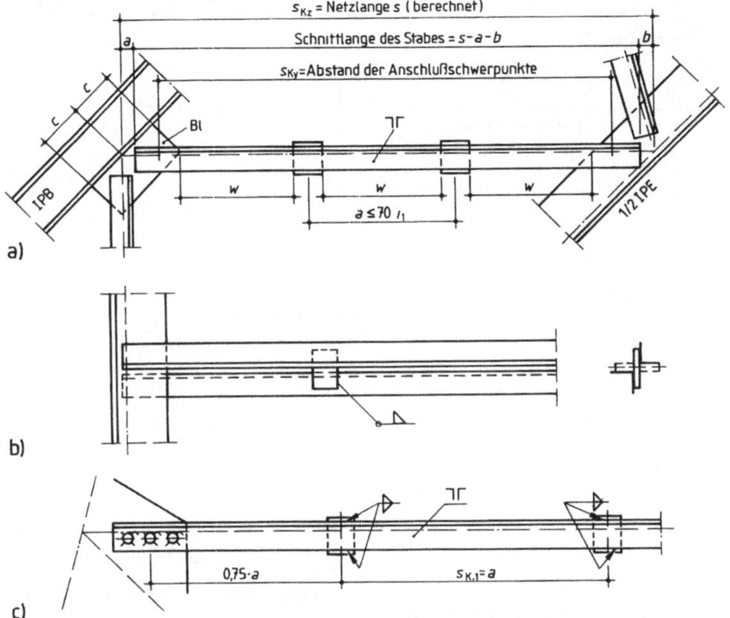

Bild 3.9 Knicklängen für Füllstäbe, Anordnung der Binderbleche bei 2-teiligen Druckstäben kleiner Spreizung a) Knick- und Schnittlänge
b) Übereck gestellte Winkel mit wechselseitigen Bindeblechen
c) Bindeblechabstände bei geschraubtem Anschluss

Knicklängen s_{Ky} beim Ausknicken in der Fachwerkebene

Für Gurte sowie Endstreben von Trapezträgern ist s_{Ky} = Netzlänge s. Bei Eckstielen von Gittermasten und Fachwerkstützen hängt s_K vom Profil und vom System der Ausfachung ab. Bei Füllstäben ist s_{Ky} = Abstand s_0 der nach der Zeichnung geschätzten Schwerpunkte der Schweißanschlüsse bzw. Anschlussschrauben (Bild **3.**9); näherungsweise ist $s_{Ky} \sim 0{,}9\ s$. Wird ein Winkelprofil mit einer Schraube gelenkig angeschlossen, so ist der Einfluss der Exzentrizität zu berücksichtigen. Erfolgt der Anschluss biegesteif mit zwei hintereinander liegenden Schrauben oder durch gleichwerkige Schweißnähte, so ist die Biegeknickuntersuchung mit λ_K nach Tafel **3.**2 durchzuführen und die Exzentrizität ist vernachlässigbar. Bei sich *kreuzenden Stäben* müssen beide Stäbe miteinander unmittelbar oder über Knotenbleche verbunden sein. Als Knicklänge s_{Ky} ist die Netzlänge bis zum Kreuzungspunkt anzunehmen. Wenn beide Stäbe durchlaufen, s. Teil 1, ist deren Verbindung rechtwinklig zur Fachwerkebene mit 10 % von max $|N|$ zu bemessen.

Tafel 3.2 Bezogener Schlankheitsgrad $\bar{\lambda}_K$ für Fachwerk-Füllstäbe aus einem einteiligen Winkelprofil und biegesteifem Anschluss (über mindestens 2 Schrauben oder gleichwertige Schweißnähte)

	1	2		1	2
1	$0 < \bar{\lambda}_K \le \sqrt{2}$	$\bar{\lambda}_K' = 0{,}35 + 0{,}753\ \bar{\lambda}_K$	3	$\bar{\lambda}_K = \dfrac{l}{i_1 \cdot \lambda_a}$	bezogener Schlankheitsgrad des Füllstabes
2	$\sqrt{2} < \bar{\lambda}_K \le 3{,}0$	$\bar{\lambda}_K' = 0{,}50 + 0{,}646\ \bar{\lambda}_K$		l i_1	Systemlänge des Füllstabes kleinster Trägheitsradius des Winkelquerschnittes

Tafel **3**.3 Knicklängen von Fachwerkstäben mit konstanten Querschnitten für das Ausweichen rechtwinklig zur Fachwerkebene

	1	2	3
1		$$s_K = l\sqrt{\dfrac{1 - \dfrac{3}{4}\dfrac{Z\cdot l}{N\cdot l_1}}{1 + \dfrac{l_1\cdot l^3}{l\cdot l_1^3}}}$$ jedoch $s_K \geq 0,5\,l$	
2		$$s_K = l\sqrt{\dfrac{1 + \dfrac{N_1\cdot l}{N\cdot l_1}}{1 + \dfrac{l_1\cdot l^3}{l\cdot l_1^3}}}$$ jedoch $s_K \geq 0,5\,l$	$$s_{K,1} = l_1\sqrt{\dfrac{1 + \dfrac{N\cdot l_1}{N_1\cdot l}}{1 + \dfrac{l\cdot l_1^3}{l_1\cdot l^3}}}$$ jedoch $s_{K,1} \geq 0,5\,l$
3		durchlaufender Druckstab $$s_K = l\sqrt{1 + \dfrac{\pi^2}{12}\cdot\dfrac{N_1\cdot l}{N\cdot l_1}}$$	gelenkig angeschlossener Druckstab $s_{K,1} = 0,5\,l_1$ wenn $$(E\cdot I)_d \geq \dfrac{N_1\cdot l^3}{\pi^2\cdot l_1}\left(\dfrac{\pi^2}{12} + \dfrac{N\cdot l_1}{N_1\cdot l}\right)$$
4		$$s_K = l\sqrt{1 - 0,75\,\dfrac{Z\cdot l}{N\cdot l_1}}$$ jedoch $s_K \geq 0,5\,l$	
5		$s_K = 0,5\,l$ wenn $\dfrac{N\cdot l_1}{Z\cdot l} \leq 1$ oder wenn gilt $$(E\cdot I_1)_d \geq \dfrac{3Z\cdot l_1^2}{4\,\pi^2}\left(\dfrac{N\cdot l_1}{Z\cdot l} - 1\right)$$	
6		$$s_K = l\left(0,75 - 0,25\left|\dfrac{Z}{N}\right|\right)$$ jedoch $s_K \geq 0,5\,l$	$$s_{K,1} = l\left(0,75 - 0,25\,\dfrac{N_1}{N}\right)$$ $N_1 < N$

Ausknicken rechtwinklig zur Fachwerkebene

Bei *Füllstäben* (Streben, Pfosten) ist s_{Kz} = Netzlänge s. Bei sich kreuzenden Stäben ist die Knicklänge nach Tafel **3.3** zu bestimmen. Bei *Gurten* ist s_{Kz} = Abstand der seitlich unverschieblichen Knotenpunkte. Nur diejenigen Pfetten oder Wandriegel halten den Druckgurt unverschieblich seitlich fest, die an die *Knotenpunkte* von Verbänden angeschlossen sind. Bei elastischer Stützung, z.B. durch Halbrahmen, ist der Druckgurt als Stab mit elastischer Bettung zu behandeln (s. „Kippaussteifung" in Abschn. 1).

Man strebt gleiche Knicksicherheit um beide Knickachsen an. Für $s_{Ky} \approx s_{Kz}$ sind dann Querschnitte mit $i_y \approx i_z$ zweckmäßig (Tafel **3.1** a-2, -3, -10, -11). Bei $s_{Ky} > s_{Kz}$ sind Querschnitte nach Tafel **3.1** a-5 oder 1/2 IPE-Profile günstig, für $s_{Kz} > s_{Ky}$ verwendet man Profile nach Tafel **3.1** a-4, -7, -12. Treten zu den Normalkräften (Zug oder Druck) noch *Biegemomente* aus exzentrischen Anschlüssen oder aus Querbelastung der Stäbe zwischen den Knotenpunkten hinzu, sind unsymmetrische Querschnitte äußerst unwirtschaftlich und es kommen nur Profile gemäß Tafel **3.1** a-5, -13 oder **3.1** b-7 in Betracht. Für sie ist der Tragsicherheitsnachweis „Druck mit einachsiger Biegung" zu führen (s. Teil 1). Es sei daran erinnert, dass erforderlichenfalls, immer aber bei T-förmigen Querschnitten und Einzelwinkeln, der *Biegedrillknicknachweis* zu führen ist und dass die Wände der Druckstäbe die vorschriftsmäßigen *Mindestdicken* aufweisen müssen. So gilt z.B. für die abstehenden Teile T-förmiger Druckstäbe aus S 235 mit $\sigma = N/A$ in kN/cm^2 und $\gamma_M = 1,1$

$$\textbf{grenz } \boldsymbol{b/t = 60,26/} \sqrt{\sigma} \tag{3.1}$$

Sollte diese Forderung bei Stegen der 1/2 IPE-, und HE-A-Profile nicht erfüllt sein, kann möglicherweise ein genauerer Beulsicherheitsnachweis Erfolg bringen (s. Abschn. 2 und 7).

Zweiteilige Druckstäbe müssen durch *Bindebleche* mit statisch nachzuweisendem Mittenabstand s_1 wenigstens in den Drittenpunkten miteinander verbunden werden. Sie sind so zu verteilen, dass ihre Lichtabstände w annähernd gleich groß werden (Bild **3.9**). Ihr Schweißanschluss ist für die Wirkung der Schubkraft T zu berechnen (s. Teil 1).

3.2.3 Ermittlung der Stabkräfte

Bei ruhender Belastung werden alle Knotenpunkte als reibungsfreie Gelenke (ideales Fachwerk) angesehen und die Stabkräfte nach der Fachwerktheorie rechnerisch oder graphisch bzw. über EDV-Programme ermittelt. Bei dynamischer Belastung (im Brückenbau) sind die Nebenspannungen aus den Stabendmomenten mit zu erfassen; die Schnittkraftermittlung erfolgt dann zweckmäßigerweise über Stabwerksprogramme unter der Annahme biegesteifer Stabanschlüsse (s. Beispiel 1). Im Folgenden soll kurz auf die *ideale Fachwerktheorie* eingegangen werden.

Fachwerke können *äußerlich* oder *innerlich* statisch bestimmt oder unbestimmt sein. Auch sind Kombinationen möglich. Die äußerliche statische Unbestimmtheit ergibt sich aus der Zahl der Auflagerwertigkeiten a. Überzählige Auflagerkräfte können bei regelmäßigen Fachwerkträgern mit den üblichen Mitteln der Baustatik ermittelt werden. Wenn die Biege- und Schubsteifigkeit des Fachwerkträgers über eine effektive Steifigkeit $(EI)_{eff.}$ vorab abgeschätzt werden kann, welche die Stabverlängerungen und -Verkürzungen *aller* Stäbe erfasst, lässt sich die Berechnung erheblich vereinfachen. Als grobe Abschätzung gilt

$$(EI)_{\text{eff}} \approx (0,7 \div 0,8) \cdot (E \cdot A_G) \cdot \frac{h^2}{2} \tag{3.2}$$

mit

A_G gemittelte Gurtfläche zwischen Ober- und Untergurt

h Abstand der Gurtschwerachsen (Fachwerkhöhe)

Tafel 3.4   Stabkräfte, Schubsteifigkeit S^* und Biegesteifigkeit EI^* parallelgurtiger Fachwerke

M_i, M_j Ordinate der M-Linie an der Stelle i bzw. j Q_{ij}, Q_{ik} Ordinate der Q-Linie im Bereich ij bzw. jk (Q = Querkraft)	$S^* =$	$EI^* =$
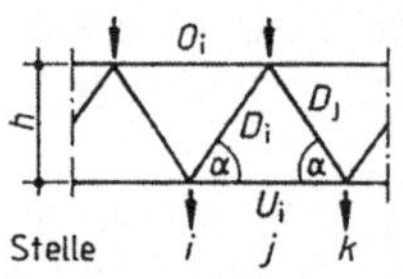 $O_i = -\dfrac{M_i}{h}$, $U_j = -\dfrac{M_j}{h}$, $D_i = -\dfrac{O_{ij}}{\sin\alpha}$, $D_j = -\dfrac{O_{jk}}{\sin\alpha}$	$EA_D \cdot \sin^2\alpha \cdot \cos\alpha$	
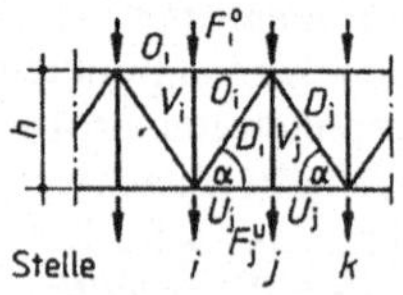 $O_i = -\dfrac{M_i}{h}$, $U_j = -\dfrac{M_j}{h}$, $V_i = -F_i^o$ $D_i = -\dfrac{Q_{ij}}{\sin\alpha}$, $D_j = -\dfrac{O_{jk}}{\sin\alpha}$, $V_j = -F_j^u$		$\dfrac{h^2}{\dfrac{1}{EA_U} + \dfrac{1}{EA_O}}$
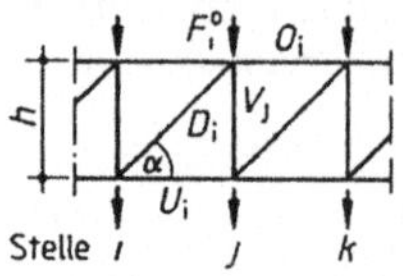 $U_i = -O_j = \dfrac{M_j}{h}$, $D_i = -\dfrac{O_{ij}}{\sin\alpha}$, $V_i = Q_{ij} - F_i^o$	$\dfrac{1}{\dfrac{1}{EA_D \sin^2\alpha \cos\alpha} + \dfrac{1}{EA_V}\tan\alpha}$	
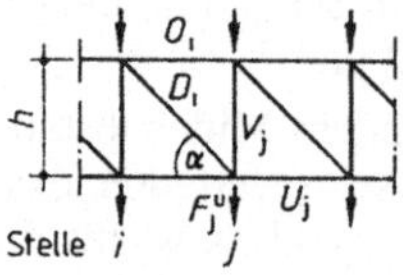 $U_j = -O_i = \dfrac{M_j}{h}$, $D_i = -\dfrac{Q_{ij}}{\sin\alpha}$, $V_j = -Q_{ij} - F_j^u$		
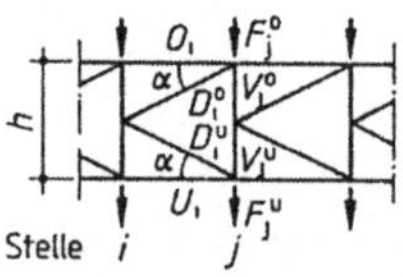 $U_i = -O_i = \dfrac{M_i}{h}$, $D_i^u = -D_i^o = \dfrac{Q_{ij}}{2\sin\alpha}$, $V_j^o = \dfrac{1}{2}Q_{ij} - F_j^o$, $V_j^u = -\dfrac{1}{2}Q_{ij} + F_j^u$	$\dfrac{2}{\dfrac{1}{EA_D \sin^2\alpha \cos\alpha} + \dfrac{1}{EA_V}\tan\alpha}$	
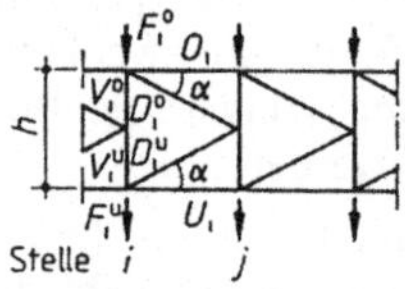 $U_i = -O_i = \dfrac{M_j}{h}$, $D_i^o = -D_i^u = \dfrac{Q_{ij}}{2\sin\alpha}$, $V_j^o = -\dfrac{1}{2}Q_{ij} - F_i^o$, $V_i^u = \dfrac{1}{2}Q_{ij} + F_i^u$		

Bei parallelgurtigen Fachwerken erhält man einen genauen Wert der effektiven Steifigkeit aus Gl. (3.3) [39]

$$(EI)_{\text{eff}} \approx \frac{1}{\dfrac{1}{EI^*} + \left(\dfrac{\rho}{l}\right)^2 \cdot \dfrac{1}{S^*}} \tag{3.3}$$

mit I^*, S^* nach Tafel **3.4** und $\rho = 3{,}1$ für Gleichstreckenlast bzw. $\rho = 3{,}46$ für eine mittige Einzellast.

Die damit ermittelten überzähligen Lagerreaktionen werden als äußere Kräfte auf das dann statisch äußerlich bestimmte Fachwerk angesetzt. Für die Zahl der statischen Unbestimmtheit eines Fachwerkes gilt allgemein

$$n = a + m - 2\,k \tag{3.4}$$

mit

n Zahl der statischen Unbestimmtheit
a Zahl der Auflagerwertigkeiten
m Zahl der in Knoten angeschlossenen Stäbe
k Zahl der Knoten einschließlich Auflagerknoten

Bei $n = 0$ ist das Fachwerk statisch bestimmt, bei $n \geq 1$ n-fach statisch unbestimmt und bei $n < 0$ labil und damit nicht ausführbar. Die unzulässige Labilität eines Fachwerkes in Teilbereichen wird durch Gl. (3.4) nicht erfasst und ist stets zu überprüfen. (Hierbei gilt die einfache Regel, dass Dreiecke stabil und Vierecke labil sind). Bei innerlicher statischen Unbestimmtheit werden n Stabkräfte entfernt und ihre Normalkräfte als statisch unbestimmte Größen eingeführt. Die Stabwerksberechnung erfolgt zweckmäßigerweise nach dem *Kraftgrößenverfahren*, wobei Einzelverformungen mit Hilfe der Arbeitsgleichung

$$\overline{1} \cdot \delta = \sum_i \left(\frac{N\,\overline{N}}{EA} \cdot l \right)_i \tag{3.5}$$

ermittelt werden.

Hierin bedeuten:

$(\underline{N}, A, l)_i$ wirkliche Stabkraft, Fläche und Netzlänge des Stabes i
$\overline{N}_i$ virtuelle Stabkraft des Stabes i

Die Stabkräfte bei statisch bestimmten Fachwerken werden nach einem der drei folgenden Verfahren ermittelt:

Knotengleichgewichtsverfahren

Nach Bestimmung der Auflagerkräfte wird das Gleichgewicht von Knoten zu Knoten fortschreitend über $\Sigma H = 0$ und $\Sigma V = 0$ so formuliert, dass jeweils nur zwei Stabkräfte unbekannt sind. Dabei bilden a Gleichungen Rechenkontrollen, s. Gl. (3.4).

Rittersches Schnittverfahren

Nach Kenntnis der Auflagerkräfte wird durch das Fachwerk ein solcher Schnitt geführt, bei dem drei Stabkräfte frei werden, deren Wirkungslinie sich nicht in einem Punkt schneiden. Aus den Momentengleichgewichtsbedingungen um jeweils den Schnittpunkt der Wirkungslinien zweier Stabkräfte erhält man direkt die 3. Stabkraft. Für parallelgurtige Fachwerke sowie Pult- und Satteldachbinder lassen sich aus der M- und V-Linie allgemeingültige Formeln ableiten, s. Tafel 3.4.

Cremonaplan

Der Cremonaplan entspricht dem 1. Verfahren, jedoch auf zeichnerischem Wege über das Krafteck. Nach Wahl eines Kräfteumlaufsinnes werden die äußeren Kräfte mit Richtungspfeil nach Größe und Richtung in der gewählten Reihenfolge abgetragen. Die Auflagerkräfte werden durch Schließen des Kraftplans erhalten, indem eine der Auflagerkraftrichtungen stets bekannt ist und die andere dann zwangsläufig (Schließen des Kraftplans) festliegt. Von Knoten zu Knoten mit jeweils nur zwei neuen Stabkräften werden nacheinander die Kraftecke gezeichnet und das Vorzeichen der Stabkräfte durch Symbole im Lageplan festgehalten: Eine Zugkraft zieht am Knoten, eine Druckkraft drückt auf den Knoten; am abliegenden Stabende ist der Kraftpfeil umzukehren. Schließt sich der Kraftplan beim letzten Krafteck, so hat man die Kontrolle über die Richtigkeit der Ergebnisse. Die Beträge der Stabkräfte werden durch Ausmessen (im Kräftemaßstab) bestimmt und mit Vorzeichen in eine Tabelle eingetragen, s. 1. Beispiel.

3.3 Fachwerke mit offenen oder zusammengesetzten Querschnitten

3.3.1 Anfertigung der Werkstattzeichnung

Bei der Anfertigung der Werkstattzeichnung für ein Fachwerk sind i.d.R. die folgenden Arbeitsgänge erforderlich, wobei sich die herkömmliche Konstruktionspraxis am Reißbrett prinzipiell nicht unterscheidet von der Konstruktion am Bildschirm mit Hilfe eines stahlbauspezifischen CAD-Systems. Hierbei entfallen insbesondere die Schnittlängenberechnung der Einzelstäbe und die Vermaßung von Knotenblechen, die vom Rechner automatisch geliefert werden und fallweise direkt NC-gesteuerten Säge-Bohranlagen und Brennschneidautomaten mit Bohreinrichtung zugeführt werden können.

Werkstattzeichnung (am Reißbrett)

1. Berechnen der Netzlängen des Fachwerksystems.

2. Aufzeichnen des Fachwerksnetzes im Zeichnungsmaßstab (1:10 oder bei großen Fachwerken 1:15) in schmalen Strichpunktlinien. Die Netzlinien schneiden sich im Knotenpunkt.

3. Einzeichnen der Fachwerkstäbe. Die Stabschwerlinien fallen mit den Netzlinien zusammen. Bei leichten, geschraubten Hochbaukonstruktionen aus Winkelstäben ist es auch üblich, die der Schwerlinie nächstliegende Schraubenrisslinie auf die Netzlinie zu legen.

4. Konstruktion sämtlicher Knotenpunkte im Maßstab 1:1. Diese *Naturgrößen* werden auf kräftigem (Pack-)Papier gezeichnet und dienen später in der Werkstatt ggf. als Schablonen zum Brennen der Knotenbleche bei photoelektrisch gesteuerten Brennanlagen; dadurch erübrigt sich die Bemaßung der Knotenbleche auf der Werkstattzeichnung. (Bei koordinatengesteuerten Anlagen ist eine Vermaßung in Koordinaten erforderlich).

   Aus den Naturgrößen lassen sich die Maße zwischen Systempunkt und Stabende genau abmessen (Maße a und b in Bild **3.9**a); damit berechnet man die *Schnittlänge* des Stabes. Sofern es möglich ist, wird man sie – z.B. mittels des Maßes b – auf 5 mm gerundet festlegen. Der Naturgröße lassen sich weiterhin nicht nur die Maße für Schrägschnitte und Ausklinkungen der Stabenden entnehmen, sondern auch die Anbindemaße c und c', die die Lage des Knotenblechs gegenüber dem Systempunkt bestimmen; dies ist wichtig, weil die Knotenbleche vor dem Zusammenbau des Fachwerks mit den Gurtstäben in der richtigen Position verschweißt werden.

5. Übertragen der Knotenpunkte von den Naturgrößen in die Werkstattzeichnung.

6. Einzeichnen der übrigen Einzelheiten wie Pfetten- und Trägeranschlüsse, Stabverbindungen, Stöße, soweit erforderlich.

7. Vollständige Bemaßung und Bezeichnung der Profile.

   Auf jede Fachwerkzeichnung gehört eine Systemskizze in kleinem Maßstab mit Angabe der Netzlängen.

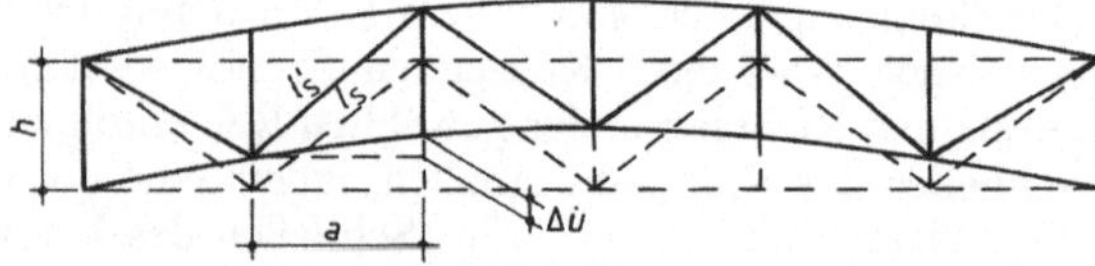

Bild 3.10
Überhöhung des Fachwerknetzes

Überhöhung

Bei Stützweiten ≥ 20 m gleicht man die Durchbiegung der Fachwerke durch eine Überhöhung des Fachwerknetzes aus. Wenn Betriebseinrichtungen, wie Krananlagen, Förderanlagen, Wasserabfluss usw., von der Durchbiegung gefährdet werden, überhöht man für $g + p$, sonst genügt i. Allg. eine Überhöhung für $g + p/2$. Die Ober- und Untergurtknoten werden um das jeweils gleiche

Überhöhungsmaß nach oben lotrecht verschoben (Bild **3.10**). Gegenüber dem nicht überhöhten Bindersystem ändern sich hierbei die Stablängen und die Winkel zwischen den Stäben.

Bei geschweißten Fachwerkträgern des Hochbaus erfolgt die Konstruktionsarbeit i. Allg. am nicht überhöhten Fachwerk. Die Überhöhung des Fachwerkes wird in der Werkstatt durch Vorkrümmen der Gurte hergestellt. Bei Anschlüssen von *I*-förmigen Füllstäben über Knotenbleche schneidet man zweckmäßigerweise das Knotenblech aus, Bild **3.14a**; man erspart sich hierdurch die aufwendige Stabbearbeitung bei Anschlüssen über geschlitzte Flansche und ausgeschnittene Stege, Bild **3.14b**. Das Ausschneiden der Knotenbleche erfolgt erst beim Zusammenbau.

Bei geschraubten Fachwerken des Hochbaus muss fallweise, im Brückenbau stets das überhöhte Fachwerk konstruiert und gefertigt werden, Bild **3.10**. Die Längen der Diagonalen werden mit Gl. (3.6) bestimmt.

$$l_{\mathrm{s}}' = \sqrt{a^2 + (h \pm \Delta\ddot{u})^2} \tag{3.6}$$

3.3.2 Konstruktive Details und Nachweise

3.3.2.1 Beanspruchung der Fachwerkknoten, der Stabenden und -stoße

Wirtschaftliche Fachwerke erfordern eine sorgfältige Detailausbildung der Knotenpunkte, bei denen dann gleichzeitig auch die statischen Verhältnisse mit ausreichender Genauigkeit geklärt sind. Man muss sich jedoch im klaren sein, dass der tatsächliche Beanspruchungszustand in den Knotenpunkten rechnerisch nicht erfasst werden kann und alle „Nachweise" daher den Beanspruchungszustand lediglich abschätzen. Hierzu entwickelt man ein sinnvolles mechanisches Modell, welches die Gleichgewichtsbedingungen erfüllen muss (soll) und mögliche Verformungen hinreichend genau berücksichtigt. Dabei sind *einfache* Tragmodelle gegenüber *komplizierten* zu bevorzugen, welche eine höhere Genauigkeit lediglich vortäuschen.

Fachwerkknoten

In den Knotenpunkten werden die Fachwerkstäbe zusammengeführt und für ihre Stabkraft angeschlossen. Die Kraft der im Knoten *endenden* Stäbe geht voll an den Knotenpunkt über, dessen Bauteile (Gurtstege, Knotenbleche) haben dann die Aufgabe, für die Weiterleitung und Verteilung der eingeleiteten Kräfte zu sorgen. Im Knoten *durchlaufende Gurtstäbe* beanspruchen den Knoten nur mit der größten Differenz zwischen ihrer rechten und linken Stabkraft, Bild **3.11**, z.B. $R = U_1 - U_2$. Trägt der Gurt unmittelbar die äußere Knotenlast, so ist sie bei der Bestimmung von R zu berücksichtigen (Bild **3.11**a, c).

Die größte Anschlusskraft max R tritt in der Regel nicht bei Vollbelastung, sondern bei Teilbelastung des Fachwerks auf, sodass nicht die maximalen Gurtstabkräfte für die Bildung der Differenz maßgebend werden:

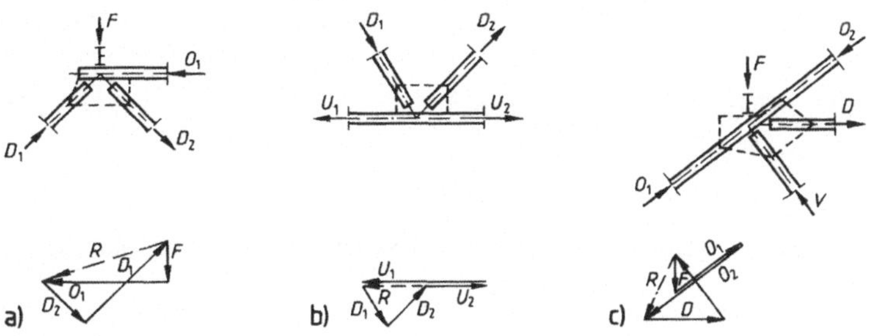

Bild **3.11** Resultierende Anschlusskräfte der Gurte an die Knotenbleche

Max $R \neq$ max U_1 – max U_2. Bei wechselnden Verkehrslasten (Kranbahnen, Brücken) muss die Einflusslinie für R aufgestellt und ausgewertet werden; im Hochbau begnügt man sich näherungsweise mit einem Zuschlag zur Differenz der maximalen Gurtkräfte:

$$\text{max } R \approx 1{,}2 \text{ bis } 1{,}5 \ (\text{max } U_1 - \text{max } U_2) \tag{3.7}$$

Die Weiterleitung und Verteilung der im Knoten eingeleiteten Kräfte ist nur möglich, wenn die Tragfähigkeit des Knotens insgesamt gewährleistet ist. Für einen Knotenpunkt gibt es zwei Versagensmöglichkeiten:

Einmal kann ein einzelner Stab mit einem Stück Knotenblech aus dem Knoten herausreißen, oder es reißt der ganze Knoten durch. Beim Nachweis müssen beide Fälle untersucht werden. Da sich die Kraftwirkungen innerhalb des Knotens auf sehr engem Raum abspielen, gilt hier an sich die Technische Biegelehre nicht mehr, doch wird man sich ihrer mangels besserer, einfacher Methoden bedienen müssen, um die zu erwartenden Beanspruchungen wenigstens abschätzen zu können.

Im ersten Fall kann man aufgrund spannungsoptischer Untersuchungen und mit Hilfe finiter Elementmethoden annehmen, dass sich im Knotenblech die Kraft eines endenden Stabes vom Beginn bis zum Ende des Anschlusses unter einem Winkel von $\approx 30°$ nach beiden Seiten hin ausbreitet; die auf diese Weise gewonnene mitwirkende Knotenblech- bzw. Gurtstegfläche muss die Stabkraft bei Einhaltung der Grenzspannungen aufnehmen (Bild **3**.12, Beispiel 1).

Beispiel 1 (Bild **3**.12)

Am Ende des Zugbandanschlusses ist der Tragsicherheitsnachweis für das Knotenblech aus S 235 mit $Z_\text{d} = 270$ kN zu führen.

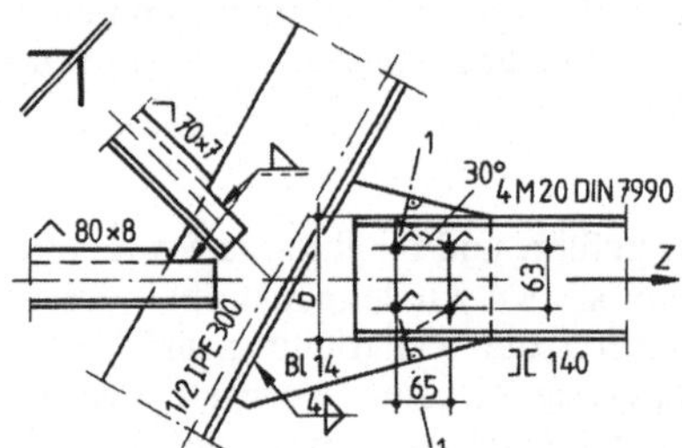

Bild **3**.12   Fachwerkknoten mit Baustellen-Anschluss
des Zugbandes

Es wird angenommen, dass sich die Stabkraft von der ersten Schraubenreihe nach beiden Seiten hin unter einem Winkel von 30° ausbreitet. Die mitwirkende Breite des Knotenblechs am Ende des Stabanschlusses ist dann

$$b = 6{,}3 + 2 \cdot 6{,}5 \cdot \tan 30° = 13{,}8 \text{ cm}$$

Für das 12 mm dicke Knotenblech gilt dann bei einem Lochspiel von $\Delta d = 2$ mm

$$A_\text{N} \quad = 1{,}2 \cdot (13{,}8 - 2 \cdot 2{,}2) = 16{,}56 - 5{,}28 = 11{,}28 \text{ cm}^2$$

$$A/A_\text{N} \quad = 16{,}56/11{,}28 = 1{,}47 > 1{,}2$$

$$\sigma_\text{R,d} \quad = f_\text{u,k}/(1{,}25 \cdot \gamma_\text{M}) = 36{,}0/(1{,}25 \cdot 1{,}1) = 26{,}2 \text{ kN/cm}^2 \qquad \text{(s. Teil 1)}$$

$$\sigma \quad = 270/11{,}28 = 23{,}94 \text{ kN/cm}^2$$

$$\sigma/\sigma_\text{Rd} = 23{,}94/26{,}2 = 0{,}91 < 1$$

Ein tatsächlicher Bruch des Knotenbleches würde in der letzten Schraubenreihe und senkrecht zum Knotenblechrand mit

$$b' \approx 18{,}2 \text{ cm}$$

erfolgen, sodass die Berechnung mit b auf der sicheren Seite liegt. Da die Flansche der U-Profile nicht direkt an das Knotenblech angeschlossen sind, müssen die anteiligen Flanschkräfte über die Anschlusslänge in die Stege der Profile eingeleitet werden. Auf den Nachweis kann verzichtet werden, wenn die Stegflächen der U-Profile allein ausreichend sind, die gesamte Stabkraft zu übernehmen.

$$A_{\mathrm{N,Steg}} = 2 \cdot 0,7 \cdot (14 - 1,0 - 2 \cdot 2,2) = 12,04 \ \mathrm{cm}^2$$

$$A/A_{\mathrm{N,Steg}} > 1,2$$

$$\sigma = 270/12,04 = 22,43 \ \mathrm{kN/cm}^2$$

$$\sigma/\sigma_{\mathrm{R,d}} = 22,43/26,2 = 0,80 < 1$$

Je kürzer der Stabanschluss ist, um so höher wird die Knotenblechbeanspruchung, weil eine kleine Anschlusslänge nur eine geringe Kraftausbreitung im Knotenblech mit kleiner mitwirkender Breite b zur Folge hat.

Für den zweiten Nachweis schneidet man an maßgebender Stelle den Knoten durch und führt für diesen Querschnitt den Tragsicherheitsnachweis infolge der Einwirkung der von links oder von rechts her angreifenden Stabkräfte. Die Durchführung einer solchen Berechnung s. Beispiel 3 im Abschn. 3.3.3. Bei genügender Erfahrung in der konstruktiven Durchbildung von Fachwerken sind solche Nachweise jedoch meist überflüssig.

Wird ein *durchlaufender* Gurt im Knotenpunkt *gestoßen*, darf das *Knotenblech* nur dann zur *Stoßdeckung* herangezogen werden, wenn dafür der Spannungsnachweis erbracht wird; wegen der doppelten Aufgabe muss die Dicke des Knotenblechs gegenüber der Wanddicke des Gurtstabes fast immer vergrößert werden. Eine volle Stoßdeckung allein durch das Knotenblech wird man nicht erreichen. Beim Baustellenstoß nach Bild **3**.13 wird die anteilige Kraft der anliegenden Winkelschenkel direkt durch das 15 mm dicke Knotenblech übertragen, während die abliegenden Winkelschenkel durch ein Zulageblech gedeckt werden. Um die Exzentrizität e der Stabkraft S, im kritischen Schnitt I – I des Knotenbleches möglichst klein zu halten, ist dieses dicker als die Winkel und breiter als der größere Untergurtstab gewählt. Im Schnitt I – I wird das Blech auf Zug und Biegung untersucht. Die Bohrungen im Untergurtstab kann man so gegeneinander versetzt anordnen, dass nur die Löcher in den an- bzw. abliegenden Schenkeln abzuziehen sind. *Angeschweißte* Knotenbleche (Bild **3**.14a, b) und deren Anschlussnähte werden durch die Schubkraft $T = \Delta O$ und ein Moment $M_{\mathrm{Kn}} = T \cdot e$ beansprucht. Wegen des etwas unsicheren Spannungszustandes beim Anschluss der Diagonalen am ausgeschnittenen Knotenblech sollte dieses kräftig sein und der Diagonalstab nicht zu dicht an den Obergurt geführt werden. Bei einer geschraubten Variante verwendet man besser] [-Profile.

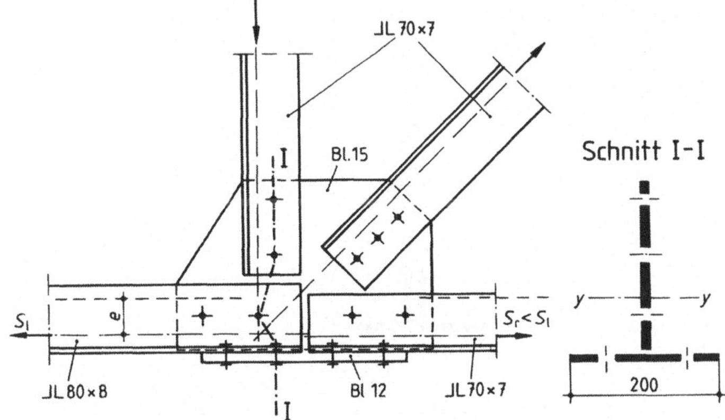

Bild **3**.13   Stoßdeckung eines Gurtstabes durch Knotenblech und Lasche, kritischer Schnitt im Knotenblech

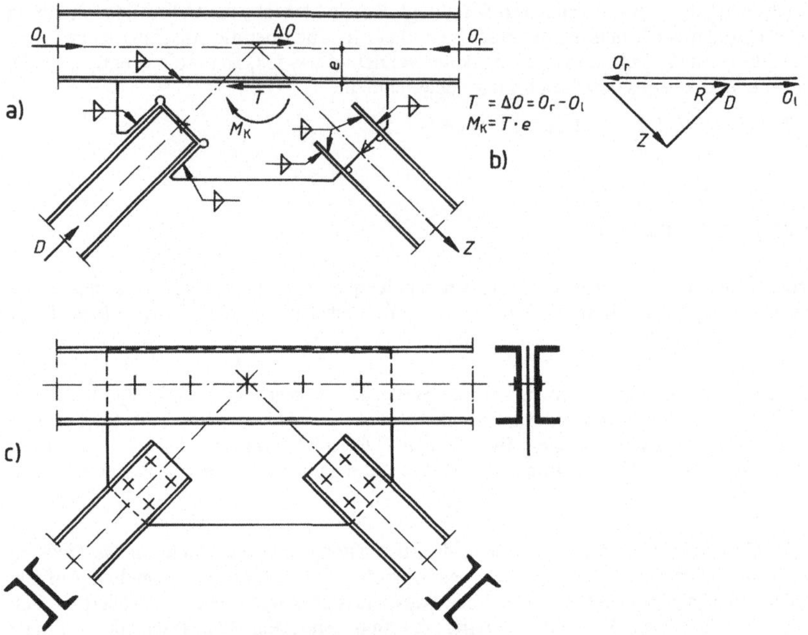

Bild **3.14**   Anschlussmöglichkeiten von I-Füllstäben an ein Knotenblech
a) mit ausgeschnittenem Knotenblech
b) mit ausgeschnittenem Steg und geschlitzten Flanschen
c) geschraubte Ausführung

In diesem Falle müssen die Schrauben im Obergurt lediglich die Differenzkraft ΔO übertragen, Bild **3.14**c. Bei *geknickten* Gurten entstehen Umlenkkräfte, die man fallweise durch Laschen- oder Winkelbeilagen auffangen kann. Diese sind so anzuordnen, dass sie sich an die zu verstärkenden Gurte anpressen, Bild **3.15**.

Aus optischen Gründen ist man manchmal gezwungen, *Stabstöße* möglichst verdeckt auszuführen. Eine besondere Lösung wird im Beispiel 2, Bild **3.16**, vorgestellt.

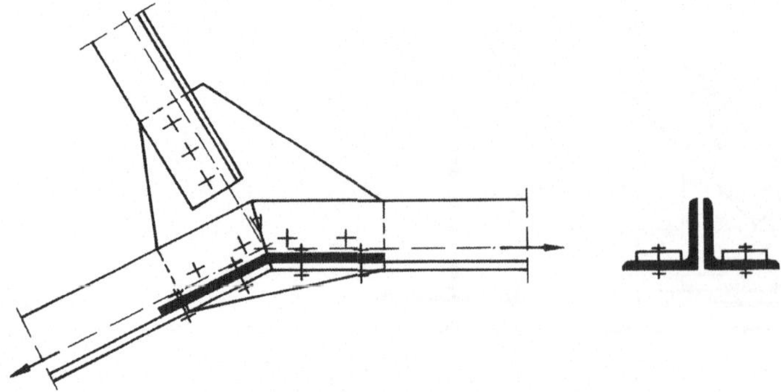

Bild **3.15**   Verstärkung eines geknickten Zuggurtes

Beispiel 2 (Bild **3**.16)

Die gesamte Stabkraft in dem liegend angeordneten HE-A Profil eines Fachwerkuntergurtes soll nur durch Stoßdeckungsteile im Stegbereich übertragen werden. Die Bemessungszugkraft beträgt Z_d = 2650 kN, Material S 235.

Die wechselseitig oben (links) und unten (rechts) eingeschweißte 30 mm dicke Stoßlasche muss hierbei innerhalb ihrer Nahtanschlusslänge die anteilige Flanschkraft aufnehmen. Bei sorgfältiger Werkstattbearbeitung darf – abweichend vom Normtext – auch für SLP und Schweißnähte eine gemeinsame Kraftübertragung unterstellt werden.

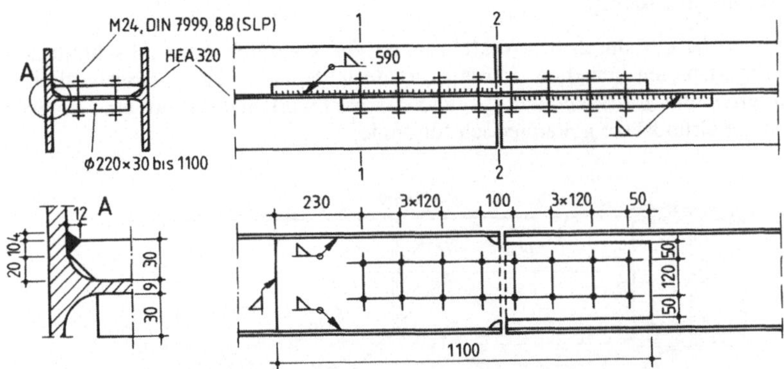

Bild **3**.16 Stoß eines Zuggurtes allein durch kräftige Steglaschen

Im Schnitt 2 – 2 ist die gesamte Stabkraft in den beiden Laschen vorhanden; ein Bruch im Laschenquerschnitt würde links und rechts der Stoßstelle erfolgen.

$$A_N = 2 \cdot 22{,}0 \cdot 3{,}0 - 4 \cdot 2{,}5 \cdot 3{,}0 = 132 - 30 = 102 \text{ cm}^2$$

$$A/A_N = 132/102 = 1{,}29 > 1{,}2 \qquad \sigma_{R,d} = 26{,}2 \text{ kN/cm}^2 \text{ (s. Teil 1)}$$

$$\sigma = 2650/102 = 25{,}98 \text{ kN/cm}^2 \qquad \sigma/\sigma_{R,d} = 25{,}98/26{,}2 = 0{,}99 < 1$$

Die halbe Stabkraft wird links bzw. rechts vom Stoß über Abscheren und Lochleibung übertragen, wobei sich die Lochleibungspressung gleichmäßig auf dem Steg und die mit diesem (relativ) schubstarr verbundene Lamelle verteilt.

$$V_a = 0{,}5 \cdot 2650/8 = 166 \text{ kN} \qquad V_{a,R,d} = 214{,}2 \text{ kN} \qquad V_{a,R,d} = 0{,}77 < 1$$

Mit $\quad e_2/d_L = e_1/d_L = 50/25 = 2{,}0 \; (> 1{,}5) \quad$ und $\quad e_3/d_L = 120/25 = e_2/d_L = 4{,}8 \; (> 3{,}0)$ ist

$$V_{1,R,d} = 3{,}0 \cdot 103{,}6 = 310{,}8 \text{ kN} > 214{,}2 \text{ kN} \qquad\qquad \text{(s. Teil 1, Tafel 3.8)}$$

Die Lamelle ist mit HV-Nähten mit Kehlnähten an die Flansche angeschlossen; auf der sicheren Seite wird mit a = 10 mm gerechnet.

$$A_W = (23 + 3 \cdot 12) \cdot 2 \cdot 1{,}0 = 118 \text{ cm}^2$$

Die Schweißnähte müssen die halbe Stabkraft der oberen Lamelle und zusätzlich den Anteil aus der (anteiligen) Lochleibungspressung der unteren Lamelle übernehmen.

$$Z_W = \left(2650 + 2650 \cdot \frac{30}{39} \right) \cdot 0{,}5 = 2344 \text{ kN}$$

Damit ist

$$\tau_\parallel = 2344/118 = 19{,}86 \text{ kN/cm}^2$$

$$\tau_\parallel / \tau_{W,R,d} = 19{,}86/20{,}7 = 0{,}96 < 1.$$

Exzentrisch über Schrauben oder Schweißnähte angeschlossene Füllstäbe aus L-Profilen werden immer auch auf Biegung beansprucht. Die *Anschlussexzentrizität* wirkt sich auch auf das Stabende aus, wobei die Steifigkeit der zusätzlich im Knoten angeschlossenen Stäbe für die Verteilung des Anschlussmomentes verantwortlich ist. Diese Zusatzbeanspruchungen dürfen bei Zugbeanspruchung vernachlässigt werden, wenn die Regelungen für die Schweißnaht und für Schraubenanschlüsse (s. Teil 1) beachtet werden; bei Druckstäben ist die Ausmittigkeit des Anschlusses jedoch zu berücksichtigen.

3.3.2.2 Konstruktive Durchbildung

Wesentliche Aussagen sind bereits durch die Ausführungen der vorangehenden Abschnitte gemacht. Die folgenden Ergänzungen beziehen sich auf die Gesichtspunkte einer wirtschaftlichen Fertigung bei *geschweißten* und *geschraubten* (genieteten) Fachwerken und auf eine statisch günstige Gestaltung. Einige Grundsätze gelten jedoch für beide:

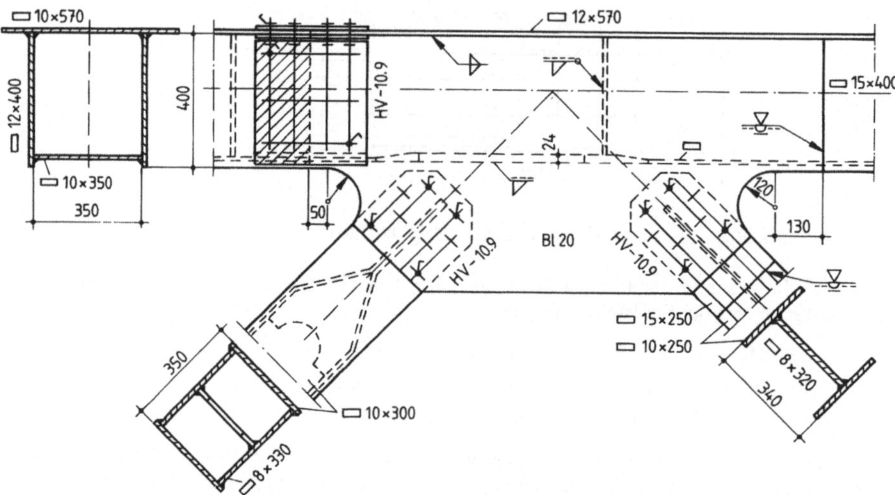

Bild **3.17** Knotenpunkt eines geschweißten Fachwerks mit geschraubtem Diagonalanschluss und Gurtstoß

Sofern es der statische Nachweis des Knotenpunktes erlaubt, ist man aus Kostengründen bestrebt, möglichst *knotenblechfreie* Fachwerke zu entwickeln. Hierzu wählt man die Gurt- und Füllstäbe so, dass sie sich unmittelbar miteinander verbinden lassen.

Dabei muss jedoch auch darauf geachtet werden, dass sich die aus ihrer Ebene heraus sehr weichen Fachwerke transportieren und montieren lassen. Deshalb werden zumindest die Knotenpunkte so kräftig ausgebildet, dass eine gewisse Seitensteifigkeit vorhanden ist. Dabei sind die Stabanschlüsse häufig etwas länger als statisch erforderlich.

Die *Profilhöhe* der Fachwerkstäbe sollte grundsätzlich klein sein im Verhältnis zu ihrer Stablänge ($h/l \leq 1/10$), damit Nebenspannungen begrenzt bleiben und die Berechnung über ein ideales Fachwerk (mit reibungsfreien Gelenken) noch vertretbar ist. Hohe Stabquerschnitte und spitze Anschlusswinkel führen oft zu sehr langen Anschlüssen oder großen und steifen Knotenpunkten.

Einspringende Ecken sind *stets* zu vermeiden, da sie hohe Kerbspannungen im Eckausschnitt erzeugen, die aufgrund des mehrachsigen Spannungszustandes auch bei ruhender Beanspruchung kaum abgebaut werden können. Im Brückenbau ist das Knotenblech daher in den Stabquerschnitt zu integrieren und an den Übergängen mit großen Radien auszurunden, Bild **3.17**, **3.25**.

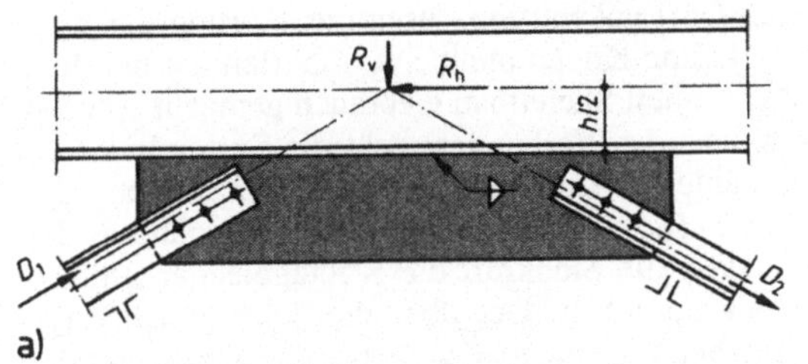

Bild **3.18** Zur Lage der Netzlinien
    a) zentrische Stabanschlüsse   b) exzentrische Stabanschlüsse

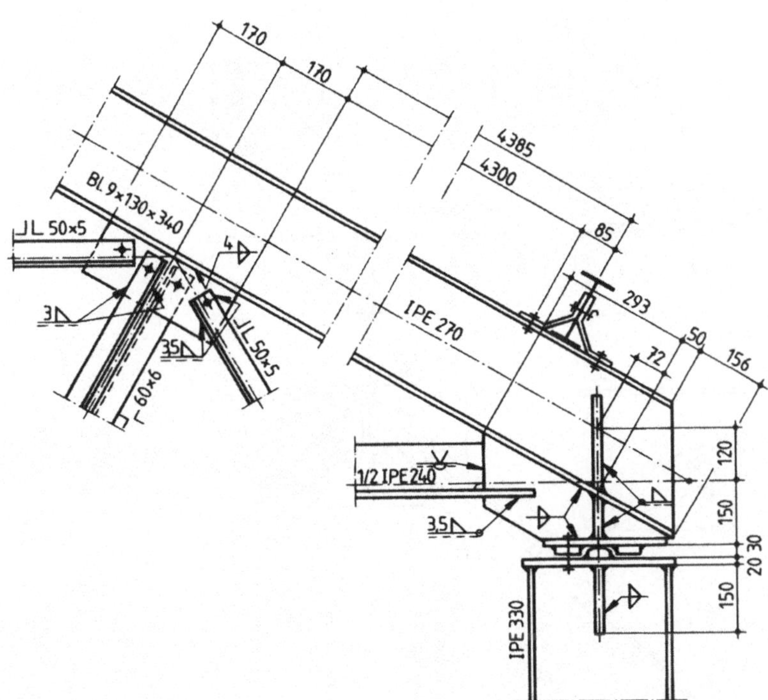

Bild **3.19** Dachbinder mit biegesteifem Obergurt und exzentrischem Systemlinienschnittpunkt

Kleine Knotenbleche lassen sich erzielen, wenn man von dem Grundsatz abweicht, dass sich Netzlinien in einem Punkt schneiden sollen. Der Vorteil dieser Lösung wird beim Vergleich der Bilder **3.18a** und **b** offensichtlich. Dieser Weg ist aber nur dann zu empfehlen, wenn der Gurt wegen Querbelastung zwischen den Knotenpunkten ohnehin auf Biegung beansprucht wird und als biegesteifer Querschnitt bemessen ist; denn das bei der Lösung b entstehende *Exzentrizitäts-*

moment $M = R_\mathrm{h} \cdot h/2$ wirkt auf den *Gurt* ein und muss bei der Berechnung seiner Biegemomente berücksichtigt werden. Andererseits ist zu beachten, dass auch bei der mittigen Lösung *a* das gleiche Moment entsteht, welches nun aber in der *Anschlussnaht* des Knotenblechs zusammen mit R_v eine Spannung σ_w erzeugt, die mit der Schubspannung τ_w den Vergleichswert $\sigma_\mathrm{w,v}$ liefert. Demgegenüber bleibt der Schweißanschluss des Knotenblechs in Bild **3.18b** momentenfrei; s. Bild **3.14**. Von der Möglichkeit, am biegesteifen Gurt auf mittige Zusammenführung der Systemlinien zu verzichten und mit dieser Maßnahme kleine Knotenpunkte zu schaffen, ist bei dem Binder in Bild **3.19** und bei dem Vertikalverband für einen Skelettbau Gebrauch gemacht worden (Bild **3.20**). In den Punkten A und C (s. Systemskizze des Verbandes) geht die Systemlinie der Diagonalen durch den Schnittpunkt der Anschlussnähte der Knotenbleche. Die bei Zerlegung der Stabkräfte D entstehenden Komponenten D_v und D_h wirken genau in Längsrichtung der Schweißnähte. Genauere Untersuchungen zeigen, dass die Stabkraft die Knotenblechanschlussnähte sowohl auf Zug als auch auf Abscheren beansprucht. Der über die Schweißnahtlänge gemittelte Vergleichswert $\sigma_\mathrm{w,v}$ wird dennoch hinreichend genau erfasst, wenn eine Zerlegung der Stabkraft in Richtung der Nähte erfolgt und die Komponenten über Spannungen $\tau_\parallel$ abgeleitet werden. Das Trägerstück HE 120 B verdübelt den Stützenfuß mit dem Fundament, um die Komponente D_1h anzuschließen.

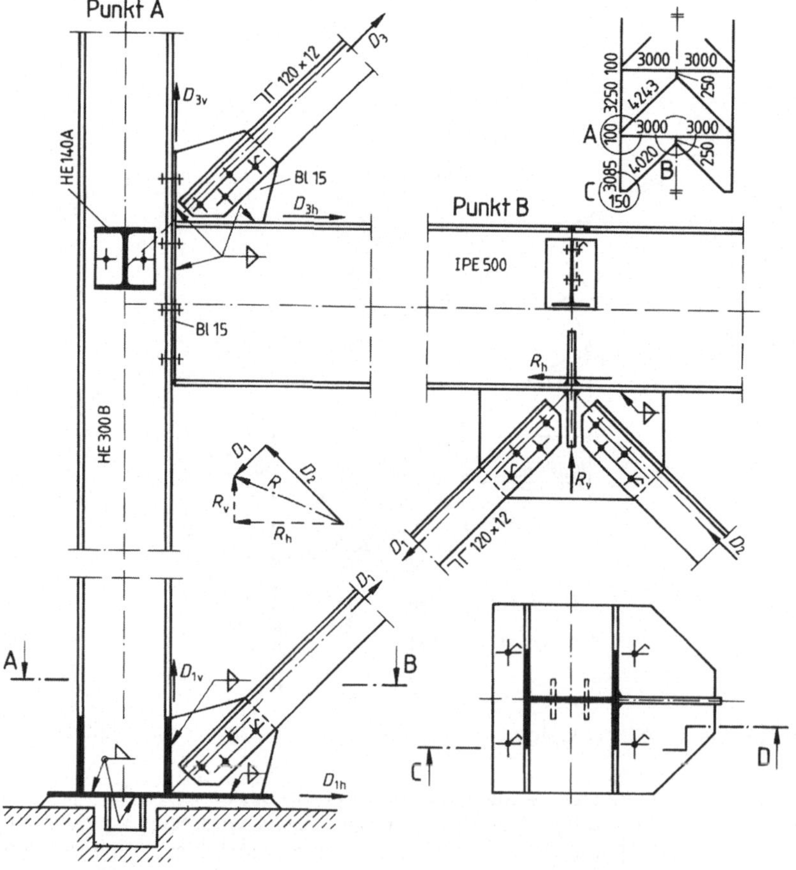

Bild **3.20** Anschlüsse von Verbandsstäben im Stahlskelettbau

Geschweißte Fachwerke

Frühere Bedenken gegen vollständig geschweißte *ein- und zweiwandige* Fachwerke wegen möglicher Überlagerungen von Neben-, Schweißeigen- und Kerbspannungen bestehen auch bei dynamisch belasteten Trägern (Kranbahnen, Eisenbahnbrücken) heute nicht mehr, wenn „schweißgerecht" konstruiert und den Erfordernissen der Betriebsfestigkeit ausreichend Beachtung geschenkt wird. *Knotenblechfreie Fachwerke* des Hallenbaus mit „normaler" Belastung erzielt man,

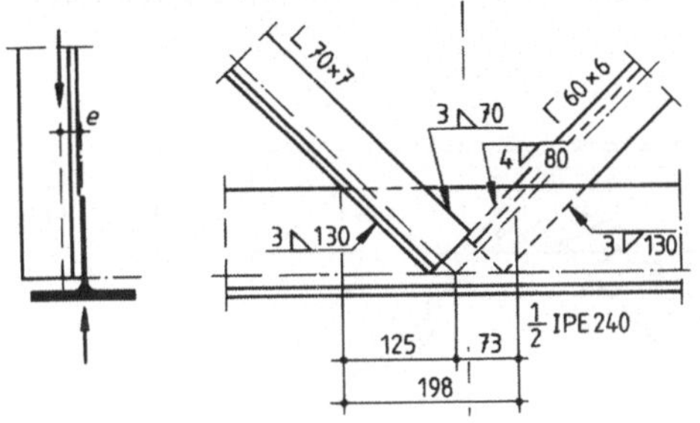

Bild **3.21**   Füllstäbe mit Schwerachsenlage und Anschluss außerhalb der Fachwerkebene

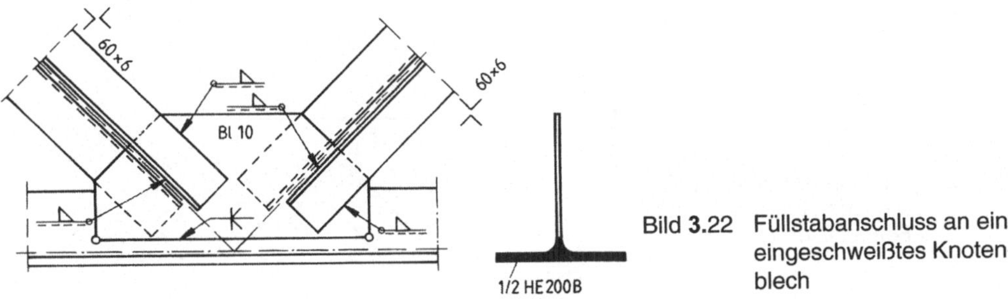

Bild **3.22**   Füllstabanschluss an ein eingeschweißtes Knotenblech

wenn für die Gurte ein T-Querschnitt mit so hohem Steg gewählt wird, dass die Schweißnähte für den Anschluss der Füllstäbe Platz finden, Bild **3.12**, **3.21**, **3.23**. Weil sich meistens zu beiden Stegseiten Schweißnähte gegenüberliegen, soll die Stegdicke in diesen Fällen $t \geq 6$ mm sein, damit zwischen dem Einbrand der Schweißnähte noch ausreichend dicker unversehrter Bauteilwerkstoff verbleibt. Erfüllt der Steg alleine nicht die statischen und konstruktiven Anforderungen oder sind die Gurte nicht T-förmig, müssen *Knotenbleche* angeordnet werden. Sie sind entweder mit Kehlnähten am Gurt angeschlossen (Bild **3.18**) oder sie bilden, mit Stumpfnähten angeschweißt, die Verbreiterung des Gurtsteges (s. Beispiel 3, Knoten 2). Man bemüht sich, den Knoten gut auszusteifen, indem man einen Füllstab, meist den Druckstab, über die Anschlussnaht des Knotenblechs hinweg möglichst weit in den Knoten hineinführt. Sich kreuzende Nähte sind hierbei zu unterbrechen. Hat der Füllstab einen Querschnitt aus Winkelstählen, dann muss die Anschlussnaht des Knotenblechs im Kreuzungsbereich blecheben bearbeitet werden. Der hohen Kosten wegen verzichtet man oft darauf und lässt den Füllstab doch vorher enden (Beispiel 3, Knoten 2 mit Knotenblech). Besitzt der Gurt ein zusammengesetztes Profil, fügt man das Knotenblech grundsätzlich stumpf in die Wände des Querschnitts ein. Nahtkreuzungen bzw. die Bearbeitung von Nähten werden so vermieden; zudem sind die Nahtlängen kürzer. *Füllstäbe* aus gerade abgeschnittenen *Einzelwinkeln*, die mit Kehlnähten abwechselnd vorn und hinten am Gurtsteg angeschweißt sind, verursachen kleine Herstellungskosten, doch führt die ausmittige

Lage der Stabschwerachse außerhalb der Fachwerkebene wegen zusätzlicher Biegebeanspruchung der Diagonalen zu etwas schwereren Stabquerschnitten (Bild **3.21**). Mittig wird die Beanspruchung der Füllstäbe, wenn sie aus parallel oder über Eck gestellten und darum leichter zu erhaltenden *Doppelwinkeln* bestehen (Bild **3.22**). Die Tragfähigkeit der Querschnitte ist gut, aber die *Bindebleche* zwischen den Knotenpunkten bringen zusätzliche Herstellungskosten mit sich. An den Enden der Winkel und in den Knotenpunkten angebrachte *Bohrungen* ermöglichen es, das Fachwerk in der Werkstatt vor dem Schweißen ohne besondere Vorrichtungen in der richtigen Form zusammenzuschrauben. Einteilige Querschnitte sind in geschweißten Fachwerken jedoch stets vorzuziehen.

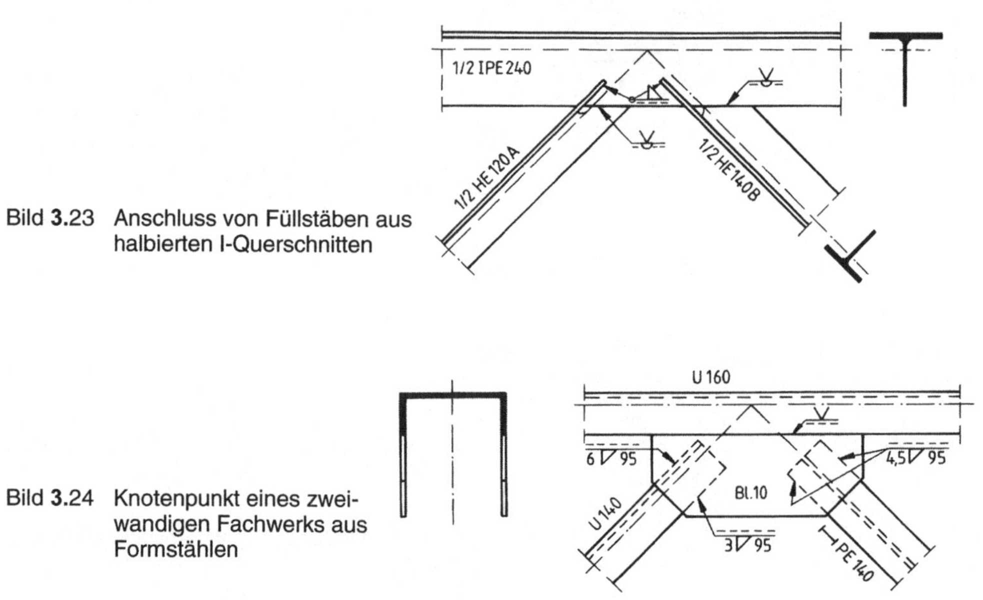

Bild **3.23** Anschluss von Füllstäben aus halbierten I-Querschnitten

Bild **3.24** Knotenpunkt eines zweiwandigen Fachwerks aus Formstählen

Ebenfalls *mittig* wird der über Eck gestellte Einzelwinkel beansprucht, jedoch ist seine Knicksicherheit sehr klein und die *Schlitze* an den Stabenden verursachen Lohnkosten sowie bei Zugstäben Querschnittsverlust (Bild **3.12**). Die Anschlussnaht liegt außerhalb der Systemlinie und erhält daher Biegemomente.

Der *T-Querschnitt* hat eine bessere Knicksteifigkeit als der Einzelwinkel, aber die Bearbeitung der Stabenden durch Ausklinken des Steges und Schlitzen des Flansches ist noch lohnintensiver (Bild **3.23**). In statischer Hinsicht ist dieser Anschluss jedoch eine optimale Lösung. Der Anschluss von Füllstäben aus Formstählen bei *einwandiger* Knotenblechausbildung kann nach Bild **3.14**a, b erfolgen, wobei *a* die einfachere Lösung darstellt. Eine andere, knotenblechfreie Lösung durch direkte Verschweißung der schräg geschnittenen Flansche zeigt Beispiel 4. Obwohl die Profile häufig per Hand gebrannt werden müssen, da manche Säge-Bohranlagen Gehrungsschnitte nur durch den Steg ausführen können, lassen sich solche Fachwerke auch dann wirtschaftlich herstellen, wenn einige Profile aus konstruktiven Gründen größer gewählt werden müssen als statisch erforderlich. Einfache, mittige Anschlüsse erhält man bei *zweiwandiger* Knotenblechausführung (Bilder **3.17** und **3.24**). Eine Bearbeitung der Stabenden ist im Hochbau i.d.R. nicht erforderlich. Bild **3.25** zeigt die Regelausführung eines geschweißten Fachwerkes einer Eisenbahnbrücke. Auf die Alternative mit eingeschraubten Diagonalen wird in „gemischte Ausführungen" eingegangen.

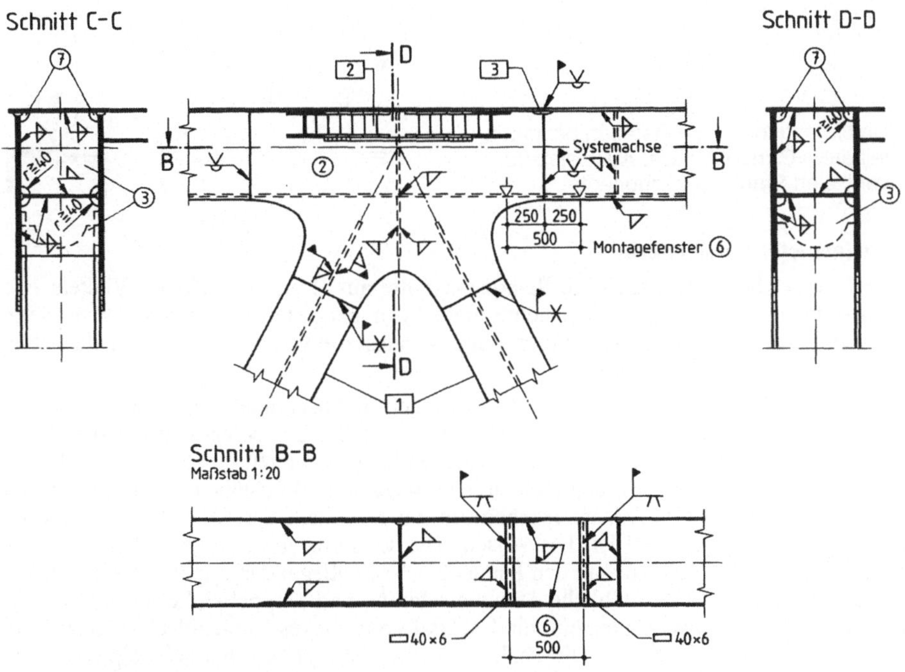

Bild **3**.25   Regelausführung eines Knotenpunktes geschweißter
Fachwerk-Eisenbahnbrücken

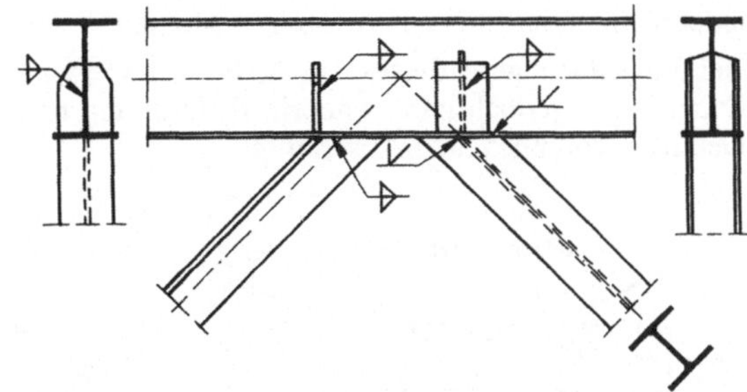

Bild **3**.26   Aussteifungen direkt angeschlossener Füllstäbe

Unmittelbare Füllstabanschlüsse an die Gurte über Stumpfnähte sind möglich, wenn die quer zum Gurt wirkende vertikale Kraftkomponente D_v den Flansch des Gurtes nicht zu stark verformt und damit die Tragfähigkeit der Verbindung insgesamt beeinträchtigt, Bild **3**.42. In der Regel wird D_v mittels *Krafteinleitungsrippen* an den Gurtsteg abgegeben, der sie über Schub im Steg aufnimmt. Die Form der Krafteinleitungsrippe passt man dem Füllstabquerschnitt und dessen räumlicher Lage an, Bild **3**.26. Bei einem flach liegenden Gurtprofil kann D_v von dem dünnen Steg praktisch überhaupt nicht getragen werden, Bild **3**.27. Hier muss man die Füllstäbe vor Erreichen des Gurts direkt miteinander verbinden, damit sich die Vertikalkomponenten $D_{1\mathrm{v}}$ und $D_{2\mathrm{v}}$ in der vertikalen Stumpfnaht ausgleichen, ohne den Gurt zu belasten; die horizontale Verbindungsnaht leitet dann nur noch die Summe der horizontalen Kraftkomponenten tangential in den Gurt ein.

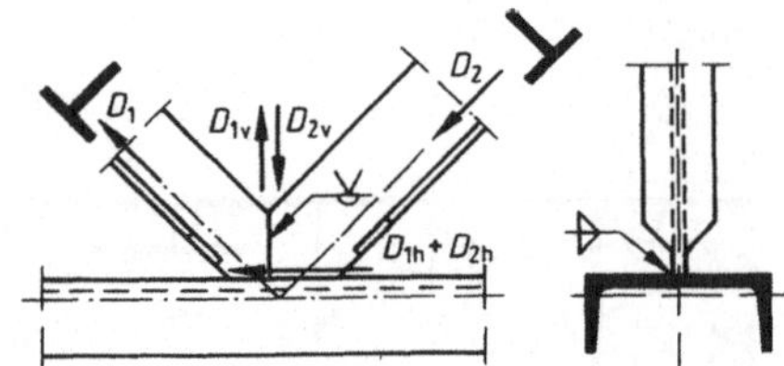

Bild **3.27** Durchdringung von Füllstäben bei unmit-
telbarem Gurtanschluss, Ausgleich der
vertikalen Stabkraftkomponente

Geschraubte (genietete) Fachwerke

Genietete Fachwerke, bei denen auch die Stabquerschnitte aus Breitflachstählen, Winkeln oder U-Profilen zuammengesetzt sind, werden heute nicht mehr hergestellt. Dennoch zählen sie zu einem nicht unerheblichen Teil des derzeitigen Baubestandes. Sie werden hier nicht mehr behandelt.

Auch vollständig geschraubte Fachwerke werden nur noch in Ausnahmefällen (z.B. bei mobilen Geräten) ausgeführt. Die Schraubtechnik beschränkt sich daher auf solche Fachwerke, die in großen Einheiten oder als Ganzes aufgrund der örtlichen Gegebenheiten nicht montiert oder wegen ihrer Höhe nicht transportiert werden können. Hier werden die Füllstäbe erst auf der Baustelle mit den Gurten verbunden, wobei im Hochbau in der Mehrzahl der Fälle die Schraube das wirtschaftlichste Verbindungsmittel ist. Die Anschlüsse der Füllstäbe erfolgt an Knotenbleche, die man ca. 25 % dicker wählt als die an den Knotenblechen anliegenden und mit diesen verbundenen Wände der Fachwerkstäbe. Übliche Stabquerschnitte sind Doppelwinkel oder U-Profile, zwischen die aus Unterhaltungsgründen ein mindestens 15 mm dickes Knotenblech gesteckt wird, s. Tafel **3.**1b, -4, -6, -7 und Bild **3.**13. Die Fachwerknetzlinien legt man bei Winkelprofilen entweder in die Schwerachse der Profile oder auf die Schraubenrisslinie, Bild **3.**28; letztere Möglichkeit eignet sich jedoch nicht bei den Gurtstäben, da dann auf den gesamten Knoten ein Moment $\Delta S \cdot e_S \cdot$ (ΔS – Differenz der Gurtkräfte, e_S = Abstand Stabachse-Risslinie) entfällt. Im ersten Fall bleibt der Stab momentenfrei bis auf den Anschlussbereich. Auf die Schrauben entfallen quer zur Stabkraft gerichtete Kräfte (Bild **3.**28a). Im anderen Fall entfallen diese Schraubenkräfte, jedoch erhält der Stab ein konstantes Moment $S \cdot e_S$.

Bei Zugstäben wird dieses zur Mitte hin wegen der Stabverformung fast völlig abgebaut, bei Druckstäben jedoch nach Theorie II. Ordnung noch vergrößert (s. Teil 1, Beispiel 13). Weitere Details s. vorangehende Abschnitte.

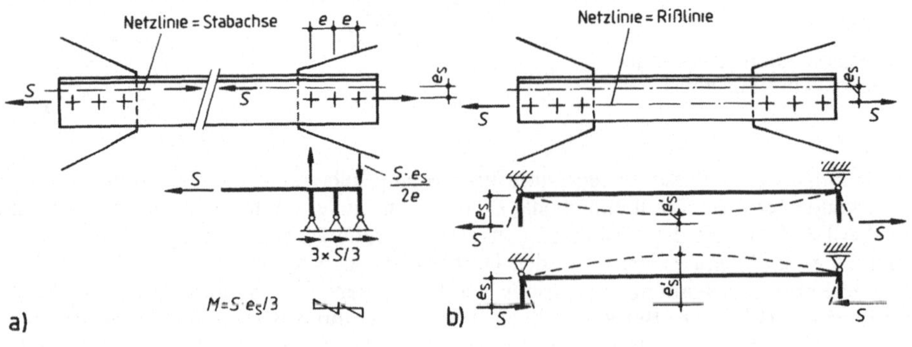

Bild **3.28** Lage des Stabanschlusses
a) Netzlinie = Stabachse   b) Netzlinie = Schraubenrisslinie

Gemischte Bauweise

Neben den vollständig geschweißten Fachwerken werden häufig Mischformen ausgebildet, indem z.B. für die Gurte geschweißte offene oder geschlossene Querschnitte gewählt und die Füllstäbe an ein- oder angeschweißte Knotenbleche auf der Baustelle angeschraubt werden (Bilder **3.**12 und **3.**19). Fachwerke als Verbände werden überwiegend geschraubt. Hier bilden häufig Deckenträgerstirnplatten und Knotenbleche bzw. Fußplatten und Knotenbleche eine Einheit (Bild **3.**20). Ein typisches Beispiel der Mischbauweise zeigt der hohe Fachwerkträger nach Bild **3.**17. Bei großen Lasten und/oder dynamischen Einwirkungen lehnt man sich an die kerbspannungsarmen Bauweisen des Eisenbahnbrückenbaus an.

Der Obergurt ist hier ein geschlossener *Kastenquerschnitt*; der neben dem Knoten befindliche Baustellenstoß ist durch eine Öffnung zwischen den Knotenblechen zugänglich. Der entstandene Querschnittsverlust wird durch eine Vergrößerung der Dicke des Bodenblechs ähnlich wie in Bild **1.**24 gedeckt. Beiderseits der Öffnung wird der Hohlquerschnitt durch Schottbleche luftdicht verschlossen. Die *Zugdiagonale* hat einen geschweißten I-Querschnitt; der Lochabzug im geschraubten Anschluss wird von einem dickeren Flanschstück ausgeglichen, das mit einer Stumpfnaht in Sondergüte angeschweißt ist. Die Druckdiagonale ist wegen besserer Knicksicherheit wieder als Kastenquerschnitt ausgebildet. Die Seitenwände wurden zur einfacheren Herstellung des Schraubenanschlusses zu einem offenen I-Querschnitt zusammengezogen; die Umlenkkräfte an den Knickstellen werden von einem Längsschott aufgenommen, doch muss der Knickwinkel in jedem Fall möglichst klein gehalten werden. Die *Knotenbleche* liegen in der Ebene der Gurtseitenwände. Weil sie neben ihrer Funktion als Knotenblech zugleich noch Bestandteil des Gurtes sind, werden sie ≈ 6 mm dicker als die Gurtseitenwände ausgeführt. Bei nicht vorwiegend ruhender Belastung muss der Übergang der Knotenblechkante zum Gurt mit besonders großem Radius ausgerundet werden, weil hier durch Kerbwirkung Spannungserhöhungen entstehen, die die Betriebsfestigkeit erheblich herabsetzen können. Damit nicht noch die Eigenspannungen der Stumpfnaht hinzukommen, ist diese um ≥ 100 mm seitlich versetzt.

Besondere Bauweisen

Beim parallelgurtigen R-Träger (Bild **3.**29) bestehen die Gurte aus T-Profilen, die durch eine angeschweißte *Rundstahlschlange* verbunden sind. Da Rundstahl nur sehr wenig knicksteif ist, muss die Knicklänge s_K der Diagonalen durch niedrige Netzhöhe ($h \approx l/15$) klein gehalten werden (Durchbiegung!). s_K kann bei besonderem Nachweis [35] nach Vereinbarung mit der Prüfstelle kleiner als die Netzlänge angesetzt werden, weil die Zugdiagonalen in der biege- und torsionssteif durchlaufenden Rundstahlschlange die Druckdiagonalen elastisch einspannen. In die Fugen der Bimsstegdielen einbindende Flach- und Rundstähle sichern den Obergurt gegen seitliches Ausknicken (Bild **3.**29). R-Träger sind nur für leichte Lasten geeignet, z.B. als weit gespannte Pfetten und Deckenträger. Zur wirtschaftlichen Herstellung ist eine weitgehende werkseitige Typisierung der Träger zweckmäßig.

Das *vorgefertigte Deckenelement* nach Bild **3.**30 besteht aus zwei parallelen R-Trägern, deren Obergurt von der Stahlbetonplatte gebildet wird, in die sie einbetoniert sind, Verbundanker stellen die schubfeste Verbindung her. Der Rundstahlobergurt ∅ 10 dient nur zur Fertigung.

Wird je ein Diagonalenpaar von einem gebogenen Vierkant- oder Flachstahl gebildet, kann man im Gegensatz zur Rundstahlschlange die Füllstabquerschnitte den Stabkräften anpassen (Bild **3.**31). Bei Deckenträgern erleichtert die Fachwerkbauweise das Verlegen von Rohrleitungen aller Art.

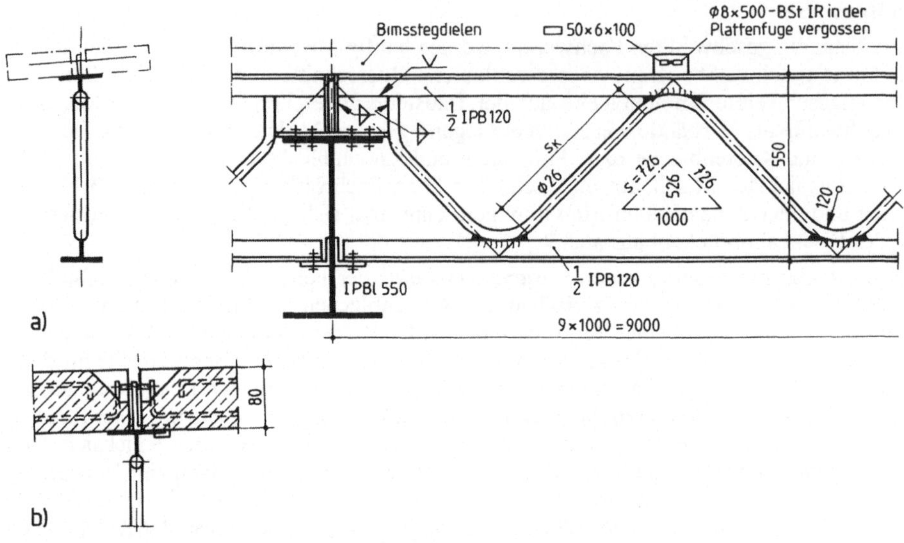

Bild **3**.29   R-Träger als Pfette

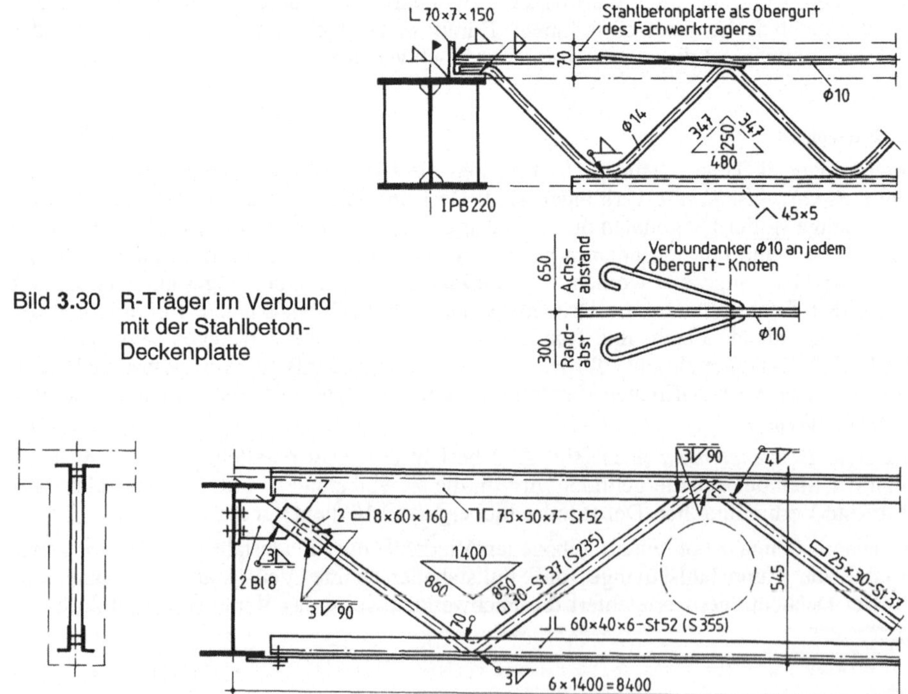

Bild **3**.30   R-Träger im Verbund
mit der Stahlbeton-
Deckenplatte

Bild **3**.31   Fachwerk-Deckenträger

3.3.2.3 Auflager und Anschlüsse

Fachwerkträger des Hochbaus schließen an Stahl- oder Stahlbetonstützen und massive Wände an oder liegen auf diesen auf.

Auflager auf massiven Wänden, Stützen und Konsolen

Die als *Balken* gelagerten Fachwerke erhalten ein (horizontal) *festes* und ein *bewegliches* Lager, die als *Linienkipplager* ausgebildet werden, wenn man ein Auswandern der Wirkungslinie der Auflagerkraft zur Vorderkante der Lagerplatte vermeiden will, was sich sowohl auf die Stützkonstruktion als auch auf den Fachwerkknoten auswirkt. Auf das bewegliche Lager verzichtet man häufig aus Vereinfachungsgründen und nimmt unvermeidbare Zwängungen stillschweigend in Kauf oder weist sie rechnerisch nach. *Flächenlager* kommen nur bei kleinen Auflagerkräften in Betracht; andernfalls verwendet man verformungsfähige Elastomerlager, wie sie aus dem Brückenbau bekannt sind (s. Beispiel 4).

Festlager

Das *Flächenlager* besteht aus der mit dem Binder verschweißten Lagerplatte, die mit Mörtelfuge auf der Auflagerbank ruht und mit ihr konstruktiv verankert wird; der Schwerpunkt der Lagerplatte soll senkrecht unter dem Systempunkt des Auflagers liegen.

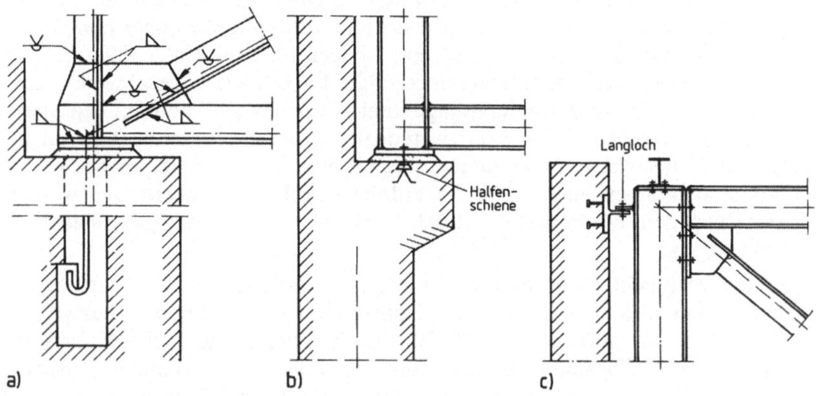

Bild **3.32** Fachwerklagerungen und Anschlüsse
a) Flächenlager mit Zuganker   b) Verankerung durch Halfenschiene
c) horizontale Halterung des Obergurtes

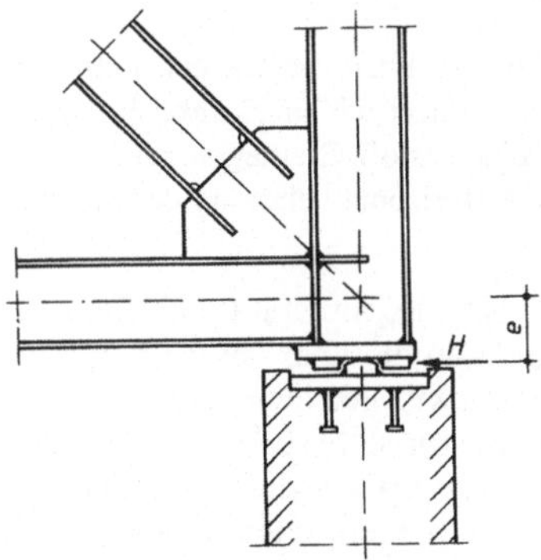

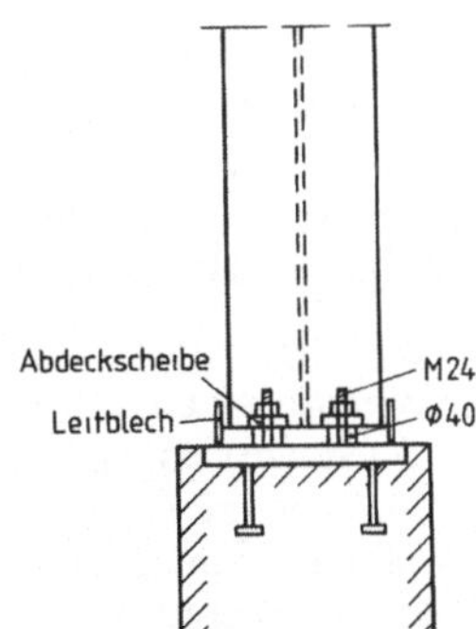

Bild **3.33** Linienkipplager

Bild **3.34** Seitliche Führung durch Leitbleche

Bei offenen Gebäuden sowie bei hohen Dächern erhalten die Auflager der Dachbinder zur Sicherung gegen Abheben durch Wind Zuganker, die in ausreichend tief eingebaute Ankerwinkel oder -barren eingehängt werden (Bild **3**.32); die Ankerkanäle werden zusammen mit der Lagerfuge vergossen. Solche statisch notwendigen Zuganker sind mit ihrer Verankerung nachzuweisen. Sind die *Horizontalkräfte* klein, können sie den Ankern zugewiesen werden, andernfalls ist das Lager mit der Auflagerbank zu verdübeln (Bild **3**.20). Geringe horizontal- und Vertikalkräfte können auch von eingelassenen Halfenschienen (Bild **3**.32b) übernommen werden.

Bei *Linienkipplagern*, die in bekannter Weise aus Zentrierleisten gebildet werden, übernehmen Anschlagknaggen die Horizontallast H (Bilder **3**.19 und **3**.33). In Fertigteilstützen betoniert man werkseitig die Auflagerplatten mit den angeschweißten Kopfbolzen und der Zentrierleiste ein. Wegen der Fertigungstoleranzen bei Ortbeton oder Mauerwerk wird man diese erst nachträglich in ausgesparte Taschen einlassen und nach dem Ausrichten mit einem schnellbindenden und schwindarmen Kunstharzmörtel vergießen oder wenigstens die Zentrierleiste erst vor der Stahlbaumontage mit der Lagerplatte verschweißen. Das Exzentrizitätsmoment aus $H \cdot e$ (Bild **3**.33) kann bei kleiner Ausmittigkeit vernachlässigt werden oder man verteilt es im Verhältnis der Biegesteifigkeiten auf die Fachwerkstäbe.

Bewegliche Lager

Diese werden i. Allg. wegen der oft geringen Auflagerlasten als *Gleitlager* ausgebildet; hier genügen ähnliche Konstruktionen wie bei den Festlagern, wobei die Beweglichkeit über *Langlöcher* in der Lagerplatte oder Löcher mit großem Lochspiel und Abdeckscheiben in der Fußplatte des Trägers hergestellt wird. Die seitliche Führung kann über an die Lagerplatte angeschweißte Leitbleche erfolgen. *Edelstahlplatten*, mit dem Binderauflagerknoten verschweißt, und mit den Spezialklebern auf die Lagerplatte geklebte *Teflonscheiben* reduzieren die Gleitreibung fast auf die Größe der Rollreibung. Durch besondere Maßnahmen, die mit dem Hersteller dieser hochwertigen Lager abzustimmen sind, können auch große Lagerdrücke problemlos übertragen werden. *Kipplager* als Gleitlager entstehen aus Festlagern durch Weglassen der die Längsverschiebung behindernden Anschlagknaggen.

Bewehrte Gummilager mit rechteckiger Grundfläche (150/200, 200/300 mm ...) bestehen aus mehreren waagerechten, 5 mm dicken Schichten des Kunstgummis *Neoprene* mit dazwischen einvulkanisierten 2 mm dicken *Stahlblechen* aus St 50, die die Querdehnung des Kunststoffs verhindern und dadurch die lineare Zusammendrückung des Lagerkörpers unterbinden. Elastische *Verdrehungen* und *Horizontalverschiebungen* des Auflagers um jeweils 2 Achsen sind jedoch möglich, wobei die horizontale Steifigkeit zur Aufnahme von Horizontallasten (Wind) ausreicht. Die bewehrten Gummilager nehmen demzufolge eine Stellung zwischen festen und beweglichen Linienkipplagern ein und werden meist unter beiden Auflagern des Trägers angeordnet. Seitenführungen können die Bewegungen in einer Richtung begrenzen.

Bei besonders großen und schweren Hochbaukonstruktionen, deren Abmessungen, Lasten und Formänderungen den Brücken vergleichbar sind, werden die *festen* und *beweglichen* Lager wie im *Brückenbau* durchgebildet. Für bewegliche Lager kommen bei Stützweiten > 25 m neben Kunststoff-Gleitlagern auch *Rollenlager* in Betracht, weil wegen ihrer niedrigen Rollreibung ($\mu = 0{,}03$) die Horizontalbelastung der Stützkonstruktionen durch Reibungskräfte gering bleibt.

Bei der direkten Auflagerung des Auflageruntergurtknotens auf Wände, Stützen (auch Stahlstützen) werden die *Windlasten* aus dem Dachverband entweder direkt an die über das Auflager hinausragende Wand (Stütze) abgegeben oder über Längsverbände zwischen den Bindern in die Auflager geleitet. In jedem Falle sind genaue Montageanweisungen zur sicheren Errichtung einer ersten, in sich stabilen Montageeinheit (Binder, Pfetten, Verbände) erforderlich. Werden Verbandslasten direkt am Obergurtknoten abgegeben, so ist darauf zu achten, dass Längsverschiebungen in Fachwerkebene, z.B. über einen Langlochanschluss, aufgrund der Trägerneigung am Auflager möglich sind, Bild **3**.32c.

Vordachverankerungen

Einen möglichen Anschluss eines Vordaches an eine massive Wand zeigt Bild **3.35**. Am oberen Lager *B* des *Kragbinders* werden die Vertikallast B_v durch ein Flächenlager, die Zugkraft B_h durch Rundstahlanker übernommen, die durch die Mauer hindurch an einem Ankerwinkel 80×10 befestigt sind, der seinerseits durch angeschweißte und einbetonierte Flach- oder Rundstähle in der Decke zu verankern ist. Am Punkt A steht das Flächenlager senkrecht auf der Wirkungslinie von A. Auch hier muss das Lager mit Rücksicht auf Zugkräfte infolge Unterwind verankert werden; durch eine in die Deckenscheibe einbindende Rundstahlbewehrung ist der Auflagerquader gegen Herausreißen zu sichern.

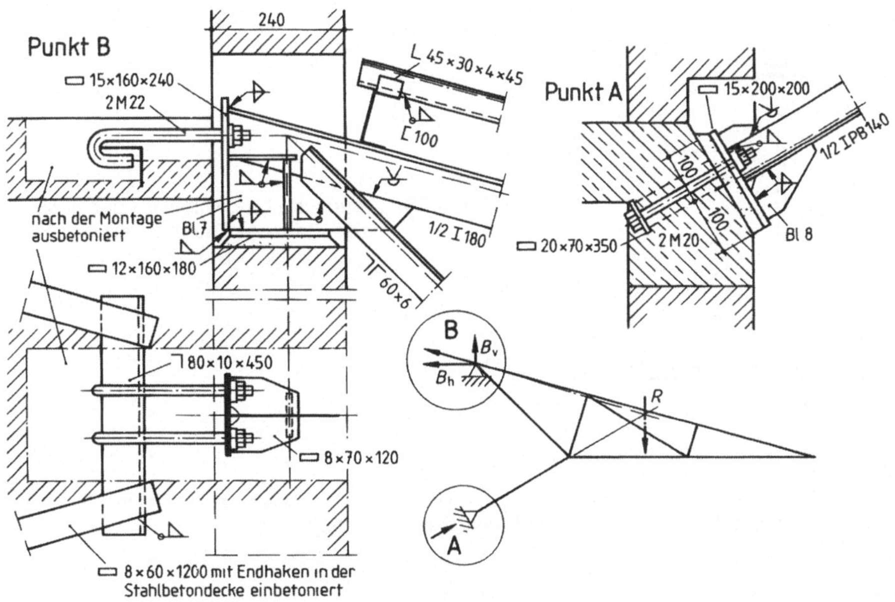

Bild **3.35**   Auflagerpunkte eines Kragbinders

Anschlüsse an Stützen

Eine *zentrische Auflagerung* über eine Lasteinleitungsplatte und Stegsteifen zeigt Bild **3.19**. Bei den heute üblichen Binderformen (Bild **3.2**a, b) mit Zugdiagonalen an den Trägerenden erfolgt der Anschluss i. Allg. am Obergurtknoten wegen der einfacheren Montageverhältnisse. Dabei wird der Endpfosten von der Stütze gebildet und entfällt für den Fachwerkträger. Bei nicht zu hohen Auflagerlasten oder relativ kräftigen Stützen ist ein exzentrischer Anschluss über ein Stirnblech am Obergurt und Endknotenblech auf einfachste Weise möglich, Bild **3.40**c. Will man das Anschlussmoment auf die Stütze vermeiden, bietet sich die Lösung nach Bild **3.36** an. Bei Verwendung von SL-Verbindungen in der Stirnplatte wird die gesamte Auflagerkraft über Kontakt durch den verlängerten Obergurt abgegeben, der dann in der Lage sein muss, auch noch das Moment $V \cdot h/2$ aufzunehmen. Mit diesen drei Bildern sind nur die üblichen Anschluss Varianten erfasst. Aufgrund der konstruktiven Möglichkeiten im Stahlbau sind zahlreiche Sonderformen möglich.

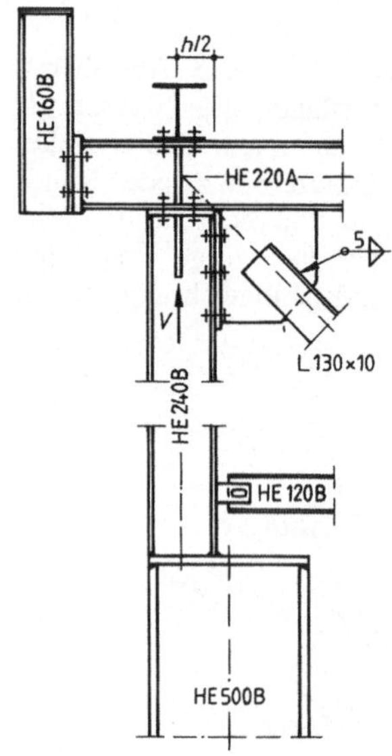

Bild **3.**36   Zentrische Lasteinleitung der Auflagerkräfte eines Dachbinders

3.3.3 Berechnungsbeispiele

Beispiel 3 (Bild 3.37)

Der symmetrische Dachbinder aus S 235 nach (Bild **3.**37) wird berechnet und konstruktiv durchgebildet. Die Pfetten sind in den Knotenpunkten angeordnet. Der Binderabstand beträgt 6,0 m.

Ständige Last   : $g_k = 0,85$ kN/m^2 $\Big\}$ Grundfläche

Schnee   : $s_k = 0,75$ kN/m^2

Wind   :   Wegen der geringen Dachneigung treten nur entlastende Sogkräfte auf.

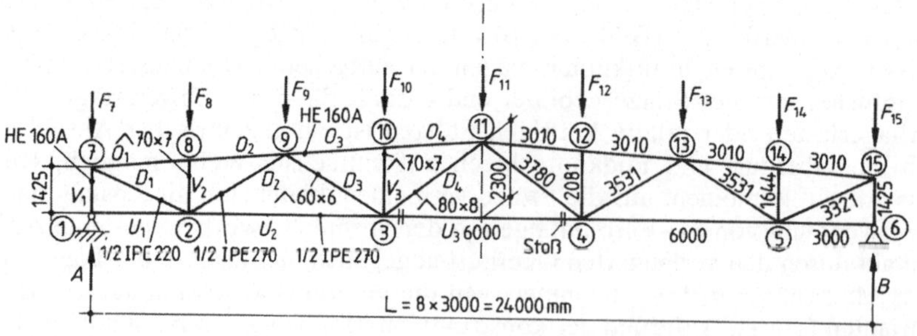

Bild **3.**37   Fachwerknetz mit Stablänge, Stabquerschnitte und -bezeichnungen, Knotennummern

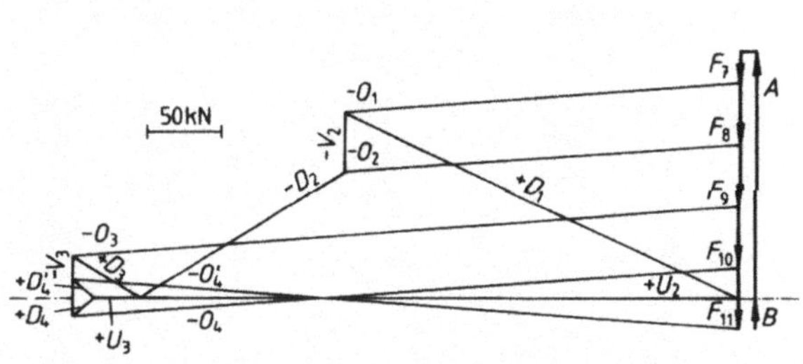

U_1	U_2	U_3	[kN]
0			
O_1	O_2	O_3	O_4
-262	-262	-445	-445
D_1	D_2	D_3	D_4
$+290$	-158	$+56$	$+20$
V_1	V_2	V_3	
-164	-41	-41	

Bild 3.38 Cremonaplan zu Beispiel 3

Für die Bemessung des Binders wird die Lastkombination „Vollast" maßgebend. Mit den Sicherheitsbeiwerten für die Einwirkungen erhält man die Knotenlasten

$$F_8 \div F_{14} = (1{,}35 \cdot 0{,}85 + 1{,}0 \cdot 1{,}5 \cdot 0{,}75) \cdot 6{,}0 \cdot 3{,}0 = 40{,}9 \approx 41 \text{ kN}$$

$$F_7 = F_{15} = 0{,}5 \cdot 41{,}0 = 20{,}5 \quad \text{kN}$$

$$A = B = 4 \cdot 41{,}0 = 164 \quad \text{kN}$$

Ermittlung der Stabkräfte

Die Stabkräfte werden mit Hilfe des Cremonaplans graphisch ermittelt (Bild **3.**38). Man erkennt die gute Übereinstimmung mit den Ergebnissen eines allgemeinen Stabwerksprogramms (Bild **3.**39). Die Dimensionierung erfolgt mit den tabellarischen Stabkräften des Cremonaplans.

Bemessung der Fachwerksstäbe, Nachweise

Da die Berechnungsgrundlagen bereits in Teil 1 (auch an Beispielen) behandelt wurde, werden nur einige Stäbe exemplarisch nachgewiesen. Gleiches gilt für die Anschlüsse.

Obergurt.

Durchlaufend HE-160 A (IPB1 160) mit min $N = O_{3,4} = -445$ kN

$$s_{K,y} = s_{K,z} \cong 301 \text{ cm, Knickspannungslinie } c$$

$$\lambda_z = 301/3{,}98 = 75{,}63 \qquad \bar{\lambda}_z = 75{,}63/92{,}9 = 0{,}814$$

$$\varkappa_c = 0{,}653 \qquad N_{\text{pl,d}} = 38{,}8 \cdot 21{,}8 = 846 \text{ kN}$$

Nachweis: $445/(0{,}653 \cdot 846) = 0{,}81 < 1$

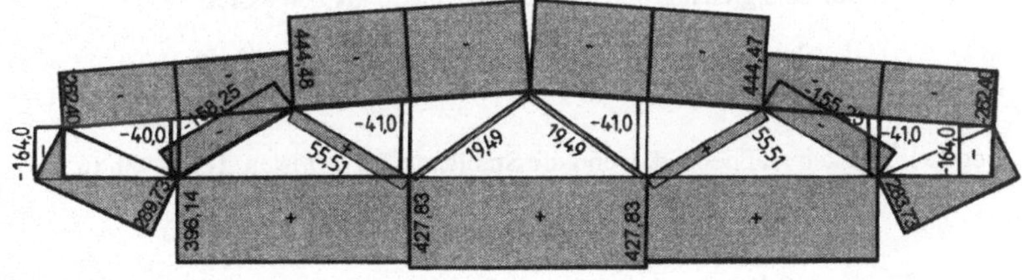

Bild 3.39 Stabkräfte mit EDV-Programm

Untergurt:

Durchlaufend ½ IPE 270 mit Laschenstößen im Stab U_3, M 20, 4.6, SLP. Auf der sicheren Seite wird der Nachweis mit voller Stabkraft $U_3 = 428$ kN in der 2. vertikalen Schraubenreihe geführt, Bild **3.**43.

$$A_N = 23,0 - 2,1 \; (2 \cdot 1,02 + 0,66) = 17,33 \text{ cm}^2$$

$$A/A_N = 23,0/17,33 = 1,33 > 1,2$$

$$\sigma_{R,d} = 36/(1,25 \cdot 1,1) = 26,2 \text{ kN/cm}^2$$

$$\sigma = 428/17,33 = 24,7 \text{ kN/cm}^2$$

Nachweis: $\sigma/\sigma_{R,d} = 24,7/26,2 = 0,94 < 1$

Druckdiagonalen:

$$D_2 = -158 \text{ kN} \qquad 1/2 \text{ IPE } 270$$

$$s_{K,z} = 353 \text{ cm} \quad \lambda_z = 353/3,02 = 117$$

Bei T-Querschnitten, insbesondere aus IPE-Profilen, besteht die Gefahr des Biegedrillknickens. Es wird der ideelle Schlankheitsgrad λ_{vi} nach Tafel 6.6, Teil 1, berechnet. Querschnittswerte nach [40]

$$A = 23 \text{ cm}^2 \qquad I_z = 210 \text{ cm}^4 \qquad I_T = 7,95 \text{ cm}^4$$

$$i_z = 3,02 \text{ cm} \qquad i_p = 4,92 \text{ cm} \qquad i_M = 5,50 \text{ cm} \qquad C_M = 0$$

$$\beta = \beta_0 = 1 \text{ (Gabellagerung)}$$

$$c^2 = 0,039 \cdot 353^2 \cdot 7,95/210 = 184 \text{ cm}^2$$

$$\lambda_{vi} = \frac{1,0 \cdot 353}{3,02} \cdot \sqrt{\frac{184 + 5,5^2}{2 \cdot 184}} \cdot \left\{ 1 + \sqrt{1 - \frac{4 \cdot 184 \cdot 4,92}{(184 + 5,5^2)^2}} \right\} = 119 > 117$$

$$\overline{\lambda}_K = 119/92,9 = 1,28 \qquad\qquad \varkappa_c = 0,397$$

$$N_{pl,d} = 23,0 \cdot 21,8 = 501 \text{ kN}$$

Nachweis: $158/(0,397 \cdot 501) = 0,79 < 1$

Für den dünnen Steg mit freiem Rand besteht Beulgefahr. Es wird das b/t-Verhältnis kontrolliert (Tafel **2.4**, Teil 1):

$$\sigma = 158/23,0 = 6,87 \text{ kN/cm}^2 \qquad \psi = 1,0 \qquad\qquad k_\sigma = 0,43$$

$$b = 21,012 - 1,02 - 1,5 = 10,98 \text{ cm}$$

$$b/t = 10,98/0,66 = 16,64 < \text{grenz } b/t = 305 \cdot \sqrt{\frac{0,43}{68,7 \cdot 1,1}} = 23,0$$

Unter Vollast ist D_4 ein Zugstab mit geringer Normalkraft. Solche Stäbe sollten daher auch für eine angemessene Druckkraft bemessen werden, die sich aus einem extremen Lastbild (z.B. Teilschneelast) ergeben könnte. Daher wird dieser Stab auch für eine gleich große Druckkraft von 20 kN bemessen.

$$D_4 = (\pm) 20 \text{ kN} \qquad L\; 80 \times 8 \qquad s_K = 378 \text{ cm} \qquad \min i = 1,55 \text{ cm}$$

$$\lambda_K = 378/1,55 = 244$$

Für Winkelprofile wird Biegedrillknicken maßgebend, wenn die Stablänge $s \leq b^2/t$ ist, s. Teil 1, Gl. (6.38).

$$378 > 8,0^2/0,8 = 80$$

$$\overline{\lambda}_K = 244/92,9 = 2,63 \quad \varkappa_c = 0,121$$

$$N_{pl,d} = 12,3 \cdot 21,8 = 268 \text{ kN}$$

Nachweis: $20/(0,121 \cdot 268) = 0,62 < 1$

Zugdiagonalen

$$D_1 = 290 \text{ kN} \qquad\qquad \frac{1}{2} \text{ IPE } 220$$

Bei dem gewählten Anschluss im Knoten 7 mit einem 12 mm breitem Schlitz im Flansch ist folgende Fläche anzusetzen

$$A = (11,0 - 1,2) \cdot 0,92 + 8,0 \cdot 0,59 = 9,02 + 4,72 = 13,74 \text{ cm}^2$$

$$\sigma = 290/13,74 = 21,1 \text{ kN/cm}^2$$

Nachweis: $\sigma/\sigma_{R,d} = 21,1/21,8 = 0,97 < 1$

$$D_3 = 56 \text{ kN} \qquad\qquad \text{L } 60 \times 6 \text{ konstruktiv}$$

Bei geschlitzten Winkelanschlüssen kann eine Fehlfläche $\Delta A \approx 3,5 \cdot t^2$ (t = Schenkeldicke) angesetzt werden.

Pfosten: Der Pfosten V_1 wird durch die – im Bereich des Fachwerkbinders abgesetzte – Stütze (HE 160A) gebildet. Für eine solche Stütze können die Knicklängen nach [48] bestimmt werden; bei $l_1 = 6,5$ m (HE 300A), $l_2 = 1,5$ m (HE 160A) und $N_1 = N_2$ erhält man für $s_{K,2} = 3,54 \cdot 1,5 \cong 5,30$ m

Aufgrund der exzentrischen Lasteinleitung entsteht das Moment

$$M_e = (A - F_7) \cdot h/2 = (164 - 20,5) \cdot 0,152/2 = 10,9 \text{ kNm}.$$

Das Moment aus Wind beträgt am Übergang zum stärkeren Profil $M_W = 4,73$ kNm. (Auf eine Umrechnung des Momentes M_e mit $\gamma_{F,Q} = 1,35$ wird hier verzichtet).

Der Pfosten wird auf „Druck mit einachsiger Biegung" nachgewiesen, s. Teil 1:

$$\bar{\lambda}_K = 530/(6,57 \cdot 92,9) = 0,87 \qquad \varkappa_b = 0,68 \qquad \beta_m = 1 \qquad \Delta n = 0,1$$

$$N_{pl,d} = 846 \text{ kN} \qquad M_{pl,d} = 53,5 \text{ kNm}$$

Nachweis: $\dfrac{164}{0,68 \cdot 846} + \dfrac{(10,9 + 4,73) \cdot 1,0}{53,5} + 0,1 = 0,68 < 1$

$$V_2, V_3 \qquad\qquad \text{L } 70 \times 7 \text{ konstruktiv}$$

*Nachweis der Anschlüsse, Knotenpunkte und Stöße, Bild **3.40** bis Bild **3.43***

*Anschluss D_1 (Bild **3.40**a)*

Mit Rücksicht auf die Schubspannungen im Knotenblech bzw. im Steg des Untergurtes sind die Grenzschweißnahtspannungen bei Schub häufig nicht ausnutzbar.

Knoten 7: In der Stumpfnaht mit $a = \min t = 5,9$ mm herrscht die gleiche Spannung wie im Grundquerschnitt. Bei zugbeanspruchten Stumpfnähten ohne Gütenachweis gilt

$$\sigma_{W.R.d} = 0,95 \cdot f_{y,k}/\gamma_M = 0,95 \cdot 24/1,1 = 20,7 \text{ kN/cm}^2$$

Bei Kehlnähten unter Schub ist $\tau_{W,R,d} = \sigma_{W,R,d} = 20,7$ kN/cm^2, während die Schubspannungen im Grundmaterial lediglich $\tau_{R,d} = \sigma_{R,d} = 21,8 / \sqrt{3} = 12,6$ kN/cm^2 betragen dürfen.

Stumpfnaht: $\quad \sigma = 21,1 \text{ kN/cm}^2 \qquad\qquad \sigma/\sigma_{W,R,d} = 21,1/20,7 = 1,02 \ll 1,0$

Kehlnaht: $\qquad$ Die Stabkraft wird im Verhältnis der Flächen aufgeteilt.

$$N_{Fl} = 290 \cdot 9,02/13,74 = 190 \text{ kN}$$

$$A_W = 4 \cdot 0,3 \cdot 12,0 = 14,4 \text{ cm}^2 \quad \tau_{\parallel} = 190/14,4 = 13,2 \text{ kN/cm}^2$$

$$\tau_{Fl} = 190/(2 \cdot 0,92 \cdot 12) = 8,61 \text{ kN/cm}^2$$

Nachweis: $\quad \tau_{\parallel}/\tau_{W,R,d} = 0,64 < 1 \qquad\qquad \tau_{Fl}/\tau_{R,d} = 0.68 < 1$

Für das 10 mm dicke Knotenblech mit 3 mm dicken Anschlusskehlnähten an dem Obergurt bzw. das Stirnblech wird die Stabkraft in die Komponenten zerlegt

$$Z_h \approx 260 \text{ kN} \qquad\qquad\qquad Z_V \approx 150 \text{ kN}$$

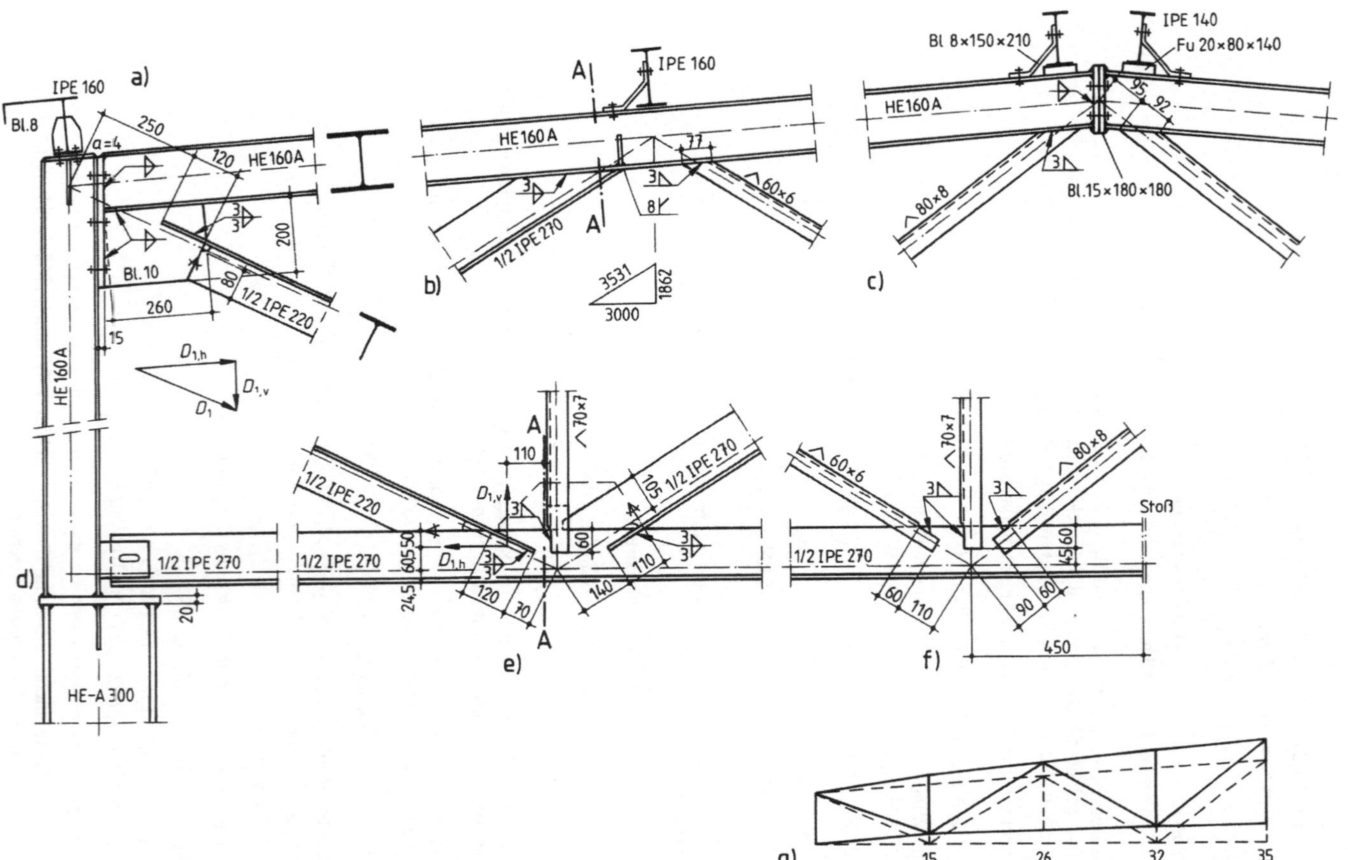

Bild **3.40** Konstruktive Durchbildung des Dachbinders aus Beispiel 3, a) bis f) Knotenpunkte g) Werkstattüberhöhung

Damit betragen die Schubspannungen in den Schweißnähten

$$\tau_{\parallel,h} = 260/(2 \cdot 0,3 \cdot 26) = 16,7 \text{ kN/cm}^2 \qquad \tau_{\parallel,h}/\tau_{W,R,d} = 0,81 < 1$$

$$\tau_{\parallel,v} = 150/(2 \cdot 0,3 \cdot 20) = 12,5 \text{ kN/cm}^2 \qquad \tau_{\parallel,h}/\tau_{W,R,d} = 0,60 < 1$$

Im Knotenblech sind die Schubspannungen

$$\tau = 190/(2 \cdot 0,66 \cdot 12) = 16,7 \cdot 0,6/1,0 = 10,0 \text{ kN/cm}^2 \qquad \tau/\tau_{R,d} = 10,0/12,6 = 0,79 < 1$$

Der Anschluss des Fachwerkträgers an die Stütze erfolgt mit 6 M 20, 4.6, SL konstruktiv

$$V_{a,R,d} = 68,54 \text{ kN} > (164 - 20,5)/6 = 23,9 \text{ kN}$$

Knoten 2 : Bei einer 120 mm Anschlusslänge des Flansches (Bild **3.40e**) entstehen im 6,6 mm dicken Steg des Untergurtes die Schubspannungen

$$\tau = 190/(2 \cdot 0,66 \cdot 12) = 12,0 \text{ kN/cm}^2 \qquad \tau/\tau_{R,d} = 0,95 < 1$$

Anschluss D_2 (Bild **3.40e**)

Knoten 2: Der Anschluss erfolgt wie bei Stab D_1 über Stumpf- und Kehlnähte. Auf den Flansch entfällt eine Kraft von

$$N_{Fl} = 158 \cdot (23 - 10,5 \cdot 0,66)/23 = 110 \text{ kN}$$

$$\text{erf } l_W = 110/(4 \cdot 0,3 \cdot 20,7) = 4,4 \text{ cm}$$

Aus konstruktiven Gründen wird die Nahtlänge auf $l_W = 4 \cdot 110$ mm festgelegt.

Die Schubspannungen im Untergurtsteg sind kleiner als beim Anschluss von D_1.

Im *Knoten 9* (Bild **3.40b**) stößt der Stab stumpf auf den Obergurt; Nähte wie eingezeichnet, ohne Nachweis. Alle anderen Anschlussnähte sind konstruktiv gewählt und werden nicht weiter nachgewiesen.

Die globalen Beanspruchungen in den Knoten werden hier exemplarisch für Knoten 2 und 9 ermittelt.

Knoten 2 (Bild **3.40e**)

Es wird zunächst die konstruktiv einfachste Lösung ohne Knotenblech (Strich – Punktlinie) im Schnitt A – A untersucht. Auf diesen Schnitt wirkt von links nur D_1, da $U_1 = 0$. Der Angriffspunkt von D_1 wird auf der Schwerlinie und der halben Flanschanschlusslänge angenommen. Die Stabkraft wird in eine Vertikal- und Horizontalkomponente zerlegt. Mit Rücksicht auf den Näherungscharakter der Beanspruchungsverhältnisse können geometrische Daten aus der Zeichnung abgemessen werden. Im Schnitt A – A sind folgende Schnittgrößen wirksam, Bild **3.41**

$$N = D_{1h} \approx 260 \text{ kN;}$$

$$V = D_{1v} \approx 130 \text{ kN;}$$

$$M = D_{1h} \cdot 6,05 - D_{1v} \cdot 12,0 = 260 \cdot 6,05 - 130 \cdot 12,0 = 143 \text{ kNcm}$$

$$\sigma = 260/23 + 143/32,8 = 15,7 \text{ kN/cm}^2$$

$$S_y = (13,5 - 2,97)^2 \cdot 0,66/2 = 10,53^2 \cdot 0,66/2 = 36,6 \text{ cm}^3$$

$$\max \tau = \frac{D_{1v} \cdot S_y}{I_y \cdot s} = \frac{130 \cdot 36,6}{346 \cdot 0,66} = 20,8 \text{ kN/cm}^2$$

$$\left(\tau_m = \frac{130}{(13,5 - 0,5) \cdot 0,66} = 15,2 \text{ kN/cm}^2 \right)$$

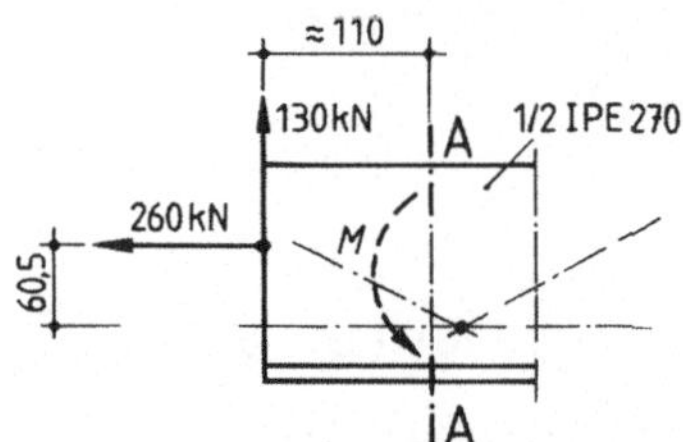

Bild **3.41**   Beanspruchung in Knoten 2 ohne Knotenblech

Da die Schubspannungen weit über der Grenzschubspannung liegen, wird der Steg mit einem Knotenblech $t = 8$ mm so verstärkt, dass die Diagonale D_2 ohne Stegschrägschnitt angeschlossen werden kann. Für den verstärkten Knotenpunkt sind die Nachweise entbehrlich.

*Knoten 9 (Bild **3.40b**)*

Im Knoten 9 schließt die Diagonale D_2 stumpf an den Untergurt an. Dabei verursacht die Flanschkraft von D_2 eine Verbiegung des Unterflansches von O_2. Die Spannungen werden am Beginn der Ausrundung kontrolliert, wobei eine Lastausbreitung unter $2 \times 45°$ im unteren Flansch des Obergurtes unterstellt wird, Bild **3.42a**. Die Flanschkraft von D_2 beträgt

$$D_{2,\text{Fl}} = 158 \cdot 13,5 \cdot 1,02/23 = 95 \text{ kN}$$

und die Vertikalkomponente

$$D_{2,\text{Flv}} = 95 \cdot 1862/3531 = 50 \text{ kN} \qquad\qquad p = 50/13,5 = 3,7 \text{ kN/cm}$$

Am Beginn der Ausrundung ist

$$b' \cong 1,02 + 2 \cdot 4,95 = 10,9 \text{ cm} \qquad\qquad W = 10,9 \cdot 0,92/6 = 1,472 \text{ cm}^3$$
$$M = 3,7 \cdot 4,952/2 = 45,33 \text{ kNcm} \qquad\qquad \sigma = 45,33/1,472 = 30,8 \text{ kN/cm}^2$$

Zur Abstützung des Flansches werden Lasteinleitungsrippen vorgesehen. Im Schnitt Forts. A – A, ca. 150 mm links vom Knoten, wirken auf den Obergurt die in Bild **3.42b** eingezeichneten Kräfte und verursachen im Knoten ein Moment

$$M = 70 \cdot 15 - 140 \cdot 7,15 = 49 \text{ kNcm}$$

welches vernachlässigbar klein ist.

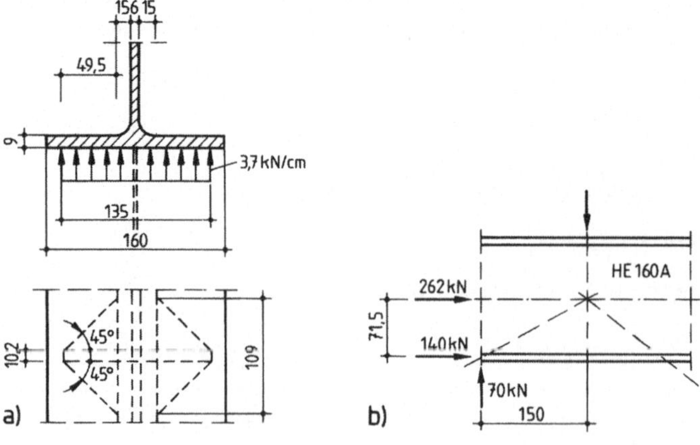

Bild **3.42**   Beanspruchung in Knoten 9
         a) Biegung im Obergurtflansch b) Kräfte im Knoten 9

Firststoß (Bild **3.40c**)

Der Stoß der beiden Binderhälften im Firstpunkt erfolgt über Stirnplatten und HV Schrauben M 16, 10. 9 und halber Vorspannkraft $F_V = 0,5 \cdot 100 = 50$ kN, Schweißnähte $a = 3$ mm.

Untergurtstoß (Bild **3.43**)

Der Untergurt U_3 wird erst auf der Baustelle eingebaut; Laschenstoß nach Bild **3.43**. Der Schwerpunkt der Stoßdeckungsteile weicht mit

$$A = 1,2 \cdot 13,5 + 2 \cdot 0,8 \cdot 11 = 16,2 + 17,6 \qquad = 33,8 \text{ cm}^2$$

$$\Delta A = 2 \cdot 2,1 \cdot (1,2 + 0,8) \qquad\qquad = 8,4 \text{ cm}^2$$

$$A_N = 25,4 \text{ cm}^2 > 17,33 \text{ cm}^2 \quad A/A_N = 33,8/25,4 = 1,33 > 1,2$$

$$e = [-0,6 \cdot 16,2 + (13,5 - 5,5) \cdot 17,6]/33,8 \qquad = 3,88 \text{ cm}$$

ca. 9 mm von Stabschwerachse ab; die Exzentrizität wird vernachlässigt. Auf den Steg und Flansch entfallen die Kräfte

$$N_{St} = 428 \cdot 0,66 \cdot 12,48/23 = 153 \text{ kN}$$

$$N_{Fl} = 428 - 153 \qquad\qquad = 275 \text{ kN}$$

Bei den gewählten Loch- und Randabständen wird für die Schrauben im Flansch Abscheren maßgebend

$$\left. \begin{array}{l} V_a = 275/4 = 68,75 \text{ kN} \\[4pt] V_{a,R,d} = 75,57 \text{ kN} \end{array} \right\} \quad V_a/V_{a,R,d} = 0,91 < 1$$

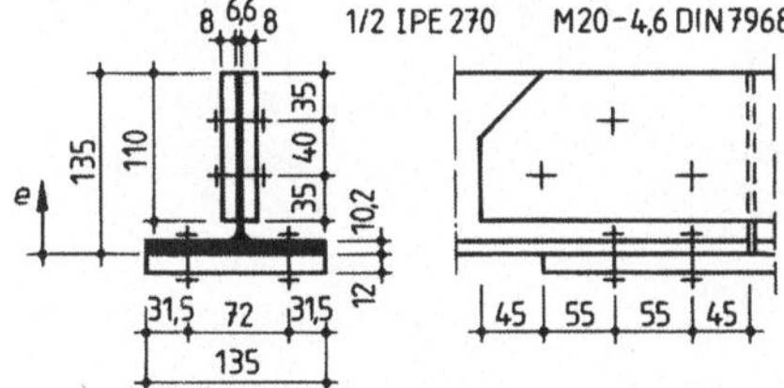

Bild **3.43**   Untergurtstoß neben Knoten 3 und 4

Für den Steg gilt mit $e_2/d_L = 35/21 = 1,67$ und $e_1/d_L = 45/21 = 2,143$

$$\alpha_l = 1,1 \cdot 2,143 - 0,3 = 2,06 \text{ kN}$$

$$\left. \begin{array}{l} V_{l,R,d} = 0,66 \cdot 2,1 \cdot 2,06 \cdot 24/1,1 = 62,3 \text{ kN} \\[4pt] V_l = 153/3 = 51,0 \text{ kN} \end{array} \right\} \quad V_l/V_{l,R,d} = 0,82 < 1$$

Gebrauchstauglichkeitsnachweis

Es wird die Mittendurchbiegung mit Gl. (3.2) für die charakteristischen Werte der Gleichstreckenlast ($\gamma_F = 1,0$, $\varkappa_M = 1,0$) abgeschätzt. Mit Rücksicht auf die parabolische Momentenverteilung wird als maßgebende Binderhöhe die Systemlänge von Pfosten V_3 angenommen.

$$A_G = (38,8 + 23)/2 = 30,9 \text{ cm}^2 \quad h = 208,1 \text{ cm}$$

$$(EI)_{eff} \approx 0,8 \cdot 21 \cdot 10^3 \cdot 30,9 \cdot 208,1^2/(2 \cdot 10^4) = 1124 \cdot 10^3 \text{ kNm}^2$$

$$q_k = (0,85 + 0,75) \cdot 6,0 = 9,6 \text{ kN/m}$$

$$\max M = 9,6 \cdot 24,0^2/8 = 691,2 \text{ kNm}$$

$$\max f \approx \frac{\max M \cdot l^2}{9,6\,(EI)_{eff}} = \frac{691,2 \cdot 24^2}{9,6 \cdot 1124 \cdot 10^3} = 0,037 \text{ m} = 37 \text{ mm}$$

Der genaue Wert (mit Hilfe des Stabwerksprogrammes) beträgt max $f = 35$ mm. Die Abschätzung mit Gl. (3.2) ist demnach genügend genau. Wegen der geringen Durchbiegung wird die Werkstattzeichnung für die Sollform erstellt und eine parabolische Überhöhung für $(g + s)$ erst bei der Fertigung erreicht, Bild **3.40** g.

Beispiel 4 (Bild **3.44** bis **3.46**)

Es wird der Nebenträger einer Dachkonstruktion im schweren Industriebau untersucht. Die Gurte und Diagonalen sind so gewählt, dass sich die Flansche direkt miteinander über Stumpf- bzw. Kehlnähte verbinden lassen. Das Trapezblech spannt von Nebenbinder zu Nebenbinder und gibt das Eigengewicht der Dacheindeckung und die Schneelast als Einfeld- bzw. Zweifeldträger direkt an den Obergurt ab und erzeugt hier eine Zwischenbiegung. Zur Auflagerung des Trapezbleches ist der Obergurt mit einem Blech 8 × 300 abgedeckt, Bild **3.44**a. Auf den Nebenträger wirken folgende Lasten ein:

Ständige Einwirkungen

Dacheindeckung einschl. Kies	$1,25$ kN/m^2
Stahleigengewicht	$0,50$ kN/m^2
Instalation, Schutzeinrichtungen	$0,90$ kN/m^2 $\Big\}$ $1,4$ kN/m^2
Summe der ständigen Last	$2,65$ kN/m^2

Veränderliche Einwirkungen

Fördereinrichtungen (Untergurt)	$16,0$ kN/m
Schnee	$0,75$ kN/m^2

Damit ergeben sich mit $\psi \cdot \gamma_{F,Q} = 0,9 \cdot 1,5 = 1,35$ die Knotenlasten

$$P_o = 1,35 \cdot [1,4 + 1,25 \cdot (1,25 + 0,75)] \cdot 4,8 \cdot 2,4 \approx 61 \text{ kN}$$

$$P_u = 1,35 \cdot 16,0 \cdot 2,4 \qquad\qquad \approx 52 \text{ kN}$$

Die Stabkräfte, Tafel **3.5**, werden mit Hilfe der Formeln der Tafel **3.4** bestimmt. Sie stimmen mit den Ergebnissen eines Stabwerkprogramms, bei dem die Gurte als durchlaufende, biegesteife Stäbe eingegeben wurden, bis auf 0,5 % überein. Die Diagonalen und Pfosten sind in den Knoten gelenkig angeschlossen. Bei diesem System ergeben sich für die Gurte vernachlässigbar kleine Zusatzmomente, s. Bild **3.4**e . Der Nebenbinder besteht aus Material S235.

Nachweise für den Obergurt

Der Obergurt erhält eine Zwischenbiegung aus

$$q_o \quad = 1,35 \cdot 1,25 (1,25 + 0,75) \cdot 4,8 = \quad 16,2 \text{ kN/m}$$

Für den Balken auf unendlich vielen Stützen gilt (Bild **3.45** b)

$$M_{St} = -0,083 \cdot 16,2 \cdot 2,4^2 \quad = \quad 7,75 \text{ kNm}$$

$$M_F = 0,042 \cdot 16,2 \cdot 2,4^2 \quad = \quad 3,92 \text{ kNm}$$

$$M_o = M_Q = \Delta M \qquad\qquad = \quad 11,67 \text{ kNm}$$

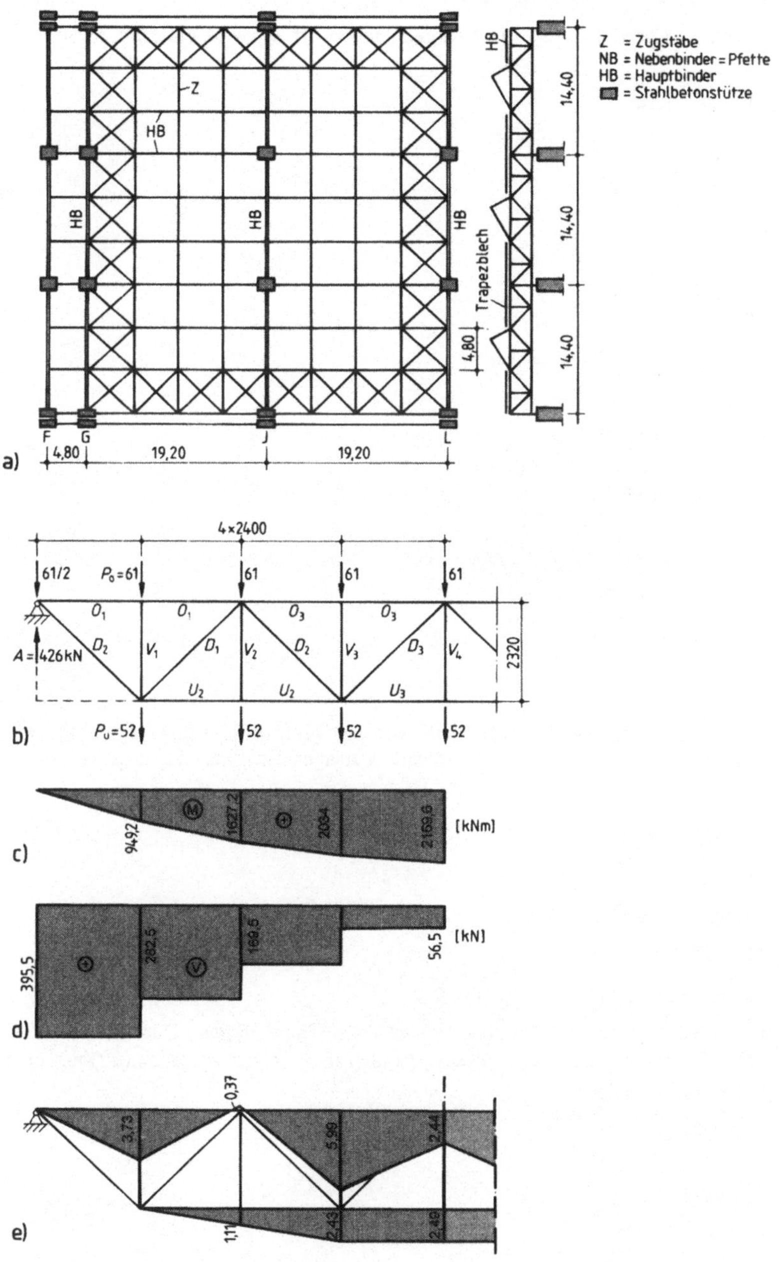

Bild **3.**44 System zum Beispiel 4
   a) Dachdraufsicht und Längsschnitt
   b) Fachwerksystem
   c) bis d) Balkenschnittgrößen M und V
   e) Gurtbiegemomente (über EDV) aus Durchlaufwirkung

Biegeknicken um z-Achse (Druck mit einachsiger Biegung)

Der Nachweis erfolgt nach Teil 1, Abschn. 6.3.3.2. Der Momentenbeiwert β_m wird mit Bild **3.45b** und $\psi = 1{,}0$ bestimmt.

$$\beta_M = 0{,}66 + 0{,}44 \cdot 1{,}0 = 1{,}10$$

$$\beta_m = \frac{11{,}67 + 7{,}75 \cdot 1{,}1}{11{,}67 + 7{,}75} = 1{,}04$$

Mit $\quad s_{K,z} = 2{,}40$ m gilt

$\quad\quad\quad \overline{\lambda}_z = 240/(5{,}78 \cdot 92{,}9) = 0{,}45$

Auf der sicheren Seite wird mit Linie c gerechnet

$$\varkappa_c = 0{,}871 \quad\quad N_{pl,d} = 69{,}3 \cdot 21{,}8 = 1511 \text{ kN}$$

Wird der Deckel vernachlässigt, ist

$$M_{pl,z,d} \geq 1{,}25 \cdot 103 \cdot 21{,}8/100 = 28 \text{ kNm}$$

$$\frac{N}{\varkappa_c \cdot N_{pl,d}} = \frac{877}{0{,}871 \cdot 1511} = 0{,}67$$

$$\Delta n = 0{,}67 \cdot (1 - 0{,}67) \cdot 0{,}8712 \cdot 0{,}452 = 0{,}034$$

Nachweis: $0{,}67 + \dfrac{1{,}04 \cdot 7{,}75}{28} + 0{,}034 = 0{,}99 < 1$

Biegedrillknicken (y-Achse)

Da der Querschnitt durch den Deckel zum geschlossenen Profil wird, ist Biegedrillknicken ausgeschlossen. Es wird der Nachweis für mittigen Druck geführt. (Auch dieses Versagen ist durch das angeschlossene Trapezblech praktisch nicht möglich).

Mit

$\quad\quad\quad s_{K,y} = 4{,}80$ m ist

$\quad\quad\quad \overline{\lambda}_z = 480/(7{,}89 \cdot 92{,}9) = 0{,}66; \quad\quad \varkappa_b = 0{,}806$

Nachweis: $877/(0{,}806 \cdot 1511) = 0{,}72 < 1$

Alle anderen Stäbe werden tabellarisch nachgewiesen (Tafel **3.5**).

Nachweise für die Anschlüsse und Knotenpunkte sind bei der gewählten, konstruktiven Durchbildung Bild **3.46a** bis e nicht erforderlich. Die Abmessungen des Deckels erfüllen die Grenzwerte grenz (*b/t*) mit dem Nachweisverfahren elastisch-elastisch.

Tafel **3.5** Tabellarischer Nachweis der Fachwerkstäbe

Stab	N_d [kN]	Querschnitt:	A, A_N, A_{Fl} [cm²]	s_{Ky}/s_{Kz}	$\bar{\lambda}_y/\varkappa_y$	$\bar{\lambda}_z/\varkappa_z$	σ [kN/cm²]	$\sigma/\sigma_{R,d}$	$N/\varkappa\cdot N_{pl,d}$
O_1	-409	HE 180A +	$A = 69,3$	480/240	$-$	0,45/0,871	$-$	$-$	0,99
O_3	-877	Bl 300 × 8							
U_2	$+701$		6 Ø 16:				18,63	18,63/ 26,2 = 0,71	$-$
		HE 180B	$A_N = 65,3 - 6 \cdot$ 1,8 · 1,4 = 50,18	$-$					
U_3	$+935$		$A/A_N = 1,3 > 1,2$						
D_0	$+569$	HE 180A	$A_{Fl} = 2 \cdot 18 \cdot 0,95$ $= 34,2$	$-$	$-$	$-$	16,64	16,64/21,8 = 0,76	
D_1	-406	HE 180A	$A = 45,3;$ $A_{Fl} = 34,2$	334/300 [1]	$-$	0,714/0,715	11,87 [2]	0,55	0,57 [3]
D_2	$+244$	IPE 180	$A = 23,9;$ $A_{Fl} = 14,56$	$-$	$-$	$-$	16,76	16,76/21,8 = 0,77	
D_3	-81	IPE 180	$A = 23,9;$ $A_{Fl} = 14,56$	334/300		1,58/0,29	$-$ [2]	$-$	0,54 [3]
$V_1 = V_3$	-61	2 L 70 × 7 [4]	$A = 2 \cdot 9,4 = 18,8$	210	$-$	1,65/0,271	$-$	$-$	0,55
$V_2 = V_4$	$+52$	2 L 50 × 5	$A = 2 \cdot 4,8 = 9,6$	$-$	$-$	$-$	5,4	0,25	

[1] Knicklänge s. Skizze
[2] Spannungsnachweis mit A_{Fl}
[3] Stabilitätsnachweis für Stabmitte mit A
[4] ohne Bindebleche

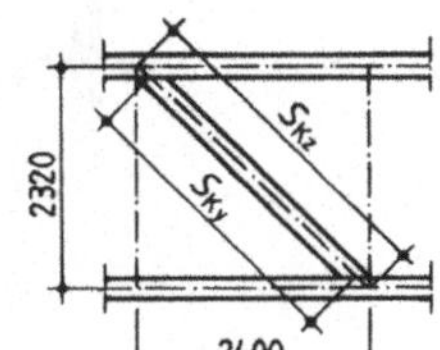

$$s_{Ky} = d = \sqrt{240^2 + 232^2} = 334 \text{ cm}$$
$$s_{Kz} = 0,9 \cdot d = 0,9 \cdot 334 = 300 \text{ cm}$$

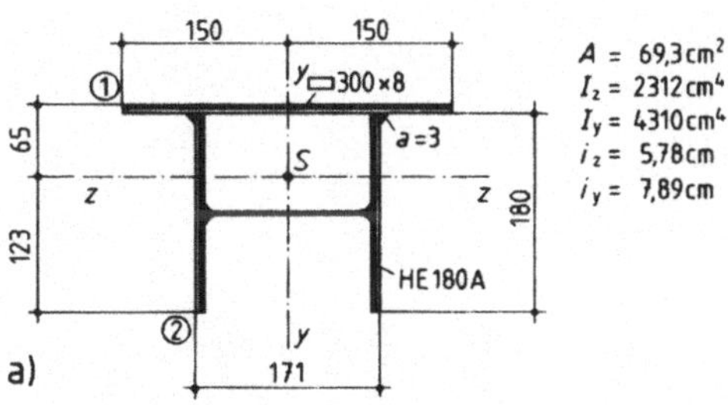

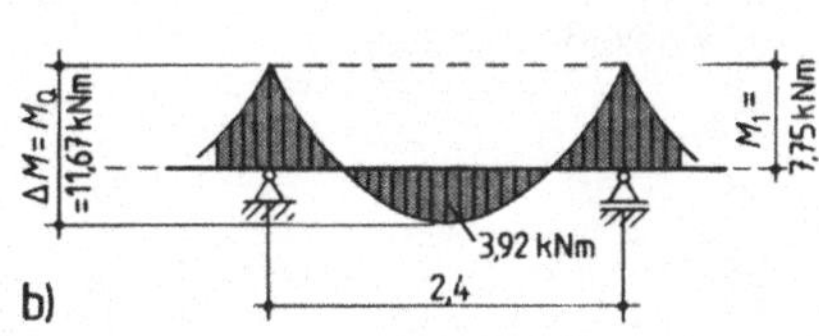

Bild **3.45**   a) Querschnitt   b) Zwischenbiegung aus Dachschale

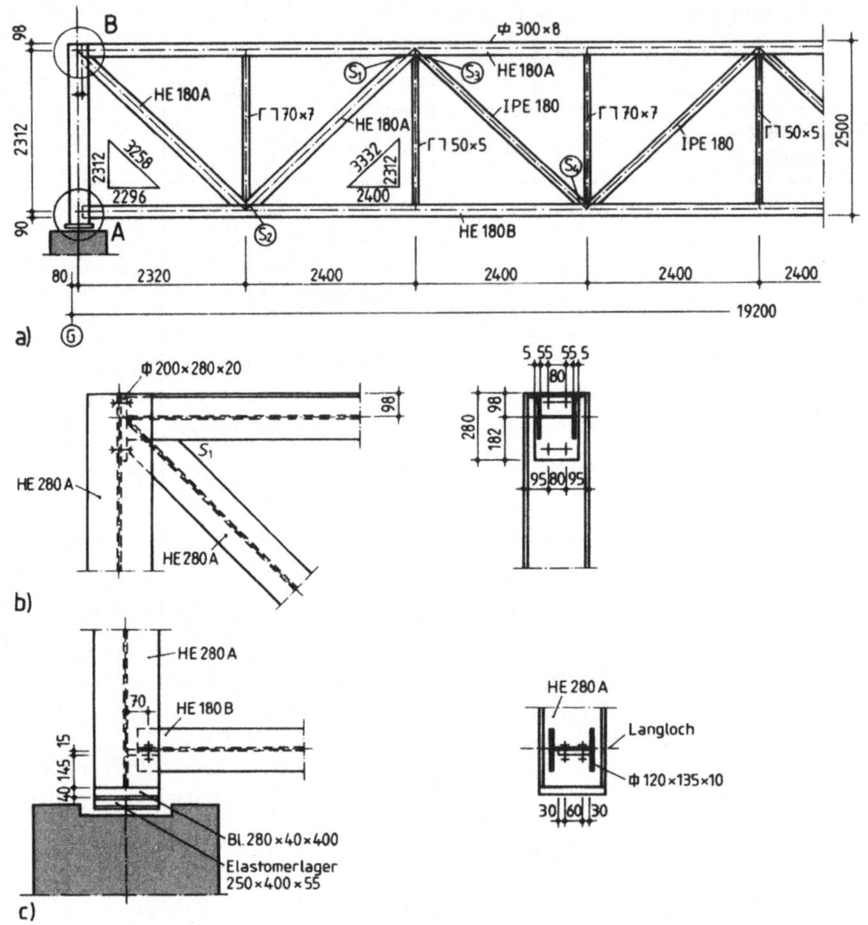

Bild **3.**46   Konstruktive Durchbildung des Nebenträgers aus Beispiel 4 (s. auch S. 87)
        a) Gesamtansicht
        b) Knoten *B*
        c) Auflagerpunkt *A*
        d) Anschluss der Füllstäbe
        e) Schweißnahtdetails

Bild **3**.46 Fortsetzung

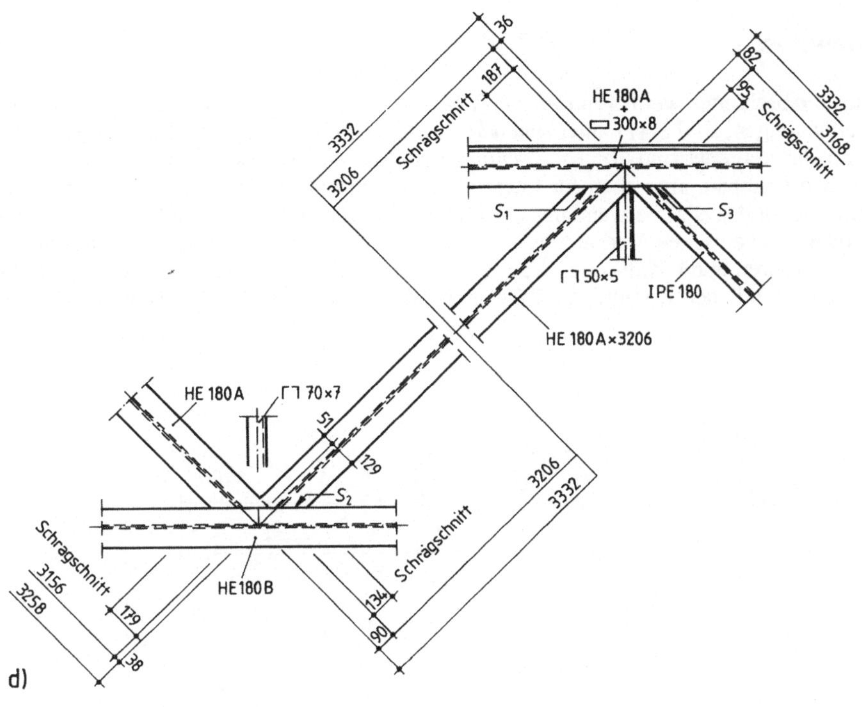

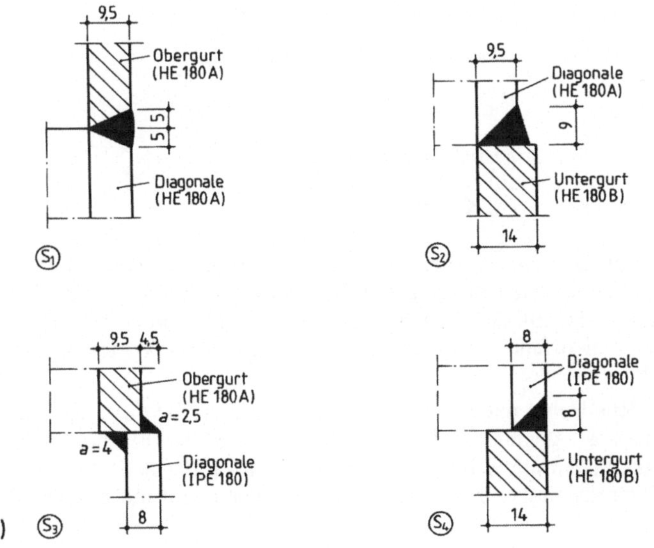

3.4 Fachwerke aus Rund- und Rechteckrohren

3.4.1 Allgemeines

Im Rahmen dieses Abschnittes werden nur *ebene Fachwerke in knotenblechfreier Ausführung* (mit direkten Stabverbindungen, Bild **3**.47) unter *ruhender Beanspruchung* behandelt, die auch im Stahlhochbau immer mehr verbreitet sind. *Rohrquerschnitte* (nahtlos oder geschweißt) wurden früher vor allem im Mast- und Kranbau, aber auch für Energiebrücken im Industriebau eingesetzt. Im Stahlhochbau fanden und finden sie Verwendung als Raumfachwerke, u.U. mit Knotenverbindungen durch Kugeln oder mechanischen Verbindungselementen (s. besondere Bauweise). *Rechteckhohlprofile* werden aus Rohren durch Kalt- oder Warmverformung hergestellt. Gegenüber den Rundrohren haben sie den Vorteil der wesentlich einfacheren Verarbeitung. Während die komplizierten

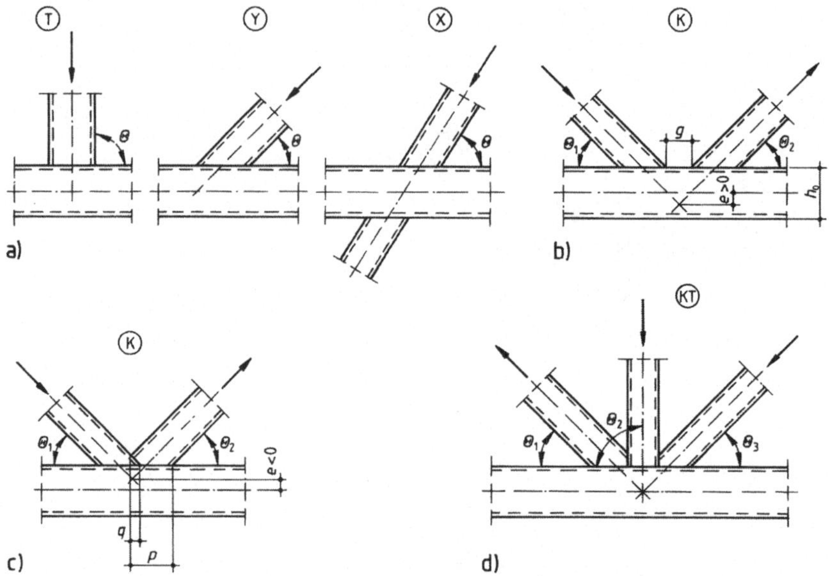

Bild **3**.47   Knotenpunkte von Fachwerken aus Rechteckrohren
        a) T-, Y- und X-Knoten   b) K-Knoten mit Spalt
        c) K-Knoten mit Überlappung   d) KT-Knoten

Verschneidungskurven bei Rundrohren wirtschaftlich nur über numerisch gesteuerte Brennanlagen hergestellt werden, die gleichzeitig auch die Fugenvorbereitung (bei großen Wanddicken) erzeugen, können Rechteckhohlprofile mit den üblichen Sägen getrennt werden. Beide Querschnittsformen haben gegenüber den offenen Querschnitten eine Reihe von Vorteilen, die die höheren Materialkosten i. Allg. ausgleichen:

- Bei mittigem Druck besitzen Rundrohre und Quadrathohlprofile wegen i = konst. und Einordnung in Knickspannungslinie „*a*" gegenüber Walzprofilen mit gleicher Fläche (Metergewicht) die höchste Tragfähigkeit (im mittelschlanken Bereich ist $\varkappa_a \approx 1{,}20 \cdot \varkappa_c$).
- Hohlprofile sind unempfindlich gegenüber Torsion (wölbfreier Querschnitt mit großem Drillwiderstand $G \cdot I_T$)
- geringe Oberfläche (Beschichtungsfläche) bei luftdichter Verschweißung (ca. 40 % weniger als bei Walzprofilen mit ähnlichen Abmessungen)

- kleiner aerodynamischer Kraftbeiwert c_f
- günstiger Einsatz der Stähle S 355 J0/J2 H
- geringeres Gewicht und damit geringere Transport- und Montagekosten, auch wegen der größeren Seitensteifigkeit.

Diesen Vorteilen stehen neben den höheren Materialpreisen jedoch auch einige Nachteile gegenüber, die sich insbesondere dann bemerkbar machen, wenn – wegen ungenügender Kenntnisse über das spezifische Tragverhalten dieser Konstruktionen – falsche Bemessungskriterien zugrunde gelegt werden. Diese führen dann

- zu hohen Fertigungskosten, insbesondere bei Knoten mit überlappenden Füllstäben und hier wiederum insbesondere bei Rundrohren, wenn die Stabenden von Hand gebrannt oder durch mehrere Sägeschnitte hergestellt werden müssen
- zu unnötigem Materialverbrauch, wenn als Dimensionierungskriterium die erforderliche Querschnittsfläche beim *Nachweis des Stabes* (Zug oder Druck) zugrunde gelegt wird. Ein minimiertes Konstruktionsgewicht führt in der Regel zu Konstruktionen mit den größten Gesamtkosten.

Die hier beispielhaft genannten, jedoch vermeidbaren Nachteile hängen damit zusammen, dass die Tragfähigkeit des Fachwerkträgers viel mehr von der *Gestaltfestigkeit* des *Knotens* abhängig ist als von der Tragfähigkeit der Einzelstäbe.

Bei Fachwerken aus Hohlprofilen mit direkten Stabanschlüssen erfahren speziell die Wandungen der Gurtquerschnitte Querbiegemomente, die zu einem frühzeitigen Plastizieren, Beulen oder Stegkrüppeln führen. Besonders betroffen hiervon sind Rechteckhohlprofile, die die direkt eingeleiteten Lasten quer zur Wand nicht über Membrankräfte, sondern über Biegemomente und Querkräfte abtragen müssen. Die bei diesen Profilen typischen Versagensfälle zeigt Bild **3.48**.

Neben den in den vorangehenden Abschnitten beschriebenen und auch hier gültigen Regeln zur wirtschaftlichen Konstruktion der Fachwerke sind daher für Fachwerke aus Rund- oder Rechteckhohlprofilen nachfolgende Grundsätze zu beachten [44]:

- In Gruppen zusammengefasste Füllstäbe weisen gleiche Außenabmessungen bei variabler Wanddicke auf.
- Knotenverbindungen mit Spalt haben zwar eine kleinere Gestaltfestigkeit als Knoten mit überlappenden Stäben, verursachen aber geringere Fertigungskosten.
- Verbindungen mit Kehlnähten (ohne Fugenvorbereitung) bei K-Knoten erfordern ein wesentlich höheres Schweißnahtvolumen als Stumpfnähte (mit Fugenvorbereitung).
- Die Breite von Hohlprofilfüllstäben sollten kleiner sein als die der Hohlprofilgurte, um Hohlkehlnähte zu vermeiden.
- Gurtstäbe sollten große, Füllstäbe möglichst kleine Wanddicken aufweisen (Ausnahme: Knoten mit Überlappung).
- Bei Knoten mit Überlappung der Füllstäbe (Bild **3.47**c) sollte der Überlappungsgrad $\lambda_{ov} \geq 25\,\%$, besser 50 % betragen. Er wird nach Gl. (3.8) ermittelt.

$$\lambda_{ov} = \frac{q}{p} \cdot 100\,[\%] \qquad\qquad (3.8)$$

- Der Neigungswinkel der Füllstäbe gegenüber den Gurten sollte aus schweißtechnischen Gründen nicht weniger als 30° betragen.
- Für Gurtstäbe (Index o) sollte $15 \leq b_0/t_0 \leq 25$ sein.
- Bei nicht ausreichender Gestaltsfestigkeit von Knoten mit Spalt ist (durch Abänderung der Fachwerkgeometrie und bei Einhaltung der hierdurch u. U. bedingten Exzentrizität der Füllstabachsen) ein Knoten mit Überlappung günstiger als ein Knoten mit Verstärkungsblechen, Tafel **3.15**.

Des Weiteren sind bei Nachweisen nach Abschn. 3.4.2 die Gültigkeitsgrenzen der einschlägigen Normen (DIN 18800, Eurocode 3) zu beachten. Eine ausführliche Behandlung von Hohlprofilkonstruktionen ist auch in [39] enthalten.

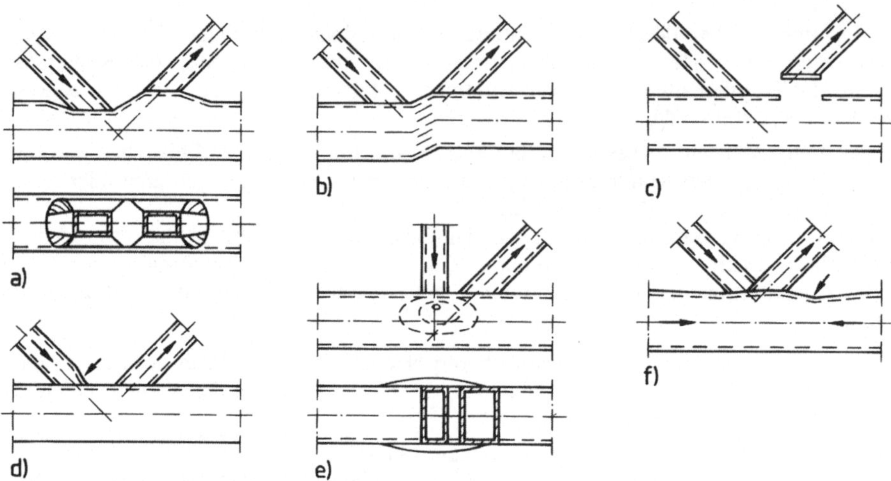

Bild 3.48   Versagensformen von Fachwerkknoten aus Rechteck-Hohlprofilen
a) plastische Verformung des Gurtflansches
b) Scherversagen des Gurtes
c) Abriss der Strebe durch Gurt- oder Nahtversagen
d) örtliches Beulen der Druckstrebe
e) bis f) örtliches Beulen des Gurtsteges bzw. Flansches

3.4.2 Nachweise für ebene Fachwerke aus Hohlprofilen

3.4.2.1 Gegenüberstellung gültiger Regelwerke

Für Fachwerke aus Rund- oder Rechteckprofilen sind folgende Nachweise zu führen:

– *Nachweis der Einzelstäbe* unter Zug- und Druckkräften (Knicken). Biegemomente aus Lasten zwischen den Knotenpunkten sind stets zu berücksichtigen, während die Momente aus Stabexzentrizitäten nur dann erfasst werden müssen, wenn die Exzentrizität *e* nicht die Bedingung (3.10) erfüllt.
– *Nachweis der Gestaltfestigkeit* des Knotens unter Berücksichtigung der Knotengeometrie und *Nachweis der Nähte*.

Die Nachweise für den Einzelstab werden nach DIN 18800-1 bis -3 ([12], [14], [15]) geführt, s. Teil 1 des Werkes bzw. Abschn. 2. Für den Nachweis der *Knotentragfähigkeit* stehen zwei Möglichkeiten offen, nämlich nach DIN 18808 [17] bzw. Eurocode 3 [31]. Beiden Regelwerken liegen die gleichen, international abgestimmten Untersuchungen zugrunde, sodass die Unterschiede zwischen beiden Normen im Wesentlichen formalen Charakter haben.

DIN 18808 basiert jedoch auf dem „zul σ-Konzept" mit einem globalen Sicherheitsbeiwert γ auf der Widerstandsseite. Die Gestaltfestigkeit wird nachgewiesen durch Einhaltung der Wanddickenverhältnisse

$$\text{vorh } (t_u/t_a) \geq \text{erf } (t_u/t_a) \tag{3.9}$$

und der „zulässigen Schweißnahtspannungen für Kehlnähte" nach DIN 18800-1 (Ausgabe 3.81). Eine Übertragung der Bemessungsformeln und Diagramme auf das neue Sicherheitskonzept mit Teilsicherheitsfaktoren γ_F und γ_M ist jedoch nach [39] auf einfache Weise möglich, da das globale Sicherheitsniveau $\gamma_F \cdot \gamma_M = \gamma$ für die (maßgebenden) Kehlnahtspannungen praktisch gleich ist.

Wird also die gesamte Tragwerksberechnung nach DIN 18800-1 bis -3 durchgeführt, kann die Gestaltfestigkeit des Knotens auch nach [17] nachgewiesen werden, wenn folgende Änderungen im Normtext beachtet werden [27]:

- β_S ist durch $f_{y,k}$ zu ersetzen
- es sind die Grenzschweißnahtspannungen $\sigma_{W,R,d}$ mit σ_W nach Zeile 3 bis 5 für Füllstäbe und Zeile 1 bis 2 für Gurtstäbe einzuhalten, s. Tafel **3.22** im Teil 1 des Werkes; „zul σ_a" ist durch diese Werte zu ersetzen
- in den Diagrammen für erf (t_u/t_a) ist σ_u zu ersetzen durch $\sigma_{u,d}/\gamma_{F,m}$. Hierbei ist $\sigma_{u,d}$ die Druckspannung im untergesetzten Hohlprofil aus dem Bemessungswert der Stabkraft N_d und $\gamma_{F,m}$ der gewichtete Sicherheitsbeiwert aus $\gamma_{F,G}$ und $\psi \cdot \gamma_{F,Q}$. Für die Einwirkungskombination entsprechend „Lastfall H" gilt vereinfachend $\gamma_{F,m,H} = 1,43$.
- alle „zul-Werte" sind durch die entsprechenden „Grenzwerte" zu ersetzen

Die Vorgehensweise ist in der vorigen Auflage dieses Werkes durch Formeln, Diagramme und Beispiele ausführlich erläutert. Aus Platzgründen wird daher in dieser Neuauflage auf eine Wiedergabe verzichtet. Statt dessen soll das Nachweiskonzept nach Eurocode 3 [31] vorgestellt werden.

3.4.2.2 Die Gestaltsfestigkeit von Hohlprofil-Fachwerkknoten-Anschlüssen nach Eurocode 3 (EC 3), [31] und [44]

Werkstoffe

Die Norm ist anwendbar auf warm gewalzte schweißbare Stähle nach DIN EN 10210-1. Für die charakteristischen Werte der Streckgrenze und Zugfestigkeit gilt Tafel **3.6** (Sonderregelung für kalt geformte Stähle s. Norm)

Bemessungswerte der Einwirkungen

Die Bemessungswerte der Einwirkungen ergeben sich wie in [12] aus den *charakteristischen* bzw. den *repräsentativen* Werten $\psi_i \cdot Q_k$ ($i = 0, 1, 2$) durch Multiplikation mit den Teilsicherheitsfaktoren $\gamma_{(F),G} = 1,35$ (1,0), $\gamma_{(F),Q} = 1,5$ und $\gamma_{(F),GA} = 1,0$.

Tafel **3.6** Charakteristische Werte der Streckgrenze und Zugfestigkeit für Baustahl nach EC 3

| Stahl nach | | Dicke t mm [1] | | | |
| DIN EN 10210-1 Zusatzsymbol H | | $t \leq 40$ mm | | 40 mm $< t \leq 100$ mm [2] | |
(　) Bezeichnung n. EC 3		f_y (N/mm^2)	f_u (N/mm^2)	f_y (N/mm^2)	f_u (N/mm^2)
S 235	(Fe 360)	235	360	215	340
St 37 S 275	(Fe 430)	275	430	255	410
St 44 S 355	(Fe 510)	355	510	355	490
St52 S275N	(Fe E275)	275	390	255	370
S355N	(Fe E355)	355	490	335	470

[1] t Erzeugnisdicke eines Bauteils.
[2] 63 mm für Bleche und andere Flachprodukte aus Stahl gemäß den Lieferbedingungen nach DIN EN 10210-1.

Es sind Einwirkungskombinationen nach Tafel **3.7** zu bilden. Für Hochbautragwerke gilt vereinfachend wie in [12]

$\psi_i = 1,0$ – eine veränderliche Einwirkung

$\psi_i = 0,9$ – mehrere veränderliche Einwirkungen

Tafel **3.7** Bemessungswerte der Einwirkungen bei deren Kombination nach EC 3

Bemessungssituation	Ständige Einwirkungen G_d	Veränderliche Einwirkungen Q_d		Außergewöhnliche Einwirkungen A_d
		führende veränderliche Einwirkung	begleitende veränderliche Einwirkung	
ständig und vorübergehend	$\gamma_G\,G_k$	$\gamma_Q Q_k$	$\psi_0\gamma_Q Q_k$	
außergewöhnlich	$\gamma_{GA}\,G_k$	$\psi_1 Q_k$	$\psi_2 Q_k$	$\gamma_A A_k$ (sofern A_d nicht direkt festgelegt wird)

ψ_0, ψ_1, ψ_2 nach EC 1 oder speziellen Anwendungsnormen

Bemessungswerte der Widerstände

Diese ergeben sich wie in [12] durch Division der Festigkeiten und Steifigkeiten mit dem Teilsicherheitsfaktor γ_M. Für die hier behandelten Konstruktionen gilt $\gamma_M = 1,1$.

Querschnittsklassen

Die Querschnitte nach Eurocode 3 werden hinsichtlich ihrer plastischen Reserven bzw. des örtlichen Beulverhaltens in 4 Klassen unterteilt. Bei Einhaltung der (b/t) und (d/t) – Werte nach Tafel **2.4** und **2.5** – s. Teil 1 – liegt die Querschnittsklasse 1 oder 2 vor und es haben die nachfolgenden Regelungen Gültigkeit.

Allgemeine Anforderungen an Hohlprofilkonstruktionen

Die Anwendungen der Norm ist beschränkt auf die nachfolgend angegebenen Mindestanforderungen.

– Die Wanddicke von Hohlprofilen soll $\geq 2,5$ mm betragen und darf bei Gurtstäben nicht größer als 25 mm sein (Ausnahmen s. Norm).
– Der Anschlusswinkel θ zwischen Gurt und Strebe muss $> 30°$ sein und die Spaltweite $g \geq t_1 + t_2$ (t_i = Strebenwanddicke).
– Bei Knoten mit überlappenden Streben soll ein möglichst großer Überlappungsgrad $\lambda > 25\ \%$ angestrebt werden. Die Strebe mit der geringeren Wanddicke soll die Strebe mit größerer Wanddicke überlappen. Diese Regel gilt sinngemäß auch für Streben mit unterschiedlichen Materialeigenschaften.
– Das Verhältnis von Stabsystemlänge zur Bauteilhöhe soll > 12 für Gurtstäbe (24 für Streben) sein, damit die Biegemomente aus der Anschlusssteifigkeit der Stäbe vernachlässigbar sind.
– Momente aus der Knotenexzentrizität dürfen beim Nachweis der Knotentragfähigkeit vernachlässigt werden, wcnn gilt

$$-0,55 \leq e/d_0 \leq 0,25 \tag{3.10}$$

mit

e Knotenexzentrizität nach Bild **3.47**

d_0, h_0 Durchmesser des Gurtes in Fachwerkebene.

– Die Anschlussgeometrie des Knotens muss innerhalb der Grenzen der Tafeln **3.8** bzw. **3.9** liegen.

Tafel **3.8** Gültigkeitsgrenzen für geschweißte Anschlüsse aus runden Hohlprofilen (Rohre)

$0{,}2 \le d_i/d_o \le 1{,}0$	$5 \le d_{o,i}/(2 \cdot t_{o,i}) \quad \begin{matrix} \le 25^{[1]} \\ \le 20^{[2]} \end{matrix}$
$\lambda_{ov} \ge 25\ \%$	[1] Auswertung für Gurt (o) und Strebe (i)
$g \ge t_1 + t_2$	[2] gültig für X-Knoten

Tafel **3.9** Gültigkeitsgrenzen für geschweißte Anschlüsse aus rechteckigen oder runden Hohlprofilstreben und rechteckigen Hohlprofilgurten

Knoten-form	Anschlussparameter ($i = 1$ oder 2, j = überlappte Strebe)					
	b_i/b_o oder d_i/d_o	Druck	Zug	b_o/t_o	$(b_1 + b_2)/2\,b_i$ oder b_i/b_j und t_i/t_j	Spaltweite oder Überlappungsgrad
T-, Y- oder X-Knoten	$0{,}25 \le b_i/b_o \le 0{,}85^{[1]}$	$b_i/t_i \le 1{,}25$		$10 \le b_o/t_o \le 35^{[1]}$		
K- und N-Knoten mit Spalt	$b_i/b_o \ge 0{,}35$ und $\ge 0{,}1 + 0{,}01\,b_o/t_o$	$\cdot \sqrt{E/f_{yi}}$ ≤ 35	b_i/t_i ≤ 35	$15 \le b_o/t_o \le 35^{[1]}$	$0{,}6 \le (b_1 + b_2)/2\,b_i \le 1{,}3$	$g/b_o \ge 0{,}5\,(1-\beta)^{[2]}$ $g/b_o \le 1{,}5\,(1-\beta)^{[3]}$ $g \ge t_1 + t_2$
K- und N-Knoten mit Überlappung	$b_i/b_o \ge 0{,}25$	$b_i/t_i \le 1{,}1$ $\cdot \sqrt{E/f_{yi}}$		$b_o/t_o \le 40$	$t_i/t_j \le 1{,}0$ $b_i/t_j \ge 1{,}0$	$25\ \% \le \lambda_{ov} \le 100\ \%$
runde Hohlprofil-streben	$0{,}4 \le d_i/b_o \le 0{,}8$	$b_i/t_i \le 1{,}5$ $\cdot \sqrt{E/f_{yi}}$	d_i/t_i ≤ 50	Wie oben, aber ersetze b_i durch d_i		

[1] Befindet sich die Anschlussgeometrie außerhalb dieser Gültigkeitsgrenzen, können außer den in Tafel **3.**11 angegebenen Versagensarten weitere Versagensmöglichkeiten auftreten (siehe Norm [31] bzw. [44]).

[2] $\beta = (b_1 + b_2) / (2\,b_o)$.

[3] Für $g/b_o > 1{,}5\,(1 - \beta)$ ist der Nachweis wie für einen T- bzw. Y-Knoten zu führen.

Sind die hier zusammengestellten Anforderungen nicht gegeben, sind genauere Berechnungen durchzuführen oder die Knotentragfähigkeit durch Versuche zu belegen.

Gestaltfestigkeit von Knoten aus Rundrohren

Innerhalb der Anwendungsgrenzen für die Anschlussgeometrie nach Tafel **3.8** wird die Knotentragfähigkeit nachgewiesen über die *Grenzkräfte der Streben* nach Tafel **3.10** und Bild **3.49**.

Tafel **3.10** Gestaltfestigkeit von geschweißten Knoten aus runden Hohlprofilen (Rohren)

Knotenform	Gestaltfestigkeit ($i = 1$ oder 2)
T- und Y-Anschluss	Plastizierung des Gurtstab-Flansches
	$$N_{1,\mathrm{Rd}} = \frac{f_{yo}\,t_o^2}{\sin\theta_1}\,(2{,}8 + 14{,}2\,\beta^2)\cdot \gamma^{0{,}2} k_p$$
X-Knoten	Plastizierung des Gurtstab-Flansches

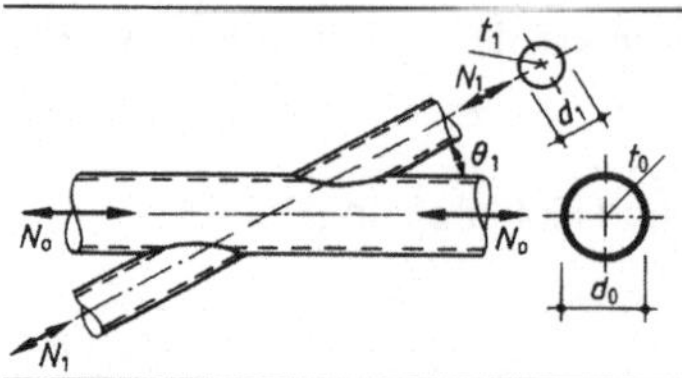

K- und N-Knoten mit Spalt/Überlappung	Plastizierung des Gurtstab-Flansches

$$N_{1,\mathrm{Rd}} = \frac{f_{yo}t_0^2}{\sin\theta_1}\frac{5,2}{(1-0,81\,\beta)}k_p$$

$$N_{1,\mathrm{Rd}} = \frac{f_{yo}t_0^2}{(1-\beta)\cdot\sin\theta_1}\left[1,8+10,2\frac{d_1}{d_0}\right]k_p k_g$$

T-, Y- und X-Knoten sowie K-, N- und KT-Knoten mit Spalt

$$N_{2,\mathrm{Rd}} = \frac{\sin\theta_1}{\sqrt{3}}N_{1,\mathrm{Rd}}$$

Durchstanzen des Gurtstab-Flansches

wenn $d_i \le d_0 - 2\,t_0$

$$N_{1,\mathrm{Rd}} = \frac{f_{yo}}{\sqrt{3}}t_0\,\pi\,d_i\,\frac{1+\sin\theta_i}{2\sin^2\theta_i}$$

Funktionen

$k_p = 1,0$	für $n_p \le 0$ (Zug)
$k_p = 1 - 0,3\,n_p\,(1+n_p) < 1,0$	für $n_p \ge 0$ (Druck)

Bezeichnungen, Abkürzungen

$\beta = d_1/d_0$ für T-, Y-, X-Knoten $\qquad\qquad \gamma = d_0/(2\,t_0)$
$\beta = (d_i + d_2)/(2d_0)$ für K-, N-Knoten
$n_o = \sigma_0/f_{yo};\ n_p = \sigma_P/f_{vp}$

σ_0 größte Druckspannung im Gurtstab (o) infolge Längskraft ($= N_o/A_o$) und Biegemoment aus e, falls nicht vernachlässigbar.

σ_P σ_0 abzüglich der Spannung aus den Horizontalkomponenten der Strebenkräfte; dies ist i. Allg. die Spannung im Gurt mit der kleineren Druckkraft.

k_g s. Bild **3.49**

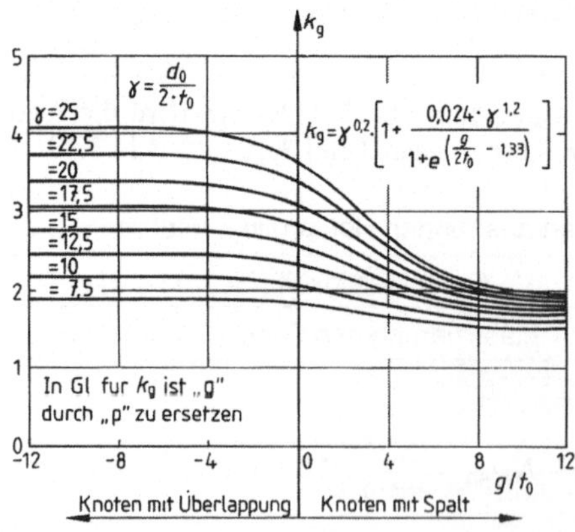

Bild **3.49**   Beiwert k_g zur Berechnung der Gestaltfestigkeit von Knoten aus Rundrohren

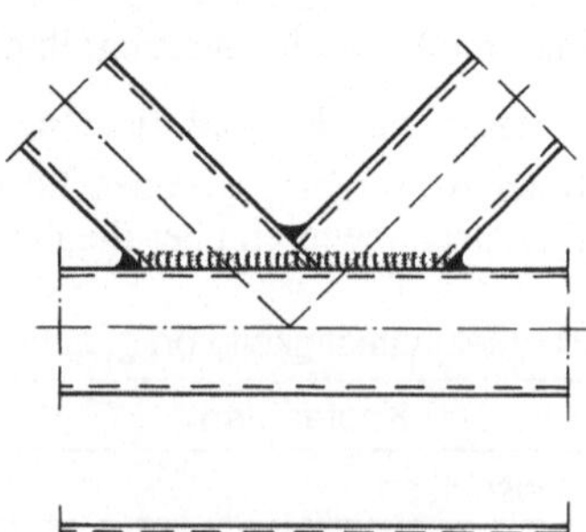
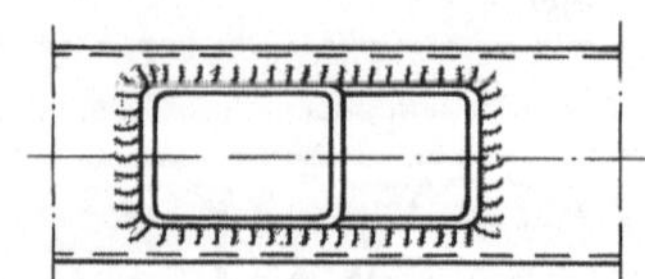

Bild **3.50**   Anschlussnähte beim K-Knoten mit Überlappung

Gestaltfestigkeit von Knoten aus rechteckigen, quadratischen oder runden Streben und einem rechteckigen oder quadratischen Gurtprofil

In der praktischen Anwendung überwiegen Ausführungen mit quadratischen oder runden Streben und quadratischen Hohlprofilgurtstäben. Aus diesem Grund wurde in EC 3 nur dieser Fall normativ geregelt und bei Verwendung von Rechteckhohlprofilen auf die allgemeinen Grundlagen der Gestaltfestigkeit verwiesen. In diesem Fall können der Anwendungsbereich und die Grenzkräfte der Streben aus Tabellen in [44] entnommen werden. Für den in EC 3 behandelten Sonderfall sind die Grenzkräfte der Streben nach Tafel 3.11 zu bestimmen.

Gestaltfestigkeit von Knoten mit I-förmigen Gurten und Hohlprofilstreben

Diese mögliche Knotenform ist bei konsequenter Berücksichtigung der Vorteile von Hohlprofilen eigentlich nicht sinnvoll und sollte vermieden werden, da bei allen Knotenformen die örtliche Biegetragfähigkeit der Gurtflansche einen wesentlichen Einfluss auf die Gestaltfestigkeit des Knotens hat. Auf die Wiedergabe der Bemessungsformeln wird daher hier verzichtet, s. [31], [44].

Spezielle Knotentypen aus runden, rechteckigen oder quadratischen Hohlprofilen

Bemessungsformeln und Gültigkeitsgrenzen sind der Literatur [44] zu entnehmen.

Nachweis der Schweißnähte

Die Schweißnähte in Hohlprofilanschlüssen werden über den ganzen Profilumfang als durchgeschweißte Nähte, Kehlnähte oder Mischformen ausgeführt.

Bei Anschlüssen mit *teilweiser Überlappung* braucht jedoch der unsichtbare Bereich des überlappten Stabes nicht verschweißt zu werden, Bild 3.50.

Werden zugbeanspruchte *Kehlnähte* – unabhängig von der Ausnutzung der Strebe – nach Tafel 3.12 ausgeführt, so können Nachweise für die Schweißnähte entfallen; (in Tafel 3.12 sind die in EC 3 empfohlenen Sicherheitsbeiwerte für das Grundmaterial und Kehlnähte bereits berücksichtigt).

Tafel 3.11 Gestaltfestigkeit von geschweißten Knoten aus rechteckigen oder runden Hohlprofilstreben und rechteckigen Hohlprofilguten

Art des Knotens	Gestaltfestigkeit (i = 1 oder 2, j = überlappter Füllstab)
T-, Y- und X-Knoten	Plastizieren des Gurtstabes $\qquad \beta \le 0{,}85$
	$$N_{i,Rd} = \frac{f_{yo}t_o^2}{(1-\beta)\sin\theta_1} \cdot \left[\frac{2\beta}{\sin\theta_1} + 4\sqrt{(1-\beta)} \right] \cdot k_n$$ $\beta = b_1/b_0$
K- und N-Knoten mit Spalt	Plastizierung des Gurtstab $\qquad \beta \le 1{,}0$
	$$N_{1,Rd} = \frac{8{,}9\,f_{yo}t_o^2}{\sin\theta_1} \cdot \left[\frac{b_1 + b_2}{2\,b_0} \right] \cdot \sqrt{\gamma \cdot k_n}$$ $\gamma = b_0/(2 \cdot t_0); \qquad \beta = (b_1 + b_2)/(2 \cdot b_0)$

K- und N-Knoten mit Überlappung [1]	Mitwirkende Breite $\qquad$ $25\,\% \leq \lambda_{ov} < 50\,\%$
	$N_{i,Rd} = f_{yi} t_i \left[\dfrac{\lambda_{ov}}{50}\,(2\,h_i - 4\,t_i) + b_e + b_{e,ov} \right]$
	Mitwirkende Breite $\qquad$ $50\,\% \leq \lambda_{ov} < 80\,\%$
	$N_{i,Rd} = f_{yi}\, t_i\, [2\,h_i - 4\,t_i + b_e + b_{e,ov}]$
	Mitwirkende Breite $\qquad$ $\lambda_{ov} \geq 80\,\%$
	$N_{i,Rd} = f_{yi}\, t_i\, [2\,h_i - 4\,t_i + b_i + b_{e,ov}]$
Rundhohlprofil-Füllstäbe	Multipliziere die Ausdrücke mit $\pi/4$ Ersetze b_1 und h_1 durch d_1 und b_2 und h_2 durch d_2

Funktionen

σ_0 größte Spannung im Gurtstab

$n = \sigma_0 / f_{y0}$

$k_n = 1,0 \qquad$ für $n \geq 0$ (Zug)	$k_n = 1,3 + \dfrac{0,4}{\beta}\cdot n \leq 1,0 \qquad$ für $n \geq 0$ (Druck)

$b_e = \dfrac{10}{b_0 / t_0} \cdot \dfrac{f_{y0}\cdot t_0}{f_{yi}\cdot t_i} \cdot b_i$	$b_{e,ov} = \dfrac{10}{b_j / t_j} \cdot \dfrac{f_{yj}\cdot t_j}{f_{yi}\cdot t_i} \cdot b_i$
jedoch $b_e \leq b_i$	jedoch $b_e \leq b_i$

[1] Nur der überlappende Füllstab braucht überprüft zu werden. Der Ausnutzungsgrad (d.h. die Gestaltfestigkeit dividiert durch die plastische Beanspruchbarkeit des Füllstabes) des überlappten Füllstabes darf dann nicht größer sein als der Ausnutzungsgrad des überlappenden Füllstabes.

Tafel **3.12**   Kehlnahtdicken a_i, bei denen ein Nachweis entfallen kann

			$a_i \geq \varrho \cdot t_i$		
Stahl	S 235 JR (Fe 360)	S 275 J0/J2 (Fe 430)	S 355 J0/J2 (Fe 510)	S 275 N/NL (Fe E 275)	S 355 N/NL (Fe E 355)
ϱ	0,84	0,87	1,01	0,91	1,05

Will man sie *dünner* ausführen, so sind die Grenzschweißnahtspannungen nach Tafel **3.13** einzuhalten, die aus Gl. (3.11) errechnet werden.

$$\sigma_{w,v,R,d} = \frac{f_u / \sqrt{3}}{\beta_w \cdot \gamma_{M,w}} \tag{3.11}$$

mit

f_u	Zugfestigkeit nach Tafel **3.6**
β_w	Korrelationsfaktor nach Tafel **3.13**
$\gamma_{M,w} = 1,25$	Sicherheitsbeiwert für Schweißnähte

Tafel **3.13** Grenzschweißnahtspannung $\sigma_{w,v,Rd}$ N/mm² und Korrelationsfaktor β_w ($\triangleq \alpha_w$)

Stahl	S 235 JR (Fe 360)	S 275 J0/J2 (Fe 430)	S 355 J0/J2 (Fe 510)	S 275 N/NL (Fe E 275)	S 355 N/NL (Fe E 355)
β_w	0,84	0,87	1,01	0,91	1,05

Dabei ist darauf zu achten, dass nicht alle Nähte für die Schweißnahtfläche voll anrechenbar sind. Die effektive Nahtlänge eff l_w der Knotenverbindungen darf nach Tafel **3.14** ermittelt werden.

Tafel **3.14** Effektive Kehlnahtlängen bei Knoten nach Bild **3.47**

	T-, Y-, X-Knoten	K-, N-Knoten	
eff l_w	$\leq 2 \cdot h_i/\sin \theta_i$	$\leq (2 \cdot h_i/\sin \theta_i) + b_i \quad \theta_i \geq 60^\circ$ $\leq (2 \cdot h_i/\sin \theta_i) + 2b_i \quad \theta_i \leq 50^\circ$	lin. Interpolation für Zwischenwerte von θ_i

In den folgenden Beispielen wird nur die Anwendung der Regelungen nach 3.4.2.2 behandelt. Der Nachweis der Einzelstäbe ist nach Teil 1 des Werkes zu führen.

3.4.3 Berechnungsbeispiele

Beispiel 1 (Bild 3.51) Gestaltsfestigkeit eines überlappten N-Knotens im Untergurt (Zuggurt) eines Fachwerkträgers. Hohlprofile (warm gewalzt) nach DIN EN 10210-1 und-2.

Für den Pfosten ist der Tragfähigkeitsnachweis bei einer Knicklänge von $s_K = 240$ cm nach [14] mit

$$N/(\varkappa \cdot N_{pl,d}) < 1 \text{ erfüllt.}$$

Mit den gegebenen geometrischen Verhältnissen wird zunächst geprüft, ob die Grenzbedingungen nach Tafel **3.8** erfüllt sind.

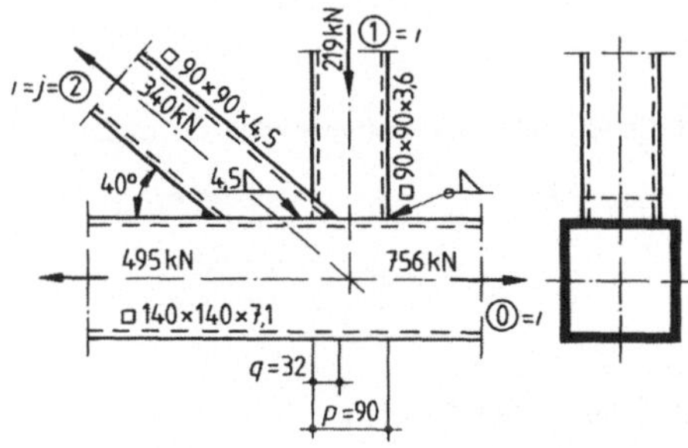

Bild **3.51** Geometrie und Beanspruchung im N-Knoten mit Überlappung

Die Überlappungsbreite q (= Spaltbreite g bei $q > 0$) kann nach Gl. (3.12) ermittelt werden

$$q = \left(e + \frac{h_0}{2}\right) \cdot \frac{\sin(\theta_1 + \theta_2)}{\sin \theta_1 \cdot \sin \theta_2} - \frac{h_1}{2 \cdot \sin \theta_1} - \frac{h_2}{2 \cdot \sin \theta_2} \tag{3.12}$$

Mit $e = 0$, $\theta_1 = 90^\circ$, $\theta_2 = 40^\circ$, $h_0 = 140$ mm und $h_1 = h_2 = 90$ mm ist

$$q = 70 \cdot \frac{\sin 130}{\sin 90 \cdot \sin 40} - \frac{90}{2 \cdot \sin 90} - \frac{90}{2 \cdot \sin 40} = -32 \text{ mm}$$

Damit beträgt der Überlappungsgrad nach Gl. (3.8)

$$\lambda_{ov} = \frac{32}{90} \cdot 100 = 35,6\,\% > 25\,\%$$

Für die Profilbreiten- und -dickenverhältnisse gelten

$$b_1/b_0 \quad = b_2/b_0 = 90/140 = 0,64 > 0,25$$

$$\left.\begin{array}{l} b_1/t_1 = \quad 90/3,6 = 25 \\ b_1/t_2 = \quad 90/4,5 = 20 \end{array}\right\} < 35 \quad \text{und} \quad < 1,1 \cdot \sqrt{21 \cdot 10^3 / 35,5} = 26,75$$

$$b_0/t_0 \quad = 140/7,1 = 19,7 < 40$$

$$t_1/t_2 \quad = 3,6/4,5 = 0,8 < 1,0$$

$$b_1/b_2 \quad = 90/90 = 1,0 > 0,75$$

Damit erfüllt der Knoten alle konstruktiven Anforderungen nach EC 3, Tafel **3**.9. Die Gestaltfestigkeit des Knotens wird nachgewiesen über die Grenzkraft des überlappenden Stabes (Pfosten mit $i = 1$). Die wirksame Breite des Zuggurtes ist

$$b_e = \frac{10}{19,7} \cdot 1,0 \cdot \frac{7,1}{3,6} \cdot 90 = 90 \text{ mm}$$

Die wirksame Breite des überlappenden Druckstabes (Pfosten) darf nur mit

$$b_{e,ov} = \frac{10}{20} \cdot \frac{4,5}{3,6} \cdot 90 = 56,25 \text{ mm} < 90 \text{ mm}$$

in Rechnung gestellt werden. Bei einem Überlappungsgrad von 35,6 % ist die Grenzkraft des überlappenden Pfostens ($i = 1$)

$$N_{1,R,d} = 35,5 \cdot 0,36 \cdot \left[\frac{35,6}{50} \cdot (2 \cdot 9,0 - 4 \cdot 0,36) + 9,0 + 5,63\right] = 337,6 \text{ kN}$$

Nachweis: $N_1/N_{1,R,d} = 219/337,6 = 0,65 < 1$

Der Ausnutzungsgrad des überlappenden Stabes ist definiert als Quotient der maßgebenden Grenzkraft zur plastischen Grenzkraft. Mit

$$N_{1,pl,d} = 35,5 \cdot 12,3/1,1 = 397 \text{ kN}$$

wird.

$$\varrho = 337,6/397 = 0,85$$

Für die überlappte Strebe ($j = 2$) ist der Ausnutzungsgrad ϱ_j definiert nach Gl. (3.13).

$$\varrho_j = N_j/N_{j,pl,d} \tag{3.13}$$

Er darf nicht größer sein als der Ausnutzungsgrad des überlappenden Stabes.

$$N_{2,pl,d} = 35,5 \cdot 15,2/1,1 = 490 \text{ kN}$$

$$\varrho_2 \quad = 340/490 = 0,69 < 0,85$$

Schweißnähte

Die Streben werden umlaufend mit dem Gurtprofil verschweißt. Die erforderliche Schweißnahtdicke der Druckstrebe wird aus der Grenzkraft bestimmt

$$\frac{A_i}{t_i} \cdot a_{w,i} \cdot \sigma_{w,v,R,d} \geq N_{i,R,d} \qquad i = 1, \dots, n \tag{3.14}$$

Nach $a_{w,1}$ umgestellt wird

$$a_{w,1} \geq \frac{N_{1,R,d} \cdot t_1}{A_1 \cdot \sigma_{w,v,R,d}} = \frac{337{,}6 \cdot 3{,}6}{12{,}3 \cdot 26{,}2} = 3{,}8 \text{ mm} < 4{,}0$$

Für die Kehl- bzw. Stumpfnaht der Zugstrebe wird mit der projezierten Nahtlänge $l'_w = U = 35{,}2$ cm ([40])

$$A_w = 35{,}2 \cdot 0{,}45 = 15{,}84 \text{ cm}^2$$

$$\sigma_w = 340/15{,}84 = 21{,}5 \text{ kN/cm}^2; \qquad\qquad \sigma_w/\sigma_{w,v,R,d} = 0{,}82 < 1$$

Beispiel 2 (Bild **3.52**)

Für den K-Knoten mit Spalt ($g = 52$ mm) und exzentrischen Stabanschlüssen ist die Gestaltfestigkeit des Knotens nachzuweisen. Hohlprofile (warm gewalzt) nach DIN EN 10210-2 aus Material S 235 JRH nach DIN EN 10210-1.

Der Druckgurt hat bei einer Knicklänge von $s_K = 4{,}4$ m ausreichende Tragsicherheit gegen Knicken ($N/\varkappa \cdot N_{pl,d}$) = 0,7). Mit einem b/t-Verhältnis von 23 ist der Querschnitt in Klasse 1 einzustufen (grenz (b/t) = 48 > 23). Die Exzentrizität e des Anschlusses wird aus Gl. (3.15) bestimmt

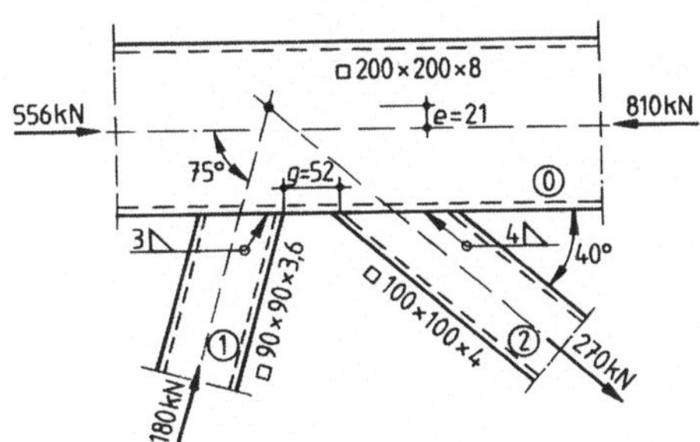

Bild **3.52**   Geometrie und Beanspruchung im K-Knoten mit Spalt

$$e = \left(\frac{h_1}{2 \cdot \sin\theta_1} + \frac{h_2}{2 \cdot \sin\theta_2} + g \right) \cdot \frac{\sin\theta_1 \cdot \sin\theta_2}{\sin(\theta_1 + \theta_2)} - \frac{h_o}{2} \tag{3.15}$$

$$e = \left(\frac{45}{\sin 75°} + \frac{50}{\sin 40°} + 52 \right) \cdot \frac{\sin 40° \cdot \sin 75°}{\sin 115°} - 100 = 21 \text{ mm}$$

Da $e/h_o = 21/200 = 0{,}105 < 0{,}25$ ist, darf die Knotenexzentrizität vernachlässigt werden. Die Anwendungsgrenzen der Knotentragfähigkeit werden mit Tafel **3.9** und **3.10** kontrolliert:

$$b_o/t_o \quad = \quad 200/8 = 25 \begin{matrix} >15 \\ \\ <35 \end{matrix}$$

$$\left. \begin{matrix} b_1/b_o \quad = \quad 90/200 = 0{,}45 \\ b_2/b_o \quad = \quad 100/200 = 0{,}5 \end{matrix} \right\} > 0{,}1 + 0{,}01 \cdot 25 = 0{,}35$$

$$\beta \quad = \quad (b_1 + b_2)/(2\,b_o) = (90 + 100)/400 = 0{,}475$$

(Da es sich um einen „Knoten mit Spalt" handelt, ist die Bedingung $0{,}6 \leq \beta \leq 1{,}3$ nicht einzuhalten)

Für die Spaltbreite $g = 52$ mm muss gelten

$$g/b_0 = 52/200 = 0,26 > 0,5 \cdot (1 - \beta) = 0,5 \cdot (1 - 0,475) = 0,26$$

und

$$g/b_0 = 0,26 < 1,5 \cdot (1 - 0,475) = 0,79$$

Mit $t_1 + t_2 = 3,6 + 4,0 = 7,0$ mm < 52 mm ist eine gute Verschweißbarkeit gewährleistet. Die b_i/t_i-Verhältnisse der Streben liegen innerhalb der Anwendungsgrenzen

$$
\begin{aligned}
b_1/t_1 &= 90/3,6 = 25 \\
b_2/t_2 &= 100/4,0 = 25
\end{aligned}
\left.\right\}
\begin{aligned}
&< 35 \\
&\text{und} < 1,25 \cdot \sqrt{21 \cdot 10^3 / 23,5} = 37,4
\end{aligned}
$$

Damit darf die Gestaltfestigkeit des Knotens nach Tafel **3**.11 nachgewiesen werden.

Druckstrebe $(i = 1)$

Mit

$$\gamma = b_0/2\, t_0 = 200/16 = 12,5 \qquad \text{und}$$

$$\sigma_0 = 810/59,8 = 13,54 \text{ kN/cm}^2$$

$$n = \sigma_0/f_{y0} = 13,54/23,5 = 0,58$$

wird

$$k_n = 1,3 - 0,4 \cdot 0,58/0,475 = 0,8 \qquad \text{und}$$

$$N_{1,R,d} = \frac{8,9 \cdot 23,5 \cdot 0,8^2}{\sin 75°} \cdot 0,475 \cdot \sqrt{12,5} \cdot 0,81 = 188,5 \text{ kN}$$

$$N_1/N_{1,R,d} = 180/188,5 = 0,95 < 1$$

Zugstrebe $(i = 2)$

Bei gleichen Vorwerten γ und k_n ist

$$N_{2,R,d} = N_{1,R,d} \cdot \frac{\sin 75°}{\sin 40°} = 188,5 \cdot 1,503 = 283 \text{ kN}$$

$$N_2/N_{2,R,d} = 270/283 = 0,95 < 1$$

Schweißnähte

Der Anschluss der Streben an den Gurt erfolgt über umlaufende Kehl- bzw. Stumpfnähte

$$a_{w,1} = 3,0 \text{ mm} \approx 0,84 \cdot 3,6 = 3,0 \text{ mm}$$

$$a_{w,2} = 4,0 \text{ mm} > 0,84 \cdot 3,6 = 3,0 \text{ mm}$$

3.4.4 Konstruktive Details und Ergänzungen

Schweißnähte

Die Nahtart hängt ab vom Anschlusswinkel θ sowie von den Durchmesser- bzw. Breitenverhältnissen (d_i/d_0), (b_i/b_0). Sie werden ausgeführt als durchgeschweißte Nähte (HV-Naht, HV-Naht mit Kehlnaht) oder als reine Kehlnähte, Bild **3**.53.

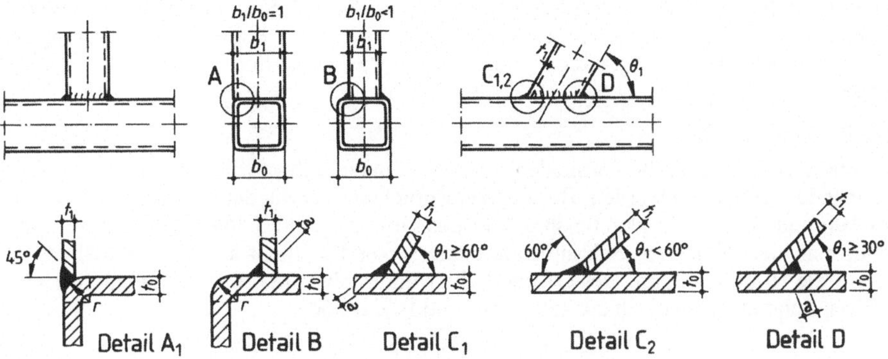

Bild **3**.53　Empfehlungen zur Schweißnahtausführung bei warm gefertigten Hohlprofilen

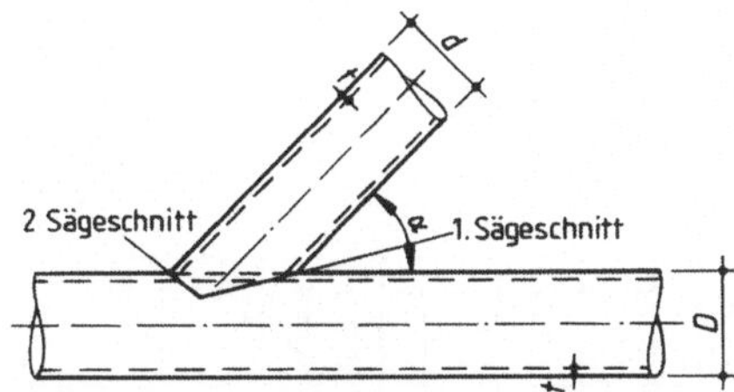

Bild **3.54**　Schweißkantenvorbereitung mittels ebener Schnitte

Bei Rundrohren kann die räumliche Verschneidungskurve auch durch mehrere gerade Säge-schnitte ersetzt werden, Bild **3**.54. Dabei soll die Anzahl der geraden Schnitte so gewählt werden, dass die größte Spaltbreite nicht mehr als 4 mm beträgt [39].

Geschweißte Stöße von Hohlprofilen

Werkstattstöße von Rundrohren werden bei gleichen Durchmessern stumpf geschweißt; damit die Nahtwurzel nicht durchbricht und einwandfrei durchschweißt werden kann, sieht man einen Einlegering vor, Bild **3**.55a. Auch Überschiebemuffen werden gelegentlich verwendet, Bild **3**.55b. Bei Rohren unterschiedlicher Dicke verwendet man eine kräftige Stirnplatte, an die

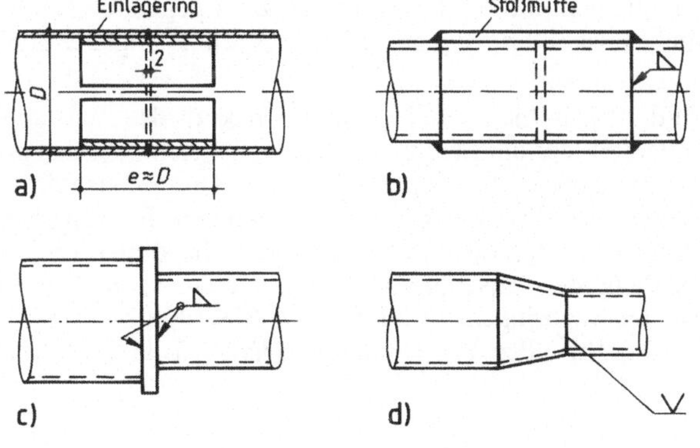

Bild **3.55**
Geschweißte Stöße von Rundrohren mittels
a) Einlegering und Stumpfnaht,
b) Überschiebemuffe und Kehlnäh-ten,
c) Zwischenplatte und HV- Nähten,
d) Konusrohr und Stumpfnähten

die Rohrenden mittels HV-Nähten angeschweißt werden, Bild **3.55c**. Die Umformung des größeren Rohres auf den Durchmesser des kleineren Rohres ist lohnintensiv, aber möglich (Bild **3.55d**). Bei quadratischen oder rechteckigen Hohlprofilen gelten die Ausführungen in analoger Weise.

Geschraubte Baustellenstöße

Sollen geschweißte Baustellenstöße vermieden werden, können Hohlprofile über *Stirnplattenanschlüsse* miteinander verbunden werden. Bei Zugbeanspruchung verwendet man voll vorgespannte HV-Schrauben und verteilt sie gleichmäßig über den Umfang, Bild **3.56a,b**. Für die Stirnplattendicke wählt man den 1,5fachen Schraubendurchmesser und schließt sie mit Kehlnähten der Dicke $a_i = t_i$ an die Hohlprofile an. Der erforderliche Mindestabstand erf w der Schraubenachse von der Profilwandung errechnet sich aus Gl. (3.16) und Bild **3.56c**

$$\text{erf } w = a \cdot \sqrt{2} + \frac{\Phi_N}{2} - t_u \qquad \text{(auf volle 5 mm gerundet)} \qquad (3.16)$$

mit

Φ_N Außendurchmesser des Steckschlüsseleinsatzes

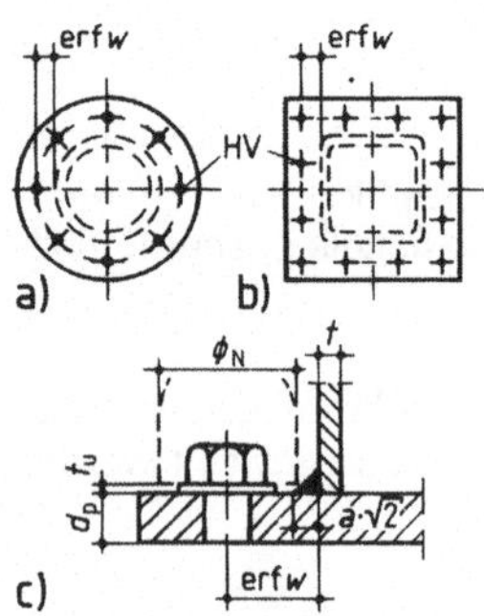

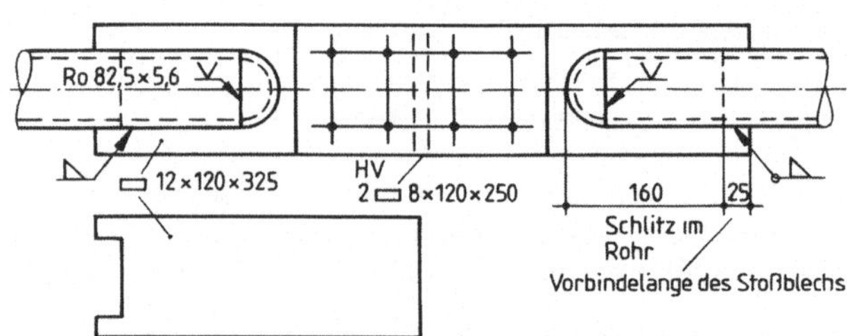

Bild **3.56** Geschraubte Stöße von Rund- und Rechteckrohren über Stirnplatten und HV-Schrauben

Bild **3.57** Geschraubter Laschenstoß von Rundrohren bei Zugbeanspruchung

Werden zugbeanspruchte Stirnplattenverbindungen mit Schrauben nur an zwei gegenüberliegenden Rändern (oben und unten oder seitlich) ausgeführt, dimensioniert man die Stirnplatte nach [39].

Größere Kräfte kann der *Laschenstoß*, Bild **3.57**, aufnehmen. Um die Grenzkraft des Zugstabes voll anschließen zu können, wird der Kraftanteil, der am Schlitz des Rohres entsteht, durch *Vorbinden* vor Beginn des Schlitzes mit Kehlnähten an das Stoßblech eingeleitet. Diese konstruktive Idee lässt sich auch beim Anschluss einer Zugdiagonalen an ein Knotenblech verwerten, Bild **3.58a**. Bei größeren Rohrdurchmessern ist es empfehlenswert, die Stoßbleche kreuzförmig in die Rohrenden einzufügen; die Verdoppelung der Anschlussflächen gestattet es, eine große Schraubenzahl auf kurzer Anschlusslänge unterzubringen. Der luftdichte Verschluss der Stäbe erfolgt entweder durch Zukümpeln, durch Anschweißen von Halbkugelschalen (Bild **3.57**) oder mit einem Deckel (Bild **3.60**).

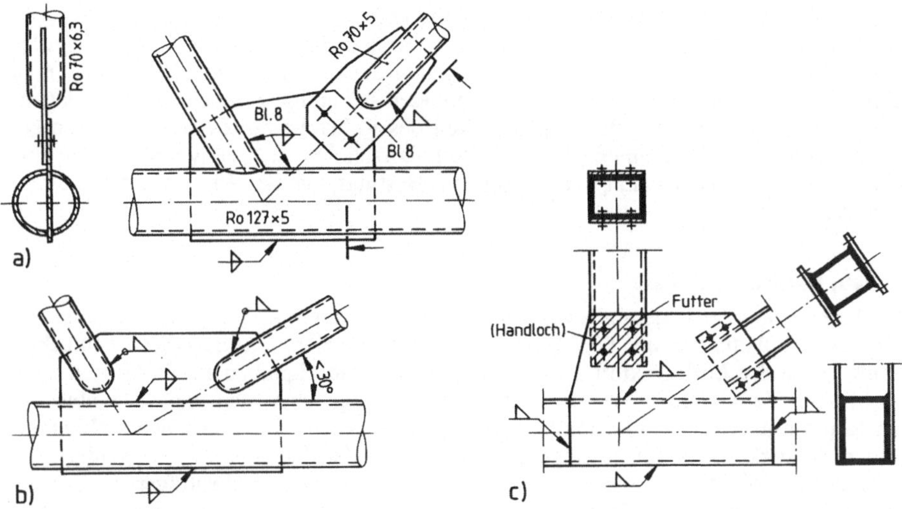

Bild **3.58** Anschluss der Diagonalen an Knotenbleche a) bis b) bei Rundrohren c) Rechteckrohren

Anschlüsse an Knotenbleche

Bei *Rundrohren* sollte die Verwendung von aufgesetzten Knotenblechen wegen der ungünstigen, linienförmigen Lastabtragung auf die Rohrwand grundsätzlich vermieden werden. Das in einen Schlitz des Gurtrohres gesteckte Knotenblech, Bild **3.58**b, ist günstiger, jedoch verursacht der Schlitz einen beträchtlichen Querschnittsverlust und einen erheblichen Fertigungsaufwand.

Bei *rechteckigen oder quadratischen Hohlprofilen* kann man seitlich an die Gurte angeschweißte Knotenbleche vorsehen, zwischen die man die Füllstäbe steckt und verschraubt, (Bild **3.58**c). Haben die Füllstäbe eine geringere Breite als das Gurtprofil, sind Futterbleche vorzusehen. Diese können auch breiter als der Füllstab ausgeführt werden; sie verursachen in den Rohrseitenwänden dann keinen Querschnittsverlust wie bei der direkten Verschraubung der Hohlprofilwände; bei diesen sind Handlöcher für die Verschraubung vorzusehen. Eine Berechnungsanweisung für solche Anschlüsse enthält [44]. Grundsätzlich sind Hohlprofilfachwerke mit Knotenblechen ästhetisch unbefriedigend und in der Regel auch teurer als direkte Stabverbindungen. Man sollte sie daher nur in Ausnahmefällen ausführen.

Rohranschlüsse mit abgeplatteten Rohrenden

Bei kleinen und mittleren Spannweiten und mäßiger Last lassen sich geschraubte und geschweißte Stabanschlüsse durch Vollabflachung (z.B. mittels Abplattwerkzeugen oder Pressen und Sägen) oder Teilabflachung (= Andrücken) im warmen oder kalten Zustand herstellen, Bild **3.59**. Den Vorteilen der Fertigung stehen die Nachteile verminderter Tragfähigkeit gegenüber. Diese

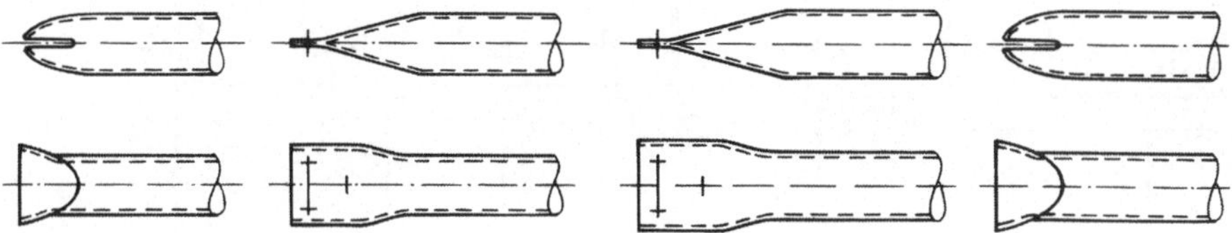

Bild **3.59** Einfache Anschlüsse über Rohrabplattungen

haben ihre Ursache in der linienförmigen Lasteinleitung bei geschweißten Anschlüssen, den schweißtechnischen Problemen von Nähten in kalt verformten Bereichen, dem u.U. zu berücksichtigenden Festigkeitsverlust bei Warmformgebung und der örtlichen Knick(Beul-)gefahr bei zu langer Abflachung, s. auch [44]. Normative Regelungen stehen hierzu noch aus, sodass gegebenenfalls Eignungsprüfungen über die Abplattbarkeit des Rohrwerkstoffes durchzuführen sind [39] und eine behördliche „Zustimmung im Einzelfall" einzuholen ist. Bei symmetrischen Füllstäben enthält [44] einen Berechnungsvorschlag zur Bestimmung der Beanspruchbarkeit der Knotenverbindung.

Auflagerungen, Bauteilanschlüsse

Bei *direkter* Auflagerung der Untergurte von *Rohrfachwerken* ist ein *Rohrsattel*, Bild **3.60**a, b so herzustellen, dass Abplattungen des Untergurtes vermieden werden. Quadratische (rechteckige) Untergurtstäbe geben die Auflagerkraft über angeschweißte Flanschplatten an die Mörtelfuge ab (Bild **3.61**a,b). Zur Vermeidung einer möglichen Stegbeulung kann man angeschweißte oder durch einen Rohrschlitz gesteckte Lasteinleitungsrippen vorsehen. Auch sind aus architektonischen Gründen Sonderkonstruktionen möglich, z.B. über in den Knoten eingeschweißte Stahlgussformteile. An *Obergurte angrenzende Bauteile* wie Pfetten oder Deckenträger werden über Lagersättel aus U-Profilen oder L-Profilen (bei Gurten aus Rundrohren u.U. mit angehefteten Schrauben und Löchern mit großem Lochspiel in den Flanschen – aus Montagegründen) direkt (Bild **3.62**a, b) oder durch eingeschweißte/übergesteckte Laschen mittelbar verbunden, Bild **3.62**c. An den *Untergurt* anzuschließende Träger (Pfetten bei über der Dacheindeckung liegenden

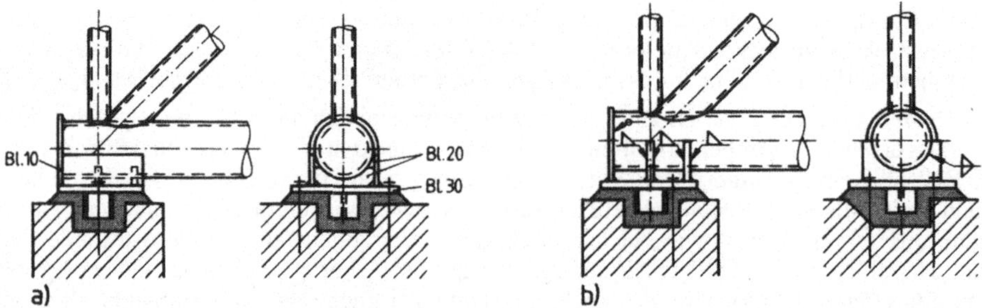

Bild **3.60** Auflagerpunkte von Rohrbindern über Rohrsattel

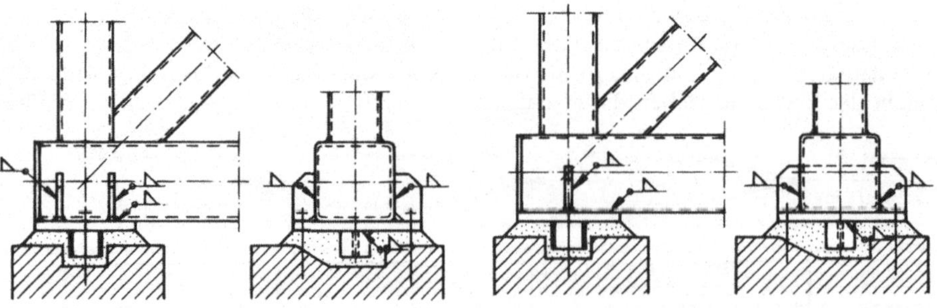

Bild **3.61** Auflagerpunkte von Fachwerken aus Rechteckhohlprofilen

Fachwerken) werden über Abhängekonstruktionen, z.B. nach Bild **3.63**, mit dem Untergurt verbunden.

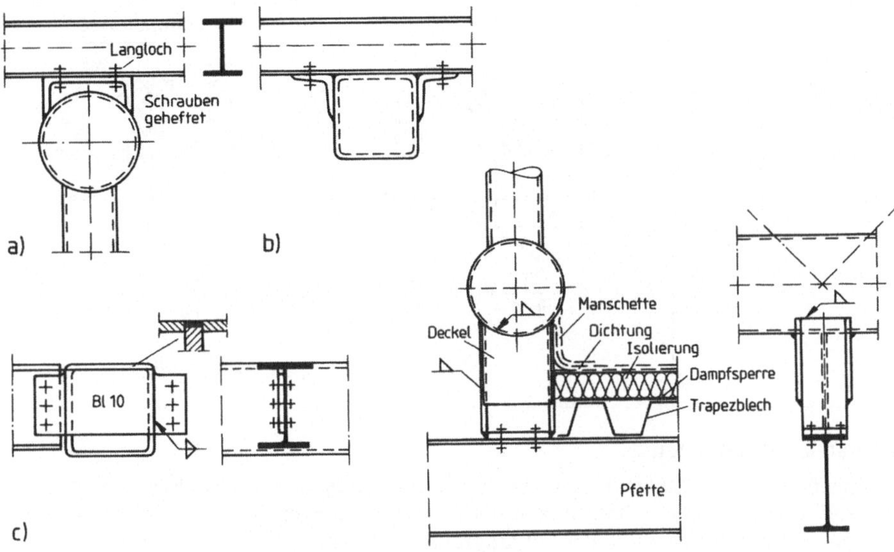

Bild **3.62** Anschlüsse an Rohrbinder   Bild **3.63** Pfettenanschluss am Fachwerkuntergurt
a) bis b) Pfettenanschluss
c) seitlicher Trägeranschluss

Der konstruktiven Gestaltung sind hier keine Grenzen gesetzt. Der Anschluss an Stützen erfolgt in gleicher Weise wie bei Fachwerken aus offenen Profilen (Bilder 3.32 und 3.40); die Stirnplatten sind breiter als der Fachwerkobergurt, fallweise ist eine Stützenverbreitung im Anschlussbereich erforderlich.

Verstärkte Knotenverbindungen

Fachwerke aus rechteckigen oder quadratischen Hohlprofilen sollten prinzipiell so ausgelegt werden, dass Verstärkungsmaßnahmen zwischen den Füllstäben oder der Gurte im Knotenbereich nicht erforderlich sind. In Ausnahmefällen ist dies jedoch nicht vermeidbar, wenn aus optischen Gründen ein spezieller Gurtquerschnitt gleichbleibend über die Fachwerkträgerlänge ausgeführt werden soll. In diesem Fall bieten sich verschiedene Möglichkeiten an, die sich an der denkbaren Versagensform des Knotens orientiert, Tafel **3.15**. Beim Knoten mit Überlappung wird durch die Einschaltung eines Zwischenbleches die teilweise, gestaltfestigkeitsmindernde Überlappung der Füllstäbe vermieden; die Vertikalkomponenten der Diagonalkräfte werden innerhalb der Zwischenplatte ausgeglichen und beanspruchen den Gurt nicht auf Schub. Bei Knoten mit Spalt kann ein „Schubversagen des Steges" oder eine „Plastizierung des Gurtstabflansches" maßgebend sein. In diesen Fällen sind Stegverstärkungen durch Lamellenbleche oder Gurtunterlegbleche anzuordnen. Der Gestaltfestigkeitsnachweis dieser verstärkten Knoten wird unter Berücksichtigung der maßgebenden Versagensform und der veränderten geometrischen Daten (Wandstärke, Strebenbreite) geführt, s. Norm bzw. [39], [44].

Tafel **3**.15 Verstärkungen der Knoten nach Versagensart des unausgesteiften Knotens

Maßgebende Versagensart der unausgesteiften Knoten		
Mitwirkende Breite	Gurtabscheren	Gurtplastizieren, mitwirkende Breite oder Durchstanzen
$t_p \geq \max \begin{cases} 2\,t_1 \\ 2\,t_2 \end{cases}$	$L_p \geq 1{,}5 \left(\dfrac{h_1}{\sin\theta_1} + g + \dfrac{h_2}{\sin\theta_2} \right)$	$L_p \geq 1{,}5 \left(\dfrac{h_1}{\sin\theta_1} + g + \dfrac{h_2}{\sin\theta_2} \right)$ $t_p \geq \max \begin{cases} 2\,t_1 \\ 2\,t_2 \end{cases} ; B_p > b_0 - 2\,t_0$

Biegesteife Knotenverbindungen

Diese werden benötigt, wenn *Rahmentragwerke* oder *Vierendeelträger* aus Rechteckhohlprofilen hergestellt werden sollen. Die Gestaltsfestigkeit der Knoten kann nach [17], [31] oder [44] nachgewiesen werden. Bei der Bestimmung der Schnittgrößen ist hierbei zu beachten, dass die Knoten nicht als „starr" angenommen werden können und durch Drehfedern mit der Drehfedersteifigkeit $C = M/\varphi$ ersetzt werden müssen. Diese Nachgiebigkeit der Knoten bewirkt vor allem eine größere Verformung der Tragwerke [39].

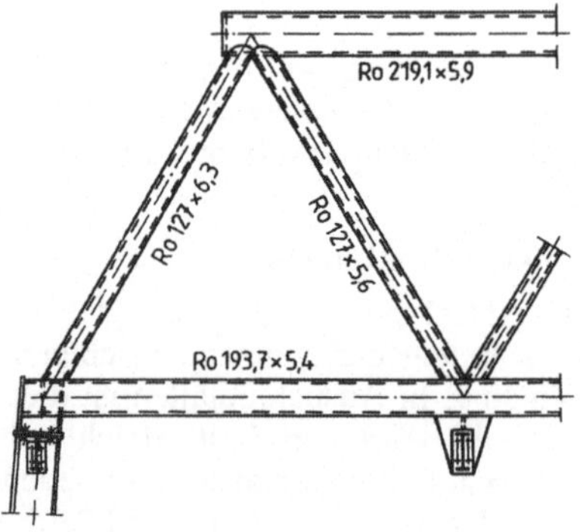

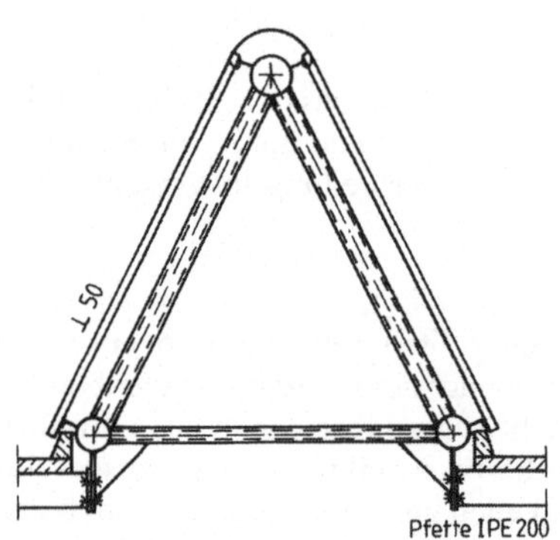

Bild **3**.64 Dreigurt-Fachwerkbinder

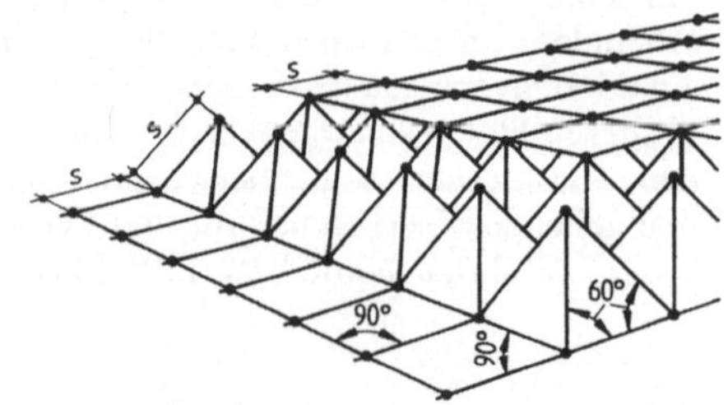

Bild **3**.65 Raumfachwerk aus Oktaedern

Besondere Bauweisen

Die Querschnittsform des Rohres erleichtert schiefwinklige Anschlüsse, weswegen sich Rohrkonstruktionen für *Raumfachwerke* besonders eignen. *Dreigurtbinder* mit Diagonalen in allen drei Seitenwänden sind torsionssteif und finden Anwendung für Dachträger (Bild **3.64**), Rohr- und Transportbrücken usw. Fügt man eine große Anzahl regelmäßiger Körper, wie Würfel, Tetraeder und Oktaeder, deren Kanten durch Rohrstäbe gebildet werden, zu einem plattenartig wirkenden Tragwerk zusammen, so müssen in den Knotenpunkten viele Stäbe miteinander verbunden werden (Bild **3.65**).

Bei der *Oktaplatte* (*Mannesmann*) werden 6 in der Ebene und 3 räumlich ankommende Stäbe an eine Kugel aus S 355 angeschweißt (Bild **3.66**). Die Bauweise eignet sich wegen ihrer architektonischen Wirkung zur Überdachung repräsentativer Räume. Eine geschraubte Verbindung ist von der Firma *Mero*, Würzburg, entwickelt worden: In kegelstumpfförmigen Anschweißenden der Rohre stecken Gewindebolzen, die mit der Schlüsselmuffe in die Gewindelöcher der Verbindungskugel eingeschraubt werden (Bild **3.67**). Aus den serienmäßig in Einheitslängen gelieferten Rohren können Raumfachwerke, Dreigurtträger, Lehrgerüste, Arbeitsgerüste, ortsfeste und fahrbare Hebezeuge usw. baukastenartig zusammengesetzt werden. Andere Hersteller haben ähnliche Knotenverbindungen entwickelt, u.a. auch für quadratische Hohlprofile.

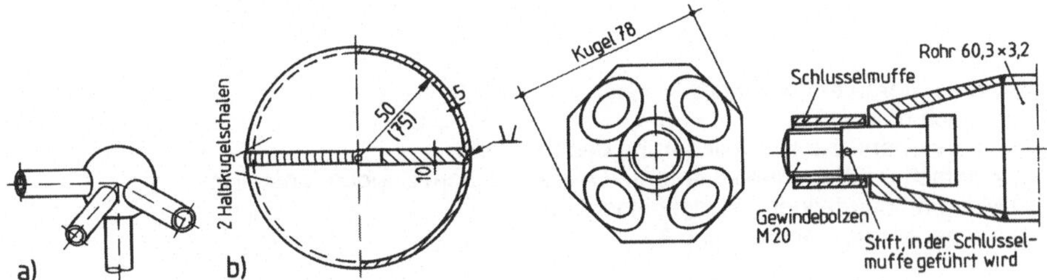

Bild **3.66** Stabanschlüsse über Hohlkugeln   Bild **3.67** Mero-Knotenpunktverbinder

3.5 Unterspannte Träger

Werden auf Biegung beanspruchte Träger durch einen oder mehrere kurze Pfosten auf die Knickpunkte eines unterhalb des Trägers liegenden und mit den Trägerenden verbundenen Zugbandes abgestützt, so entstehen einfach oder mehrfach unterspannte, 1fach statisch unbestimmte Träger (Bild **3.68**). Sie werden als Gerüstträger, Pfetten und Leitern (oft in Leichtbauweise), als Brücken für Rohrleitungen, Förderanlagen und leichten Verkehr sowie im Waggonbau verwendet. Besonders geeignet ist die Unterspannung für die nachträgliche *Verstärkung* überlasteter Träger. Die Systemlinien schneiden sich in einem Punkt (Bild **3.68a**), jedoch kann man das Zugband am Auflager auch ausmittig anschließen, wenn sich die Konstruktion dadurch vereinfacht (Bilder **3.68c** und **3.69**).

Die Unterspannung enthält Zug, die Pfosten erhalten Druck; der *Streckträger* wird auf Biegung und durch die Horizontalkraft der Unterspannung auch auf Druck beansprucht. Die *Horizontalkomponente der Zugbandkraft* als statisch überzählige Größe errechnet sich bei Belastung mit einer Streckenlast p zu

$$X = \frac{p \cdot l^2}{24\,h} \cdot \frac{Z}{N} \qquad (3.17)$$

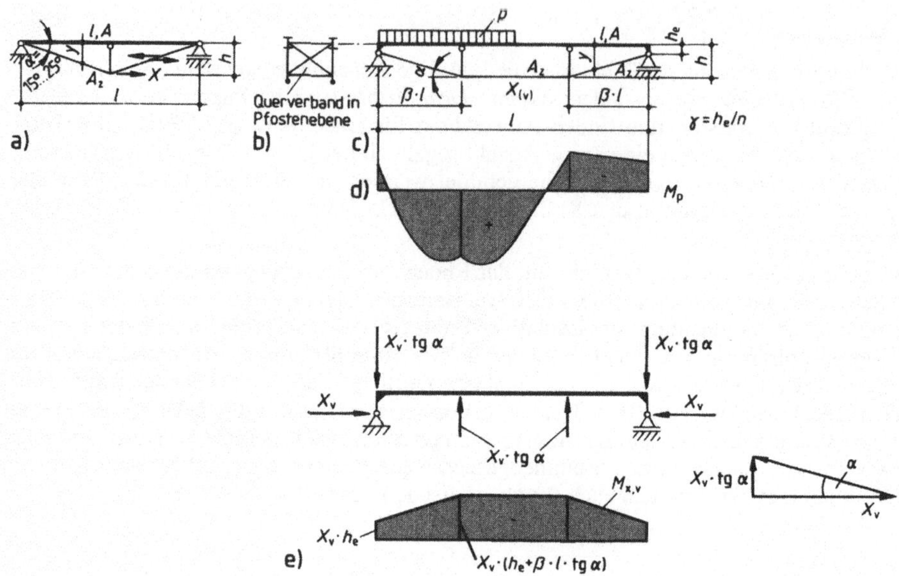

Bild **3.**68   System unterspannter Binder
a) einfach unterspannt
b) Querverband zur Knicksicherung des Pfostens
c) zweifach unterspannter Träger mit exzentrischem Zugbandanschluss
d) Momentenverteilung bei einseitiger Last
e) Momente aus Vorspannung X_V

Mit den Bezeichnungen nach Bild **3.**68c lautet der *Nenner*

$$N = (1-2\beta) + \frac{2}{3}\beta\,(1+\gamma+\gamma^2) + \frac{1}{h^2}\left\{\frac{l}{A} + \frac{l}{A_Z}\left[1+2\beta\left(\frac{1}{\cos^3\alpha}-1\right)\right]\right\} \qquad (3.18)$$

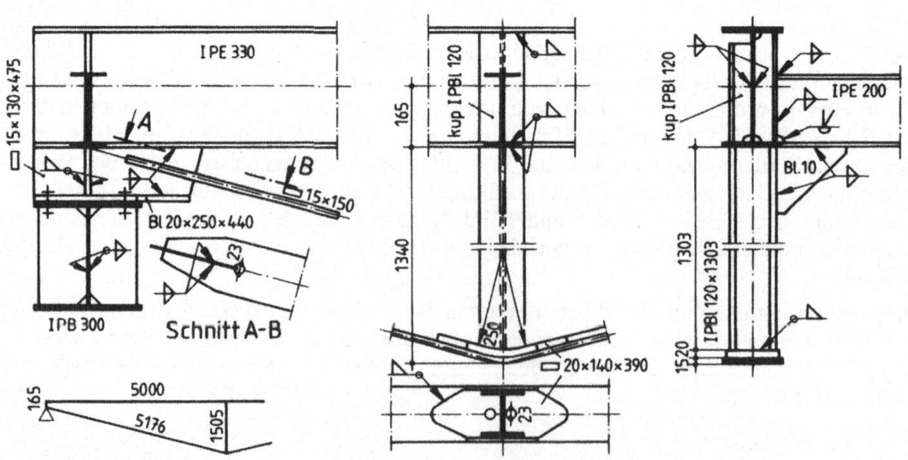

Bild **3.**69   Konstruktion eines unterspannten Trägers

Der *Zähler Z* kann für verschiedene Laststellungen Tafel **3.16** entnommen werden. Durch Überlagern lassen sich hieraus weitere Lastkombinationen bilden. Die *Biegemomente* des Balkens haben die Größe

$$M_\mathrm{p} = M_0 - X \cdot y + M_\mathrm{xv}$$ (3.19)

mit

M_0 = Biegemoment des einfachen Balkens auf 2 Stützen
M_xv = Moment aus aufgebrachter Vorspannkraft X_V (Bild **3.68e**)

Tafel **3.16**   Zählerwert *Z* zu Gl. (3.17) für verschiedene Streckenlasten

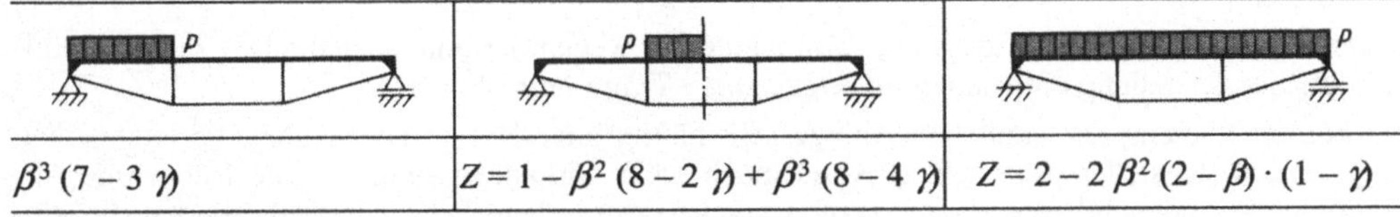

$\beta^3 (7 - 3\,\gamma)$	$Z = 1 - \beta^2 (8 - 2\,\gamma) + \beta^3 (8 - 4\,\gamma)$	$Z = 2 - 2\,\beta^2 (2 - \beta) \cdot (1 - \gamma)$

Mit $\beta = 0{,}5$ gehen die Formeln auch für den einfach verspannten Träger (Bild **3.68a**). Liegt das Zugband nicht unter, sondern über dem Träger, so erhält er Druck und es entsteht der versteifte Stabbogen, der ebenfalls mit den Gl. (**3.17** bis **3.19**) berechnet werden kann.

Die Unterspannung und die Pfosten werden in Trägerebene biegeweich ausgeführt, damit sie von Biegemomenten aus der Verformung des Streckträgers möglichst frei bleiben. Das Zugband wird aus Rundstahl mit Gelenkbolzen und eventuell mit Spannschloss oder aus Flach- oder Profilstählen hergestellt. Ein Spannschloss ermöglicht, die Momentenverteilung durch Vorspannung in wirtschaftlich günstiger Weise zu beeinflussen. Das untere Pfostenende muss gegen seitliches Ausweichen gesichert werden. Bei zwei parallel nebeneinanderliegenden Trägern gewährleistet ein *Querverband in Pfostenebene* (Bild **3.68b**) oder ein Halbrahmen aus Pfosten und Querträger (Bild **3.69**) die Querstabilität. Bei nur einer Tragwerksebene muss der Pfosten biegesteif am Streckträger angeschlossen und dieser gegen Verdrehen gesichert werden, indem man ihn z.B. als torsionssteifen Hohlquerschnitt ausbildet. An der *Umlenkstelle* ist das Zugband mit großem Radius ausgerundet; die Umlenkkräfte werden von der Fußplatte des Pfostens übernommen. Die Bohrungen neben dem Pfostensteg dienen dem Wasserabfluss.

4 Kranbahnen

4.1 Allgemeines

Kranbahnträger als fest verbundener Bestandteil einer baulichen Anlage (Halle, Freianlage ...) sind die *Fahrwege von Kranen* und unterliegen daher den bauaufsichtlich eingeführten Bestimmungen (z.B. Landesbauordnung – LBO), d.h. den einschlägigen DIN-Vorschriften und sonstiger Richtlinien. Die *Krananlage* selbst dient zum *Heben und Fördern* von Lasten (Fördertechnik) und ist nicht baugenehmigungspflichtig. Ihre „Abnahme" fällt in den Zuständigkeitsbereich der hierfür anerkannten Sachverständigen, welche durch die Berufsgenossenschaften (Unfallverhütungsvorschriften) oder die Technischen Überwachungsvereine (TÜV) bestellt werden. Siehe hierzu auch [50].

Bereits hier wird erkennbar, dass die Kranbahnträger wegen der unterschiedlichen Zuständigkeiten eine Sonderstellung einnehmen im *allgemeinen Trägerbau*.

Da bei der Planung der baulichen Anlage sehr häufig zuverlässige Daten über die letztendlich eingesetzten (herstellerspezifischen) Krane noch nicht vorhanden sind, ist eine frühzeitige Abstimmung der notwendigen „Annahmen" dringend erforderlich. Dies trifft insbesondere für *ein- oder mehrschiffige Hallen* zu, bei denen *gleichzeitig* mehrere Krane betrieblich genutzt werden sollen. Für *Regelfälle* können Angaben der maßgebenden Norm [18] entnommen werden; aber auch diese Regelungen bedürfen einer sorgfältigen Überprüfung auf der Grundlage betrieblicher Bedingungen, die der Betreiber der Krananlage festlegen muss.

Für den entwerfenden Ingenieur von Kranbahnträgern sind jedoch in erster Linie die statischen und konstruktiven Gesichtspunkte von Bedeutung, und auch hier zeigen sich wesentliche Unterschiede zu den sonstigen Biegeträgern des Hochbaus.

Während letztere i.d.R. *ruhend* und durch *ortsfeste* Lasten beansprucht werden, unterliegen die Kranbahnträger einer *zeitlich* und *örtlich* veränderlichen Einwirkung, die durch die Größe und momentane Stellung der *Radlasten* der Krananlage bedingt ist. Neben den *vertikalen Raddrücken* werden aus der *Fahrdynamik* der Krananlage auch *horizontale*, quer zur Trägerachse gerichtete Kräfte fallweise wirksam und beanspruchen den Träger auf *zweiachsige Biegung*. Ferner reagiert der Kranbahnträger beim Heben und Senken der Lasten, aber auch beim Fahren der Krananlage mit *Schwingungen*, die eine Erhöhung der Beanspruchungen zur Folge haben.

Wegen der sehr häufig wechselnden Beanspruchungen des Kranbahnträgers (einschließlich seiner Unterstützung) genügen auch die bisher behandelten *Festigkeitsnachweise* nicht mehr, um die *Tragsicherheit* gegenüber Versagen zu gewährleisten. Es müssen zusätzliche Nachweise geführt werden, die das *Verhalten der Stähle* unter *schwingender Beanspruchung* erfassen.

Diese Nachweise sind mit Begriffen wie *Betriebsfestigkeit, Dauerfestigkeit* etc. verbunden und werden wegen ihrer Bedeutung im Abschn. 5 behandelt. Bevor auf die statische Behandlung der Kranbahnträger eingegangen wird, erscheint es wichtig, einige grundlegende Begriffe und allgemeine Gesichtspunkte der konstruktiven Gestaltung von Kranbahnträgern zu erläutern.

Wegen des umfangreichen Inhalts der einschlägigen Normen und Vorschriften für Berechnung, Durchbildung und Ausführung der Kranbahnen (und Krane) ist eine erschöpfende Behandlung im Rahmen des Buches nicht möglich. Die Grundlagen können nur soweit dargestellt werden, wie es für das Verständnis notwendig ist; sie stützen sich auf DIN 15018 – Krane – und auf DIN 4132 – Kranbahnen, Stahltragwerke. Genaue Angaben sind den jeweils gültigen DIN-Blättern zu entnehmen.

4.2 Krane – Einteilung und Begriffe

Krananlagen werden nach *Bauart* und *Verwendungszweck* unterschiedlich benannt.

Bauart (DIN 15001-1)

Im Zusammenhang mit den Kranbahnträgern soll hier nur auf die *Brückenkrane* eingegangen werden, die für alle möglichen Verwendungszwecke in Hallen oder Freianlagen eingesetzt werden. Sie bestehen aus der *Laufkatze,* in oder an der das *Hubwerk* mit der *Lastaufnahmeeinrichtung* (Anschlagmittel) angebracht ist. Die Laufkatze ist auf dem (den) *Brückenträger(n)* – auch *Kranträger* genannt – verfahrbar, welcher die *Stützweite* der Kranbahnträger überbrückt. An den Enden der Brückenträger sind die *Kopfträger* angebracht, die das *Fahrwerk* (Laufräder) und den *Antrieb* der gesamten *Krananlage* aufnehmen.

Bei geringen *Hublasten* und Stützweiten läuft die Katze auf dem Unterflansch des Brückenträgers (*Unterflanschkatze*) und die Kopfträger hängen an der Kranbahn (*Hänge- oder Deckenkran*). Bei größeren Stützweiten und Lasten läuft die Katze auf *zwei* Brückenträgern und die Kopfträger belasten den Kranbahnträger von oben. Eine solche Anlage heißt *Zweiträger-Brückenlaufkran* und ist in Bild **4.**1 schematisch dargestellt. Alle weiteren Ausführungen beziehen sich auf diesen Typ der Krananlage und es wird der Regelfall behandelt, bei dem je Kopfträger nur *zwei Räder* vorhanden sind. (Bei Krananlagen mit sehr hohen Hublasten und Stützweiten sind im Kopfträger Fahrwerke mit mehreren Rädern, z.T. als Zwillinge in Radschwingen, untergebracht – s. Norm [19] bzw. Angaben des Herstellers.)

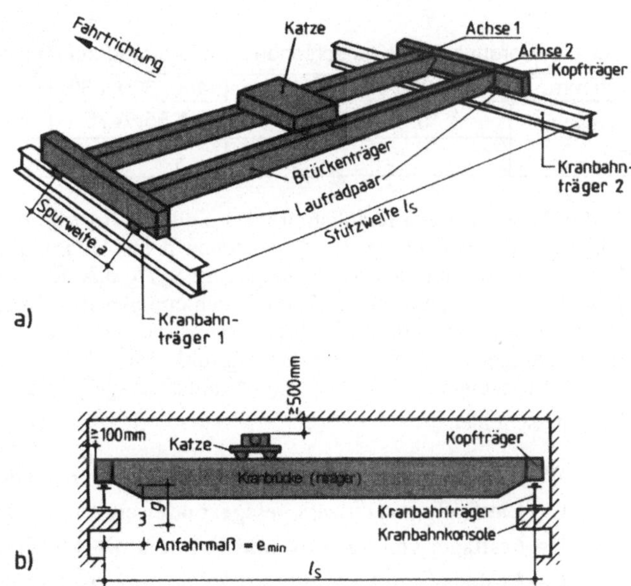

Bild **4.**1   Zweiträger-Brückenlaufkran; Begriffe, Abmessungen, Anfahr- und Lichtraummaße

Die *Laufräder* aus Gussstahl (GS) oder Gusseisen (GGG), mitunter auch aus Kunststoff, werden mit oder ohne (beidseitigen) Spurkränzen ausgeführt. Bei spurkranzlosen Rädern erfolgt die *seitliche Führung* über separate *horizontale Führungsrollen,* die Spurführungskräfte werden seitlich

an die Kranschiene oder an Führungsschienen unterhalb des Kranbahnträgers abgegeben, Bild
4.2. Letztere Führungsart schont Rad und Schiene (Verschleiß) und wird bevorzugt bei hoher
Betriebsbeanspruchung.

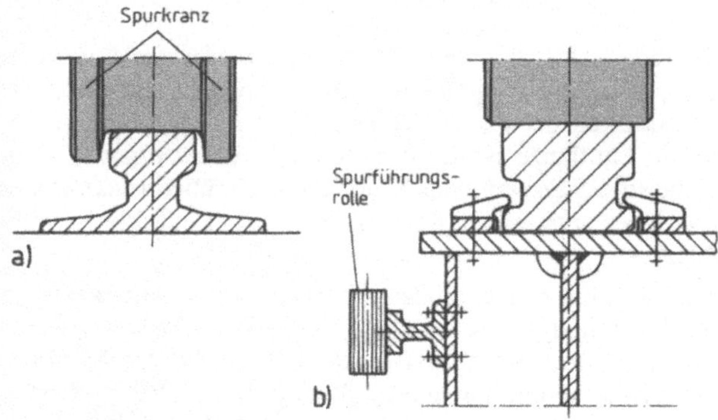

Bild **4.2**   Kranlaufräder
a) mit Spurkranz
b) spurkranzlos

Die *zulässige Radlast R der Laufräder* wird berechnet nach DIN 15070 in Abhängigkeit von der
Zugfestigkeit des Laufradwerkstoffes, des Raddurchmessers, der Breite des Schienenkopfes und
dessen Ausrundungsradius sowie der Beiwerte für die Laufraddrehzahl und der relativen Be-
triebsdauer. Eine Zuordnung der Laufräder zu den Kranschienen erfolgt in DIN 15072; eine bevorzugte Kombination ist der Tafel **4.1** zu entnehmen.

Tafel **4.1** Zuordnung der Kranschienen zum Laufraddurchmesser

d_1 in mm	200, 250	315	400, 500, 630	800	1000	1250
Kranschie-	A 45	A 45, A 55	A 55, A 75	A 65, A 100	A 75, A 100	A 100
nen	–		F 100		F 120	–

Für die Auslegung des Kranbahnträgers sind die *Horizontallasten quer zur Fahrbahn* von aus-
schlaggebender Bedeutung. Diese entstehen beim Anfahren und Bremsen der Gesamtanlage als
Massenkräfte H_M und als *Schräglaufkräfte S*, H_S aus der Spurführungsmechanik der fahrenden
Krananlage. (Massenkräfte K_a beim Beschleunigen der Katze sind für die Kranbahnträger von
untergeordneter Bedeutung.) Während die Massenkräfte H_M nur von der *Antriebsart* der Krananlage abhängig sind, spielt bei den Schräglaufkräften *S*, H_S auch die Art der Radlagerung (in Richtung der Brückenträger, d.h. quer zum Kranbahnträger) eine entscheidende Rolle.

Man unterscheidet:

W = Laufradpaar, mechanisch oder elektrisch drehzahlgekoppelt

E = Laufradpaar, einzeln gelagert oder einzeln angetrieben

F = Festlager von Laufrad und Krantragwerk bzgl. der seitlichen Verschiebbarkeit

L = Loslager von Laufrad und Krantragwerk bzgl. der seitlichen Verschiebbarkeit

(„Laufradpaar", s. Bild **4.1** = 2 Räder einer Kranachse, d.h. 1 Rad je Kranbahnträger)

Die *häufigste Bauart* ist das *System EFF* in beiden Achsen und Spurkranzführung, bei der die
Kraftverhältnisse recht einfach angebbar sind, s. Bilder **4.11**, **4.12a, b**.

Zur vollständigen Charakterisierung eines Kranes ist neben der Bauart auch die Angabe des *Ver-
wendungszweckes* notwendig.

Verwendungszweck (DIN 15001-2)

Beim „Arbeiten" eines Kranes entstehen beim Hubvorgang und beim Fahren (infolge der Massenträgheit) Schwingungen in der Kranbrücke und der Kranbahn, die sich gegenüber der statisch vorhandenen Last beanspruchungserhöhend auswirken. Dabei spielt die Art des Betriebes eine entscheidende Rolle.

Durch die Einordnung der Krane in *Hubklassen H1 bis H4* wird die Stoßwirkung beim Aufnehmen und Absetzen der Hublast erfasst. Die dabei im Kranbahnträger bzw. dessen Unterstützung / Abhängung hervorgerufenen Schwingungen werden über den *Schwingbeiwert* φ berücksichtigt. (Mit einem Hublastbeiwert ψ_H dagegen werden die Hublasten bei der Dimensionierung des Kranes vervielfältigt; er ist abhängig von der Hubgeschwindigkeit V_H.)

Über die Anzahl der *Spannungsspiele* (N1 bis N4) während der geplanten *Nutzungszeit* des Kranes sowie über die *Verteilung* der dabei aufzunehmenden Hublastgröße – sie wird als *Spannungskollektiv* S_0 bis S_3 bezeichnet – erfolgt die Zuordnung zu einer der *Beanspruchungsgruppen B1 bis B6*. Zwischen dem Verwendungszweck des Kranes, der Hubklasse H_i und der Beanspruchungsgruppe B_i bestehen aus der praktischen Erfahrung gewisse Abhängigkeiten, welche beispielhaft in DIN 15018, Bl. 1 zusammengestellt sind. Einen Auszug stellt Tafel **4.2** dar.

Arbeitsbereich

Im Grundriss wird der Arbeitsbereich einer Krananlage durch die *Anfahrmaße* der Laufkatze (quer) sowie der Kranbrücke und der Abmessungen der Endanschläge (längs) begrenzt. Diese sind den Herstellerangaben zu entnehmen.

Soll der Kran aus einer Halle herausfahren (Freianlage), so wird in der Giebelwand eine Öffnung vorgesehen, die durch einen flexiblen Vorhang, einen verfahrbaren Abschlussschildwagen oder eine Kranklappe geschlossen wird.

Tafel **4.2** Beispiel zur Einstufung von Kranarten in Hubklassen und Beanspruchungsgruppen[1]

Kranart		Hubklassen H (HC) [2]	Beanspruchungsgruppen B, (S)
Maschinenhauskrane		H1 (HC1)	B2, B3 (S1, S2)
Lagerkrane	unterbrochener Betrieb	H2 (HC2)	B4 (S4)
Lagerkrane, Traversenkrane, Schrottplatzkrane	Dauerbetrieb	H3, H4 (HC3, HC4)	B5, B6 (S6, S7)
Werkstattkrane		H2, H3 (HC2, HC3)	B3, B4 (S3, S4)
Brückenkrane, Fallwerkkrane	Greifer- oder Magnetbetrieb	H3, H4 (HC3, HC4)	B5, B6 (S6, S7)
Verladebrücken, Halbportalkrane, Vollportalkrane mit Laufkatze oder Drehkran	Hakenbetrieb	H2 (HC2)	B4, B5 (S4, S5)
	Greifer- oder Magnetbetrieb	H3, H4 (HC3, HC4)	B5, B6 (S6, S7)

[1] Klammerwerte siehe Abschn. 4.8 und 5.5
[2] Die Hubklassen HC_i entsprechen i.W. den Hubklassen H_i

Sicherheitsabstände

Die Umhüllende der kraftbewegten Teile von Kranen müssen zur Vermeidung von Quetsch- und Schergefahren zu Teilen der Umgebung des Kranes hin einen Sicherheitsabstand nach allen Seiten von 500 mm (allgemein) haben. Kleinere Abstände sind möglich, s. Tafel **4.**3 bzw. [35b] und [50].

Tafel **4.**3   Einige Angaben zu den Sicherheitsabständen bei Krananlagen

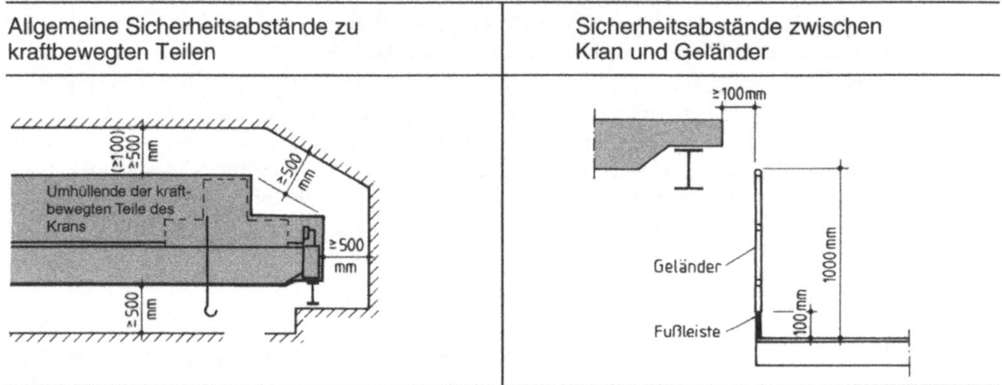

| Allgemeine Sicherheitsabstände zu kraftbewegten Teilen | Sicherheitsabstände zwischen Kran und Geländer |

Berechnung

Auf die Berechnung und konstruktive Gestaltung des Krantragwerkes wird nicht eingegangen. Sie erfolgt nach den bekannten Grundsätzen des Stahlbaus und nach DIN 15018.

4.3 Kranschienen – Formen, Befestigung und Stöße

Formen und Werkstoffe

Die Kranschiene unterliegt – je nach Betriebsbedingungen – einem mehr oder weniger starkem Verschleiß und wird daher nach der Möglichkeit ihrer Auswechslung ausgewählt, wenn nicht andere Gesichtspunkte (z.B. der Spurführung) ausschlaggebend sind.

Flach- bzw. Vierkantschienen (Bild **4.**3a) mit Querschnitten $b \times h = 50 \times 30$, 40 bis 60×30, 40, 50 bis 70×50 mm und abgeschrägten oder abgerundeten oberen Kanten (seltener gewölbt) können auf den Kranbahnträgerobergurt nur *aufgeschweißt* werden und kommen daher nur in Betracht,

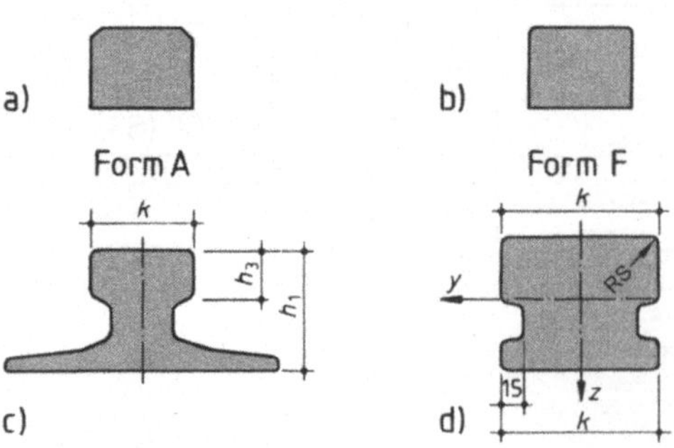

Bild **4.**3   Kranschienen
a) bis b) Flachschienen, abgeschrägt oder abgerundet
c) Form A mit Fußflansch
d) Form F

wenn mit einem Auswechseln der Schiene kaum zu rechnen ist. Sie eignen sich für Krananlagen bis zu mittleren Hublasten, die nur gelegentlich, z.B. für Reparaturzwecke, benötigt werden oder allgemein einem geringen Verschleiß unterliegen. Es sind Werkstoffe mit der Eignung zum Schmelzschweißen zu wählen, wie z.B. S 355 oder E 355 nach DIN EN 10025.

Kranschienen Form A (Bild **4.**3c) mit Fußflansch nach DIN 536-1 für allgemeine Verwendung haben Kopfbreiten von 45 bis 120 mm.

Kranschienen Form F (flach) nach DIN 536-2 sind 80 mm hoch, haben Kopfbreiten von 100 oder 120 mm und werden für spurkranzlose Laufräder (vorzugsweise bei Hüttenwerkskranen mit hohen Raddrücken) verwendet, bei denen – durch eine besondere Spurführung – so geringe Horizontalkräfte auftreten, dass die schmale Schiene (am Fuß) nicht kippen kann (Bild **4.**3d).

Die Kennzahl in der Kranschienenbezeichnung gibt die Kopfbreite der Schiene an.

Sonderschienen Q (quadratisch) und R (rechteckig) sowie *Eisenbahnschienen* (Profil 533) werden nur noch eingesetzt bei der Sanierung von Altanlagen.

Profilschienen (A/F) werden eingesetzt für Krananlagen mit hoher Beanspruchung, bei denen eine Auswechslung auch innerhalb der Lebensdauer der Krananlage in Betracht gezogen werden muss. Man bezieht sie in möglichst großen Längen, u.U. auch über Sonderwalzungen, um die teuren Schienenstöße (unverbunden oder voll verschweißt) zu vermeiden. Die Schienen bestehen aus verschleißfestem Stahl mit einer Zugfestigkeit von $f_u \geq 690$ N/mm^2 bzw. $f_u \geq 880$ N/mm^2.

Befestigung

Kranschienen können *schubfest* oder *schwimmend* mit dem Kranbahnträger – Obergurt verbunden werden. Im ersten Fall darf die Schiene dann mit zum „tragenden Querschnitt" des Kranbahnträgers gerechnet werden, wobei 25 % des Schienenkopfes als abgefahren anzusehen sind. (Die statischen Querschnittswerte der abgefahrenen Schiene können auch aus [47] entnommen werden). Auch wenn die Schiene bei schubstarrer Verbindung nicht zum Querschnitt des Kranbahnträgers gerechnet wird, sind die Verbindungsmittel auf die anteilige Schubkraft zu bemessen.

Flachschienen werden vorzugsweise mit durchlaufenden Nähten mit dem Obergurt verschweißt (Bild **4.**4a). Unterbrochene Nähte sind möglich, wenn keine Korrosionsgefahr besteht und nur geringe Radlasten vorhanden sind. Aber auch in diesem Fall ist von der Nahtunterbrechung wegen der hohen Kerbwirkung und der Rissegefahr abzuraten.

Schienen der *Formen F* sind nur *aufklemmbar* (Bild **4.**4b); bei mehrteiligen Klemmen kann die untere Klemmplatte (mit oder ohne seitlichem Spalt) auf den Obergurt geschraubt oder geschweißt werden (nicht jedoch bei Kranbahnen der Beanspruchungsgruppe B5 und B6). Um das Einarbeiten der Kranschiene in den Obergurt zu vermeiden, wird ein 6 bis 12 mm dickes *Schleißblech* als Kranschienenunterlage verwendet (bei Kranen der Beanspruchungsgruppen B4 bis B6 ist dies z.B. vorgeschrieben), welches auch bei einer mit dem Obergurt verschweißten Ausführung nicht zum Querschnitt gerechnet werden darf.

Schienen der *Formen A* können mittels vorgespannter HV-Schrauben schubfest mit dem Kranbahnträger verbunden werden (Bild **4.**4c).

Diese Befestigungsart ist durchaus noch üblich, da kostengünstig; jedoch ist das Auswechseln der Schiene aufwendiger als bei der heute i. Allg. gebräuchlichsten Schienenbefestigung durch ein- oder mehrteilige Klemmen. *Spezialklemmen* mit seitlicher Verstellmöglichkeit sind zwar teuer, erleichtern aber das Verlegen und Ausrichten der Schiene, Bild **4.**4d. Der wechselseitige Abstand der zur Aufnahme der Seitenkräfte aufgeschraubten oder aufgeschweißten Führungsknaggen beträgt ca. 500 bis 800 mm, Bild **4.**5b. Die Lagerung der Kranschiene in *Bettlamellen*, die zum tragenden Querschnitt des Kranbahnträgers gerechnet werden können, bringt eine gute seitliche Führung (Bild **4.**4e); für Freianlagen ist diese Lagerung aus Korrosionsgründen ungeeignet.

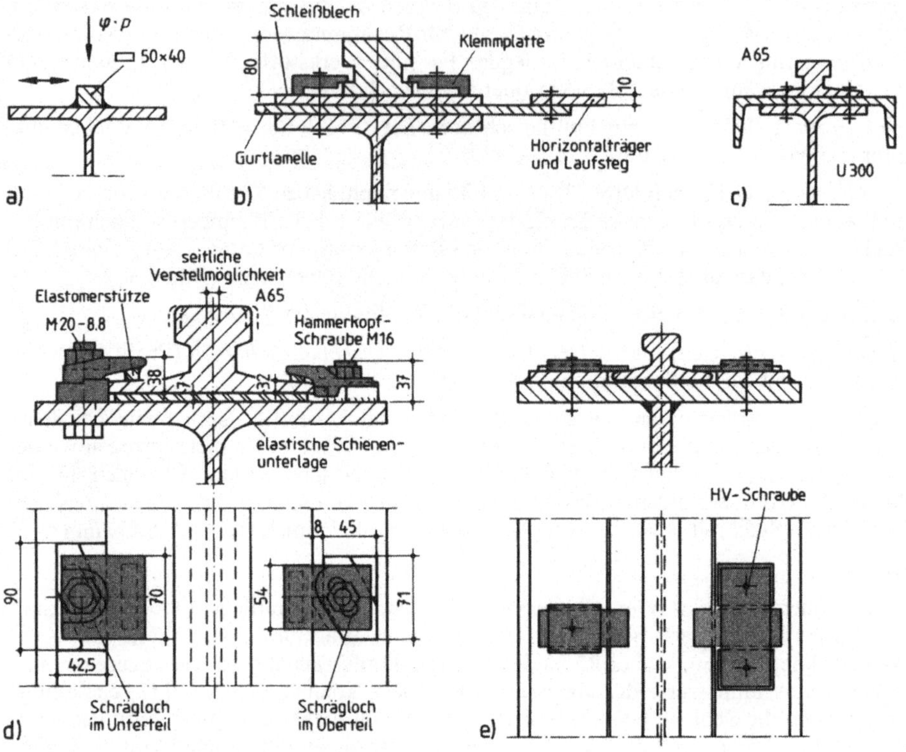

Bild **4.**4   Befestigung von Kranschienen
a) aufgeschweißt
b) aufgeschraubt mit Klemmplatten (Form F)
c) direkte Verschraubung (Form A)
d) elastische und einstellbare Befestigung System Gantry
e) aufgeschraubt mit (Führungs-) Bettlamellen

Bei aufgeklemmten Schienen muss das *Wandern* verhindert werden, z.B. durch eine Schraubengruppe in der Mitte jeder Schienenlänge (Bild **4.**5) oder mit Anschlagknaggen am Trägerflansch, die in Ausschnitte des Schienenfußes eingreifen. Beim Einsatz von aufgeklemmten Profilschienen der *Form A* gehört es zum Stand der Technik, *Kranschienen-Unterlagen* aus mindestens 6 mm dicken, längsgerillten elastischen Hartgummi-Unterlagen mit einer *Shore-A-Härte* 90 zu verwenden (Bild **4.**4d, e). Dies hat mehrere Vorteile: Der Lauf des Kranes wird ruhiger, daher geräuschärmer und schont Gurt, Schiene und Spurkränze (Verschleiß). Die Radlastverteilung unter dem Schienenfuß wird gleichmäßiger und die örtliche, senkrechte Druckbeanspruchung $\bar{\sigma}_z$ des Trägersteges darf um 25 % abgemindert werden. Allerdings wächst die Querbiegebeanspruchung des Trägergurtes und macht besondere Maßnahmen zu seiner Stützung erforderlich. Spezialunterlagen mit Stahleinlagen in der Mitte der Unterlage konzentrieren die Radlasten (quer) zum Steg, womit zusätzliche Stützungsmaßnahmen des Obergurtes entfallen können.

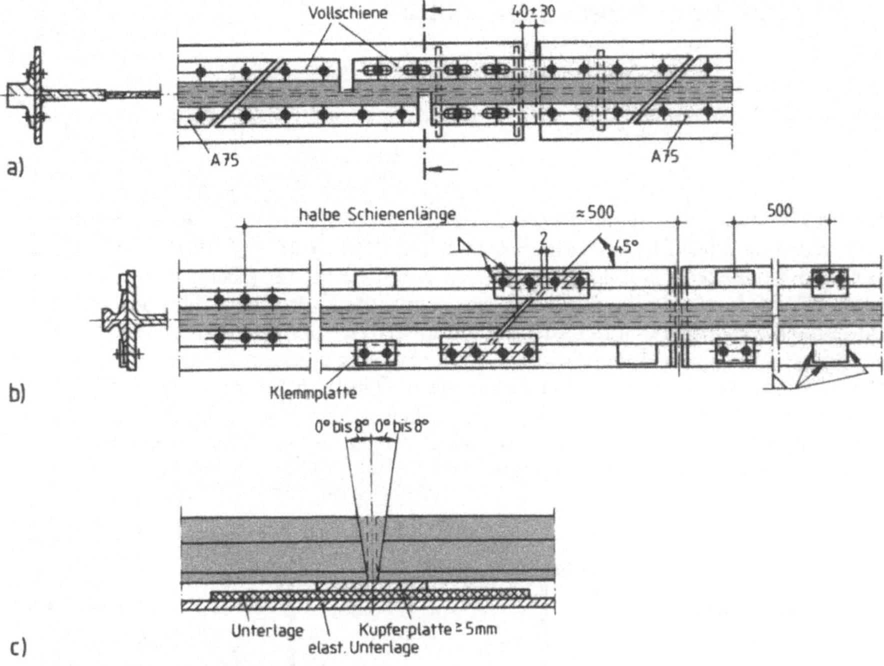

Bild **4.5** Schienenstöße
a) Stufenstoß an der Dehnfuge b) seitliche Führung am Schrägstoß c) Stumpfstoß

Schienenstöße werden gegen den Trägerstoß ca. 500 mm versetzt angeordnet. Bei *unverbundenem* Schienenstoß ist auf eine gute seitliche Führung der Schienenenden zu achten; zur Erzielung guter Laufeigenschaften des Krans wird ein *Schrägstoß* unter 45° (möglichst mit abgeschrägten Spitzen) ausgeführt, Bild **4.5**a, b. Bei größeren Dehnungen an der Dehnfuge sieht man einen *Stufenstoß* vor, der innerhalb eines auswechselbaren Schienenteilstückes liegt. Hier hat sich auch die Vollschiene aus vergütetem Stahl bewährt, Bild **4.5**a, b.

Voll durchgeschweißte Stumpfstöße sind bei allen Schienenarten möglich und heute allgemein üblich. Beste Ergebnisse sind mit der *Abbrennstumpfschweißung* und dem aluminothermischen Gießschmelzschweißen (*Thermitschweißung*) mit nachträglicher Bearbeitung des Schweißstoßes erreichbar. Die *Lichtbogen-Handschweißung* hat sich bei Reparaturarbeiten bewährt. Die Schweißstoßvorbereitung zeigt Bild **4.5**c; die Schiene wird auf 250° bis 300 °C vorgewärmt und auf dieser Temperatur während der Schweißzeit gehalten.

Montagetoleranzen

An die *Lagegenauigkeit* jeder Schiene werden nach der Montage i. Allg. folgende Anforderungen gestellt: Abweichungen von der Sollage in Höhen- und Seitenrichtung $\leq \pm 10$ mm; Stichmaß auf 2 m Messlänge in der Höhe $\leq \pm 2$ mm, im Grundriss $\leq \pm 1$ mm. Die Spurweite s darf vom Sollmaß höchstens abweichen:

$$\text{bei } s \leq 15 \text{ m: } \Delta s = \pm 5 \text{ mm}$$

$$\text{bei } s > 15 \text{ m: } \Delta s = \pm [5 + 0{,}25\,(s - 15)]$$

$$\text{mit } s \text{ in m, } \Delta s \text{ in mm}$$

4.4 Kranbahnträger, konstruktive Gestaltung

Für die Querschnitte der Kranbahnträger wählt man heute im Normalfall *Vollwandträger*, während *Fachwerkträger* die Ausnahme bilden, z.B. als Ersatz einer in dieser Ausführung bestehenden Kranbahn.

Walzprofile

Bei den im Hallenbau überwiegend *kurzen Stützweiten* (z.B. 6,0 bis 7,5m) und mäßigen Radlasten verwendet man *Walzprofile* mit HE-A oder HE-B Querschnitt (Bild **4.6**a, b); IPE-Profile besitzen nur eine sehr geringe Seitensteifigkeit EI_z und müssen daher i.d.R. am Obergurt durch aufgeschweißte U-Profile (Bild **4.6**c) oder besser durch angeschweißte L-Profile (Bild **4.6**d) verstärkt werden. Dies ist fallweise auch bei den Breitflanschträgern erforderlich. Eine größere Biegetrag- und Seitensteifigkeit ist auch durch aufgeschweißte Zusatzlamellen erreichbar, wobei die Ausführung nach Bild **4.6**e vorzuziehen ist. Im Fall f) wölbt sich die Gurtlamelle beim Schweißvorgang nach oben und durch die direkte Radlasteinleitung entstehen in den Nähten nicht unerhebliche Querschubspannungen. Auf die Einbeziehung evtl. vorgesehener Bettlamellen in den tragenden Querschnitt wurde bereits in Abschn. 4.3 verwiesen.

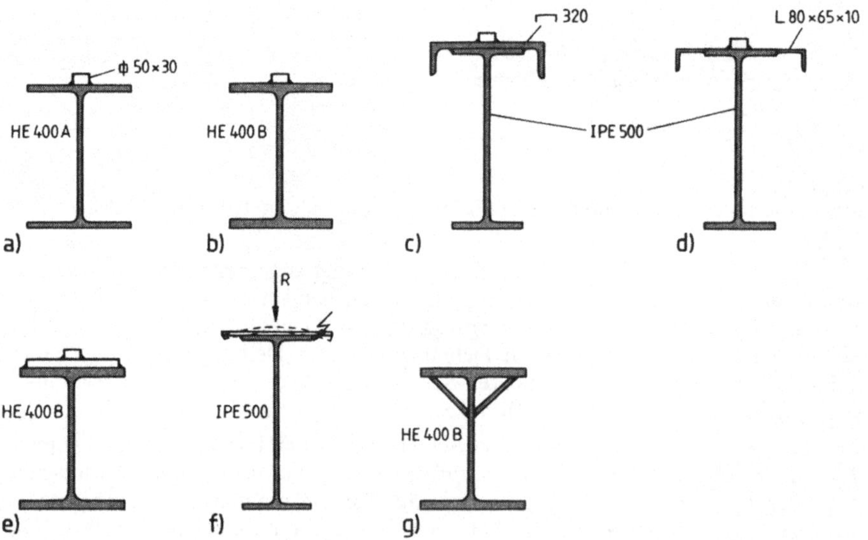

Bild **4.6**   Querschnitt der Kranbahnträger
                a) bis b) unverstärkte Walzprofile c) bis g) verstärkte Walzprofile

Die *Flankenkehlnähte* der Gurtlamellen fallen grundsätzlich wegen der Torsionsbeanspruchung des Obergurtes aus exzentrischer Radlasteinleitung und der Horizontalkräfte relativ kräftig aus, so dass man häufig einem geschweißten Vollwandträger mit einteiliger Gurtausbildung den Vorzug gibt. Seitlich in den Steg und an den Gurt eingeschweißte *Schrägbleche* (Bild **4.6**g) ergänzen den direkt belasteten Gurt zu einem (zweizelligen) Hohlquerschnitt großer Drillsteifigkeit und damit erheblicher Torsionsbeanspruchung, jedoch sind die Hohlräume (insbesondere die Halskehlnähte bei Schweißprofilen) nicht kontrollierbar. Andere Versteifungsarten zur Erzielung einer ausreichenden Seitensteifigkeit, z.B. nach [49], sollte man hinsichtlich der Vermeidung von Schweißnahtanhäufungen und auch mit Rücksicht auf die zahlreichen Betriebsfestigkeitsnachweise kritisch überprüfen. Die seitliche Aussteifung der Obergurte über Verbände wird bei den geschweißten Vollwandträgern behandelt. Aus Walzprofilen hergestellte Kranbahnträger werden i. Allg. als *Durchlaufträger über 2 Felder*, seltener über 3 Felder ausgeführt. Über mehr als 3 Felder ausgebildete Durchlaufträger und *Gelenkträger* erfordern aufwendige Stoß- und Gelenkausbildungen; sie sind meist unwirtschaftlicher als der schwerere Zweifeldträger. In statischer Hinsicht bietet dieser gegenüber dem einfachen *Einfeldträger* kaum Vorteile, zumal über der Mittelstütze u. U. ein ungünstiger Kerbfall durch die fallweise am Obergurt angeschweißten Lasteinleitungsrippen entsteht. Jedoch ist die für die Dimensionierung des Kranbahnträgers häufig maßgebende *Durchbiegung*, welche man aus betrieblichen Gründen auf $l/800$ bis $l/500$ (vertikal) und $l/1000$ bis $l/800$ (horizontal) beschränkt, beim Zweifeldträger wesentlich geringer als beim Einfeldträger. Man ermittelt sie näherungsweise in Feldmitte oder an der Stelle von max M_{Feld} infolge Radlast. Auch stehen Behelfe in Form von Einflusslinien zur Verfügung [40]. Die Berechnung der *Schnitt- und Auflagergrößen* von Zweifeldträgern erfolgt auf einfachste Weise nach [54] bzw. nach den überarbeiteten Tabellenwerten in [40].

Geschweißte Vollwandträger

Bei *größeren Stützweiten* und/oder *hohen Radlasten* werden Kranbahnträger mit geschweißtem Vollwandquerschnitt, Bild **4.7**, und i.d.R. als *Einfeldträger* ausgeführt. Ihre Dimensionierung erfolgt zunächst nach den Regeln des Abschnittes 1, wobei die bereits erwähnten Beanspruchungen des Obergurtes aus Seitenkraft und Radlasteneinleitung zu berücksichtigen sind. Hier gibt es sowohl gute Gründe für torsionssteife als auch für torsionsweiche Ausführung, wobei im 2. Fall eine gewisse Selbstzentrierung der Radlasteinleitung erwartet wird. Eine sorgfältig durchgebildete Konstruktion ist sowohl wirtschaftlich als auch von betrieblich hohem Nutzen. Dies betrifft nicht nur die Wahl der Einzelquerschnittsteile (Gurt, Stegblech) und ihrer Verbindungen, sondern auch die *zusätzlichen Maßnahmen* zur Erzielung einer allen Anforderungen genügenden Lösung. Als solche sind beispielhaft die Stegblechaussteifungen (quer, u.U. auch längs), ihrer Anschlüsse an Zug- und Druckgurt bzw. den Steg und die Anbindung evtl. erforderlicher Horizontalverbände zu nennen. Der Ausbildung des Obergurtes kommt hierbei eine besondere Bedeutung zu. Wird der Trägerobergurt nicht durch einen *Horizontalverband* seitlich gehalten, wählt man breite und möglichst dicke Gurte (Bild **4.7**). Direkt befahrene einteilige Gurte dürfen im Zugbereich nicht dicker als 50 mm und im Druckbereich $\leq$ 80 mm sein, geeignete Maßnahmen beim Schweißen (Vorwärmen) vorausgesetzt. Die Nahtform der *Halsnaht* zur Verbindung von Gurt und Steg wählt man im Hinblick auf die Betriebsfestigkeitsuntersuchung. Den direkt befahrenen Gurt verbindet man zweckmäßig über eine K-Naht mit Doppelkehlnaht, da hierdurch nur eine „mäßige Kerbwirkung" (Kerbfall K1) entsteht; den nicht direkt belasteten Gurt kann man jedoch mit den einfacheren Kehlnähten anschließen.

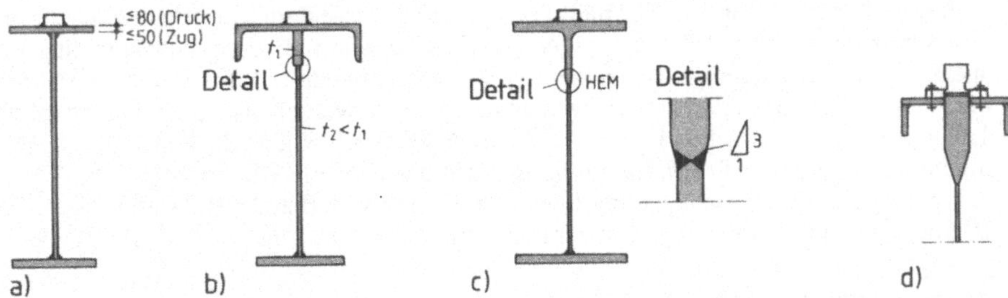

Bild **4.7**   Querschnitte geschweißter Kranbahnträger

Anstelle breiter und dicker Flachstähle kann man als Obergurt auch U-Profile (Bild **4.**7b) oder die Flansche von HE-B, M-Profilen (mit Trennung deutlich unterhalb der Stegausrundung, Bild **4.**7c) bzw. den nicht genormten Profilen wie IPBS, IPBSP, HL, HX, HD verwenden. Sonderprofile, auf denen die Schiene (Form F) direkt aufliegt, sind zwar ideal hinsichtlich der Radlasteinleitung, erfordern jedoch einen erheblichen Aufwand beim Anschweißen der seitlichen Lamellen. Zur Einleitung der hohen Radlasten kann man das Stegblech am Obergurt auch verstärkt ausführen (Bild **4.**7b).

Werden (ausnahmsweise und nicht direkt befahrene) abgestufte Gurte ausgebildet, so ist auf einen sorgfältigen Anschluss der Gurtplattenenden zu achten (Bild **1.**8).

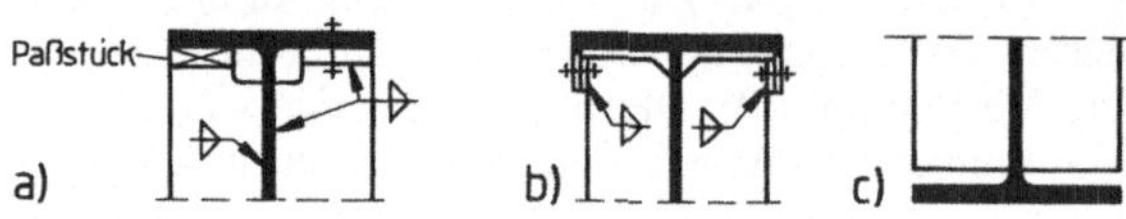

Bild **4.**8   Anschlussmöglichkeiten der Quersteifen[1]

Die *Stegblechhöhe* wählt man nach statischen Gesichtspunkten so, dass die Durchbiegung zwischen $l/1000$ bis $l/800$ beträgt. Seine *Dicke* fällt größer aus als die Richtwerte nach Abschn. 1, da für den Beulsicherheitsnachweis auch quer gerichtete Druckspannungen aus der Radlast zu berücksichtigen sind, s. Bild **4.**19. Die *Quersteifen* werden enger gesetzt als sonst üblich mit Rücksicht auf die Beulgefahr, aber auch um die Verdrehung des Gurtes aus Torsion klein zu halten. Sie dürfen ebenso wie auch Schienenklemmplatten bei Kranbahnen der Betriebsgruppen B5 und B6 nicht an die von Kranradlasten befahrene Gurte geschweißt werden. Möglichkeiten ihrer Befestigung an den Gurt zeigt Bild **4.**8. Wegen der ungünstigen Kerbwirkung von Kehlnähten quer zu zugbeanspruchten Teilen verzichtet man manchmal auch auf ihre Befestigung am Untergurt (Bild **4.**8c).

Ist die *Durchbiegung* des Kranbahnträgers > 10 mm, erhält er eine *Überhöhung* für ständige Last und der gemittelten Radlasten $R_m = (\max R + \min R)/2$ ohne Schwingbeiwert.

Kranbahnverbände

Bei großen Stützweiten und/oder schwerem Betrieb lässt sich der Obergurt nicht *seitensteif* ausbilden. Die Seitenkräfte werden dann von einem in Obergurtebene oder dicht darunter angeordneten *Horizontalverband* oder *Horizontalträger* (vollwandig) aufgenommen. Er übernimmt auch die *Kippstabilisierung* des Kranbahnträgers. Das liegende Stegblech des Vollwandträgers dient gleichzeitig als *Laufsteg* (Bild **4.**27); bei fachwerkartiger Ausführung ist hierfür eine Abdeckung mit Riffelblech oder Gitterrosten erforderlich (Bild **4.**42a, d). Den Innengurt des Horizontalverbandes bildet stets der Kranbahnträger; der *Außengurt* ist ein besonderes Konstruktionsteil, welches als Teil des Verbandes nicht nur Normalkräfte übernimmt, sondern vom Eigengewicht des Verbandes und Laufsteges sowie der zugehörigen Nutzlast auch auf Biegung beansprucht wird. Im Halleninneren kann der Außengurt in kurzen Abständen entweder an der Dachkonstruktion abgehängt oder von Zwischenstielen (einer Fachwand) gestützt werden. Ist dies nicht möglich, hat er die gleiche (große) Stützweite wie der Kranbahnträger. Bei kleinen Abständen der Abstützung (Abhängung) genügt ein U-Profil, bei größeren wird der Gurt mit Rücksicht auf die Knickgefahr und Durchbiegung durch einen schräg liegenden Fachwerkverband (Bild **4.**9a) oder meist von einem leichten Fachwerk-*Nebenträger* unterstützt. In diesem Fall sieht man auch einen *unte-*

---

[1] Bei im Zugbereich des Steges endenden Steifen – Bild **4.**8c – sind gelegentlich schon Schäden aufgetreten – vgl. S.10.

ren Horizontalverband (Bild **4.**9b) vor. Kranbahnträger, Nebenträger und Horizontalverbände bzw. oberer Horizontalverband und Querverband bilden eine konstruktive Einheit mit großer Torsionssteifigkeit. Bei zwei Horizontalverbänden sind am Auflager und mehrfach innerhalb der Trägerlänge zur Erhaltung der Querschnittsform und zur Einleitung von Windlasten Schrägverstrebungen erforderlich. Ersetzt man die Fachwerke durch Vollwandträger, so entsteht ein *Hohlkastenquerschnitt* (Bild **4.**9c), der in regelmäßigen Abständen durch Querschotte (mit oder ohne Mannloch) versteift ist.

Auf gleicher Höhe nebeneinander liegende Kranbahnen benachbarter Schiffe verbindet man durch einen begehbaren, gemeinsamen Verband (Bild **4.**9d).

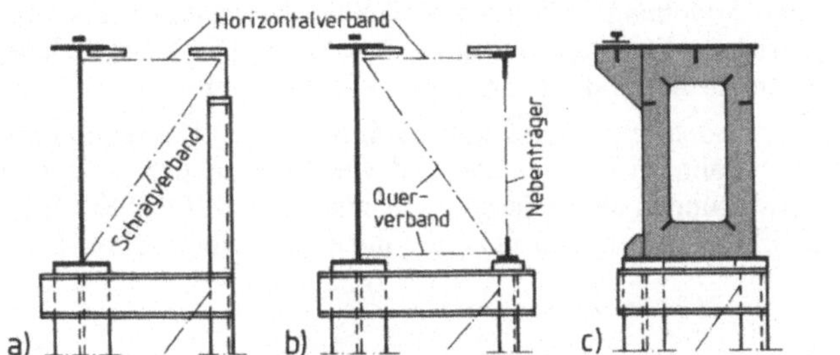

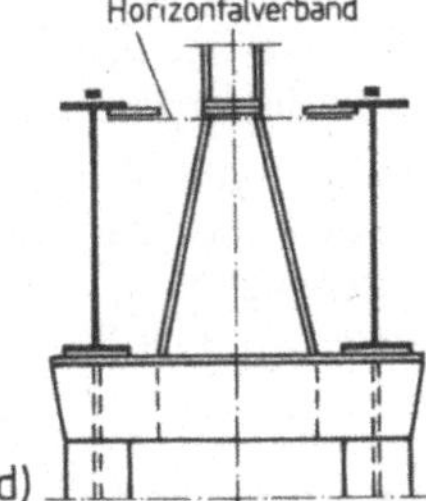

Bild **4.**9   Stützung des Außengurtes des Horizontalverbandes
a) durch einen Schrägverband
b) durch einen Fachwerknebenträger
c) vollwandiger Kastenträger
d) Horizontalverband bei Zwillingsträgern

Fachwerk-Kranbahnträger werden als Neukonstruktion kaum noch ausgeführt. Sie werden nach Abschn. 3 konstruiert; die Stabkräfte bestimmt man i. Allg. mit Hilfe der Einflusslinien. Zwängungsspannungen aus den durchlaufenden Gurten und biegesteifen Stabanschlüssen müssen beim Betriebsfestigkeitsnachweis erfasst werden, s. DIN 4132.

Legt man die Schienen unmittelbar auf den Obergurt, rufen die Radlasten Biegespannungen im Gurt sowie recht große Zwängungsspannungen in allen Stäben hervor (Bild **4.**10a). Bei mittelbarer Lasteinleitung wird die Radlast über einen Schienenträger ohne Gurtbiegung an die Fachwerkknoten abgegeben (Bild **4.**10b); die Zwängungsspannungen sind dann kleiner.

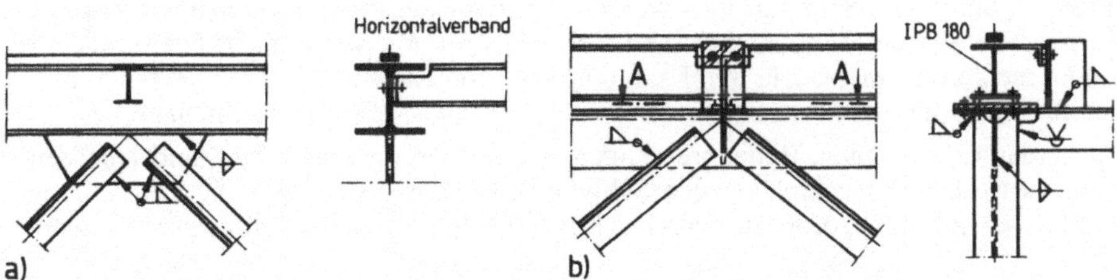

Bild **4.**10   Fachwerk-Kranbahnträger
a) unmittelbare Schienenlagerung
b) mittelbare Lagerung über gesonderten Schienenträger

4.5 Berechnungsgrundlagen für Kranbahnträger

Für die Berechnung der Kranbahnträger gilt DIN 4132 (2.81), [18] und [27]. Sie ist abgestimmt auf die Berechnung der Krane, DIN 15018 (11.84), [19] und basiert noch auf dem Konzept der „zulässigen Spannungen" mit einem einzigen, globalen Sicherheitsfaktor für Einwirkungen und Widerstände ($\gamma = \gamma_F \cdot \gamma_M$). Mit der „Anpassungsrichtlinie Stahlbau" [27] ist es jedoch möglich, alle *Tragsicherheitsnachweise* mit Ausnahme des *Betriebsfestigkeitsnachweises* nach dem neuen Sicherheitskonzept, d.i. DIN 18 800-1 bis -3, zu führen. Neuere Entwicklung in der Normung siehe Abschn. 4.8

Die verschiedenen Kranarten sind nach den Hubmöglichkeiten in 4 *Hubklassen* H1 bis H4 und nach den *Spannungsspielbereichen* und *Spannungskollektiven in 6 Beanspruchungsgruppen* B1 bis B6 (und letzteres nicht nur im Betriebsfestigkeitsnachweis) einzuordnen. Die Klassifizierung der Krane ist für die Berechnung *und* Konstruktion der Kranbahnen von Bedeutung.

Die Krananlage gibt über die Laufräder *vertikale* (z.T. außermittig angreifende) Lasten und *horizontale* Lasten *quer* und *längs* zur Fahrbahn an die Schiene und von hier auf den Träger und dessen Unterstützung ab. Weitere Einwirkungen sind wie üblich anzusetzen. Mit der Ermittlung der *charakteristischen Werte* der Einwirkungen befassen sich die folgenden Unterabschnitte.

4.5.1 Einwirkungen

Die Reihenfolge ihrer Behandlung korrespondiert mit DIN 4132.

4.5.1.1 Ständige Einwirkungen

Neben dem Eigengewicht der Bauteile nach DIN 1055-3 gehören dazu auch die ständigen Wirkungen von planmäßigen Baumaßnahmen (Vorspannung) und von ungewollten Änderungen der Stützbedingungen.

4.5.1.2 Veränderliche, lotrechte Einwirkungen (Lasten) von Kranlaufrädern

Für die Berechnung der Kranbahn benötigt man die größten und kleinsten *Raddrücke* des Laufkrans (max R, min R). Man erhält sie von der Lieferfirma des Krans über den Bauherrn. Notfalls kann man sie Herstellerangaben entnehmen [50, 40]. Die Radlasten sind in jeweils ungünstigster Stellung anzusetzen. Sie wirken bei den Beanspruchungsgruppen B1 bis B3 in Schienenkopfmitte, bei B4 bis B6 (und nur im Betriebsfestigkeitsnachweis) mit einer Ausmitte von $\pm \frac{1}{4}$ der Schienenkopfbreite. Stütz- und Schnittgrößen werden zur Berücksichtigung der Schwingungen infolge Fahrens oder Hebens der Nutzlast mit dem *Schwingbeiwert* φ vervielfacht (Tafel **4.4**). Wirken gleichzeitig mehrere Krane, ist für den Kran mit dem größten Wert $\varphi \cdot R$ mit dessen Schwingbeiwert und für die übrigen mit dem Schwingbeiwert der Hubklasse H1 zu rechnen.

Ohne φ werden Grundbauten, Bodenpressungen, Formänderungen und die Standsicherheit nachgewiesen. Es ist daher zweckmäßig, den Schwingbeiwert φ (ebenso wie die Teilsicherheitsbeiwert γ_F bzw. $\psi \cdot \gamma_F$) nicht sofort zu berücksichtigen, sondern erst bei den entsprechenden Nachweisen.

Radlasten aus mehreren Kranen

Arbeiten zwei Krane vorwiegend als Kranpaar planmäßig zusammen, so sind sie wie *ein* Kran zu behandeln. Im Übrigen sind (lotrechte) Radlasten in ungünstigster Stellung von höchstens 2 Kranen je Kranbahn, 3 Kranen je Hallenschiff oder in mehrschiffigen Hallen zu berücksichtigen. Andere Regelungen sind mit dem Bauherrn zu vereinbaren.

Tafel **4**.4   Schwingbeiwert φ

Bauteil	Hubklasse des Krans			
	H1	H2	H3	H4
Träger	1,1	1,2	1,3	1,4
Unterstützungen oder Aufhängungen	1,0	1,1	1,2	1,3

4.5.1.3 Veränderliche Einwirkungen (Lasten) quer zur Fahrbahn

Waagerechte Kräfte quer zur Fahrbahn entstehen als *Massenkräfte* beim Beschleunigen (Bremsen) von Katze oder Kranbrücke bzw. als *Führungskräfte* der Kranbrücke beim *Schräglauf.* Sie hängen im Wesentlichen ab vom *Kraftschlussbeiwert f*, Schräglaufkräfte auch noch vom *Schräglaufwinkel α.*

Die Größe dieser Kräfte ist vom Bauherrn anzugeben. Wenn diese Werte zum Zeitpunkt der Bearbeitung der Kranbahn noch nicht vorliegen, muss man sie unter Benutzung der Formeln, die in DIN 15018 angegeben sind, selbst berechnen. Dazu muss von der Bauart des Laufkrans bekannt sein, ob Laufradpaare drehzahlgekoppelt (W) oder einzeln gelagert bzw. einzeln angetrieben sind (E) und ob es sich bezüglich der seitlichen Lagerung des Laufrads im Kopfträger um ein Festlager (F) oder ein Loslager (L) handelt.

Massenkräfte aus Katzfahren

Diese können zwar für die Berechnung von Hallenrahmen von Bedeutung sein, sind jedoch für die Bemessung der Kranbahn i. Allg. nicht maßgebend. Sie werden daher hier nicht näher behandelt.

Massenkräfte H_M aus Anfahren (Bremsen) der Kranbrücke

Um ein Durchrutschen der Räder (wegen des damit verbundenen hohen Verschleißes von Rad und Schiene) zu vermeiden, wird das Antriebsmoment der Räder so ausgelegt, dass bei einem (experimentell bestimmten) Kraftschlussbeiwert $f = 0{,}2$ (Reibbeiwert) und kleinster Radlast min R die Krananlage problemlos bewegt werden kann ($M_A \leq f \cdot$ min $R \cdot d/2$, $M_A =$ Antriebsmoment, $d =$ Raddurchmesser). Die Summe der längsgerichteten Antriebskräfte des Krans berechnet sich daher aus der Summe der *kleinsten* Raddrücke der auf beiden Kranbahnseiten angetriebenen Räder (Bild **4**.11).

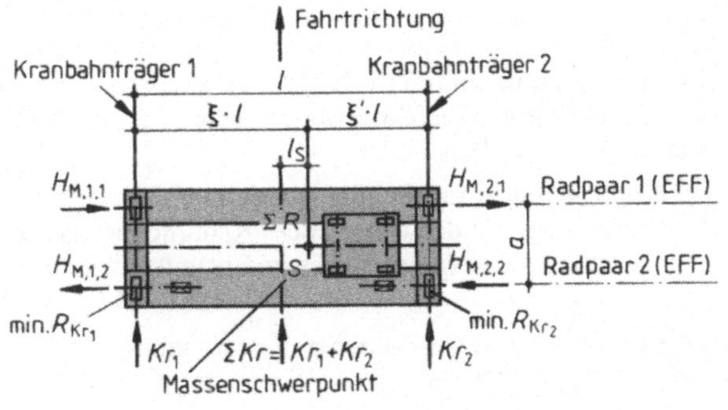

Bild **4**.11
Horizontale Massenkräfte H_M aus Anfahren und Bremsen (System EFF)

$$\Sigma\, Kr = Kr_1 + Kr_2 = \varphi_d \cdot f \cdot (\text{min } R_{Kr,1} + \text{min } R_{Kr,2})$$

$$= 1{,}5 \cdot 0{,}2\ (\text{min } R_{Kr,1} + \text{min } R_{Kr,2}) \tag{4.1}$$

Hierin bedeuten:

$\min R_{\text{Kr. 1. (2)}}$ kleinste Radlast bei Katzstellung auf Kranbahnseite 2, (1) ohne Hublast und Schwingbeiwert

$\varphi_{\text{d}} = 1{,}5$ dynamischer Sicherheitsbeiwert (Schwingbeiwert)

f Kraftschlussbeiwert

Gl. (4.1) gilt für die Antriebsart (E); bei Antriebsart (W) ist in Gl. (4.1) „min" vor die Klammer zu setzen.

I.d.R. werden die Antriebe je Kranbahnseite gleich ausgelegt, so dass die gesamte Antriebskraft der Krananlage ΣKr in der Mitte der Kranstützweite wirkt und gegenüber dem Massenschwerpunkt der Gesamtanlage (einschl. Hublast) bei extremer Katzstellung (rechts oder links) den Hebelarm l_{S} (Bild **4.**11) hat. Er berechnet sich aus Gl. (4.2 a, b) mit l = Kranstützweite

$$l_{\text{S}} = (\xi - 0{,}5) \cdot l \tag{4.2a}$$

$$\xi = \frac{\Sigma \max R}{\Sigma R} \tag{4.2b}$$

$$\xi' = 1 - \xi = \frac{\Sigma \min R}{\Sigma R} \tag{4.2c}$$

wobei $\xi \cdot l$ die Lage des Massenschwerpunktes bezogen auf den linken Kranbahnträger ist (Gesetz der Hebelarme). $\Sigma \max R$ ist die Summe der Radlasten auf dem mehrbelasteten Kranbahnträger, ΣR die Summe aller Radlasten, jeweils mit Hublast, aber ohne Schwingbeiwert. Das beim Anfahren (Bremsen) entstehende Moment $M = l_{\text{S}} \cdot \Sigma Kr$ aus dem exzentrischen Angriff der Kräfte ΣKr bezogen auf S (= Masseschwerpunkt) wird in ein horizontales Kräftepaar mit dem Hebelarm a (bei mehr als zwei Rädern je Kranbahn s. Norm) aufgelöst und – entsprechend der möglichen Reibkräfte zwischen Rad und Schiene – proportional zu ξ bzw. $\xi' = 1 - \xi$ auf die beiden Kranbahnseiten verteilt (Bild **4.**11), sofern alle Laufradpaare Festlager sind:

$$H_{\text{M1,1}} = -H_{\text{M1,2}} = \xi' \cdot \frac{l_{\text{S}}}{a} \cdot \Sigma Kr \tag{4.3a}$$

$$H_{\text{M2,1}} = -H_{\text{M2,2}} = \xi \cdot \frac{l_{\text{S}}}{a} \cdot \Sigma Kr \tag{4.3b}$$

Man beachte, dass in den Angaben der Kranlieferanten in „min R" i. Allg. auch ein Hublastanteil enthalten ist und damit sowohl die Antriebskraft ΣKr als auch die Massenkräfte H_{M} nach Gl. (4.1) und (4.3) (auf der sicheren Seite) etwas zu groß ausfallen.

Falls diese Massenkräfte, durch den Kranbetrieb bedingt, regelmäßig wiederholt in einem bestimmten Kranbahnbereich auftreten, sind sie zusammen mit den (lotrechten) Raddrücken als **eine** veränderliche Einwirkung einzustufen und daher auch bei der Betriebsfestigkeitsuntersuchung zu berücksichtigen.

Beim **Bremsen** wirken alle Kräfte in Bild **4.**11 und der dort angegebenen Fahrtrichtung in umgekehrter Richtung.

Die Massenkräfte aus Anfahren und Bremsen der Krananlage werden i. Allg. für die Dimensionierung des Kranbahnträgers nicht maßgebend, sondern wirken sich erst bei den *Kranbahnstützen* aus. Ungünstiger für den Kranbahnträger sind die waagerechten Seitenlasten aus Schräglauf.

Spurführungskräfte S, H_S aus Schräglauf

Gleisfahrzeuge bewegen sich nie ideal in Richtung der Fahrbahnachse und verursachen durch ihren *Schräglauf* Kräfte in den Radaufstandsflächen quer zur Fahrbahn. Dies gilt auch für Krananlagen, wobei durch die Elastizität der beteiligten Tragglieder (Krananlage, Kranbahn, Unterstützung) ein sehr komplizierter Zusammenhang besteht. Die normativen Regelungen [19] müssen daher Vereinfachungen vornehmen, die es dem entwerfenden Ingenieur erlauben, auf einfache Weise zuverlässige Annahmen über mögliche Einwirkungen zu treffen. In diesem Sinne unterstellen die Normen [47] eine Starrkörperbewegung der Krananlage mit „hinterer Freilaufstellung", bei der der Kran nur durch das vorderste Führungsmittel (Spurkranz oder Führungrolle) geführt wird und alle anderen Räder frei laufen (Bild **4.**12a).

Die **Führungskraft** S, die am vordersten (Formschlüssigen) Führungsmittel waagerecht und rechtwinklig zur Kranbahnachse wirkt, wird (für die üblichen Systeme (EFF) und (WFF)) nach Gl. (4.4) bestimmt:

$$S = f \cdot \left(1 - \frac{\sum e_i}{n \cdot h}\right) \cdot \sum R \tag{4.4}$$

mit

$0{,}2 \le f \le 0{,}3$ Kraftschlussbeiwert in Abhängigkeit vom Schräglaufwinkel α, s [19]

$i = 1$ bis n Reihenfolge der Laufradpaare

e_i Abstand des Radpaares i vom vordersten Führungsmittel (negativ für Räder, die (in Fahrtrichtung) vor dem Führungsmittel liegen)

h Gleitpolabstand nach Gl. (4.5)

$$h = \frac{m \cdot \xi \cdot \xi' \cdot l^2 + \sum e_i^2}{\sum e_i} \tag{4.5}$$

mit

m Anzahl der Laufradpaare mit System (W); $= 0$ beim System E

$\sum R$ Summe aller Radlasten einschl. Hublast, ohne Schwingbeiwert

Die Führungskraft S erzeugt in den Radaufstandsflächen die Reaktionskräfte $H_{Sk.\,i}$ (und beim System WFF noch vernachlässigbar kleine Längskräfte $L_{Sk.\,i}$) mit k = Kranbahnachse und i = Radpaarachse, die mit S im Gleichgewicht stehen ($\sum H = 0$). Sie werden nach Gl. (4.6) bestimmt

$$H_{S,\,1,\,i} = f \cdot \left(1 - \frac{e_i}{h}\right) \cdot \frac{\xi'}{n} \cdot \sum R \tag{4.6}$$

$$H_{S,\,2,\,i} = f \cdot \left(1 - \frac{e_i}{h}\right) \cdot \frac{\xi}{n} \cdot \sum R$$

und wirken bei Schrägfahrt nach Bild **4.**12a in die in den Teilbildern **4.**12b bis e angegebenen Richtungen. Die Größenverhältnisse und Richtungen kehren sich um bei Katzstellung am Kranbahnträger 1 und Spurführung am Kranbahnträger 2. Die Kräfte können bei beiden Katzstellungen auch in umgekehrter Richtung wirken, wenn die Spurführung durch Spurkränze (Bild **4.**12b, e) oder Doppelrollen (Bild **4.**12b) erfolgt. Eine **Überlagerung** mit den Massenkräften H_M ist erforderlich, falls *nicht* mit dem größten Kraftschlussbeiwert max $f = 0{,}3$ gerechnet wird. Sie kann dann näherungsweise durch eine 10 % ige Erhöhung der Kräfte S und H_S nach Gl. (4.4) und (4.6) erfolgen.

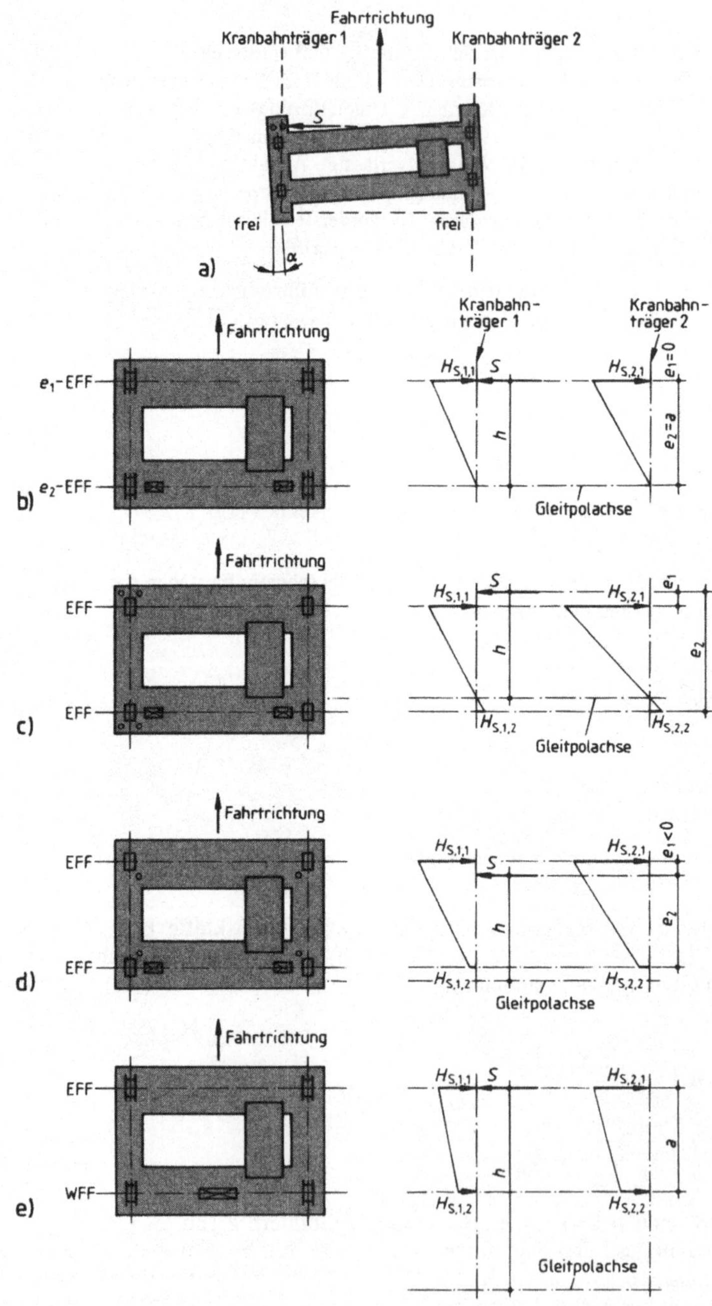

Bild **4.**12   Spurführungskräfte S, H_S aus Schräglauf
a) Starrkörperbewegung mit Freilaufstellung b) bis e) Kraftwirkung in Abhängigkeit von
der Spurführung und Antriebsart

Die Berechnung der Horizontalkräfte nach Gl. (4.4) bis (4.6) vereinfachen sich für den wichtigen **Sonderfall des Laufkrans mit zwei Radpaaren (Spurkranzführung) und der Bauart (EFF)** sowie max $f = 0{,}3$, Bild **4.**12b:

Mit $\quad m \quad = e_1 = 0,\ n = 2$ und $e_2 = a = h$ wird

$$S \quad = \frac{0{,}3}{2} \cdot \sum R \tag{4.4a}$$

$$H_{S,1,1} = \frac{0{,}3}{2} \cdot \sum \min R \qquad\qquad H_{S,1,2} = 0 \tag{4.6a}$$

$$H_{S,2,1} = S - H_{S,1,1} = \frac{0{,}3}{2} \cdot \sum \max R \qquad\qquad H_{S,2,2} = 0$$

Es wirkt dann nur an den vorderen Kranrädern eine von der Summe der größten Raddrücke auf dem mehrbelasteten Krahnbahnträger abhängige Horizontalkraft, s. Beispiel in Abschn. 4.5.3.

Liegen andere Verhältnisse als hier behandelt vor, erfolgt die Berechnung nach [19]. Bei Verkehr von **mehreren** Kranen sind jeweils nur die für den *Kranbahnträger* ungünstigsten waagerechten Seitenlasten von **einem** Kran zu berücksichtigen. Für die *Kranbahnunterstützungen* jedoch sind Lasten quer zur Fahrbahn in jeweils ungünstigster Stellung zu berücksichtigen von höchstens zwei Kranen je Kranbahn und vier Kranen in mehrschiffigen Hallen, s. hierzu auch [18].

4.5.1.4 Veränderliche Einwirkungen (Lasten) in Richtung der Fahrbahn (längs)

Sie entstehen beim Anfahren oder Bremsen des Krans und wirken in Höhe der Schienenoberkante (SO) in der Größe

$$L = 1{,}5 \cdot f \cdot \sum R_{\mathrm{KrB}} \tag{4.7}$$

mit

$f = 0{,}2 \quad$ Reibungsbeiwert Stahl auf Stahl und

$\sum R_{\mathrm{KrB}} \quad$ bei Kranen mit Einzelantrieb (Zentralantrieb) die Summe der kleinsten (größten) ruhenden Lasten aller angetriebenen oder gebremsten Räder des unbelasteten Krans auf einer Fahrbahnseite.

Es sind höchstens zwei ungünstigste Krane zu berücksichtigen.

4.5.1.5 Veränderliche Einwirkungen auf Laufstege, Wind, Schnee und Wärmewirkung

Verkehrslast auf Laufstegen

Wandernde Einzellast $P = 3$ kN; an Geländern eine waagerechte Holmkraft $P_{\mathrm{H}} = +\,0{,}3$ kN. Diese Lasten können bei Bauteilen, die von Kranlasten beansprucht werden, außer Acht bleiben.

Windlast, Schneelast, Wärmewirkung. Lastannahmen s. DIN 4132.

4.5.1.6 Außergewöhnliche Einwirkungen aus Pufferanprall

Die beim unbeabsichtigten Anprall von Kranen an die Endanschläge (Puffer) auftretenden Kräfte rufen insbesondere in der Anprallkonstruktion und in den Längsaussteifungen der Kranbahn(hallen)-Stützen erhebliche Beanspruchungen hervor. Für die Dimensionierung des Kranbahnträgers sind sie ohne Bedeutung.

Pufferendkräfte sind vom Bauherrn anzugeben oder müssen notfalls selbst nach DIN 15018 berechnet werden.

Die Anfahrgeschwindigkeit des Krans gegen den Anschlag ist 85 % der Nennfahrgeschwindigkeit v_F ($v = 0,85 \cdot v_F$). Bei Einrichtungen zum selbsttätigen Herabsetzen der Geschwindigkeit darf v entsprechend verringert werden, jedoch $v \geq 0,7 \cdot v_F$. Das notwendige Arbeitsvermögen der Puffer ist

$$E = m \cdot v^2/2 \tag{4.8}$$

Die Masse m errechnet sich aus der Summe der größten Raddrücke einer Kranbahnseite bei Katze in äußerster Stellung, aber ohne frei auspendelnde Nutzlasten. Die Pufferendkraft P_u in Abhängigkeit von E kann den Angaben der Hersteller entnommen werden.

Zur Abschätzung ihrer Größenordnung kann für ein Federelement aus zelligem Polyurethan-Elastomer mittlerer Dicke angenommen werden

$$P_u \approx 74 \cdot E^{0,54} \tag{4.9}$$

und bei weicheren (dickeren) Puffern

$$P_u \geq 50 \cdot E^{0,6} \tag{4.10}$$

in kN mit E in kNm.

Bei dreieckförmiger Pufferkennlinie ist P_u mit dem Schwingbeiwert $\varphi = 1,25$ zu vervielfachen. Weitere Sonderlasten s. DIN 4132.

4.5.2 Einwirkungskombinationen

In Anlehnung an die ursprüngliche Einordnung der Lasten in *Haupt (H)- und Zusatz (Z)-Lasten* sieht [27] folgende Regelungen vor:

– Die ständigen Einwirkungen (G) und die veränderlichen, lotrechten Lasten von Kranlaufrädern (Q) gelten als **eine** Einwirkung (Einwirkungskombination 2 nach Tafel **2.1**, Teil 1) mit

$$\gamma_{F,G} = 1,35 \quad \text{und} \quad \psi \cdot \gamma_{F,Q} = 1,5 \tag{4.11a}$$

– In Verbindung mit den veränderlichen Einwirkungen (Q) quer und/oder längs zur Kranbahn nach Abschn. 4.5.1.3 bis 4.5.1.5 gilt (Einwirkungskombination 1 nach Tafel **2.1**, Teil 1)

$$\gamma_{F,G} = 1,35 \quad \text{und} \quad \psi \cdot \gamma_{F,Q} = 0,9 \cdot 1,5 = 1,35 \tag{4.11b}$$

– Pufferanprall ist eine außergewöhnliche Einwirkung (Einwirkungskombination 3 nach Tafel **2.1**, Teil 1), und es gilt

$$\gamma_{F,G} = \gamma_{F,A} = 1,0 \quad \text{und} \quad \psi \cdot \gamma_{F,Q} = 0,9 \tag{4.11c}$$

Aus den charakteristischen Werten der Einwirkungen erhält man deren Bemessungswerte durch Vervielfältigung mit den angegebenen Teilsicherheitswerten γ_F. Es empfiehlt sich, diese erst bei den „Nachweisen" in der Zahlenberechnung zu berücksichtigen.

4.5.3 Beispiele

Die Beispiele behandeln die Ermittlung der Einwirkungen von **4-Rad-Brückenkranen** auf Kranbahnen.

Beispiel 1 (Bild **4.**13)

Für einen Kran mit einer Traglast von 125 kN (12,5 t) und dem System (EFF) in beiden Kranachsen sind die waagerecht auf die Kranbahn wirkenden Lasten zu berechnen. Die Stützweite des Kranes beträgt l = 16 m und der Radstand in den Kopfträgern ist a = 2,6 m. Nach Angaben des Herstellers der Krananlage (Zahlen hier fiktiv) treten bei äußerster Katzstellung am rechten Kranbahnträger (2) folgende Raddrücke (Bild **4.**13) auf (erster Index: Kranbahnachse, zweiter Index: Radpaarachse):

$$\max R_{2,1} = 76 \text{ kN} \qquad \min R_{1,1} = 14 \text{ kN}$$

$$\max R_{2,2} = 84 \text{ kN} \qquad \min R_{1,2} = 22 \text{ kN}$$

$$\Sigma \max R = 160 \text{ kN} \qquad \Sigma \min R = 36 \text{ kN} \qquad \Sigma R = 160 + 36 = 196 \text{ kN}$$

(Lasten incl. Hublast, ohne Schwingbeiwert)

Angetrieben und gebremst ist die Achse 2, die Nennfahrgeschwindigkeit beträgt v_F = 50 m/min.

1. Massenkräfte aus Anfahren des Kranes

$$\Sigma Kr = Kr_1 + Kr_2 = 1,5 \cdot 0,2 \cdot (22 + 22) = 13,2 \text{ kN} \qquad \text{nach Gl. (4.1)}$$

(Da in min $R_{1,2}$ auch ein geringer Anteil der Hublast enthalten ist, fällt die Antriebskraft etwas zu hoch aus.)

$$\xi = \frac{160}{196} = 0,8163 \qquad \xi' = 1 - \xi = 0,1837$$

Lage des Massenschwerpunktes: l_S = (0,8163 − 0,5) · 16,0 = 5,06 m

Nach Gl. (4.3) werden die waagerechten Kräftepaare in den Radaufstandsflächen (Bild **4.**13b)

$$H_{M1,1} = -H_{M1,2} = 0,1837 \cdot \frac{5,06}{2,60} \cdot 13,2 = 4,72$$

$$H_{M2,1} = -H_{M2,2} = 0,8163 \cdot \frac{5,06}{2,60} \cdot 13,2 = 20,97$$

2. Führungskräfte aus Schräglauf

Diese sind abhängig von der Kranführung. Hier wird Spurkranzführung angenommen und mit f = 0,3 gerechnet. Eine Überlagerung mit den Kräften H_M ist dann nicht erforderlich. Nach Gl. (4.4a) und (4.6a) wird

$$S = \frac{0,3}{2} \cdot 196 = 29,4 \text{ kN und}$$

$$H_{S1,1} = \frac{0,3}{2} \cdot 36 = 5,4 \text{ kN}$$

$$H_{S2,1} = \frac{0,3}{2} \cdot 160 = 24,0 \text{ kN}$$

Die Resultierende am linken Kranbahnträger ist $S - H_{S1,1}$ = 29,4 − 5,4 = 24,0 kN = $H_{S2,1}$. Diese Kräfte wirken entweder beide nach außen oder beide nach innen (Bild **4.**13c).

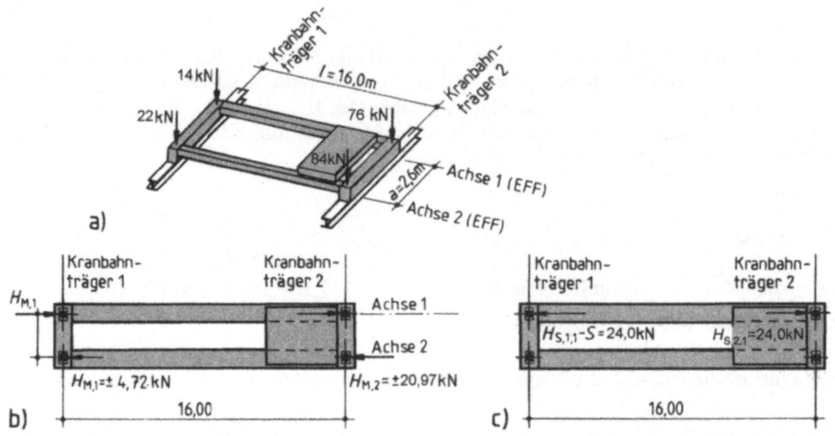

Bild **4**.13 Krananlage zum Beispiel 1
   a) Abmessungen und Raddrücke
   b) Massenkräfte aus Anfahren oder Bremsen c) Führungskräfte aus Schräglauf

3. Bremskraft längs

Nach Gl. (4.7) wird $L = 1,5 \cdot 0,2 \cdot 22 = 6,6$ kN

4. Pufferanprallkraft

Von $\sum \max R$ darf der Anteil der pendelnden Nutzlast subtrahiert werden. Die äußerste Kranhakenstellung wird 0,9 m von der Kranbahnachse 2 entfernt angenommen:

$$\sum \max R - P = 160 - 125 \frac{16,0 - 0,9}{16,0} = 42,03 \text{ kN} = 42,03 \text{ tm/s}^2$$

Die auf der mehrbelasteten Kranbahnseite zu bremsende Masse ist damit

$$m = 42,8/03 = 4,20 \cdot t$$

Anprallgeschwindigkeit $v = 0,85 \, v_F = 0,85 \cdot 50/60 = 0,708$ m/s

Notwendiges Arbeitsvermögen der Puffer nach Gl. (4.8):

$$E = 4,2 \cdot 0,708^2/2 = 1,05 \cdot t \cdot m^2/s^2 = 1,05 \cdot t \cdot \frac{m}{s^2} \cdot m = 1,05 \text{ kNm}$$

Am Endanschlag und am Kopfträger wird je ein gleicher Puffer aus Cell-Polyurethan-Elastomer angebracht. E verteilt sich je zur Hälfte auf beide Puffer:

$$E_1 = E/2 = 1,05/2 = 0,53 \text{ kNm}$$

Bei weicheren Puffern liefert Gl. (4.10) als Anhaltswert für die Pufferendkraft

$$P_u = 50 \cdot 0,53^{0,6} = 34,16 \text{ kN}$$

$$\varphi \cdot P_u = 1,25 \cdot 34,16 = 42,7 \text{ kN}$$

Beispiel 2 (Bild **4.14**)

Die Krananlage des Beispiels 1 sei jetzt durch Rollen geführt, die jeweils 30 cm vor den Radachsen angebracht sind (Bild **4.14a**). Alle anderen Kenndaten wie zuvor. Es sollen berechnet werden die

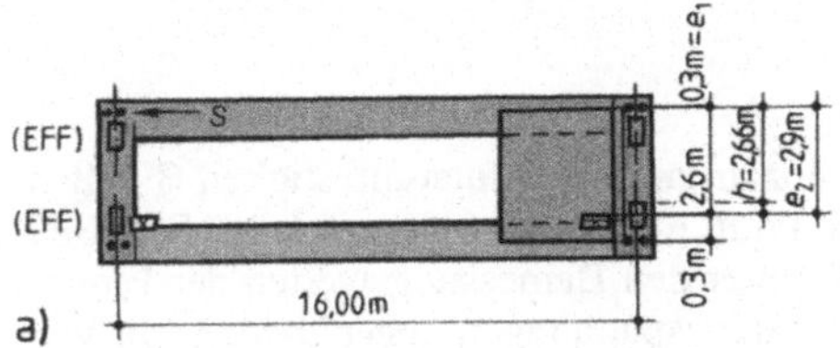

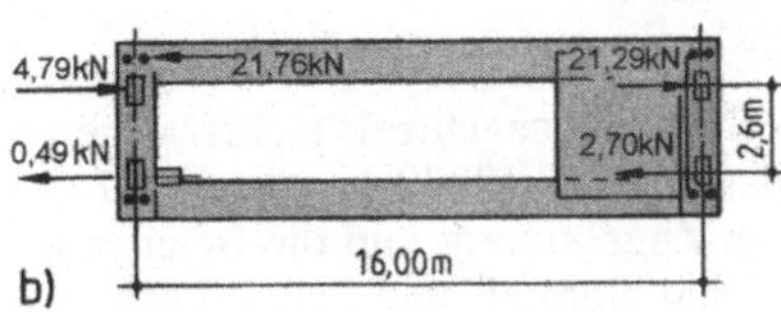

Bild **4.14**   Horizontalkräfte bei Rollenführung
a) Abmessungen b) Kräfte

Führungskräfte aus Schräglauf

Mit Bild **4.12c** und **4.13a** gilt $n = 2$, $m = 0$ sowie

$$e_1 = + 0,3 \text{ m} \qquad e_2 = 2,9 \text{ m}$$

Der Gleitpolabstand von den vordersten Rollen ist nach Gl. (4.5)

$$h = (0,3^2 + 2,9^2) / (0,3 + 2,9) = 2,66 \text{ m}$$

Die Führungskraft S nach Gl. (4.4) mit $f = 0,3$ ist

$$S = 0,3 \cdot \left(1 - \frac{0,3 + 2,9}{2 \cdot 2,66}\right) \cdot 196 = 23,43 \text{ kN}$$

Die Reaktionskräfte in den Radaufstandsflächen bestimmen sich nach Gl. (4.6)

$$H_{S1,1} = 0,3 \cdot \left(1 - \frac{0,3}{2,66}\right) \cdot \frac{0,1837}{2} \cdot 196 = 4,79 \text{ kN}$$

$$H_{S1,2} = 0,3 \cdot \left(1 - \frac{2,9}{2,66}\right) \cdot \frac{0,1837}{2} \cdot 196 = -0,49 \text{ kN}$$

$$H_{S2,1} = 0,3 \cdot \left(1 - \frac{0,3}{2,66}\right) \cdot \frac{0,8163}{2} \cdot 196 = 21,29 \text{ kN}$$

$$H_{S2,2} = 0,3 \cdot \left(1 - \frac{2,9}{2,66}\right) \cdot \frac{0,8163}{2} \cdot 196 = -2,17 \text{ kN}$$

Kontrolle: $\Sigma H = 0 = 23,43 + 0,49 + 2,17 - 4,79 - 21,29 = 0,01 \approx 0$

Die errechneten Lasten wirken wie in Bild **4.14b** eingezeichnet oder – bei gleicher Katzstellung – in umgekehrter Richtung.

4.5.4 Tragsicherheitsnachweise

Die Tragsicherheitsnachweise für Kranbahnträger umfassen (nach bisherigen Sprachgebrauch)
– den allgemeinen Spannungsnachweis
– den Stabilitätsnachweis und
– die Betriebsfestigkeitsuntersuchung.

Der allgem. Spannungsnachweis sichert gegen den Grenzzustand der Materialfestigkeit (Fließen)
ab. Für ihn gilt DIN 18800-1, Abschn. 7.4, wobei i.d.R. das Nachweisverfahren *Elastisch-Elastisch* zum Zuge kommt und die Beanspruchungen unter den Bemessungswerten der Einwirkungen (das sind Normal- und Schubspannungen) den Grenzspannungen gegenübergestellt werden. Dabei müssen die örtlichen Beanspruchungen aus der Radlasteinleitung in den Obergurt und Steg mit erfasst werden.

(Plastische Nachweisverfahren sind erlaubt, wenn im Gebrauchstauglichkeitszustand mit $\gamma_\text{F} = \gamma_\text{M} =$ 1,0 der charakteristische Wert der Streckgrenze nicht überschritten wird.)

Zum *Stabilitätsnachweis* gehört der **Biegedrillknicknachweis** (Kippen) und der Nachweis ausreichender **Beulsicherheit.** Diese werden nach DIN 18800-2 und -3 geführt. Im Falle des Biegedrillknickens kann anstelle des *Ersatzstabverfahrens* auch ein genauer Nachweis mit Hilfe der *Wölbkrafttorsion Theorie II.* Ordnung (auch Kippbiegung nach Theorie II. Ordnung genannt) geführt werden [47], [50], [55]. Werden dabei die örtlichen Beanspruchungen mit erfasst, so erübrigt sich der Spannungsnachweis. Für eine Handrechnung sind diese Verfahren sehr mühsam und auch nur näherungsweise möglich. Hier empfiehlt sich die Anwendung von speziellen EDV-Programmen. Man begnügt sich in der Praxis jedoch sehr häufig mit einer einfachen Näherungsberechnung (4.5.4.2). Die *Betriebsfestigkeitsuntersuchung* ist nicht nur bei Kranbahnträgern von Interesse und wird daher in einem gesonderten Abschnitt behandelt.

4.5.4.1 Spannungen, Nachweise (Elastisch – Elastisch)

Der Nachweis gegen Fließen ist für die in 4.5.2 angegebenen Einwirkungskombinationen unter Berücksichtigung der besonderen Kraftwirkungen bei Kranen zu führen (s. Abschn. 2.5 im Teil 1 des Werkes bzw. DIN 18800, Abschn. 7.5.2):

Spannungen aus waagerechten Seitenlasten. Die in Schienenoberkante wirkende waagerechte Kranseitenlast (i. Allg. aus Schräglauf) – hier mit H_Sd bezeichnet – hat gegenüber dem Trägerschwerpunkt den Hebelarm z_S und verursacht neben dem Biegemoment M_y noch das Torsionsmoment $M_\text{x} = M_\text{T} = H_\text{S.d} \cdot z_\text{S}$. Statt einer genaueren Torsionsberechnung weist man M_z näherungsweise nur dem Obergurtquerschnitt (einschl. der evtl. mit ihm schubfest verbundenen Schiene) zu, während M_y wie üblich vom Gesamtquerschnitt übernommen wird, Bild **4.15.** Somit lauten die Spannungen:

$$\text{im Punkt 1: } \sigma_1 = \frac{M_\text{y}}{W_\text{y,u}} \text{ und} \tag{4.12}$$

$$\text{im Punkt 2: } \sigma_2 = \frac{|M_\text{y}|}{W_\text{y,o}} + \frac{M_\text{z}}{W_\text{z,Gurt}} \tag{4.13}$$

und der Nachweis

$$\sigma_{1,2}/\sigma_\text{R,d} \le 1 \tag{4.14}$$

Bei den Beanspruchungen ist der Index „d" weggelassen.

In Gl. (4.12) wird M_y mit den Teilsicherheitsbeiwerten der Einwirkungskombination 2, in Gl. (4.13) M_y, M_z mit den Teilsicherheitsbeiwerten der Einwirkungskombination 1 (vgl. Abschn. 4.5.2) bestimmt. Wie bereits erwähnt, empfiehlt sich die Einführung der Teilsicherheitsbeiwerte γ und des Schwingbeiwertes φ erst an dieser Stelle.

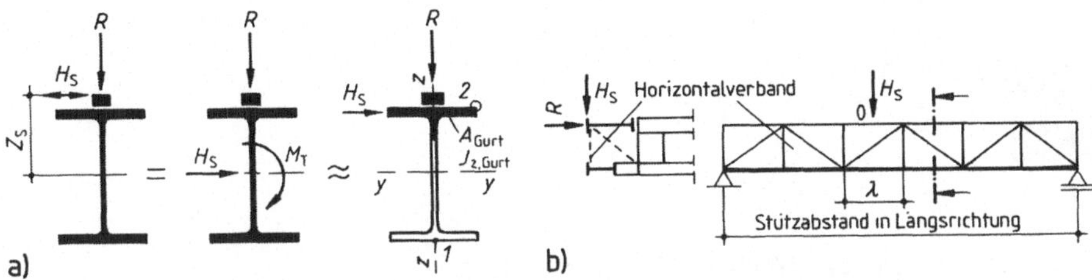

Bild **4.15** Wirkung der Kranseitenkräfte
   a) Aufnahme von H_S durch Kranbahnträger-Obergurt
   b) Aufnahme durch Horizontalverband

Am Beginn der Ausrundung bzw. am Rand des Stegblechs ist die **Vergleichsspannung** σ_v infolge σ_x, τ und $\bar{\sigma}_z$ (aus der Radlasteinleitung) nachzuweisen.

Nur bei kleinen Stützweiten ist der Obergurt des unverstärkten Kranbahnträgers in der Lage, das von H_S verursachte Moment M_z zu übernehmen. Bei mittleren Stützweiten muss man deswegen den Obergurt bezüglich der z-Achse verstärken (Bild **4.6**c bis g). Bei großen Stützweiten reicht auch diese Maßnahme nicht aus und es wird notwendig, den Obergurt mit einem waagerechten *Verband* seitlich abzustützen. Eine zwischen den Knotenpunkten auf den durchlaufenden Gurt einwirkende Last H_S erzeugt das Biegemoment $M_z \approx H_S \cdot \lambda/5$ (Bild **4.15**b). Da der Kranbahnträger-Obergurt zugleich Gurt des Verbandes ist, muss der im Bild **4.15**a angelegte Gurtquerschnitt auch die Gurtstabkraft O übernehmen; im Punkt 2 ist dann

$$\sigma_2 = \frac{|O|}{A_{\text{Gurt}}} + \frac{|M_y|}{W_{y,o}} + \frac{M_z}{W_{z,\text{Gurt}}} \qquad (4.13\text{a})$$

Verbindungsmittel (Nähte, Schrauben) werden wie bekannt nachgewiesen (s. Teil 1)

Spannungen aus Radlasteinleitung

1. Zentrische Radlasteinleitung darf angenommen werden bei den Beanspruchungsgruppen B1 bis B3. Am *oberen* Rand des Trägersteges mit der Dicke t_S entstehen unter der Radlast die Druckspannung σ_z und Schubspannungen τ_{xz} (Bild **4.16**), gleichzeitig erfährt der Gurt (infolge der elastischen Zusammendrückung des Steges) eine zusätzliche Biegebeanspruchung, die nach DIN 4132 jedoch unberücksichtigt bleiben darf. Anstelle der „genauen" σ_z-Verteilung darf über die Lastverteilungsbreite $c = 2 \cdot h + 5$ [cm] eine konstante Spannung von

$$\bar{\sigma}_z = \frac{\varphi \cdot R}{(2 \cdot h + 5) \cdot t_S} \qquad (4.14)$$

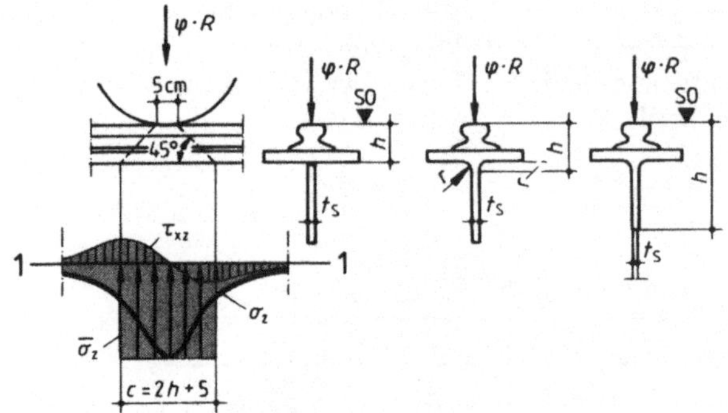

Bild **4.**16   Spannungen $\bar{\sigma}_z$ im Stegblech aus Radlasteinleitung

ermittelt werden. Die größte Schubspannung wird über

$$\bar{\tau}_{xz} = 0,2 \cdot \bar{\sigma}_z \tag{4.15}$$

bestimmt. Sie ist erst im Betriebsfestigkeitsnachweis zu berücksichtigen, während $\bar{\sigma}_z$ am Steg-blechrand in σ_v eingeht. Von der Erlaubnis örtlicher Plastisierungen ($\sigma_{R,d} = 1,1 \cdot \sigma_{R,d}$) darf in diesem Falle Gebrauch gemacht werden.

In Gl. (4.14) ist $\varphi \cdot R$ der größtmögliche Wert; h und t_S in cm. h bezieht sich auf die Oberkante der verschlissenen Kranschiene ($\approx 25\ \%$ der Schienenkopfhöhe abgefahren). Bei Verwendung elastischer Kranschienenunterlagen dürfen die Spannungen $\bar{\sigma}_z$ (und damit auch $\bar{\tau}_{xz}$) um 25 % abgemindert werden, wenn gleichzeitig besondere Maßnahmen zur Stützung des Gurtes gegen Querbiegung getroffen werden (s. 4.3).

2. Exzentrische Radlasteinleitung ist bei den Beanspruchungsgruppen B4 bis B6 zu unterstel-len, wobei mit einem Hebelarm der Radlast ($\varphi \cdot R$) von ¼ der Schienenkopfbreite zu rechnen ist (Bild **4.**17). Neben den Spannungen $\bar{\sigma}_z$ entstehen im Steg zusätzliche Biegespannungen $\bar{\sigma}_{z,B}$ und im Gurt Torsionsschubspannungen aus $M_{TGurt} = M_G/2$. Die Biegebeanspruchung des Steges, welche nur im Betriebsfestigkeitsnachweis zu berücksichtigen ist, kann nach [51] wie folgt be-stimmt werden (Bild **4.**17b):

$$M_G = \varphi \cdot R \cdot k/4 \tag{4.16}$$

$$\alpha = \pi \cdot b_G / a \tag{4.17}$$

$$\lambda = \sqrt{\frac{2,98 \cdot t_S^3}{a \cdot I_T} \cdot \frac{\sin h^2(\alpha)}{\sin h(2\alpha) - 2\alpha}} \tag{4.18}$$

$$\bar{\sigma}_{z,B} = \frac{6}{t_S^2} \cdot M_G \cdot \frac{\lambda}{2} \cdot \tan h\left(\frac{\lambda \cdot a}{2}\right) \tag{4.19}$$

Dabei bedeuten:

a	Quersteifenabstand
b_G	Stegblechhöhe
$I_T = I_{T.Gurt} + I_{T.Schiene}$	St. Venantscher Torsionsträgheitsmoment (unabhängig von der Schie-nenbefestigungsart)

(In den Gln. (4.18) und (4.19) sind E, G, μ bereits eingearbeitet.)

Für das Torsionsträgheitsmoment der Schiene mit 25 % abgefahrenen Schienenkopf darf vereinfachend $I_{\text{T.Netto}} \approx 0{,}78 \cdot I_{\text{T.Brutto}}$ gesetzt werden, I_T s. [40]. Wegen der Torsionsbeanspruchung des Gurtes bei exzentrischem Lastangriff erhalten die Verbindungsnähte zwischen aufeinander liegenden Gurtplatten hohe Schubspannungen. Deswegen soll der Obergurtquerschnitt möglichst einteilig ausgeführt werden, auch wenn dann relativ dicke, schweißtechnisch etwas ungünstige Gurtplatten verwendet werden müssen. Für die Halsnähte zur Verwendung von Gurt und Steg kommt wegen der günstigen Kerbfalleinordnung im Betriebsfestigkeitsnachweis nur die K-Naht mit Doppelkehlnaht in Betracht.

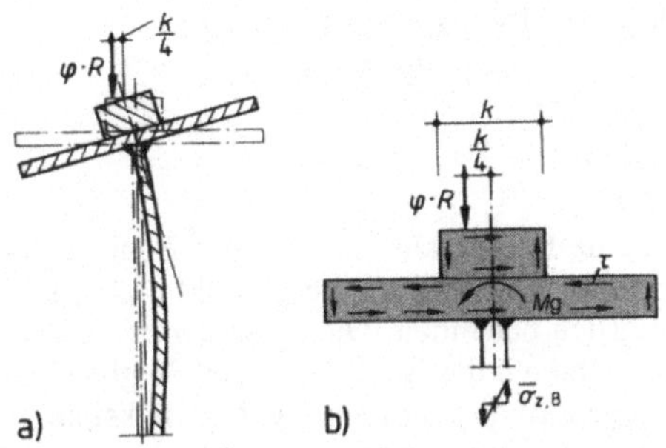

Bild **4.17** Gurttorsion und Stegbiegung bei exzentrischer Radlasteinleitung
a) Verformungen des Trägers zwischen den Stegblechquersteifen
b) Schubspannungen τ und Stegblech-Biegespannungen $\bar{\sigma}_{z,B}$ infolge M_G

4.5.4.2 Stabilitätsnachweise

Biegedrillknicken (Kippen)

Der Kranbahnträger wird vorzugsweise infolge der Radlasten um die y-Achse und bei gleichzeitiger Einwirkung der Kranseitenlasten auch erheblich um die z-Achse verbogen und um die Längsachse tordiert. (Längskräfte spielen für den Kranbahnträger keine nennenswerte Rolle). Im Fall der einachsigen Biegung liegt das *Kippen* vor, bei zweiachsiger Biegung einschließlich Verdrillung dagegen die *Wölbkrafttorsion nach Theorie II. Ordnung*. Diese kann im Rahmen dieses Werkes nicht behandelt werden. Die *Biegedrillknicknachweise* werden im Teil 1 des Werkes ausführlich behandelt. Daher soll hier nur ein Weg beschrieben werden, wie mit Hilfe des Ersatzstabverfahrens nach DIN 18 800-2 im Fall der **zweiachsigen Biegung** die Tragsicherheit nachgewiesen werden kann: Wie im Spannungsnachweis Gl. (4.13) wird das Biegemoment M_z infolge der Kranseitenlast allein dem Obergurtquerschnitt (Bild **4.15**a) zugewiesen, womit die Torsionsbeanspruchung abgegolten sein soll. Aus den Biegenormalspannungen infolge M_y wird für den maßgebenden Obergurtquerschnitt die Gurtnormalkraft (Bild **4.18**)

$$N_G = \frac{M_y}{I_y} \cdot S_G \tag{4.20}$$

bestimmt (S_G = statisches Moment = Flächenmoment 1. Grades des Gurtquerschnittes um die *y*-Achse). Anhand des N_G-Verlaufs über die Länge des Kranbahnträgers ermittelt man mit den üblichen Hilfsmitteln unter Beachtung der Lagerungsbedingungen die Knicklänge $s_{K.G.z}$ des vom Restquerschnitt isoliert betrachteten Gurtquerschnittes (vgl. auch Tafel **8.4**, Teil 1). Für diesen gedachten Druckstab mit Biegung um die *z*-Achse wird der *Ersatzstabnachweis für Biegeknicken* geführt, s. Abschn. 6.3.3, Teil 1 und Beispiele in 4.6. In diesem Beispiel wird auch noch ein anderer Weg aufgezeigt.

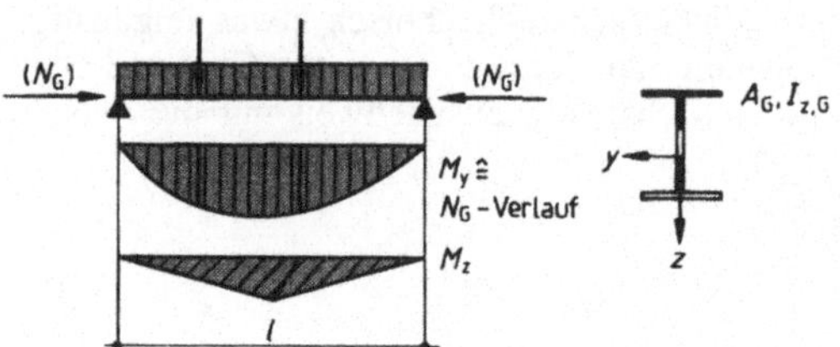

Bild **4.18** Biegedrillknicknachweis
(Kippnachweis)

Stegblechbeulung

Für die kompakten Gurte der Kranbahnträger besteht keine Beulgefahr, so dass der Beulsicherheitsnachweis auf den Steg – und hier nur bei *geschweißten* Blechträgern – beschränkt bleibt. Die Nachweise nach DIN 18800-3 sind im Abschn. 2 ausführlich behandelt. Die *senkrechten Druckspannungen* $\bar{\sigma}_7$ aus der unmittelbaren Radlasteinleitung erhöhen die Beulgefahr des Stegbleches und müssen beim Nachweis neben den Schub- und Biegenormalspannungen mit berücksichtigt werden. Hierzu benötigt man die *ideale Beulspannung* σ_{yPi} eines Stegbleches, welches nur am oberen Rand über eine beschränkte Länge durch Normalspannungen belastet ist. Sie kann nach [52] wie folgt bestimmt werden, Bild **4.19**:

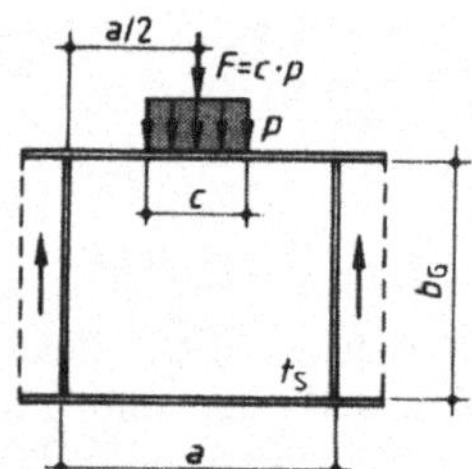

Bild **4.19** Stegblechbeulung infolge
σ_y (aus Radlast)

Unter der konzentrierten Last $F\,(= \varphi \cdot R)$, die an einem Längsrand mittig und auf eine Breite c konstant verteilt werden kann

$$F = c \cdot p = \sigma_y^* \cdot t_S \cdot c \tag{4.21}$$

beult ein Stegblech mit den Abmessungen $a \times b_G$, wenn die Last den Wert

$$F_{yPi} = k_{\sigma y} \cdot \sigma_e \cdot (a \cdot t_S) = \sigma_{yPi} \cdot (a \cdot t_S) \tag{4.22}$$

erreicht.

Hierin bedeuten:

$k_{\sigma y}$ Beulbeiwert für eine Einzellast in der Mitte des oberen Stegblechrandes nach Tafel **4.5**

σ_e Eulersche Bezugsspannung nach Gl. (2.6b)

a, t_S Abmessungen des Stegbleches

Tafel **4.5** Beulwert $k_{\sigma,y}$ für eine Einzellast in der Mitte des oberen Blechrandes

c/a	Seitenverhältnis $\alpha = a/b_G$											
	0,7	0,8	0,9	1,0	1,25	1,50	1,75	2,00	2,5	3,0	3,5	4,0
0,0	6,42	4,91	3,92	3,23	2,23	1,70	1,39	1,17	0,90	0,73	0,61	0,52
0,2	6,65	5,09	14,06	3,35	2,32	1,79	1,48	1,27	1,02	0,86	0,76	0,68
0,4	7,28	5,57	4,45	3,67	2,55	1,99	1,66	1,45	1,21	1,06	0,97	0,91
0,6	8,35	6,40	5,11	4,22	2,94	2,30	1,94	1,72	1,47	1,33	1,25	1,19
0,8	9,93	7,61	6,07	5,02	3,50	2,75	2,34	2,08	1,80	1,65	1,57	1,51
1,0	12,1	9,23	7,36	6,08	4,25	3,35	2,85	2,55	2,21	2,03	1,92	1,84

Da die (rechnerische) Last auf die Beulfeldlänge a (= Abstand der Quersteifen) bezogen ist, muss die Radlast F ebenfalls auf die Länge „a" bezogen werden.

$$\sigma_y = \varphi \cdot R/(a \cdot t_S) \tag{4.23}$$

Dies gilt jedoch nicht für die Berechnung von $\overline{\lambda}_p$ und $\varkappa_{\sigma y}$ (s. Beispiel 4).

Die Grenzbeulspannung $\sigma_{y,p,R,d}$ ist gegebenenfalls unter Berücksichtigung eines *knickstabähnlichen Verhaltens* des Stegbleches unter der σ_y-Beanspruchung zu bestimmen, s. Abschn. 2.3.3.

(Man beachte, dass bei Beuluntersuchungen die Achsen y und z vertauscht sind.)

Bei ausgesteiften Stegblechen (durch Längs- und/oder Quersteifen) sind die Beulwerte $k_{\sigma,\tau}$ der Literatur zu entnehmen [42], [48].

4.6 Berechnungsbeispiele

Beispiel 3 (Bild 4.20)

Ein zweifeldiger Kranbahnträger (Bild **4.**20) mit konstanter Stützweite von $l = 6{,}0$ m wird von einem Brückenkran mit 100 kN Tragkraft befahren. Es handelt sich um einen spurkranzgeführten Kran der Bauart (EFF) in beiden Kranträgerachsen mit einer Stützweite von 24,0 m und einem Radstand $a = 3{,}6$ m, Hubklasse H2, Beanspruchungsgruppe B3. Die Radlasten betragen min $R_{1,1} = $ min $R_{1,2} = R_1 = 25$ kN und max $R_{2,1} = $ max $R_{2,2} = R_2 = 15$ kN (Bild **4.**21). Es sollen alle wesentlichen Nachweise nach Abschn. 4.5.4 geführt werden. Das Trägereigengewicht (HE 300 B) einschl. Flachschiene 50×40 beträgt rd. 1,35 kN/m.

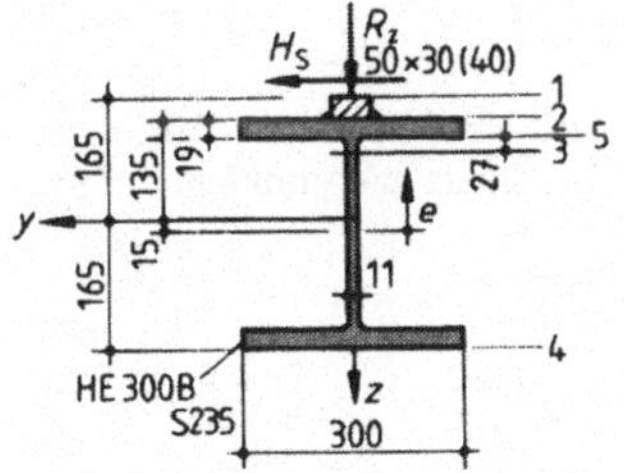

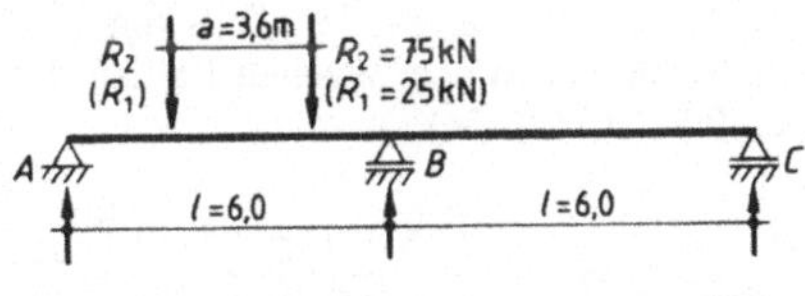

Bild **4.**20 Kranbahnträger-Querschnitt

Bild **4.**21 Statisches System

Die Schwingbeiwerte für den angegebenen Kran betragen nach Tafel **4.**4 $\varphi = 1{,}2$ (Träger) und $\varphi = 1{,}1$ (Unterstützung). Sie werden - wie auch die Teilsicherheitsbeiwerte γ_F – erst später berücksichtigt.

1. Schnitt- und Auflagergrößen

Für die Bemessung des Kranbahnträgers wird von den waagerechten Lasten die Kraft $H_{S2,1}$ $(= S - H_{S11})$ aus Schräglauf maßgebend:

$$H_{S2,1} = H_S = \frac{0,3}{2} \cdot (75 + 75) = 22,5 \text{ kN}$$

Das maximale Feld- und Stutzmoment aus den Radlasten sowie die größten Auflagerdrücke werden nach [54] bestimmt. Weitere Schnittgrößen aus Einzellasten werden aus den Gleichgewichtsbedingungen unter Verwendung des Stützmomentes M_B nach Gl. (4.24) und Bild **4.22** ermittelt, für Streckenlasten nach Tabellen [40]

$$M_B = -\frac{1}{2 \cdot (l_i + l_j)} \left[\frac{\sum P_i \cdot a_i \cdot (l_i^2 - a_i^2)}{l_i} + \frac{\sum P_j \cdot b_j (l_j^2 - b_j^2)}{l_j} \right] \qquad (4.24)$$

Exemplarisch werden einige Lastfälle vorgerechnet.

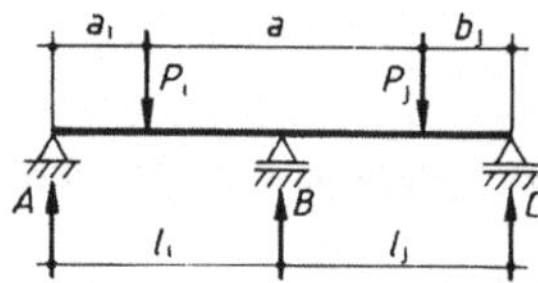

Bild **4.22**   Zweifeldträger mit Einzellasten

Veränderliche Lasten lotrecht

Für gleich große Radlasten $(\beta = R_{2,2}R_{2,1} = 75/75 = 1,0$ nach [54]) können die Werte auch nach [40] mit $\alpha = a/l = 3,6/6,0 = 0,6$ verwendet werden.

Maximales Feldmoment $M_{y,1}$ (Bild **4.23**b)

Das erste Rad steht hierbei in der Entfernung x_1 vom Auflager A mit $x_1 = 0,3479 \cdot 6,0 \approx 2,10$ m

$$
\begin{aligned}
M_{v.1} &= 0,21 \cdot 75 \cdot 6,0 & &= & 94,5 \text{ kNm} \\
A_v &= 94,5/2,1 & &= & 45,0 \text{ kN} & &= V_{1.1} \\
V_{1.r} &= 45,0 \cdot 75 & &= & -30,0 \text{ kN`} \\
M_{y,2} &= 45 \cdot (2,1 + 3,6) - 75 \cdot 3,6 & &= & -13,5 \text{ kNm} \\
M_{y,B} &= 45 \cdot 6,0 - 75 \cdot (3,9 + 0,3) & &= & -45 \text{ kNm} \\
C_V &= -45/6,0 & &= & -7,5 \text{ kN} & &= V_{B.r} \\
B_V &= 2 \cdot 75 + 7,5 - 45 & &= & 112,5 \text{ kN} \\
V_{B,1} &= -112,5 + 7,5 & &= & -105,0 \text{ kN}
\end{aligned}
$$

Für diese Laststellung werden die Schnittgrößen aus der Kranseitenlast H_S bestimmt. Je nach Fahrtrichtung greift H_S am ersten oder zweiten Rad an. Das größte Moment M_z entsteht bei Fahrt nach links mit H_S am ersten Rad (Bild **4.23**c)

$$M_{z,B} = -\frac{22,5 \cdot 2,1 \cdot (6,0^2 - 2,1^2)}{4 \cdot 6,0^2} = -10,37 \text{ kNm} \qquad \text{nach Gl. (4.24)}$$

$$
\begin{aligned}
A_h &= (22,5 \cdot 3,9 - 10,37)/6,0 & &= & 12,9 \text{ kN} \\
C_h &= -10,37/6,0 & &= & -1,73 \text{ kN} \\
B_h &= 22,5 + 1,73 - 12,9 & &= & 11,33 \text{ kN} \\
M_{z,1} &= 12,9 \cdot 2,1 & &= & 27,09 \text{ kNm}
\end{aligned}
$$

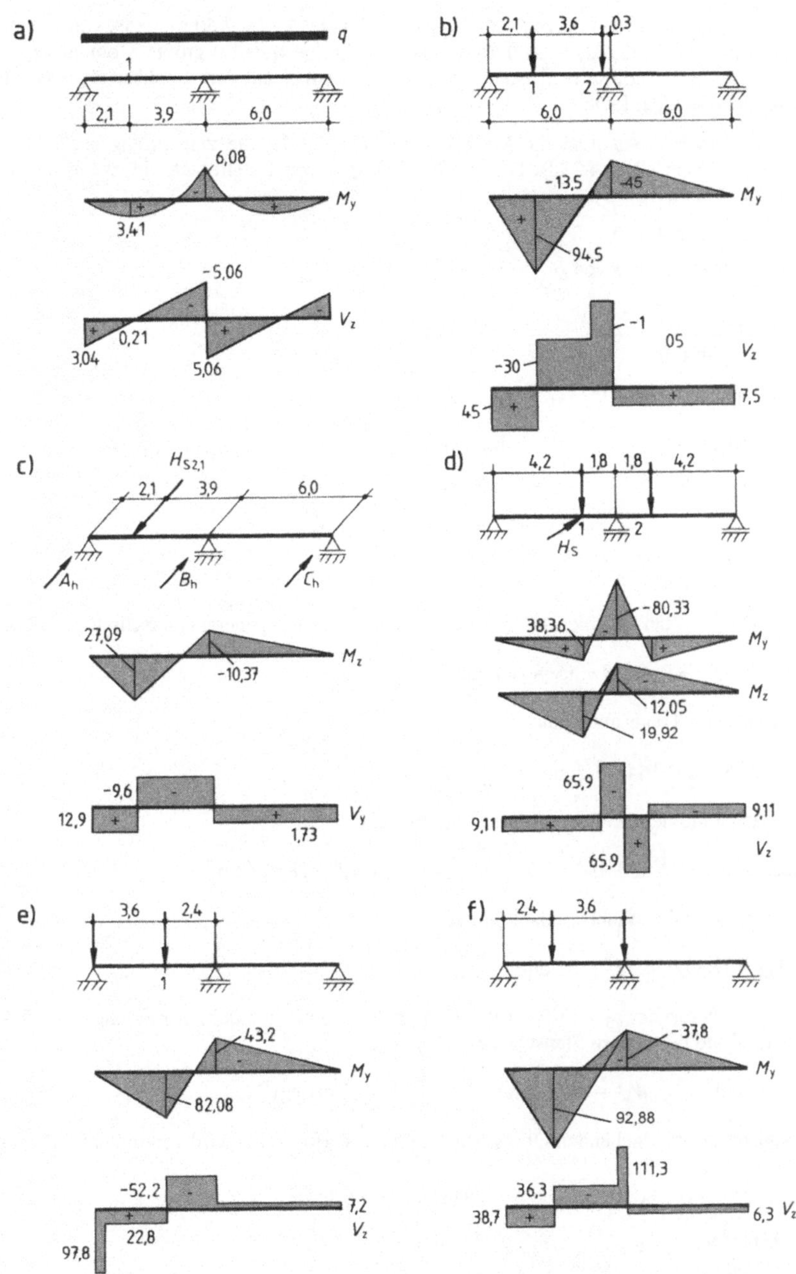

Bild **4.**23 Maßgebende Schnittgrößen und Laststellungen beim Zweifeldträger
a) aus Eigengewicht b) größtes Feldmoment max M_{yF} aus Radlasten c) zu max $M_{y,F}$ gehörendes Moment M_z aus Schräglauf d) größtes Stützmoment max | MB | aus Radlasten, zugehöriges Moment M_z e) größte Auflagerlast A aus Radlast, zugehöriges Feldmoment f) größte Querkraft V_{B1} aus Radlasten, zugehöriges Moment M_y

Das größte Moment M_z entsteht, wenn (für $a/l = 0$) H_S bei $\overline{x}_1 = 0{,}4323 \cdot l \approx 2{,}60$ m rechts von A steht und beträgt max $M_z = 0{,}4149 \cdot 6{,}0 \cdot (22{,}5/2) = 28{,}0$ kNm. Das zugehörige (relativ) größte Moment $M_y = 93{,}4$ kNm wird erreicht, wenn die 2. Radlast in $\overline{x}_1$ steht und die erste Radlast auf dem Nachbarträger vor A. Die Unterschiede sind vernachlässigbar klein.

Auf gleiche Weise wie zuvor erhält man die Momente und Querkräfte, die zum *betragsmäßig größtem Stützmoment* max $| M_B |$ führen (Bild **4.23d**). Die *größte Auflagerkraft A* stellt sich ein, wenn das 1. Rad direkt über A steht (Bild **4.23e**).

Maximale Querkraft $V_{B,1}$ (Bild **4.23f**)

Laststellung: 2. Rad unmittelbar links von B

$$M_B = -\frac{75 \cdot 2{,}4 \cdot (6{,}0^2 - 2{,}4^2)}{4 \cdot 6{,}0^2} = -37{,}8 \text{ kNm}$$

$$A_V = (75 \cdot 3{,}6 - 37{,}8)/6{,}0 \qquad = \quad 38{,}7 \text{ kN}$$

$$C_V = -37{,}8/6{,}0 \qquad\qquad = \quad -6{,}3 \text{ kN}$$

$$V_{B.1} = 38{,}7 - 2 \cdot 75 \qquad\quad = -111{,}3 \text{ kN}$$

$$B_V = \qquad\qquad\qquad\qquad = \quad 117{,}6 \text{ kN}$$

2. Querschnittswerte (Bild **4.20**)

Die Schiene Bl 50×40 wird – bei 25%iger Abnutzung (50×30) – zum tragenden Querschnitt gerechnet.

$$A = 149 + 5{,}0 \cdot 3{,}0 \approx 149 + 15 = 164 \text{ cm}^2$$

Lage des Schwerpunktes von Trägermitte aus

$$e = 15 \cdot (15 + 15)/164 \approx 1{,}5 \text{ cm}$$

Trägheitsmoment (Flächenmoment 2. Grades) Gesamtquerschnitt

$$I_y = 25\,170 + 5 \cdot 3^3/12 + 149 \cdot 1{,}5^2 + 15 \cdot (16{,}5 - 1{,}5)^2 = 28\,892 \text{ cm}^4$$

Mit $z_0 = z_u = 16{,}5$ cm werden die Widerstandsmomente

$$W_{y1} = W_{y4} = 28\,892/16{,}5 = 1751 \text{ cm}^3$$

und unterhalb des oberen Flansches $z_5 = 13{,}5 - 1{,}9 = 11{,}6$ cm bzw. unterhalb der Ausrundung $z_3 = 13{,}5 - 1{,}9 - 2{,}7 = 8{,}9$ cm und am Rand des oberen Flansches $z_2 = 13{,}5$ cm

$$W_{y2} = 2140 \text{ cm}^3 \qquad W_{y3} = 3246 \text{ cm}^3 \qquad W_{y5} = 2491 \text{ cm}^3$$

Das Widerstandsmoment des maßgebenden Obergurtquerschnittes (Bild **4.15**) wird vereinfacht errechnet:

$$I_{z,G} \approx 8560/2 + 3{,}0 \cdot 5{,}0^3/12 \qquad = 4311 \text{ cm}^4$$

$$W_{z,G} = 4311/15 \qquad\qquad\qquad = 287 \text{ cm}^3$$

Zur genaueren Schubspannungsberechnung und zum Nachweis der Schweißnähte werden noch die statischen Momente (Flächenmomente 1. Grades) benötigt

$$S_{y2} = 15 \cdot (16{,}5 - 1{,}5) \qquad\qquad = 225 \text{ cm}^3$$

$$S_{y3} \approx 225 + 30 \cdot 1{,}9 \cdot (13{,}5 - 1{,}9/2) = 940 \text{ cm}^3$$

3. Allgemeiner Schubspannungsnachweis

Die Spannungen im Steg unterhalb des Ausrundungsradius aus örtlicher – und wegen B3 - *zentrischer Radlasteinleitung* nach Gl. (4.14) und (4.15) betragen (ohne γ_F)

$$h = 3,0 + 1,9 + 2,7 \qquad = 7,6 \text{ cm}$$

$$\bar{\sigma}_z = -\frac{1,2 \cdot 75,0}{(2 \cdot 7,6 + 5,0) \cdot 1,1} \qquad = -4,05 \text{ kN/cm}^2$$

$$\bar{\tau}_{xz} = \pm 0,2 \cdot 4,05 \qquad = \pm 0,81 \text{ kN/cm}^2$$

3.1 Nachweis für die Schnittgrößen im Feld

Die Bemessungswerte ergeben sich aus den charakteristischen Werten durch Multiplikation mit den Teilsicherheitsbeiwerten γ_F entsprechend der unterstellten Lastkombination (LK). Die Schnittgrößen aus den veränderlichen Kranlasten müssen noch mit dem Schwingbeiwert $\varphi = 1,2$ vervielfacht werden (Index d weggelassen).

LK 2 („$g + \varphi \cdot R$"): γ_F nach Gl. (4.11 a), Trägerstelle 1

$$\max M_y = 1,35 \cdot 3,41 + 1,2 \cdot (1,5 \cdot 94,5) = 174,7 \text{ kNm}$$

$$V_1 = 1,35 \cdot 0,21 + 1,2 \cdot (1,5 \cdot 45,0) = 81,3 \text{ kN}$$

Die Spannungen in den einzelnen Querschnittsfasern betragen

$$\sigma_{x1,4} = \mp 17470/1751 \qquad = \mp 9,98 \text{ kN/cm}^2$$

$$\sigma_{x3} = -17470/3246 \qquad = -5,38 \text{ kN/cm}^2$$

$$\sigma_{z3} = -1,5 \cdot 4,05 \qquad = -6,08 \text{ kN/cm}^2$$

$$\tau_{xz3} = \frac{81,3 \cdot 940}{28892 \cdot 1,1} + 1,5 \cdot 0,81 = 3,62 \text{ kN/cm}^2$$

Für die Vergleichsspannung σ_v gilt nach Gl. (2.20), Teil 1:

$$\sigma_v = \sqrt{\sigma_x^2 + \sigma_z^2 - \sigma_x \cdot \sigma_z + 3\tau^2}$$

$$(\sigma_{v3} = \sqrt{5,38^2 + 6,08^2 - 5,38 \cdot 6,08 + 3 \cdot 3,62^2} = 8,51 \text{ kN/cm}^2)$$

Alle Spannungswerte liegen hier deutlich unter den Grenzspannungen $\sigma_{Rd} = 24,0/1,1 = 21,8$ kN/cm^2 und $\tau_{Rd} = \sigma_{Rd}/\sqrt{3} = 12,6$ kN/cm^2. Die Berücksichtigung der Schubspannungen $\bar{\tau}_{xz}$ – wie hier erfolgt – ist nach DIN 4132 eigentlich nicht erforderlich.

LK 1 („$g + \varphi \cdot R + H_S$"): γ_F nach Gl. (4.11b), Trägerstelle 1

$$M_y = 1,35 \cdot 3,41 + 1,2 \cdot (0,9 \cdot 1,5 \cdot 94,5) = 157,7 \text{ kNm} \qquad (155,8)$$

$$M_z = \pm 0,9 \cdot 1,5 \cdot 27,09 \qquad = \pm 36,6 \text{ kNm} \qquad (37,8)$$

Damit ist

$$\max \sigma_{x2} = -15770/2140 - 3660/287 = -(7,37 + 12,75) = -20,12 \text{ kN/cm}^2 \qquad (20,45)$$

(Klammerwerte für max M_z)

Nachweis: max $\sigma_{x2}/R_{R,d} = 20{,}12/21{,}8 = 0{,}92\ (0{,}94) < 1$

3.2. Nachweis über Stütze B

LK 2:

$$
\begin{aligned}
M_y &= -(1{,}35 \cdot 6{,}08 + 1{,}2 \cdot (1{,}5 \cdot 80{,}33)) &&= -152\ \text{kNm} \\
V_{B1} &= 1{,}35 \cdot 5{,}06 + 1{,}2 \cdot (1{,}5 \cdot 65{,}9) &&= 125{,}4\ \text{kN}
\end{aligned}
\left.\rule{0pt}{22pt}\right\}\ \text{a)}
$$

$$
\begin{aligned}
V_{B1} &= 1{,}35 \cdot 5{,}06 + 1{,}2 \cdot (1{,}5 \cdot 111{,}3) &&= 207{,}2\ \text{kN} \\
M_y &= -(1{,}35 \cdot 6{,}08 + 1{,}2 \cdot (1{,}5 \cdot 37{,}8)) &&= -76{,}25\ \text{kNm}
\end{aligned}
\left.\rule{0pt}{22pt}\right\}\ \text{b)}
$$

Die Spannungen für die LK 2 a) betragen

$$\sigma_{x2} = 15\,280/2140 \qquad\qquad\qquad = 7{,}14\ \text{kN/cm}^2$$

$$\sigma_{x3} = 15\,280/3246 \qquad\qquad\qquad = 4{,}71\ \text{kN/cm}^2$$

$$\bar{\sigma}_{z3} = \qquad\qquad\qquad\qquad\qquad\quad = -6{,}08\ \text{kN/cm}^2$$

$$\tau_{xz3} = \frac{125{,}4 \cdot 940}{28892 \cdot 1{,}1} + 1{,}5 \cdot 0{,}81 = 3{,}71 + 1{,}21 \quad = 4{,}92\ \text{kN/cm}^2$$

$$(\sigma_{v3} = \sqrt{4{,}71^2 + 6{,}08^2 + 4{,}71 \cdot 6{,}08 + 3 \cdot 4{,}92^2} \quad = 12{,}66\ \text{kN/cm}^2$$

und für die LK 2b)

$$\sigma_{x3} = 4{,}71 \cdot 76{,}25/152{,}8 \qquad\qquad\quad = 2{,}35\ \text{kN/cm}^2$$

$$\tau_{xz3} = 3{,}71 \cdot 207{,}2/125{,}4 + 1{,}21 \qquad = 7{,}34\ \text{kN/cm}^2$$

$$\sigma_{v3} = \sqrt{2{,}35^2 + 6{,}08^2 + 2{,}35 \cdot 6{,}08 + 3 \cdot 7{,}34^2} \quad = 14{,}78\ \text{kN/cm}^2$$

Nachweis: $\sigma_{v3}/\sigma_{Rd} = 14{,}78/21{,}8 = 0{,}68 < 1$

LK 1: Mit den Schnittgrößen (Fall a))

$$M_y = 138{,}3\ \text{kNm} \qquad V_{B1} = 113{,}6\ \text{kN} \qquad M_z = 19{,}52\ \text{kNm}$$

werden die Spannungen offensichtlich nicht maßgebend.

3.3 Nachweis der Schweißnähte

Es werden die Kehlnähte zur Verbindung der Schiene mit dem Gurt unter Berücksichtigung der örtlichen Radlastleitung nachgewiesen. Bei vorgewärmter Schiene sind Kehlnähte $a = 5$ mm möglich. Bei einer Lastverteilungsbreite (Bild **4**.16) von $c' = 2 \cdot 3{,}0 + 5 = 11$ cm wird nach Gl. (4.14) und (4.15)

$$\bar{\sigma}_{\perp} = \frac{1{,}2 \cdot 75}{2 \cdot 11 \cdot 0{,}5} = 8{,}18\ \text{kN/cm}^2 \qquad\qquad \bar{\tau}_{\parallel} = 0{,}2 \cdot 8{,}18 = 1{,}64\ \text{kN/cm}^2$$

Aus der größten Querkraft (LK2 in 3.2) $V_{B1} = 207{,}2$ kN ergibt sich

$$\tau_{\parallel} = \frac{V \cdot S}{I_y \cdot 2 \cdot a} = \frac{207{,}2 \cdot 225}{28892 \cdot 2 \cdot 0{,}5} = 1{,}61\ \text{kN/cm}^2$$

Mit $\psi \cdot \gamma_F = 0,9 \cdot 1,5 = 1,35$ für die Spannung $\bar{\sigma}_\perp$ und $\bar{\tau}_\|$ ist

$$\sigma_{w,v} = \sqrt{(1,35 \cdot 8,18)^2 + (1,35 \cdot 1,64 + 1,61)^2} = 11,69 \text{ kN/cm}^2$$

$$\sigma_{w,R,d} = \alpha_w \cdot f_{y,k}/\gamma_M = 0,95 \cdot 24/1,1 = 20,7 \text{ kN/cm}^2$$

$$\sigma_{w,v}/\sigma_{w,R,d} = 11,69/20,7 = 0,56 < 1$$

Die Spannungen $\bar{\tau}_\|$ brauchen beim allgemeinen Spannungsnachweis nach DIN 4132 nicht berücksichtigt zu werden, jedoch im Betriebsfestigkeitsnachweis. Sie sind hier aus Sicherheitsgründen mit erfasst. Die Nahtdicke von 5 mm wurde aus schweißtechnischen Gründen und im Hinblick auf die Betriebsfestigkeit gewählt.

4. Stabilitätsnachweise

Maßgebend ist die Laststellung mit dem maximalen Feldmoment. Es ist das *Kippen* (bei einachsiger Biegung und das *Biegedrillknicken* (bei zweiachsiger Biegung bei gleichzeitiger *Torsion*) nachzuweisen. Für den zweiten Fall wird (näherungsweise) unterstellt, dass die Torsionsmomente vernachlässigt werden dürfen, wenn das Moment M_z allein dem Obergurt zugewiesen wird. Unter dieser Voraussetzung ist der Tragsicherheitsnachweis nach Gl. (6.62), Teil 1 möglich. Für den ersten Fall gilt Gl. (8.16), Teil 1 des Werkes. In beiden Fällen muss das *ideale Kippmoment* $M_{Ki,y}$ bekannt sein, welches mit den Formeln der DIN 18800-2 (Gl. (6.49) oder (6.51) im Teil 1 des Werkes) wegen der Last- und Lagerungsbedingungen nicht errechnet werden kann. Zum Vergleich wird dieses nach unterschiedlichen Methoden ermittelt.

$M_{Ki,y}$ nach Tafel **6.**10, Teil 1 des Werkes.

Einzellasten sind hier nicht erfasst. Näherungsweise wird aus der Momentenfläche für LK 2 in 3.1 eine Gleichstrecken-Ersatzlast q_E so bestimmt, dass die maximalen Feldmomente M_y ungefähr gleich sind, Bild **4.**24. Bei der gegebenen Lastkombination wird das Stützmoment

$$M_B = -(1,35 \cdot 6,08 + 1,2 \cdot 1,5 \cdot 45) = -89,2 \text{ kNm}$$

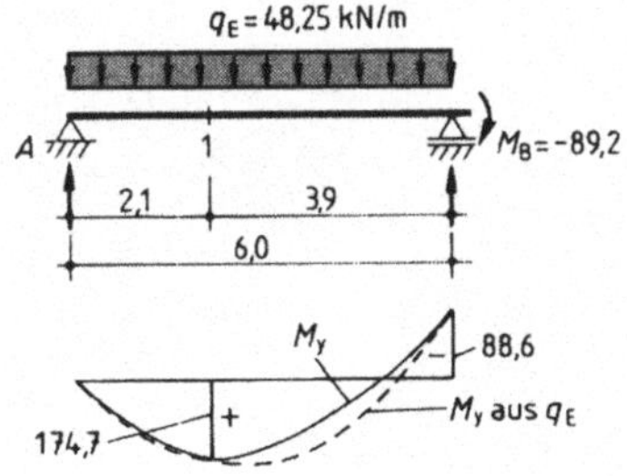

Bild **4.**24 Ersatzsystem zur Bestimmung des idealen Kippmomentes $M_{Ki,v}$

Die Ersatzlast errechnet sich aus

$$A = q_E \cdot 6,0/2 - 89,2/6,0 = 3 \cdot q_E - 14,87$$

$$\max M = \frac{A^2}{2 \cdot q_E} = \frac{(3 \cdot q_E - 14,87)^2}{2 \cdot q_E} = 174,7 \text{ kNm}$$

$$q_E = 48,25 \text{ kN/m}$$

Vorwerte: $z_M = r_y = 0$ $\qquad\qquad\qquad$ $v = 30/2 + 3{,}0 = 18$ cm

$C_M = 1688 \cdot 10^3$ cm^6 $\qquad\qquad$ $I_T = 185$ cm^4 nach [40] ohne Schiene

symmetrische Lagerung mit $\beta = \beta_0 = 1$

$EI_z = 21 \cdot 10^3 \cdot 8560 \cdot 10^{-4} = 17976$ kNm^2

$GI_T = 8{,}1 \cdot 10^3 \cdot 185 \cdot 10^{-4} = 150$ kNm^2

$$c^2 = \frac{1688 \cdot 10^3 + 0{,}039 \cdot 600^2 \cdot 185}{8560} = 500 \text{ cm}^2 = 0{,}05 \text{ m}^2 \text{ nach Tafel } \mathbf{6.6}, \text{ Teil } 1$$

$$G_1 = 1{,}0 \cdot \left[-\frac{89{,}2}{2} + \frac{48{,}25 \cdot 6{,}0^2}{9{,}2} \right] = 20\,795 \text{ (kNm)}^2$$

$$G_2 = -\frac{48{,}25}{2} \cdot \frac{0{,}18 \cdot 1}{\pi^2 \cdot 1} = -0{,}44 \text{kN}$$

$$G_3 = -0{,}05/6{,}0^4 = 3{,}858 \cdot 10^{-5}$$

$$M_{Ki,y} = 174{,}7 \cdot \frac{\pi^2 \cdot 17976}{20795} \cdot \left[-0{,}44 + \sqrt{0{,}44^2 + 20795 \cdot 3{,}858 \cdot 10^{-5}} \right] = 831 \text{ kNm}$$

(Wird eine unsymmetrische Lagerung wegen des unbelasteten Nachbarfeldes unterstellt – Teileinspannung – wird $M_{Ki,y} = 1576{,}7$ kNm.)

Zum Vergleich wird $M_{Ki,y}$ noch nach [47], S. 405, 406 bestimmt: Auch hier ist zunächst aus dem maximalen Moment für den Einfeldträger, d.h. unter Vernachlässigung von M_B, eine Ersatzlast q_E zu ermitteln.

Mit $g = 1{,}35 \cdot 1{,}35 = 1{,}82$ kN/m $\qquad\qquad$ $P = 1{,}2 \cdot 1{,}5 \cdot 75 = 135$ kN

wird

$$A = 1{,}82 \cdot 6{,}0/2 + 135 \cdot (3{,}9 + 0{,}3)/6{,}0 \approx 100 \text{ kN}$$

$$\max M_1 = 100 \cdot 2{,}1 - 1{,}82 \cdot 2{,}1^2/2 = 206 \text{ kNm} = q_E \cdot 6{,}0^2/8$$

$$q_E = 8 \cdot 206/36 = 45{,}8 \text{ kN/m}$$

Das Verhältnis von Stütz- zu Feldmoment beträgt

$$M_B/\max M_1 = 89{,}2/206 = 0{,}43 = 43 \text{ \%}$$

Für den Parameter

$$\mu = \frac{EC_M}{l^2 GI_T} = \frac{21 \cdot 10^3 \cdot 1688 \cdot 10^3}{600^2 \cdot 150 \cdot 10^4} = 0{,}07$$

liest man aus den Kurventafeln mit Lastangriff am Obergurt ab

$$\left. \begin{array}{l} 25 \text{ \%}: \gamma_{Ki} = 31 \\ 50 \text{ \%}: \gamma_{Ki} = 34 \end{array} \right\} \quad 43 \text{ \%}: \gamma_{Ki} = 31 + 3 \cdot 18/25 \approx 33$$

Die mögliche Gesamtlast ist dann

$$V_{Ki} = \frac{\gamma_{Ki}}{l^2} \cdot \sqrt{EI_z \cdot GI_T} = \frac{33}{6,0^2} \cdot \sqrt{17976 \cdot 150} = 1505 \text{ kN}$$

$$q_{Ki} = 1505/6,0 = 250,9 \text{ kN/m}$$

Damit beträgt das Kippmoment

$$M_{Ki,y} = (174,7 \cdot 250,9)/45,8 = 957 \text{ kNm}$$

Die Berechnung wird mit einem mittleren Wert von

$$M_{Ki} = (832 + 1577 + 957)/3 \approx 1120 \text{ kNm}$$

fortgeführt.

(Der Wert nach Gl. (6.49) und $\xi = 1,35$, siehe Teil 1, liefert nur zufälligerweise einen vergleichbaren Wert von $M_{Ki,y} = 1005$ kNm!)

Das plastische Moment des Querschnittes ohne Schiene wird aus [40] über

$$M_{pl,y} = \varkappa_M \cdot M_{pl,yd} = 1,1 \cdot 408 = 449 \text{ kNm}$$

errechnet.

Nachweis nach Abschn. 6.3.3.3 bzw. 8.2.2.4 und 6.3.4, Teil 1 des Werkes

$$\overline{\lambda}_M = \sqrt{M_{pl,y} / M_{Ki,y}} = \sqrt{449/1120} = 0,633 > 0,4$$

Mit dem Trägerbeiwert $n = 2,5$ wird der Abminderungsfaktor $\varkappa_M$

$$\varkappa_M = \left(\frac{1}{1 + \overline{\lambda}_M^{2n}}\right)^{1/n} = \left(\frac{1}{1 + 0,633^{2 \cdot 2,5}}\right)^{1/2,5} = 0,96$$

Nachweis: Mit $k_y = 1$

$$\frac{M_y}{\varkappa_M \cdot M_{pl,y,d}} = \frac{174,7}{0,96 \cdot 408} = 0,45 < 1$$

Nachweis für LK 1:

Da das Verhältnis von Stütz- zu Feldmoment praktisch wie in LK 1 ist, wird mit $\varkappa_M = 0,96$ gerechnet. Das plastische Moment des Gurtquerschnittes ist mit $\alpha_{pl} = 1,5$

$$M_{pl,z,d} = 190/2 = 95 \text{ kNm}$$

Mit $k_y = k_z = 1,0$ wegen $N = 0$ lautet der Nachweis

$$\frac{M_y}{\varkappa_M \cdot M_{pl,y,d}} + \frac{M_z}{M_{pl,y,d}} = \frac{157,7}{0,96 \cdot 408} + \frac{36,6}{95} = 0,79 < 1$$

Der Nachweis mit Hilfe eines speziellen EDV-Programmes liefert bei einem globalen Sicherheitsbeiwert $\gamma \approx \gamma_F \cdot \gamma_M = 1,5$ über die *Kippbiegung nach Theorie II. Ordnung* für die LK 1 eine maximale Randspannung von $\sigma = 19$ kN/cm^2, d.h. $\sigma/f_{yk} = 19/24 = 0,79$, vgl. oben.

Alternativ: „Einachsige Biegung mit Normalkraft"

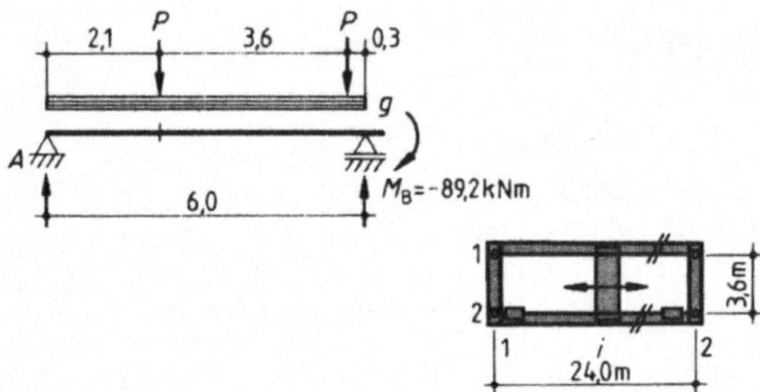

Bild **4.25** Radlaststellung zum Ersatzsystem

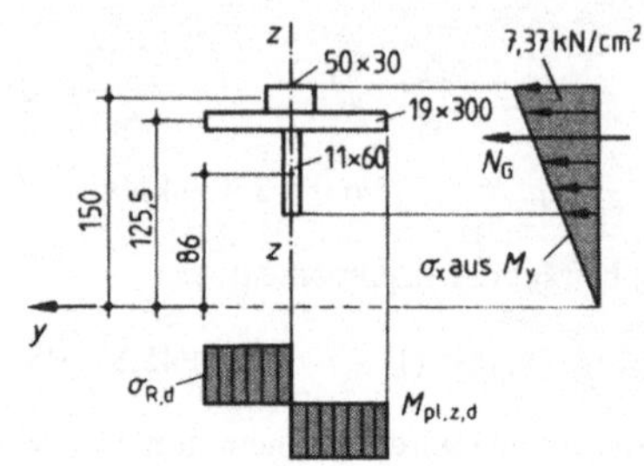

Bild **4.26** Maßgebender Druckgurt und
Beanspruchung

Anstelle des Nachweises über das ideale Kippmoment soll hier auch der in Abschn. 4.5.4.2 skizzierte *Ersatzstabnachweis* für den *isoliert betrachteten Druckgurt*, Bild **4.26**, bei „einachsiger Biegung mit Normalkraft" (LK 1) gezeigt werden. Dabei wird die maßgebende Normalkraft N_G aus den Biegespannungen infolge M_y bestimmt und die Biegung um die z-Achse (M_z) berücksichtigt (Bild **4.18**).

Querschnittswerte des Druckgurtes (Bild **4.26**)

Zum Druckgurt wird ⅕ der Stegfläche hinzugerechnet; unter Berücksichtigung der Ausrundungen ($A_\mathrm{Steg} \approx A - 2 \cdot b_\mathrm{G} \cdot t_\mathrm{G}$) erhält man den in (Bild **4.26**) dargestellten Querschnitt mit

$$A \quad = 3 \cdot 5 + 1{,}9 \cdot 30 + 1{,}1 \cdot 6 = 15 + 57 + 6{,}6 \quad = 78{,}6 \ \mathrm{cm}^2$$

$$S_\mathrm{v,G} = 15 \cdot 15 + 57 \cdot 12{,}55 + 6{,}6 \cdot 8{,}6 \qquad = 997 \ \mathrm{cm}^3$$

$$I_\mathrm{z,G} \ = 4311 \ \mathrm{cm}^4 \qquad W_\mathrm{z,G} = 287 \ \mathrm{cm}^3 \ \text{(s. Querschnittsbeiwerte)}$$

Die größte Druckkraft aus M_y ist nach Gl. (4.20)

$$N_\mathrm{G} \ = \frac{18770}{28892} \cdot 997 = 544 \ \mathrm{kN} \qquad M_\mathrm{z} = 36{,}6 \ \mathrm{kNm}$$

Die plastischen Schnittgrößen sind

$$N_\mathrm{pl,d} \ = 78{,}6 \cdot 24/1{,}1 = 1715 \ \mathrm{kN}$$

$$M_\mathrm{pl,z,d} = 1{,}25 \cdot W_\mathrm{zG} \cdot f_\mathrm{yk}/\gamma_\mathrm{M} = 1{,}25 \cdot 287 \cdot 10^2 \cdot 24/1{,}1 = 78{,}3 \ \mathrm{kNm}$$

Tragsicherheilsnachweis nach Abschn. 6.3.3.2, Teil 1

Aus dem M_y-Verlauf (Bild **4.23b**) wird die Knicklänge $s_\mathrm{K,z,g} = 0{,}7 \cdot l = 0{,}7 \cdot 600 = 420$ cm (vgl. Bild **4.18**) abgeschätzt.

$$i_\mathrm{z,g} \ = \sqrt{4311/78{,}6} = 7{,}41 \ \mathrm{cm}$$

$$\bar{\lambda}_\mathrm{K} \ = \frac{420}{7{,}41 \cdot 92{,}9} = 0{,}61 \ \text{Kippspannungslinie } c \qquad \varkappa_\mathrm{c} = 0{,}779$$

Der Einfluss der Theorie II. Ordnung wird über Δn erfasst

$$\Delta n = \frac{N}{\varkappa \cdot N_\mathrm{pl,d}} \cdot \left(1 - \frac{N}{\varkappa \cdot N_\mathrm{pl,d}} \right) \cdot \varkappa^2 \cdot \bar{\lambda}_\mathrm{K}^2 = 0{,}407 \cdot (1 - 0{,}407) \cdot 0{,}779^2 \cdot 0{,}61^2 = 0{,}054$$

$$(N/(\varkappa \cdot N_{\mathrm{pl,d}}) = 544/(0{,}779 \cdot 1715) = 0{,}407)$$

Der Momentenbeiwert β_{m} ist für $\psi = 0$ $\qquad$ $\beta_{\mathrm{m}} = 1$
(Tafel **6.7**, Teil 1)

Nachweis: $\qquad \dfrac{N}{\varkappa \cdot N_{\mathrm{pl,d}}} + \dfrac{\beta_{\mathrm{M}} \cdot M}{M_{\mathrm{pl,d}}} + \Delta n = 0{,}407 + \dfrac{1{,}0 \cdot 36{,}6}{78{,}3} + 0{,}054 = 0{,}93 < 1$

Dieser vereinfachter Nachweis liegt i.d.R. auf der sicheren Seite, erfordert jedoch einen deutlich geringeren Berechnungsaufwand.

Beispiel 4 (Bilder **4.27** bis **4.29**)

Auf einem geschweißten, einfeldigen Kranbahnträger S 235 JR G2 mit $l = 18$ m Stützweite verkehren zwei Krane der Hubklasse H3. Die Betriebsbedingungen erfordern eine Einstufung in die Beanspruchungsgruppe B5. Der Kran 2 hat vier Laufradpaare, der Kran 1 nur zwei. Die Krane können „Puffer an Puffer" verkehren, arbeiten jedoch nicht als „Tandem" und sind daher wie zwei Krane zu behandeln. Beide Krane sind rollengeführt, alle Achsen System (EFF). Die Kranschiene A75 ist aufgeklemmt (Klemmplatte verschraubt) und liegt auf einer elastischen Schienenunterlage; sie wird nicht zum tragenden Querschnitt gerechnet. Der Querschnitt, das statisches System und die Lastanordnung gehen aus Bild **4.27** bis Bild **4.29** hervor. Die Höhe des Kranbahnträgers beträgt $l/12$ ($18/12 = 1{,}5$ m).

Wegen der *hohen Radlasten* wird als Obergurt ½ IPBS 1000 gewählt. Seine *seitliche Aussteifung* übernimmt ein vollwandiger *Nebenträger*, der gleichzeitig als Laufsteg dient. Die Beanspruchung des Kranbahnträgers aus Seitenlasten ist daher vernachlässigbar klein. Die *Quersteifen* sind mit dem Obergurt nicht direkt, sondern über seitlich angeschweißte Bleche (indirekt) verbunden. Am Zuggurt erfolgt die Verbindung ebenfalls über Bleche und Schrauben. Hier sind die Steifen auch großzügig ausgeschnitten. Die *Längssteife* unmittelbar unterhalb des kompakten Druckgurtes wird wegen ihrer Nähe zur y-Achse ebenfalls nicht zum Querschnitt gerechnet. Weitere konstruktive Hinweise werden an entsprechender Stelle gegeben.

Für diesen Träger sind die Nachweise nach Abschn. 4.5.4 zu führen.

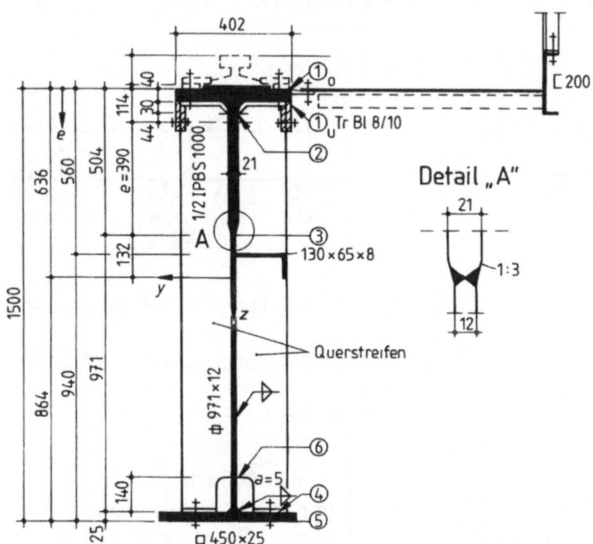

Bild **4.27** Querschnitt eines einfeldrigen, geschweißten Kranbahnträgers

1. Radlasten, Schwingbeiwerte, Seitenlast H_S

Kran 1:　$R_1^1 = 290$ kN　　　　$\varphi \cdot R_1^1 = 1{,}3 \cdot 290 = 377$ kN

　　　　$R_2^1 = 208$ kN　　　　$\varphi \cdot R_2^1 = 1{,}3 \cdot 208 \approx 270$ kN

Kran 2:　$R_1^2 = 145$ kN (2×)　$\varphi \cdot R_1^2 = 1{,}1 \cdot 145 = 159{,}5$ kN

　　　　$R_2^1 = 140$ kN (2×)　$\varphi \cdot R_2^2 = 1{,}1 \cdot 140 = 154$ kN

Bei Kranen gleicher Hubklasse ist für den Kran mit der höheren Radlast dessen Schwingbeiwert, hier $\varphi = 1{,}3$ (H3), für den Kran mit den kleineren Radlasten mit $\varphi = 1{,}1$ (H1) zu rechnen. Die Schwingbeiwerte werden hier sofort berücksichtigt. Als **Seitenlast** ist nur die ungünstigste Last eines Kranes anzusetzen, hier $H_S^1 = 60$ kN.

2. Querschnittswerte
(Exemplarische Ermittlung)

½ IPB S 1000/400 nach [38]:

$$\left.\begin{array}{l} A_G = 524/2 = 262 \text{ cm}^2 \\ S_{y,G} = 10220 \text{ cm}^4 \end{array}\right\} \quad e = \frac{S_{y,G}}{A_G} = \frac{10220}{262} = 39 \text{ cm}$$

$$I_{y,G} = I_y/2 - A_G \cdot e_G^2 = I_y/2 - S_y^2/A_G = 909800/2 - 262 \cdot 39^2 \approx 56400 \text{ cm}^4$$

$$A = 262 + 1{,}2 \cdot 97{,}1 + 2{,}5 \cdot 45 = 262 + 116{,}5 + 112{,}5 = 491 \text{ cm}^2$$

$$e = \frac{\Sigma S_{yi}}{A} = \frac{262 \cdot (50{,}4 - 39) + 116{,}5 \cdot (50{,}4 + 97{,}1/2) + 112{,}5 \cdot (150 - 2{,}5/2)}{491}$$
$$= 63{,}6 \text{ cm}$$

$$I_y = 56400 + 262 \cdot (63{,}6 - 11{,}4)^2 + 116{,}5 \cdot (97{,}1^2/12 + 35{,}35^2) + 112{,}5 \cdot 85{,}15^2$$
$$= 1\,823\,107 \text{ cm}^4$$

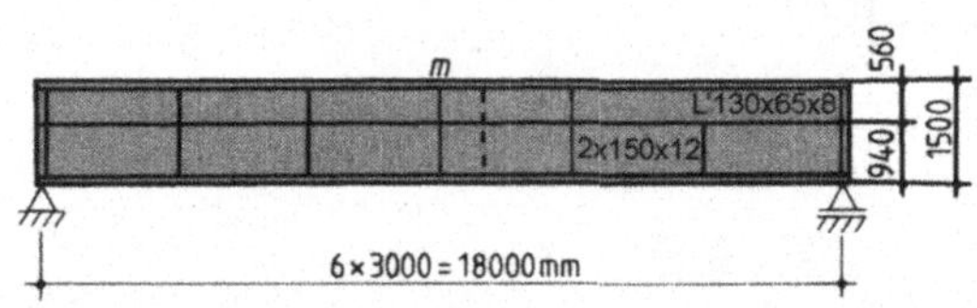

Bild **4.28**　Trägeransicht

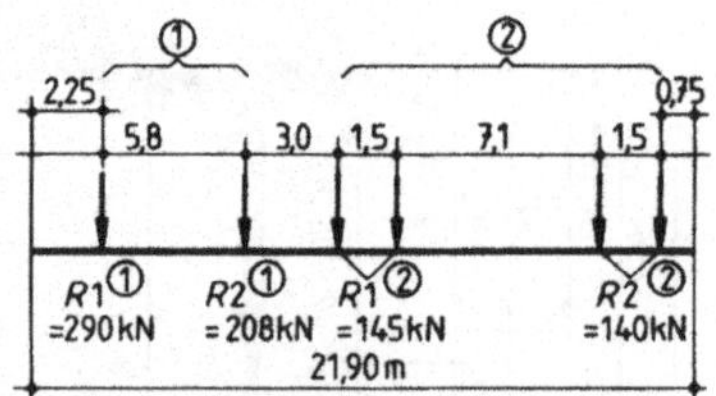

Bild **4.29**　Laststellung bei Tandembetrieb

Über $W_y = I_y/z$ und $S_y = \Sigma A_i \cdot z_i$ werden die Widerstandsmomente und Flächenmomente 1. Grades (statisches Moment) in den einzelnen Schnitten ermittelt.

Schnitt		W_y [cm³]	S_y [cm³]	
1	o	28665	–	$S_y = 13803$ cm³
	u	30590		(auf Schwerachse bezogen)
2		32210	10271	In allen Querschnittswerten
3		138114	13676	sind Lochschwächungen nicht
4		21729	9579	berücksichtigt.
5		21100	–	
6		26082	–	

3. Schnitt- und Auflagergrößen

Neben den veränderlichen Lasten aus den Laufrädern sind anzusetzen

Ständige Last: Trägereigengewicht einschl. Laufsteg $\qquad g = 5{,}20$ kN/m

Veränderliche Last: Laufsteg (= Wartungssteg) $\qquad p = 1{,}85$ kN/m

Von den insgesamt sechs Radlasten können aufgrund der Radlastabstände zur Bestimmung von max M_y nur vier (jeweils zwei von beiden Kranen) auf der Stützweite von 18 m plaziert werden. Für diese vier Räder wird zunächst eine *Culmann'sche Laststellung* angenommen mit einer maximalen Radlast unmittelbar in „m" (= Trägermitte). Nach Bestimmung der Lage der Radlastresultierenden bzgl. „m" (= a) wird die gesamte Lastgruppe um das halbe Maß (= a /2) – hier nach rechts – verschoben. Für diese Laststellung wird das größte Moment erwartet. Die Momente aus g und (p) werden vereinfachend in Trägermitte errechnet.

Lage der Radlastresultierenden bzgl. „m": $\varphi \cdot R_2^1$ in m, (Bild **4**.30)

$$\Sigma R = 377 + 270 + 2 \cdot 159{,}5 \qquad\qquad = 966 \text{ kN}$$

$$a' = [270 \cdot 5{,}8 + 159{,}5 \cdot (8{,}8 + 10{,}3)]/966 = 4{,}78 \text{ m}$$

$$a = 5{,}8 - 4{,}78 = 1{,}02 \text{ m} \qquad\qquad a/2 = 0{,}51 \text{ m}$$

Mit $\varphi \cdot R_2^1$ in m' und den in Bild **4**.30 eingetragenen Hebelarmen ergeben sich folgende Schnittgrößen:

Streckenlasten

$$A_g = B_g = 47 \quad \text{kN} \qquad M_{g,m} = 211 \text{ kNm}$$

$$(A_p = B_p = 16{,}65 \text{ kN} \qquad M_{p,m} = 75 \text{ kNm})$$

Radlasten

$$A = 966 \cdot 9{,}51/18 \approx 510{,}5 \text{ kN} \qquad B = 966 - 510{,}5 = 455{,}5 \text{ kN}$$

$$M_{m'} = 510{,}5 \cdot 9{,}51 - 377 \cdot 5{,}8 = 2668 \text{ kNm}$$

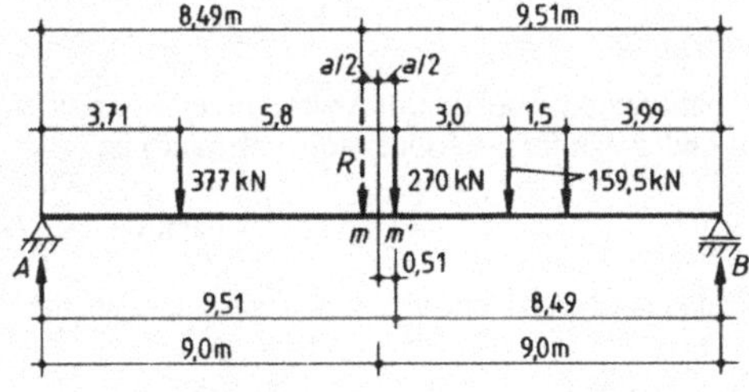

Bild **4**.30 Culman'sche Laststellung zur Bestimmung von max M_y

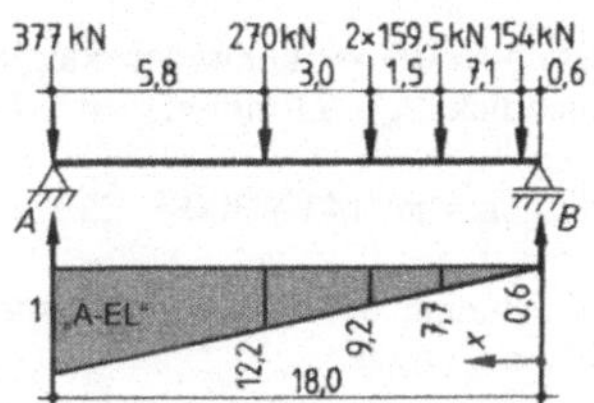

Bild **4**.31 Laststellung bei der größten Auflagerkraft A

Die größte Querkraft ergibt sich aus der Einflusslinie für den Auflagerdruck A (Bild **4**.31)

$$A = 370 + [270 \cdot 12{,}2 + 159{,}5 \cdot (9{,}2 + 7{,}7) + 154 \cdot 0{,}6]/18 \approx 715 \text{ kN}$$

4. Spannungen und Nachweise

Vorab werden alle Spannungen aus der *örtlichen Radlasteinwirkung* bestimmt. Im allgemeinen Spannungsnachweis ist streng nach DIN 4132 jedoch nur $\overline{\sigma}_z$ zu berücksichtigen.

Spannungen aus zentrischer Radlasteinleitung

Der Abstand des um 25 % abgefahrenen Schienenkopfes bis zur Ausrundung (Bild **4.**32a) beträgt (ohne Anrechnung der 10 mm dicken elastischen Unterlage)

$$h = (8{,}5 - 0{,}25 \cdot 3{,}5) + 7{,}0 = 14{,}6 \text{ cm}$$

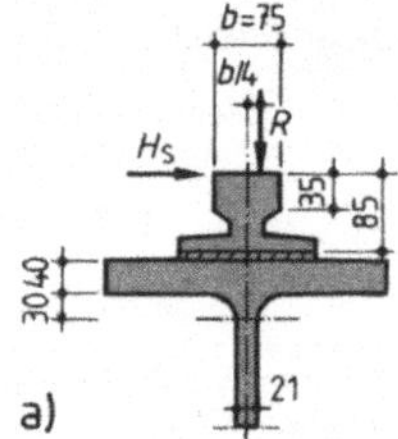
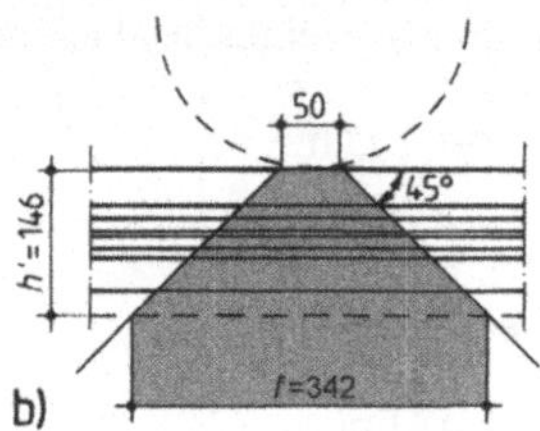
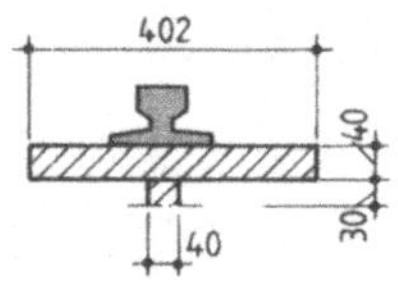

Bild **4.**32 Örtliche Radlasteinleitung
a) Laststellung und Abmessungen
b) Lastausbreitung

Bild **4.**33 Gurt-Ersatzquerschnitt
für $I_{\text{T,Gurt}}$

Bei 45° Lastausbreitung verteilt sich die Radlast (Bild **4.**32b) auf

$$c = 2 \cdot 14{,}6 + 5{,}0 = 34{,}2 \text{ cm}$$

Wegen der elastischen Unterlage dürfen die Spannungen (Gln. 4.14, 4.15) auf 75 % reduziert werden.

$$\overline{\sigma}_z = 0{,}75 \cdot \frac{377}{2{,}1 \cdot 34{,}2} = 3{,}94 \text{ kN/cm}^2$$

$$(\overline{\tau}_{xz} = 0{,}2 \cdot 3{,}94 \qquad = 0{,}79 \text{ kN/cm}^2)$$

Biegespannungen im Stegblech aus exzentrischer Radlasteinleitung

Die aussteifende Wirkung der Steglängssteife wird hier näherungsweise durch Ansatz einer konstanten Stegblechdicke $t_S = 21$ mm erfasst. Mit $h_S = b_G \approx 1435$ mm und $a = 3000$ mm (Quersteifenabstand) ist

$$\alpha = \pi \cdot 143{,}5/300 = 1{,}5027 \qquad\qquad \text{nach Gl. (4.17)}$$

Zur Berechnung des Drillwiderstandes des Obergurtes wird der Flansch einschl. der Ausrundungen nach Bild **4.**33 angesetzt

$$I_{\text{T,Gurt}} \approx \frac{1}{3} \cdot \Sigma(b \cdot t^3)_i = \frac{1}{3} \cdot (4{,}02 \cdot 4{,}0^3) + 4{,}0 \cdot 3^3) = 854 \text{ cm}^4$$

und die Schiene über

$$I_{\text{T,Schiene}} = 0{,}78 \cdot 311 = 243 \text{ cm}^4$$

berücksichtigt.

$$I_{\text{T}} = 894 + 243 = 1137 \text{ cm}^4$$

Ferner gilt nach Gl. (4.18)

$$\lambda = \sqrt{\frac{2,98 \cdot 2,1^3}{300 \cdot 1137} \cdot \frac{\sinh^2(1,5027)}{\sinh(2 \cdot 1,5027) - 2 \cdot 1,5027}} = 7,23 \cdot 10^{-3} \text{ cm}^{-1}$$

und mit M_G nach Gl. (4.16)

$$M_G = 377 \cdot 7,5/4 = 707 \text{ kNcm}$$

wird die Stegblechbiegespannung $\bar{\sigma}_{z,B}$ (4.19),

$$\bar{\sigma}_{z,B} = \pm \frac{6}{2,1^2} \cdot 707 \cdot \frac{7,23 \cdot 10^{-3}}{2} \cdot \tanh \cdot \left(\frac{0,00723 \cdot 300}{2} \right) = \pm 2,76 \text{ kN/cm}^2$$

Wird auch das Torsionsmoment aus der am Schienenkopf angreifenden Seitenlast H_S um den Zwangsdrehpunkt am Schienenfluss

$$M_{T,H_S} \approx 60 \cdot (0,75 \cdot 8,5) \approx 383 \text{ kNcm}$$

berücksichtigt, so erhöhen sich diese Spannungen auf

$$\bar{\sigma}_{z,B} = \pm \frac{707 + 383}{707} \cdot 2,76 = \pm 4,26 \text{ kN/cm}^2$$

Da die gleichzeitige Wirkung der Radlastexzentrizität und Seitenkraft aus Schräglauf nur gelegentlich auftritt, ist eine Überlagerung der Spannungen nach DIN 4132 nicht erforderlich. $\bar{\sigma}_{z,B}$ tritt etwa in Mitte der Beulfeldlänge a auf.

Spannungsnachweise nach DIN 4132 bzw. DIN 18800-1

Die veränderliche Last auf dem Laufsteg bleibt hier unberücksichtigt. Die Schnittgrößen müssen noch mit den Sicherheitsbeiwerten für die Einwirkungen vervielfältigt werden.

Feld:

$$\max M_d = 1,35 \cdot 211 + 1,5 \cdot 2668 = 4287 \text{ kNm}$$

$V_{z,d}$ hier vernachlässigbar klein

Schnitt 1_o:

$$\max \sigma_{x.1} = 428700/28665 = 14,96 \text{ kN/cm}^2$$

$$\max \sigma_{x1}/\sigma_{R,d} = 14,96/21,8 = 0,69 < 1$$

Schnitt 2:

$$\sigma_{x2} = 428700/32210 = 13,31 \text{ kN/cm}^2$$

$$\bar{\sigma}_{z,2} = 1,5 \cdot 3,94 = 5,91 \text{ kN/cm}^2 < \sigma_{R,d}$$

$$\sigma_{v2} = \sqrt{13,31^2 + 5,91^2 - 13,31 \cdot 5,91} = 11,55 \text{ kN/cm}^2$$

$$\sigma_{v2}/\sigma_{R,d} = 0,53 < 1$$

Schnitt 3:

$$h' = (8,5 - 0,25 \cdot 3,5) + 50,4 = 58 \text{ cm}$$

$$\bar{\sigma}_{z,3} = 0,75 \cdot \frac{1,5 \cdot 377}{(2 \cdot 58 + 5) \cdot 1,2} = 2,92 \text{ kN/cm}^2$$

Schnitt 4:

$$\sigma_{x,4} = 428700/21729 = 1973 \text{ kN/cm}^2$$

Schnitt 5:

$$\max \sigma_{x.5} = 428700/21100 = 20,32 \text{ kN/cm}^2$$

$$\max \sigma_{x,5}/\sigma_{R,d} = 20,32/21,8 = 0,93 < 1$$

Auflager A

$$\max V_{z.d} = 1,35 \cdot 47 + 1,5 \cdot 715 = 1136 \text{ kN}$$

$$\max \tau_{xz} = \frac{1136 \cdot 13803}{1823107 \cdot 1,2} = 7,17 \text{ kN/cm}^2$$

$$\frac{\max \tau_{xz}}{\tau_{R,\sigma}} = \frac{7,17}{12,6} = 0,57 < 1$$

5. Beulsicherheitsnachweise für das Stegblech in Trägermitte ($\tau \approx 0$)

Obgleich der Beulsicherheitsnachweis für *ausgesteifte* Blechfeder in Abschn. 2 nicht näher behandelt wurde, soll er hier geführt werden. Mit Hilfe der Norm [15] und des Studiums der Literatur [53], [42] ist der Rechengang leicht nachvollziehbar.

Vorbemerkung

Zur *Vereinfachung* der geometrischen Verhältnisse wird zunächst die (rechnerische) Lage der Längssteife in den Versprung der Stegblechdicken verlegt und die in Bild **4.34a** angegebenen Beulfeldabmessungen unterstellt. Des Weiteren muss bei Anwendung der Beulwerttafeln [42] zum Nachweis des *Gesamtfeldes* mit einer konstanten Stegblechdicke t^* gerechnet werden. Diese wird mit Hilfe [48] bestimmt: Mit den Parametern min t/max $t = 12/21 \approx 0,6$, $\eta = 430/1400 \approx 0,3$, $\psi = \sigma_2/\sigma_1 = -19,73/13,31 \approx -1,5$ und $\alpha = 3000/1400 = 2,14$ liest man den Beulwert $k_\sigma \approx 27$ aus der entsprechenden Tafel ab; die ideale Beulspannung ist hier mit max t zu bestimmen. Die gleiche Beulspannung erhält man mit einer über die Stegblechhöhe konstanten Ersatzblechdicke $t^* = $ konst. aus Tafel **2.1** und $b_i = 2 \cdot b_D = 2 \cdot 564 = 1128$ mm (b_D = Breite der Druckzone, Bild **4.34b**) durch einen Vergleich der beiden Beulspannungen, Gln. (2.6 a und b):

$$\sigma_{xPi} = 27 \cdot 1,898 \cdot \left(\frac{100 \cdot 21}{1400}\right)^2 = 23,9 \cdot 1,898 \cdot \left(\frac{100 \cdot t^*}{1128}\right)^2$$

$$t^* = 21 \cdot \frac{1128}{1400} \cdot \sqrt{27/23,9} = 17,98 \approx 18 \text{ mm}$$

Alle weiteren Berechnungen werden mit dieser Ersatzblechdicke t^* fortgeführt.

Die Spannungen σ_x (Bild **4.31b**) werden über die Beulfeldlänge als konstant unterstellt.

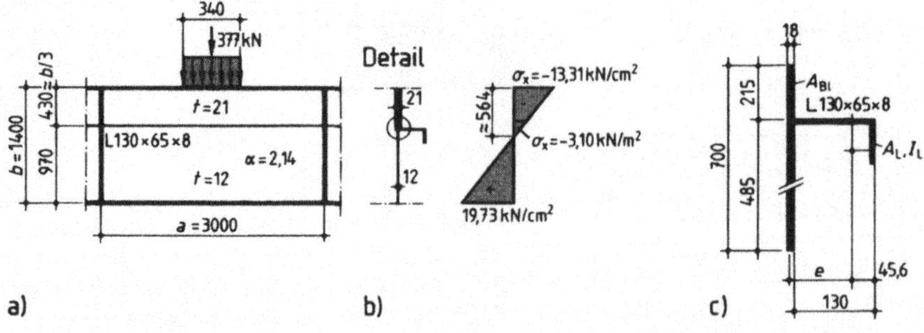

Bild **4.34** Stegblech-Beulfeld
a) Abmessungen b) Längsspannungen σ_x c) Längssteifenquerschnitt

Nachweis des Gesamtfeldes mit k_σ nach [42] und $t = t^{*}$[1]

Querschnittswerte der Längssteife

Die anrechenbare Stegblechbreite (Bild **4.34c**) erhält man nach [15], (301) und (303):

Druck: $b'_{ik} = 0,605 \cdot t \cdot \lambda_a \cdot \left(1 - 0,133 \cdot \dfrac{t \cdot \lambda_a}{b_{ik}}\right)$ für $b/t > 0,4075 \cdot \lambda_a$

$$= 0,605 \cdot 18 \cdot 92,9 \left(1 - 0,133 \frac{18 \cdot 92,9}{430}\right) = 488 \text{ mm} > 430 \text{ mm}$$

Zug: $b'_{ik} = 970 < 3000/3 = 1000$ m

$$b_{ik} = (430 + 970)/2 = 700 \text{ mm}$$

Steifenflächen, Trägheitsmoment:

$$A = A_L + A_{Bl} = 15,1 + 1,8 \cdot 70 = 15,1 + 126 = 141,1 \text{ cm}^2$$

$$I = I_L + \frac{A_L \cdot A_{Bl}}{A_L + A_{Bl}} \cdot e^2 = 263 + \frac{15,1 \cdot 126}{141,1} \cdot (13 + 1,8/2 - 4,56)^2 = 1439 \text{ cm}^4$$

Plattenparameter

$$\delta = \frac{A}{b \cdot t} = \frac{15,1}{140 \cdot 1,8} = 0,06 \qquad \gamma = 10,92 \cdot \frac{I}{b \cdot t^3} = 10,92 \cdot \frac{1439}{140 \cdot 1,8^3} = 19,2$$

$$\alpha = 2,14 \qquad\qquad \psi = -1,48$$

Für eine Längssteife im oberen Drittelpunkt der Beulfeldhöhe entnimmt man der Übersicht II in [42], dass bei dem vorhandenen δ und bereits bei einem (ungünstigeren) $\psi = -1,0$ schon ein $\gamma = 1$ ausreichend ist, um den Größtwert von $k_{\sigma x} = 52,7$ zu erreichen; damit ist die ideale Beulspannung des Gesamtfeldes mindestens so groß wie jene des ungünstigsten, oberen Einzelfeldes. Einen genaueren $k_{\sigma x}$-Wert liest man der den vorliegenden Parametern am nächsten liegenden Tafel in [42] ab.

Einzelbeulspannung σ_{xPi}

Näherungsweise gilt für $\psi = -1,25$, $\delta = 0,05$ und $\gamma \approx \gamma^* = 3$ nach [42]

$$k^*_{\sigma x} \geq 57,06$$

Dieser Wert darf nach [15] (601), (602) wie folgt erhöht werden:

$$\frac{\sigma^*_{Pi}}{\sigma^*_{Ki}} = k^*_\sigma \cdot \alpha^2 \cdot \frac{1 + \delta}{1 + \gamma} = 57,06 \cdot 2,14^2 \cdot \frac{1 + 0,06}{1 + 19,2} = 13,71$$

$$k_{\sigma x} = k^*_{\sigma x} \left[1 + \frac{\sigma^*_{Ki}}{\sigma_{Pi}} \cdot \left(\frac{1 + \gamma}{1 + \gamma^*} - 1\right)\right] = 57,06 \cdot \left[1 + \frac{1}{13,71} \cdot \left(\frac{1 + 19,2}{1 + 3} - 1\right)\right]$$

$$= 57,06 \cdot 1,295 = 73,9$$

---

[1] Führt man die Berechnung *ohne* Längssteife fort, stellt man fest, dass bei den vorliegenden Verhältnissen mit $\overline{\lambda}_p = 0,456 < 0,673$ für die Längsspannungen σ_x allein ausreichende Beulsicherheit ($\varkappa_\sigma = 1$) vorhanden ist.

Die Einzelbeulspannung σ_{xPi} erhält man nach dem in Abschn. 2 beschriebenen Rechengang:

$$\sigma_e = 1,898 \cdot \left(100 \cdot \frac{1,8}{140}\right)^2 = 3,14 \text{ kN/cm}^2$$

$$\sigma_{xPi} = 73,9 \cdot 3,14 \qquad = 232 \text{ kN/cm}^2$$

Ohne Rechnung folgt mit $\overline{\lambda}_P < 0,673$ und $\varkappa_{\sigma x} = 1,0$

$$\sigma_{x,P,R,d} = 21,8 \text{ kN/cm}^2$$

Einzelbeulspannung σ_{yPi}

Die örtliche Radlast $\varphi \cdot R_i^1 = 311$ kN erzeugt am oberen Stegblechlängsrand über die Lastverteilungsbreite von $c \approx 34$ cm (siehe Pkt. 4 des Beispiels) örtlich begrenzte Druckspannung, die im Beulnachweis mit σ_y bezeichnet werden. Die zur Beulung führende Last F_{yPi} wird nach 4.5.4.2 bestimmt.

Mit $c/a = 34/300 = 0,11$ und $\alpha = 2,14$ erhält man durch lineare Interpolation aus Tafel **4.5**

$$k_{\sigma y} = 1,15 \text{ und nach Gl. (4.22)}$$

$$F_{yPi} = 1,15 \cdot 3,14 \cdot 300 \cdot 1,8 = 1950 \text{ kN}$$

$$\sigma_{yPi} = 1950/(34 \cdot 1,8) = 31,86 \text{ kN/cm}^2$$

Mit $\qquad \overline{\lambda}_P = \sqrt{\dfrac{24}{31,86}} = 0,87$ und $\psi_{\sigma y} = 1,0$ (auf der sicheren Seite)

wird nach Tafel 2.2

$$c \qquad = 1,25 - 0,25 \cdot 1,0 \quad = 1,0$$

$$\varkappa_{\sigma y} = \left(\frac{1}{0,87} - \frac{0,22}{0,87^2}\right) = 0,86$$

$$\sigma_{y,P,R,d} = 0,86 \cdot 24/1,1 \qquad = 18,76 \text{ kN/cm}^2$$

Knickstabähnliches Verhalten liegt nicht vor.

Die Spannungen aus der Radlast sind – ohne Abminderung infolge elastischer Unterlage –

$$\sigma_y = 377/(1,8 \cdot 34) = 6,16 \text{ kN/cm}^2$$

Nachweis:

$$e_1 = 1 + 1,0^4 = 2$$

$$e_2 = 1 + 0,86^4 = 1,55 \qquad\qquad\qquad \text{nach Gl. (2.16)}$$

$$V = (1,0 \cdot 0,86)^6 = 0,405 \qquad\qquad\qquad \text{nach Gl. (2.17)}$$

$$\left(\frac{13,31}{21,8}\right)^2 + \left(\frac{6,16}{18,76}\right)^{1,55} - 0,405 \cdot \frac{13,31 \cdot 6,16}{21,8 \cdot 18,76} = 0,47 < 1 \qquad \text{nach Gl. (2.15)}$$

Nachweis des oberen Einzelfeldes

Aufgrund der realen Abmessungsverhältnisse (insbesondere $t = 21$ mm) ist eine Beulgefährdung augenscheinlich ausgeschlossen. Da hier jedoch Randdruckspannungen σ_y an **beiden** Längsrändern auftreten, soll die prinzipielle Vorgehensweise in diesem Fall vorgeführt werden. Auf der sicheren Seite wird weiterhin mit $t = t^* = 18$ mm gerechnet. Für die Beanspruchungsverhältnisse infolge σ_y werden in Anlehnung an [37] folgende Annahmen getroffen (Bild **4.35a**)

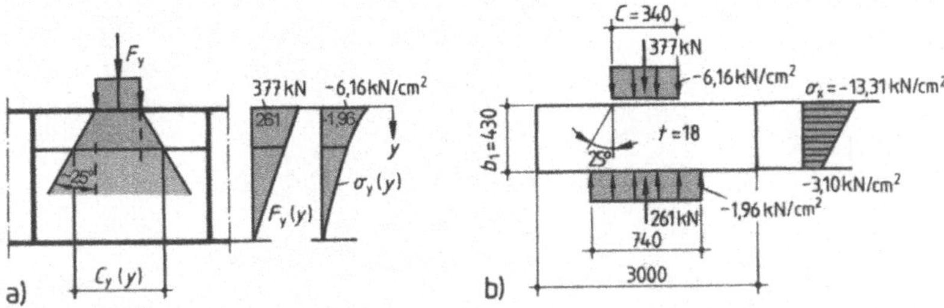

Bild **4.35** Oberes Teilfeld
a) Spannungsverteilung σ_y
b) Abmessungen und Beanspruchungen

1. Infolge der Schubspannungen aus der nichtlinearen (realen) σ_y-Verteilung (Bild **4.16**) nehme die Radlastwirkung linear über die Stegblechhöhe ab.

$$F_y(y) = F_{y,0}\,(1 - y/b) \tag{4.25}$$

2. Diese Last verteile sich auf eine Breite von

$$c(y) = c_0 + y \cdot 2 \cdot \tan 25° \tag{4.26}$$

Mit $F_{y,0} = 377$ kN, $c_0 = 34$ cm und $b = 140$ cm folgt

$$y = 0: \qquad F_y(0) = 377 \text{ kN} \qquad c(0) = 34 \text{ cm}$$
$$(\sigma_y = 377/(34 \cdot 1{,}8) = 6{,}16 \text{ kN/cm}^2)$$

$$y = 43 \text{ cm}: F_y(43) = 261 \text{ kN} \qquad c(43) = 74 \text{ cm}$$
$$(\sigma_y = 261/(74 \cdot 1{,}8) = 1{,}96 \text{ kN/cm}^2)$$

Die Spannungen σ_{x3} am unteren Längsrand betragen

$$\sigma_{x3} \quad = 428700/138114 = 3{,}10 \text{ kN/cm}^2$$

Vorwerte

$$\alpha \quad = 300/43 \approx 7{,}0 \qquad \sigma_e = 1{,}898 \cdot \left(100 \cdot \frac{1{,}8}{43}\right)^2 = 33{,}26 \text{ kN/cm}^2$$

Einzelbeulspannung σ_{xPi}

$$\psi \quad = 3{,}10/13{,}31 = 0{,}23 \qquad\qquad k_\sigma = \frac{8{,}4}{0{,}23 + 1{,}1} = 6{,}3 \qquad\qquad \text{nach Tafel } \mathbf{2.1}$$

$$\sigma_{xPi} \quad = 6{,}3 \cdot 33{,}26 = 209{,}5 \text{ kN/cm}^2$$

$$\bar{\lambda}_p \quad = \sqrt{\frac{24}{209{,}5}} = 0{,}338 < 0{,}673 \qquad \varkappa_{\sigma x} = 1{,}0 \qquad\qquad \text{nach Bild } \mathbf{2.8}$$

$$\sigma_{xP,R,d} = 21{,}8 \text{ kN/cm}^2$$

Einzelbeulspannung σ_{yPi}

Die Berechnung nach [52] gilt nur für den Lastangriff an *einem* Längsrand. Die Auswertung wird für beide Längsränder getrennt durchgeführt und die *gemeinsame* Wirkung beider Randspannung über die *Dunkerleysche Gerade* (= einfachste, auf der sicheren Seite liegende *Interaktionsbeziehung*) erfasst.

Rand oben

$$c/a \quad = 0,11 \qquad\qquad \alpha = 7,0$$

$$k_{\sigma y} \quad \text{nach [52]}$$

$$k_{\sigma y} \quad = 0,46$$

$$\sigma_{yPi,o} = 0,46 \cdot 33,26 \cdot \frac{300}{34} = 135,0 \text{ kN/cm}^2 \qquad\qquad\qquad\qquad\qquad \text{nach Gl. (4.22)}$$

$$\sigma_{y,o} \quad = 6,16 \text{ kN/cm}^2$$

Rand unten

$$c/a \quad = 74/300 = 0,25 \quad \alpha = 1,0$$

$$k_{\sigma y} \quad = 0,62$$

$$\sigma_{yPi,o} = 0,62 \cdot 33,26 \cdot \frac{300}{74} = 83,6 \text{ kN/cm}^2$$

$$\sigma_{y,u} \quad = 1,96 \text{ kN/cm}^2$$

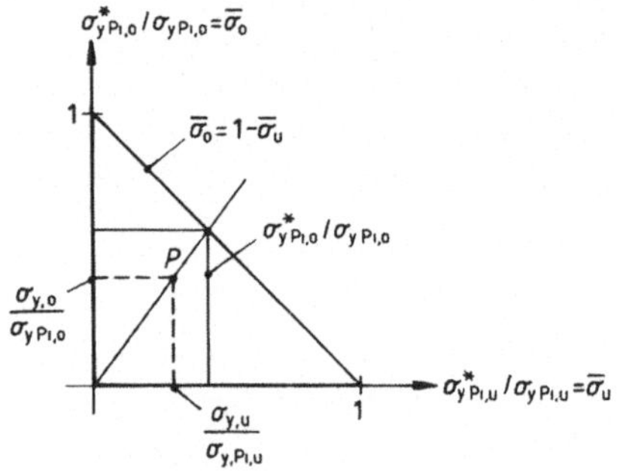

Bild **4.36**   Interaktion über Dunkerleysche Gerade

Die Dunkerleysche Gerade ist in Bild **4.36** dargestellt. Hierin bedeuteten $\sigma^*_{y,Pi,o,(u)}$ die idealen Beulspannungen am oberen (unteren) Rand, wenn gleichzeitig Spannungen $\sigma_{y,o,(u)}$ wirken. Bei den vorhandenen Spannungsverhältnissen erhält man die ideale Beulspannung $\sigma^*_{y,Pi,o}$ aus dem Schnittpunkt der beiden Geraden; letztere ergibt sich aus der Verbindung des Koordinatenursprungs mit dem Punkt P. Man erhält

$$\frac{1}{\sigma^*_{yPi,o}} = \frac{1}{\sigma_{yPi,o}} + \frac{\sigma_{y,u}/\sigma_{y,o}}{\sigma_{yPi,u}} \tag{4.27}$$

$$\frac{1}{\sigma^*_{yPi,o}} = \frac{1}{135} + \frac{1,96/6,16}{83,6} \qquad \sigma^*_{yPi,o} = 89,2 \text{ kN/cm}^2$$

Für *schmale* Platten mit *quergerichteten* Spannungen σ_y kann *knickstabähnliches Verhalten* vorliegen, wenn der Wichtungsfaktor $\varrho \geq 0$ ist, vgl. Abschn. 2.3.3. Er ist abhängig vom Verhältnis der Beul- zur Knickspannung σ_{yPi}/σ_{Ki}. Die Knicklänge eines Plattenstreifens der Länge $b = 43$ cm knickt unter der gegebenen Spannungsverteilung $\sigma_y(y)$ näherungsweise mit einer Knicklänge von $s_K = \beta \cdot b$ mit

$$\beta = \sqrt{\frac{1 + 0,88 \cdot \sigma_{y,u}/\sigma_{y,o}}{1,88}} \tag{4.28}$$

Die Knickspannung σ_{Ki} beträgt dann

$$\sigma_{Ki} = \sigma_e / \beta^2 \qquad\qquad (4.29)$$

also $\qquad \sigma_{Ki} = \dfrac{1,88}{1 + 0,88 \cdot 1,96 / 6,16} \cdot 33,26 = 48,85 \text{ kN/cm}^2$

$$\overline{\lambda}_P = \sqrt{\frac{24}{89,2}} = 0,52 < 0,673$$

$$\Lambda = 0,522 + 0,5 = 0,77 < 2 \qquad\qquad \Lambda = 2 \qquad\qquad\qquad \text{nach Gl. (2.20)}$$

$$\varrho = \frac{2 - 89,2 / 48,85}{2 - 1} = 0,17 < 1$$

Damit ist die Grenzbeulspannung für σ_y nach den Gln. (2.22) bis (2.24) zu bestimmen.

$$k = 0,5 \cdot [1 + 0,34 \cdot (0,52 - 0,2) + 0,52^2] = 0,69$$

$$1/\varkappa_K = 0,69 + \sqrt{0,69^2 - 0,52^2} \qquad \varkappa_K = 0,87$$

Der Abminderungsfaktor für Beulen beträgt bei $\overline{\lambda}_P < 0,673 \qquad \varkappa_P = 1,0$.

$$\varkappa_{PK} = (1 - 0,17^2) \cdot 1,0 + 0,17^2 \cdot 0,87 = 0,996$$

$$\sigma_{PK,R,d} = 0,996 \cdot 24 / 1,1 \qquad\qquad = 21,7 \text{ kN/cm}^2$$

Nachweis

$$e_1 = 1 + 1,0^4 \qquad = 2$$

$$e_2 = 1 + 0,996^4 \qquad = 1,98$$

$$V = (1,0 \cdot 0,996)^6 = 0,98$$

$$\left(\frac{13,31}{21,8}\right)^2 + \left(\frac{6,16}{21,7}\right)^{1,98} - 0,98 \cdot \frac{13,31 \cdot 6,16}{21,8 \cdot 21,7} = 0,29 < 1$$

Der Nachweis ist, wie nach Anmerkung 1 S. 153 zu erwarten war, erfüllt. Der Rechengang für das *untere Einzelfeld* ist offensichtlich entbehrlich, da hier (in *x*-Richtung) praktisch nur Zugspannungen vorliegen.

Neben dem Nachweis ausreichender Beulsicherheit ist nach [15], Element (801) bei Platten mit quergerichteten Druckspannungen (σ_y), die Längssteife auch noch als Druckstab mit Vorkrümmung nach Theorie II.O. nachzuweisen. Darauf kann hier verzichtet werden.

4.7 Kranbahnauflagerungen, Stützen, Verbände

4.7.1 Auflagerungen, Konsolen

Die *Auflager* der Kranbahnträger (auf Stützen oder Konsolen) müssen die lotrechten und waagerechten Auflagerlasten der Kranbahnträger aufnehmen. Zum *Ausrichten* der Kranbahn in Seiten- und Höhenlage sind an allen Befestigungsstellen *Futterbleche* (mit Langlöchern) vorzusehen; diese werden in mehreren Dicken (2, 4, ... mm) angefertigt und bei der Montage (oder nach eingetretener Stützenverschiebung) fallweise feinstufig eingebaut.

Auch bei der Auflagerung auf Stahlbetonstützen (ähnlich wie bei Konsolen) sind Ausrichtmöglichkeiten einzuplanen (Bild **4**.37). Kranbahnträger, Horizontalverband und Nebenträger können nur gemeinsam ausgerichtet werden.

Eine *Zentrierung* der Trägerauflagerung ist fallweise zweckmäßig, eine Auflagerung auf spezielle Neoprenauflager lärmschonend und schwingungsdämpfend.

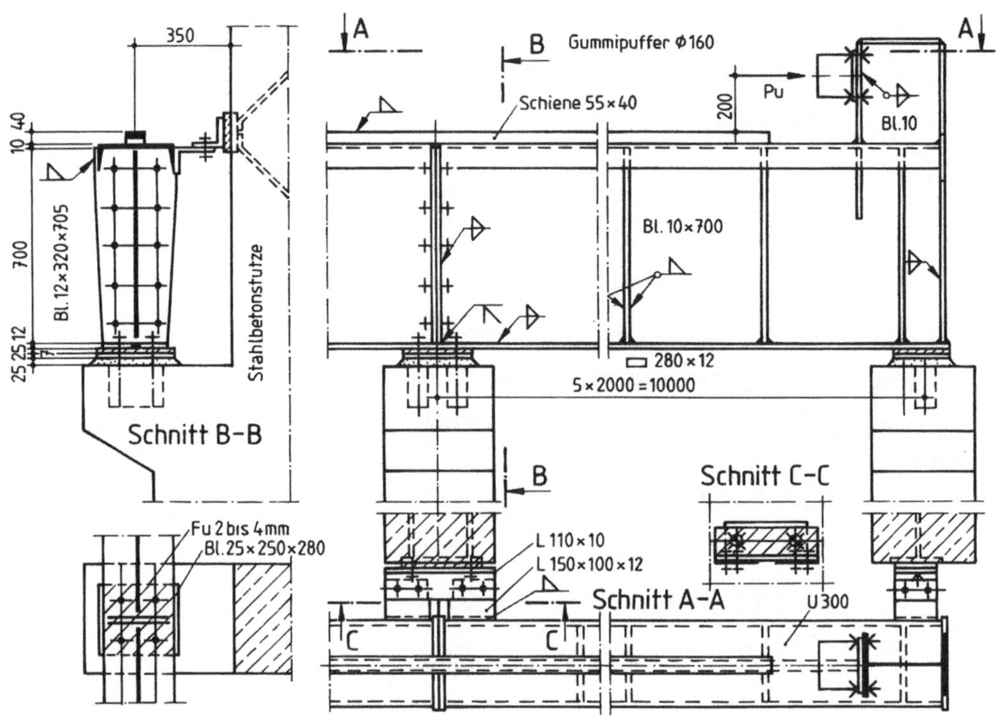

Bild **4**.37   Kranbahnträger auf Stahlbetonkonsolen

Die *Seitenkräfte* des Kranbahnträgers werden über Haltekonstruktionen (Bilder **4**.37 und **4**.39) in Höhe des Kranbahnträgerobergurtes an die Stützen abgegeben. Diese sollen sowohl konstruktiv einfach sein als auch die Tragfähigkeit nicht merklich beeinträchtigen. Dies ist insbesondere bei Durchlaufträgern über den Mittelstützen zu beachten, bei denen der Obergurt Zugspannungen erhält. Hier sind seitlich an die Gurte angeschweißte Bleche unvorteilhaft. Bei *frei aufliegenden Trägern* kann man das Auflager nach Bild **4**.38 ausbilden; man erreicht zentrische Belastung der Stütze, und die Längsverschiebung am Kranschienenstoß infolge der Endtangentenverdrehung der Träger wird kleiner. Seitliche Führungen verhindern das Kippen des Trägers. Dehnungsfugen der Kranbahn werden in gleicher Weise ausgeführt, doch entfallen die Anschlagsknaggen der oberen Lagerstelle. Die für den Kranbahnträger am Auflager stets notwendigen (waagerechten) Halterungen sind hier nicht dargestellt.

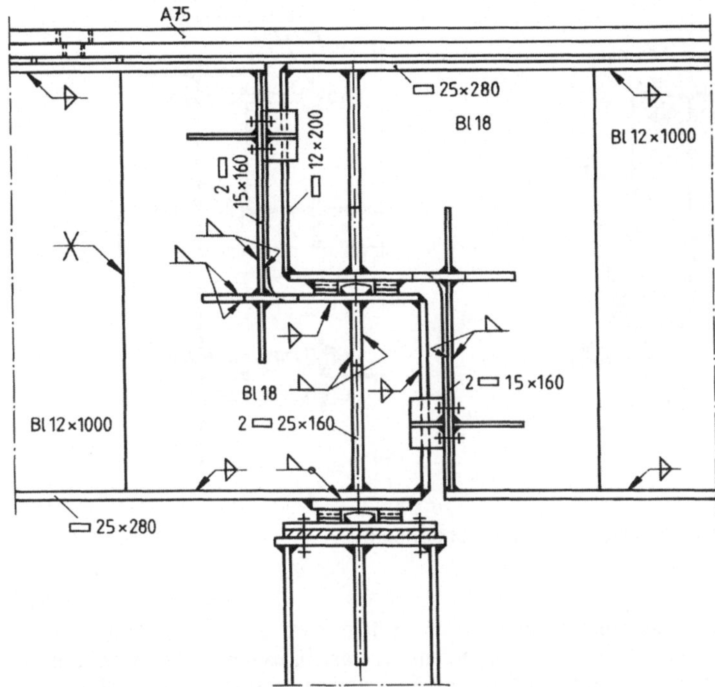

Bild **4.38** Auflagerung von einfeldrigen Kranbahnträgern auf einer (schmalen) Stütze

Konsolen

Bei mäßigen Auflagerlasten und i.d.R. bei Hallenrahmen werden die Kranbahnträger auf *Konsolen* aufgelegt (Bild **4.39**). Der Konsolenanschluss wird durch die Auflagerlast und das Kragmoment beansprucht. Die Konsolen und ihr Anschluss werden nach konstruktiven Gesichtspunkten ausgelegt und sollten nicht zu „weich" ausgeführt werden. Auch sie unterliegen einer dynamischen Beanspruchung und tragen zum Schwingungsverhalten des Kranbahnträgers bei.

Jedes Kranbahnende erhält einen mit einem federnden Puffer bestückten *Prellbock*, dessen Anschluss an den Kranbahnträger biegefest sein muss. Der *Puffer* muss die Bewegungsenergie des anprallenden Krans mit hoher Dämpfung bei möglichst niedriger Endkraft elastisch aufnehmen. Geeignet sind z.B. Puffer aus Gummi oder aus Polyurethan-Zellkunststoff mit umhüllender Schutzhaut (Bild **4.37**).

4.7.2 Kranbahnstützen

In *Freianlagen* (z.B. als Lagerplatzkrane) werden die Kranbahnstützen im *Fundament* eingespannt und übernehmen außer den Kranlasten (lotrecht und waagerecht) nur noch die Lasten aus Wind auf Kranbahn und Stütze. Schneelasten spielen keine Rolle.

In *Gebäuden* (Hallen) kommen hierzu i. Allg. außerdem noch die Lasten aus der Dach- und Wandkonstruktion, Schneelasten und Wind auf die Wände. Je nach statischem System des gesamten Hallenquerschnittes sind die Stützen gebäudeaussteifend ausgebildet und entweder im Fundament (Bild **4.40a**) oder im Dachriegel als *Rahmenstiel* (Bild **4.40c**) eingespannt. Übernehmen

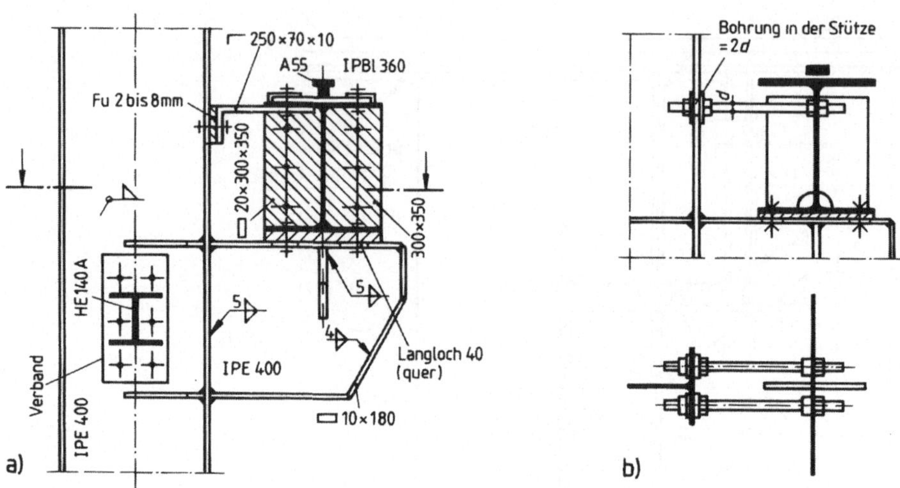

Bild **4.**39   Auflagerung einer Kranbahn auf einer Stützenkonsole

die Stützen keine aussteifende Funktion, so sind sie am Stützenkopf und -fuß gelenkig angeschlossen und erhalten Biegemomente lediglich aus Kranseitenlasten, exzentrischer Vertikallasteinleitung und (als Außenstützen) aus Wind. Auf die üblichen statischen Systeme der Hallenquerschnitte wird nicht eingegangen. Erst aus diesen ist angebbar, welche der Kranseitenlasten (Kräfte aus Anfahren bzw. Bremsen – H_M oder Schräglauf – S, H_S) für die Dimensionierung der Stützen maßgebend sind. Hierbei ist wichtig, dass die Seitenlast aus Schräglauf entweder gleichzeitig nach außen oder innen wirkt, während die Lastresultierenden aus den Kräftepaaren $H_{Mi,k}$ infolge Anfahren und Bremsen auf beide Kranbahnträger in die gleiche Richtung weisen. Für drei typische Fälle sind die maßgebenden horizontalen Stützenlasten dem Bild **4.**40 zu entnehmen; Kombinationen der Systeme b, c sinngemäß.

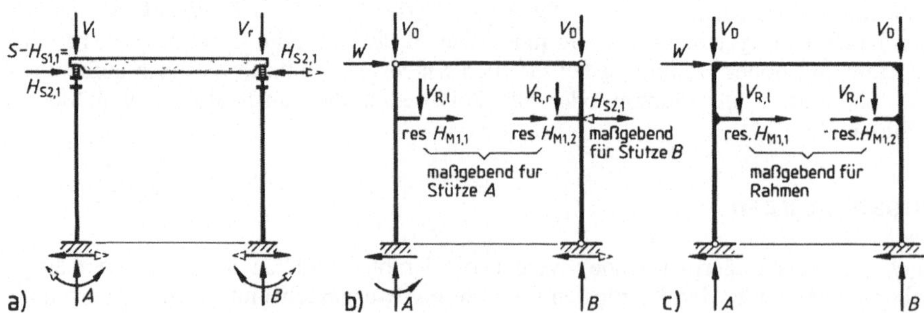

Bild **4.**40   Belastungen von Kranbahnstützen
    a) Freianlage ohne Stützenkopfkopplung
    b) Einspannstütze mit angehängter Pendelstütze
    c) Zweigelenkrahmen

Querschnitte (Bild **4.41**)

Die Querschnittswahl ist abhängig von den aufzunehmenden Stützenlasten und dem statischen System. *Walzprofile* aus Breitflanschträgern (HE-Reihe) besitzen eine größere Steifigkeit um die z-Achse als IPE-Querschnitte und eignen sich daher bei frei stehenden Stützen mit oder ohne Einspannung. Sie werden für die überwiegende Zahl der Hallenkonstruktionen verwendet. Wegen der Beschränkung der Stützenkopfauslenkungen zur Gewährleistung eines verschleißarmen Kranbetriebs sind Walzprofile (wie auch geschweißte Vollstützen) spannungsmäßig nicht ausnutzbar, was zur Folge hat, dass man sie i. Allg. nach Theorie I. Ordnung berechnen darf. Bei höheren Lasten (z.B. in Maschinen- und Gießhallen) verwendet man vorzugsweise geschweißte *Vollwand- oder Hohlkastenquerschnitte* bzw. *Fachwerkstützen*.

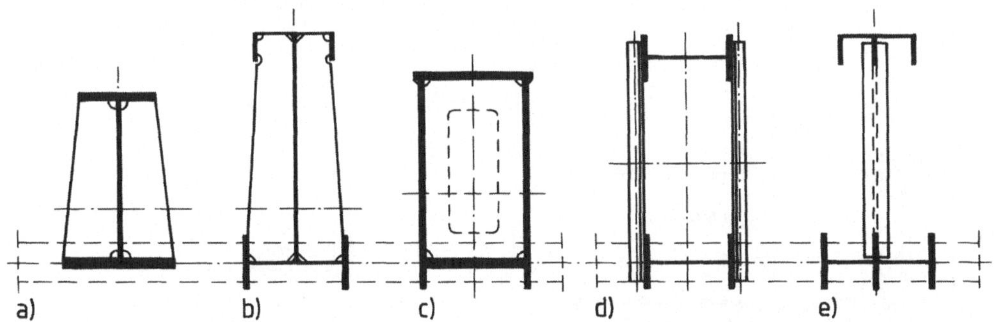

Bild **4.41**   Querschnitte von Kranbahnstützen
           a) bis b) Vollwandquerschnitt
           c) Kastenquerschnitt
           d) bis e) Fachwerkstütze

Vollwand- und Hohlkastenstützen. Bei leichtem Betrieb lagern die Kranbahnträger bei Vollwandquerschnitten auch hier auf Konsolen, während bei schwerem Betrieb der Stützenquerschnitt - auch bei Verwendung von Walzprofilen – in Höhe des Kranbahnauflagers *abgesetzt* ist. (Bild **4.42a**). In diesem Fall lagert der Kranbahnträger auf dem u.U. verstärkt ausgebildeten Innengurt (**4.41a** bis c). Zur Erhöhung seiner *Knicksicherheit* verwendet man vorzugsweise quer gestellte Walzprofile (Bild **4.41b**) und steift das Stegblech durch Querrippen oder Querschotte bei Hohlquerschnitten aus (Bild **4.41a** bis c). Dadurch bleibt die Querschnittsform erhalten, und die *Drillknickgefahr* ist weitgehendst ausgeschlossen. Bei schweren Kranlasten und großen Knicklängen werden Kastenquerschnitte ausgebildet, bei denen die Knick- und *Biegedrillknickgefahr* aufgrund der großen Steifigkeiten ausgeschlossen ist.

Fachwerkstützen. Diese eignen sich vorzugsweise als quer zur Kranbahn eingespannte Stützen, wobei der kräftige Innengurt (Pfosten) die Kranlast unmittelbar trägt. Bei *zweiwandiger* Fachwerkausbildung legt man die Füllstäbe direkt (innen oder außen) an die Flansche der Pfosten, was allerdings gewisse Exzentrizitäten der Stabachse zur Folge hat. Auch ist bei dieser (lohngünstigen) Lösung eine Anpassung der Gurtprofile eingeschränkt. Diese Nachteile entfallen bei der *einwandigen* Ausführung mit mittig liegenden, einteiligen Füllstäben und Anschlüssen über Knotenbleche. Der Fertigungsaufwand jedoch ist deutlich größer.

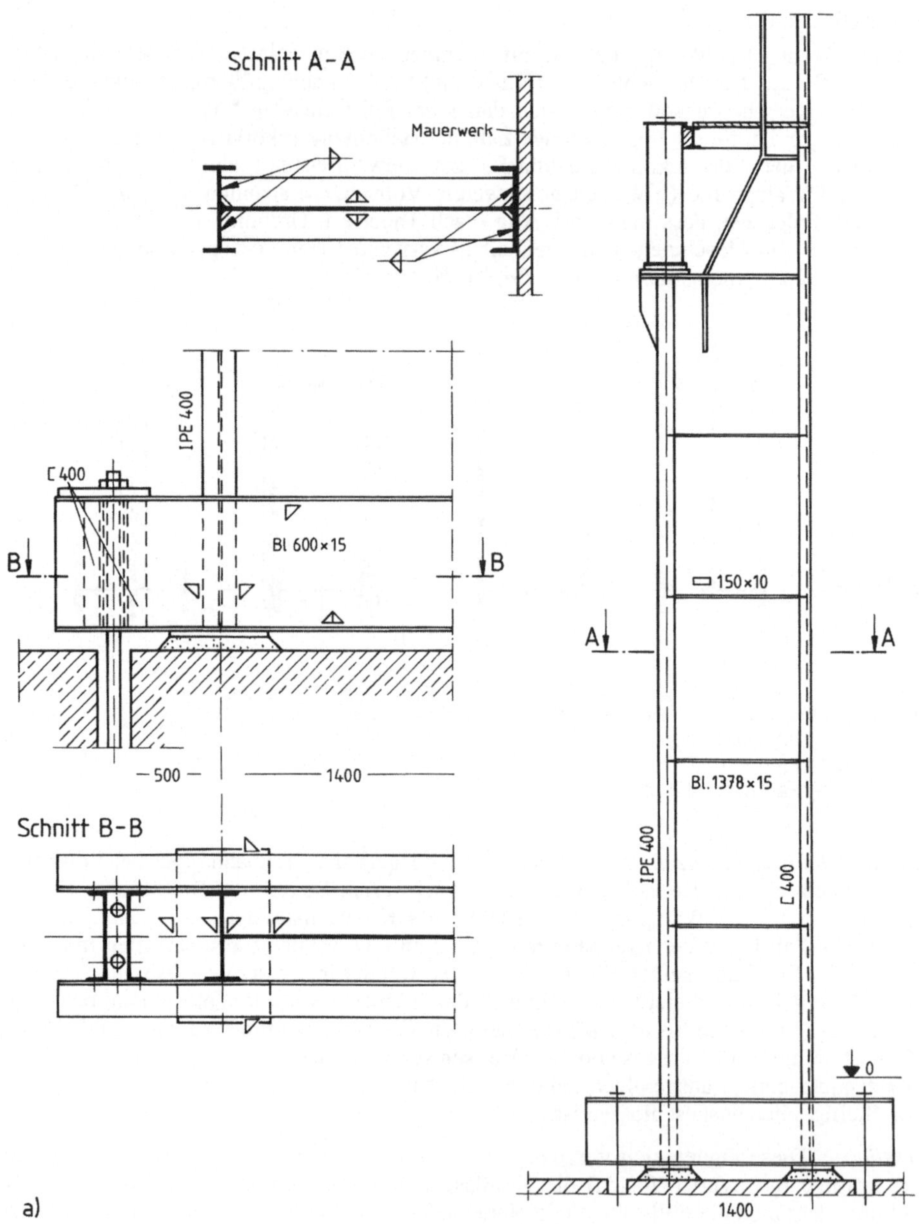

Bild **4**.42 Konstruktive Ausbildung von Kranbahnstützen
a) geschweißte Vollwandstütze mit Profilgurten b) verstärkte Walzprofilstütze mit HD-Grundquerschnitt c) Kastenquerschnitt d) Fachwerkstütze

Bild **4**.42, Fortsetzung

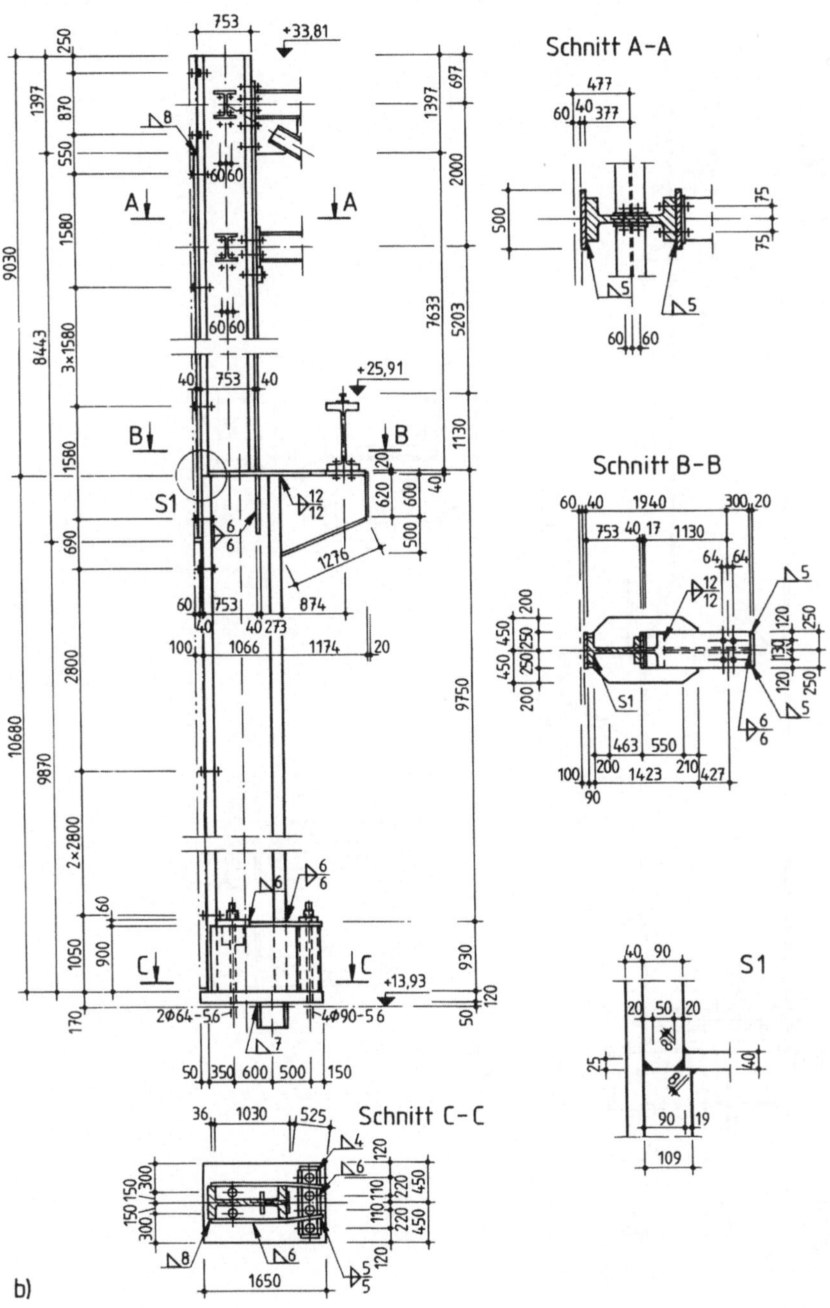

Bild **4.**42, Fortsetzung

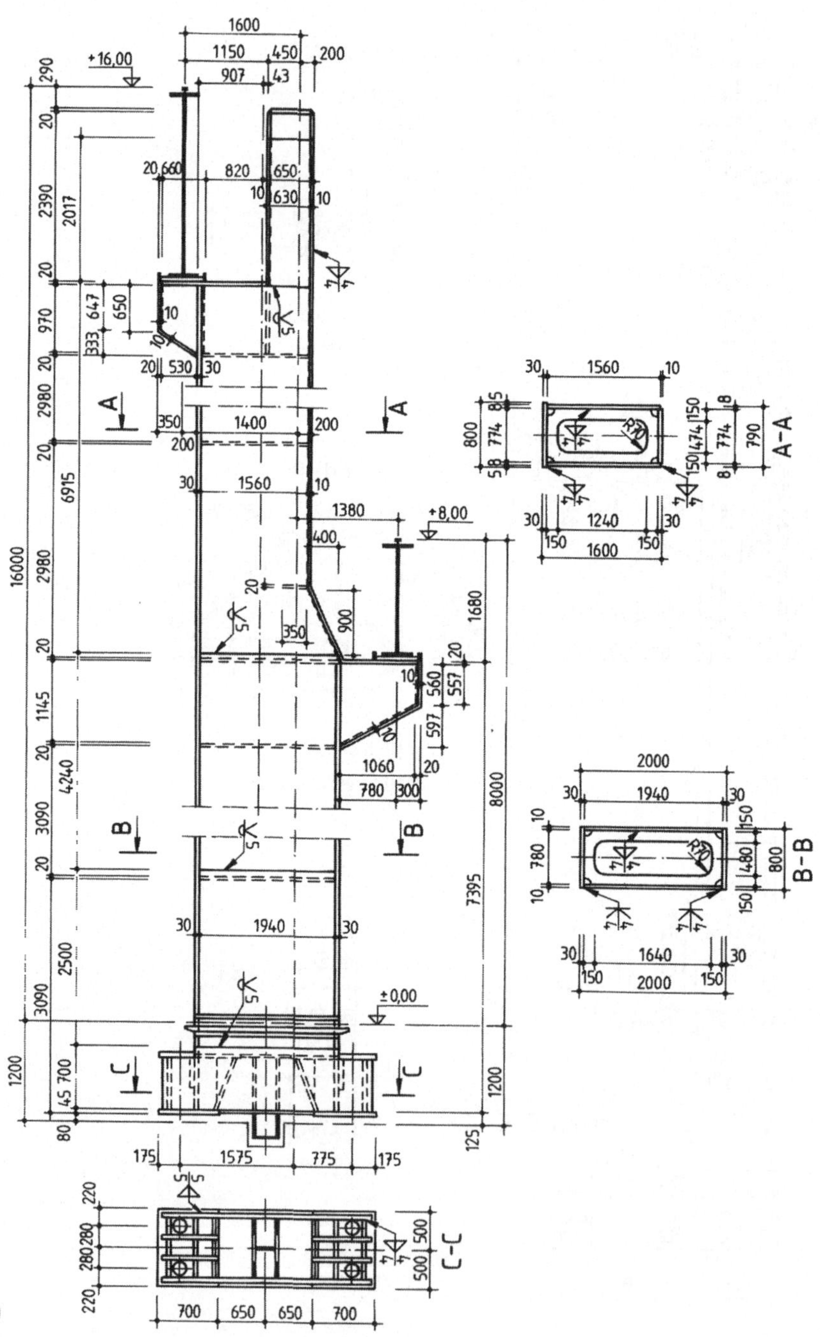

Bild **4**.42, Fortsetzung

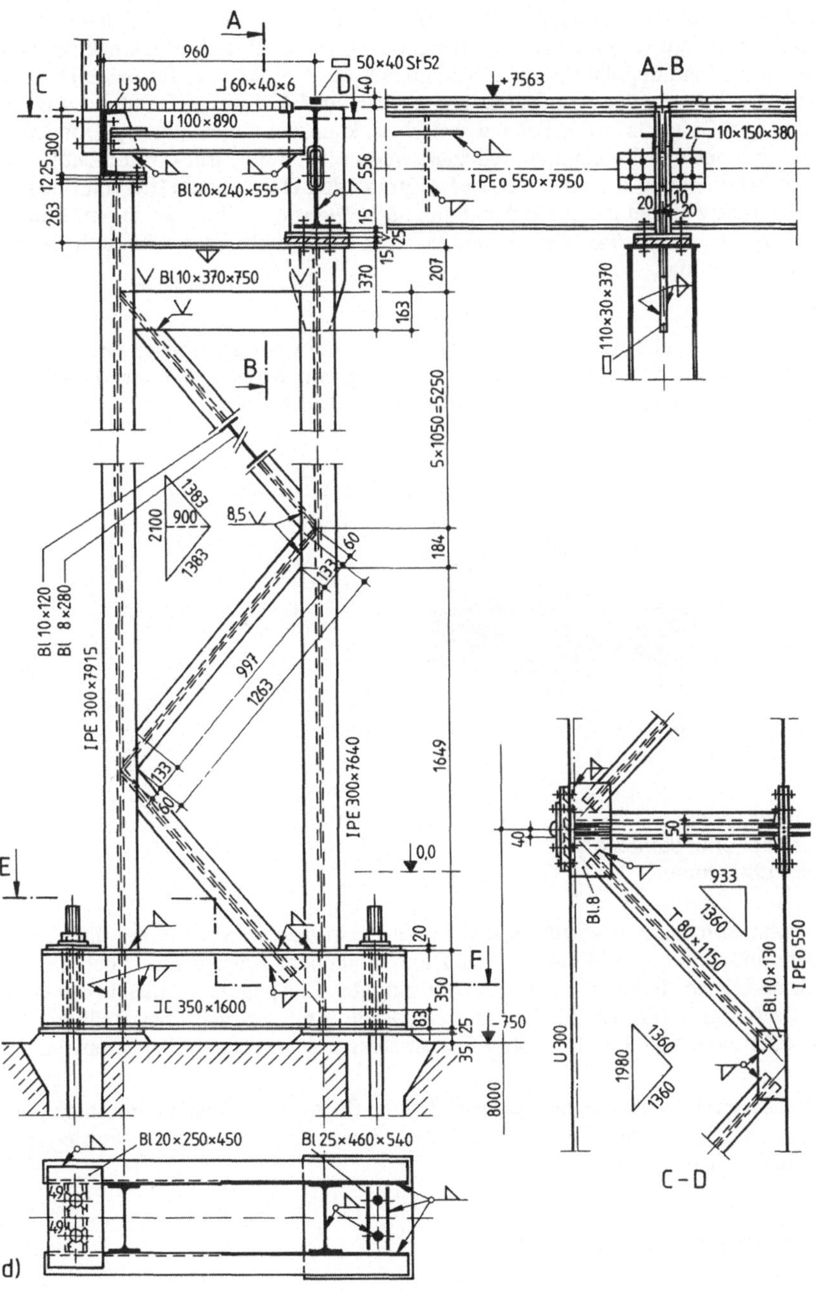

In statischer Hinsicht behandelt man die Stützen wie *Fachwerke* (s. Abschn. 1) und weist die Knicksicherheit der Einzelstäbe nach dem Ersatzstabverfahren wie üblich nach.

Die Knicklänge der Fachwerkpfosten beim Ausknicken aus der Stabebene entspricht der Stützenhöhe; die Knicklänge in der Stützenebene ist gleich dem Abstand der Fachwerkknoten und damit viel kleiner als für die andere Knickachse. Durch richtige Profilwahl und zweckmäßige Anordnung der Füllstäbe kann man ungefähr gleiche Schlankheit des Druckstabes für beide Hauptachsen erreichen. Für den Pfosten der Kranbahnstütze nach Bild 4.42d aus IPE 300 ist z.B. $\lambda_y = 772/12,5 = 62$ und $\lambda_z = 210/3,35 = 63$. Falls erforderlich, kann die Knicklänge s_{Ky} für Ausknicken aus der Ebene bei genauer Berechnung reduziert werden, weil die Druckkraft nicht konstant ist, sondern wegen der Wirkung der am Stützkopf angreifenden Horizontalkräfte von oben nach unten anwächst. Alternativ hierzu ist eine Behandlung nach *Theorie II. Ordnung* in Anlehnung an den Berechnungsgang für *mehrteilige Druckstäbe* (s. Teil 1) möglich. Bild **4.42** stellt Beispiele ausgeführter Hallenstützen dar.

Fußeinspannung

Vollwandstützen können – insbesondere aus Walzprofilen – bei geringen Einspannmomenten in Köcher eingespannt werden, wobei man durch Anordnung von Rippen und/oder Druckverteilungsplatten für klare Einspannverhältnisse im Köcher sorgt (Bild **4.43a**).

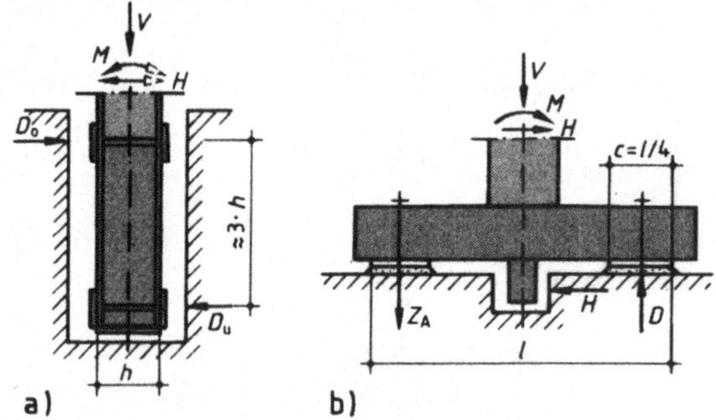

Bild **4.43** Stützeneinspannung
a) über Köcherfundamente
b) über Fußtraverse

Geschweißte Vollwandstützen, Kastenstützen und Fachwerkstützen werden immer über entsprechend ausgebildete Stützenfüße (Bild **4.42**) in das Blockfundament eingespannt. Auch hier ist es zweckmäßig, klar definierte Hebelarme bei der Auflösung des Einspannmomentes in ein vertikales Kräftepaar zu schaffen (Bild **4.43b**). Die Horizontalkräfte nimmt man über Reibung in der Vergussfuge auf oder sieht Schubdollen vor, weist sie aber niemals den Ankerschrauben zu (s. Teil 1, 7.3.1.4).

Vollwandige Pendelstützen lagert man bei geringen Lasten flächig über eine Vergussfuge auf das Fundament auf (s. Teil 1, Abschn. 7.3.1); bei größeren Lasten sieht man eine Zentrierung vor (vgl. „Stützenköpfe", Teil 1, 7.3.2).

4.7.3 Verbände in Kranbahnebene

Da die Kranbahnstützen nur in Querrichtung (rechtwinklig zur Kranachse) eingespannt werden und demgemäss in Längsrichtung wie Pendelstützen wirken, ist für die Standsicherheit in jedem

Kranbahnabschnitt zwischen zwei Dehnfugen ein *vertikaler Verband* in Kranbahnebene notwendig. Er wird zweckmäßig in der Mitte des Kranbahnabschnittes eingebaut; dadurch ist die von der Längendehnung der Kranbahn (bei Temperaturänderungen in Freianlagen) verursachte Schiefstellung der Stützen am Kranbahnende am kleinsten.

Der Verband wird von den Bremskräften H_B der gebremsten Räder der zwei schwersten Laufkrane oder von der Pufferendkraft P_u beansprucht, sofern diese maßgebend ist (s. Abschn. Einwirkungen). Sind die Verbandspfosten gleichzeitig Gebäudestützen, entfallen auf den Verband fallweise auch noch die anteiligen Lasten aus Wind auf die Giebelwände. Innerhalb von Hallen ist die Längsaussteifung der Kranbahnen und der Hallenlängswände i. Allg. eine Einheit. Ist die Wandverbandsebene von der Kranbahnachse zu weit entfernt, ist eine waagerechte Verbindung (z.B. ein Horizontalverband zwischen dem Kranbahnträger und der Wandebene) anzuordnen, um eine Verdrehung der Stützen um ihre Stabachse zu verhindern. Bei *gekreuzten Diagonalen* wird die Strebenkraft $D = \pm\, H/2 \cdot \cos\,\alpha$ (Bild **4.44**a), wenn beide Diagonalen drucksteif sind. Die Knicklänge für Knicken senkrecht zur Fachwerkebene hängt u. a. auch von der Stoßausbildung an der Kreuzungsstelle der Streben ab und kann nach DIN 18800-2 (s. Tafel **3.3**) berechnet werden.

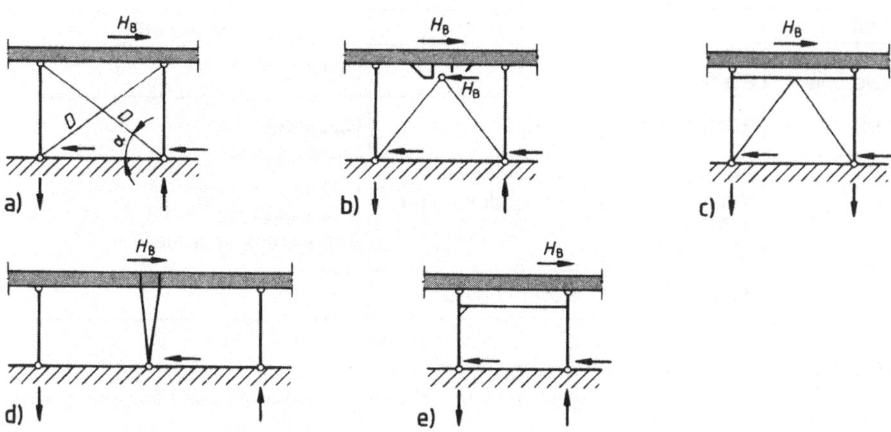

Bild **4.44** Kranbahnverbände und -rahmen

Das K-Fachwerk behindert den Querverkehr unter der Kranbahn weniger als das Strebenkreuz. Damit der Verband von lotrechten Kranbahnlasten frei bleibt, muss sich der Kranbahnträger im Verbandsfeld ungehindert durchbiegen können. Die Bremskraft H kann entweder durch Anschläge unmittelbar an den Strebenknoten abgegeben oder aber über die Trägerauflager in einen waagerecht unterhalb der Kranbahn angebrachten Fachwerkstab eingeleitet werden (Bild **4.44**b, c).

Der Verkehrsraum unter der Kranbahn wird frei, wenn man den Bremsverband als Rahmen (Portal) ausführt. Das Rahmensystem ist so zu wählen, dass wie bei Fachwerkverbänden keine Beanspruchungen aus lotrechten Lasten entstehen (Bild **4.44**e, zur konstruktiven Gestaltung s. Abschn. 6 „Rahmentragwerke").

In allen Fällen ist es sinnvoll, den Verband (oder das Portal) als eigenständige Konstruktion auszuführen und den Kranbahnträger nicht mit einzubeziehen. Dann liegen auch klare statische Verhältnisse vor.

4.8 Neuere Entwicklungen in der Normung

Die derzeit noch gültigen Normen für Krane DIN 15018 [19] und Kranbahnen DIN 4132 [18] beinhalten den Wissensstand von (ca.) 1980. Eine Anpassung der Kranbahnnorm an das Konzept der Teilsicherheitsfaktoren entsprechend der Stahlbaugrundnormen DIN 18800 [12] bis [15] erfolgte über die Anpassungsrichtlinie Stahlbau [27]. Insbesondere bezüglich der für Kranbahnen wichtigen Nachweise der Werkstoffermüdung ist das (gültige) Bemessungskonzept insgesamt jedoch unbefriedigend, weil neuere Erkenntnisse über eine wirtschaftliche und gleichermaßen tragsichere Bemessung von Kranbahnen durch die Anpassung nur zu einem geringen Teil erfasst werden konnten. Aus diesem Grund werden die Vorschriften über Krane und Kranbahnen europäisch – aber auch national – überarbeitet. Auf die wesentlichen Neuerungen soll in diesem Abschnitt informativ eingegangen werden.

Kranbahnen werden zukünftig nach den in Tafel **4.6**, Spalte 2 aufgeführten Regelwerken zu behandeln sein; in Spalte 3 sind zum Vergleich die bisherigen Normen aufgeführt.

Tafel **4.6** Zukünftige (und bisherige) Regelwerke für Kranbahnträger

Betreff	Normen (neu)	Normen (alt)
Krane / Kranklassifizierung	EDIN EN 13001 -1, 2 bzw. **EDIN 1055-10**	DIN 15018
Einwirkungen	**EDIN 1055-10** [EC 1-5] [1]	DIN 4132
Bemessung	**EC 3-6** u. **EC 3 -1-1**, jeweils mit Nationalem Anwendungsdokument (NAD) (DIN 18800) [2]	DIN 4132 u. DIN 18800 mit Anpassungsrichtlinie
Ermüdung	**EC 3-6** u. **EC 3 - 1.9**[3] mit NAD	DIN 4132

[1] EC 1-5 und EDIN 1055-10 sind praktisch identisch.
[2] Anstelle des EC 3-1-1 ist auch die Anwendung von DIN 18800 nach Auffassung des Verfassers - entgegen dem Vermischungsverbot - denkbar.
[3] EC 3 - 1.9 beinhaltet die allgemeinere Form der Ermüdungsfestigkeitsnachweise.

4.8.1 Einwirkungen

Krane werden nach [V3] und in Übereinstimmung mit [V1,V2] je nach Verwendungszweck (wie bisher) in Hubklassen HC1 bis HC4 (früher H1 bis H4) eingeteilt und entsprechend den Arbeitsbedingungen im *Ermüdungsnachweis* (Betriebsfestigkeitsnachweis) einer der 10 *Klassifizierungsgruppen* S_0 bis S_9 (früher Beanspruchungsgruppen B1 bis B6) zugeordnet, siehe Tafel **4.2**, Klammerwerte.

Mit der Hubklasse wird einer der *dynamischen Vergrößerungsfaktoren* (früher Schwingbeiwert) φ_j für die auf die Kranbahn einwirkenden Lasten (Eigengewicht, Hublast, Antriebskräfte, Pufferkräfte) festgelegt, während die *Klassifizierungsgruppe* die *Anzahl der Arbeitsspiele (früher Spannungsspielbereich)* innerhalb der Nutzungsdauer und das *Bemessungsspektrums der Spannungsschwingbreiten* (früher Beanspruchungskollektiv) erfasst.

Die Einteilung der Einwirkungen (Lasten) auf Kranbahnen unterscheidet sich prinzipiell nicht von den bisherigen Regelungen. Unterschiede ergeben sich jedoch aus den jetzt nicht mehr global anzusetzenden dynamischen Vergrößerungsfaktoren φ_i bzw. φ_j und bei der Zusammenstellung der Lasten zu *Lastgruppen* in den *Grenzzuständen der Tragfähigkeit* und *Gebrauchstauglichkeit.*

Dynamische Vergrößerungsfaktoren φ_i

Während bisher die dynamischen Einflüsse aus dem Kranbetrieb gemäß Tafel **4.4** für den Kranbahnträger bzw. dessen Unterstützung – unabhängig von der Lastart – global und nur in Abhängigkeit von der Hubklasse festgelegt waren, ist nach den zukünftigen Regelwerken zusätzlich auch die Lastart zu berücksichtigen. In Tafel **4.**7 sind die wesentlichen dynamischen Vergrößerungsfaktoren φ_1 bis φ_4 und φ_5 nach [V3] zusammengestellt. Bei den üblichen Hubgeschwindigkeiten von 6 m/min = 0,1 m/sec ergibt sich z.B. für φ_2 ein Wert von $1,15 < \varphi_2 \leq 1,6$. (Weitere dynamische Vergrößerungsfaktoren sind zu berücksichtigen beim Fahren auf unebenen Fahrwegen (φ_4), für Prüflasten (φ_6) und beim Anprall des Kranes an Puffer (φ_7)).

Nach [V7] dürfen die Schwingbeiwerte φ für Unterstützungen und Aufhängungen um 0,1, jedoch maximal bis auf $\varphi = 1,0$ abgemindert werden. Beim Verkehr mehrerer Krane gilt in Lastgruppe 1 für den Kran mit dem größten Einfluss dessen Schwingbeiwert φ_2, für die übrigen Krane die Schwingbeiwerte der Hubklasse HC1.

Nachfolgend werden die Einwirkungen beschrieben, die sich aus dem Kranbetrieb ergeben. Zum *Eigengewicht des Kranes* gehören alle Lasten und beweglichen Elemente einschließlich aller Ausstattungen sowie ein Anteil der hängenden Hubseile.

Tafel **4.**7 Dynamische Vergrößerungsfaktoren für vertikale Lasten (Schwingbeiwerte) - Auszug

Ursache	anzuwenden auf				Dynam. Vergröß.-faktor	Berechnung des Vergrößerungsfaktors	
Anheben der Hublast vom Boden	Eigengewicht des Krans				φ_1	$\varphi_1 = 1 \pm a \quad 0 < a < 0,1$	
Transferieren der Hublast vom Boden	Hublast				φ_2	$\varphi_2 = \varphi_{2,min} + \beta_2 \cdot v_a$	
		HC1	HC2	HC3	HC4	v_a- Hubgeschwindigkeit [m/sec] nach Art des Hubwerkes – siehe [V2]	
	$\varphi_{2,\,min}$	1,05	1,10	1,15	1,20		
	β_2	0,17	0,34	0,51	0,68	β_2- Beiwert	
Plötzliches Loslassen der Hublast oder eines Anteils der Hublast	Hublast				φ_3	$\varphi_3 = 1 - \dfrac{\Delta m}{m} \cdot (1 + \beta_3)$ Δm -losgelassene Teilhubmasse m -Gesamthubmasse $\beta_3 = 0,5$: Greiferkran $\beta_3 = 1,0$: Magnetkran	
Kranfahren auf Schienen oder Fahrbahnen	Eigengewicht des Kranes einschl. Hublast				φ_4	$\varphi_4 = 1,0$ bei Kranschienentoleranzen nach [V6]	
Anfahren und Bremsen (Antriebskräfte)	Antriebskräfte				φ_5	$1,0 \leq \varphi_5 \leq 1,5$: Stetige Antriebskraft $1,5 \leq \varphi_5 \leq 2,0$: plötzliche Antriebskraftveränderung $\varphi_5 = 3,0$ Antriebe mit beträchtlichem Spiel	

4.8.1.1 Vertikale veränderliche Lasten von Brückenkranen

Die maximalen und minimalen Radlasten $\sum Q_r$ des belasteten (a) bzw. unbelasteten Kranes (b) und die hierzu gehörenden Radlasten auf dem minderbelasteten Kranbahnträger (a) bzw. dem mehrbelasteten Kranbahnträger (b) ergeben sich aus

Q_{C1} – Eigengewicht der Krankonstruktion ohne Katze

Q_{C2} – Eigengewicht der Katze und

Q_H – Hublast

bei extremaler Kraftstellung. Diese erhält man aus dem Anfahrmaß der Katze (= geringstmögliche Entfernung des Kranhakens von der Schiene des Kranbahnträgers). Für den belasteten Kran mit der Kranstützweite l_S – siehe Bild **4.1** – ergibt sich z.B.

a) belasteter Kran

$$\sum Q_{r,\text{max}} = \varphi_i \cdot [Q_{C1}/2 + Q_{C2} \cdot (1 - \xi_e)] + \varphi_j \cdot Q_H \cdot (1 - \xi_e) \tag{4.31a}$$

$$\sum Q_r^{\text{max}} = \varphi_i \cdot [Q_{C1}/2 + Q_{C2} \cdot \xi_e] + \varphi_j \cdot Q_H \cdot \xi_e \tag{4.31b}$$

$$\sum Q_r = \sum Q_{r,\text{max}} + \sum Q_r^{\text{max}} \tag{4.31c}$$

mit

$$\xi_e = e_{\text{min}}/l_S$$

$\sum Q_{r,\text{max}}$ größte Radlastsumme des mehrbelasteten Kranbahnträgers

$\sum Q_r^{\text{max}}$ zugehörige Radlastsumme des minderbelasteten Kranbahnträgers

$\sum Q_r$ Gesamtgewicht der Krananlage einschl. Hublast

Die Vergrößerungsfaktoren φ_i, φ_j ergeben sich entsprechend des zu untersuchenden Grenzzustandes aus den Lastgruppen nach Tafel **4.8**. So ist z.B. die Eigenlast mit φ_1 und die Hublast mit φ_2 oder φ_3 zu vervielfältigen. Der Vergrößerungsfaktor φ_4 bezielt sich auf beide Lastarten.

Die Radlasten $Q_{r,\text{min}}$ und Q_r^{min} des unbelasteten Krans (b) ergeben sich analog mit $Q_H = 0$ aus Gl. (4.31b) und (4.31a). (Die Teilsicherheitsbeiwerte $\gamma_{F,G/Q}$ müssen hier noch nicht berücksichtigt werden, da nach [V3] i. Allg. $\gamma_{F,G} = \gamma_{F,Q} = 1,35$ (1,0) gilt – siehe Tafel **4.8**).

Die Radlasten werden i.d.R. von Kranhersteller angegeben; hierbei ist zu prüfen, ob in den Herstellerangaben die Schwingbeiwerte φ_i, φ_j bereits enthalten sind. In den Klassifizierungsgruppen S_0 bis S_3 wirken die Radlasten in Schienenkopfmitte, ab S_4 ist – wie früher – eine Ausmitte von $\pm$ 1/4 der Schienenkopfbreite sowohl beim Nachweis der Tragfähigkeit als auch beim Ermüdungsnachweis zu berücksichtigen.

4.8.1.2 Veränderliche Lasten quer zur Fahrbahn

Prinzipiell sind die gleichen *Massenkräfte* und *Spurführungskräfte* wie im alten Regelwerk anzusetzen (vgl. Abschn. 4.5.1.3).

Massenkräfte $H_{T,i}$ aus Anfahren (Bremsen) der Kranbrücke

Sie ergeben sich aus den i.d.R. mittig zur Krananlage wirkenden Antriebskräfte K. Bei Einzelradantrieb (IFF – früher EFF) ist

$$K = \mu \cdot m_w \cdot Q_{r,\text{min}} \tag{4.1a}$$

mit

$\mu = 0{,}2\ (0{,}5)$ Reibbeiwert Stahl auf Stahl (Gummi auf Stahl)

m_{w} Anzahl der einzeln angetriebenen Räder

$Q_{\mathrm{r,\,min}}$ minimale Last je Rad des unbelasteten Krans

Beim Anfahren (Bremsen) der Krananlage und extremaler Katzstellung entsteht das Versatzmoment $K \cdot l_{\mathrm{S}}$, welches entsprechend dem Massenschwerpunkt auf die beiden Kranbahnträger verteilt wird. In den Gln. (4.2a) bis (4.2c) ist formal zu setzen: $\xi = \xi_1$, $\xi' = \xi_2$, $\sum\max R = \sum Q_{\mathrm{r,max}}$ und $\sum R = \sum Q_{\mathrm{r}}$. Die Auflösung der Kräftepaare über den Radabstand a liefert zusammen mit dem dynamischen Vergrößerungsfaktor φ_5

$$H_{\mathrm{T},\,1} = \varphi_5 \cdot \xi_2 \cdot K \cdot l_{\mathrm{S}}\,/\,a \qquad\qquad\qquad \text{vgl. Gl. (4.3a)}$$

$$H_{\mathrm{T},\,2} = \varphi_5 \cdot \xi_1 \cdot K \cdot l_{\mathrm{S}}\,/\,a \qquad\qquad\qquad \text{vgl. Gl. (4.3b)}$$

(Wirkungsweise von $H_{\mathrm{T},\,i}$ – siehe Bild **4.11** mit $H_{\mathrm{T},\,i} = H_{\mathrm{M},\,i,\,k}$.)

Spurführungskräfte S und $H_{\mathrm{S},\,k,\,i,\,(\mathrm{T})}$

An der Berechnung der Kräfte S bzw. H_{S} hat sich – einschließlich der Bestimmung des Kraftschlussbeiwertes f in Abhängigkeit von Schräglaufwinkel α – nichts geändert. Mit den neuen Bezeichnungen ist in der Gl. (4.4a) $\sum R$ durch $\sum Q_{\mathrm{r}}$ und in Gl. (4.6a) $\sum\min R$ durch $\sum Q_{\mathrm{r}}^{\max}$ bzw. $\sum\max R$ durch $\sum Q_{\mathrm{r,\,max}}$ zu ersetzen. Eine dynamische Vergrößerung (durch φ) tritt bei den Spurführungskräften nicht auf.

Massenkräfte aus Katzfahren und veränderliche Lasten in Richtung der Fahrbahn (längs)

Diese werden – wie früher – für die Bemessung des Kranbahnträgers nicht maßgebend.

4.8.1.3 Weitere veränderliche Lasten, außergewöhnliche Einwirkungen und Prüflasten

Veränderliche Lasten auf Laufstege, Wind, Schnee und Temperatur sind ähnlich anzusetzen wie im bisherigen Regelwerk siehe [V3].

Zu den außergewöhnlichen Einwirkungen zählen die Pufferanprallkräfte H_{B}.

Pufferanprallkräfte H_{B}

Diese werden i.d.R. von Kranherstellern angegeben, sind jedoch nach [V3] über die Fahrgeschwindigkeiten v_1 des Krans mit der Masse m_{C} (einschl. Hublast) und der Federkonstanten S_{B} des Puffers einfach zu berechnen. Sie sind mit einem dynamischen Vergrößerungsfaktor φ_7 zu vervielfältigen. Ihre Verteilung auf die beiden Kranbahnträger darf über die Hebelarme ξ_1 und ξ_2 erfolgen.

Kranprüflasten

Diese Lastart war in dem bisherigen Regelwerk nicht vorgesehen. Man unterscheidet eine *Dynamische Prüflast* (= 110 % der Nenn-Hublast) von der *Statischen Prüflast* (= 125 % der Nenn-Hublast). Die Dynamische Prüflast ist mit einem Schwingbeiwert $\varphi_6 = 0{,}5 \cdot (1 + \varphi_2)$ zu vervielfältigen und gleichzeitig mit den Horizontallasten aus Anfahren/Bremsen (einschl. φ_5) anzusetzen (Kraneigengewicht mit φ_7). Diese Einwirkungen bilden zusammen die Lastgruppe 8 im Grenzzustand der Gebrauchstauglichkeit (GZG).

Die im Ermüdungsnachweis anzusetzenden *Ermüdungslasten* werden im Abschnitt 5.5 behandelt.

4.8.1.4 Kombination von Einwirkungen – Lastgruppen

Die beschriebenen charakteristischen Einwirkungen auf Kranbahnen sind nach [V3], [V3a] und in Übereinstimmung mit [V2] unter der Verwendung von Teilsicherheitsbeiwerten γ_F in Lastgruppen zusammenzufassen. Dabei werden die *Grenzzustände der Tragfähigkeit (GZT)* – (Lastgruppe 1 bis 7) – und der *Gebrauchstauglichkeit (GZG)* – (Lastgruppe 8 bis 11) – sowie *außergewöhnliche Grenzzustände* – (Lastgruppen 12 und 13) – unterschieden. Jede Lastgruppe ist dabei als eine Einheit zu betrachten. Treten noch weitere veränderliche Einwirkungen auf, so sind im Grenzzustand der Tragfähigkeit entsprechend [V3a] weitere Kombinationen zu bilden, siehe auch [V10].

In Tafel 4.8 sind die wesentlichen Lastgruppen, die anzusetzenden Schwingbeiwerte φ_i, φ_j und die Teilsicherheitsbeiwerte für Einwirkungen und Widerstände zusammengestellt.

Tafel 4.8 Lastgruppen, dynamische Vergrößerungsfaktoren und Teilsicherheitsbeiwerte (exemplarischer Auszug)

Lastart	Bezeichnungen	Lastgruppe						
		1	2	5	9	10	12	14
		Grenzzustand					Außergewöhnlich	Ermüdung
		GZT			GZG			
Eigengewicht Kran	Q_C	φ_1	φ_1	φ_4	1	1	1	$\varphi_{fat,1}$
Hublast	Q_H	φ_2	φ_3	φ_4	1	1	1	$\varphi_{fat,2}$
Anfahren / Bremsen	H_L, H_T	φ_5	φ_5	–	–	–	–	–
Schräglauf	S, H_S	–	–	1	–	1	–	–
Pufferanprall	H_B	–	–	–	–	–	φ_7	–
Sicherheitsbeiwerte γ_f nach [V3] γ_M nach [V6], [V7] bzw.[V9]		$\gamma_F = 1{,}35 \ (1{,}0)$ $\gamma_M = \gamma_{M0} = \gamma_{M1} = 1{,}1$ $\gamma_{M2} = \gamma_{Mb} = \gamma_{Mw} = 1{,}25$			$\gamma_F = 1{,}0$ $\gamma_M = 1{,}0$		$\gamma_{FA} = 1{,}0$ $\gamma_{MA} = 1{,}1$ bzw. $\gamma_{MA} = 1{,}25$	$\gamma_{Ff} = 1{,}0$ $\gamma_{Mf} = 1{,}0/$ $1{,}1/1{,}35$

γ_{M0} - Sicherheit gegen Fließen

γ_{M1} - Sicherheit gegen Stabilitätsverlust

γ_{M2} - Nettoquerschnitt b. geschraubten Anschlüssen

γ_{Mb} – Schrauben

γ_{Mw} – Nähte

γ_{Mf} – siehe Abschn. 5.5 (Ermüdung)

Beispiel 5: (Bild 4.31)

Für einen mit dem Beispiel 1 vergleichbaren Kran sollen die Raddrücke und die Horizontallasten nach den neuen Regelwerken berechnet werden. Nach Angaben des Kranherstellers ist $Q_{C1} = 64$ kN, $Q_{C2} = 7{,}0$ kN und $Q_H = 125$ kN.

1. Raddrücke

a) *belasteter Kran*

Es wird angenommen, dass sich das Gewicht der Laufkatze und der Krananlage ähnlich verteilen wie im Beispiel 1, d.h. im Verhältnis 76/160 = 0,475 und 84/160 = 0,525.

Mit $l_{min} = 0{,}8$ m, $\xi_e = 0{,}8/16{,}0 = 0{,}05$ und $1 - \xi_e = 0{,}95$ wird

$$Q_{r,max2,1} = \varphi_i \cdot 0,475 \cdot [64,0/2 + 7,0 \cdot 0,95] + \varphi_j \cdot 0,475 \cdot 125 \cdot 0,95$$

$$= \varphi_i \cdot 18,36 + \varphi_j \cdot 56,41 \qquad (74,77) \qquad\qquad \text{n. Gl. (4.30a)}$$

$$Q_{r,max2,2} = \varphi_i \cdot 0,525 \cdot [64,0/2 + 7,0 \cdot 0,95] + \varphi_j \cdot 0,525 \cdot 125 \cdot 0,95$$

$$= \varphi_i \cdot 20,29 + \varphi_j \cdot 62,34 \qquad (82,63)$$

Für den weniger belasteten Kranbahnträger wird mit 14/36 = 0,389 und 22/36 = 0,611

$$Q_{r,1,1}^{max} = \varphi_i \cdot 0,389 \cdot [64,0/2 + 7,0 \cdot 0,05] + \varphi_j \cdot 0,389 \cdot 125 \cdot 0,05$$

$$= \varphi_i \cdot 12,58 + \varphi_j \cdot 2,43 \qquad (15,01) \qquad\qquad \text{n. Gl. (4.30b)}$$

$$Q_{r,1,2}^{max} = \varphi_i \cdot 0,611 \cdot [64,0/2 + 7,0 \cdot 0,05] + \varphi_j \cdot 0,64 \cdot 125 \cdot 0,05$$

$$= \varphi_i \cdot 19,77 + \varphi_j \cdot 3,82 \qquad (23,59)$$

(Für $\varphi_i = \varphi_j = 1,0$ ist $\sum Q_r = 18,36 + 56,41 + 20,29 + 62,34 + 12,58 + 2,43 + 19,77 + 3,82 = 196,0$ kN)

Die einzelnen Raddrücke für $\varphi_i = \varphi_j = 1,0$ (= Klammerwerte) entsprechen etwa den Angaben in Beispiel 1.

a) *unbelasteter Kran*

Für den unbelasteten Kran entfallen in den oben berechneten Raddrücken die Hublastanteilen. Man erhält

$$Q_{r,min2,1} = \varphi_i \cdot 12,58 \qquad\qquad Q_{r,1,1}^{min} = \varphi_i \cdot 18,36$$

$$Q_{r,min2,2} = \varphi_i \cdot 19,77 \qquad\qquad Q_{r,1,2}^{min} = \varphi_i \cdot 20,29$$

2. Dynamische Vergrößerungsfaktoren (Schwingbeiwerte) $\varphi_{i,j}$

Es wird Hubklasse HC3 und eine Hubgeschwindigkeit von v_a = 6m/min = 0,10 m/sec angenommen. Der Beiwert *a* in φ_1, Tafel **4.7**, wird mit 0,1 angesetzt. Es werden lediglich die Lastgruppen 1, 2 und 5 behandelt. Es gilt:

$$\varphi_1 = 1 + 0,1 = 1,1$$

$$\varphi_2 = 1,15 + 0,51 \cdot 0,10 = 1,20 \qquad\qquad \text{n. Tafel 4.7}$$

$$\varphi_3 = 1,0 \qquad\qquad \text{(keine plötzlich fallenden Massen)}$$

$$\varphi_4 = 1,0 \qquad\qquad \text{(Fahrweg = Kranschiene nach [V6])}$$

$$\varphi_{5,max} = 1,5 \qquad\qquad \text{(stetige Fahrdynamik des Krans)}$$

3. Radlasten in den einzelnen Lastgruppen (vgl. Tafel 4.8)

Lastgruppe 1: $\qquad \varphi_i = \varphi_1 = 1,1 \quad ; \quad \varphi_j = \varphi_2 = 1,2$

$$Q_{r,max2,1} = 1,1 \cdot 18,36 + 1,2 \cdot 56,41 \qquad\qquad \mathbf{= 87,9 \ kN}$$

$$Q_{r,max2,2} = 1,1 \cdot 20,29 + 1,2 \cdot 62,34 \qquad\qquad \mathbf{= 97,1 \ kN}$$

$$\sum Q_{r,max} \qquad\qquad\qquad\qquad\qquad\qquad \mathbf{= 185 \ kN}$$

$$Q_{r,1,1}^{max} = 1,1 \cdot 12,58 + 1,2 \cdot 2,43 \qquad\qquad \mathbf{= 16,7 \ kN}$$

$$Q_{r,1,2}^{max} = 1,1 \cdot 19,77 + 1,2 \cdot 3,82 \qquad\qquad \mathbf{= 26,3 \ kN}$$

$$\sum Q_r^{max} \qquad\qquad\qquad\qquad\qquad\qquad \mathbf{= 43,0 \ kN}$$

Lastgruppe 2: $\varphi_i = \varphi_1 = 1,1$; $\varphi_j = \varphi_3 = 1,0$

$$\sum Q_{r,max} = 76,6 + 84,7 \qquad\qquad = 161,3 \text{ kN}$$

$$\sum Q_r^{max} = 16,3 + 25,6 \qquad\qquad = 41,9 \text{ kN}$$

Lastgruppe 5: $\varphi_i = \varphi_1 = 1,1$; $\varphi_j = \varphi_4 = 1,0$

$$\sum Q_{r,max} = 74,8 + 82,6 \qquad\qquad = 157,4 \text{ kN}$$

$$\sum Q_r^{max} = 15,0 + 23,6 \qquad\qquad = 38,6 \text{ kN}$$

4. Horizontale Lasten aus Anfahren/Bremsen und Schräglauf Anfahren/Bremsen

Mit $\mu = 0,2$, $m_w = 2$ und Antrieb in Achse 2 wird

$$K = 0,2 \cdot 2,0 \cdot 19,77 = 7,91 \text{ kN} \qquad\qquad \text{n. Gl. (4.1a)}$$

Bei extremaler Katzstellung liegt der Massenschwerpunkt des ruhenden Krans also bei $\varphi_i = \varphi_j = 1,0$, vgl. Lastgruppe 5, und $\sum Q_r = 157,4 + 38,6 = 196$ kN bei

$$\xi_1 = \frac{157,4}{196} = 0,80 \quad ; \quad \xi_2 = 1 - 0,8 = 0,2 \qquad\qquad \text{n. Gl. (4.2b), (4.2c)}$$

Der Hebelarm der Versatzkräfte beträgt dann

$$l_S = (0,80 - 0,50) \cdot 16,0 = 4,80 \text{ m} \qquad\qquad \text{n. Gl. (4.2a)}$$

Aus dem Drehmoment folgen die horizontalen Kräftepaare mit $\varphi_5 = \varphi_{5,max} = 1,5$ und $a = 2,60$ m (Radstand)

$$H_{T1,1} = -H_{T1,2} = 1,5 \cdot 0,2 \cdot 7,91 \cdot 4,8/2,6 \qquad = 4,38 \text{ kN} \qquad\qquad \text{n. Gl. (4.3a)}$$

$$H_{T2,1} = -H_{T2,2} = 1,5 \cdot 0,8 \cdot 7,91 \cdot 4,8/2,6 \qquad = 17,52 \text{ kN} \qquad\qquad \text{n. Gl. (4.3b)}$$

Schräglauf

Beim System IFF und Spurkranzführung entstehen Spurführungskräfte nur an den vorderen Rädern. Mit dem größten Kraftschlussbeiwert $f = 0,3$ wird

$$S = 0,5 \cdot 0,3 \cdot 196 = 29,4 \text{ kN} \text{ und}$$

$$H_{S1,1,T} = 0,5 \cdot 0,3 \cdot 38,6 \qquad\qquad = 5,79 \text{ kN}$$

$$H_{S2,1,T} = 29,4 - 5,79 = 0,5 \cdot 0,3 \cdot 157,4 \qquad = 23,61 \text{ kN}$$

Die für den Nachweis der Tragsicherheit gegen Fließen (Spannungsnachweis) maßgebenden Lasten der Lastgruppe 1 und 5 sind im Bild **4.45** zusammengestellt. Der Unterschied gegenüber den bisher anzusetzenden Lasten besteht darin, dass im Lastfall „Schräglauf" die Radlasten des Kranbahnträgers 2 im Bild **4.13a** noch mit dem Schwingbeiwert $\varphi = 1,3$ der Hubklasse H3 zu vervielfältigen sind, während die Schräglaufkraft praktisch identisch ist (23,61 kN $\approx$ 24,0 kN).

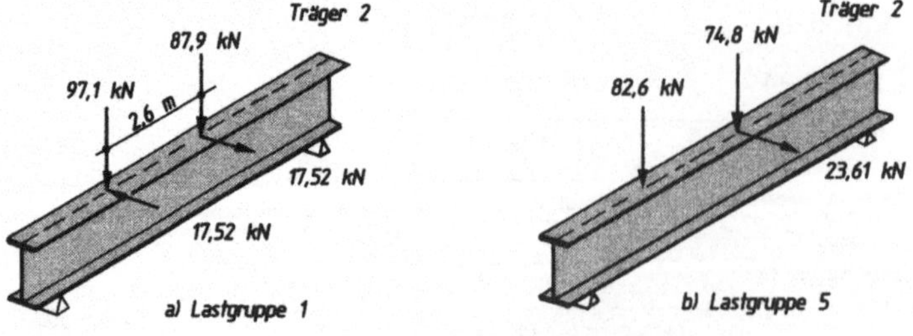

Bild **4.45** Zusammenstellung der einwirkenden Lasten

4.8.2 Bemessung und Konstruktion der Kranbahnen

Für die Bemessung und die konstruktive Durchbildung der Kranbahnträger wird zukünftig [V6] in Verbindung mit dem Nationalen Anwendungsdokument (NAD) – [V7] – maßgebend sein. Prinzipiell ist [V6] an den auch in DIN 4132 geforderten Nachweisen und Konstruktionsbedingungen orientiert, wobei jedoch eine Reihe von unterschiedlichen Berechnungsweisen und zusätzliche Forderungen zu beachten sind. Auf die wesentlichen Änderungen gegenüber dem bisherigen Regelwerk soll an dieser Stelle (nur) informativ, d.h. ohne Angabe aller Berechnungsformeln, stichwortartig eingegangen werden.

4.8.2.1 Nachweise im Grenzzustand der Tragfähigkeit (GZT)

Aus den Bemessungswerten der Radlasten und der Kranseitenkräfte erhält man die maßgebenden Schnittgrößen des Kranbahnträgers. Für diese sind die Tragsicherheiten

– gegen Fließen unter Beachtung lokaler Spannungen und
– gegen instabiles Versagen (Kippen/Biegedrillknicken, Beulen)

nachzuweisen.

Abtragung der horizontalen Lasten und Torsionsmomente

Zur Umgehung einer aufwendigen Berechnung auf Doppelbiegung mit Wölbkrafttorsion sind folgende Vereinfachungen möglich:

- Die Kranseitenlast H_T bzw. H_S wird allein dem Obergurt und ein Torsionsmoment aus exzentrischer Radlasteinleitung in ein Kräftepaar (über die Flanschhebelarme) aufgelöst (vgl. 4.5.4.1, Bild **4.15**).
- *alternativ:* Die Kranseitenlasten werden entsprechend ihrer Eigensteifigkeit um die z-Achse auf dem Ober- und Untergurt aufgeteilt und die Torsionsmomente aus H_T bzw. H_S und dem Hebelarm zwischen Schienenoberkante bis zum Schubmittelpunkt des Kranbahnträgers sowie aus exzentrischer Radlasteinteilung werden in ein Kräftepaar (wie vor) aufgelöst. (Die Biegebeanspruchung des Obergurtes um die z-Achse ist dann etwas geringer als bei ersterer Vorgehensweise.)

Lokale Spannungen im Steg aus Radlasteinleitung
Zentrische Radlast (vgl. Bild **4.16**) für S_0 bis S_3

Die Spannungen σ_z (bisher $\bar{\sigma}_z$) werden im Steg wie bisher über eine gewisse Länge als konstant betrachtet. Dabei wird die Lasteinleitungslänge l_{eff} (bisher c) über die Biegesteifigkeit des wirksamen Obergurtes und der um 25 % abgefahrenen Schiene bestimmt (bei Walzträgern ist diese Länge etwas kleiner als nach DIN 4132). Die Spannungen σ_z müssen wie bisher im Spannungsnachweis und Ermüdungsnachweis berücksichtigt werden. Für die gleichzeitig wirkenden Schubspannungen $\bar{\tau}_{xz}$ n. Gl. (4.15) gelten die gleichen Regelungen wie bisher.

Exzentrische Radlast (vgl. Bild **4.17**) für S_4 bis S_9

Die Berechnung der zusätzlichen Stegblechbiegespannungen erfolgt (mit anderen Bezeichnungen) wie bisher (Gl. (4.16) bis (4.19)), jedoch müssen diese – neben σ_z – auch im Nachweis gegen Fließen erfasst werden.

Nachweis gegen Biegedrillknicken (Kippen)
Neben der genauen Berechnung über die Wölbkrafttorsion nach Theorie II. Ordnung sind zwei vereinfachte Verfahren zugelassen:

Vereinfachter Nachweis: Dieser Nachweis entspricht in etwas modifizierter Form dem vereinfachten Nachweis nach DIN 18800-2, vgl. 8.2.1.3, Gl. 8.13 und lautet

$$c \leq 0{,}4 \cdot i_{z,g} \cdot \lambda_a \cdot \sqrt{M_{\mathrm{pl,y,d}} / M_{\mathrm{Sd}}} \tag{4.31}$$

(M_{Sd} Bemessungsmoment)

Ist die Bedingung nicht erfüllt, darf ein Nachweis über „planmäßig mittigen Druck" (Knickspannungslinie *a* bei Walzprofilen, c bei Schweißprofilen) des maßgebenden Druckgurtes geführt werden. Bei gleichzeitiger Wirkung der Kranseitenlasten ist ein *Biegedrillknicknachweis* wie in 4.5.4.2 bzw. Beispiel 5 als Knicknachweis für „Druck und einachsige Biegung" (um die *z*-Achse des gedruckten Gurtes) zugelassen.

Stegblechbeulung

Stegblechbeulung infolge der globalen Biegung (mit Querkraft) und der Spannungen aus Radlasteinleitung ist i.d.R. nur bei geschweißten Blechträgern relevant und kann unter Einschluss der Gefahr der *plastischen Stauchung* und *örtlicher Stegkrüppelung* unmittelbar unterhalb der Radlasteinleitung nach [V10] nachgewiesen werden. Alternativ ist der Tragsicherheitsnachweis jedoch auch nach [15] erlaubt, siehe Abschn. 4.5.4.2.

Lokale Spannungen bei Hängekranen und Unterflanschkatzen

Bei Hängekranen und Unterflanschkatzen entstehen infolge der direkten Radlasten auf dem Unterflansch *lokale Biegespannungen* sowohl in *Längsrichtung* als auch *quer*, welche sowohl im Tragsicherheitsnachweis gegen Fließen unter den Gebrauchslasten als auch beim Ermüdungsnachweis zu berücksichtigen sind. Für die Ermittlung dieser Spannungen stellt [V6] Formeln und Tabellen bereit. Die *Beanspruchbarkeit des Unterflansches* bei örtlicher Radlasteinleitung wird über Grenzkräfte $F_{f,R,d}$ nachgewiesen; diese werden über Fließlinienmodelle rechnerisch bestimmt. (Auf die Wiedergabe der umfangreichen Formeln soll an dieser Stelle verzichtet werden.)

4.8.2.2 Nachweise im Grenzzustand der Gebrauchstauglichkeit

Verformungsbegrenzungen

Die in [V6] empfohlenen, d.h. nicht zwingend einzuhaltenden Verformungen dienen in erster Linie einem verschleißarmen und störungsfreien Kranbetrieb. Die Verformungen werden i.d.R. mit Schwingbeiwerten $\varphi_i = 1$ geführt, vgl. Tafel **4.8**. Windlasten sind fallweise zu berücksichtigen. Die empfohlenen Grenzwerte können der Tafel **4.9** entnommen werden.

Tafel **4.9**   Empfohlene Verformungsbegrenzungen

Verformungen		Grenzwert
Vertikalverformung		
Durchbiegung	δ_v	$\leq l/500$
		≤ 25 mm
Relativer Unterschied der Durchbiegungen beider Kranbahnträger	$\Delta\delta_v$	$\leq S/600$
Horizontalverformungen		
Horizontalauslenkung Oberkante Kranschiene	$\delta_{h,K}$	$\leq l/600$
Horizontalverschiebung der Stütze	$\delta_{h,S}$	$\leq h/600$
Relativer Unterschied der Horizontalverschiebung benachbarter Stützen $\Delta\delta_{h,S}$		$\leq h/400$
Spuränderungsmaß	ΔS	≤ 10 mm

l   Stützweite des Kranbahnträgers
S   Kranbrückenspannweite (Spurweite)
h   Stützenhöhe bis Oberkante Kranschiene

Schwingungen des Kranbahnträgeruntergurtes (horizontal)

Zur Vermeidung von Schwingungen des Kranbahnträgeruntergurtes sollte dessen Schlankheit $c/i_{z,g} \leq 250$ sein (*c* Abstand der seitlichen Stützung, $i_{z,g}$ Trägheitsradius des Untergurtes).

5 Dauerfestigkeit und Betriebsfestigkeit

Eine Reihe von Tragwerken, wie z.B. Krane, Kranbahnen, Eisenbahnbrücken aber auch Maschinen, Fahrzeuge, Flugzeuge etc unterliegen während ihrer Nutzungsdauer *sich häufig ändernden Einwirkungen* (Belastungen), sowohl in Größe als auch in zeitlicher Folge; sie sind daher „nicht vorwiegend ruhend" beansprucht. Für solche Tragwerke muss neben den bekannten Festigkeitsnachweisen (für die „als ruhend" unterstellten Einwirkungen) und den Stabilitätsnachweisen die Betriebssicherheit unter Berücksichtigung der häufigen Lastwechsel nachgewiesen werden. Dies erfolgt über die sogenannten *Betriebsfestigkeitsnachweise*, die im deutschen Normenwesen noch in den einschlägigen *Fach-* bzw. *Anwendungsnormen* (z.B. DIN 4132,15018) geregelt sind, während der Eurocode 3 auch hierzu allgemeine Angaben enthält. Zum besseren Verständnis der geforderten Nachweise wird in den zwei folgenden Abschnitten auf die notwendigen Grundlagen eingegangen. Mit deren Kenntnis lassen sich auch die wesentlichen Grundsätze einer *ermüdungsgerechten Gestaltung*, insbesondere der *Schweißkonstruktionen*, ableiten. Eine detaillierte Behandlung der *Ermüdungsproblematik* ist im Rahmen dieses Werkes nicht möglich. Es wird auf die einschlägige Literatur [57], [58], [47] verwiesen.

5.1 Das Verhalten der Stähle bei dynamischer Beanspruchung

5.1.1 Einführung

Belastet man mehrere, völlig gleichartige, mit bestimmten Konstruktionsmerkmalen (Löcher, Schweißnähte usw.) behaftete Probestäbe in einer Dauerschwing-Prüfmaschine pulsierend zwischen einer fest eingestellten *Unterspannung* σ_u und *Oberspannung* σ_o (Bild **5.1**b), so tritt nach gewissen *Lastspielzahlen N* plötzlich der Bruch ein. Dabei liegt die vorgegebene Oberspannung z.T. deutlich unter der im statischen Zugversuch (am gleichen Probenmaterial) ermittelten Zugfestigkeit f_u bzw. Fließgrenze f_y. Die *Bruchflächen* dieser Probekörper weisen (mehr oder weniger deutlich) zwei unterschiedliche Zonen auf, nämlich eine glatte, metallisch blanke und von sogenannten Rast(=Ruhe)linien durchzogene Dauerbruchfläche und eine grobe, zerklüftete Restbruchfläche (Gewaltbruchfläche). Die Rastlinien konzentrieren sich um die Ausgangsstelle des Dauerbruchs (Bild **5.1**a).

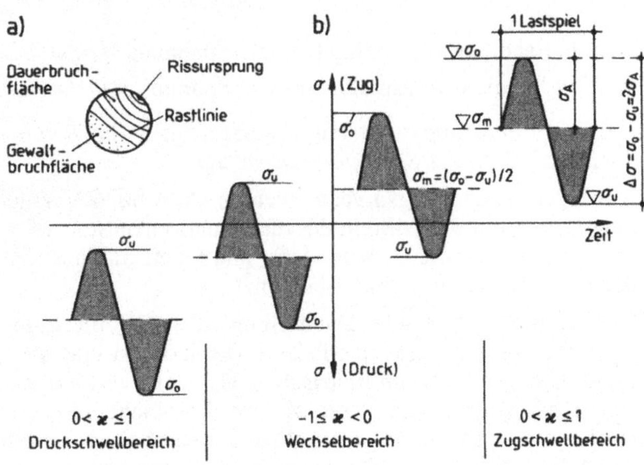

Bild **5.1**   Dauerschwingversuch
a) Bruchbild
b) Beanspruchung und Begriffe

Dieses Bruchverhalten erklären sich die Metallurgen wie folgt: Der – global betrachtete – i-sotrope Werkstoff Stahl ist in Wirklichkeit ein heterogenes Haufwerk mit örtlichen Fehlstellen im kristallinen Gitteraufbau (Versetzungen) und an den Korngrenzen (Anhäufungen von Fremdatomen). Der hierdurch bedingte submikroskopische Eigenspannungszustand überlagert sich mit den äußeren, realen Lastspannungen, die aufgrund konstruktiv bedingter *Kerbwirkungen* an diesen Fehlstellen z.T. deutlich über den rechnerischen Nennspannungen (aus der Festigkeitsberechnung) liegen können. Dies führt entweder zu plastischen Gleitungen oder zu einer Materialverfestigung mit dem Verlust der duktilen Eigenschaft. In beiden Fällen kommt es bei häufig wiederholter Belastung zu einem submikroskopischen Anriss; die hohen Spannungsspitzen im *Kerbgrund* (Rissspitze) lösen dann die Werkstoffzerrüttung aus. Ähnliche Auswirkungen haben die Aufstauungen von Versetzungen an den Gleitebenen, die sich häufig entlang der Korngrenzen ausbilden. Ist die Werkstoffzerrüttung genügend weit fortgeschritten (Dauerbruchfläche), kommt es im verbleibenden Restquerschnitt zu einem Gewaltbruch. Im (statischen) Zugversuch dagegen „plastizieren Spannungsspitzen aus dem Werkstoff heraus" (Spannungsausgleich durch Fließen) und es kommt zu einem frühzeitig erkennbaren Verformungsbruch (entlang der Gleitlinien) mit deutlicher Einschnürung in der Umgebung der Bruchfläche.

Grundlegende Erkenntnisse über die *Werkstoffermüdung* liefern *Dauerschwingversuche*, deren Durchführung und Auswertung u.a. in DIN 50100 geregelt sind. Sie gehen zurück auf die Untersuchungen von A. *Wöhler* (1819-1914).

5.1.2 Wöhlerlinie, Dauerfestigkeitsschaubild

Zur Aufstellung einer Wöhlerlinie benötigt man eine größere Anzahl gleichwertiger Proben, die unter vorher festgelegten Versuchsbedingungen solange (pulsierend) belastet werden, bis sie entweder zu Bruch gehen bzw. bei einer definierten Grenzlastspielzahl kein Bruch mehr eintritt. Die wesentlichen Begriffe (Bezeichnungen) gehen aus Bild **5.1**b hervor. Ferner gilt für das Spannungsverhältnis $\varkappa$

$$\varkappa = \sigma_u / \sigma_o = \min |\sigma| / \max |\sigma| \qquad -1 \leq \varkappa \leq 1 \qquad\qquad (5.1)$$

mit

σ_u, $\min |\sigma|$ die betragsmäßig kleinere Spannung (*Unterspannung*)

σ_o, $\max |\sigma|$ die betragsmäßig größere Spannung (*Oberspannung*)

Die *Mittelspannung* wird mit σ_m bezeichnet, die *Spannungsschwingbreite* $\Delta\sigma$ entspricht dem doppeltem Wert des *Spannungsausschlages* σ_A.

Auf jedem „Spannungsniveau" werden ca. 4 bis 6 Versuche durchgeführt; die Versuchsauswertung erfolgt mit den Mitteln der mathematischen Statistik und Wahrscheinlichkeitsrechnung [39]. Die Versuche sind u.U. langwierig und teuer; mit speziellen Versuchs- und Auswertungsmethoden kann der Aufwand indes begrenzt werden.

Die bekannte graphische Darstellung ist die Wöhlerlinie, wobei die gemessenen Lastspielzahlen N im logarithmischen Maßstab (horizontal) und die Oberspannung σ_o bzw. die Schwingbreite $\Delta\sigma$ (zunächst) im metrischen Maßstab (vertikal) aufgetragen werden. Das Streuband der Versuchsergebnisse zeigt die in Bild **5.2**a (schematisch) dargestellte Charakteristik. Die Verbindung der Mittelwerte aller Versuchsergebnisse (Überlebungswahrscheinlichkeit $P_o = 50\,\%$) stellt die Wöhlerlinie dar; daneben werden noch die Kurven mit $P_o = 10\,\%$ bzw. $P_o = 90\,\%$ ermittelt. Ab ca. $N = 10^2$ bis 10^3 Lastspielen nimmt die ertragbare Oberspannung gegenüber der Bruchspannung (z.B. Zugfestigkeit) merklich ab. Die ertragbaren Spannungen zwischen 10^3 bis 10^6 Lastspielen zählt man zum Zeitfestigkeitsbereich, Spannungen oberhalb von

$N = 10^6$ zum Dauerfestigkeitsbereich. Für die üblichen Baustähle ist der Spannungsabfall etwa ab $N = 2 \cdot 10^6$ nur noch unwesentlich, sodass man diesen Spannungswert als *Dauerfestigkeit* σ_D ($\Delta\sigma_D$) bezeichnet. Sie ist demnach jene Spannung σ_D (Spannungsschwingbreite $\Delta\sigma$), die bei einem bestimmten Spannungsverhältnis $\varkappa$ „beliebig oft ohne Bruch‘" ertragen werden kann. Die hierzu gehörende Lastspielzahl tritt zufälligerweise bei den Haupttraggliedern von Eisenbahnbrücken auf, deren Nutzungsdauer heute mit 50 Jahren angesetzt wird. Bei 120 Zug-überfahrten/Tag und 333 Tagen/Jahr (S3-Verkehr) ist $N = 120 \cdot 333 \cdot 50 \approx 2 \cdot 10^6$, ein Wert, der auch in den Anfängen der Dauerfestigkeitsuntersuchungen bei Eisenbahnbrücken mit weniger Verkehr und länger angesetzter Nutzungsdauer erreicht wurde. Der Eurocode 3 legt die Dauerfestigkeit dagegen bei $N = 5 \cdot 10^6$ Lastspielen fest, im Maschinenbau gelten Lastspielzahlen bis $N = 10^7$.

Bei der Auswertung zahlloser (international durchgeführter) Versuche hat sich gezeigt, dass eine vereinfachte Darstellung im doppellogarithmischen Maßstab und Normierung aller Wöhlerlinien möglich ist, wenn die Spannungen auf den Spannungswert σ_{D50} ($P_{\ddot{u}} = 50\,\%$, $N = 2 \cdot 10^6$) bezogen werden. Man erhält dann die normierten Wöhlerlinien, die allein durch den Wert σ_{D50} und der Neigung $1{:}k$ festliegen (Bild **5.2b**) und nahezu einheitliche Streubreiten aufweisen. Dabei ist der Neigungsfaktor k bei den unterschiedlichen Konstruktionstypen (Lochstäbe, Schweißnähte usw.) relativ konstant; bei Bauteilen mit Schweißnähten gilt z.B. für die Wöhlerlinie $k \approx 3{,}75$.

Sind die Wöhlerlinien für alle Beanspruchungsarten ($\varkappa$) bzw. die zugehörigen σ_D-Werte bekannt, erfolgt ihre Darstellung im sogenannten *Dauerfestigkeitsschaubild*. Die frühere Form nach *Moore/Kommers/Jaspers* ist heute nicht mehr üblich, man bevorzugt die Darstellung nach *Smith*. Sie hat u.a. den Vorteil, dass man die Grenzlinien durch wenige Punkte und deren geradlinige Verbindung approximieren und formelmäßig angeben kann [18]; dies gilt auch für die unter Abschn. 5.2 behandelte Betriebsfestigkeit σ_{Be}, Bild **5.3**, Tafel **5.6**. Charakteristische Punkte sind u.a. die σ_D (σ_{Be})-Werte für $\varkappa = 0$ (Schwellfestigkeit) $\sigma_{D,d(z),\varkappa\,=\,0}$, $\sigma_{Be,d(z),\varkappa\,=\,0}$ bei Druck- und Zugbeanspruchung sowie für $\varkappa = -1$ (Wechselfestigkeit $\sigma_W(\sigma_{Be},-1)$). Aus der Darstellung ist – neben den Spannungswerten – auch direkt die Schwingbreite $\Delta\sigma_D(\Delta\sigma_{Be})$ ablesbar, wobei diese im Wechselbereich ($\varkappa < 0$) – also bei unterschiedlichen Vorzeichen von σ_0 und σ_u – annähernd konstant ist. Dies gilt um so mehr und dann auch im Schwellbereich ($\varkappa > 0$), je stärker die *Kerbwirkung* (der Konstruktion) ist. Beim ungestörten Vollstab aus den üblichen Baustählen (mit Walzhaut) gelte näherungsweise für das Verhältnis $\sigma_{D,\varkappa}/f_u$ die Werte der Tafel **5.1**. Aus ihr wird deutlich, dass die Verwendung des höherwertigen Stahls S 355 bei dynamisch beanspruchten Bauteilen mit kleinen $\varkappa$-Werten – insbesondere $\varkappa < 0$ – nur unwesentliche Vorteile gegenüber S 235 bringt.

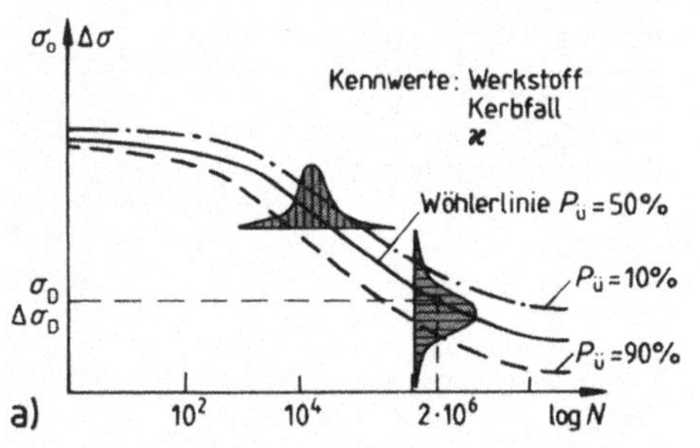

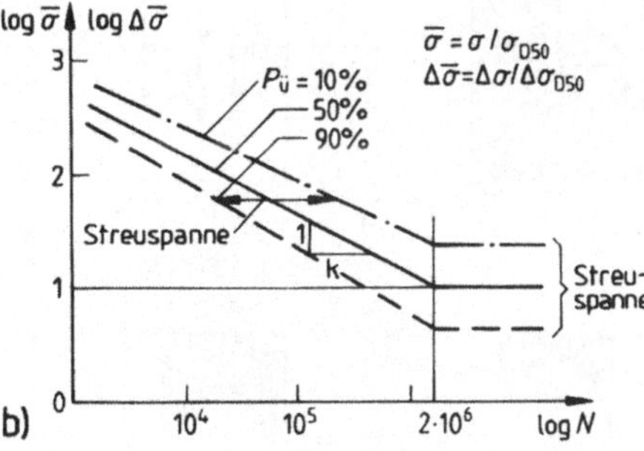

Bild **5.2**   Wöhlerlinie
        a) im halblogarithmischen
        b) im doppellogarithmischen Maßstab

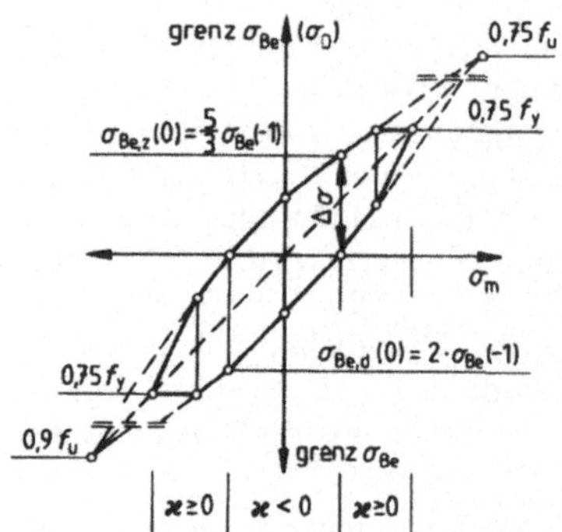

Bild **5.3**   Dauerfestigkeitsschaubild
nach Smith

Tafel **5.1**   Verhältnis der Dauerfestigkeit zur Zugfestigkeit
der üblichen Baustähle (ungestörter Vollstab)

f_u [N/mm²]	$\sigma_{D,\varkappa}/f_u$		
	$\varkappa = 0$		$\varkappa = -1$
	σ_0 (Zug)	σ_0 (Druck)	
S235 360	0,75	0,9	0,45
S355 510	0,55	0,7	0,35

5.1.3 Einflüsse der Konstruktion und des Werkstoffes

Die Ermüdungsfestigkeit von Stahlkonstruktionen ist von einer Vielzahl von Einflüssen abhängig und daher einer allgemein gültigen Regelung nur schwer zugänglich. Neben der „Belastungsgeschichte" (s. Betriebsfestigkeit), der Spannungsart, dem Spannungsverhältnis $\varkappa$ bzw. der Schwingbreite $\Delta\sigma$ und den unter 5.1.1 erwähnten metallurgischen Gesichtspunkten hat jedoch die *Kerbwirkung der Konstruktion* einen dominierenden Einfluss und liefert entscheidende Hinweise für ein ermüdungsgerechtes Konstruieren.

Kerbwirkung

Die Wirkung von *Kerben* aller Art (Werkstofffehler, Lochschwächungen, Schweißnähte etc.) wird deutlich am *Kraftfluss* des gekerbten Flachstahls nach Bild **5.4**; den Kraftfluss kann man sich anschaulich vorstellen als *Strömungslinien* innerhalb einer von einer Flüssigkeit durchströmten Röhre, deren Wandung durch die äußere Kontur des Flachstahles gebildet ist: Je stärker diese Strömungslinien an einer Fehlstelle abgelenkt werden (Bild **5.4**a), desto höher ist die Kraftflussstörung bzw. Kerbwirkung.

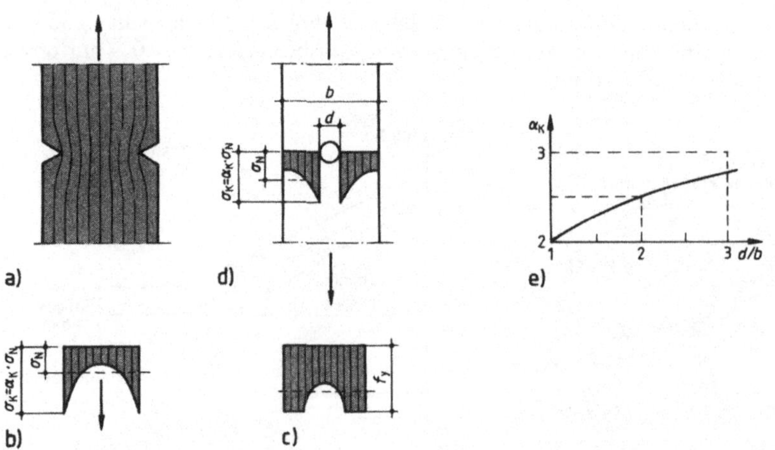

Bild **5.4**   Kraftflussstörungen
a) durch Spitzkerben b) elastische c) plastische Spannungsverteilung d) Spannungsverteilung im Lochstab e) Kerbfaktor α_K

Im *Kerbgrund* treten – je nach *Kerbschärfe* – hohe Spannungsspitzen (Bild **5.4b**) auf, die bei „statischer Belastung" durch Fließen (Bild **5.4c**) abgebaut werden können. Bei häufig wiederholter Belastung und insbesondere bei Lastumkehr (Wechselbereich $\varkappa < 0$) führen die hohen Spannungen jedoch zu einem (scharfen) Anriss mit verstärkter Kerbwirkung. Der Riss schreitet fort und führt schließlich im Restquerschnitt zum Gewaltbruch. Der *Lochstab* nach Bild **5.4d** hat gegenüber der Spitzkerbe nur eine vergleichsweise schwache Kerbwirkung.

Schraubenverbindungen

In Anschlüssen und Stößen mit *Scher-Lochleibungsbeanspruchung* liegen i. Allg. mehrere Löcher neben- und hintereinander und sind bei dynamischer Beanspruchung durch *Passschrauben* ausgefüllt. Der Kerbfaktor $\alpha_K = \sigma_K/\sigma_N$ fällt dann geringer aus als beim unausgefüllten Einzelloch (Bild **5.4d**).

In *axial* beanspruchten Schrauben wirkt sich die Kerbe im Gewindegrund (vgl. Bild **5.4a**) besonders schädlich aus und führt daher zu einer sehr geringen Ermüdungsfestigkeit einer solchen Verbindungsart; man sollte sie grundsätzlich vermeiden. Eine Ausnahme bilden *vorgespannte* Stirnplattenverbindungen mit hochfesten Schrauben, weil hier nur ein kleiner Teil der äußeren Zugkraft auf die Schraube entfällt, während der größere Rest dem Abbau der Klemmkraft (F_v) zukommt, s. Vorspanndiagramm, Bild **5.5**. Aus diesem Grund können biegesteife Stöße von Kranbahnträgern aus Walzprofilen über den Stützen durchaus als HV-Stirnplattenstöße ausgeführt werden. Siehe hierzu auch Abschn. 6.3.3 und Teil 1.

Schweißnähte [57], [58]

Bei geschweißten Konstruktionen haben sowohl die „tragenden" Schweißnähte als auch solche Nähte, die ein Anschweißteil lediglich befestigen und u.U. selbst überhaupt nicht oder nur gering beansprucht werden, einen entscheidenden Einfluss auf die Ermüdungsfestigkeit des Schweißteils. Dabei spielen sowohl die Kraftflussstörungen bzw. Umlenkungen als auch die Gefügeänderungen im Übergangsbereich von Schweißzusatzwerkstoff zum Grundwerkstoff und in der Wärmeeinflusszone (WEZ) eine Rolle. Insofern stellt jede Naht eine mehr oder minder starke Kerbe dar, deren Einfluss von der Beanspruchungsart, ihrer Lage zur Beanspruchungsrichtung, von der Beschaffenheit der Naht in der Wurzel / am Einbrand / an der Oberfläche und natürlich auch von Schweißnahtfehlern bestimmt wird. Dennoch liegt ein Ermüdungsbruch nur selten direkt im Nahtquerschnitt, sondern nimmt lediglich von der Nahtwurzel bzw. dem Nahtübergang seinen Anfang und pflanzt sich dann im Grundwerkstoff fort. Hinsichtlich der *Schweißverfahren* gilt Folgendes: Die WIG-Schweißung liefert besonders gute Wurzellagen; beim E-Hand Verfahren eignet sich die basisch umhüllte Elektrode für die Innenlagen (gute Zähigkeitseigenschaften des Schweißgutes), während die saure oder rutilsaure Elektrode eine glattere Nahtoberfläche und einen guten Nahtübergang gewährleistet. Die UP- und MAG-Schweißung neigt zur schädlichen Nahtüberhöhung. Als Schweißposition sollte für Werkstattnähte möglichst immer die Wannenlage angestrebt werden.

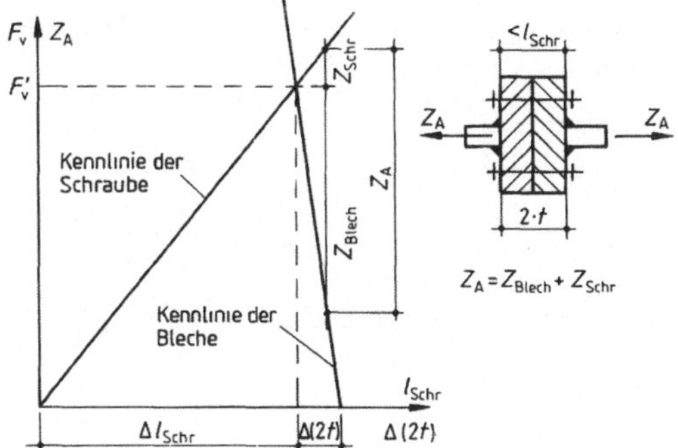

Bild **5.5** Vorspanndiagramm in Stirnplattenverbindungen

Für die Schweißnahtgrundtypen gelten bei fehlerfreier Schweißung folgende Aussagen:

Stumpfnähte. In unbearbeiteten Stumpfnähten (= Normalgüte) liegen nur geringe Kraftflussstörungen und nur mäßig erhöhte Spannungen in der Nahtwurzel und am Nahtübergang vor (Bild **5.**6a). Bei Ausführung in Sondergüte (blechebene Bearbeitung) werden die gleichen Ermüdungsfestigkeiten wie im Grundmaterial erzielt. Ausführung bei Blechdickenunterschieden s. Bild **1.**10b.

D-HV-Nähte (*K-Nähte*). Die Kraftumlenkung bei Beanspruchung nach Bild **5.**6b ist ähnlich wie in Doppelkehlnähten; es treten jedoch keine ausgeprägten Spannungsspitzen auf, sodass die Naht hinsichtlich ihres Ermüdungsverhaltens eher zu den Stumpfnähten gerechnet wird. Beim Kreuzstoß und bei Schubbeanspruchung ist sie der Stumpfnaht gleichwertig.

Kehlnähte (Bild **5.**6c, d, e). Kehlnähte beim T- oder Kreuzstoß und beim Überlappungsstoß sind durch eine besonders starke Kraftumlenkung gekennzeichnet mit entsprechend hoher Abminderung der ertragbaren Beanspruchung im Ermüdungsfestigkeitsnachweis. Nahtüberwölbungen und Endkrater wirken sich zusätzlich schädlich aus. Eine Verbesserung der Nahtgüte an der Oberfläche (Abarbeitung zur Hohlnaht) und am Nahtansatz bringt eine gewisse Steigerung der Festigkeit; die Kerbwirkung in der Nahtwurzel aber verbleibt.

Schweißnahtfehler. Alle Nahtfehler setzen die Ermüdungsfestigkeit herab. Daher wird man *Einbrandkerben, Wurzel- und Oberflächenfehler* (Nahtrückfall, Nahtüberhöhung) und *Bindefehler* sowie *Poren* und *Schlackeneinschlüsse* in Abstimmung mit dem Schweißfachingenieur durch geeignete Maßnahmen beseitigen.

Diese allgemeinen Ausführungen sollen an Beispielen geschweißter Vollwandträger sowie an Knoten geschweißter Fachwerkträger zusätzlich erläutert werden.

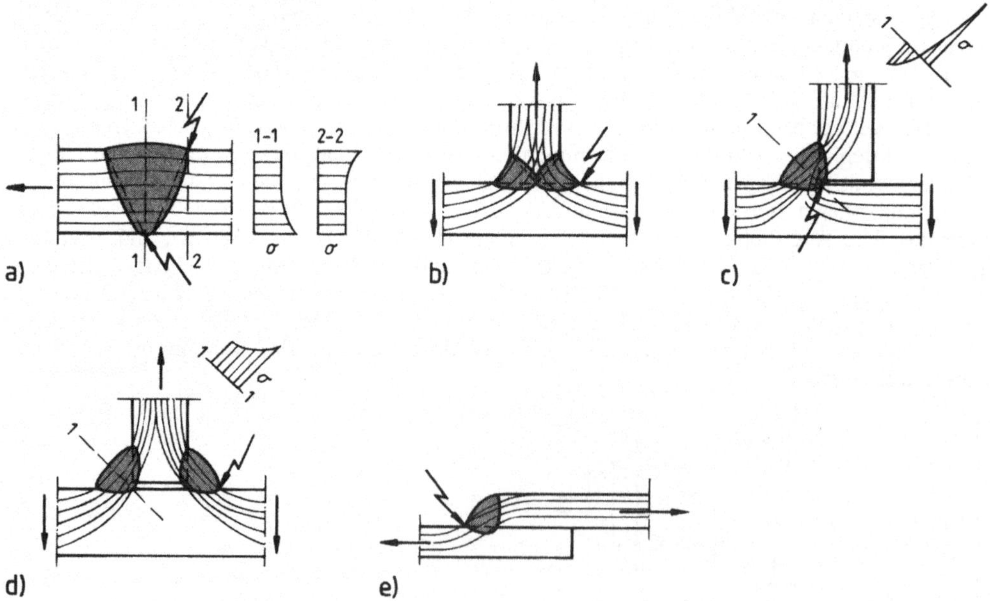

Bild **5.**6   Kraftflussstörungen und -umlenkungen in Schweißverbindungen, Spannungsverteilungen und Rissausgangspunkte

Geschweißte Vollwandträger

Vollwandträger mit Gurtplattenabstufungen (Bilder **1.**1b, **1.**6 bis **1.**8, **1.**30) und Quersteifen (Bilder **1.**12 bis **1.**15, **4.**27) weisen alle Merkmale auf, die auf das Ermüdungsverhalten der Schweißnähte und des von ihnen beeinflussten Grundwerkstoffes von Bedeutung sind. Nähte, die eine statische Funktion – also durch Spannungen σ oder τ beansprucht werden – sind:

Hals- und Flankenkehlnähte. Sie verbinden den Steg mit dem Gurt und Gurtlamellen untereinander und werden vorzugsweise auf „Schub" beansprucht. Bei ununterbrochener Ausführung ist ihr Einfluss bei dynamischer Beanspruchung trotz der deutlichen Kraftumlenkung relativ gering, eine (D)-HV-Naht mit der notwendigen Fugenverarbeitung bringt dann nur unwesentliche Vorteile. Dies gilt jedoch nicht für die Halsnähte von direkt befahrenen Gurten bei Kranbahnträgern. Sehr nachteilig wirken sich die Kerben an den Nahtenden unterbrochener Nähte aus, die bei fehlender Korrosionsgefahr möglich sind. Man sollte sie daher bei dynamischer Beanspruchung prinzipiell vermeiden. Flankenkehlnähte *müssen* grundsätzlich und ohne Nahtunterbrechung um die Stirnflächen umlaufend verschweißt werden, da sonst der schädliche Einfluss des Endkraters die Ausnutzung der statischen Funktion der zusätzlichen Gurtlamelle nicht erlaubt. Für das Lamellenende ist eine Ausführung in Anlehnung an Bild **1.**6 vorzusehen, wobei die Gurtlamelle mit Neigung 1:3 abzuschrägen ist und die Kehlnaht – möglichst bearbeitet (Sondergüte) – im Bereich $> 5 \cdot t$ mit mindestens $a \geq 5 \cdot t_R$ auszuführen ist. Andernfalls fällt die Abminderung der ertragbaren Spannungen (durch die stärkere Kraftflussstörung) wesentlich deutlicher aus.

Stumpfstöße in Gurten und Stegblechen. Gurtstumpfnähte in Sondergüte, aber auch schon in Normalgüte haben auf die Ermüdungsfestigkeit einen geringeren Einfluss als die Halsnähte. Bei Dickenwechsel (Bild **1.**10) oder Breitenwechsel (Bild **1.**4c) ist auf eine mäßige Kraftumlenkung zu achten (flache Neigungen). Stegausschnitte zur Vermeidung von Nahtkreuzungen (Bild **1.**18) sind schädlich, eine Ausführung nach (Bild **1.**20) besser. Man verwendet Auslaufbleche (s. Teil 1) und Schweißleisten (Bild **1.**19). Liegen Gurtplatten übereinander, so sind die Nähte an der Wurzel und der Oberfläche blecheben zu bearbeiten.

Nicht oder nur gering beansprucht werden Nähte, die Aussteifungs- und Anschlussteile mit dem tragenden Querschnitt verbinden. Ihr Einfluss auf die Ermüdungsfestigkeit ist dennoch erheblich. Anordnung, Ausführung und Nahtart bedürfen einer sorgfältigen Prüfung.

Nähte längs zur Kraftrichtung, die Teile auf oder seitlich an den tragenden Querschnitt anschließen, z.B. als Knotenbleche, Schienenbefestigung (Bild **4.**4) usw., setzen sowohl als Stumpf-, mehr jedoch noch als Kehlnähte die Ermüdungsfestigkeit des Grundwerkstoffes stark herab. Man versucht sie zu vermeiden oder an Stellen geringer Beanspruchung zu legen. Eckige Kanten sollen abgeschrägt oder abgerundet, Kehlnähte im Endbereich des Anschlussteils kerbfrei bearbeitet werden.

Nähte quer zur Kraftrichtung und insbesondere bei Zugbeanspruchung haben den stärksten Abminderungseinfluss auf die Ermüdungsfestigkeit. Sie sind erforderlich zum Anschluss der zur Erzielung einer ausreichenden Beulsicherheit notwendigen Quersteifen an die Stege und Gurte. Die Bearbeitung der Nahtübergänge der ringsumlaufenden Nähte bewirkt eine gewisse Verbesserung. Hierzu sind Ausschnitte in den Steifen (Bilder **1.**14 und **1.**15) erforderlich. Man kann diese Nähte auch vermeiden bei Anschluss der Quersteifen nach Bild **1.**15, **4.**8, **4.**27, s. auch Abschn. 4.4.

Fachwerkträger

Neben den Schweißnähten und Anschlussteilen, wie sie bei den Vollwandträgern auftreten, ist der Ausbildung der Knotenpunkte (Knotenbleche) besondere Aufmerksamkeit zu widmen. Einspringende Ecken stören den Kraftfluss in erheblichem Maße und sind grundsätzlich verboten. Aus diesem Grund werden Knotenbleche mit großen Radien ausgerundet und in den Querschnitt integriert (Bilder **3.**17 und **3.**25). Der Anschluss der Stäbe erfolgt nach Möglichkeit über Stumpfnähte; falls diese nicht ausführbar sind, bevorzugt man (D)HV (K)-Nähte anstelle der Kehlnähte mit großer Kerbwirkung. Exzentrizitäten in den Anschlüssen (z.B. einseitig an das Knotenblech angeschweißte Winkel) sollen vermieden werden. Um der idealen Fachwerktheorie (reibungsfreie Gelenke) gerecht zu werden, sind kurze Anschlüsse mit geringerer Steifigkeit anzustreben. Das *Einschweißen* eines ausgerundeten Knotenbleches (ähnlich Bild **3.**17) sollte (wegen der hohen Kerbwirkung von Nähten quer zur Kraftrichtung) dem *direkten Anschluss* von Fachwerkfüllstäben an die Stege der Gurte (Bilder **3.**21, **3.**23) bevorzugt werden.

Bei *Fachwerken aus Hohlprofilen* mit direkten Stabanschlüssen kann durch entsprechende Wahl der Wanddickenverhältnisse, der Spaltbreite oder des Überlappungsgrades bei K-Knoten bzw. Einhaltung weitere Abmessungsbeschränkungen beim N-Knoten die Ermüdungsfestigkeit beeinflusst werden, s. [39].

Werkstoffe

Im Stahlbau kommen im Wesentlichen die Stähle S235 und S355 nach DIN EN 10025 und von den schweißgeeigneten Feinkornbaustählen S355N nach DIN EN 10113 zur Anwendung; S355 und S355N zählen zu den höherfesten Stählen. Hinsichtlich des Ermüdungsverhaltens der genannten Stähle gilt allgemein, dass höherfeste Stähle – insbesondere im Wechselbereich ($\varkappa < 0$) – deutlich kerbempfindlicher sind als der (für den Hochbau übliche) S235, Bild **5.**7. Bei geschweißten Konstruktionen nimmt daher der Vorteil der höheren (statischen) Streckgrenze bzw. Bruchfestigkeit mit wachsendem Anteil der veränderlichen Einwirkung wie bei Kranen, Kranbahnen und Eisenbahnbrücken stark ab, sodass hier ihr Einsatz (fallweise) nicht wirtschaftlich ist und der Betriebsfestigkeitsnachweis ein Gebot der Sicherheit wird. Überwiegt dagegen die Beanspruchung aus den ständigen Einwirkungen – dies gilt für vorgenannte Tragwerke bei großen Stützweiten - ist ein wirtschaftlicher Einsatz höherfester Stähle möglich.

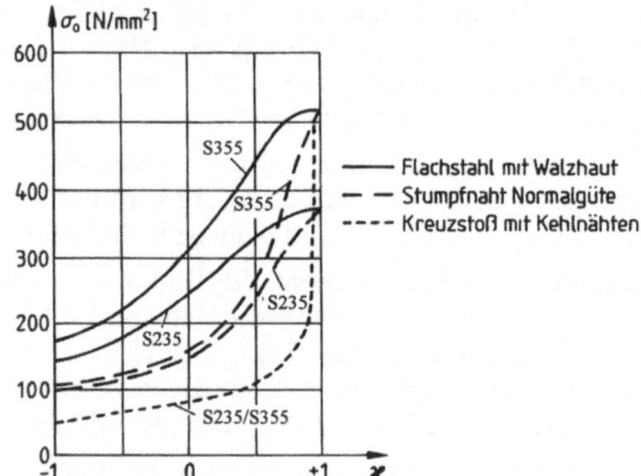

Bild **5.**7   Dauerfestigkeit der Baustähle S235 und S355 im Moore/ Kommers/ Jaspers-Diagramm

5.2 Betriebsfestigkeit

Die (früher übliche) Dimensionierung dynamisch beanspruchter Stahltragwerke wie Krane, Kranbahnen und Brücken nach Maßgabe der (kerbfallabhängigen) *Dauerfestigkeitsspannung* $\sigma_D(\Delta\sigma_D)$ bei $N_D = 2 \cdot 10^6$ Lastspielen führt u.U. zu unwirtschaftlichen Konstruktionen, da die realen Betriebsbedingungen sich deutlich unterscheiden von dem in Abschn. 5.1.2 beschriebenen Wöhlerversuch mit z.B. stets gleichbleibender Oberspannung σ_0 bzw. Spannungsschwingbreite $\Delta\sigma$. Unter der *Betriebsfestigkeit* versteht man daher die Ermüdungsfestigkeit eines Bauteils, dass

– einer zeitlich, größenmäßig und in der Häufigkeit unregelmäßigen Folge von Beanspruchungen unterliegt, deren
– mehr oder weniger selten auftretende Höchstwerte weit über $\sigma_D(\Delta\sigma_D)$ liegen und
– dessen Nutzungsdauer, angegeben durch den Höchstwert der Lastspielzahlen (max N) begrenzt ist.

Auf die theoretischen Hintergründe der in deutschen Normen und im EC 3 verankerten Betriebsfestigkeitsnachweise kann im Rahmen dieses Werkes nicht detailliert eingegangen werden. Die nachfolgenden Erläuterungen haben daher nur prinzipiellen Charakter und dienen dem allgemeinen Verständnis der geforderten Nachweise.

5.2.1 Das Beanspruchungskollektiv

Misst man an einem bestehenden Tragwerk, z.B. am Kranbahnträger einer Stahlbaufirma (Werkstattkran), über einen längeren Zeitraum die Spannungen σ an der meistbeanspruchten Stelle, erhält man etwa ein Diagramm nach Bild **5.8a**, welches die wirklichen Betriebsbedingungen widerspiegelt. Diese lassen sich dann näherungsweise auf die gesamte Nutzungsdauer einer solchen Krananlage extrapolieren und mittels speziell entwickelter *Klassierungsmethoden* (= Zählverfahren zur Bestimmung der Lastspielzahlen) statistisch auswerten. Man erhält die Verteilungsfunktion der Beanspruchung in Form eines Stufendiagramms (Bild **5.8b**), wenn die gemessenen Spannungen in Stufen (von – bis) eingeteilt und die zugehörigen Lastspielzahlen n_i aufgetragen werden. Hieraus wird die Summenhäufigkeitskurve ermittelt, also die Anzahl der Spannungsspiele, bei der eine Spannungsstufe σ_i, erreicht oder überschritten wurde. Sie stellt das *Spannungskollektiv* der beobachteten Kranbahn (Bild **5.8c**) dar. Es ist gekennzeichnet durch seinen funktionalen Verlauf (i.d.R. eine Gaußsche Verteilung), seinen *Völligkeitsgrad* (*p*), den *Kollektivumfang* (max $N = \sum n_i$) und den *Kollektivhöchstwert* (max σ, max $\Delta\sigma$).

Die hier qualitativ beschriebenen Messungen und Auswertungen wurden an repräsentativen Tragwerken (u.a. an Kranen und Eisenbahnbrücken) durchgeführt und bilden eine der Grundlagen der einschlägigen Bestimmungen.

Mit entsprechenden Prüfmaschinen lassen sich die in Bild **5.8a** dargestellten, realen Betriebsbedingungen auch nahezu exakt oder in simulierten *Mehrstufenversuchen* nachvollziehen und stützen die für eine Norm notwendigen Vereinfachungen. Die Bestimmung der *Lebensdauer* aller unterschiedlichen Konstruktionstypen mit unterschiedlichen Spannungskollektiven ist indes versuchstechnisch nicht möglich. – Es muss auch darauf hingewiesen werden, dass die Übertragbarkeit der an Kleinproben gewonnenen Erkenntnisse auf Großteile bzw. ganze Tragwerke nicht unproblematisch ist, da die in Großbauteilen vorhandenen Schweißeigenspannungen einen nicht unerheblichen Einfluss auf die Ermüdungsfestigkeit haben.

Als brauchbare und wegen ihrer Einfachheit bevorzugte *rechnerische Methode* zur Vorhersage der Betriebsfestigkeit σ_{Be} bzw. $\Delta\sigma_{Be}$ hat sich die *lineare Schädigungshypothese* nach *Palmgren/Miner* erwiesen.

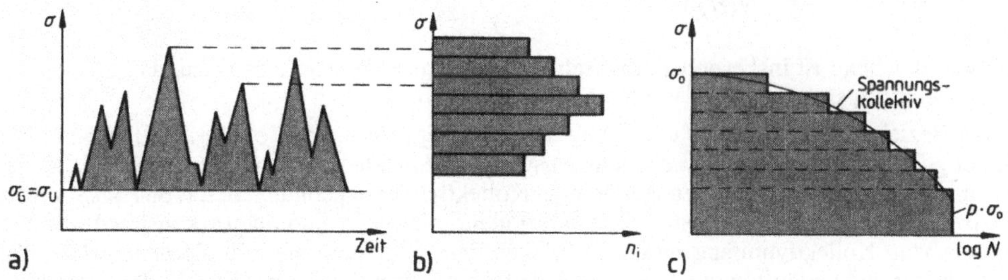

Bild **5.8**   Betriebsbeanspruchung eines Werkstattkranes
a) Spannungsfolge
b) Verteilungs-Stufendiagramm
c) Spannungskollektiv

5.2.2 Lineare Schädigungsberechnung nach *Palmgren/Miner*

Die *Zeitfestigkeit* $\sigma_Z(N_Z)$ eines bestimmten Kerbfalles und Spannungsverhältnis $\varkappa$ lässt sich im doppellogarithmischen Maßstab durch den Wert $\sigma_D(N_D)$ und das Steigungsmaß $1{:}k$ auf einfachste Weise beschreiben. σ_D wird i. Allg. bei $N_D = 2 \cdot 10^6$ Lastspielen und für eine Überlebenswahrscheinlichkeit $P_{\ddot{u}} = 90\,\%$ festgelegt; der Neigungskoeffizient k schwankt je nach Kerbfall zwischen $3{,}0 \le k \le 7{,}0$. Im Bereich $N > 2 \cdot 10^6$ wird die Zeitfestigkeitsgerade mit einer flacheren Neigung $k' = 2k - 1$ verlängert, da auch Spannungen unter σ_D zur Schädigung beitragen. Die Zeitfestigkeitsgerade gibt an, unter welcher Spannung σ_Z im (einstufigen) Wöhlerversuch nach N_Z Lastwechseln der Bruch eintritt, Bild **5.9b**.

Die lineare Schädigungshypothese geht nun davon aus, dass bei einer *mehrstufigen Beanspruchung* (Bild **5.9a**) jede Spannung σ_i, die n_i-mal auftritt, einen (linearen) Schädigungsanteil am Bruchversagen bewirkt, der durch den Quotienten n_i/N_i gebildet wird. Hierbei ist N_i die der Spannung σ_i zugeordnete Bruchlastspielzahl auf der Zeitfestigkeitsgeraden.

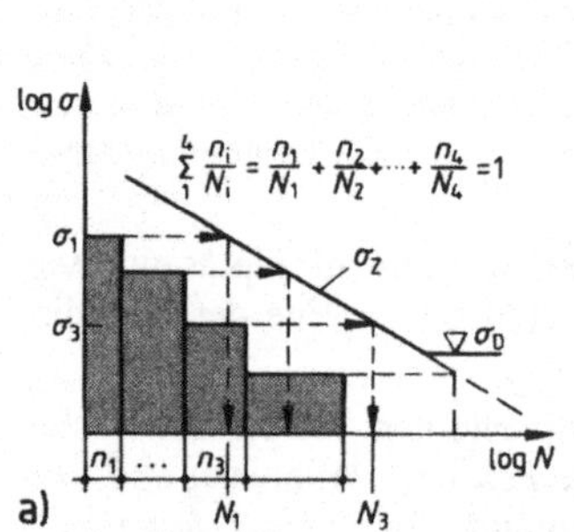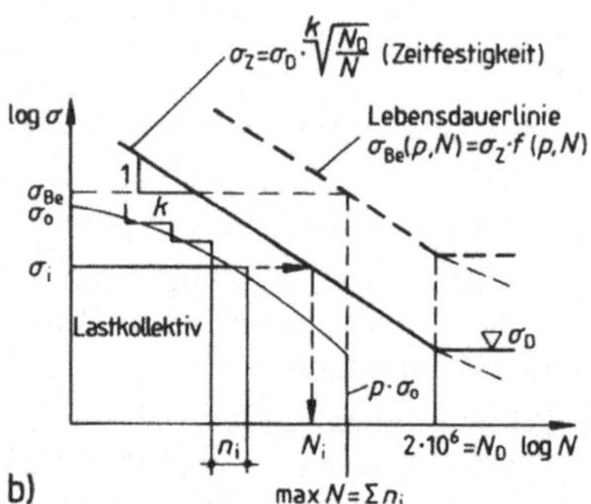

Bild **5.9**   Schädigungsberechnung nach *Palmgren/Miner*
a) Mehrstufenkollektiv, b) schadensgleiches Einstufenkollektiv

Bei einem gegebenen Spannungskollektiv, welches durch die Spannungen σ_i und n_i beschrieben wird, ist der Bruch zu erwarten, wenn Gl. (5.2) erfüllt ist.

$$\sum_{i=1}^{m} \frac{n_i}{N_i} = \int_0^{\max N} \frac{dn(\sigma)}{N(\sigma_Z)} = 1 \tag{5.2}$$

In dieser Gleichung ist insbesondere die Zahl 1 auf der rechten Seite umstritten, da in Versuchen sowohl kleinere als auch größere Werte gemessen wurden.

Aus der Beziehung (5.2) und der Gleichung der Zeitfestigkeitsgeraden $\sigma_Z(N_Z)$, s. Bild **5.9b**, lässt sich bei gegebenen Lastkollektiv ein schadensgleiches *Einstufenkollektiv* mit gleicher Lastspielzahl $\max N$ ableiten. Die hierzu gehörende Kollektivhöchstspannung heißt *Betriebsfestigkeit* $\sigma_{Be}(\Delta\sigma_{Be})$; sie ist bei $p = 1$ (Einstufenkollektiv) identisch mit σ_Z und bei $p = \text{konst.} \ne 1$ nur noch abhängig vom Kollektivumfang $\max N$. Im Diagramm **5.9b** stellt sie sich als *Lebensdauerlinie* $\sigma_{Be}(p, N)$ dar und verläuft parallel zur Zeitfestigkeitsgeraden mit einem Abstand, der allein durch den Völligkeitsgrad p bestimmt ist. Der hier beschriebene Sachverhalt soll an einem Zahlenbeispiel verdeutlicht werden.

Beispiel 1 (Bild 5.10)

Für eine geplante Konstruktion wird ein Spannungskollektiv (mit $\varkappa \approx 0$) errechnet, welches sich durch drei Spannungsspitzenwerte auszeichnet, die im Verhältnis $\sigma_1{:}\sigma_2{:}\sigma_3 = 1{:}1{,}2{:}1{,}4$ stehen. Die hierzu gehörenden Verhältnisse der Lastwechselzahlen n_i sind $n_3{:}n_2{:}n_1 = 1{:}1{,}75{:}2{,}25$. Das maßgebende Konstruktionsdetail hat bei $N_D = 2 \cdot 10^6$ eine Dauerfestigkeit $\sigma_D = 11{,}0$ kN/cm², die Zeitfestigkeitsgerade σ_Z die Steigung $1{:}k = 1{:}3{,}75$.

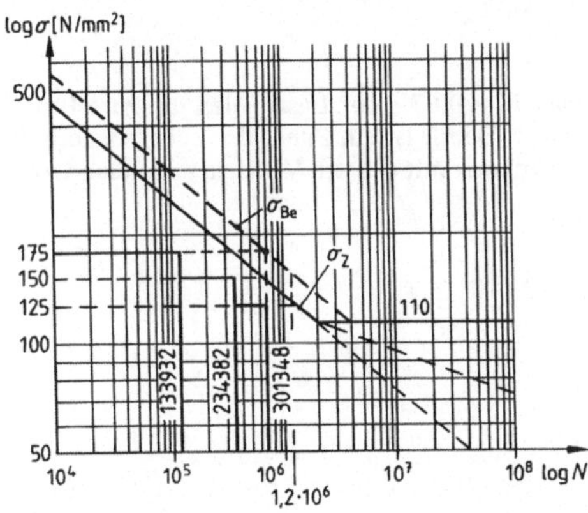

Bild 5.10 Spannungskollektiv, Zeitfestigkeit σ_Z, Betriebsfestigkeit σ_{Be}

Gesucht ist die Lebensdauerlinie für Lastkollektive, die die angegebene Charakteristik aufweisen.

Bei einem frei gewähltem Wert $\sigma_1 = 12{,}5$ kN/cm² wird $\sigma_2 = 1{,}2 \cdot 12{,}5 = 15{,}0$ kN/cm² und $\sigma_3 = 1{,}4 \cdot 12{,}5 = 17{,}5$ kN/cm².

Die Zeitfestigkeitsgerade ist durch folgende Gleichungen – vgl. Bild **5.9b** – beschreibbar.

$$\sigma_Z(N_Z) = 11{,}0 \cdot \left(\frac{2 \cdot 10^6}{N_Z}\right)^{1/3,75} \quad \text{bzw.} \tag{5.3a}$$

$$N_Z(\sigma_Z) = N_D \left(\frac{\sigma_D}{\sigma_Z}\right)^k = 2 \cdot 10^6 \cdot \left(\frac{11{,}0}{\sigma_Z}\right)^{3,75} \tag{5.3b}$$

Aus Gl. (5.3b) werden die zu σ_i ($i = 1$ bis 3) im Einstufenversuch möglichen Lastwechselzahlen N_i bestimmt.

$$\sigma_1 = 12{,}5 \text{ kN/cm}^2: N_1 = 2 \cdot 10^6 \cdot (11{,}0/12{,}5)^{3,75} = 1{,}238 \cdot 10^6$$

$$\sigma_2 = 15{,}0 \text{ kN/cm}^2: N_2 = 2 \cdot 10^6 \cdot (11{,}0/15{,}0)^{3,75} = 0{,}625 \cdot 10^6$$

$$\sigma_3 = 17{,}5 \text{ kN/cm}^2: N_3 = 2 \cdot 10^6 \cdot (11{,}0/17{,}5)^{3,75} = 0{,}351 \cdot 10^6$$

Mit den Verhältniswerten der Lastwechselzahlen wird die *Miner*-Regel Gl. (5.2) angeschrieben und nach n_3 aufgelöst.

$$\sum_{i=3}^{3} \frac{n_i}{N_i} = \frac{1}{10^6} \cdot \left[\frac{(2{,}25 \cdot n_3)}{1{,}238} + \frac{(1{,}75 \cdot n_3)}{0{,}625} + \frac{(1{,}0 \cdot n_3)}{0{,}351}\right] = 1$$

$$n_3 = 133932 \qquad n_2 = 1{,}75 \cdot n_3 = 234382 \qquad n_1 = 2{,}25 \cdot n_3 = 301348$$

Damit ist der Kollektivumfang $\max N = \sum_{i=1}^{3} n_i = 669662 \approx 0,67 \cdot 10^6$. Im einstufigem Wöhlerversuch ($p = 1$) wäre die hierzu mögliche, schadensgleiche Spannung nur

$$\sigma_Z(0,67 \cdot 10^6) = 11,0 \cdot \left(\frac{2 \cdot 10^6}{0,67 \cdot 10^6}\right)^{1/3,75} = 14,73 \text{ kN/cm}^2$$

Bei dem gegebenen Spannungskollektiv kann jedoch mit $\max N = 0,67 \cdot 10^6$ Lastspielen die zum Bruch führende größte Oberspannung $\sigma_0 = \sigma_3 = 17,5$ kN/cm^2 betragen. Damit ist ein Punkt der Lebensdauerlinie gefunden; sie verläuft insgesamt parallel zu $\sigma_Z(N_Z)$. Der Schnittpunkt mit der zur N-Achse parallelen Geraden $\sigma_D = 11,0$ kN/cm^2 wird rückwärts aus Gl. (5.3 b) errechnet.

$$0,67 \cdot 10^6 = N_{D,Be} \cdot \left(\frac{11,0}{17,5}\right)^{3,75} \qquad\qquad N_{D,Be} = 3,822 \cdot 10^6$$

Damit lautet die Geradengleichung für die Betriebsfestigkeit

$$\sigma_{Be} = \sigma_D \cdot \left(\frac{N_{D.Be}}{N_Z}\right)^{1/3,75} = 11,0 \cdot \left(\frac{3,822 \cdot 10^6}{N_Z}\right)^{1/3,75} \tag{5.3c}$$

Aufgrund der geplanten Nutzungsdauer wird mit einer Gesamtlastspielzahl von $1,2 \cdot 10^6$ Lastspielen gerechnet (ungefähr doppelt soviel wie beim frei gewählten Kollektiv). Bei Einhaltung einer vereinbarten Sicherheit von $\gamma_{Be} = 4/3 = 1,33$ ist die größtmögliche Oberspannung gesucht.

$$\max \sigma_3 \le \sigma_{Be}/\gamma_{Be} = \left[11,0 \cdot \left(\frac{3,822 \cdot 10^6}{1,2 \cdot 10^6}\right)^{1/3,75}\right] \cdot \frac{1}{1,33} = 11,26 \text{ kN/cm}^2$$

Mit dieser Grenzspannung kann jetzt das Tragwerk dimensioniert werden.

Auf der in diesem Abschnitt skizzierten Grundlage basieren alle neueren Betriebsfestigkeitsnachweise. Die speziellen Regelungen für Kranbahnen (DIN 4132 und [27]) sowie die Bestimmungen von EC 3 [31] werden nachfolgend behandelt.

5.3 Der Betriebsfestigkeitsnachweis für Kranbahnen

5.3.1 Allgemeines

Der Betriebsfestigkeitsnachweis für Kranbahnen erfolgt nach DIN 4132, welcher auf der Grundlage der DIN 15018 – Berechnung der Krane – abgeleitet wurde. Beide Normen basieren noch auf dem „alten Sicherheitskonzept" mit *zulässigen Spannungen* (zul σ_{Be}, zul τ_{Be}), bei dem alle Unsicherheiten der Berechnung (Sicherheitsfaktoren γ) allein auf der Widerstandsseite (Festigkeit) berücksichtigt werden. Mit [27] bleibt der Betriebsfestigkeitsnachweis jedoch weiterhin gültig, wobei für die Teilsicherheitswerte gilt:

$$\gamma_F = \gamma_M = 1 \tag{5.4}$$

Dies bedeutet, dass der Betriebsfestigkeitsnachweis mit den Spannungen aus den tatsächlichen, jedoch mit dem Schwingbeiwert φ versehenen Radlasten zu führen ist und die in der Norm angegebenen zulässigen Spannungen (zul σ_{Be}, zul τ_{Be}) als *Grenzspannungen* zu betrachten sind. Zur Vereinheitlichung der Bezeichnungen wird daher formal folgende Umbenennung vorgenommen:

$$\text{zul}\,{}^{\sigma}_{\tau}\text{Be} \triangleq \text{grenz}\,{}^{\sigma}_{\tau}\text{Be} \tag{5.5}$$

Diese Grenzspannungen wurden abgeleitet aus Mehrstufenversuchen bzw. über Schädigungsberechnungen nach *Palmgren-Miner* (Lebensdauerlinien mit $P_{ü}$ = 90 %) unter Zugrundelegung realer Betriebsbedingungen (Spannungskollektive) sowie eines (Nenn-)Sicherheitsfaktors von 1,33. Darüber hinaus sind die Lebensdauerlinien noch abhängig vom maßgebenden Kerbfall, dem Spannungsverhältnis $\varkappa$, Gl. (5.1) sowie der verwendeten Stahlsorte. Neuere Entwicklungen in der Normung siehe Abschn. 5.5.

5.3.2 Spannungsspielbereich, Beanspruchungskollektiv und Beanspruchungsgruppe

Nach Maßgabe der vorgesehenen Nutzungsdauer einer Kranbahn erfolgt die Einordnung der verkehrenden Krane in einen der 4 *Spannungsspielbereiche* N1 bis N4 nach Tafel **5**.2, wobei unter der Anzahl der Spannungsspiele die Summenhäufigkeit verstanden wird, mit der die kleinste Oberspannung σ_0 des unterstellten Spannungskollektivs erreicht oder überschritten wird.

Das erwartete *Spannungskollektiv* ergibt sich aus den speziellen Betriebsbedingungen einer Krananlage und wird einem idealisierten Kollektiv S_0 bis S_3 nach Bild **5**.11 zugeordnet. In DIN 15018 wird im Spannungskollektiv anstelle der Oberspannung σ_0 die bezogene Spannungsdifferenz $\Delta\sigma$ = σ_0-σ_m verwendet.

Aus dem Spannungskollektiv und dem Spannungsspielbereich ergibt sich die *Beanspruchungsgruppe* B1 bis B6, nach denen die Kranbahn zu untersuchen ist. Beispiele für die übliche Einstufung von Kranarten enthält DIN 15 018, vgl. Tafel 4.2.

Je höher der Spannungsspielbereich und je völliger das Beanspruchungskollektiv ist, desto höher ist die Beanspruchungsgruppe und um so kleiner ist die Grenzspannung grenz (σ_{Be}, τ_{Be}). Dabei sind alle Parameter so abgestimmt, dass in allen Beanspruchungsgruppen die gleiche Überlebenswahrscheinlichkeit vorliegt.

Tafel **5**.2 Beanspruchungsgruppen nach Spannungsspielbereichen und Spannungskollektiven [19]

Spannungsspielbereich	N1	N2	N3	N4
Gesamte Anzahl der vorgesehenen Spannungsspiele	über $2 \cdot 10^4$ bis $2 \cdot 10^5$ Gelegentliche nicht regelmäßige Benutzung mit langen Ruhezeiten	über $2 \cdot 10^5$ bis $6 \cdot 10^5$ Regelmäßige Benutzung bei ununterbrochenem Betrieb	über $6 \cdot 10^5$ bis $2 \cdot 10^6$ Regelmäßige Benutzung im Dauerbetrieb	über $2 \cdot 10^6$ Regelmäßige Benutzung im angestrengten Dauerbetrieb
Spannungskollektiv	Beanspruchungsgruppe			
S_0 sehr leicht	B1	B2	B3	B4
S_1 leicht	B2	B3	B4	B5
S_2 mittel	B3	B4	B5	B6
S_3 schwer	B4	B5	B6	B6

Verkehren *mehrere Krane* auf einer Kranbahn, erfolgt die Einstufung für jeden einzelnen Kran. Arbeiten mehrere Krane gelegentlich zusammen („Tandembetrieb"), so orientiert sich die Beanspruchungsgruppe der *Krangruppe* am Einzelkran mit der niedrigsten Beanspruchungsgruppe, welche um 2 bis 3 Stufen ermäßigt werden darf (s. Norm).

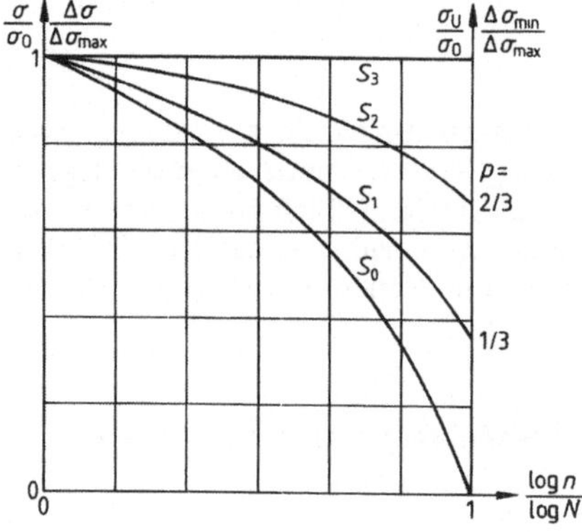

Bild **5.11**   Normierte Spannungskollektive für Kranbahnträger

5.3.3 Kerbfälle

Die in Kranbahnen gebräuchlichen und festigkeitsmindernden Bauformen, Anschlüsse und Verbindungen mit Schrauben (Nieten) und Schweißnähte werden in insgesamt 8 *Kerbfälle* eingeordnet, die innerhalb eines Kerbfalles eine ungefähr gleich große Kerbwirkung verursachen. Zur Unterscheidung dienen Ordnungsnummern.

Kerbfall WO bis W2

Die Kerbfälle W0 bis W2 gelten für *Teile mit oder ohne Ausschnitte* und *gelochte Teile* bei ein- oder zweischnittigen Schraubenverbindungen (Nietverbindungen).

Als Schraubenverbindungen sind zugelassen die Verbindungsarten SLP, GV und GVP mit den entsprechenden Schrauben (s. Teil 1).

SLP-Verbindungen: Für die verschraubten Teile gelten die Grenzspannungen grenz σ_{Be} des Kerbfalles W2; die Grenzabscherkraft der hochfesten Passschrauben (nach DIN 7999) wird mit der Grenzspannung grenz $\tau_{a,Be}$ für die Festigkeitsklasse 5.6 (S355) ermittelt.

GV-, GVP-Verbindungen: Hier gelten für grenz σ_{Be} die Werte des Kerbfalles W1 (GV) bzw. W2 (GVP). Die Grenztragfähigkeiten der Schrauben auf Abscheren und Lochleibung werden nach Gl. (3.1) mit grenz $\tau_{a,Be}$ bzw. nach Gl. (3.4) mit grenz $\tau_{l,Be}$ – s. Teil 1 des Werkes – ermittelt. Im zweiten Fall sollten dabei folgende Rand- und Lochabstände nicht unterschritten werden:

$$e_1 \geq 2 \cdot d_L, \qquad e_2 \geq 1,5 \cdot d_L, \qquad e,e_3 \geq 3 \cdot d_L$$

Kerbfall K0 bis K4

Diese Kerbfälle gelten für geschweißte Bauteile; Kerbfall K0 weist eine geringe Kerbwirkung, K4 eine besonders starke Kerbwirkung auf. Mit größer werdender Kerbwirkung sinkt die Grenzspannung grenz σ_{Be}.

Umfangreiche Tabellen für die Einordnung der Bauteile und Schweißnähte von 45 Bau- und Ausführungsformen enthält DIN 4132 bzw. [19]. Durch Kursivschreibweise in [18] wird besonders deutlich, ob die Einordnung für die Naht und das durch die Naht beeinflusste Bauteil oder für beide dem jeweiligen Kerbfall zugeordnet sind. Hieraus ergeben sich gegebenenfalls unterschiedliche Einordnungen in Kerbfälle für die Nähte bzw. das Bauteil.

Aus Platzgründen sind hier nur die Kerbfälle wiedergegeben (Tafel **5.3**), die für die Behandlung der Beispiele in Abschn. 5.3.5 von Bedeutung sind.

Bei der Einordnung der Schweißnähte wird fallweise noch eine bestimmte Nahtgüte gefordert, die der Tafel **5.4** zu entnehmen ist.

Die in der Norm nicht angegebenen Bauformen sind sinngemäß einzuordnen, ungünstigere als die aufgeführten Fälle sind unzulässig.

Abschließend sei nochmals darauf hingewiesen, dass geschweißte Stahlbauteile von Kranbahnen nur von Betrieben hergestellt werden dürfen, die über geprüfte Schweißer der Prüfgruppe B II nach DIN EN 287-1 (4.92) verfügen und den *Großen Befähigungsnachweis* nach DIN 18800-7 besitzen. Dies gilt übrigens für alle dynamisch beanspruchten Tragwerke.

5.3.4 Grenzspannungen und Nachweise

5.3.4.1 Grenzspannungen grenz σ_{Be}, grenz τ_{Be}

Die Grenzspannungen im Betriebsfestigkeitsnachweis sind abhängig von

– der Stahlsorte: S235, S355
– der Beanspruchungsgruppe B1 bis B6
– dem Kerbfall W0 bis W2, K0 bis K4 und
– dem Spannungsverhältnis $\varkappa$ nach Gl. (5.1a).

Für letztere Abhängigkeit gilt, dass mit fallendem $\varkappa$-Wert auch die Grenzspannung absinkt. Demzufolge ist für die Oberspannung die dem Betrage nach größte Spannung (max $|\sigma_0|$, max $|\tau_0|$) maßgebend; für σ_u (τ_u) ist dagegen der Wert einzusetzen, der das *arithmetisch* kleinste $\varkappa$ liefert:

$$\varkappa_\sigma = \frac{\sigma_u}{\max \sigma_0} \qquad \varkappa_\tau = \frac{\tau_u}{\max \tau_0} \tag{5.1a}$$

Daneben muss unterschieden werden, ob die Oberspannung eine Zug- oder Druckspannung ist. Zugbeanspruchte Teile sind kerbempfindlicher als Teile unter Druckbeanspruchung.

Da sich die (ertragbaren) Betriebsfestigkeitsspannungen σ_{Be} im *Smith*-Diagramm, Bild **5.3**, genau so einfach darstellen lassen wie die Dauerfestigkeitswerte σ_D, können die Grenzspannungen *formelmäßig* angegeben werden in Abhängigkeit der Werte für $\varkappa = -1$ bzw. $\varkappa = 0$. Die Werte grenz $\sigma_{Be,-1}$ für $\varkappa = -1$ gehen aus Tafel **5.5** hervor; für andere $\varkappa$-Verhältnisse und für die Schub- und Scherspannungen in Bauteilen und Schweißnähten sowie für die Lochleibungsspannung bei Schraubenverbindungen erfolgt die Berechnung nach Tafel **5.6**.

Einfacher jedoch erhält man die Grenzspannungen aus den Tabellen der DIN 4132, hier als „zul-Werte" bezeichnet. Für *Schubspannungen in Kehlnähten* sind sowohl die Grenzspannungen nach Tafel **5.6** als auch nach den Tabellen der Norm auf 60 % abzumindern.

Tafel 5.3 Einordnung gebräuchlicher Bauformen in Kerbfälle; Schweißnahtgüten

Ord-nungs-num-mer	Beschreibung und Darstellung		Sinn-bild	Kurzzei-chen nach Tafel **5.4**

Kerbfall W0 und Kerbfall W1

| W12 | *Gelochte Teile* auch mit Nieten und Schrauben bei Beanspruchung der Niete und Schrauben bis höchstens 20 %, der hochfesten Schrauben in GV-Verbindungen bis 100 % der zulässigen Werte. Für einschnittige Verbindungen gelten die Einschränkungen der Kerbfälle W22 und W23 auch hier. | | | |
| W13 | *Stegansatz* von Walzprofilen bei Angriff von Radlasten | | | |

Kerbfall K0 – Geringe Kerbwirkung

| 011 | Mit *Stumpfnaht*-Sondergüte quer zur Kraftrichtung *verbundene Teile* | | | P100 / P100 |
| 022 | Mit *Stumpfnaht*-Normalgüte *verbundene Stegbleche und Gurtprofile* aus Form- und Stabstahl | | | P oder P100 / P oder P100 |

Kerbfall K1 – Mäßige Kerbwirkung

111	Mit *Stumpfnaht*-Normalgüte quer zur Kraftrichtung *verbundene Teile*			P oder P100 / P oder P100
112	Mit *Stumpfnaht*-Normalgüte quer zur Kraftrichtung *verbundene Teile* verschiedener Dicken mit unsymmetrischem Stoß und Schräge ≦ 1:4 oder mit symmetrischem Stoß und Schräge ≦ 1:3			P oder P100 / P oder P100
123	Mit *K-Stegnaht mit Doppelkehlnaht*, *HV-Stegnaht mit Kehlnaht, Doppelkehlnaht* oder *Kehlnaht* längs zur Kraftrichtung *verbundene Teile*			

Tafel **5.**3, Fortsetzung

Ord-nungs-nummer	Beschreibung und Darstellung	Sinnbild
Kerbfall K2 – Mittlere Kerbwirkung		
233	*Gurt- und Stegbleche*, an die quer zur Kraftrichtung Schotte oder Steifen mit abgeschnittenen Ecken mit Doppelkehlnaht-Sondergüte angeschweißt sind. Nahtübergänge kerbfrei. Die Einstufung in den Kerbfall gilt nur für den Bereich der Querkehlnähte.  	△
242	*Durchlaufendes Teil*, an das an den Enden abgeschrägte oder ausgerundete Teile oder Steifen längs zur Kraftrichtung angeschweißt sind. Die Endnähte sind im Bereich $\geq$ 5 *t* als K-Naht mit Doppelkehlnaht ausgeführt. Nahtübergänge kerbfrei.	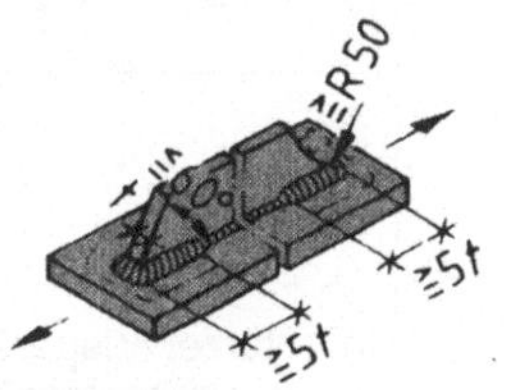 K Nur End-naht
Kerbfall K3 – Starke Kerbwirkung		
333	*Gurt- und Stegbleche*, an die quer zur Kraftrichtung Schotte oder Steifen mit ununterbrochener Doppelkehlnaht angeschweißt sind. Die Einordnung in den Kerbfall gilt nur für den Bereich der Querkehlnähte. 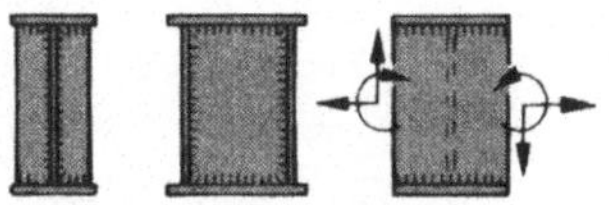 	△
342	*Durchlaufendes Teil*, auf das an den Enden abgeschrägte Teile oder Steifen längs zur Kraftrichtung mit Doppelkehlnaht angeschweißt sind. Die Endnähte sind im Bereich $\geq$ 5 *t* kerbfrei bearbeitet. 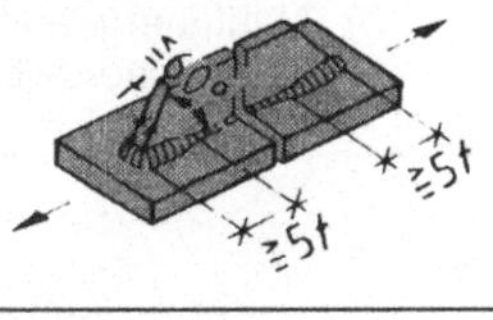 	△
Kerbfall K4 – Besonders starke Kerbwirkung [1]		
441	*Durchlaufendes Teil*, an dessen Kante längs zur Kraftrichtung rechtwinklig endende Teile angeschweißt sind.  	△
442	*Durchlaufendes Teil*, auf das rechtwinklig endende Teile, z.B. Steifen oder Knaggen zur Schienenbefestigung, längs zur Kraftrichtung mit Doppelkehlnaht aufgeschweißt sind. 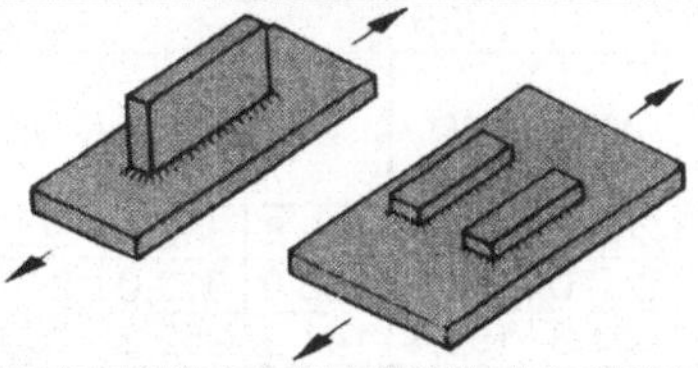 	△

---

[1] Bauformen mit noch ungünstigeren Kerbfällen sind unzulässig.

Tafel **5.4**   Schweißnahtgüten, Nahtausführung, Prüfung, Kurzzeichen

Nahtart	Nahtausführung Ergänzend zu DIN 18800-1 müssen folgende Anforderungen erfüllt sein:	Sinnbild Beispiele	Prüfung auf fehlerfreie Ausführung Prüfverfahren	Kurzzeichen
Stumpfnaht-Sondergüte	a) Wurzel ausgeräumt und Kapplage gegengeschweißt b) in Spannungsrichtung blecheben bearbeitet c) keine Endkrater		Zerstörungsfreie Prüfung der Naht auf 100 % der Nahtlänge, z.B. Durchstrahlung	P100
Stumpfnaht-Normalgüte	a) Wurzel ausgeräumt und Kapplage gegengeschweißt b) keine Endkrater		wie Zeile 1 bei max $\sigma \geq 0{,}8 \cdot$ grenz σ_{Be} außer im Druckschwellbereich übrige Nähte Prüfung in Stichproben mind. 10 % der Nahtlänge	P100
DHV-Naht (K-Naht mit Doppelkehlnaht, Wurzel durchgeschweißt) DIN 18800-1, Tab. 19, Z. 2	a) Wurzel ausgeräumt und durchgeschweißt b) Nahtübergänge kerbfrei; erforderlichenfalls bearbeitet			
HV-Naht (Kapplage gegengeschweißt) DIN 18800-1, Tab. 19, Z. 3			Zerstörungsfreie Prüfung des quer zu seiner Ebene auf Zug beanspruchten Bleches auf Doppelung und Strukturfehler im Nahtbereich, z.B. Durchschallung	D
DHY-Naht (K-Stegnaht mit Doppelkehlnaht) DIN 18800-1, Tab. 19, Z. 7	a) Einwandfreie Wurzelverschweißung b) Nahtübergänge kerbfrei; erforderlichenfalls bearbeitet			

5.3.4.2 Nachweise

Der Betriebsfestigkeitsnachweis für Kranbahnen ist nur erforderlich für Spannungen, die sich aus der „ständigen Last" und der „veränderlichen Last" aus den *lotrecht wirkenden* Raddrücken ergeben. (Diese Lastkombination hieß früher *Lastfall* H.) Er ist zu führen für die Bauteile und Verbindungsmittel.

Tafel **5.5**   Grenzspannungen σ_{Be} in N/mm² für $\varkappa = -1$

Beanspruchungsgruppe	S235			S355			S235, S355				
	W0	W1	W2	W0	W1	W2	K0	K1	K2	K3	K4
B1	285,4	228,3	199,8	388,4	308,9	247,2	[475,2]	[424,2]	(356,4)	254,6	152,7
B2	240,0	192,0	168,0	313,0	249,0	199,2	[336,0]	(300,0)	(252,0)	180,0	108,0
B3	201,8	161,4	141,3	252,2	200,6	160,5	(237,6)	(212,1)	178,2	127,3	76,4
B4	169,7	135,8	118,8	203,2	161,7	129,3	168,0	150,0	126,0	90,0	54,0
B5	142,7	114,2	99,9	163,8	130,3	104,2	118,8	106,1	89,1	63,6	38,2
B6	120,0	96,0	84,0	132,0	105,0	84,0	84,0	75,0	63,0	45,0	27,0

[ ]: grenz σ_{Be} des Kerbfalles W0 ist überschritten bei S235, S355

( ): grenz σ_{Be} des Kerbfalles W0 ist überschritten bei S235

Tafel **5.**6 Grenzspannungen σ_{Be}, τ_{Be}, $\sigma_{i,Be}$, und $\tau_{a,Be}$ in N/mm^2 für $x \neq -1$ [1)]

		max σ_0 ist eine	
		Zugspannung (z)	Druckspannung (d)
Wechselbereich $-1 < x < 0$		grenz $\sigma_{Be,z,x<0} = \dfrac{5}{3-2x} \cdot$ grenz $\sigma_{Be,-1}$	grenz $\sigma_{Be,d,x<0} = \dfrac{2}{1-x} \cdot$ grenz $\sigma_{Be,-1}$
$x = 0$		grenz $\sigma_{Be,z,0<0} = \dfrac{5}{3} \cdot$ grenz $\sigma_{Be,-1}$	grenz $\sigma_{Be.d.0} = 2 \cdot$ grenz $\sigma_{Be.-1}$
Schwellbereich $0 < x < 1$		grenz $\sigma_{Be,z,x>0} =$ $$= \dfrac{\text{grenz } \sigma_{Be,z,0}}{1-\left(1-\dfrac{\text{grenz } \sigma_{Be,z,0}}{\text{grenz } \sigma_{Be,z,+1}}\right)\cdot x}$$	grenz $\sigma_{Be,d,x>0} =$ $$= \dfrac{\text{grenz } \sigma_{Be,d,0}}{1-\left(1-\dfrac{\text{grenz } \sigma_{Be,d,0}}{\text{grenz } \sigma_{Be,d,+1}}\right)\cdot x}$$

$x = +1$ Festig- keits- und obere Eckwerte	S235
	
	S355
		grenz $\sigma_{Be.z.+1} = $ 277,5 N/mm^2
		  390,0 N/mm^2
			grenz $\sigma_{Be.d.+1} = $ 330,0 N/mm^2
			  468,0 N/mm^2

Schub- spannung	Bauteil Schweiß- naht[2)]	grenz $\tau_{Be,x} = $ grenz $\sigma_{Be,z,\,x}/\sqrt{3}$ mit grenz $\sigma_{Be,z,\,x}$ nach Kerbfall W0 grenz $\tau_{Be,x} = $ grenz $\sigma_{Be,z,\,x}/\sqrt{2}$ mit grenz $\sigma_{Be,z,\,x}$ nach Kerbfall K0; nach W0, wenn dafür $\sigma_{Be,z,\,x}$ niedriger	
Niete und Pass- schrauben		grenz $\tau_{a.Be.x} = 0,8 \cdot$ grenz $\sigma_{Be.z.x}$ } mit grenz $\sigma_{Be.z.\,x}$ grenz $\tau_{i.Be.x} = 2,0 \cdot$ grenz $\sigma_{Be.z.x}$ } nach Kerbfall W2 Für einschnittige, ungestützte Verbindungen sind vorstehende Werte auf 75 % abzumindern	

[1)] Die Beanspruchbarkeiten sind zu begrenzen auf grenz σ_{Be} = 160 (240) N/mm^2 bei S235 (S355). Darüber hinausgehende Werte sind nur zu verwenden,
– wenn ein Tragsicherheitsnachweis nach dem Verfahren „elastisch – plastisch", „plastisch – plastisch" geführt wird oder
– wenn Zwängungsspannungen berücksichtigt werden, z.B. bei der Radlasteinleitung in die Kranbahnträger oder bei Fachwerk-Kranbahnträgern und bei Anwendung der Formeln (5.8), (5.11).

[2)] Für Kehlnähte ist grenz $\tau_{Be,x}$ mit dem Faktor 0,6 abzumindern. Für $x > 0$ darf gerechnet werden mit

$$\text{grenz } \tau_{Be,x>0} = \frac{0{,}6 \cdot \text{grenz } \sigma_{Be,z,0}/\sqrt{2}}{1-\left(1-\dfrac{0{,}6 \cdot \text{grenz } \sigma_{Be,z,0}}{\text{grenz } \sigma_{Be,z,+1}}\right)\cdot x}$$

mit grenz $\sigma_{Be,z,0,(+1)}$ nach Kerbfall K0 (nach W0, wenn niedriger).

Spannungen aus der örtlichen Wirkung der *Radlasten* sind ebenfalls nachzuweisen, s. Abschn. 4.5.4.1, Gl. (4.14) bis (4.19). Für diesen Nachweis gilt:

$$\bar{\sigma}_z/\text{grenz } \sigma_{Be} \qquad \leq 1 \qquad \text{(B1 bis B6)}$$

$$(\bar{\sigma}_z + \bar{\sigma}_{z,B})/\text{grenz } \sigma_{Be} \quad \leq 1 \qquad \text{(B4 bis B6)} \tag{5.6}$$

$$(\tau_{xz} + \bar{\tau}_{xz})/\text{grenz } \tau_{Be} \quad \leq 1 \qquad \text{(B1 bis B6)}$$

Eine Überlagerung mit den Normalspannungen $\sigma_{(x)}$ ist nicht erforderlich. Bei Verwendung einer elastischen Schienenunterlage dürfen die Spannungen $\bar{\sigma}_z$ abgemindert werden (s. Abschn. 4.3). Bei den beiden letzten Nachweisen dürfen die erhöhten, über die in Anmerkung 1 zu Tafel 5.6 hinausgehenden Grenzwerte grenz σ_{Be}, grenz τ_{Be} angesetzt werden (s. Tafel 5.7 bis 5.9)

Beim Nachweis der Spannungen (σ, τ) des Kranbahnträgers aus der Wirkung der Radlasten sind mehrere Fälle zu unterscheiden. Diese hängen davon ab, wie viele Lastspiele der Einzelkran (die Krangruppe) bei einer Überfahrt über den Kranbahnträger erzeugt. (Auswertung der maßgebenden Einflusslinien für die untersuchte Stelle des Kranbahnträgers, vgl. Beispiel 2.)

Die in 5.2.2 beschriebene Miner-Regel ist dann fallweise mehrfach anzuwenden.

Fall a): Verkehr **eines** Kranes erzeugt ein Spannungsspiel/Überfahrt

Der Nachweis lautet

$$\frac{\max \sigma_0}{\text{grenz } \sigma_{Be}} \leq 1 \qquad\qquad \frac{\max \tau_0}{\text{grenz } \tau_{Be}} \leq 1 \qquad\qquad (5.7)$$

Wenn in den Beanspruchungsgruppen B1 bis B3 für die Kerbfälle K0 bis K2 höhere Grenzspannungen festgelegt sind als für W0, dann ist Gl. (5.7) zusätzlich für den Kerbfall W0 auszuwerten.

Fall b): Verkehr **eines** Kranes erzeugt **mehrere** Spannungsspiele/Überfahrt Dies ist möglich, wenn der Abstand a der Radlasten in einem bestimmten Verhältnis zur Stützweite des Kranbahnträgers steht und bereits jedes einzelne Rad (Radgruppe) eine Spannungsspitze σ oder τ verursacht. In diesem Fall ist nachzuweisen

$$\sum \left[\frac{\max \frac{\sigma}{\tau}}{\text{grenz } \frac{\sigma}{\tau} \text{Be}} \right]_i^k \leq 1 \qquad\qquad (5.8)$$

Es bedeuten:

$\max \frac{\sigma}{\tau}$ die Höchstspannung infolge der einzelnen Kranräder (Radgruppe) i

$\text{zul} \frac{\sigma}{\tau} \text{Be}$ die Grenzspannung der Beanspruchungsgruppe

       $k = 6{,}635$ für die Kerbfälle W0 bis W2 bei S235

       $k = 5{,}336$ für die Kerbfälle W0 bis W2 bei S355   (5.9)

       $k = 3{,}323$ für die Kerbfälle K0 bis K4

Von zwei aufeinanderfolgenden Spannungshöchstwerten braucht jedoch nur der größere berücksichtigt zu werden, wenn dazwischen die zu ihm gehörige Mittelspannung nicht unterschritten wird.

Der Nachweis nach Gl. (5.8) ist nicht erforderlich, wenn

$$\frac{\max \frac{\sigma}{\tau}}{0{,}85 \cdot \text{grenz} \frac{\sigma}{\tau} \text{Be}} < 1 \qquad\qquad (5.10)$$

ist. Für die Grenzspannungen in Gl. (5.10) gelten die Werte der Beanspruchungsgruppe B6, in Gl. (5.8) die dem Kran zugeordnete Beanspruchungsgruppe. Der $\varkappa$-Wert ist bei Anwendung der Summenformel (5.8) für jeden einzelnen der Summanden gesondert zu bestimmen.

Tafel **5.7** Grenzspannungen im Betriebsfestigkeitsnachweis für S235 und Beanspruchungsgruppe B3

Grenz-Normalspannungen σ_{Be} in N/mm² in den Kerbfällen. Alle W- und K-Spalten: Oberspannung (Zug/Druck). Grenzschubspannungen τ_{Be} (Bauteilen/Schweißnähten). Grenzabscher- und Leibungsspannungen für genietete und geschraubte Verbindungen gestützt oder mehrschnittig ($\tau_{a\,Be}$, $\sigma_{l\,Be}$).

x	W0 Zug	W0 Druck	W1 Zug	W1 Druck	W2 Zug	W2 Druck	K0 Zug	K0 Druck	K1 Zug	K1 Druck	K2 Zug	K2 Druck	K3 Zug	K3 Druck	K4 Zug	K4 Druck	τ_{Be} Bauteilen	τ_{Be} Schweißnähten	$\tau_{a\,Be}$	$\sigma_{l\,Be}$	x
− 1,0	201,8	201,5	161,4	161,4	141,3	141,3					178,2	178,2	127,3	127,3	76,4	76,4	116,5	142,7	113,0	282,5	− 1,0
− 0,9	210,2	212,4	168,2	170,0	147,2	148,7					185,6	187,6	132,6	134,0	79,5	80,4	121,4	148,6	117,8	294,4	− 0,9
− 0,8	219,4	224,2	175,5	179,4	153,6	157,0					193,7	198,0	138,3	141,4	83,0	84,9	125,7	155,1	122,9	307,2	− 0,8
− 0,7	229,3	237,4	183,4	189,9	160,5	166,2					202,5	209,6	144,6	149,7	86,8	89,8	132,4	162,1	128,4	321,0	− 0,7
− 0,6	(240,3)	(252,3)	192,2	201,8	168,2	176,6	wie W0		wie W0		212,1	222,7	151,5	159,1	90,9	95,5	(138,7)	(169,9)	134,6	336,4	− 0,6
− 0,5			201,8	215,2	176,6	188,4					222,7	237,6	159,1	169,7	95,5	101,8			141,3	353,2	− 0,5
− 0,4			212,4	230,7	185,9	201,8					234,5	(254,6)	167,5	181,8	100,5	109,1			148,7	371,8	− 0,4
− 0,3			224,3	(248,4)	196,2	217,3					(247,5)		176,8	195,8	106,1	117,5			157,0	392,4	− 0,3
− 0,2			237,4		207,8	235,5							187,2	212,1	112,3	127,3			166,2	415,4	− 0,2
− 0,1			(252,2)		220,7	(256,9)							198,9	231,4	119,3	138,8			176,6	441,4	− 0,1
0					235,5								212,1	(254,6)	127,3	152,8			188,4	471,0	0
+ 0,1					239,1								217,2		134,6	161,5			191,3	478,2	+ 0,1
+ 0,2					(242,9)								222,6		142,8	171,4			(194,3)	(485,8)	+ 0,2
+ ,3													228,2		152,0	182,4					+ 0,3
+ 0,4													234,2		162,5	195,0					+ 0,4
+ 0,5													(240,4)		174,5	209,4					+ 0,5
+ 0,6															188,5	226,2					+ 0,6
+ 0,7															205,0	(246,0)					+ 0,7
+ 0,8															224,5						+ 0,8
+ 0,9															(248,2)						+ 0,9
+ 1,0	240,0	240,0	240,0	240,0	240,0	240,0	240,0	240,0	240,0	240,0	240,0	240,0	240,0	240,0	240,0	240,0	138,6	169,7	192,0	480,0	+ 1,0

Tafel **5.8** Grenzspannungen im Betriebsfestigkeitsnachweis für S235 und Beanspruchungsgruppe B5

Spannungsverhältnis $\varkappa$	Grenz-Normalspannungen σ_{Be} in N/mm² in den Kerbfällen																Grenzschubspannungen τ_{Be}		Grenzabscher- und Leibungsspannungen für genietete und geschraubte Verbindungen gestützt oder mehrschnittig		Spannungsverhältnis $\varkappa$
	W0 Oberspannung		W1 Oberspannung		W2 Oberspannung		K0 Oberspannung		K1 Oberspannung		K2 Oberspannung		K3 Oberspannung		K4 Oberspannung						
$\varkappa$	Zug	Druck	Zug	Druck	Zug	Druck	Zug	Druck	Zug	Druck	Zug	Druck	Zug	Druck	Zug	Druck	Bauteilen	Schweißnähten	$\tau_{a\,Be}$	$\sigma_{l\,Be}$	$\varkappa$
− 1,0	142,7	142,7	114,2	114,2	99,9	99,9	118,8	118,8	106,1	106,1	89,1	89,1	63,6	63,6	38,2	38,2	82,4	84,0	79,9	199,8	− 1,0
− 0,9	148,7	150,2	119,0	120,2	104,1	105,2	123,8	125,1	110,5	111,7	92,8	93,8	66,3	67,0	39,8	40,2	85,8	87,5	83,3	208,2	− 0,9
− 0,8	155,1	158,6	124,0	126,9	108,6	111,0	129,1	132,0	115,3	117,9	96,8	99,0	69,2	70,7	41,5	42,4	89,5	91,3	86,9	217,2	− 0,8
− 0,7	162,2	167,9	129,7	134,3	113,5	117,5	135,0	139,8	120,6	124,8	101,2	104,8	72,3	74,7	43,4	44,9	93,6	95,5	90,8	227,0	− 0,7
− 0,6	169,9	178,4	135,9	142,7	118,9	124,9	141,4	148,5	126,3	132,6	106,1	111,4	75,8	79,5	45,5	47,7	98,1	100,0	95,1	237,8	− 0,6
− 0,5	178,4	190,3	142,7	152,2	124,9	133,2	148,5	158,4	132,6	141,5	111,4	118,8	79,5	84,9	47,7	50,9	103,0	105,0	99,9	249,8	− 0,5
− 0,4	187,8	203,9	150,2	163,2	131,4	142,7	156,3	169,7	139,6	151,6	117,2	127,3	84,7	90,9	50,2	54,5	108,4	110,5	105,1	262,8	− 0,4
− 0,3	198,2	219,5	158,6	175,7	138,7	153,7	165,0	182,8	147,4	163,2	123,7	137,1	88,4	97,9	53,0	58,7	114,4	116,7	111,0	277,4	− 0,3
− 0,2	209,9	237,8	167,9	190,4	146,9	166,5	174,7	198,0	156,0	176,8	131,0	148,5	93,6	106,1	56,1	63,6	121,2	123,5	117,5	293,8	− 0,2
− 0,1	223,0	259,5	178,4	207,6	156,1	181,6	185,6	216,0	165,8	192,9	139,2	162,0	99,4	115,7	59,7	69,4	128,7	131,2	124,9	312,2	− 0,1
0	237,0		190,3	228,4	166,5	199,8	198,0	237,6	176,8	212,2	148,5	178,2	106,1	127,3	63,6	76,4	137,3	140,0	133,2	333,0	0
+ 0,1	(241,3)		196,5	235,8	173,4	208,1	203,8	244,6	183,5	220,2	155,7	186,8	113,1	135,7	68,9	82,7	(139,3)	144,1	138,7	346,8	+ 0,1
+ 0,2			203,1	(243,7)	181,0	217,2	210,0		190,6	228,7	163,7	196,4	121,1	145,3	75,2	90,2		148,5	144,8	362,0	+ 0,2
+ 0,3			210,1		189,2	227,0	216,6		198,4	238,1	172,6	207,1	130,2	156,2	82,7	99,2		153,2	151,4	378,4	+ 0,3
+ 0,4			217,7		198,2	237,8	223,6		206,8	(248,2)	182,4	218,9	140,9	169,1	92,0	110,4		158,1	158,6	396,4	+ 0,4
+ 0,5			225,8		208,1	(249,7)	231,1		216,0		193,5	232,2	153,5	184,2	103,5	124,2		163,4	166,5	416,2	+ 0,5
+ 0,6			234,5		219,1		239,1		226,0		205,9	(247,1)	168,6	202,3	118,3	142,0		169,1	175,3	438,2	+ 0,6
+ 0,7			(244,0)		231,3		(247,7)		237,0		220,1		186,9	224,3	138,1	765,7		(175,2)	185,0	462,6	+ 0,7
+ 0,8					(244,9)				(249,1)		236,4		209,7	(251,6)	165,9	199,1			(195,9)	(489,8)	+ 0,8
+ 0,9											(255,3)		238,9		207,7	(249,2)					+ 0,9
+ 1,0	240,0	240,0	240,0	240,0	240,0	240,0	240,0	240,0	240,0	240,0	240,0	240,0	(277,5)	240,0	(277,5)	240,0	138,6	169,7	192,0	480,0	+ 1,0

Tafel **5.9** Grenzspannungen im Betriebsfestigkeitsnachweis für S235 und Beanspruchungsgruppe B6

Spannungsverhältnis	Grenz-Normalspannungen σ_{Be} in N/mm² in den Kerbfällen																Grenzschubspannungen τ_{Be}		Grenzabscher- und Leibungsspannungen für genietete und geschraubte Verbindungen gestützt oder mehrschnittig		Spannungsverhältnis
	W0 Oberspannung		W1 Oberspannung		W2 Oberspannung		K0 Oberspannung		K1 Oberspannung		K2 Oberspannung		K3 Oberspannung		K4 Oberspannung						
$\varkappa$	Zug	Druck	Zug	Druck	Zug	Druck	Zug	Druck	Zug	Druck	Zug	Druck	Zug	Druck	Zug	Druck	Bauteilen	Schweißnähten	$\tau_{a\,Be}$	$\sigma_{i\,Be}$	$\varkappa$
− 1,0	120,0	120,0	96,0	96,0	84,0	84,0	84,0	84,0	75,0	75,0	63,0	63,0	45,0	45,0	27,0	27,0	69,3	59,4	67,2	168,0	− 1,0
− 0,9	125,0	126,3	100,0	101,1	87,5	88,4	87,5	88,4	78,1	78,9	65,6	66,3	46,9	47,4	28,1	28,4	72,2	61,9	70,0	175,0	− 0,9
− 0,8	130,4	133,3	104,3	106,6	91,3	93,3	91,3	93,3	81,5	83,3	68,5	70,0	48,9	50,0	29,3	30,0	75,3	64,6	73,0	182,6	− 0,8
− 0,7	136,4	141,2	109,1	112,9	95,5	98,8	95,5	98,8	85,2	88,2	71,6	74,1	51,1	52,9	30,7	31,8	78,7	67,5	76,4	191,0	− 0,7
− 0,6	142,9	150,0	114,3	120,0	100,0	105,0	100,0	105,0	89,3	93,8	75,0	78,8	53,6	56,3	32,1	33,8	82,5	70,7	80,0	200,0	− 0,6
− 0,5	150,0	160,0	120,0	128,0	105,0	112,0	105,0	112,0	93,8	100,0	78,8	84,0	56,3	60,0	33,8	36,0	86,6	74,2	84,0	210,0	− 0,5
− 0,4	157,9	171,4	126,3	137,1	110,5	120,0	110,5	120,0	98,7	107,1	82,9	90,0	59,2	64,3	35,5	38,6	91,2	78,1	88,4	221,0	− 0,4
− 0,3	766,7	184,6	133,4	147,7	116,7	129,2	116,7	129,2	104,2	115,4	87,5	96,9	62,5	69,2	37,5	41,5	96,2	82,5	93,4	233,4	− 0,3
− 0,2	176,5	200,0	141,2	160,0	123,5	140,0	123,5	140,0	110,3	125,0	92,6	105,0	66,2	75,0	39,7	45,0	101,9	87,3	98,8	247,0	− 0,2
− 0,1	187,5	218,2	150,0	174,6	131,3	152,7	131,3	152,7	117,2	136,4	98,4	114,5	70,3	81,8	42,2	49,1	108,3	92,8	105,0	262,6	− 0,1
0	200,0	240,0	160,0	192,0	140,0	168,0	140,0	168,0	125,0	150,0	105,0	126,0	75,0	90,0	45,0	54,0	115,5	99,0	112,0	208,0	0
+ 0,1	205,7		167,1	200,5	147,3	176,8	147,3	176,8	132,3	158,8	112,0	134,4	80,9	97,1	49,1	58,9	118,8	104,2	117,8	294,6	+ 0,1
+ 0,2	211,8		174,8	209,8	155,4	186,5	155,4	186,5	140,4	168,5	119,9	143,9	87,8	105,4	54,1	64,9	122,3	109,9	124,3	310,8	+ 0,2
+ 0,3	218,3		183,3	220,0	164,4	197,3	164,4	197,3	149,7	179,6	129,1	154,9	96,0	115,2	60,1	72,1	126,0	116,2	131,5	328,8	+ 0,3
+ 0,4	225,2		192,6	231,1	174,6	209,5	174,6	209,5	160,2	192,2	139,7	167,6	105,9	127,1	57,7	81,2	130,0	123,5	139,7	349,2	+ 0,4
+ 0,5	232,5		203,0	(243,6)	186,1	223,3	186,1	223,3	172,4	206,9	152,4	182,9	118,1	141,7	77,4	92,9	134,2	131,6	148,9	372,2	+ 0,5
+ 0,6	(240,3)		214,5		199,2	239,1	199,2	239,1	186,5	223,8	167,5	201,0	133,4	160,1	90,5	108,6	(138,7)	140,9	159,4	398,4	+ 0,6
+ 0,7			227,4		214,3	(257,2)	214,3	(257,2)	203,1	(243,7)	185,9	223,1	153,3	184,0	108,8	130,6		151,5	171,4	428,6	+ 0,7
+ 0,8			(242,0)		231,9		231,9		223,1		208,9	(250,7)	180,2	216,2	136,5	163,8		164,0	185,5	463,8	+ 0,8
+ 0,9					(252,7)		(252,7)		(247,3)		238,3		218,5	(262,2)	183,0	219,6		(178,7)	(202,2)	(505,4)	+ 0,9
+ 1,0	240,0	240,0	240,0	240,0	240,0	240,0	240,0	240,0	240,0	240,0	(277,5)	240,0	(277,5)	240,0	(277,5)	(333,0)	138,6	169,7	192,0	480,0	+ 1,0

Fall c): Verkehr **mehrerer** Krane und bei gemeinsamem Betrieb.

Bei Verkehr mehrerer Krane (i), die auch hintereinander oder gemeinsam („Puffer an Puffer")
arbeiten können, ist die Summenformel (5.8) um die Wirkung aus dem gemeinsamen Betrieb zu
erweitern. In diesem Fall gilt Gl. (5.11)

$$\sum \left[\frac{\max_{\tau}^{\sigma}}{\text{grenz } _{\tau}^{\sigma}\text{Be}} \right]_{i}^{k} + \left[\frac{\max_{\tau}^{\sigma}}{\text{grenz } _{\tau}^{\sigma}\text{Be}} \right]^{k} \le 1 \qquad\qquad (5.11)$$

$$\underbrace{\qquad\qquad}_{\textbf{Einzelkran } i} \quad \underbrace{\qquad\qquad}_{\textbf{Krane gemeinsam}}$$

Es bedeuten im letzten Ausdruck

$\max_{\tau}^{\sigma}$ Höchstspannungen aus mehreren Kranen gemeinsam

$\text{grenz}_{\tau}^{\sigma}\,\text{Be}$ Grenzspannungen der Beanspruchungsgruppe für mehrere Krane, s. Abschn. 5.3.2
                  bzw. Norm

Alle anderen Größen und Bemerkungen s. Fall b).

Der letzte Ausdruck in Gl. (5.11) kann entfallen, wenn die Krane gemeinsam keine höheren
Spannungen hervorrufen als die Einzelkrane.

Für den Nachweis nach Gl. (5.11) gilt die gleiche Zusatzbedingung wie für den Fall a) (Auswertung für Kerbfall W0). Er kann auch entfallen, wenn die Bedingung (5.10) für die Einzelkrane i
zutrifft.

Zwängungsspannung in Fachwerkträgern

Bei der Betriebsfestigkeitsuntersuchung von Fachwerkträgern sind die Zwängungsspannungen
aus den (praktisch) biegesteifen Anschlüssen der Füllstäbe und aus der Durchlaufwirkung der
Gurte zu berücksichtigen. Statt einer genaueren Berechnung, die heute mit Hilfe der EDV problemlos möglich ist, dürfen bei einfeldrigen Trägern die am Gelenksystem berechneten Grund-
spannungen mit einem Faktor δ multipliziert werden, der einer Tabelle der DIN 4132 entnommen
werden kann.

5.3.5 Berechnungsbeispiele

Allgemeine Hinweise

Will man den Berechnungsaufwand in einem erträglichen und gleichzeitig ausreichend sicheren
Rahmen halten, so muss man nach einer gewissen *Systematik* vorgehen, bei der auch der Gesamt-
überblick nicht verloren geht. Nachfolgend skizziertes Ordnungsprinzip hat sich bewährt:

1. Untersuchung der Konstruktion auf Kerbfälle, die über die *gesamte* Trägerlänge wirksam
   sind.
2. Festlegung kerbwirksamer *Details*, die nur an *bestimmten* Trägerstellen auftreten.
3. Sortierung von 1. und 2. nach Trägerstellen; Einordnung in die maßgebenden Kerbfälle unter
   Angabe der nachzuweisenden Spannungen (z.B. tabellarisch).
4. Überprüfung, ob mit den für die Tragsicherheitsnachweise berechneten Schnittgrößen und
   Spannungen die Betriebsfestigkeitsnachweise nach Punkt 3 mit ausreichender Genauigkeit geführt werden können.
5. Bestimmung noch fehlender Schnittgrößen; Zusammenstellung der maßgebenden Spannungen, auch aus örtlicher Radlasteinleitung.
6. Führung der notwendigen Nachweise für die Kerbfälle nach Punkt 3, falls solche nicht
   offensichtlich wegen geringer Spannungen unterbleiben können:

Bestimmung von $\varkappa$ (z.T. bereits über die Schnittgrößen möglich) Angabe von $\text{grenz}\,{}^{\sigma}_{\tau}$ Be. Nachweise nach Gl. (5.6) und Gl. (5.7).

7. Festlegung der Stellen, für die eine Auswertung nach Gl. (5.8) bis (5.11) erforderlich ist; Nachweise.

Für die Kranbahnträger aus *Walzprofilen*, bei denen i. Allg. nur wenige Kerbfälle durch Schweißnähte auftreten, wird der Betriebsfestigkeitsnachweis i.d.R. nicht maßgebend.

Zur Vereinfachung nachfolgender Berechnungen sind für die häufig vorkommenden Beanspruchungsgruppen B3, B5 und B6 (S235) die Tabellen für die Grenzspannungen $\text{grenz}\,{}^{\sigma}_{\tau}$ Be nach DIN 4132 in Tafel **5.7**, **5.8** und **5.9** wiedergegeben. In einigen Fällen erfolgt auch eine Berechnung dieser Werte nach Tafel **5.6**.

Beispiel 2 (Bilder 4.20, 5.12)

Für den im Beispiel 3 (Abschnitt 4.6) dimensionierten Kranbahnträger der Beanspruchungsgruppe B3 sind die Betriebsfestigkeitsnachweise zu führen.

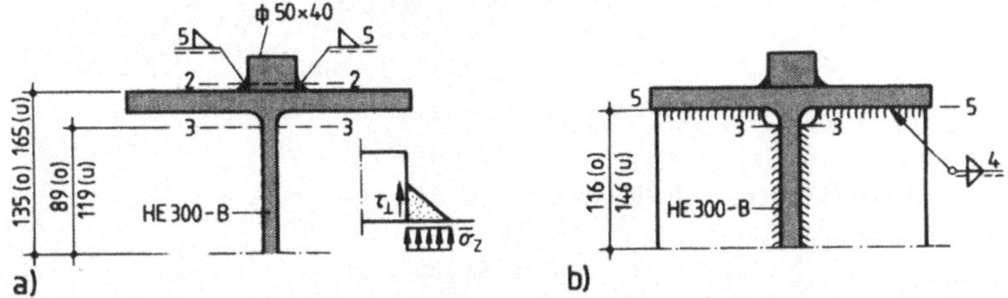

Bild **5.12** Gurtquerschnitt mit Schienen- und Steifenanschluss

Obwohl der (erfahrene) Ingenieur aufgrund der bereits ermittelten Spannungen auf Anhieb erkennen kann, dass Betriebsfestigkeitsnachweise für den Querschnitt – mit Ausnahme der Nachweise für die örtliche Radlasteinleitung in die Flankenkehlnähte zwischen Schiene und Obergurt bzw. in den Steg – nicht maßgebend sind, sollen diese zur Verdeutlichung der beschriebenen Systematik und zur prinzipiellen Handhabung der Norm weitgehendst geführt werden.

Kerbwirkame Konstruktionsmerkmale und Details sind:

1. *Über die gesamte Trägerlänge wirksam*:
    – durchlaufende Kehlnähte zwischen Schiene und Gurt; Schnitt 2–2 in **5.12a**: (1)
    – örtliche Radlasteinleitung in die Kehlnähte (1) u. in den Steg, Schnitt 3–3 in **5.12a**: (2)

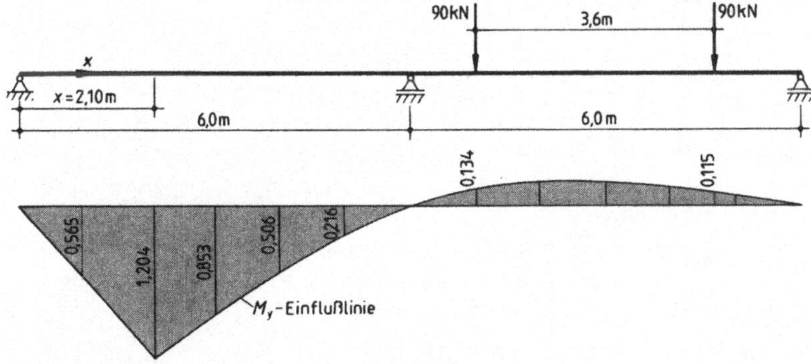

Bild **5.13** Einflusslinie für das Feldmoment M_y bei $\varkappa = 2{,}10$ m

2. Nur örtlich wirksam:

– Ununterbrochene (d.h. umlaufende) Doppelkehlnaht zum Anschluss der (ausgeschnittenen) Steifen an die Flansche (3) und an den Steg (4); an allen Auflagern; Schnitt 5–5, 3–3, Bild **5**.12b

3. *Sortierung nach Trägerstellen, Kerbfälle, nachzuweisende Spannungen* (Tafel **5**.10)

4. Da alle bisher ermittelten *Spannungen* mit den γ_F-fachen Schnittgrößen bestimmt wurden (Ausnahme: $\bar{\sigma}_z$, $\bar{\tau}_{xz}$ aus örtlicher Radlasteinleitung), werden diese mit den in Bild **4**.23 dargestellten Zustandslinien nochmals zusammengestellt. Für die Stelle des größten Feldmomentes fehlt außerdem noch die Ermittlung des kleinsten Feldmomentes anhand der Einflusslinie nach Bild **5**.13.

5. Zusammenstellung der maßgebenden Schnittgrößen und Spannungen ($\varphi \cdot P = 1{,}2 \cdot 75 = 90$ kN)

(min, max steht hier für den betragskleinsten-, größten Wert)

Feldbereich

Das kleinste Moment aus den Radlasten ergibt sich bei einer Radlaststellung nach Bild **5**.13.

$$\left.\begin{aligned}
\min \quad M &= M_g + \varphi \cdot M_P = 3{,}41 - (0{,}134 + 0{,}115) \cdot 90 = -19{,}0 \text{ kNm}\\
\max \quad M &= \qquad\qquad = 3{,}41 + 1{,}2 \cdot 94{,}5 \qquad = 116{,}81 \text{ kNm}
\end{aligned}\right\}$$

$$\varkappa = -\frac{19{,}0}{116{,}81} = -0{,}163$$

$$\max \sigma = \sigma_2 = (-)11681/2140 = (-)5{,}46 \text{ kN/cm}^2$$

Stütze B

$$\left.\begin{aligned}
\min M &= M_g = -6{,}08 \text{ kNm}\\
\max M &= M_g + \varphi \cdot M_p = -6{,}08 - 1{,}2 \cdot 80{,}33 = -102{,}48 \text{ kNm}
\end{aligned}\right\}$$

$$\varkappa = \frac{6{,}08}{102{,}48} = 0{,}04 \approx 0$$

$$\min V = V_g = -5{,}06 \text{ kN}$$

$$\max V = V_g + \varphi \cdot V_P = -5{,}06 - 1{,}2 \cdot 111{,}3 = -138{,}02 \text{ kN}$$

$$\sigma_2 = 10248/2140 = (+)4{,}79 \text{ kN/cm}^2$$

$$\sigma_3 = 10248/3246 = (+)3{,}16 \text{ kN/cm}^2$$

$$\text{Naht:} \quad \tau_{xz} = \frac{138{,}62 \cdot 225}{28892 \cdot 2 \cdot 0{,}5} = 1{,}08 \text{ kN/cm}^2 \quad (0{,}04)$$

$$\text{Steg:} \quad \tau_{xz} = \frac{138{,}62 \cdot 940}{28892 \cdot 1{,}1} = 4{,}10 \text{ kN/cm}^2 \quad (0{,}15)$$

(Klammerwerte für min V)

Spannungen aus örtlicher Radlasteinleitungen

Diese wurden bereits wie folgt ermittelt:

$$\text{Naht:} \quad \bar{\sigma}_z = -8{,}18 \text{ kN/cm}^2 \qquad \bar{\tau}_{xz} = \pm 1{,}64 \text{ kN/cm}^2$$

$$\text{Steg:} \quad \bar{\sigma}_z = -4{,}05 \text{ kN/cm}^2 \qquad \bar{\tau}_{xz} = \pm 0{,}81 \text{ kN/cm}^2$$

6. *Nachweise* (nach Tafel **5**.10)

Tafel **5**.10 Zusammenstellung der zu untersuchenden Kerbfälle

	Trägerstelle	Nr. nach Pkt. 1, 2	Kerbfall/Kennzeichen	Nachzuweisende Spannung	Anmerkungen
1	allgemein	1	K4(53) (örtl.	Nähte: $\sigma_z^{2)}$	Nachweis der
2		2	W1(3) Radlast)	Steg: $\sigma_z^{2)}$	Schubsp. s. Z. 4, 5
3	Feld (max M_y)	1	K1 (23) bzw. W0[1) (Anschluss Schiene)	Gurt: $\sigma_{(x)}$	Druck, max M_y $x < 0$ (negativ)
4			K1(23) bzw. W0[1)	Gurt: $\sigma_{(x)}$	Zug, $x > 0$
5		1	K4(53) (Anschluss	Nähte: $\tau_{xz} + \bar{\tau}_{xz}{}^{2)}$	Größte Querkraft
6	Stütze B		W1(3) der Schiene)	Steg: $\tau_{xz} + \bar{\tau}_{xz}{}^{2)}$	
7		3	K3(33) (Steifen)	Gurt: $\sigma_{(x)}$	Zug, $x > 0$
8				(Steg: $\sigma_{(x)}$)	Zug, $x > 0$

[1) falls hierbei kleinere Grenzspannungen gelten
[2) hier sind über die Grenzwerte n. Anmerkung 1, Tafel **5**.6 hinausgehende Grenzspannungen zulässig

Zeile 1, Kerbdetail (1) (örtliche Radlasteinleitung)

$$\bar{\sigma}_z = (-)8{,}18 \text{ kN/cm}^2 \qquad x = 0 \qquad\qquad \text{K4}$$

$$\text{grenz } \sigma_{Be,o} = 15{,}28 \text{ kN/cm}^2 \qquad\qquad\qquad \text{nach Tafel } \mathbf{5}.7$$

$$\text{Nachweis: } \bar{\sigma}_z /\text{grenz } \sigma_{Be} = 8{,}18/15{,}28 = 0{,}54 < 1$$

Die Spannung $\bar{\sigma}_z$ tritt unter jedem Rad, also zweimal je Kranüberfahrt auf. Die Gl. (5.8) liefert mit $k = 3{,}323$

$$\left(\frac{8{,}18}{15{,}28}\right)^{3,323} + \left(\frac{8{,}18}{15{,}28}\right)^{3,323} = 0{,}26 < 1$$

Da in der Schweißnaht die gleich große Spannung von 8,18 kN/cm² auch als Scherspannung $\tau_\perp$ wirkt, siehe Bild **5**.12a, müsste der Nachweis folglich auch mit den Grenzwerten der Schubspannungen in Schweißnähten geführt werden, obwohl dies in der Norm und auch in [53] nicht ausdrücklich erwähnt ist. Nach Tafel **5**.7 ist bei $x = 0$

$$\text{grenz } \tau_{Be} \quad = 16{,}97 \text{ kN/cm}^2$$

Die Formel in Tafel **5**.6 liefert höhere Werte.

$$\text{grenz } \sigma_{Be,z,0} = \frac{5}{3} \cdot 20{,}18 = 33{,}63 \text{ kN/cm}^2 \qquad\qquad \text{nach Tafel } \mathbf{5}.6 \text{ und } \mathbf{5}.5$$

$$\text{grenz } \tau_{Be,0} \quad = 33{,}63/\sqrt{2} = 23{,}78 \text{ kN/cm}^2$$

Obwohl diese höhere Spannung nach [18] ausgenutzt werden dürfte, wird mit dem kleineren Tafelwert gerechnet.

$$\text{Auswertung Gl. (5.8)}: \left(\frac{8{,}18}{0{,}6 \cdot 16{,}97}\right)^{3,323} + \left(\frac{8{,}18}{0{,}6 \cdot 16{,}97}\right)^{3,323} = 0{,}97 < 1$$

Zeile 2, Kerbdetail (2)

Wegen geringerer Spannungen ($\bar{\sigma}_z = 4{,}05$ kN/cm^2) und geringerer Kerbwirkung (Kerbfall W0) kann der Nachweis entfallen.

Zeile 3, Kerbdetail (1)

$$\sigma_0 = -\,5{,}46 \text{ kN/cm}^2 \qquad \varkappa = -\,0{,}163 \qquad \text{K1(W0)}$$

$$\text{grenz } \sigma_{\text{Be,d},-0{,}163} = \frac{2}{1+0{,}163} \cdot 20{,}18 = 34{,}70 \text{ kN/cm}^2 \qquad\qquad \text{nach Tafel } 5.6$$

Damit gilt als Grenzwert die Spannung n. Anmerkung 1, Tafel **5.6**

$$\text{grenz } \sigma_{\text{Be,d},-0{,}163} = 16.0 \text{ kN/cm}^2 \qquad\qquad \text{nach Tafel } 10.1, \text{ T 1}$$

$$\text{Nachweis: } \sigma_0/\text{grenz } \sigma_{\text{Be}} = 5{,}46/16{,}0 = 0{,}34 < 1$$

Zeile 4, Kerbdetail (1)

$$\sigma_0 = +\,4{,}79 \text{ kN/cm}^2 \qquad \varkappa \approx 0 \qquad \text{K1(W0)}$$

Grenzspannung wie zuvor, ohne Nachweis.

Zeile 7, Kerbdetail (3) (Steifenanschluss)

$$\sigma_0 = \sigma_3 = +\,3{,}16 \text{ kN/cm}^2 \quad \varkappa \approx 0 \qquad \text{K3}$$

$$\text{grenz } \sigma_{\text{Be,z,o}} = \frac{5}{3} \cdot 12{,}73 = 21{,}22 \text{ kN/cm}^2 \qquad\qquad \text{nach Tafel } 5.6 \text{ und } 5.5$$

$$\text{(vgl. Tafel } 5.7)$$

Damit gilt auch hier die Grenzspannung n. Anmerkung 1, Tafel **5.6**.

$$\text{Nachweis: } \sigma_0/\text{grenz } \sigma_{\text{Be}} = 3{,}16/16{,}0 = 0{,}20 < 1$$

Zeile 5, Kerbdetail (1) (örtliche Radlast plus Querkraft)

Zur Schubspannung aus der Querkraft ist die Schubspannung aus der örtlichen Radlasteinleitung hinzuzuzählen.

$$\tau_0 = 1{,}08 + 1{,}64 = +\,2{,}72 \text{ kN/cm}^2$$

$$\tau_u = 0{,}04 - 1{,}64 = -\,1{,}60 \text{ kN/cm}^2 \text{ [1)]} \qquad\qquad \varkappa = -\frac{1{,}60}{2{,}72} = -\,0{,}59 \quad \text{K4}$$

$$\text{grenz } \tau_{\text{Be},-0{,}59} = \frac{5}{3 + 2 \cdot 0{,}59} \cdot 20{,}18/\sqrt{2} = 17{,}07 \text{ kN/cm}^2$$

$$\text{Nachweis: } \tau_0/\text{grenz } \tau_{\text{Be}} = 2{,}72/(0{,}6 \cdot 17{,}07) = 0{,}27 < 1$$

[1)] Die Unterspannung τ_u ist praktisch nicht möglich; der genauere Schubspannungsverlauf bei einer Kranüberfahrt geht aus Punkt 7 hervor.

Zeile 6, Kerbdetail (1)

$$\tau_o = 4,10 + 0,81 = +4,91 \text{ kN/cm}^2$$

$$\tau_u = 0,15 - 0,81 = -0,66 \text{ kN/cm}^2$$

$$\varkappa = -\frac{0,66}{4,91} - 0,13 \qquad \text{W1}$$

$$\text{grenz } \tau_{Be,-0,13} = \frac{5}{3 + 2 \cdot 0,13} \cdot 20,18/\sqrt{3} = 17,87 \text{ kN/cm}^2$$

Nachweis: $\tau_o/\text{grenz } \tau_{Be} = 4,91/17,87 = 0,27 < 1$

Mit den Ergebnissen der Nachweise wird deutlich, dass eine Auswertung der Spannungen nach Gl. (5.8) für die Zeilen 2 bis 7 nicht erforderlich ist, zumal die Bedingung in Gl. (5.10) in allen Fällen erfüllt ist. Um die prinzipielle Vorgehensweise zu erläutern, sollen die Spannungen $\tau_{xz} + \overline{\tau}_{xz}$ in den Flankenkehlnähten zwischen Gurt und Schiene näher untersucht werden.

7. Nachweis Zeile 5 mit Gl. (5.9)

Zu diesem Zweck wird die Einflusslinie für die Querkraft $V_{B,l}$ bei einer Kranüberfahrt von rechts nach links ausgewertet und die Spannungen aus Querkraftbiegung nach

$$\tau_{xz} = \frac{V_{B,l} \cdot S_2}{I_y \cdot 2a} = \frac{225}{28892 \cdot 2 \cdot 0,5} \cdot V_{B,l} = 7,8 \cdot 10^{-3} \cdot V_{B,l} \ [\text{kN/cm}^2]$$

berechnet, vgl. Bild **5.14**:

1. Rad in Pkt. B_r: $V_{z,B,l} \approx 7,8 + 5,06$ $= 12,86$ kN

1. Rad in Pkt. B_l: $V_{z,B,l} \approx 97,8 + 5,06$ $= 102,86$ kN

2. Rad in Pkt. B_r: $V_{z,B,l} \approx 45,0 + 5,06$ $= 50,06$ kN

2. Rad in Pkt. B_l: $= 138,62$ kN

Da die zur größten Querkraft gehörende mittlere Querkraft $V_{z,m} = (138,62 - 5,06)/2 = 66,8$ kN größer ist als die nächst kleinere Querkraft von 50,06 kN, liegen pro Kranüberfahrt 2 Lastspiele vor.

Die maßgebenden Schubspannungen sind:

$$\min \tau_1 = 7,8 \cdot 10^{-3} \cdot 12,86 - 1,64 \quad = -1,54 \text{ kN/cm}^2$$

$$\max \tau_1 = 7,8 \cdot 10^{-3} \cdot 102,86 + 1,64 \quad = +2,44 \text{ kN/cm}^2$$

$$\varkappa_1 = -\frac{1,54}{2,44} = -0,63$$

$$\min \tau_2 = 7,8 \cdot 10^{-3} \cdot 50,06 - 1,64 \quad = -1,25 \text{ kN/cm}^2$$

$$\max \tau_2 = \quad = +2,72 \text{ kN/cm}^2$$

Zu diesen Spannungsverhältnissen gehören folgende Grenzspannungen nach Tafel **5.6** und **5.5**

$$\text{grenz } \tau_{Be,1} = 0,6 \cdot \frac{5}{3 + 2 \cdot 0,63} \cdot 20,18/\sqrt{2} = 10,05 \text{ kN/cm}^2$$

$$\text{grenz } \tau_{Be,2} = 0,6 \cdot \frac{5}{3 + 2 \cdot 0,63} \cdot 20,18/\sqrt{2} = 10,92 \text{ kN/cm}^2$$

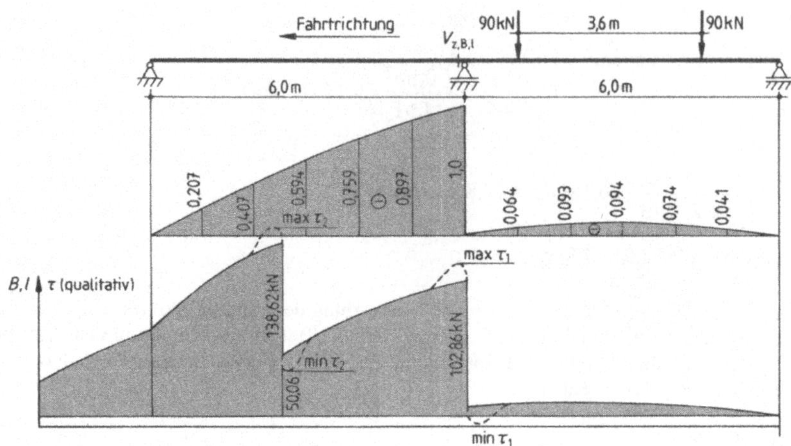

Bild **5**.14   Einflusslinie für die Querkraft $V_{z,B,l}$ und Auswertung bei einer Kranüberfahrt

Die Gl. (5.9) liefert mit $k = 3{,}323$ (Kerbfall K4)

$$\left(\frac{2{,}44}{10{,}05}\right)^{3{,}323} + \left(\frac{2{,}72}{10{,}92}\right)^{3{,}323} = 0{,}02 \ll 1$$

Damit sind alle maßgebenden Betriebsfestigkeitsnachweise erbracht.

Obwohl der Träger (im allgemeinen Spannungsnachweis) praktisch voll ausgenutzt wird, spielt der Betriebsfestigkeitsnachweis keine Rolle, wie eingangs erwähnt.

Beispiel 3 (4.27, 4.30)

Betriebsfestigkeitsnachweise für den geschweißten Kranbahnträger des 4. Beispiels in Abschn. 4.6. Der Kranbahnträger ist in die Beanspruchungsgruppe B5 eingeordnet.

In den Schnitten (1) bis (6), Bild **4**.27, liegen verschiedene Kerbfälle vor. Mit Ausnahme der Anschlussdetails für die Quersteifen sind diese über die gesamte Trägerlänge wirksam. Vernachlässigt man beim Quersteifenanschluss den Unterschied der Beanspruchungen zwischen den Trägerstellen m (= Trägermitte, Ort einer Quersteife) und m' (Ort des größten Biegemomentes), s. Bild **4**.30, können alle maßgebenden Schnittgrößen und Spannungen aus örtlicher Radlasteinleitung als bekannt vorausgesetzt werden. Für das Spannungsverhältnis $\varkappa$ gilt – mit Ausnahme beim Nachweis der örtlichen Radlasteinleitung im Schnitt (3) – näherungsweise

$$\varkappa_{\sigma,\tau} = \frac{\min M_y(V_z)}{\max M_y(V_z)} = \frac{M_{y,g}(V_{z,g})}{M_{y,g+P}(V_{z,g+P})} = \frac{211}{211+2686} \approx \frac{47}{47+715} \approx 0$$

Die Zusammenstellung der Kerbfälle mit Angabe der nachzuweisenden Spannungen und der Grenzspannungen $\frac{\sigma}{\tau}$ Be nach Tafel **5**.8 bzw. **5**.9 erfolgt wiederum tabellarisch für die in **4**.27 angegebenen Schnitte, s. Tafel **5**.11. Biegenormalspannungen werden für die Trägerstelle m', Querkraftschubspannungen für das Auflager A (Bild **4**.31) nachgewiesen.

Aus dem 4. Beispiel in Abschn. 4.6 werden die vorhandenen Spannungen (mit $\gamma_F = 1,0$) bestimmt:

Schnittgrößen:

$$\max M_{m'} = 211 + 2668 = 2879 \text{ kNm}$$
$$\max V_z = 47 + 715 = 762 \text{ kN}$$

Spannungen: Grenzspannungen s. Tafel **5.11**

Schnitt $(1)_o$:

$$\sigma = \frac{287900}{28665} = (-)10,04 \text{ kN/cm}^2 \quad < (21,22) \quad ; \quad 16,0 \quad ; 12,75 \text{ kN/cm}^2$$

Schnitt $(1)_u$:

$$\sigma = \frac{287900}{30590} = (-)9,41 \text{ kN/cm}^2 \quad < (17,82) \quad ; \quad 16,0 \quad ; 10,72 \text{ kN/cm}^2$$

Schnitt (2):

$$\bar{\sigma}_{z'} = -3,94 - 2,76 = (-)6,73 \text{ kN/cm}^2 \quad < 22,84 \quad ; \quad (16,0) \quad ; 16,32 \text{ kN/cm}^2$$

$$\tau_{xz} = \frac{762 \cdot 10271}{1823107 \cdot 2,1} = 2,04 \text{ kN/cm}^2$$

$$\bar{\tau}'_{xz} = 2,04 + 0,79 = 2,8 \text{ kN/cm}^2 \quad < 13,73 \quad ; \quad (9,2) \quad ; 9,82 \text{ kN/cm}^2$$

Schnitt (3):

Der Nachweis für Kerbfall W0 kann wegen der geringen Spannungen entfallen. Der Nachweis für die örtliche Radlasteinleitung wird später geführt.

Schnitt (4):

$$\sigma = \frac{287900}{21729} = (+)13,25 \text{ kN/cm}^2 \quad < (17,68) \quad ; \quad 16,0 \text{ kN/cm}^2$$
$$> 10,62 \text{ kN/cm}^2$$

$$\tau_{xz} = \frac{762 \cdot 9579}{1823107 \cdot 1,2} = 3,34 \text{ kN/cm}^2 \quad < (13,73) \quad ; \quad 9,2 \quad ; \quad 9,82 \text{ kN/cm}^2$$

$$\tau_w = 3,34 \cdot \frac{1,2}{2 \cdot 0,5} = 4,0 \text{ kN/cm}^2 \quad < 8,4 \quad ; \quad (13,5) \quad ; \quad 5,05 \text{ kN/cm}^2$$

Schnitt (5):

$$\sigma = \frac{287900}{21100} = (+)13,6 \text{ kN/cm}^2 \quad < (19,03) \quad ; \quad 16,0 \text{ kN/cm}^2$$

Schnitt (6):

$$\sigma = \frac{287900}{26082} = (+)11,04 \text{ kN/cm}^2 \quad > 10,61 \text{ kN/cm}^2$$

Tafel **5.**11   Zusammenstellung der zu untersuchenden Kerbfälle

Schnitt	Kerbdetail	Kerbfall	nachzuweisende Spannung	Grenzspannungen σ in kN/cm^2 [1]		$0{,}85 \cdot$ grenz $\genfrac{}{}{0pt}{}{\sigma}{\tau}$ Be (B6)	
				grenz σ_{Be}	grenz τ_{Be}	σ	τ
1_o	– durchlauf. Doppelkehlnaht (Tränenblechanschluss)	K1 (23)	Bauteil $\sigma_{x(-)}$	21,22 (16,0)	–	12,75	–
	– gelochtes Bauteil	W1(2)	Bauteil $\sigma_{x(-)}$	22,84 (16,0)	–	16,32	–
1_u	– Steifenanschlussblech HV-Naht	K2(42)	Bauteil $\sigma_{x(-)}$	17,82 (16,0)	–	10,71	–
2	– Stegansatz: örtl. Radlast – Anschluss Steife-Steg	W1(3)	Bauteil $\bar{\sigma}_z , \bar{\tau}_{xz}$ s. 6	22,84	13,73	16,31	9,82
3	– Stumpfnaht Normalgüte	K0(22)	Bauteil $\sigma_{x(-)}$ Naht τ	21,22 (16,0)	8,4	12,75	5,05
	– örtliche Radlast	K1(12)	Bauteil $\bar{\sigma}_z , \bar{\tau}_{xz}$ Naht $\bar{\sigma}_z , \bar{\tau}_{xz}$	s. gesonderte Berechnung			–
4	– durchlauf. Doppelkehlnaht	K1 (23)	Bauteil $\sigma_{x(+)}, \tau$ Nähte τ	17,68 (16,0)	13,73(9,2) 0,6 14,0 = 8,4	10,62	9,82 5,05
5	– gelochtes Bauteil	W1(2)	Bauteil $\sigma_{x(+)}$	19,03 (16,0)	–	13,6	–
6	– Anschluss Steife-Steg, Doppelkehlnaht quer, Normalgüte	K3(33)	Bauteil $\sigma_{x(+)}$	10,61	–	6,37	–
	– bei Sondergüte	K2(33)		14,85		8,92	

[1] Werte kursiv nicht maßgebend, Klammerwerte aus allgemeinem Spannungsnachweis

Die Kehlnähte zum Anschluss der Steifen müssen im Biegezugbereich in Sondergüte ausgeführt werden. Dann gilt

$$\sigma = 11{,}04 \text{ kN/cm}^2 \quad \genfrac{}{}{0pt}{}{< 14{,}85 \text{ kN/cm}^2}{> \ 8{,}92 \text{ kN/cm}^2}$$

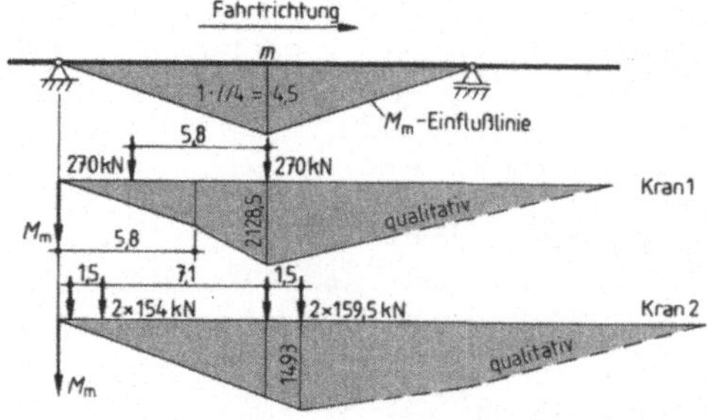

Bild **5.**15   Einflusslinie für das Moment M_m in Feldmitte und Auswertung bei Überfahrten der Krane 1 und 2

Im Schnitt (4) und (6) sind die Biegenormalspannungen aus der gemeinsamen Wirkung beider Krane größer als die 0,85fachen Werte der Beanspruchungsgruppe B6. Die Gl. (5.11) wird – ungeachtet der Einschränkung nach Gl. (5.10) für die Einzelkrane – zwecks Erläuterung ihrer Anwendung ausgewertet. Mit Hilfe der Einflusslinie für das Biegemoment (näherungsweise) an der Stelle m werden die größten Spannungen bei der Überfahrt der Einzelkrane ermittelt, Bild **5.15**.

Kran 1: $M_m \cong 211 + 2128,5 = 2339,5$ kNm $= 0,81 \cdot \max M_m$

Kran 2: $M_m \cong 211 + 1493 \quad = 1704,0$ kNm $= 0,60 \cdot \max M_m$

Da aus betrieblichen Gründen ein häufiger Verkehr „Puffer an Puffer" erwartet wird, soll auf eine Herabstufung der Beanspruchungsgruppe für den 2. Anteil in Gl. (5.11) verzichtet werden. Unter Verwendung der über die Grenzwerte n. Anmerkung 1, Tafel **5.6** hinausgehenden Werte σ_{Be} lautet der Betriebsfestigkeitsnachweis nach Gl. (5.11):

Schmtt(4):

$$\left(\frac{0,81 \cdot 13,25}{17,68}\right)^{3,323} + \left(\frac{0,60 \cdot 13,25}{17,68}\right)^{3,323} + \left(\frac{13,25}{17,68}\right)^{3,323} = 0,64 < 1$$

Schnitt(6):

$$\left(\frac{0,81 \cdot 11,04}{14,85}\right)^{3,323} + \left(\frac{0,60 \cdot 11,04}{14,85}\right)^{3,323} + \left(\frac{11,04}{14,85}\right)^{3,323} = 0,63 < 1$$

In der Stegblechlängsnaht (Schnitt (3)) wirken sich noch die Spannungen aus der örtlichen Radlasteinleitung aus. Die Betriebsfestigkeit wird für das erste Stegblechfeld nachgewiesen, wobei vereinfachend für die Grundspannung aus Querkraftbiegung mit der größten Auflagerkraft gerechnet wird. Auch wird zur Bestimmung des Spannungsverhältnisses $\varkappa$ (und damit auch für grenz τ_{Be}) nur die größte Radlast berücksichtigt; damit liegt man auf der sicheren Seite. In Gl. (5.11) dagegen gehen die tatsächlichen Raddrücke ein ($\overline{\sigma}'_z$ -Spannungen) .

Schnitt (3)

Spannungen aus exzentrischer Radlasteinleitung:

$h \quad = (85 - 0,25 \cdot 35) + 504 \quad = 580$ mm s. Bilder **4.16, 4.27**

$c \quad = 2 \cdot 580 + 50 \quad\quad\quad = 1210$ mm

$\overline{\sigma}_z \quad = \dfrac{377}{1,2 \cdot 121} \cdot 0,75 \quad = 1,95$ kN/cm^2

$\overline{\tau}_{xz} \quad = 0,2 \cdot 1,94 \quad\quad = \pm 0,39$ kN/cm^2

Unter der Annahme, dass sich das Stegblechbiegemoment infolge der Torsion aus exzentrischer Radlasteinleitung über die gesamte Stegblechhöhe von $971 + 504 - 40 = 1435$ mm linear abbaut, entstehen im Abstand von 971 mm vom unteren Stegblechrand (Bild **4.27**) folgende Spannungen:

$$\overline{\sigma}_{z,B} \quad = \pm 2,76 \cdot \frac{971}{1435} \cdot \left(\frac{2,1}{1,2}\right)^2 = \pm 5,72 \text{ kN/cm}^2$$

Die Schubspannungen aus Querkraftbiegung betragen

$$\tau_{xz} \quad = \frac{762 \cdot 13676}{1823107 \cdot 1,2} = 4,76 \text{ kN/cm}^2$$

Damit gilt für das Spannungsverhältnis $\varkappa$

$$\left.\begin{array}{ll} \max \overline{\tau}'_{xz} & = 4{,}76 + 0{,}39 = 5{,}15 \ \text{kN/cm}^2 \\ \min \overline{\tau}_{xz} & = 4{,}76 - 0{,}39 = 4{,}37 \ \text{kN/cm}^2 \end{array}\right\} \quad \varkappa = \frac{4{,}37}{5{,}15} = 0{,}85$$

$$\left.\begin{array}{ll} \min |\overline{\sigma}'_z| & = |-1{,}95 + 5{,}72| = 3{,}77 \ \text{kN/cm}^2 \\ \max |\overline{\sigma}'_z| & = |-1{,}95 - 5{,}72| = |-7{,}67| \ \text{kN/cm}^2 \end{array}\right\} \quad \varkappa = -\frac{3{,}77}{7{,}67} \approx -0{,}5$$

Die Grenzschubspannungen nach Tafel **5.6** und **5.8** betragen

Bauteil:
$$\left.\begin{array}{ll} \text{grenz } \sigma_{Be,z,\varkappa=0} & = 23{,}78 \ \text{kN/cm}^2 \\ \text{grenz } \sigma_{Be,z,\varkappa=+1} & = 24{,}0 \ \text{kN/cm}^2 \end{array}\right\} \quad \text{Kerbfall W0}$$

$$\text{grenz } \sigma_{Be,z,\varkappa=0{,}85} = \frac{23{,}78}{1 - \left(1 - \dfrac{23{,}78}{24{,}0}\right) \cdot 0{,}85} = 23{,}97 \ \text{kN/cm}^2$$

$$\text{grenz } \tau_{Be,\varkappa=0{,}85} = 23{,}97/\sqrt{3} = 13{,}84 \ \text{kN/cm}^2$$

Naht:
$$\left.\begin{array}{ll} \text{grenz } \sigma_{Be,z,\varkappa=0} & = 19{,}8 \ \text{kN/cm}^2 \\ \text{grenz } \sigma_{Be,z,\varkappa=+1} & = 24{,}0 \ \text{kN/cm}^2 \end{array}\right\} \quad \text{Kerbfall K0}$$

$$\text{grenz } \sigma_{Be,z,\varkappa=0{,}85} = \frac{19{,}8}{1 - \left(1 - \dfrac{19{,}8}{24{,}0}\right) \cdot 0{,}85} = 23{,}26 \ \text{kN/cm}^2$$

$$\text{grenz } \tau_{Be,\varkappa=0{,}85} = 0{,}6 \cdot 23{,}26/\sqrt{2} = 9{,}87 \ \text{kN/cm}^2$$

Nachweis der Schubspannungen (bei Vernachlässigung der tatsächlichen Querkraft und der Radeinzellasten), 6 Räder:

$$6 \cdot \left(\frac{5{,}15}{9{,}87}\right)^{3{,}323} = 0{,}69 < 1$$

Der Nachweis liegt deutlich auf der sicheren Seite.

Für die Stegblechnormalspannungen $\overline{\sigma}'_z$ ist der Kerbfall K1 (12) mit

$$\text{grenz } \sigma_{Be,\varkappa=-0{,}5} = 14{,}15 \ \text{kN/cm}^2 \qquad\qquad \text{nach Tafel } \textbf{5.8}$$

maßgebend. Unter Berücksichtigung der unterschiedlichen Raddrücke lautet Gl. (5.11)

$$\left(\frac{7{,}67}{14{,}15}\right)^{3{,}323} + \left(\frac{7{,}67 \cdot 270/377}{14{,}15}\right)^{3{,}323} + 2 \cdot \left(\frac{7{,}67 \cdot 159{,}5/377}{14{,}15}\right)^{3{,}323} + 2 \cdot \left(\frac{7{,}67 \cdot 154/377}{14{,}15}\right)^{3{,}323}$$

$$= 0{,}20 < 1$$

(Dieser Nachweis hätte auch wegen $0{,}85 \cdot \text{grenz } \sigma_{Be,\varkappa=-0{,}5} = 0{,}85 \cdot 10{,}0 = 8{,}5 \ \text{kN/cm}^2 > 7{,}67 \ \text{kN/cm}^2$ entfallen können).

Damit sind alle maßgebenden Nachweise der Betriebsfestigkeit für den Querschnitt nach Bild **4**.27 geführt.

Für die – bei Verwendung der üblichen Blechtafellängen von 6,0 m – noch notwendigen Stumpfstöße des Stegbleches und des Untergurtes kann verzichtet werden, wenn diese sinnvollerweise in Nähe der äußeren Felddrittelspunkte gelegt werden.

5.4 Nachweis der Werkstoffermüdung nach Eurocode 3

5.4.1 Einführung

Der Nachweis einer *ermüdungssicheren* Konstruktion nach [31] ist wesentlich allgemeiner gehalten als der für Kranbahnen [18]. Aus diesem Grund sind auch die Ausführungen über die allgemeinen Zusammenhänge der *Werkstoffermüdung* in den vorangegangenen Abschnitten von besonderer Bedeutung. Ohne deren Kenntnis ist die Führung der geforderten Nachweise kaum möglich, da sie auf die theoretischen Grundlagen direkt zurückgreifen. Die Nachweise unterscheiden sich gegenüber [18] sowohl in formeller als auch inhaltlicher Hinsicht. Die wesentlichen Unterschiede zu [31] sind:

- Berechnung mit *Spannungsschwingbreiten* $\Delta\sigma$, $\Delta\tau$ anstelle von $\sigma_{o,u}$, $\tau_{o,u}$
- Wegfall von genormten *Spannungsspektren* (= Spannungskollektiven)
- Wegfall von Formeln oder Tabellen von Grenzwerten der Beanspruchbarkeiten (z.B. grenz σ_{Be})
- konstante Spannungsschwingbreiten unabhängig von der Mittelspannung σ_m und deren Vorzeichen und dem Spannungsverhältnis $\varkappa$), Bild **5**.16
- keine Unterscheidung hinsichtlich der Werkstoffe (S235, S355 $\triangleq$ Fe 360, Fe 510) [1]

Da die geforderten Nachweise für spezielle Baugruppen (wie z.B. Krane, Kranbahnen, Eisenbahnbrücken) für eine *praktische Handhabung* – nicht nur nach Meinung des Verfassers – unzumutbar sind, werden die allgemein gehaltenen Regelungen Sonderfällen vorbehalten bleiben. Für baupraktisch typische Konstruktionen sind dagegen vereinfachte Nachweismethoden erforderlich. Die Anwendung des Eurocode 3 auf Kranbahnen ist in [27] geregelt, s. Abschn. 5.4.6.

Aus diesem Grund soll das bisher konzipierte Regelwerk [31] auch nur informativ und nicht detailliert erläutert werden.

5.4.2 Teilsicherheitsbeiwerte

Der Ermüdungsnachweis wird mit den Spannungsschwingbreiten der Nennspannungen $\Delta\sigma$, $\Delta\tau$ – das sind die unter den wirklich vorhandenen Einwirkungen auftretenden, größten Spannungsdifferenzen aus Ober- und Unterspannung (s. Abschn. 5.1) – gegen den Bemessungswert der Ermüdungsfestigkeit geführt.

Demnach gilt für den Teilsicherheitsbeiwert für die Einwirkungen

$$\gamma_{Ff} = 1,0 \tag{5.12}$$

falls nicht anderweitig festgelegt.

Beim *Teilsicherheitsbeiwert für den Widerstand* (Ermüdungsfestigkeit) ist zu unterscheiden, ob ein Ermüdungsschaden sich nur örtlich auswirkt („schadenstolerantes Bauteil") oder zu einem Versagen des gesamten Tragwerkes führt („nichtschadenstolerante Bauteile").

---

[1] Fe 360, Fe 510 Bezeichnung nach EC3

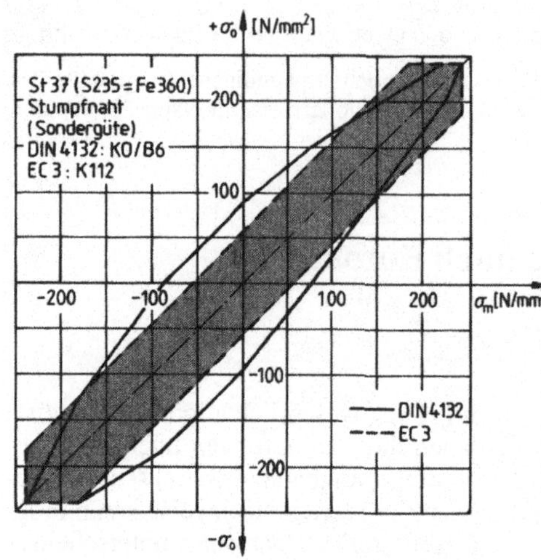

Bild 5.16 Betriebsfestigkeit für Stumpfnaht Sondergüte S235 nach DIN 4132 (K0, B6)
und EC 3 (K 112), (Fe 360)

Tafel **5.**12 Teilsicherheitsbeiwert $\gamma_{M,f}$ für die
Ermüdungsfestigkeit nach EC 3

Zugänglichkeit	schadenstole-rant	nicht scha-denstolerant
zugänglich	1,0	1,25
schlecht zugängl.	1,15	1,35

Dabei spielt auch die Zugänglichkeit und damit die Wartung einer evtl. kritischen Kerbstelle eine
Rolle. Die Eckwerte der Ermüdungsfestigkeit, s. 5.4.5, sind durch den *Teilsicherheitsbeiwert* γ_{Mf}
(f = fatigue) nach Tafel **5.**12 zu dividieren; für Normalspannungen gilt z.B.

$$\Delta\sigma_{R,d} = \Delta\sigma_R / \gamma_{Mf} \qquad \Delta\sigma_{D,d} = \Delta\sigma_D / \gamma_{Mf} \qquad \Delta\sigma_{C,d} = \Delta\sigma_C / \gamma_{Mf} \qquad (5.13)$$

Hierin bedeuten:

$\Delta\sigma_R$ Ermüdungs(zeit)festigkeit $\left.\vphantom{\begin{matrix}a\\b\end{matrix}}\right\}$ nach 5.4.5
$\Delta\sigma_D$ Dauerfestigkeit bei $N = 5 \cdot 10^6$ Spannungsspielen
$\Delta\sigma_C$ Ermüdungsfestigkeit bei $N = 2 \cdot 10^6$ Spannungsspielen

$\Delta\sigma_{R,d}$, $\Delta\sigma_{D,d}$, $\Delta\sigma_{C,d}$ deren Bemessungswerte

Für Schubspannungen gilt Gl. (5.13) sinngemäß.

5.4.3 Ermüdungsbelastung, Spannungsspektren

Die *Ermüdungsbelastung* beschreibt eine Reihe typischer Belastungsereignisse in Größe und
relativer Häufigkeit, wie sie die *charakteristischen* Betriebslasten während der geplanten Nutzungsdauer hervorrufen. Die hieraus resultierenden Spannungen dürfen mittels (vereinfachter)
elastischer Berechnung unter schadensgleichen Lasten bestimmt oder gemessen werden. Bei der
Berechnung sind dynamische Auswirkungen in Form von Schwingbeiwerten, wie sie für die
statischen Nachweise benutzt werden, zu berücksichtigen. Aus den berechneten (gemessenen)
Nennspannungsschwingbreiten infolge eines Belastungszyklus und dessen zeitlichen Verlaufs ist
das *Spannungsspektrum* über spezielle Zählverfahren, z.B. *Rainflow-Methode* [47], abzuleiten.
Dies entspricht dem Spannungskollektiv nach den Abschn. 5.2.2, 5.3.2.

Für spezielle Baugruppen (Brücken, Kranbahnen usw.) sind hierzu detaillierte Ergänzungen des
Regelwerkes für eine praktikable Handhabung erforderlich.

5.4.4 Kerbfälle

Offene Querschnitte

Die typischen Kerbfälle bei offenen Querschnitten werden in 5 Gruppen (Tabellenform) eingeteilt, die ein ähnliches Ermüdungsverhalten zeigen:

- nicht geschweißte Bauteile (mit oder ohne Schraubenverbindungen)
- zusammengesetzte, geschweißte Querschnitte (Längsnähte)
- Bauteile mit Quernähten
- Bauteile mit angeschweißten, nicht tragenden Teilen längs oder quer zur Kraftrichtung (Laschen und Steifen)
- geschweißte Verbindungen mit Kraft übertragenden Nähten.

Innerhalb dieser Gruppen werden *14 Kerbfälle* für Normalspannungen $\Delta\sigma$ und *2 Kerbfälle* für Schubspannungen $\Delta\tau$ unterschieden. Ihre Bezeichnung erfolgt nach der Größe der Ermüdungsfestigkeit in N/mm^2 bei $N = 2 \cdot 10^6$ Spannungsspielen, also $\Delta\sigma_C$ bzw. $\Delta\tau_C$ (z.B. Kerbfall 160, 140, 125, ..., 36).

Bei den Schubspannungen gelten der

- *Kerbfall 100*: Für Schubspannungen im Grundwerkstoff, in durchgeschweißten Stumpfnähten und für das Abscheren bei Passschrauben in SL-Verbindungen.
- *Kerbfall 80*: Für Schubspannungen in Kehlnähten und nicht durchgeschweißten Stumpfnähten.

Ähnlich wie in DIN 4132 sind die Konstruktionsdetails bildlich dargestellt, beschrieben und gewisse Anforderungen hinsichtlich der Ausführung angegeben. Durch Pfeile in den Abbildungen ist Ort und Richtung der Spannungen gekennzeichnet, auf die sich die Ermüdungsfestigkeiten beziehen.

Hohlprofile

Hier werden 2 Kerbgruppen unterschieden:

- Hohlprofilquerschnitte mit Längs- und Quernähten
- Hohlprofilanschlüsse in Fachwerken (K- und N-Ausschlüsse)

Für die erste Gruppe sind 8, für die zweite Gruppe 6 Kerbfälle vorgesehen. Auf Hohlprofile wird im Folgenden nicht weiter eingegangen.

5.4.5 Ermüdungsfestigkeitskurven und Nachweise

5.4.5.1 Ermüdungsfestigkeitskurven für offene Profile

Die Ermüdungsfestigkeitskurven der unterschiedlichen Kerbfälle werden (im doppellogarithmischen Maßstab log $\Delta\sigma$, $\Delta\tau$ – log N) als ein- bzw. zweifach geknickte, untereinander parallele Geraden dargestellt. Das Steigungsmaß k (in [31] als m bezeichnet) beträgt einheitlich 3 bzw. 5. Diese Geraden lassen sich formelmäßig auf 3 Arten angeben über

$$\log N = \log a - k \cdot \log \Delta\sigma_R, \qquad N = \frac{10^{\log a}}{\Delta\sigma_R^k}, \qquad \Delta\sigma_R = \sqrt[k]{\frac{10^{\log a}}{N}} \qquad (5.14a,\ b,\ c)$$

Hierin bedeuten:

N Gesamtzahl der Spannungsspiele
$\Delta\sigma_R$ Ermüdungsfestigkeit
k(m)   Neigung der Geraden ($k = 3$ bzw. 5), u.a. abhängig von N
$\log a$ Konstante nach Tafel **5.**13, abhängig vom Kerbfall und der Neigung k(m)

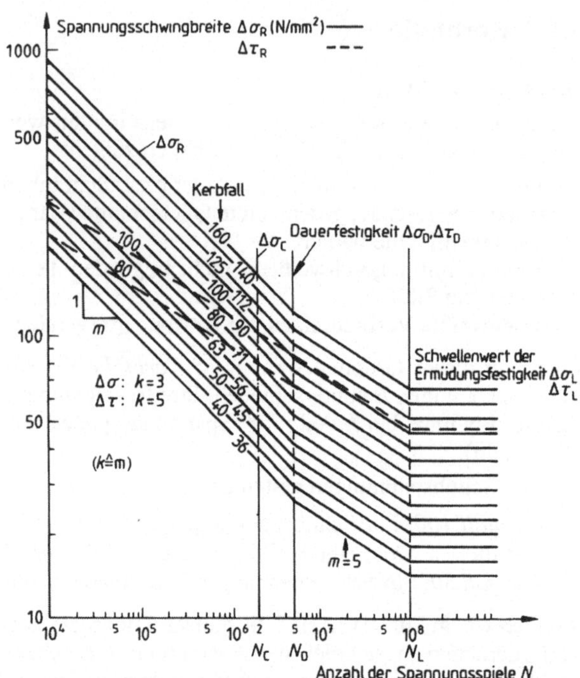

Bild **5.**17   Spannungsschwingbreite $\Delta\sigma_R$, $\Delta\tau_R$ und Dauerfestigkeit $\Delta\sigma_D$, $\Delta\tau_D$ nach EC 3

Diese Gleichungen gelten sinngemäß auch für die Schubspannungen $\Delta\tau_R$. Die Ermüdungsfestigkeitskurven für $\Delta\sigma_R$ und $\Delta\tau_R$ sind in Bild **5.**17 graphisch dargestellt. In Tafel **5.**13 sind neben der Konstanten log a auch die Werte der Ermüdungsfestigkeit $\Delta\sigma_C(\Delta\tau_C)$, der Dauerfestigkeit $\Delta\sigma_D$ $(\Delta\tau_D)$ und der *Schwellenwert* der Ermüdung (bei $N = 10^8$ Spannungsspielen) angegeben. Ab dieser Lastspielzahl nimmt die Ermüdungsfestigkeit nicht mehr ab, bzw. die zugehörige Spannung $\Delta\sigma_L(\Delta\tau_L)$ kann beliebig oft ertragen werden. Die Ermüdungsfestigkeitskurven gelten sowohl für das Grundmaterial als auch für die Schweißnähte.

5.4.5.2 Ermüdungsfestigkeitsnachweis

Für Tragwerke, die durch sehr häufig wiederholte Spannungsschwankungen beansprucht werden, ist nach Eurocode 3 ein entsprechender Nachweis erforderlich, wenn eine der folgenden Bedingungen erfüllt ist:

$$\Delta\sigma \geq \frac{26}{\gamma_{Mf}} \text{ [N/mm}^2\text{]}, \qquad N \geq 2 \cdot 10^6 \cdot \left[\frac{36}{\gamma_{Mf} \cdot \Delta\sigma_{E,2}}\right]^3, \qquad \Delta\sigma \geq \frac{\Delta\sigma_D}{\gamma_{Mf}} \qquad \text{(5.15a, b, c)}$$

Hierin bedeutet neben den erläuterten Begriffen:

$\Delta\sigma$ größte Spannungsschwingbreite in N/mm².

$\Delta\sigma_{E,2}$ schadensgleiche, periodische (= einstufige) Spannungsschwingbreite nach der Miner-Regel für $N = 2 \cdot 10^6$ Lastspiele

Die Überprüfung der Gl. (5.15b) erfordert bereits eine Schädigungsberechnung (s. Beispiel 4). Im Extremfall ist hier – in annähernder Übereinstimmung mit DIN 4132 – ein Nachweis erforderlich für $N > 10^4$ Spannungsspiele.

Tafel 5.13   Zahlenwerte zu den Ermüdungsfestigkeitskurven für Längs- und Schubspannungen nach EC 3 (offene Profile)

Zahlenwerte für die Ermüdungsfestigkeitskurven für Längsspannungen

Kerbfall $\Delta\sigma_C$ [N/mm²]	$\log a$ für $N < 10^8$		Dauerfestigkeit $[N \geq 5 \cdot 10^6]$ $\Delta\sigma_D$ [N/mm²]	Schwellenwert der Ermüdungsfestigkeit $N = 10^8$ $\Delta\sigma_L$ [N/mm²]
	$N \leq 5 \cdot 10^6$ $[k = 3]$	$N \geq 5 \cdot 10^6$ $[k = 5]$		
160	12,901	17,036	117	64
140	12,751	16,786	104	57
125	12,601	16,536	93	51
112	12,451	16,286	83	45
100	12,301	16,036	74	40
90	12,151	15,786	66	36
80	12,001	15,536	59	32
71	11,851	15,286	52	29
63	11,701	15,036	46	26
56	11,551	14,786	41	23
50	11,401	14,536	37	20
45	11,251	14,286	33	18
40	11,101	14,036	29	16
36	10,951	13,786	26	14

Zahlenwerte für die Ermüdungsfestigkeitskurven für Schubspannungen

Kerbfall $\Delta\tau_C$ [N/mm²]	$\log a$ für $N < 10^8$ $[k = 5]$	Schwellenwert der Ermüdungsfestigkeit $[N = 10^8]$
100	16,301	46
80	15,801	36

Am Anfang der Berechnungen muss noch unterschieden werden, ob das Spannungsspektrum aus periodischen, d.h. einstufigen Beanspruchungen (s. „Wöhlerversuch") besteht oder unregelmäßig, d.h. mehrstufig ist.

Periodische Beanspruchung ($\triangleq$ Spannungskollektiv mit $p = 1$)

In diesem Fall ist der Nachweis einfach und ohne Auswertung der linearen Schädigungshypothese (Miner-Regel) möglich. Er lautet:

$$\Delta\sigma \leq \frac{\Delta\sigma_R}{\gamma_{Mf}} \qquad\qquad \Delta\tau \leq \frac{\Delta\tau_R}{\gamma_{Mf}} \tag{5.16}$$

mit

Δ^σ_τ Nennspannungsschwingbreite

$\Delta^\sigma_\tau R$ Ermüdungsfestigkeit für den maßgebenden Kerbfall und die Gesamtzahl der erwarteten Spannungsspiele N nach Gl. (5.14c)

Nichtperiodische Beanspruchung

Bei einem unregelmäßigen (nichtperiodischen) Spannungsspektrum (Spannungskollektiv mit $p \neq 1$, s. Abschn. 5.2.1, 5.3.2) ist in jedem Fall eine Auswertung der Miner-Regel Gl. (5.2) erforderlich, falls nicht über „genormte" Spektren eine derartige Auswertung (s. Abschn. 5.4.6) bereits vorgenommen wurde.

Der Nachweis kann auf zweierlei Arten geführt werden; dies hängt davon ab, wie man die Gl. (5.2) auflösen will.

Nachweis mittels der Schadenssumme

Direkte Auswertung der Miner-Regel Gl. (5.2) in der Form

$$\sum_{i=1}^{m} \frac{n_{\mathrm{i}}}{N_{\mathrm{i}}} \leq 1 \tag{5.17}$$

mit

n_{i} Anzahl der Spannungsspiele mit der Spannungsschwingbreite $\Delta\sigma_{\mathrm{i}}$

N_{i} Anzahl der Spannungsspiele der Spannungsschwingbreite $\gamma_{\mathrm{Mf}} \cdot \Delta\sigma_{\mathrm{i}}$; entsprechend der Ermüdungsfestigkeitskurven (Bild **5.**17) für den maßgebenden Lastfall bzw. nach Gl. (5.14b) und Tafel **5.**13

Nachweis mit schädigungsäquivalenter Spannungsschwingbreite

Diese Nachweisform entspricht direkt dem Berechnungsgang im Beispiel des Abschn. 5.2.2. Es wird über die Auswertung der Miner-Regel Gl. (5.2) ein Ersatzspektrum mit periodischen Schwingungen und der Spannungsschwingbreite $\Delta\sigma_E$ ermittelt, dass bei gleicher Gesamtzahl der erwarteten Spannungsspiele $\Sigma n_{\mathrm{i}} = N$ zur gleichen Schädigung führt wie das tatsächliche Spannungsspektrum. Diese Spannungsschwingbreite wird verglichen mit der um den Sicherheitsbeiwert γ_{Mf} abgeminderten Ermüdungsfestigkeit $\Delta\sigma_R$ bei N Lastspielen für den maßgebenden Kerbfall.

Der Ermüdungsfestigkeitsnachweis lautet dann

$$\Delta\sigma_E \leq \frac{\Delta\sigma_R}{\gamma_{\mathrm{Mf}}} \qquad\qquad \Delta\tau_E \leq \frac{\Delta\tau_R}{\gamma_{\mathrm{Mf}}} \tag{5.18}$$

Auf der sicheren Seite darf Gl. (5.18) mit einer durchgehenden Geraden der Neigung $k = 3$ (für Längsspannungen) bzw. $k = 5$ (für Schubspannungen) ausgewertet werden. (Die Bedeutung der Begriffe ist im Text erklärt.)

Gleichzeitige Wirkung von Längs- und Schubspannungen

Eine kombinierte Auswirkung von Längs- und Schubspannungen ist zu berücksichtigen, falls Gl. (5.19) nicht eingehalten ist:

$$\Delta\tau_E < 0{,}15 \cdot \Delta\sigma_E \tag{5.19}$$

$\Delta\sigma_E$ schadensäquivalente Spannungsschwingbreiten.

Trifft diese Forderung nicht zu, darf der Ermüdungsfestigkeitsnachweis für das Grundmaterial, nicht jedoch für Schweißnähte, vereinfachend mit der größten Hauptspannungsschwingbreite nach Gl. (5.20) geführt werden,

$$\Delta\sigma_H = \frac{1}{2} \cdot \left(\Delta\sigma + \sqrt{\Delta\sigma^2 + 4 \cdot \Delta\tau^2} \right) \tag{5.20}$$

wenn Längs- und Schubspannungen vom gleichen Belastungszyklus herrühren und sich gleichzeitig („in Phase") verändern.

Andernfalls, und immer für Schweißnähte, ist der Ermüdungsnachweis zunächst für die einzelnen Komponenten getrennt nach Gl. (5.17) oder (5.18) zu führen. Für die kombinierte Auswirkung gelten dann folgende Kriterien:

$$\left(\sum \frac{n_{\mathrm{i}}}{N_{\mathrm{i}}} \right)_{\Delta\sigma} + \left(\sum \frac{n_{\mathrm{i}}}{N_{\mathrm{i}}} \right)_{\Delta\tau} \leq 1 \text{ bzw.} \tag{5.17a}$$

$$\left(\frac{\Delta\sigma_E}{\Delta\sigma_R / \gamma_{Mf}}\right)^3 + \left(\frac{\Delta\tau_E}{\Delta\tau_R / \gamma_{Mf}}\right)^5 \leq 1 \qquad\qquad (5.18a)$$

Die Begriffe in beiden Gleichungen erklären sich durch die vorangehenden Erläuterungen.

Korrektur der Ermüdungsfestigkeit

Bei nicht geschweißten oder spannungsarm geglühten Bauteilen und bei Bauteilen mit Wanddicken $t > 25$ mm sind die Ermüdungsfestigkeiten $\Delta\sigma_R$ noch zu korrigieren, s. Norm.

Beispiel 4 (Bild 5.18)

Die Handhabung des Eurocodes 3 soll anhand eines Spannungsspektrums mit der gleichen Charakteristik des Beispiels 1 (Abschn. 5.2.2) gezeigt werden. Für dieses soll $\varkappa = 0$ gelten, sodass die Spannungsschwingbreiten $\Delta\sigma_i = \sigma_o - \sigma_u = \sigma_i$ sind.

Mit der Dauerfestigkeit $\sigma_D = 11{,}0$ kN/cm^2 = 110 N/mm^2 liegt nach EC 3 ungefähr der Kerbfall K 112 mit $\Delta\sigma_C = 112$ N/mm^2 vor. Für diesen gilt nach Tafel 5.13

$$\log a = 12{,}451 \text{ mit } k = 3 \text{ für } N \leq 5 \cdot 10^6$$

Es wird ein von den tatsächlichen Einwirkungen hervorgerufenes Spannungsspektrum untersucht mit folgenden (angenommenen) Werten

$$\Delta\sigma_1 = 90 \text{ N/mm}^2 \qquad\qquad n_1 = 5{,}953 \cdot 10^5$$
$$\Delta\sigma_2 = 108 \text{ N/mm}^2 \qquad\qquad n_2 = 3{,}402 \cdot 10^5$$
$$\Delta\sigma_3 = 126 \text{ N/mm}^2 \qquad\qquad n_3 = 2{,}646 \cdot 10^5$$

$$\sum_{i=1}^{3} n_i = 1{,}2 \cdot 10^6 = N$$

(N ist die erwartete Summe aller Spannungsspiele.)

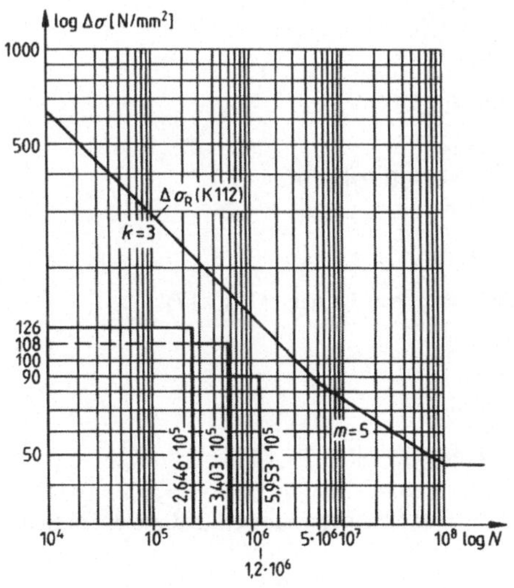

Bild **5.18** Nachweis der Ermüdungsfestigkeit nach EC 3

Obwohl nach den Gln. (5.15a) und (5.15c) bereits feststeht, dass ein Ermüdungsfestigkeitsnachweis erforderlich ist, soll Gl. (5.15b) überprüft werden. Die Geradengleichung für die Ermüdungsfestigkeit lautet nach Gl. (5.14b)

$$N_i = \frac{10^{12,451}}{\Delta\sigma_{R,i}^3}$$

und liefert für $\Delta\sigma_i = \Delta\sigma_{R,i}$ ($i = 1, 2, 3$) folgende Spannungsspiele:

$$N_1 = \frac{10^{12,451}}{90^3} = 3,875 \cdot 10^6 < 5 \cdot 10^6 \qquad N_2 = 2,242 \cdot 10^6 \qquad N_3 = 1,412 \cdot 10^6$$

Der Schädigungsquotient des gegebenen Spannungsspektrums beträgt demnach

$$\sum_{i=1}^{3} \frac{n_i}{N_i} = \frac{5,953}{38,75} + \frac{3,402}{22,42} + \frac{2,646}{14,12} = 0,493 \qquad\qquad \text{n. Gl. (5.17)}$$

Die gleiche Schädigung ruft ein einstufiges Spannungsspektrum bei $\Sigma n_i = N = 2 \cdot 10^6$ Lastspielen hervor mit der Spannungsschwingbreite $\Delta\sigma_{E,2}$, also

$$0,493 = \frac{2 \cdot 10^6}{\dfrac{10^{12,451}}{\Delta\sigma_{E,2}^3}} \qquad\qquad \Delta\sigma_{E,2} = 88,6 \text{ N/mm}^2$$

Bei einem unterstellten Sicherheitsbeiwert $\gamma_{Mf} = 1,25$ nach Tafel **5.**12 gilt mit Gl. (5.15b)

$$N = 1,2 \cdot 10^6 > 2 \cdot 10^6 \left[\frac{36}{1,25 \cdot 88,6}\right]^3 = 6,87 \cdot 10^4$$

wie zu erwarten war.

Nachweis mittels der Schadensumme bei $\gamma_{Mf} = 1,25$

Für die γ_{Mf}-fachen Spannungsschwingbreiten $\gamma_{Mf} \cdot \Delta\sigma_i$, gilt mit Gl. (5.14b)

$$1,25 \cdot \Delta\sigma_1, = 1,25 \cdot 90 = 112,5 \text{ N/mm}^2, \qquad N_1 = \frac{10^{12,451}}{112,5^3} = 1,984 \cdot 10^6$$

bzw. $N_2 = 1,148 \cdot 10^6$ und $N_3 = 0,723 \cdot 10^6$

Die Schadenssumme unter Berücksichtigung des Sicherheitsbeiwertes beträgt nach Gl. (5.17)

$$\sum_{i=1}^{3} \frac{n_i}{N_i} = \frac{5,953}{19,84} + \frac{3,402}{11,48} + \frac{2,646}{7,23} = 0,96 < 1$$

Alternativ: Nachweis mit schadensgleicher Spannungsschwingbreite

Wie bei der Überprüfung von Gl. (5.15c) wird $\Delta\sigma_E$ bei $N = 1,2 \cdot 10^6$ Spannungsspielen und gleichem Schädigungsquotient bestimmt

$$0,493 = \frac{1,2 \cdot 10^6}{10^{12,451}} \cdot (\Delta\sigma_E)^3, \qquad\qquad \Delta\sigma_E = 105,1 \text{ N/mm}^2.$$

Für die gleiche Anzahl von Spannungsspielen beträgt die Ermüdungsfestigkeit nach Gl. (5.14c)

$$\Delta\sigma_R = \sqrt[3]{\frac{10^{12,451}}{1,2\cdot10^6}} = 133 \text{ N/mm}^2.$$

Nachweis: $\Delta\sigma_E = 105,1 \text{ N/mm}^2 < \dfrac{\Delta\sigma_R}{\gamma_{Mf}} = \dfrac{133}{1,25} = 106,4 \text{ N/mm}^2.$

5.4.6 Anwendung auf Kranbahnträger

Die Berechnungsgrundlagen für Krane und Kranbahnträger wird im Rahmen der europäischen Normung zukünftig im EC 1, Teil 5 (Einwirkungen durch Kran- und Maschinenbetrieb) und EC 3, Teil 6 (Kranbauwerke) geregelt. Bis zu deren Erscheinen sind die behandelten nationalen Regelwerke (DIN 15018 und DIN 4132 zusammen mit DIN 18800 und [27]) anzuwenden.

Der Ermüdungsfestigkeitsnachweis kann jedoch auch nach EC 3 unter Berücksichtigung der DASt-Richtlinie 103 [25] geführt werden.

Danach erfolgt die Einordnung der Kranbahnen in die Beanspruchungsgruppen B1 bis B6, denen die idealisierten Spannungskollektive (Bild **5.11**) und Lastspielzahlen (Tafel **5.2**) zugrunde liegen. Der Nachweis der Ermüdungsfestigkeit wird nach dem Verfahren „mit schädigungsäquivalenter Spannungsschwingbreite" geführt, wobei die Auswertung der Miner-Regel für die Spannungskollektive S_0 bis S_3 über einen von der Beanspruchungsgruppe B1 bis B6 abhängigen *Abminderungsfaktor* λ nach Tafel **5.14** bereits vorweg genommen ist.

Tafel **5.14**

Beanspruchungsgruppe	B1	B2	B3	B4	B5	B6
für Längsspannungen $\Delta\sigma$	0,147	0,215	0,316	0,464	0,681	1,0
für Schubspannungen $\Delta\tau$	0,316	0,398	0,501	0,631	0,794	1,0

Der Nachweis lautet

$$\gamma_{Ff}\cdot \varphi\cdot \Delta\sigma_{max} \leq \frac{\Delta\sigma_C / \lambda}{\gamma_{Mf}} \tag{5.21}$$

bzw.

$$\gamma_{Ff}\cdot \varphi\cdot \Delta\tau_{max} \leq \frac{\Delta\tau_C / \lambda}{\gamma_{Mf}} \tag{5.22}$$

Hierin bedeuten:

$\gamma_{Ff} = \gamma_{Mf} = 1,0$ Sicherheitsbeiwerte für Einwirkungen und Widerstände
φ Schwingbeiwert nach DIN 4132, Tafel **4.4**
$\Delta\sigma_C, \Delta\tau_C$ Ermüdungsfestigkeit nach Abschn. 5.4.5.1, Tafel **5.13**
λ Abminderungsfaktor nach Tafel **5.14**

(Der Wert $\Delta\sigma_C/\lambda$ stellt somit die Lebensdauer, s. Abschn. 5.22, dar.)

Beispiel 5 (Bild 4.27)

Stellvertretend für alle Kerbfälle des geschweißten Kranbahnträgers nach Beispiel 3 soll der Nachweis für den Anschluss der Querstreifen an das Stegblech, Schnitt (6) geführt werden.

Bei $\varkappa \approx 0$ und $\tau \approx 0$ ist unter Berücksichtigung des Schwingbeiwertes φ

$$\varphi \cdot \Delta \sigma_{\text{H,max}} = \varphi \cdot \Delta \sigma_{\text{max}} = 11{,}04 \; \text{kN/cm}^2.$$

Die Stegblechdicke beträgt $t = 12$ mm; damit ist das Detail in den Kerbfall K80 mit

$$\Delta \sigma_{\text{C}} = 80 \; \text{N/mm}^2 = 8{,}0 \; \text{kN/cm}^2 \qquad\qquad \text{nach Tafel } \textbf{5}.13$$

einzuordnen. Für die Beanspruchungsgruppe B5 liefert die Miner-Regel bei Längsspannungen einen Abminderungsfaktor $\lambda = 0{,}681$, Tafel **5**.14, und der Nachweis lautet:

$$1{,}0 \cdot \Delta \sigma_{\text{max}} = 11{,}04 \; \text{kN/cm}^2 < \frac{8{,}0 / 0{,}681}{1{,}0} = 11{,}75 \; \text{kN/cm}^2.$$

5.5 Neuere Entwicklungen in der Normung

Im folgenden Abschnitt sollen die normativen Entwicklungen beim *Ermüdungsnachweis für Kranbahnen* kurz vorgestellt werden. Diese basieren auf der Fortschreibung der Regelungen in [31] – vgl. Abschn. 5.4 –, welche infolge der Neustrukturierung des Eurocodes 3 [31] in einem eigenständigen Teil 1.9 [V9] Niederschlag gefunden haben. Sie wurden in [V6] übernommen und in [V7] für die nationale Anwendung aufbereitet. (Insofern ist man der Forderung in Abschn. 5.4.1 hinsichtlich einer *praktikableren Handhabung* des bisher allgemein gehaltenen Nachweises in [31] nachgekommen).

5.5.1 Ermüdungsbelastung

λ-Werte

Die Ermüdungsbelastung ist in E DIN 1055-10 [V3] geregelt: Es erfolgt zunächst die Einordnung des Kranes in eine der 10 Klassifizierungsgruppen S_0 bis S_9 –siehe auszugsweise Tafel **4**.2 – womit die *Charakteristik des Spektrums der Spannungsschwingbreiten* ($\Delta \sigma_{\text{i}} - n_{\text{i}}$) beschrieben ist. Daher lässt sich der *Schädigungsgrad* aus der *Miner-Regel* Gl. (5.17) errechnen und kann gleichgesetzt werden dem Schädigungsgrad aus einem Einstufenversuch mit der Spannungsschwingbreite $\Delta \sigma_{\text{E}}$ und der Lastspielzahl n_{E}.

Ausgehend von der Geradengleichung (5.3b) gilt unter Verwendung der Spannungsschwingbreiten $\Delta \sigma$ (anstelle der absoluten Spannungswerte σ) im Zeitfestigkeitsbereich

$$N = N_{\text{C}} \cdot \left(\frac{\Delta \sigma_{\text{C}}}{\Delta \sigma} \right)^{\text{m}} \tag{5.3c}$$

mit

m Steigung der Wöhlerlinie

$\Delta \sigma_{\text{C}}$ Ermüdungsfestigkeit bei $N_{\text{C}} = 2 \cdot 10^6$ Lastspielen

Die Schädigungsberechnung liefert dann folgenden Vergleich:

$$\sum_{i} \frac{n_{\text{i}}}{N_{\text{i}} \cdot \left(\dfrac{\Delta \sigma_{\text{C}}}{\Delta \sigma_{\text{i}}} \right)^{\text{m}}} = \frac{n_{\text{E}}}{N_{\text{C}} \cdot \left(\dfrac{\Delta \sigma_{\text{C}}}{\Delta \sigma_{\text{E}}} \right)^{\text{m}}} \tag{5.17a}$$

Der Quotient hinter dem Gleichheitszeichen ist der Schädigungsgrad der *schädigungsäquivalenten Spannungsschwingbreite* $\Delta\sigma_E$. Durch Auflösung nach $\Delta\sigma_E$ erhält man

$$\Delta\sigma_E = \left[\frac{1}{n_E} \cdot \sum\left(n_i \cdot \Delta\sigma_i^m\right)\right]^{\frac{1}{m}} \tag{5.23}$$

Als Referenzwert der Spannungsspiele hat man $n_E = 2\cdot 10^6$ gewählt und die zugehörige Spannungsschwingbreite mit $\Delta\sigma_{E,\,2}$ bezeichnet. In Gl. (5.23) wird schließlich noch $\Delta\sigma_i$ auf den größten Spannungsausschlag $\Delta\sigma_{max}$ im gegebenen Spannungsspektrum bezogen:

$$\Delta\sigma_{E,2} = \Delta\sigma_{max} \cdot \left[\frac{1}{2\cdot 10^6} \cdot \sum\left(n_i \cdot \left(\frac{\Delta\sigma_i}{\Delta\sigma_{max}}\right)\right)^m\right]^{\frac{1}{m}} = \lambda\cdot\Delta\sigma_{max} \tag{5.24}$$

λ stellt dabei den schädigungsgleichen Beiwert in Abhängigkeit von der Klassifizierungsgruppe S_0 bis S_9 dar (siehe Tafel 5.15), der den bisherigen λ-Wert aus Tafel 5.14 (nach [25]) ersetzt. Dieser λ-Wert wird im Ermüdungsnachweis nach den neuen Regelungen lastseitig berücksichtigt.

Tafel 5.15 λ-Werte entsprechend der Klassifizierung des Kranes

Klassen S	S_0	S_1	S_2	S_3	S_4	S_5	S_6	S_7	S_8	S_9
Normalspannungen	0,198	0,250	0,315	0,397	0,500	0,630	0,794	1,00	1,260	1,587
Schubspannungen	0,379	0,436	0,500	0,575	0,660	0,758	0,871	1,00	1,149	1,320

Ermüdungsbelastung

Die ermüdungswirksamen Einwirkungen werden unter Berücksichtigung des zuvor behandelten λ-Wertes und dem Ansatz von dynamischen Vergrößerungsfaktoren $\varphi_{fat,\,i}$ – siehe Tafel 4.8 – ermittelt. Da für das Eigengewicht des Kranes und dessen Hublast unterschiedliche Werte anzusetzen sind, empfiehlt sich nach [V11] die Ermittlung der maßgebenden Radlasten i nach Gl. (5.25):

$$Q_{E,2,i} = \lambda\cdot\left[\varphi_{fat,1}\cdot Q_{C,i} + \varphi_{fat,2}\cdot Q_{H,i}\right] \tag{5.25}$$

mit

$Q_{C,\,i}$ Radlast i aus Kraneigengewicht (einschl. Katze)
Q_H Radlast i aus Hublast
λ schadensäquivalenter Beiwert nach Tafel 5.15

Nach [V3] gilt für die Schwingbeiwerte $\varphi_{fat,1,2}$

$$\varphi_{fat,1} = (1+\varphi_1)/2 \quad \text{und} \quad \varphi_{fat,2} = (1+\varphi_2)/2 \tag{5.26}$$

Die im Ermüdungsnachweis anzusetzenden Spannungsschwingbreiten $\Delta\sigma_{max}$ ergeben sich aus dem statischen System des Kranbahnträgers unter Wirkung der Radlasten $Q_{E,2,i}$, bei Einfeldträgern durch direkte Ermittlung der Spannungen $\max\sigma = \Delta\sigma_{max}$ aus $Q_{E,2,i}$ und bei Durchlaufträgern über die Spannungsdifferenz durch Auswertung der Einflusslinie an der Stelle eines bestimmten Kerbdetails, vgl. Bsp. 2. (Das Eigengewicht des Kranbahnträgers spielt in $\Delta\sigma_{max}$ keine Rolle, da es sich in der Spannungsdifferenz $\Delta\sigma_{max} = \max|\sigma| - \min|\sigma|$ herauskürzt.).

Beispiel 6:

Für den Kran des Beispiels 5 aus Abschnitt 4.8.1.4 sollen bei einer Klassifizierungsgruppe S_4 die Ermüdungs(rad)lasten bestimmt werden. Die Schwingbeiwerte $\varphi_{\text{fat},i}$ ergeben sich aus Gl. (5.26) zu

$$\varphi_{\text{fat},1} = (1+1,1)/2 = 1,05 \text{ und } \varphi_{\text{fat},2} = (1+1,2)/2 = 1,1$$

Der λ-Wert z.B. für Normalspannungen beträgt nach Tafel 5.15 $\lambda_{\sigma,S_4} = 0,5$; damit sind folgende Radlasten für den mehrbelasteten Kranbahnträger 2 anzusetzen:

$$Q_{\text{E},2,(1)} = 0,5 \cdot \left[1,05 \cdot 18,36 + 1,1 \cdot 56,41\right] \quad = 40,7 \text{ kN} \qquad \text{Rad (1)}$$

$$Q_{\text{E},2,(2)} = 0,5 \cdot \left[1,05 \cdot 20,29 + 1,1 \cdot 62,34\right] \quad = 44,9 \text{ kN} \qquad \text{Rad (2)}$$

$$\sum Q_{\text{E},2} = \qquad\qquad\qquad\qquad\qquad\qquad\qquad = 85,6 \text{ kN}$$

Bei einem einfeldrigen Kranbahnträger mit $l = 6,0$ m Stützweite erhält man das maximale Feldmoment, wenn die größte Radlast 2,38 m links vom rechten Auflager steht. (Culmannsche Laststellung, vgl. Bsp. 4 im Abschn. 4.6). Das größte Feldmoment ist dann $\max M_{\text{y},\text{d}}^{\text{E}} \cong 81,0$ kNm und die Spannungsschwingbreite $\Delta\sigma_{\text{E},2}$ errechnet sich aus $\Delta\sigma_{\text{E},2} = \max M_{\text{y},\text{d}}^{\text{E}} / W_{\text{y}}$.

5.5.2 Ermüdungsnachweis, Teilsicherheitsbeiwerte

Der Ermüdungsfestigkeitsnachweis ist für Normal- und Schubspannungen sowohl für das Grundmaterial als auch für die Halsnähte geschweißter Querschnitte zu führen. Dabei sind die Spannungen aus der normalen Biegetragwirkung (fallweise) zu überlagern mit den lokalen Spannungen aus der örtlichen Radlasteinleitung (zentrisch bei S_0-S_3, exzentrisch bei S_4-S_9). Wird die Kranbahn nur durch einen Kran befahren, so lauten die Nachweise für einzeln wirkende *Längs- und Schubspannungen*

$$\gamma_{\text{Ff}} \cdot \Delta\sigma_{\text{E},2} \leq \Delta\sigma_{\text{C}} / \gamma_{\text{Mf}} \tag{5.27a}$$

$$\gamma_{\text{Ff}} \cdot \Delta\tau_{\text{E},2} \leq \Delta\tau_{\text{C}} / \gamma_{\text{Mf}} \tag{5.27b}$$

Wirken beide Spannungskomponenten gleichzeitig, ist ein *Interaktionsnachweis* erforderlich:

$$\left[\frac{\gamma_{\text{Ff}} \cdot \Delta\sigma_{\text{E},2}}{\left(\Delta\sigma_{\text{C}} / \gamma_{\text{Mf}}\right)}\right]^3 + \left[\frac{\gamma_{\text{Ff}} \cdot \Delta\tau_{\text{E},2}}{\left(\Delta\tau_{\text{C}} / \gamma_{\text{Mf}}\right)}\right]^5 \leq 1 \tag{5.27c}$$

In Gl. (5.27) ist

γ_{Ff} Teilsicherheitsbeiwert für Einwirkungen nach Tafel 4.8 (i. Allg. $\gamma_{\text{Ff}} = 1,0$)

γ_{Mf} Teilsicherheitsbeiwert für Widerstände nach Tafel 5.16

$\Delta\sigma_{\text{E},2}$ schädigungsäquivalente Spannungsschwingbreite

$\Delta\sigma_{\text{C}}, \Delta\tau_{\text{C}}$ Ermüdungsfestigkeit bei $N_{\text{C}} = 2 \cdot 10^6$ Lastspielen.

Bewirkt die Überfahrt eines Kranes unter jedem Rad je ein Spannungsspiel, so sind die Einzelteile nach Gl. (5.27c) zu addieren (vgl. Bsp. 2, Kerbdetail (1) (örtl. Radlasteinleitung)). Beim Verkehr mehrerer Krane sind ähnlich wie in [18], Glg. (5.11), sowohl die Spannungen aus den einzelnen Kranen, als auch die Spannungen aus ihrer gemeinsamen Wirkung zu berücksichtigen, siehe [V6].

Die Teilsicherheitsbeiwerte γ_{Mf} nach Tafel 5.16 sind abhängig von der Art des Versagens (plötzlich, ohne Vorwarnung bzw. Schaden rechtzeitig erkennbar = schadenstolerant) und der Höhe der Schadensfolge, vgl. hierzu auch die bisherige Regelung nach Tafel 5.12.

Tafel **5**.16 Teilsicherheitsbeiwerte γ_{Mf} für die Ermüdungsfestigkeit

Zuverlässigkeitskonzept	Schadensfolgen	
	niedrig	hoch
schadenstolerant	1,00	1,15
Vermeidung von Ermüdungsversagen ohne Vorwarnung	1,15	1,35

5.5.3 Ermüdungsfestigkeit, Kerbfallkatalog

Die Ermüdungsfestigkeitskurven für Längs- und Schubspannungen nach [V9] sind die gleichen wie in [31], siehe Bild 5.17 (Steigungsmaßbezeichnung m). Mit der rechnerischen Erfassung der Ermüdungsfestigkeitskurven über Gl. (5.3c) und dem Steigungsmaß für

$$\text{Längsspannungen} \quad m = 3 \qquad\qquad N \leq 5 \cdot 10^6$$
$$m = 5 \qquad\qquad 5 \cdot 10^6 < N \leq 10^8$$

sowie für

$$\text{Schubspannungen} \quad m = 5 \qquad\qquad N < 10^8$$

kann die Tafel 5.13 (log a-Werte, $\Delta\sigma_D$, $\Delta\sigma_C$) entfallen.

Kerbfallkatalog

Der Kerbfallkatalog in [V9] wurde für Kranbahnen in [V7] gestrafft. Das Kerbdetail (die Kerbgruppe) wird definiert durch die Ermüdungsfestigkeit $\Delta\sigma_C$ bzw. $\Delta\tau_C$ bei $N = 2 \cdot 10^6$ Lastspielen (= Zahl in der Spalte „Kerbgruppe"). Einen Auszug enthält die Tafel 5.18. Die Kerbgruppen werden wie folgt unterteilt:

– ungeschweißte (auch gelochte) Details
– geschweißte zusammengesetzte Querschnitte
– querlaufende Stumpfnähte
– angeschweißte Anschlüsse und Steifen
– geschweißte Anschlüsse
– Hohlprofile

Für die lokalen Normal- und Schubspannungen aus *örtlicher Radlasteinleitung* gelten die Werte $\Delta\sigma_C$, $\Delta\tau_C$ nach Tafel 5.17.

Eine übersichtliche Darstellung der bei einer Kranbahnkonstruktion nachzuweisenden Konstruktionsdetails (Kerbfälle) kann man [V11] entnehmen. (Bis zur endgültigen Einführung aller für Kranbahnen relevanten Normen wird auf die rechnerische Behandlung eines Beispiels verzichtet.).

Tafel **5**.17   Kerbgruppen für den Nachweis der örtlichen Radlasteinleitung in den Steg

Lokale Spannungen					
	Walzprofil	Voll durchgeschweißt	Kehlnähte D-HY-Naht	Voll durchgeschweißt	Kehlnähte D-HY-Naht
$\Delta\sigma_C$	160	71	36	71	36
$\Delta\tau_C$	80				

Tafel 5.18   Kerbgruppenkatalog nach [V7] - Auszug

Zeile	Kerb-gruppe	Konstruktionsdetail	Beschreibung	Anforderung
1	160	**Anmerkung**: Die der Kerbgruppe 160 zugeordnete Ermüdungsfestigkeitskurve ist die höchste. Keine Kerbgruppe kann eine höhere Ermüdungsfestigkeit bei irgendeiner Anzahl an Spannungsschwingspielen erreichen.	<u>Gewalzte und gepresste Erzeugnisse</u> 1) Bleche und Flachstähle; 2) Walzprofile; 3) nahtlose Hohlprofile.	<u>1) bis 3)</u>: – Scharfe Kanten, Oberflächen- und Walzfehler sind durch Schleifen ohne örtlich relevante Schwächung zu beseitigen. – Ausbessern durch Schweißen ist nicht zulässig.
5	90	8) Einschnittige Verbindung mit hochfesten vorgespannten Schrauben. 9) Verbindungselemente mit runden Löchern unter Biegung und Normalkraft.	Spannungen sind bei vorgespannten Verbindungen am Bruttoquerschnitt und bei allen anderen Verbindungen am Nettoquerschnitt zu ermitteln.	<u>Bei geschraubten Verbindungen (Kerbfall 6) bis 10)) gilt im Allgemeinen:</u> – Lochabstand vom Rand in Kraftrichtung: $e_1 \geq 1{,}5\ d$ – Lochabstand vom Rand senkrecht zur Kraftrichtung: $e_2 > 1{,}5\ d$ – Lochabstand in Kraftrichtung: $p_1 \geq 2{,}5\ d$ – Lochabstand senkrecht zur Kraftrichtung: $p_2 > 2{,}5\ d$
6	80	10) Einschnittige Verbindung mit Passschrauben.		
8	100 m = 5	2) Schrauben in ein- oder zweischnittigen Scher-Lochleibungsverbindungen (Gewindeteil liegt nicht in der Scherfläche) Passschrauben oder Schrauben ohne Lastumkehr (Güten 5.6, 8.8 oder 10.9).		12) – Schubspannungen sind mit dem Schaftquerschnitt zu ermitteln.

Tafel **5.18**   Geschweißte zusammengesetzte Querschnitte   Querlaufende Stumpfnähte

Zeile	Kerb-gruppe	Konstruktionsdetail	Beschreibung	Anforderung
9	125		<u>Durchgehende Längsnähte</u> 1) Vollmechanisch beidseitig durchgeschweißte Nähte. 2) Vollmechanisch geschweißte Kehlnähte. Die Enden von aufgeschweißten Gurtplatten sind gem. Kerbfall 5) oder 6) in Tab. NAD/9.g zu behandeln.	<u>1) und 2):</u> Es dürfen keine Schweißnahtansatzstellen vorhanden sein, ausgenommen bei Durchführung einer Reparatur mit anschließender Überprüfung der Reparaturschweißung.
10	112		3) Vollmechanisch geschweißte – Doppelkehlnähte – beidseitig durchgeschweißte Nähte mit Ansatzstellen. 4) Vollmechanisch einseitig durchgeschweißte Naht mit nicht unterbrochener Schweißbadsicherung, aber ohne Ansatzstellen.	4) Weist dieser Kerbfall Ansatzstellen auf, ist er der Kerbgruppe 100 zuzuordnen.
11	100		5) Von Hand geschweißte – Kehlnähte – durchgeschweißte Nähte. 6) Von Hand oder vollmechanisch einseitig durchgeschweißte Nähte, speziell bei Hohlkästen.	6) Zwischen Flansch und Stegblech ist eine sehr gute Passgenauigkeit erforderlich. Dabei ist das Stegblech so anzuschrägen, dass die Wurzel ausreichend erfasst wird.
16	112	Die Kerbgruppe ist für Blechdicken t > 25 mm mit folgendem Faktor zu multiplizieren: $(25/t)^{0,2}$	<u>Ohne Schweißbadsicherung</u> 1) Querstöße in Blechen oder Flachstählen. 2) Vor dem Zusammenbau geschweißte Flanschstöße und Stegstöße in geschweißten Blechträgern. 2a) Voll durchgeschweißte Querstöße in Walzprofilen ohne Freischnitt im Rundungsbereich. 3) Querstöße in Blechen oder Flachstählen, abgeschrägt in Breite oder Dicke mit einer Neigung ≤ 1:4.	<u>1), 2), 2a) und 3):</u> – Alle Nähte blecheben in Lastrichtung geschliffen. – Schweißnahtan- und auslaufstücke sind zu verwenden und anschließend zu entfernen. Blechränder sind blecheben in Lastrichtung zu schleifen. – Beidseitige Schweißung mit Inspektion durch zerstörungsfreie Prüfung. 2a) Walzprofile mit den gleichen Abmessungen ohne Toleranzabweichungen.

Tafel **5.18**   Querlaufende Stumpfnähten   Angeschweißte Anschlüsse und Steifen

Zeile	Kerb-gruppe	Konstruktionsdetail	Beschreibung	Anforderung
20	63		8) Voll durchgeschweißte Querstöße in Walzprofilen ohne Freischnitt im Rundungsbereich.	8) – Schweißnahtan- und auslaufstücke sind zu verwenden und anschließend zu entfernen. Blechränder sind blecheben in Lastrichtung zu schleifen. – Beidseitige Schweißung.
29	90	$\dfrac{r}{l} \geq \dfrac{1}{3}$ oder $r > 150$ mm	4) An den Rand eines Bleches oder Trägerflansches angeschweißtes Knotenblech.	4) Am Knotenblech muss ein gleichmäßiger Übergang hergestellt werden, und zwar vor dem Schweißen mit dem Radius r durch maschinelle Bearbeitung oder Brennschneiden und nach dem Schweißen durch Schleifen der Schweißzone parallel zur Lastrichtung, so dass der Schweißnahtübergang der Quernaht vollständig entfernt ist. 15 mm vor Anfang und Ende des Knotenbleches müssen Kehlnähte in DHV-Nähte überführt werden.
29	71	$\dfrac{1}{6} \leq \dfrac{r}{l} \leq \dfrac{1}{3}$		
29	50	$\dfrac{r}{l} < \dfrac{1}{6}$		
30	40		5) An den Rand eines Bleches oder Trägerflansches angeschweißtes Knotenblech ohne Ausrundungsradius.	
31	80	$s \leq 50$ mm	Quersteifen 6) An Blech angeschweißte Quersteife. 7) Vertikalsteifen an einen Walzträger oder geschweißten Blechträger geschweißt. 8) Am Steg oder Flansch angeschweißte Querschotte in Kastenträgern. Nicht zulässig für Hohlprofile. Die Kerbgruppen sind auch für Ringsteifen zulässig.	6) und 7) Die Schweißnahtenden sind sorgfältig auszuschleifen, um Einbrandkerben zu entfernen. 7) Die Schwingbreite muss mit den Hauptspannungen berechnet werden, wenn die Steife am Stegblech endet. – Die Spannungen aus Querbiegung im Stegblech sind gegebenfalls zu berücksichtigen. – Die Stirnseite der Steifen, auch im Bereich der Eckausschnitte, sind zu umschweißen.
31	71	$50 < s \leq 80$ mm		

Tafel **5.18**   Geschweißte Anschlüsse

Zeile	Kerb-gruppe	Konstruktionsdetail			Beschreibung	Anforderung
	80	$l < 50$	für alle t		**Kreuz- und T-Stöße**	1) Nach Prüfung frei von Diskontinuitäten und Exzentrizitäten außerhalb der Toleranzen nach EN 25817, Qualität C.
	71	$50 < l \le 80$	für alle t		1) Riss am Schweißnahtübergang in voll durchgeschweißten und allen nicht durchgeschweißten Nähten	2) Es sind 2 Ermüdungsnachweise erforderlich: Zum einen der Nachweis gegen Riss der Schweißnahtwurzel nach 9.6 (6) mit Kerbgruppe 36* für $\Delta\sigma_w$ und Kerbgruppe 80 für $\Delta\tau_w$, zum anderen den Nachweis des Nahtübergangs mit Bestimmung der Spannungsschwingbreite in den belasteten Blechen. Die Ausmittigkeit der belasteten Bleche muss $\le 15\,\%$ der Dicke des Zwischenblechs sein.
	63	$80 < l \le 100$	für alle t			
33	56	$100 < l \le 120$	für alle t			
		$l > 120$	$t \le 20$			
	50	$120 < l \le 200$	$t > 20$			
		$l > 200$	$20 < t \le 30$			
	45	$200 < l \le 300$	$t > 30$			
		$l > 300$	$30 < t \le 50$			
	40	$l > 300$	$t > 50$			
		[mm]				
		$t_c < t$	$t_c \ge t$		**Gurtlamellen auf Walzprofilen und geschweißten Blechträgern:**	5) Wenn die Lamellen breiter sind als der Flansch, ist eine Stirnnaht, die sorgfältig ausgeschliffen wird, um Einbrandkerben zu entfernen, erforderlich.
	56*	$t \le 20$	–		5) Endbereiche von einlagig oder mehrlagig aufgeschweißten Gurtplatten mit und ohne Stirnnaht.	Die minimale Länge der Lamelle beträgt 300 mm. Bei kürzeren Anschlüssen siehe Kerbfall 1) in Tab. NAD/9.g.
37	50	$20 < t \le 30$	$t \le 20$			
	45	$30 < t \le 50$	$20 < t \le 30$			
	40	$t > 50$	$30 < t \le 50$			
	36	–	$t > 50$			
		[mm]				
38	56				6) Gurtlamellenende auf Walzprofilen und geschweißten Blechträgern.	6) Die Stirnnaht ist blecheben zu schleifen. Falls $t_c > 20$ mm, ist zusätzlich die Stirnkante der Lamelle mit einer Neigung $< 1:4$ auszubilden. — 8) – Die Spannungsschwingbreite ist auf die Schweißnahtdicke bezogen unter Berücksichtigung der Gesamtlänge der Schweißnaht zu berechnen. – Schweißnahtenden müssen $>$ 10 mm vom Blechende entfernt sein.
39	80 m = 5				7) Durchgehende Kehlnähte, HY- und DHY-Nähte, die einen Schubfluss übertragen, wie z.B. Halskehlnähte zwischen Stegblech und Flansch bei geschweißten Blechträgern. 8) Mit Kehlnähten geschweißte Laschenverbindung.	7) Die Spannungsschwingbreite ist auf die Schweißnahtdicke bezogen zu berechnen.

6 Rahmentragwerke

6.1 Allgemeines, Systeme und Querschnitte

Rahmentragwerke finden u.a. Anwendung im *Hallenbau, Stahlskelettbau, Industriehochbau* und *Brückenbau* (Bild **6.1**a bis e).

Sie sind dadurch gekennzeichnet, dass die horizontal (oder schräg) liegenden *Rahmenriegel* mit den vertikal (oder geneigt) angeordneten Stielen biegesteif verbunden sind. Diese Verbindungsart muss dabei nicht in allen Kreuzungspunkten vorhanden sein (**6.1**b,c).

Im Gegensatz zu den einfachen Stützen- und Trägerkonstruktionen sind Rahmen in der Lage, außer vertikalen Lasten in der Rahmenebene auch horizontale Belastungen wie aus Wind, Kranseitenlasten usw. aufzunehmen. Die *Stabilisierung quer* zur Rahmenebene wird fallweise durch lotrechte Verbände, Windportale oder ebenfalls Rahmentragwerke erzielt. Vielfach und insbesondere im Industriehochbau (Apparategerüste) werden auch Mischsysteme mit teilweiser Stabilisierung in Rahmenebene über Verbände ausgeführt (**6.1**c).

Der wesentliche Unterschied zwischen Rahmen- und einfachen Träger-Stützenkonstruktionen liegt in der biegesteifen Gestaltung der Trägeranschlüsse (*Rahmenecken*) an die Stützen. Durch diese Verbindung werden die Riegel elastisch in die Stiele eingespannt. Damit verringern sich die Feldbiegemomente in den Riegeln, sodass diese mit geringer Steifigkeit (und Bauhöhe) bemessen werden können. Die Durchbiegung der Riegel ist wegen der entlastenden Wirkung der aus den lotrechten Lasten hervorgerufenen negativen Einspannmomente ebenfalls geringer als bei gelenkigem Anschluss. Dadurch können auch größere Stützenabstände als bei einfachen Trägerkonstruktionen wirtschaftlich ausgeführt werden. Allerdings muss die Einsparung bei den Riegeln mit dem

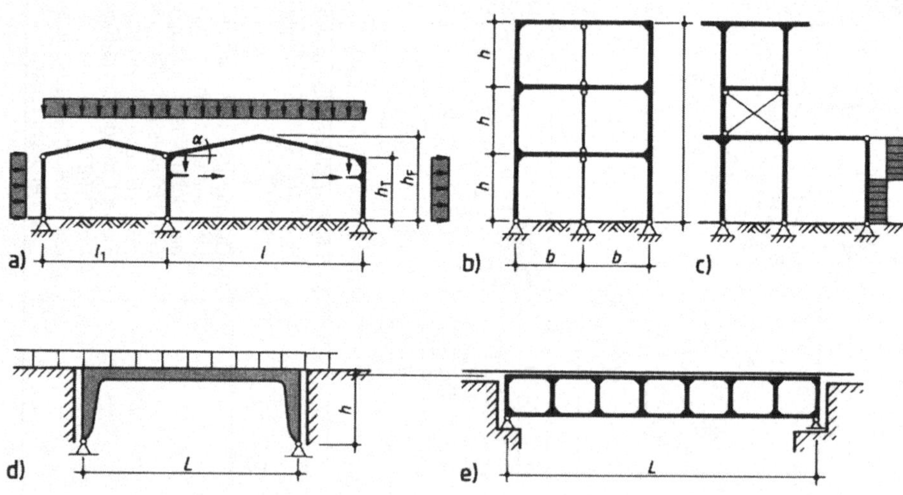

Bild **6.1**   Rahmentragwerke
    a) Zweigelenkrahmen im Hallenbau
    b) Stahlskelettbau
    c) Industriebau
    d) bis e) Brückenbau

Nachteil erkauft werden, dass die Rahmenstützen zusätzlich zu den Druckkräften noch die Riegel-einspannmomente weiterleiten müssen und daher größere Querschnittsabmessungen erhalten als mittig belastete Pendelstützen. Wenn nun etwa aus architektonischen Gründen – z.B. bei Außen-stützen hinter einer Glasfassade – dünne Stützen erforderlich sind, werden hier die Riegel gelen-kig angeschlossen, wodurch das Stielmoment bis auf das verbleibende Moment aus der An-schlussexzentrizität reduziert wird. Das Rahmentragwerk wird dann ins Gebäudeinnere verlegt. Die Riegel in den Feldern mit gelenkigen Anschlüssen sind natürlich stärker auszubilden.

Querschnitte

Als Querschnitte kommen zunächst alle Walzprofile in Frage, wobei vorzugsweise auf Biegung beanspruchte Traggglieder als IPE- oder HEA Profile gewählt werden. Für Stäbe mit großen Druckkräften (i.d.R. sind dies die Stiele) eignen sich Querschnitte der HEB- oder HEM-Reihe. Fallweise werden auch nicht genormte Sonderreihen wie IPEo, IPEv, HE-AA oder HD, HL und HX-Querschnitte gewählt. Bei großen Stützweiten im Hallenbau oder hohen Beanspruchungen im Industriebau werden aus Blechen zusammengesetzte offene oder geschlossene Querschnitte verwendet.

6.2 Berechnungsgrundlagen (DIN 18800-2)

6.2.1 Allgemeine Begriffe

Rahmentragwerke sind mit Ausnahme der *Dreigelenkrahmen* und *einhüftigen* Rahmen (Bild **6.2**) statisch unbestimmte Systeme. Sie werden darüberhinaus noch unterteilt in Rahmen mit in Rah-menebene *unverschieblichen* oder *verschieblichen* Knoten (Bild **6.3**); i.d.R. liegen bei Stahltrag-werken letztere vor. Als Kriterium für die Einstufung eines ausgesteiften Rahmens in ein unver-schiebliches System wird das Verhältnis der *Steifigkeit der Aussteifungselemente* (wie z.B. Schei-ben, Verbände usw.) zur Steifigkeit des auszusteifenden Rahmens (Systems) herangezogen (s. Teil 1).

Imperfektionen

Zur Erfassung geometrischer und struktureller Imperfektionen sind bei Tragwerken mit *unver-schieblichen* Knoten druckbeanspruchte Stäbe mit einer parabelförmigen *Vorkrümmung* mit Stich w_0 zu versehen, falls eine Berechnung nach *Theorie II. Ordnung* erforderlich ist und durchgeführt werden soll. Bei Tragwerken mit *verschieblichen* Knoten dagegen sind Druckstäbe, die im ver-formten Tragwerk einen Stabdrehwinkel ϑ aufweisen, um eine Vorverdrehung φ_0 schief zu stel-len. Liegen darüberhinaus sehr große Druckkräfte vor ($\varepsilon > 1{,}6$; ε = Stabkennzahl), so sind die betroffenen Stäbe zusätzlich vorzukrümmen (w_0).

Diese Ersatzimperfektionen sind jeweils so anzusetzen, dass sie zu einer Vergrößerung der zu untersuchenden Beanspruchung führen. Bei Betrachtung des Gesamtsystems sind sie daher so anzu-nehmen, dass sie möglichst „affin" (= ähnlich) zu der zur niedrigsten Knicklast gehörenden Knickfi-gur sind. Im Übrigen brauchen die Imperfektionen mit den geometrischen Zwangsbedingungen

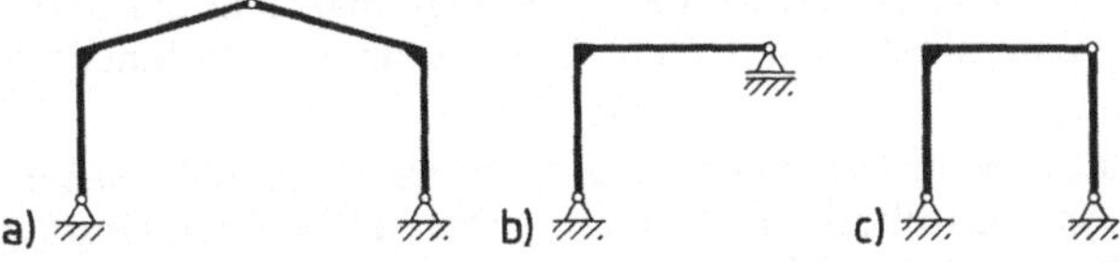

Bild **6.2**   Statisch bestimmte Rahmentragwerke

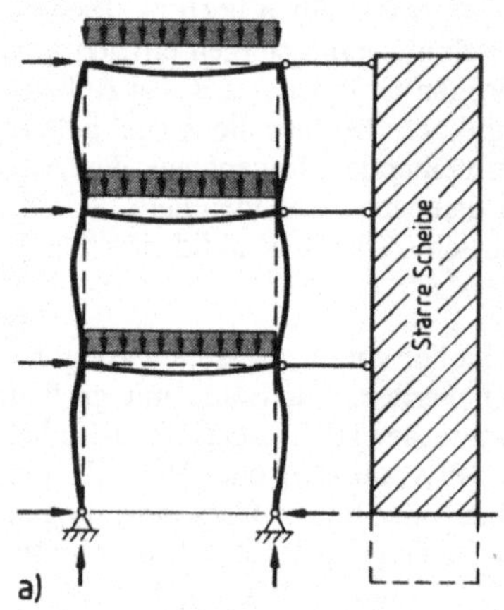

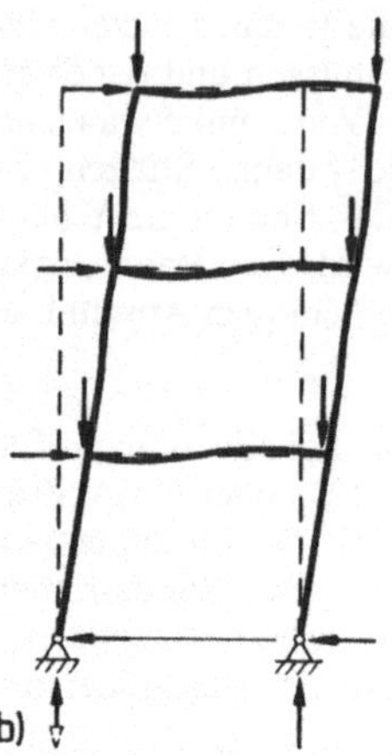

Bild **6**.3   Verschieblichkeit von Rahmen
a) Rahmen mit (seitlich) unverschieblichen
b) mit seitlich verschieblichen Knotenpunkten

des Systems nicht verträglich zu sein, da sie reine Rechengrößen sind. Zur Vermeidung einer statischen Berechnung mit krummen oder schräg stehenden Stielen werden die geometrischen Ersatzimperfektionen sinnvollerweise durch statisch äquivalente „Ersatzlasten" in der statischen Berechnung erfasst (s. Teil 1).

Prinzipielle Nachweisverfahren

Grundsätzlich gilt die Forderung, dass das Tragwerk im *stabilen Gleichgewicht* ist. (Diese Forderung hat eine besondere Bedeutung bei Anwendung der *Fließgelenktheorie II. Ordnung.*)

Bei den Nachweisen, die sich nur auf die Grenztragfähigkeit der Querschnitte (ohne jegliche Stabilitätsverluste) beziehen (Spannungs- oder Interaktionsnachweis), wird nach den in Teil 1, Tafel **2**.3. angegebenen Nachweisverfahren unterschieden.

Rahmentragwerke werden in der Regel nach der *Elastizitätstheorie* bei eventueller Ausnutzung *plastischer Querschnittsreserven* an der meistbeanspruchten Stelle im Tragwerk berechnet (Nachweisverfahren *Elastisch-Elastisch, Elastisch-Plastisch*).

Hierfür gibt es mehrere stichhaltige Gründe, die sich insbesondere auf die stets notwendigen Gebrauchstauglichkeitsnachweise (Verformungen) und einer möglichen Nutzungsänderung mit Lasterhöhung beziehen. Aber auch die *Verbindungstechnik* spielt hierbei eine wesentliche Rolle, da eine Materialeinsparung bei der Wahl der Querschnitte häufig mit hohen Lohnkosten bei der Herstellung der Knoten verbunden ist. Andererseits wird die elastische Berechnung sicher beherrscht und gilt als nicht zu schwierig, was auch bei der Theorie II. Ordnung zutrifft. Hier werden ohnehin leistungsfähige EDV-Programme eingesetzt, die aber in jedem Fall einer sorgfältigen Kontrolle bedürfen! (Aus diesem Grund ist daher das prinzipielle Verständnis über die Zusammenhänge bei Anwendung der Theorie II. Ordnung im Zeitalter der EDV noch wichtiger geworden als zuvor: Als oberster Grundsatz muss hier gelten, dass nur derjenige Ingenieur ein EDV-Programm als Hilfsmittel verwenden darf, der die Ergebnisse per Hand, wenn u.U. auch nur näherungsweise, kontrollieren kann.)

Will man bei statisch unbestimmten Systemen auch die *plastischen Systemreserven* mobilisieren, so wendet man das Nachweisverfahren Plastisch-Plastisch an. Die Berechnung (per Hand) erfolgt dann nach der *Fließgelenktheorie*, siehe Abschn. 6.2.3, zweckmäßigerweise jedoch mit Hilfe entsprechender Rechenprogramme.

Berechnungstheorie, Nachweis der Einzelstäbe

Unter den äußeren Einwirkungen verformen sich die Tragwerke sowohl vertikal als auch horizontal. Je nach Art und Größe dieser Verformungen müssen sie in den Gleichgewichtsbedingungen berücksichtigt werden (Theorie II. Ordnung). Dabei verursachen die Druckkräfte in den Stäben des Tragwerkes infolge der „elastischen Hebelarme" (= Abstand der Wirkungslinie der Druckkräfte von der verformten Stabachse) zusätzlich Beanspruchungen, Bild **6.3**. (Zugkräfte in den Stäben wirken andererseits „stabilisierend" und werden aus Gründen der „Wirtschaftlichkeit" fallweise berücksichtigt.)

Der Einfluss der Verformungen und Druckkräfte auf das Gleichgewicht darf vernachlässigt werden, wenn der Zuwachs der maßgebenden Schnittgrößen infolge der nach Theorie I. Ordnung (= lineare Baustatik) ermittelten Verformungen nicht größer als 10 % ist. Weitere, qualitativ gleichwertige Kriterien sind im Teil 1, Abschn. 6.2.2.2 bzw. in den nachfolgenden Abschnitten erläutert.

Neben den zuvor behandelten Nachweisen der Querschnittstragfähigkeit sind für stabilitätsgefährdete Tragwerke und deren Einzeltragglieder der Nachweis gegen *Biegeknicken* und *Biegedrillknicken* zu führen.

Der *Biegedrillknicknachweis* wird stets – aus Mangel an besseren Methoden – an einem aus dem Tragwerk unter Berücksichtigung der Randbedingungen herausgelöst gedachten Stab mit Hilfe eines Ersatzstabverfahrens geführt. Imperfektionen aus der Tragwerksebene sind nicht zu berücksichtigen. Die *Stabendschnittgrößen* müssen dabei nach Theorie II. Ordnung bestimmt werden, falls die Abgrenzungskriterien eine Berechnung nach Theorie I. Ordnung nicht zulassen. Dann wird man natürlich auch den Biegeknicknachweis und die Nachweise der Anschlüsse unter Verwendung der Schnittgrößen nach Theorie II. Ordnung führen. Häufig jedoch kann der Nachweis gegen dieses „räumliche Versagen" aus konstruktiven Bedingungen entfallen und es verbleibt der Nachweis gegen das *Biegeknicken*.

Wird der Nachweis mit Hilfe der Ersatzstabverfahren (s. Teil 1) geführt, erfolgt die Schnittgrößenberechnung nach Theorie I. Ordnung und der Ansatz von Imperfektionen entfällt. Alternativ hierzu kann ein Nachweis auch nach Theorie II. Ordnung unter Berücksichtigung der maßgebenden Imperfektionen erfolgen. Dieser Nachweis beschreibt das wirkliche Tragverhalten korrekt und ist vielfach mit weniger Rechenaufwand verbunden als die zuvor beschriebene Nachweismethode mit Hilfe des Ersatzstabverfahrens: Sie macht nämlich die Kenntnis der zu jedem Stab gehörenden Knicklänge $(s_K)_i$ nötig, die – falls nicht trivial oder über Tabellenwerke - nach einer Berechnungsmethode der Theorie II. Ordnung bestimmt werden muss. Beim Alternativnachweis fällt sie rechnerisch zwangsläufig weg.

Die hier allgemein gemachten Aussagen hinsichtlich der Berechnungstheorie (I. oder II. Ordnung) gelten übrigens unabhängig vom gewählten „Nachweisverfahren für das Gesamttragwerk" (Elastizitätstheorie, Fließgelenktheorie).

Die *Ersatzstabnachweise* sind im Teil 1 ausführlich behandelt.

6.2.2 Elastische Berechnungsverfahren

6.2.2.1 Baustatische Verfahren

Bei der Berechnung statisch unbestimmter Rahmentragwerke nach der Elastizitätstheorie stehen die bekannten baustatischen Verfahren wie das *Kraftgrößenverfahren* (KGV) und die *Formänderungsgrößen-Verfahren* in ihren verschiedenen Anwendungsvarianten zur Verfügung [39], [40], [56]. Unter letzteren Verfahren sei besonders das *Drehwinkelverfahren* (DWV) hervorgehoben, welches bei orthogonalen Systemen (horizontale Riegel, vertikale Stiele) stark schematisiert werden kann.

Bei einer Berechnung nach Theorie I. Ordnung wählt man die Verfahren so aus, dass die Anzahl der Unbekannten (Kraftgrößen bzw. Knoten- und Stieldrehwinkel) möglichst klein ist. Erfolgt die Berechnung jedoch nach Theorie II. Ordnung, so ist das KGV nur noch bei Systemen mit unverschieblichen Knoten interessant. Hierbei ist darauf zu achten, dass bei der Berechnung der Formänderungsgrößen „δ_{ik}" mit Hilfe der Arbeitsgleichungen, z.B. nach (6.1), eine der Momentenfunktionen (M oder $\overline{\mu}$) nach Theorie II. Ordnung bestimmt werden muss und stets unter der Wirkung der gleichen (größten) Normalkraft, während die andere Momentenfunktion nach Theorie I. Ordnung ermittelt werden darf

$$\delta_{ik} = \sum_j \int \left(\frac{M^{\mathrm{II}}\overline{M}^{\mathrm{I}}}{EI}\right)_j dx \tag{6.1}$$

Hierin bedeuten:

δ_{ik} Relativverformung an der Stelle i infolge des Kraftzustandes „k"

$M^{\mathrm{II}} := M^{\mathrm{II}}(x_j)$ Momentenfunktion des Stabes; nach Theorie II. Ordnung

$\overline{M}^{\mathrm{I}} := \overline{M}^{\mathrm{II}}(x_j)$ Momentenfunktion des Stabes; nach Theorie I. Ordnung

Eine Vertauschung der Berechnungstheorien bei M und $\overline{M}$ ist möglich.

Unter der Voraussetzung, dass in allen Teilschritten mit den gleichen Normalkräften gerechnet wird, gilt auch bei Anwendung der Theorie II. Ordnung das *lineare Superpositionsgesetz*.

Bei Systemen mit verschieblichen Knoten und insbesondere bei Anwendung der Theorie II. Ordnung empfiehlt sich das DWV. Hierbei zeigt sich, dass der wesentliche Einfluss der Theorie II. Ordnung aus dem Versatzmoment des Kräftepaares $(N \cdot \vartheta)_i$ herrührt (1. Anteil in Bild **6.**4c), während die Zusatzmomente infolge der Stabkrümmung (2. Anteil in Bild **6.**4c) i.d.R. vernachlässigbar sind.

Da das Kräftepaar $(N \cdot \vartheta)_i$ wie die äußeren Lasten behandelt werden kann und bei Vernachlässigung der Stabkrümmungen gegenüber der Sehne die bekannten Formeln des DWV nach Theorie I. Ordnung gültig sind, unterscheiden sich beide Berechnungstheorien nur noch durch die bei Theorie II. Ordnung erforderliche Kenntnis der Stabnormalkräfte. In vielen Fällen sind diese jedoch ausreichend genau abschätzbar, womit eine iterative Berechnung (i.W.) zur Korrektur der geschätzten Normalkräfte entfallen kann; siehe hierzu auch die „vereinfachte Berechnung" nach DIN 18800-2.

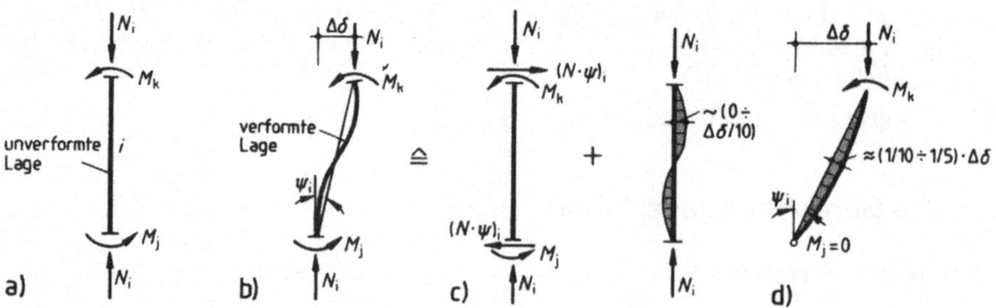

Bild **6.**4   Einfluss der Theorie II. Ordnung
           a) unverformte Lage
           b) verformte Lage
           c) Ersatzsystem mit Abtriebskräften
           d) einseitig gelenkig gelagerter Rahmenstab

Die Vernachlässigung der Stabkrümmungen bezüglich der Stabsehne gilt jedoch nicht bei der Bestimmung der Knicklasten des Systems, da sie hier einen größeren Einfluss haben. Man kann sie qualitativ erfassen durch die in Bild **6.**4c bzw. d hinterlegten Momentenflächen bei Anwendung eines nachfolgend beschriebenen Näherungsverfahrens. Geht man von den genauen Beziehungen zwischen den Schnittgrößen und Stabverformungen nach Theorie II. Ordnung aus, sind diese Anteile (funktional) enthalten.

Eine detaillierte Behandlung der Berechnungsverfahren nach Theorie II. Ordnung scheidet im Rahmen dieses Werkes aus, es wird auf die einschlägige Literatur verwiesen [39], [48]. Die folgenden Ausführungen beziehen sich ausschließlich auf die in der Praxis wichtigeren Rahmen mit verschieblichen Knoten.

6.2.2.2 Vernachlässigungen, Abgrenzungskriterien, Näherungen

Vernachlässigbarkeit von Normalkraft- und Schubverformungen

In den Stielen von Rahmen und Aussteifungselementen sind die Verkürzungen infolge der Längskräfte normalerweise vernachlässigbar. In extremen Fällen ist eine Überprüfung über die Biegesteifigkeit und Schubsteifigkeit (= Stockwerkssteifigkeit) des Gesamtsystems erforderlich. Setzt man für die Schnittkraftermittlung ein allgemeines Stabwerksprogramm ein, werden die Normalkraftverformungen automatisch berücksichtigt und eine Überprüfung entfällt. Aus diesem Grund wird auf eine Wiedergabe des Kriteriums verzichtet, siehe Norm. Auch auf eine Berücksichtigung von Schubverformungen kann i.d.R. verzichtet werden, es sei denn, dass Stäbe schubweiche Elemente enthalten, Träger oder Stützen extrem kurz sind oder die Wölbkrafttorsion einen nicht vernachlässigbaren Einfluss hat.

Abgrenzungskriterien

Unter bestimmten Voraussetzungen dürfen Stabtragwerke nach der Elastizitätstheorie I. Ordnung berechnet werden. Neben den in Teil 1, Abschn. 6.2.2.2 aufgeführten Kriterien und im Falle der Einzelstabnachweise gegen Biegeknicken nach den Ersatzstabverfahren gilt für Stockwerkrahmen mit ausschließlich horizontal verschieblichen Knoten und bei gleich langen Stielen innerhalb eines Stockwerkes noch folgendes Kriterium:

$$\eta_{\mathrm{Ki},\mathrm{r}} = \frac{S_{\mathrm{r},\mathrm{d}}}{1{,}2 \cdot N_{\mathrm{r}}} \leq 10 \tag{6.2}$$

Es bedeuten:

$\eta_{\mathrm{Ki},\mathrm{r}}$ Verzweigungslastfaktor des Stockwerkes r

$S_{\mathrm{r},\mathrm{d}}$ Bemessungswert der Stockwerkssteifigkeit

N_{r} Summe aller im Stockwerk r übertragenen Vertikallasten

Die Stockwerkssteifigkeit $S_{\mathrm{r},\mathrm{d}}$ kann nach Formeln in DIN 18800-2 berechnet werden.

Ist bereits eine Berechnung nach Theorie I. Ordnung für die Horizontalkräfte durchgeführt, kann $\eta_{\mathrm{Ki},\mathrm{r}}$ einfacher und schneller aus Gl. (6.3) bestimmt werden.

$$\eta_{\mathrm{Ki},\mathrm{r}} = \frac{V_{\mathrm{r}}^{\mathrm{H}}}{\varphi_{\mathrm{r}} \cdot N_{\mathrm{r}}} \tag{6.3}$$

mit

$V_{\mathrm{r}}^{\mathrm{H}}$ Querkraft im Stockwerk r aus den Horizontallasten

φ_{r} Stieldrehwinkel im Stockwerk r nach Theorie I. Ordnung

Hierbei ist mit den reduzierten Vorverdrehungen φ_0 nach Abschn. 2.4.2, Teil 1 zu rechnen.

Näherungen

Unter Ansatz einer vergrößerten Stockwerksquerkraft nach Gl. (6.91), Teil 1 kann der endgültige
Gleichgewichtszustand nach Theorie II. Ordnung iterativ ermittelt werden. Eine weitere Verein-
fachung und die Vermeidung einer Iteration ist möglich, wenn in allen Stockwerken $\eta_{Ki,r} > 4$ ist.
Die Stockwerksquerkraft wird dann lediglich mit einem Vergrößerungsfaktor versehen, Gl. (6.4).

$$V_r = \frac{1}{1 - 1/\eta_{Ki,r}} \cdot (V_r^H + \varphi_0 \cdot N_r) \tag{6.4}$$

6.2.2.3 Baustatisches Näherungsverfahren, Beispiele

Zum besseren Verständnis der Theorie II. Ordnung und anstelle der zuvor erläuterten Näherung
nach DIN 18800-2 soll das bereits in den Beispielen 13 bis 16, Abschn. 6.5, Teil 1 vorgestellte
Berechnungsverfahren, bei dem die qualitative Form der Zuwachsmomente aus den Verformungen und Normalkräften der Stäbe abgeschätzt werden muss, auf Rahmentragwerke angewendet
werden. Dies ist für Systeme, bei denen lediglich der Wert eines Maximalmomentes von Interesse
ist, auf einfache Weise möglich, jedoch auch anwendbar auf mehrfach statisch unbestimmte
Rahmentragwerke. Der gedankliche Hintergrund und die Vorgehensweise wird direkt an einem
Beispiel vorgeführt.

Beispiel 1 (Bild **6.5**)

Ein Zweigelenkhallenrahmen einer mehrschiffigen Halle soll (in Rahmenebene) nach der (Bild **6.5**) Elastizitätstheorie II. Ordnung untersucht werden. Die Abmessungen, Querschnitte und Lasten gehen aus Bild (6.5)
hervor.

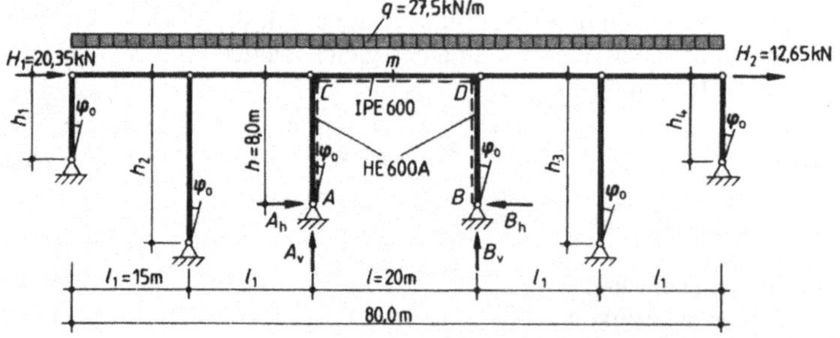

Bild **6.5**   Querschnitt, Abmessungen und Einwirkungen bei einer mehrschiffigen Halle

Es wird mit den $\gamma_M = 1{,}1$fachen Lasten gerechnet und der Nachweis gegen Biegeknicken mit $f_{y,k}$ geführt.
Die Steifigkeiten (EI) gehen dann mit ihren tatsächlichen Werten in die Berechnung ein. Die Pendelstiele
und Dachträger der Seitenschnitte sind ausreichend bemessen.

Das System wird zunächst vereinfacht, indem die Verdrehungen φ_0 durch gleichwertige Abtriebskräfte
$(N \cdot \varphi_0)$ ersetzt und die 4 Pendelstiele mit ihren Normalkräften aus der Dachlast zu einem einzigen Pendel-
stab zusammengefasst werden. Man beachte, dass aus Gleichgewichtsgründen die Abtriebskräfte stets als
Kräftepaar an den Stabenden anzusetzen sind (6.6). Die Abtriebskräfte liefern zusammen mit den äußeren
Horizontallasten die horizontale Ersatzlast H_E. Von dieser geht jedoch in die Fundamentlasten nur der Anteil
$-A_h = B_h = 1/2 \cdot (H_E - (\varphi_0 \cdot \Sigma P))$ ein.

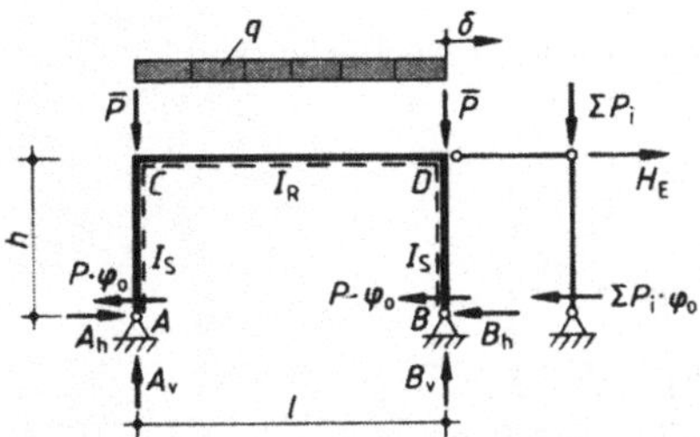

Bild 6.6   Statisch gleichwertiges Ersatzsystem

In den Rahmeneckpunkten sind noch Knotenlasten $\overline{P}$ aus der Dachlast der direkt benachbarten Hallenschiffe zu berücksichtigen. Die Berechnung wird zunächst allgemein für das auf diese Weise reduzierte Tragwerk (6.6) durchgeführt, damit die abzuleitenden Formeln auch auf vergleichbare Fälle angewendet werden können. Die horizontale Ersatzlast H_E ist mit P_i = Last auf dem Pendelstiel i und P = Gesamtknotenlast in jedem der Rahmeneckpunkte C, D

$$H_E = H_1 + H_2 + \varphi_0 \cdot \sum(P + P_i) = \sum_1^2 H_i + \varphi_0 \cdot (1 + k) \cdot \sum P \tag{6.5}$$

$$k = \sum_i P_i / \sum P \quad \text{und} \quad \sum P = 2 \cdot (\overline{P} + q \cdot l / 2) \tag{6.6}$$

Die Schnittgrößenverläufe mit den angegebenen Zahlenwerten – getrennt für die Lastfälle q, $\overline{P}$ und H_E – gehen aus Bild **6.**10 hervor, die qualitativen stark vergrößerten Verformungsfiguren aus Bild **6.**7:

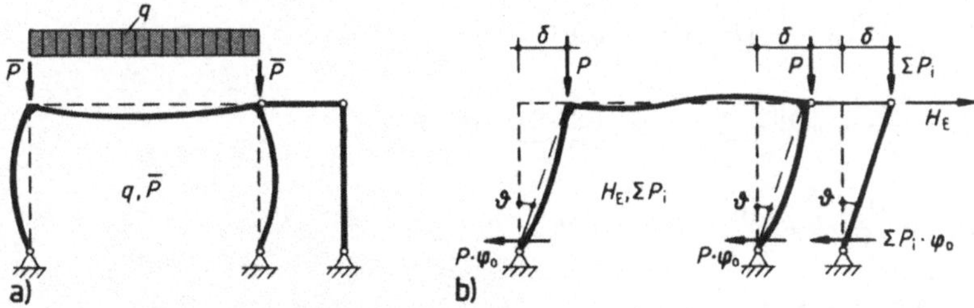

Bild 6.7   Verformungen des Zweigelenkrahmens
                      a) bei symmetrischer Vertikalbelastung
                      b) bei antimetrischer Horizontalbelastung

Man erkennt, dass aus dem symmetrischen Lastfall q, $\overline{P}$ keine horizontalen Stützenkopfverschiebungen entstehen und die Zuwachsmomente aus den symmetrischen Verformungen und Stabnormalkräften vernachlässigbar klein sind. Der antimetrische Lastfall $H_E,(\sum P_i)$ jedoch erzeugt deutliche Stützenkopfverschiebungen δ, die – je nach Größe – zusammen mit den Stielnormalkräften einen fallweise nicht vernachlässigbaren Zuwachs der antimetrischen Momentenfläche bewirken. Dabei ist zu beachten, dass in den Rahmenstielen auch die Normalkräfte aus q und $\overline{P}$ wirken (siehe Superposition bei Theorie II. Ordnung 6.2.1.1). Wir betrachten daher das in Bild **6.**8 unter der Wirkung von HE,($\sum P_i$) und $\sum P$ deformierte Tragwerk im Gleichgewichtszustand, welches an den Stützenköpfen die endgültige Horizontalverschiebung $\delta^{II} = \vartheta^{II} \cdot h$ aufweist. Wie bereits bei der Vorverdrehung φ_0 werden die Abtriebskräfte der schief stehenden Pendelstiele mit der stets gleich großen Kopfverschiebung δ^{II} wie eine äußere Horizontallast aufgefasst und zu H_E addiert. Da die Pendelstiele gegenüber der Rahmenhöhe h unterschiedliche Höhen h_i aufweisen, gilt für den Drehwinkel ϑ_i der Pendelstütze i

$$\vartheta_i^{II} = \frac{\delta^{II}}{h_i} = \frac{\delta^{II}}{h} \cdot \frac{h}{h_i} = \vartheta^{II} \cdot \alpha_i \qquad \alpha_i = \frac{h}{h_i} \tag{6.7}$$

und die Summe der Abtriebskräfte H_ϑ aus den Pendelstielen wird

$$H_\vartheta = \vartheta^{II} \cdot \sum_i (P_i \cdot \alpha_i) \tag{6.8}$$

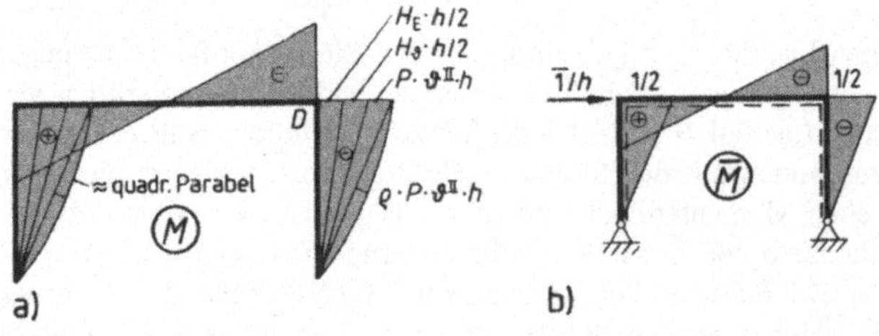

Bild **6.8**   Abmessungen und Bezeichnungen zum 1. Berechnungsbeispiel

Die in den Stielen des Rahmens infolge der Wirkung der Horizontalkräfte unterschiedlichen Normalkräfte werden hier vernachlässigt, womit eine statisch unbestimmte Berechnung vermieden wird, das Vertikalkraftgleichgewicht jedoch erfüllt ist. Somit gilt

$$A_v = B_v = P \text{ und } \quad A_h = B_h = (H_E + H_\vartheta)/2 \tag{6.9}$$

und die Momente im ausgebogenen Gleichgewichtszustand können direkt angeschrieben werden

$$M_{C,H}^{II} = - M_{D,H}^{II} = \frac{1}{2} \cdot (H_E + H_\vartheta) \cdot h + P \cdot \vartheta^{II} \cdot h \tag{6.10}$$

$$= \frac{H_E}{2} \cdot h + \vartheta^{II} \frac{h}{2} \cdot \sum_i (P_i \cdot \alpha_i) + \frac{1}{2} \cdot \sum P \cdot \vartheta^{II} \cdot h$$

$$-M_{D,H}^{II} = \frac{H_E}{2} \cdot h + \vartheta^{II} \cdot h \cdot (1 + k^*) \cdot P \tag{6.11}$$

mit $\quad k^* = \sum_i (P_i \cdot \alpha_i)/\sum P$

Die Momentenlinien sind qualitativ in Bild **6.9**a dargestellt.

Bild **6.9** a) Momentenanteil infolge horizontaler Belastung bei Anwendung der Theorie II. Ordnung
           b) virtueller Kraftplan zur Bestimmung von ϑ^{II}

Der unbekannte Stieldrehwinkel ϑ^{II} wird mit Hilfe der Arbeitsgleichung bestimmt (6.9b)

$$\frac{1}{h} \cdot \delta^{II} = \vartheta^{II} = \sum \int \frac{M\bar{M}}{EI} \, dx$$

$$= 2 \cdot \frac{1}{3} \cdot \frac{1}{2} \cdot \left\{ \left[\frac{h}{EI_S} + \frac{l/2}{EI_R} \right] \left[H_E \cdot \frac{h}{2} + \vartheta^{II} \cdot h \cdot (1 + k^*) \cdot P \right] + \frac{h}{EI_S} \cdot \varrho \cdot P \cdot \vartheta^{II} \cdot h \right\} \qquad (6.12)$$

Nach einiger Umrechnung unter Verwendung der Abkürzungen

$$\vartheta_{11} = \frac{h}{(3EI_S)} + \frac{l}{(6EI_R)} \qquad\qquad \text{[1/kNm]} \qquad (6.13a)$$

$$c = (I_R \cdot h) / (I_S \cdot l) \qquad (6.13b)$$

$$I_S^* = I_S / (1 + k^* + \varrho / 2) \qquad\qquad I_R^* = I_R / (1 + k^* + c \cdot \varrho) \qquad (6.13c)$$

$$\vartheta_{11}^* = h / (3EI_S^*) + l / (6EI_S^*) \qquad\qquad \text{[1/kNm]} \qquad (6.13d)$$

und Auflösung nach ϑ^{II} erhält man

$$\vartheta^{II} = \frac{1/2 \cdot H_E \cdot h \cdot \vartheta_{11}}{1 - \vartheta_{11}^* \, P \cdot h} \qquad (6.14)$$

Wird der Parabelstich in der Stielbiegelinie vernachlässigt ($\varrho = 0$), so ist

$$\vartheta_{11}^* = \vartheta_{11} \cdot (1 + k^*) \qquad (6.15)$$

Setzt man Gl. (6.14) in Gl. (6.11) ein, so erhält man

$$M_{D,H}^{II} = -\frac{H_E \cdot h}{2} \cdot \left[1 + \frac{(1 + k^*) \cdot \vartheta_{11} \cdot P \cdot h}{1 - \vartheta_{11}^* \cdot P \cdot h} \right] \qquad (6.16a)$$

und bei $\varrho = 0$:

$$M_{D,H}^{II} = -\frac{H_E \cdot h}{2} \cdot \left[\frac{(1 + k^*) \cdot \vartheta_{11} \cdot P \cdot h}{1 - \vartheta_{11}^* \cdot (1 + k^*) \, P \cdot h} \right] \qquad (6.16b)$$

Die Klammerausdrücke in (6.16a,b) stellen den Vergrößerungsfaktor für die Momente nach Theorie II. Ordnung dar (vgl. Gl. (6.4)).

Mit diesem Faktor müssen nur die antimetrischen Momente aus der Horizontallast nach Theorie I. Ordnung vervielfältigt werden. Die Momente aus der Riegelstreckenlast q werden nicht vergrößert.

Das Moment nach Theorie II. Ordnung im Eckpunkt D beträgt demnach

$$M_D^{II} = M_{D,H}^{II} + M_{D,q}^{I} \qquad (6.17)$$

mit $M_{D,q}^{I}$ Moment aus q nach Theorie I. Ordnung.

In den meisten praktischen Fällen darf die Stielkrümmung vernachlässigt werden ($\varrho = 0$) und es gilt Gl. (6.16b). Auch ist der Berechnungsaufwand in praktischen Fällen wesentlich einfacher und kürzer, da dann auf eine formelmäßige Ableitung verzichtet und die Integration von (6.12) direkt ausgewertet wird.

Beispiel 2 (Bild **6**.5)

Der in Beispiel 1 theoretisch behandelte Rahmen wird mit den in Bild **6**.5 angegebenen Zahlenwerten vollständig nachgewiesen. Das Eigengewicht des Rahmens ist vereinfachend in q enthalten. Alle Stiele haben die gleiche Höhe $h = h_i = 8{,}0$ m.

Zunächst werden die Auflager- und Schnittgrößen nach Theorie I. Ordnung bestimmt.

Schnittgrößen nach Theorie I. Ordnung

Mit dem Steifigkeitsparameter c aus

$$EI_R = 193{,}4 \cdot 10^3 \text{ kNm}^2 \qquad c = \frac{193{,}4 \cdot 8{,}0}{296{,}5 \cdot 20{,}0} = 0{,}261$$
$$EI_S = 296{,}5 \cdot 10^3 \text{ kNm}^2$$

liefert der Lastfall q, $\overline{P}$ nach [40]

$$A_v \quad = B_v = 27{,}5 \cdot \frac{(20{,}0 + 15{,}0)}{2} = 275 + 206{,}25 = 481{,}25 \approx 481 \text{ kN}$$

$$A_h \quad = B_h = \frac{q \cdot l^2}{4 \cdot h \cdot (3 + 2 \cdot c)} = \frac{27{,}5 \cdot 20{,}0^2}{4 \cdot 8 \cdot (3 + 2 \cdot 0{,}261)} = 97{,}6 \text{ kN}$$

$$M_C \quad = M_D \quad = -97{,}6 \cdot 8{,}0 = -780{,}8 \approx 781 \text{ kNm}$$

$$M_m \quad = 27{,}5 \cdot \frac{20{,}0^2}{8} - 780{,}8 = 594{,}2 \approx 594 \text{ kNm}$$

Die Zustandslinien M, N, V sind in Bild **6**.10a dargestellt.

Für den Lastfall H_E, ΣP_i ist zunächst φ_0 zu bestimmen. Auf eine Reduktion der Vorverdrehung φ_0 (auf ⅔) wegen des unterstellten elastischen Nachweisverfahrens wird verzichtet, da zunächst nicht feststeht, ob plastische Querschnittsreserven in Anspruch genommen werden müssen. Mit dem Reduktionsfaktor r_1 für die Stielhöhe $h = h_i = $ konst. $= 8{,}0$ m und r_2 für die Anzahl $n = 6$ der Stiele gilt (s. Teil 1)

$$r_1 = \sqrt{\frac{5}{h}} = \sqrt{\frac{5}{8}} = 0{,}79$$
$$\left.\begin{array}{r} \\ \\ \end{array}\right\} \qquad \varphi_0 = \frac{0{,}79 \cdot 0{,}7}{200} \approx \frac{1}{360}$$
$$r_2 = \frac{1}{2} \cdot \left(1 + \sqrt{\frac{1}{n}}\right) = 0{,}5 \cdot \left(1 + \sqrt{\frac{1}{6}}\right) = 0{,}7$$

Mit den Stiellasten $P_1 = P_4 = P_2 / 2$ und $P_2 = P_3$ wird nach Gl. (6.6)

$$k = \frac{2 \cdot 27{,}5 \cdot (15{,}0/2 + 15)}{2 \cdot 481{,}25} = 1{,}286$$

$(\Sigma P_i = 1237{,}5 \text{ kN}, \ \Sigma P = 962{,}5 \text{ kN})$

und die Summe der Abtriebskräfte einschließlich der äußeren Lasten H_i nach Gl. (6.5) ($= H_E$)

$$H_E = 20{,}35 + 12{,}65 + \frac{1}{360} \cdot (1 + 1{,}286) \cdot 2 \cdot 481{,}25 = 33{,}0 + 6{,}11 = 39{,}11 \text{ kN}$$

Die Rahmeneckmomente betragen

$$M_C = -M_D = 39{,}11 \cdot \frac{8{,}0}{2} = 156{,}4 \approx 156 \text{ kNm}$$

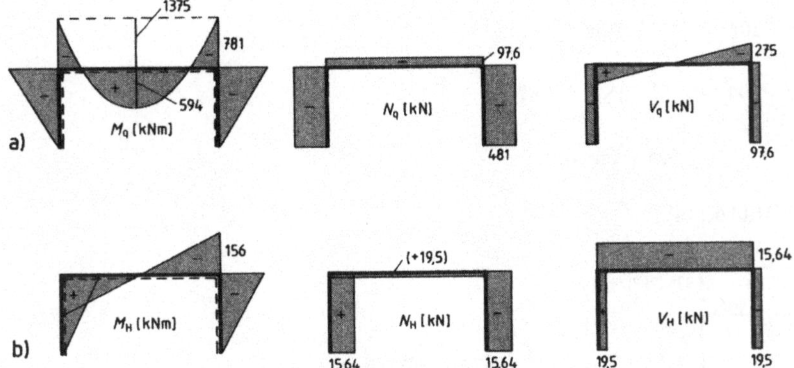

Bild **6.**10   Schnittgrößen nach Theorie I. Ordnung
a) aus symmetrischer Vertikallast
b) aus antimetrischer Horizontallast

Die Zustandslinien M, N und V sind in Bild **8.**10b dargestellt; die Normal- und Querkräfte sind vernachlässigbar klein.

Schnittgrößen nach Theorie II. Ordnung

Der *Einfluss der Verformungen* auf die Schnittgrößen (Theorie II. Ordnung) wird wie folgt errechnet, wobei eine Rahmenstielverkrümmung mit $\varrho = 1/10 = 0,1$ abgeschätzt wird. Mit $h_i = h = $ konst. ist $\alpha_i = 1$,

$$k^* = k = 1,286 \quad \text{und}$$

$$\vartheta_{11} = \left(\frac{8,0}{3 \cdot 296,5} + \frac{20,0}{6 \cdot 193,4} \right) \cdot 10^{-3} = 2,6229 \cdot 10^{-5} \, [1/\text{kNm}] \qquad \text{nach Gl. (6.13a)}$$

$$I_S^* / I_S = 1/(1 + 1,286 + 0,1/2) \qquad = 0,428$$
$$I_R^* / I_R = 1/(1 + 1,286 + 0,261 \cdot 0,1) = 0,433$$

$$\vartheta_{11}^* = 6,082 \cdot 10^{-5} \, [1/\text{kNm}]$$

Das Eckmoment $M_{D,H}$ vergrößert sich daher nach Gl. (6.16a) auf

$$M_{D,H}^{II} = -156,4 \cdot \left[1 + \frac{(1 + 1,286) \cdot 2,6229 \cdot 481,25 \cdot 8,0 \cdot 10^{-5}}{1 - 6,082 \cdot 10^{-5} \cdot 481,25 \cdot 8,0} \right]$$

$$= 156,4 \cdot 1,302 = 203,6 \approx 204 \text{ kNm}$$

Bei Vernachlässigung der Stielkrümmung ($\varrho = 0$), wäre

$$M_{D,H}^{II} = -156,4 \cdot \frac{1}{1 - 2,6229 \cdot 10^{-5}(1 + 1,286) \cdot 481,25 \cdot 8,0}$$

$$= 156,4 \cdot 1,30 = 203,3 \text{ kNm}$$

d.h. die Stielkrümmung darf gegenüber der Sehne vernachlässigt werden. Die endgültige Momentenlinie wird durch die Werte

$$M_C^{II} = -781 + 204 \quad = -577 \text{ kNm } (-580)$$

$$M_D^{II} = -781 - 204 \quad = -985 \text{ kNm } (-987)$$

$$M_m^{II} = M_m^{I} \qquad\quad = 594 \text{ kNm } (600)$$

vollständig beschrieben (Bild **6.**11a).

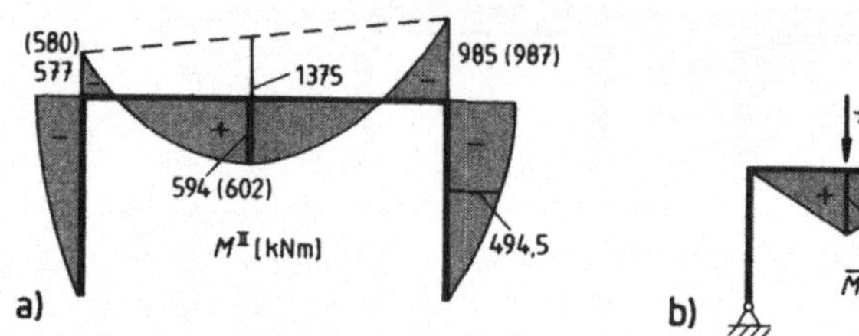

Bild 6.11   Endgültige Momentenlinie, virtueller Kraftplan zur Bestimmung von δ_m

Die Klammerwerte stellen die Ergebnisse mit Hilfe eines allgemeinen Stabwerksprogramms dar. Der Fehler der Näherungsberechnung beträgt für die maßgebende Stelle D nur 0,2 %.

Nachweise gegen Biegeknicken in Rahmenebene

Riegel: Das maximale Riegelfeldmoment tritt 0,74 m rechts der Mitte auf und beträgt max $M_{m'} = 602$ kNm. Die Riegeldruckkraft beträgt (bei symmetrischer Anordnung der Pendelstiele) $N \approx -98$ kN.

$$\sigma_{m'} \qquad = -98/156 - 60200/3070 = 20,24 \text{ kN/cm}^2$$

$$\sigma_{m'} / f_{y,k} = 0,84 < 1 \qquad\qquad \tau = 0$$

Für die Schnittgrößen im Rahmeneckpunkt D reicht der Querschnitt nicht aus. Aufgrund der Schnittgrößenumlenkung vom Riegel auf den Stiel ist hier jedoch ohnehin eine *Voute* erforderlich; der Nachweis wird daher im Abschn. „Rahmenecken" (6.3) geführt.

Stiel: Unabhängig von der konstruktiven Ausbildung der Voute wird der Nachweis (auf der sicheren Seite) mit den Schnittgrößen im Punkt D geführt.

$$N_D = -497 \text{ kN} \qquad M_D^{II} = -985 \text{ kNm} \qquad V_D = 117 \text{ kN}$$

$$\sigma \quad = -497/226 - 98500/4790 = -22,76 \text{ kN/cm}^2$$

$$\sigma / f_{y,k} = 0,95 < 1$$

Nachweise gegen Biegedrillknicken

Hier sind zunächst einige statische Bedingungen festzulegen und konstruktive Details zu klären:

Die Halle sei 76 m lang, und der Abstand der Tragsysteme in Querrichtung (**6.**5; **6.**12a) ist 6,0 m. Die Dachebene wird durch zwei Dachverbände mit gekreuzten Diagonalen ($\llcorner$70 × 7) ausgesteift. In den Feldern der Dachverbände sind auch die Wandverbände (WV) eingebaut, Bild **6.**12a, **6.**13c. Damit muss jeder Dach- und Wandverband 11/2 Querscheiben aussteifen. (Die Giebelwände sind als Fachwände ausgebildet und bedürfen keiner Kippstabilisierung.)

Die Dachlast wird über ein Trapezblech auf die (versetzt angeordneten) Zweifeldpfetten IPE 200 im Abstand von $a = 2,5$ m übertragen und von dort in die Dach- und Rahmenriegel eingeleitet (**6.**12b). Die Pfetten sind im Kreuzungspunkt der Dachverbandsdiagonalen mit diesen nicht verbunden. Somit spannt das Trapezblech von Pfette zu Pfette und kann zur *Stabilisierung der Dach- und Rahmenriegel* als „Scheibe" nicht herangezogen werden, da die „Längsrandglieder eines Schubfeldes" (Verbindungen zwischen den Traufpfetten) nicht vorhanden sind. Somit verbleibt zur Stabilisierung des Rahmenriegels nur die *Schubsteifigkeit* des Verbandes und der *Drehbettungswiderstand* der Pfetten. Von diesen wird angenommen, dass auch an den Stoßstellen der Pfetten eine biegesteife Verbindung vorliegt.

Die Ebene des Dachverbandes wird im Schwerpunkt des oberen Flansches des Rahmenriegels angenommen.

Bei ausreichender Schubsteifigkeit des Verbandes darf von einer gebundenen Kippung des Rahmenriegels um den Zwangsdrehpunkt des Obergurtes ausgegangen werden (6.12d). Ein Kippnachweis ist dann nur erforderlich, wenn Momentenlinien mit unterschiedlichen Vorzeichen vorliegen.

Bei einem ausreichenden *Drehbettungswiderstand* durch die Pfetten ist ein Kippen (Biegedrillknicken) des Rahmenriegels ausgeschlossen (**6.**12e). Sind die genannten Bedingungen nicht erfüllt, kann der Biegedrillknicknachweis unter Berücksichtigung der stabilisierenden Wirkungen der „Schubsteifigkeit des Verbandes" und „Drehbettung der Pfetten" geführt werden. Dieser (recht aufwendige Rechengang) wird nachfolgend beschrieben. Für die Rahmenstützen wird unterstellt, dass sie in halber Stielhöhe durch den Wandverband „seitlich unverschieblich" gehalten sind. Der Nachweis der „Unverschieblichkeit" kann bei der gewählten Konstruktion (**6.**13c) entfallen.

Damit sind die statischen und konstruktiven Fragen hinreichend geklärt und die Nachweise können zahlenmäßig durchgeführt werden.

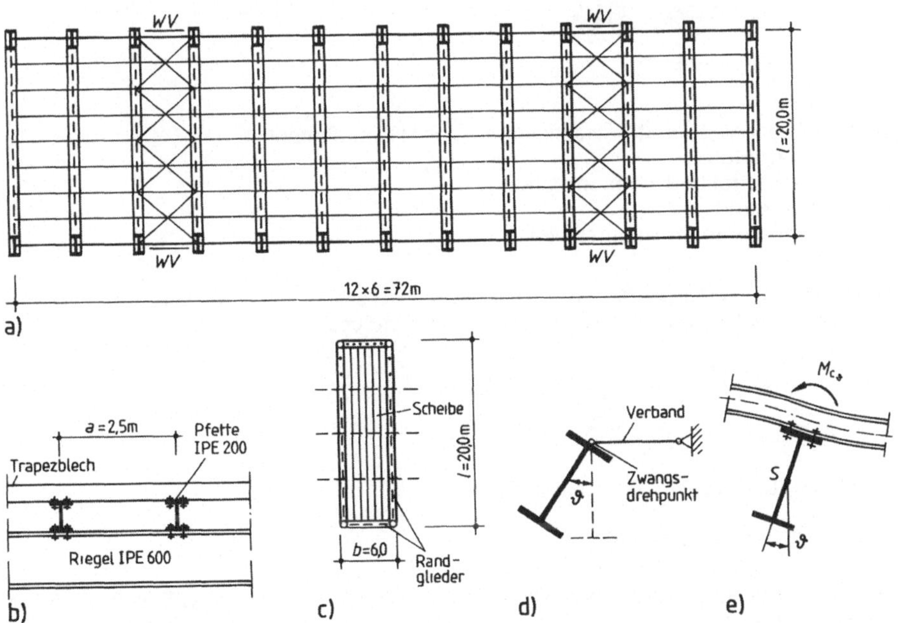

Bild 6.12 Geometrische und konstruktive Ausgangsdaten zum Biegedrillknicknachweis des Rahmenriegels
a) Dachdraufsicht mit Art und Lage der Dachverbände
b) Dachaufbau und Verbindung der Einzelelemente
c) notwendige Randtragglieder zur Ausbildung des Trapezbleches als Schubfeld
d) Versagensform bei gebundener Kippung
e) Rückstellmomente der Pfetten bei Kippversagen

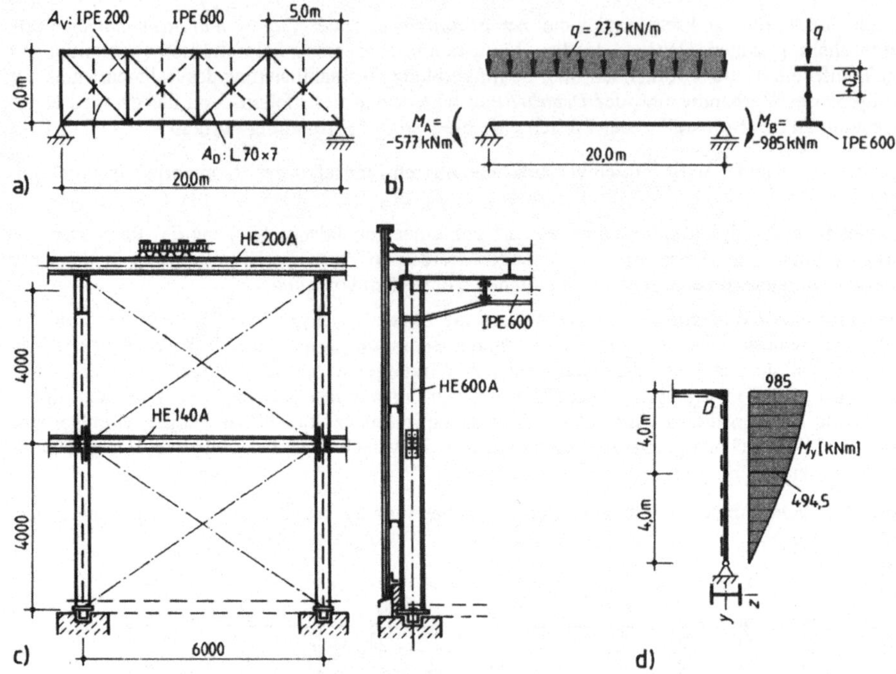

Bild **6**.13   Weitere Angaben zum Stabilitätsnachweis des Hallenrahmens
            a) Dachverband
            b) Rahmenriegel und Beanspruchung
            c) Wandverband
            d) Biegemomente im Rahmenstiel

Riegel Schubsteifigkeit des Verbandes (**6**.13a). Sie wird berechnet nach Tafel **3**.4. Mit tan $a = 6{,}0/5{,}0 = 1{,}2$ wird $a = 50{,}2°$; die Querschnittsflächen sind $A_D = 9{,}4$ cm^2 und $A_v = 28{,}5$ cm^2.

$$S = \frac{21 \cdot 10^3}{\dfrac{1}{9{,}4 \cdot 0{,}7682^2 \cdot 0{,}6402} + \dfrac{1}{28{,}5}} = 64879 \text{ kN}$$

Damit entfällt auf einen Rahmenriegel die Schubsteifigkeit

vorh $S = 64879/5{,}5 = 11796$ kN

Der Querschnitt des Rahmenriegels wird über seine Länge als konstant angenommen (IPE 600, $h = 0{,}6$ m) und hat folgende Steifigkeiten

$$EI_\omega = EC_M = 598 \text{ kNm}^4 \qquad EI_Z = 7119 \text{ kNm}^2 \qquad GI_T = 134 \text{ kNm}^2$$

Eine gebundene Drehachse liegt vor, wenn vorh $S \geq$ erf S ist mit S nach Gl. (8.4), Teil 1

$$\text{erf } S = \left(\frac{\pi}{20{,}0}\right)^2 \cdot \left[598 + \left(\frac{20{,}0}{\pi}\right)^2 \cdot 134 + 0{,}25 \cdot 0{,}6^2 \cdot 7119\right] \cdot \frac{70}{0{,}6^2} = 32000 \text{ kN}$$

Danach reicht die vorhandene Schubsteifigkeit (rechnerisch) nicht aus. Neuere Untersuchungen [60] zeigen jedoch, dass die nach DIN 18800-2 geforderten Schubsteifigkeiten zu hoch angesetzt sind und Gl. (6.18) realistischere Werte liefert.

$$\text{erf } S = 10{,}18 \cdot \frac{M_{\text{pl,y}}}{h} - 4{,}31 \cdot \frac{EI_z}{l^2} \cdot \left[\sqrt{1 + 1{,}86 \cdot \frac{c^2}{h^2}} - 1 \right] \tag{6.18}$$

mit $\qquad c^2 = (\pi_2\, EI_\omega + GI_\text{T} \cdot l^2)/EI_z$

Danach wäre mit $M_{\text{pl,y}} = 1{,}1 \cdot 766 = 842{,}6$ kNm [40] und

$$c^2 = (\pi^2 \cdot 598 + 134 \cdot 20^2)/7119 = 8{,}36 \text{ m}^2$$

$$\text{erf } S = 10{,}18 \cdot \frac{842{,}6}{0{,}6} - 4{,}31 \cdot \frac{7119}{20^2} \cdot \left[\sqrt{1 + 1{,}86 \cdot \frac{8{,}36}{0{,}6^2}} - 1 \right] = 13863 \text{ kN}$$

Mit vorh S/erf $S = 11\,796/13\,863 = 0{,}85$ kann der Rahmenriegel (nahezu) als seitlich gehalten betrachtet werden.

Drehbettung aus den Pfetten (IPE 200, Bild **6.**12e). Die diskrete Drehbehinderung durch die Pfetten wird über den Pfettenabstand $a = 2{,}5$ m „verschmiert":

$$(EI_\text{y})/\, a = 21 \cdot 10^3 \cdot 1940 \cdot 10^{-4}/2{,}5 = 1630 \text{ kNm}^2/\text{m}$$

Die vorhandene und erforderliche Drehbettung wird nach Abschn. 8.2.2.2, Teil 1 bestimmt, wobei $c_{\vartheta,\text{A,k}} = \infty$ gesetzt werden darf. Sind die Pfetten durchlaufend biegesteif ausgebildet, ist $k = 4$ und

$$c_{\vartheta,\text{M,k}} = \frac{1630}{6{,}0} \cdot 4 = 1087 \text{ kNm/m}$$

Aus der Profilverformung des Rahmenriegels wird bei diskreter Drehbettung mit $k = 7$ Pfetten im Feld, Gurtbreite $b = 22{,}0$ cm, Gurtdicke $t = 1{,}9$ cm und Stegdicke $s = 1{,}2$ cm nach Gl. (8.11), Teil 1

$$c_{\vartheta,\text{P,k}} = \frac{7+1}{2000} \cdot \sqrt{\frac{21 \cdot 10^3 \cdot 8{,}1 \cdot 10^3}{3} \cdot \frac{22}{(60 - 1{,}9)} \cdot (1{,}2 \cdot 1{,}9)^3} = 64 \text{ kNcm/cm}$$

$$= 64 \text{ kNm/m}$$

Die vorhandene Drehbettung beträgt demnach, Gl. (8.6), Teil 1

$$\frac{1}{(\text{vorh})\, c_{\vartheta,k}} = \frac{1}{1087} + \frac{1}{64} \qquad\qquad (\text{vorh})\, c_{\vartheta,\text{k}} = 60{,}44 \text{ kNm/m}$$

Für eine vollständige Behinderung der Verdrehung ist nach Gl. (8.5), Teil 1 mit $k_\text{v} = 0{,}35$ und $k_\vartheta \approx 3{,}5$

$$(\text{erf})\, c_{\vartheta,k} \geq \frac{842{,}6^2}{7119} \cdot 3{,}5 \cdot 0{,}35 = 122{,}2 \text{ kNm/m}$$

erforderlich.

Die Pfetten können demnach eine Verdrehung nicht ganz ausschließen.

Das *ideale Kippmoment* $M_{ki,y}$ des aus dem Rahmen herausgelöst gedachten Riegels konstanter Steifigkeit (6.13 b) wird nach Tafel **6.10**, Teil 1 bestimmt, wobei die vorhandenen Steifigkeiten vorh S und (vorh)$c_{\vartheta,k}$ über den idealen Drillwiderstand nach Gl. (8.18), (8.19), Teil 1 erfasst werden; mit $I_T = 165$ cm^4 wird

$$c_{y,k} = 11796 \cdot (\pi/20{,}0)^2 = 291 \text{ kN/m}^2$$

$$I_{T,id} = 165 + [60{,}44 + 291 \cdot 0{,}3^2] \cdot 2000^2 / (\pi^2\, 8{,}1 \cdot 10^3) = 4500 \text{ cm}^4$$

Mit $z_m = r_y = 0$, $C_M = I_\omega = 2846 \cdot 10^3$ cm^6, $I_z = 3390$ cm^4 und $\beta = \beta_0 = 1$ sowie c^2 nach Tafel **6.6**, Teil 1 mit $s = l = 20{,}0$ m wird

$$c^2 = (2846 \cdot 10^3 + 0{,}039 \cdot 2000^2 \cdot 4500)/3390 = 20{,}8 \cdot 10^4 \text{ cm}^2 = 20{,}8 \text{ m}^2$$

und den Beiwerten $K_0 = 1$, $K_1 = 9{,}2$ – die elastische Einspannung in die Rahmenstiele wird über die Randmomente M_c, M_D erfasst – ist

$$G_1 = 1{,}0 \cdot \left[\frac{-577 - 985}{2} + \frac{27{,}5 \cdot 20^2}{9{,}2} \right]^2 = 171{,}94 \cdot 10^3 \text{ (kNm)}^2$$

$$G_2 = -\frac{27{,}5}{2} \cdot \frac{0{,}3 \cdot (2 - 1)}{\pi^2 \cdot 1{,}0^2} = -0{,}418 \text{ kN}$$

$$G_3 = \frac{20{,}8}{20{,}0^4} = 1{,}3 \cdot 10^{-4} \text{ 1/m}^2$$

Die Kippsicherheit γ_{Ki} beträgt demnach

$$\gamma_{Ki} = \frac{\pi^2 \cdot 7119}{171{,}94 \cdot 10^3} \cdot \left[-0{,}418 + \sqrt{0{,}418^2 + 171{,}94 \cdot 10^3 \cdot 1{,}3\, 10^{-4}} \right] = 1{,}769$$

Da der Rahmenriegel an den Enden voutenförmig aufgezogen wird und die Trägheitsmomente I_y hier wesentlich größer als beim IPE 600 sind, wird der Kippnachweis mit dem größten Feldmoment $M_{y,m}^1 = 602$ kNm geführt. Da in $M_{y,m}^1$ der Materialsicherheitsbeiwert $\gamma_M = 1{,}1$ bereits enthalten ist, erfolgt der Nachweis nach Gl. (8.16), Teil 1 mit $M_{pl,y,k}$. (Die Riegelnormalkraft ist vernachlässigbar klein.)

$$M_{Kiy} = 1{,}769 \cdot 602 = 1065 \text{ kNm}$$

$$\overline{\lambda}_M = \sqrt{842{,}6/1065} = 0{,}89 > 0{,}4 \qquad n = 2{,}5$$

$$\Psi = 577/985 = 0{,}586 > 0{,}5$$

Eine Abminderung des Trägerbeiwertes n nach Bild **6.15**, Teil 1 ist dennoch nicht erforderlich, da es sich um negative Randmomente handelt [37]! Der Abminderungsfaktor $\varkappa_M$ beträgt nach Gl. (6.55b), Teil 1

$$\varkappa_M = \left(\frac{1}{1 + 0{,}89^{2 \cdot 2{,}5}} \right)^{1/2{,}5} = 0{,}84 \qquad \text{Nachweis:} \frac{602}{0{,}84 \cdot 842{,}6} \, 0{,}85 < 1$$

Damit ist die Biegedrillknicksicherheit (Kippsicherheit) für die Gesamtlänge des Rahmenriegels nachgewiesen.

Auf diesen relativ aufwendigen Kippnachweis für den Rahmenriegel über seine Gesamtlänge unter Einschluss der Steifigkeiten aller Randglieder (Pfetten, Verbände) wird in der Praxis üblicherweise verzichtet, da die stahlbaumäßig ausgeführten Dachverbände erfahrungsgemäß eine ausreichende Kippstabilität gewährleisten. Man begnügt sich mit dem vereinfachten Kippnachweis (Knicknachweis) des maßgebenden, gedrückten Gurtes des Rahmenriegels zwischen den Anschlusspunkten des Dachverbandes am Riegel bzw. zwischen den Pfetten, wenn sie im Kreuzungspunkt mit den Pfetten verbunden sind.

Es wird jedoch darauf hingewiesen, dass bei zu schwach ausgelegten Rahmenecken und Überschreitung der Dachlast, z.B. infolge extremer Schneehöhen oder Wassersackbildung bei nicht überhöhtem Rahmenriegel, Schäden infolge Kippversagens im Zusammenhang mit örtlichem Beulen (Krüppeln der Stege von Riegel oder Stiel) aufgetreten sind. Insofern hält es der Verfasser nicht für zweckmäßig, durch aufwendige Nachweise *steifenloser Lasteinleitungen* das Rahmeneck übertrieben auszumagern: Die übliche Rahmenstatik unterstellt starre Knoten mit unendlicher Steifigkeit. Die Nachgiebigkeiten in den Verbindungen und örtliche (Schub-)Deformationen in den Rahmenecken werden durch diese Berechnungsverfahren i.d.R. nicht erfasst. Die ermittelten Schnittgrößen besitzen daher nur eine beschränkte Gültigkeit.

Stiel. Mit der Knicklänge $s_K = 4{,}72 \cdot h$ (siehe Beispiel 6) und dem Abminderungsfaktor $\varkappa$ gegen Biegeknicken in Rahmenebene ist $N/(\varkappa \cdot N_{pl}) < 0{,}1$. Die Normalkraft darf daher vernachlässigt werden, und es genügt ein „vereinfachter Kippnachweis" als Knicknachweis des gedrückten Gurtes. Durch die übliche Ausbildung des Anschlusses der Verbandsdiagonalen an den Verbandspfosten und die Anbindung an den Steg des Rahmenstiels über eine hohe Stirnplatte darf dieser Punkt im Verband als seitlich unverschieblich und in der Längsachse des Stieles als unverdrehbar angesehen werden. Die Knicklänge des Rahmenriegels aus seiner Ebene ist daher mit $s_K = h/2 = 4{,}0$ m anzusetzen

Mit $\psi = 494{,}5/985 \approx 0{,}5 \quad c = 4{,}00$ cm $\quad k_c$ nach Tafel **8.4**, Teil 1 und $i_{z,g}$ nach [40]

$$k_c = \frac{1}{1{,}33 - 0{,}33 \cdot 0{,}5} = 0{,}86 \qquad i_{z,g} = 7{,}82 \text{ cm}$$

ist die bezogene Schlankheit $\overline{\lambda}$ mit $M_{pl,y,d} = 1167$ kNm

$$\overline{\lambda} = \frac{400 \cdot 0{,}86}{7{,}82 \cdot 92{,}9} = 0{,}47 < 0{,}5 \cdot \frac{1167}{985/1{,}1} = 0{,}65$$

Somit besteht auch für den Rahmenstiel keine Biegedrillknickgefahr. Die Tragsicherheit des Rahmens ist daher mit Ausnahme der Rahmenecke vollständig nachgewiesen. Zum Abschluss des Beispiels soll noch der Gebrauchstauglichkeitsnachweis über die vertikalen und horizontalen Verformungen des Rahmens geführt werden.

Gebrauchstauglichkeitsnachweis. Ohne Berücksichtigung der versteifenden Wirkung der Riegelvouten werden unter den tatsächlichen Lasten (Division der Lasten nach (6.5) durch $\gamma_F \cdot \gamma_M = 135 \cdot 1{,}1 = 1{,}485$) folgende Verformungen mit Hilfe der Arbeitsgleichung (6.11b, 6.9b) bestimmt:

Durchbiegung in Riegelmitte δ_m:

$$EI_R \cdot \delta_m = 20{,}0 \cdot \left(\frac{5}{12} \cdot 1375 - \frac{1}{2} \cdot 781 \right) \frac{20{,}0 \cdot 1{,}0}{4 \cdot 1{,}485} \qquad \delta_m = 6{,}4 \text{ cm}$$

Der Rahmenriegel wird für den Eigengewichtsanteil in q von ca. 75 % parabelförmig überhöht (Stich $\delta_{mo} = 5{,}0$ cm).

Horizontalverschiebung δ_D^I:

Sie wird auf der sicheren Seite aus ϑ^{II} bestimmt.

$$\delta_D^I \leq \frac{1}{1{,}485} \cdot \frac{0{,}5 \cdot 39{,}11 \cdot 8{,}0 \cdot 2{,}6229 \cdot 10^{-5}}{1 - 6{,}082 \cdot 10^{-5} \cdot 481{,}25 \cdot 8{,}0} \cdot 800 = 2{,}9 \text{ cm} \equiv h/280$$

Dieser Knotenverschiebung kann weder konstruktiv noch fertigungsmäßig entgegengewirkt werden. Sie liegt innerhalb einer baupraktisch üblichen Größenordnung.

6.2.3 Plastische Berechnungsverfahren (Fließgelenktheorie)

Die Berechnung biegesteifer Stabtragwerke unter Berücksichtigung des Fließvermögens des Werkstoffes Stahl erfolgt entweder nach der

– *Fließzonentheorie* oder nach der
– *Fließgelenktheorie.*

Erstere ist praktisch nur mit Hilfe elektronischer Rechenprogramme durchführbar, während die Fließgelenktheorie auch für eine Handrechnung geeignet ist, gleichwohl sie auch hier auf Systeme mit nicht zu vielen Stäben und/oder möglichen Lastkombinationen beschränkt bleibt.

Die Behandlung der Fließgelenktheorie ist eine baustatische Aufgabe und kann im Rahmen dieses Werkes nur beiläufig behandelt werden. Die folgende Darstellung beschränkt sich daher auf die *Theorie I. Ordnung*, da die Fließgelenktheorie II. Ordnung vertiefte Kenntnisse erfordert. Auf ihren Unterschied zur Theorie I. Ordnung wird prinzipiell eingegangen.

6.2.3.1 Abgrenzungskriterien, Näherungen

Hinsichtlich der Vernachlässigbarkeit von Normalkraft- und Schubverformungen gelten die Ausführungen des Abschn. 6.2.2.2.

Abgrenzungskriterien

Eine Berechnung nach Theorie I. Ordnung ist zulässig, wenn zunächst die Abgrenzungskriterien des Abschn. 6.2.2.2 im Teil 1 des Werkes erfüllt sind. Einfacher und weniger rechenintensiv ist jedoch folgendes Kriterium: Stockwerkrahmen, deren Stiele höchstens an den Stabenden Fließgelenke aufweisen, dürfen nach Theorie I. Ordnung unter Einschluss von Vorverdrehungen φ_0 berechnet werden, wenn für jedes Stockwerk r die Bedingung Gl. (6.19) eingehalten ist.

$$\varphi_r \le 0,1 \cdot (V_r^H + \varphi_0 \cdot N_r)/N_r \qquad (6.19)$$

Hierin bedeuten:

V_r^H Stockwerksquerkraft nur aus äußeren Horizontallasten
N_r Summe aller in Stockwerk r übertragenen Vertikallasten
φ_r Stieldrehwinkel im Stockwerk r nach Fließgelenktheorie I. Ordnung.

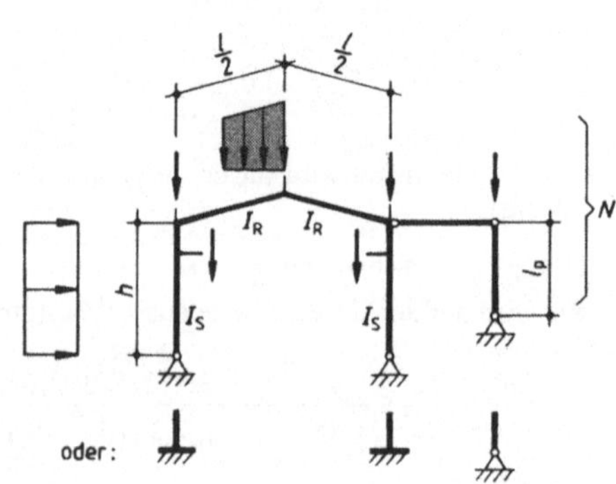

Bild **6.14** Zweigelenkrahmen mit Bezeichnung zur Auswertung des Kriteriums für eine Berechnung nach Theorie I. Ordnung

Hierbei ist zu beachten, dass bei einer Handrechnung und Anwendung der *Arbeitsgleichung* in Verbindung mit dem *Reduktionssatz* der Baustatik nicht jedes beliebige, statisch bestimmte System zur Berechnung von φ_r der Berechnung zugrunde gelegt werden darf. Die richtigen Stabdrehwinkel erhält man nur, wenn von folgendem System ausgegangen wird: An allen Stielen mit Fließgelenken mit *Ausnahme des sich zuletzt bildenden Fließgelenkes* werden reibungsfreie Gelenke eingeführt. Ist das Restsystem noch r-fach statisch unbestimmt, werden weitere geeignete Gelenke eingeführt und die Überlagerung der wirklichen M-Flächen mit den virtuellen $\bar{M}$- Flächen vorgenommen. Zur Bestimmung der Lage des letzten Fließgelenkes gibt es baustatische Verfahren. Man kann sie auch durch Probieren finden durch eine willkürliche Annahme des letzten Fließgelenkes und Berechnung von φ_r. Die richtige Lage des letzten Fließgelenkes zeichnet sich durch max $|\varphi_r|$ aus.

Für den häufigen Fall des einstöckigen Zweigelenkrahmens mit oder ohne angehängten Pendelstielen nach Bild **6.**14 genügt die Erfüllung der Bedingungen Gl. (6.20) für eine Berechnung nach Theorie I. Ordnung, wenn in den Stielen höchstens an den Stabenden Fließgelenke auftreten:

$$\frac{\alpha}{1+1/c} \cdot \frac{(EI_S)_d}{N \cdot h^2} \geq 10 \tag{6.20}$$

mit

$\alpha = 3$ (6) für gelenkige (eingespannte) Fußpunkte des Rahmens
c Steifigkeitsparameter nach Gl. (6.13b)
N Summe aller Vertikallasten; für $l_P \neq h$ gilt $N_P := N_P \cdot h/l_P$

Das Kriterium liegt fallweise stark auf der sicheren Seite.

Sind die genannten Bedingungen nicht erfüllt und soll der Nachweis der Einzelstäbe für Biegeknicken (in Rahmenebene) nicht nach dem *Ersatzstabverfahren* geführt werden, ist die Theorie II. Ordnung anzuwenden. Es ist nachzuweisen, dass das Tragwerk insgesamt und in seinen Einzelelementen

— im stabilen Gleichgewicht ist,
— an allen Stellen die Interaktionsbeziehungen zwischen den Schnittgrößen N, M_y, V_z und deren plastischen Grenzwerten (siehe Teil 1, Tafel 8.5) eingehalten sind und
— lokales Beulen durch Einhaltung der grenz (b/t)-Werte nach Tafel **8.**6, Teil 1 ausgeschlossen ist.

6.2.3.2 Fließgelenktheorie I. Ordnung

Die Grundlagen der Fließgelenktheorie bei Durchlaufträgern wurden im Teil 1 (Abschn. 8.2.3) ausführlich erläutert. Sie basiert auf den Annahmen

— einer linearisierten Momenten-Krümmungsbeziehung
— von örtlich konzentrierten Fließgelenken (FG) und elastischem Tragverhalten im restlichen Tragwerk
— sowie vereinfachten Interaktionsbeziehungen zwischen vorhandenen und vollplastischen Schnittgrößen.

Werden nur Fließgelenkmechanismen (FG-Ketten) untersucht, wendet man vorteilhaft das *Prinzip der virtuellen Verrückungen* (PdvV) an.

Neben den Stellen möglicher FG in Durchlaufträgern kommen bei biegesteifen Stabtragwerken noch die biegesteifen Knoten hinzu.

Stabwerke mit unverschieblichen Knoten

Sie werden prinzipiell genauso behandelt wie Durchlaufträger: In der Regel liegt *unvollständiges Versagen* eines Einzelstabes, in seltenen Fällen mehrerer Stäbe gleichzeitig vor. Die *plastische Grenzlast* (Index „pl") ist auf einfache Weise angebbar und identisch mit der Traglast (Index „u"). Das Restsystem ist u.U. *r*-fach statisch unbestimmt und wird unter Ansatz von Doppelmomenten an Stellen von Fließgelenken – z.B. mit dem Kraftgrößenverfahren – „elastisch" weiter behandelt. Die Vorgehensweise ist trivial.

Stabwerke mit verschieblichen Knoten

Diese Tragwerkstypen können nach unterschiedlichen statischen Methoden unter Beachtung der Traglastsätze (*Statischer Satz*, *Kinematischer Satz* und *Eindeutigkeitssatz*) behandelt werden. Das meistverwendete Verfahren ist die *Kombination kinematischer Elementarketten*.

Hierzu bedarf es einiger Erläuterungen: Ist *n* die Zahl der statischen Unbestimmten und *p* die Zahl der möglichen Fließgelenke, so gibt es $m = p - n$ unabhängige Elementarketten (s. Teil 1). Dabei gilt, dass bei biegesteifen Knoten mit nur zwei Stäben nur 1 FG , und bei Knoten mit *s* biegesteif angeschlossenen Stäben auch *s* FG (theoretisch) auftreten können. Im ersten Fall tritt das FG im Stab mit min M_{pl} auf (M_{pl} = vollplastische Moment); in seltenen Fällen kann sich bei Berücksichtigung der gleichzeitig im FG wirkenden Normal- und Querkräfte der Ort des FG vom einen auf den anderen Stab verlagern.

Die *m* unabhängigen Elementarketten sind

– Riegelketten
– Seitenverschiebungs- (= Rahmen-)ketten und
– Knotenketten.

Durch diese Ketten sind *m* unabhängige Gleichgewichtsbedingungen formulierbar. Die maßgebende *Bruchkette*, die zur Traglast (*u*) führt, geht entweder aus den ersten beiden Elementarketten oder einer *linearen Kombination* aller oder einiger Elementarketten hervor. Die Knotenkette ist ein rein theoretischer Versagensmechanismus und kommt als Bruchkette nicht in Frage.

Unter den möglichen kombinierten Ketten kommen auch nur solche in Betracht, bei denen sich (rein geometrisch) mindestens ein Fließgelenk „schließen" lässt und sich äußere Arbeitsanteile addieren. Maßgebend ist jene Kette, die – je nach praktischer Aufgabenstellung – zur *kleinsten Traglast* (*u*) oder zum *größten erforderlichen* M_{pl} führt.

Für die Berechnung selbst müssen die Lastverhältnisse und Tragfähigkeiten der Einzeltragglieder untereinander in ein festes Verhältnis gesetzt werden (*normiertes Tragwerk*).

Der hier allgemein geschilderte Sachverhalt soll an einem Beispiel verdeutlicht werden:

Beispiel 3 (Bild 6.15)

Für den in Bild **6.15** dargestellten 3-stieligen Rahmen mit Fußeinspannung ist der Tragsicherheitsnachweis in Rahmenebene zu führen. Die Vorverdrehung φ_0 der Stiele ist über eine Horizontallast H_{φ_0} in *H* erfasst. Ihr Anteil ist im Übrigen vernachlässigbar klein und daher an den Stielfüßen (aus Gleichgewichtgründen entgegengesetzt gerichtet) nicht berücksichtigt. Die angegebenen Lasten sind bereits $\gamma_F \cdot \gamma_M = 1{,}35 \cdot 1{,}1 = 1{,}485$ fach. Da mit den γ_M-fachen Lasten gerechnet wird, sind die in der Tabelle von (Bild **6.15a**) angegebenen Steifigkeiten und vollplastischen Schnittgrößen maßgebend. Das Tragwerk weist eine (baupraktisch ungewöhnlich) hohe Horizontallast auf. In diesem Beispiel soll indes gezeigt werden, dass die Anwendbarkeit der FG-Theorie mit Rücksicht auf den Gebrauchstauglichkeitsnachweis (i. A. eine Verformungsberechnung) auf Grenzen stößt.

Beim vorliegenden System sind in den Punkten (1) bis (8) FG möglich, wobei im Knoten (5) FG in allen ankommenden Stäben, also 3 FG, zu berücksichtigen sind. Die Gesamtzahl *p* der FG beträgt demnach $p = 10$. Das System ist $n = 6$fach statisch unbestimmt; die Anzahl *m* der unabhängigen Elementarketten beträgt $m = p - n = 10 - 6 = 4$. Zu diesen 4 Elementarketten gehören

$$k = 2^m - 1$$

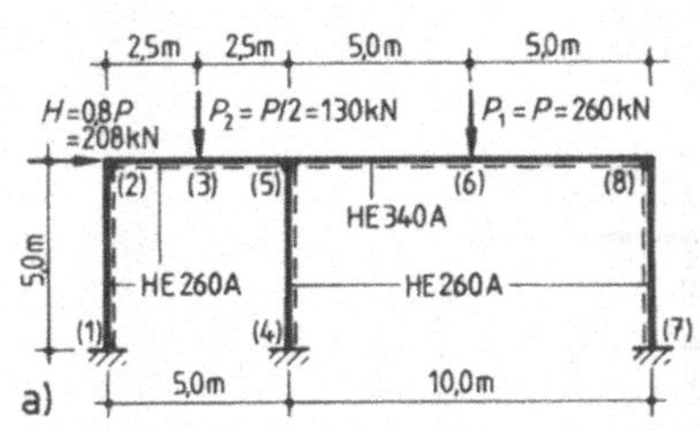

Profil	M_{pl} [kNm]	N_{pl} [kN]	V_{pl} [kN]	EI [kNm^2]
HEA 260	$221 = M_{pl}$	2083	246	21945
HEA 340	$442 = 2\,M_{pl}$	3204	412	$58149 = EI_c$

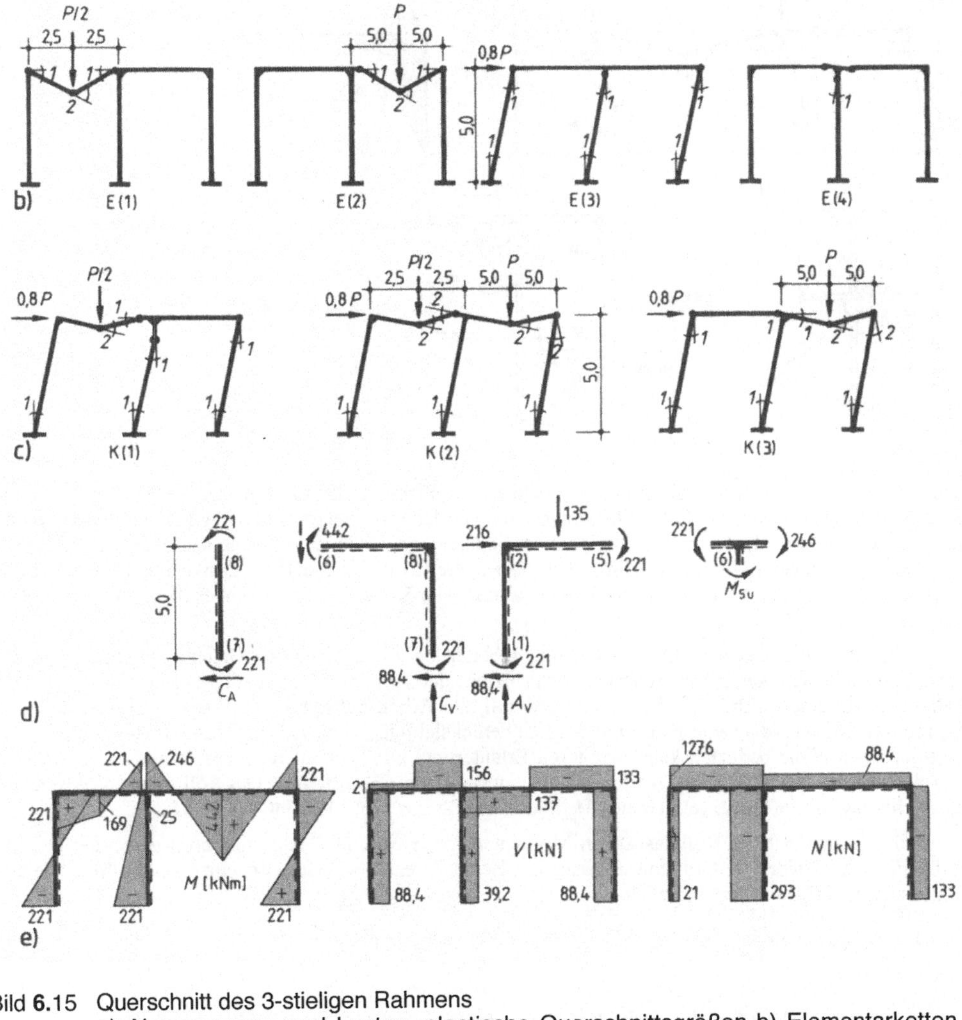

Bild **6**.15 Querschnitt des 3-stieligen Rahmens
a) Abmessungen und Lasten, plastische Querschnittsgrößen b) Elementarketten c) kombinierte Ketten d) Schnittführung zur Bestimmung unbekannter Schnittgrößen e) vollständige Zustandsgrößen f) virtuelle Kraftpläne g) statisches System zur Bestimmung der Knicklast bei Anwendung des Reduktionssatzes der Baustatik h) mögliche Knotenausbildung

Bild **6**.15 Fortsetzung

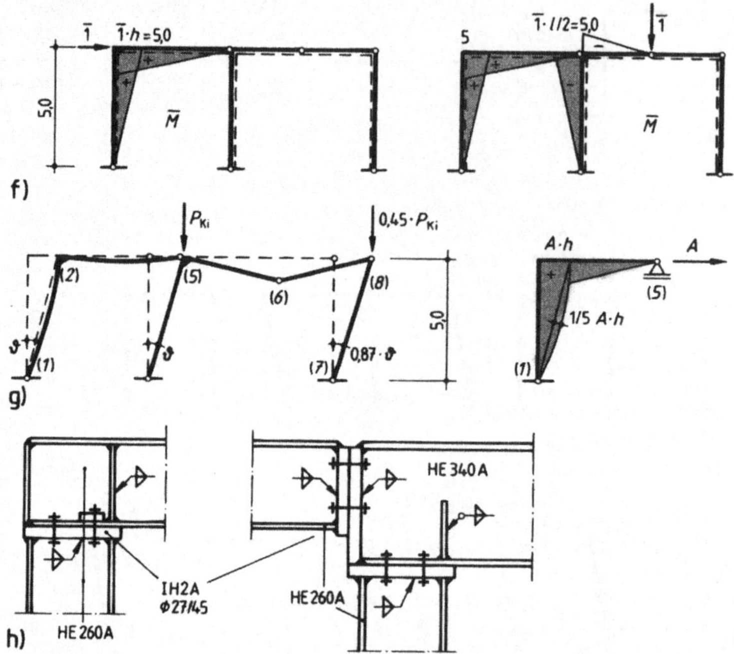

also $k = 2^4 - 1 = 15$ Kombinationen (einschließlich der Elementarketten, d.h. 11 weitere), von denen aber nur einige zu untersuchen sind. Als Elementarketten werden zwei Riegelketten (1), (2) und je eine Rahmen- und Knotenkette (3), (4) gewählt. Sie beinhalten die Gleichgewichtsbedingungen an 3 Knoten – $(\Sigma M)_i = 0$ – und das Gleichgewicht – $\Sigma H = 0$, Bild **6**.15b. Bei Kette (2) ist zu beachten, dass das FG im schwächeren Stiel auftritt. In Bild **6**.15c sind nur jene Kombinationen der Ketten (1) bis (4) angegeben, die von statischem Interesse sind ($\delta_v A_a$, $\delta_v A_i$).

Es werden die virtuellen äußeren und inneren Arbeiten bei einer virtuellen Gelenkverdrehung von $\vartheta = 1$ formuliert und entsprechend der Aussage des Prinzipes der virtuellen Verrückungen (P.d.v.V.) – Gl. (8.52), Teil 1 – gleichgesetzt. Dabei addieren sich generell alle Arbeitsbeträge in den plastischen Gelenken, während in $\delta_v A_a$ die Richtung von Kraft und Weg zu berücksichtigen sind, z. B. bei Kragarmen. Die (einfachen) kinematischen Pläne bedürfen keiner weiteren Erläuterung. Die Last im Knoten (6) wird mit P bezeichnet und die anderen beiden Lasten zu ihr in Beziehung gesetzt (Bild **6**.15a). Das vollplastische Moment des Querschnittes HE 260 A sei (allgemein) M_{pl}; dann gilt für das Profil HE 340 A : $2 \cdot M_{pl}$.

Es wird zunächst mit den vollplastischen Momenten (ohne N- und V-Abminderung) gerechnet und unterstellt, dass die Theorie I. Ordnung zulässig ist. Beide Annahmen erfordern einer Überprüfung nach Abschluss der iterativen Berechnung

1. Berechnungsschritt:

E-Kette (1)

$$\delta_v A_a = (1 \cdot 2{,}5) \cdot P/2 = 1{,}25\,P$$

$$\delta_v A_i = M_{pl} \cdot (1 + 2 + 1) = 4\,M_{pl}$$

$$P_u^{(E1)} = \frac{4 \cdot 221}{1{,}25} \approx 707 \text{ kN}$$

E-Kette (2)

$$\delta_v A_a = (1 \cdot 5,0) \cdot P = 5\,P$$

$$\delta_v A_i = 2 \cdot M_{pl} \cdot (1 + 2) + M_{pl} \cdot 1 = 7\,M_{pl}$$

$$P_u^{(E2)} = \frac{7 \cdot 221}{5} \approx 309 \text{ kN}$$

E-Kette (3)

$$\delta_v A_a = (1 \cdot 5,0) \cdot 0,8 \cdot P = 4\,P$$

$$\delta_v A_i = M_{pl} \cdot 6 \cdot 1 = 6\,M_{pl}$$

$$P_u^{(E3)} = \frac{6 \cdot 221}{4} \approx 331 \text{ kN}$$

Diese 3 Ketten werden nun in Verbindung mit der Knotenkette (4) so kombiniert (= addiert), dass die äußere Arbeit möglichst groß und die innere Arbeit durch Schließung von FG möglichst klein wird. Die dabei wegfallenden Arbeitsbeträge sind von der Summe der inneren Arbeiten abzuziehen:

K-Kette (1): (1) + (3): Das FG im Knoten (2) wird geschlossen; da es in beiden Elementarketten auftritt, ist die hier geleistete Arbeit also 2 mal abzuziehen.

$$\delta_v A_a = (1,25 + 4) \cdot P \qquad = 5,25\,P$$

$$\delta_v A_i = (4 + 6 - 2 \cdot 1) \cdot M_{pl} \qquad = 8\,M_{pl}$$

$$P_u^{(K1)} = \frac{4 \cdot 221}{1,25} \approx 377 \text{ kN}$$

K-Kette (2): (1) + (2) + (3) + (4): Kn (2): $- 2M_{pl}$, Kn (5): $- (1 \cdot 2 - 1 + 1)\,M_{pl} = - 2\,M_{pl}$

$$\delta_v A_a = (1,25 + 5 + 4) \cdot P \qquad = 10,25\,P$$

$$\delta_v A_i = (4 + 7 + 6 - 4) \cdot M_{pl} \qquad = 13\,M_{pl}$$

$$P_u^{(K2)} \approx 280 \text{ kN}$$

K-Kette (3): (2) + (3) + (4): Kn (5): $- (1 \cdot 2 - 1 + 1) = - 2M_{pl}$,

$$\delta_v A_a = (5 + 4) \cdot P \qquad = 9\,P$$

$$\delta_v A_i = (7 + 6 - 2) \cdot M_{pl} \qquad = 11\,M_{pl}$$

$$P_u^{(K2)} = \frac{11 \cdot 221}{9} \approx 270 \text{ kN} = P_{u,1}$$

Damit liegt fest, dass die kombinierte Kette K (3) maßgebend ist und bei Ansatz des unverminderten Wertes von M_{pl} die plastische Grenzlast P_{pl} (= Traglast P_u) 270 kN beträgt. Mit Ausnahme des Punktes (3) und im Knoten (5) unten sind in allen Punkten FG entstanden. Mit $7 = n + 1 = 6 + 1$ liegt somit ein „vollständiges Versagen" vor. Mit Kenntnis der Momente in den 7 FG lassen sich alle anderen Schnittgrößen bestimmen. Hierzu werden einige Schnitte geführt und die Gleichgewichtsbedingungen für noch unbekannte Momente, Normal- und Querkräfte angeschrieben, Bild **6.**15d. Die daraus resultierenden Zustandsgrößen unter der Traglast $P_u = 270$ kN sind in Bild **6.**15e dargestellt.

2. Berechnungsschritt:

Anhand der Zustandsgrößen (Bild **6.**15e) und der aufnehmbaren „vollplastischen Schnittgrößen" wird überprüft, ob in einigen FG die „vollplastischen Momente" abgemindert werden müssen. Der Vergleich mit den Interaktionsbedingungen nach Tafel 8.5, Teil 1 zeigt, dass folgende Korrekturen erforderlich sind:

Knoten: (1), (2), (5), (7), (8) $\qquad V > V_{pl}/3$

$$\qquad\qquad\qquad (4) \qquad N > N_{pl}/10$$

Aus den Interaktionsbeziehungen werden die reduzierten plastischen Momente bestimmt.

$$M_{pl,y} = (1 - 0,37 \cdot 88,4/246) \cdot M_{pl}/0,88 = 0,985 \cdot M_{pl,y} \quad (1),(2),(7),(8)$$

$$M_{pl,y} = (1 - 0,37 \cdot 156/246) \cdot M_{pl}/0,88 = 0,87 \cdot M_{pl,y} \quad (5)$$

$$M_{pl,N} = (1 - 293/2083) \cdot M_{pl}/0,9 = 0,955 \cdot M_{pl} \quad (4)$$

Für diese aufnehmbare „plastische Momente" wird die Arbeitsgleichung der 3. Kombinationskette neu angeschrieben; es verändert sich nur die innere Arbeit $\delta_v A_i$.

$$\delta_v A_i = [(3 + 2) \cdot 0,985 + 1 \cdot 0,87 + 1 \cdot 0,955 + 2 \cdot 2] \cdot M_{pl} = 10,75 \, M_{pl}$$

Die korrigierte Traglast $P_{u,2}$ ist

$$P_{u,2} = 10,75 \cdot 221/9 \approx 264 \text{ kN} = 0,98 \cdot P_{u,1} > 260 \text{ kN}$$

Da sich die Traglast nur um 2 % vermindert hat, ist eine weitere Iteration überflüssig und die Tragsicherheit gegenüber einem Materialversagen nachgewiesen.

Für die weiteren Berechnungen wird die Abminderung von 2 % vernachlässigt.

Im *3. Berechnungsschritt* ist zu überprüfen, ob eine Berechnung nach *Theorie I. Ordnung* zulässig war. Maßgebend hierfür ist der Drehwinkel der Stiele nach Gl. (6.19) infolge der plastischen Berechnung nach Theorie I. Ordnung. Für die richtige Berechnung dieses Drehwinkels ist es notwendig, die Lage des sich zuletzt bildenden FG zu kennen. Dies geht aus der bisherigen Berechnung natürlich nicht hervor.

Mit Hilfe einer qualitativen, elastischen Berechnung bei den gegebenen Lasten und „Nachvollzug des Systemwandels" bei Erreichen der vollplastischen Momente in bestimmten Punkten des Tragwerkes und Laststufen wird man feststellen, dass sich das letzte FG im Knoten (2) bildet. Man kann dies auch dadurch überprüfen, dass bei beliebiger Wahl des sich zuletzt bildenden Fließgelenkes der gesuchte Stabdrehwinkel maximal werden muss.

Zur Bestimmung des Drehwinkels φ der Stiele und der Durchbiegung im Punkt (6) wird daher bei Anwendung der „Arbeitsgleichung" von dem in Bild **6.**15f dargestellten Gelenksystem und den virtuellen Kraftzuständen ausgegangen. Die Auswertung des Arbeitsintegrals $\sum \int (M \overline{M} /EI \, ds)$ liefert für die Punkte (6) und (2)

$$(6): \quad EI_c \cdot \delta_v = 10880 \text{ kNm}^3 \qquad \delta_v = 18,7 \text{ cm}$$

$$(2): \quad EI_c \cdot \delta_h = 7679 \text{ kNm}^3 \qquad \delta_h = 13,2 \text{ cm}$$

Mit $\qquad V_r^H + \varphi_0 \cdot N_r = 208 \text{ kN} \qquad$ und $\qquad N_r = 130 + 260 = 390 \text{ kN}$

folgt: $\qquad \varphi_r = 13,2/500 = 0,026 < 0,1 \cdot 208/390 = 0,053$

Damit ist die Zulässigkeit einer Berechnung nach Theorie I. Ordnung nachgewiesen.

Im *4. Berechnungsschritt*, der aufgrund der bisherigen Ergebnisse überflüssig ist, soll noch gezeigt werden, dass bei Erreichen der kinematischen Bruchkette das System im *stabilem Gleichgewicht* ist. Der Nachweis erfolgt über die *ideale Knicklast* des Systems unmittelbar vor Ausbildung des letzten Fließgelenkes. In diesem Zustand liegen für das statische System die in Bild **6.**15g dargestellten Normalkraftverhältnisse vor. Die Knicklast wird näherungsweise mit dem in Beispiel 1 beschriebenen Verfahren bestimmt:

Im ausgeknickten Zustand wirkt auf den einhüftigen Rahmen (1) – (2) – (5) die Abtriebskraft

$$A = P_{Ki} \cdot \vartheta + 0,45 \cdot P_{Ki} \cdot 0,87 \cdot \vartheta = 1,329 \cdot P_{Ki} \cdot \vartheta$$

ein und verursacht die angegeben Momentenlinie. Der unbekannte Drehwinkel ϑ wird mit Hilfe der Arbeitsgleichung – vgl. Bild **6.**16f – bestimmt.

$$EI_S \cdot \overline{1} \cdot \delta / h = EI_S \cdot \vartheta = \left(\sum \int M \, \overline{M} \, dx \right) / h$$

$$EI_S \cdot \vartheta = \left(2 \cdot \frac{1}{3} \cdot 1{,}392 \cdot P_{Ki} \cdot \vartheta \cdot h + \frac{1}{3} \cdot \frac{1}{5} \cdot 1{,}392 \cdot P_{Ki} \cdot \vartheta \cdot h \right) \cdot h = 1{,}021 \, P_{Ki} \cdot \vartheta \cdot h^2$$

Die Auflösung nach ϑ liefert

$$\vartheta = [EI_S - 1{,}021 \cdot P_{Ki} \cdot h^2] = 0$$

Die Gleichung ist mehrdeutig lösbar, nämlich für $\vartheta = 0$ und P_{Ki} beliebig bzw. für $\vartheta \neq 0$ und Klammerausdruck $= 0$. Letztere Bedingung liefert den 1. Eigenwert (= Knicklast)

$$P_{Ki} = \frac{EI_S}{1{,}021 \cdot h^2} = \frac{21945}{1{,}021 \cdot 5{,}0^2} = 860 \text{ kN}$$

(Der Fehler gegenüber einer genauen Berechnung beträgt nur rd. 4,5 % auf der sicheren Seite).

Der Verzweigungslastfaktor η_{Ki} nach Gl. (6.27), Teil 1 ist damit

$$\eta_{Ki} = \frac{(1{,}0 + 0{,}45) \cdot P_{Ki}}{P_u + P_u / 2} = \frac{1{,}45 \cdot 860}{1{,}5 \cdot 260} = 3{,}2 > 1$$

Das System befindet sich also bei Erreichen der plastischen Grenzlast (= Traglast) P_u im stabilen Gleichgewicht.

Zum Vergleich der plastischen und elastischen Berechnungsweise wurde das System mit Hilfe eines Stabwerksprogramms untersucht. Die *elastische Grenzlast* P_{el} (max $\sigma = f_{y,k}$) beträgt $P_{el} = 166$ kN und ruft im rechten Rahmenstiel, Knoten (8), die Schnittgrößen $N = -89$ kN, $M_y = -192$ kNm und $V_z = 71$ kN hervor. Für diese Last betragen die Verformungen $\delta_{v,6} = 2{,}54$ cm und $\delta_{h,2} = 2{,}58$ cm.

Vergleich

$$P_u / P_{el} = 264/166 = 1{,}59$$

$$\delta_{v,u} / \delta_{v,el} = 18{,}7 / 2{,}54 = 7{,}36 \qquad\qquad \delta_{h,u} / \delta_{h,el} = 13{,}2 / 2{,}58 = 5{,}12$$

Obwohl also die Laststeigerung bei plastischer Berechnungweise nur ca. 60 % beträgt, nehmen die Verformungen um mehr als des 5- bis 7fache zu.

Abschließend sind noch die Verformungen unter den *Gebrauchslasten* (P_k) von Interesse:

Mit $\gamma_F \cdot \gamma_M$ sind diese

$$P_{1,k} = 260/1{,}485 = 175 \text{ kN} \qquad\qquad P_{2,k} = 87{,}5 \text{ kN} \qquad\qquad H_k = 140 \text{ kN}$$

Lastzustände unterhalb der plastischen Grenzlast können mit Hilfe des P.d.v.V. nicht behandelt werden. Man kann sie entweder *schrittweise* (quasi elastisch) verfolgen, indem die Last jeweils soweit gesteigert wird, bis sich ein neues Fließgelenk bildet. Diese wird dann ersetzt durch ein reibungsfreies Gelenk mit Doppelmomenten von der Größe des an dieser Stelle aufnehmbaren plastischen Momentes $M_{pl,N,Vz}$. Die Berechnung ist sehr aufwendig; man behandelt das System dann vorteilhafter mit dem Drehwinkelverfahren [39]. Hier wurde ein Stabwerksprogramm benutzt, welches sowohl geometrisch als auch physikalisch (σ-ε-Diagramm) nichtlinear rechnen kann. (Dieses ermittelt übrigens folgende Traglasten: $P_u^I = 268$ kN bzw. $P_u^{II} = 256$ kN (I, II = Berechnungstheorie).). Unter der Gebrauchslast entsteht nur im Knoten (8) ein FG und die Verformungen betragen

$$\delta_{v,6,k} = 2{,}67 \text{ cm} \equiv l/375 \qquad\qquad \delta_{h,2,k} = 2{,}77 \text{ cm} \equiv h/180$$

Bei Begrenzung auf elastisches Tragverhalten beträgt die Horizontalverschiebung nur noch $\delta_{h,2,k} = 1{,}73$ cm $\equiv h/290$. Dieser Wert ist baupraktisch sinnvoll, während bei plastischer Auslegung diese Verschiebung schon bedenklich hoch ist.

Damit ist der Rahmen in statischer Hinsicht vollständig behandelt. Einige Hinweise zur konstruktiven Ausbildung der Knotenpunkte sind in Bild **6.**15h bei wechselnder Richtung der H-Last dargestellt. Mit der Stirnplattenverbindung IH2A/IH3A nach [45], [46] sind für das Profil HE 260 A „vollplastische Schnittgrößen" übertragbar.

6.2.3.3 Fließgelenktheorie II. Ordnung, Beispiele

Die FG-Theorie II. Ordnung beschreibt das Tragverhalten von Rahmentragwerken innerhalb der vereinbarten Vereinfachungen (siehe 6.2.3.2) korrekt. Ihre baustatische Behandlung ist jedoch relativ kompliziert und bedarf ausreichend gründlicher, theoretischer Kenntnisse und sicherlich vieler praktischer Übungen. Sie wird – zumindest bei einer Handrechnung – den Spezialisten vorbehalten bleiben.

Der wesentliche Unterschied zur FG-Theorie I. Ordnung wird aus Bild **6.**16 deutlich: Hier wird das charakteristische Tragverhalten eines Tragwerkes beschrieben, dass bei Erreichen der *plastischen Grenzlast* P_{pl}, die jetzt nicht gleichzeitig auch die Traglast P_u sein muss, zur Ausbildung einer *kinematischen Kette* vier FG aufweist:

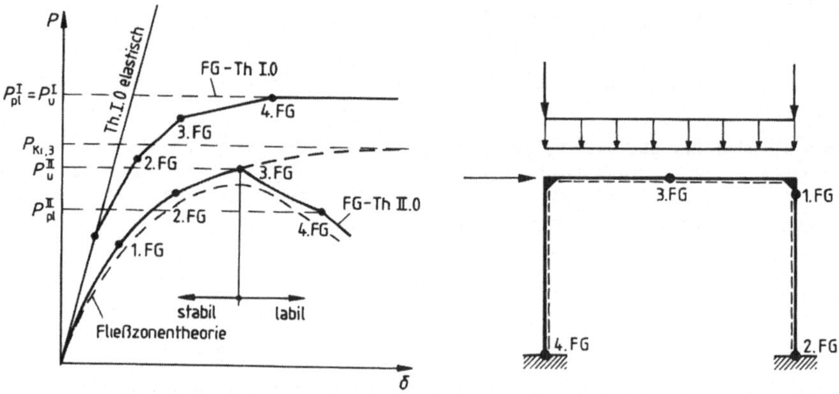

Bild **6.**16   Lastverformungsdiagramm bei Anwendung der Fließgelenktheorie I. oder II. Ordnung

Bei der *FG-Theorie I. Ordnung* fällt die plastische Grenzlast (P_{pl}^I) stets zusammen mit der Traglast (P_u^I), weil die Normalkräfte und Verformungen des Tragwerkes auf das Gleichgewicht keinen Einfluss haben. Ist dieser Einfluss jedoch nicht vernachlässigbar (Theorie II. Ordnung), kann es sein, dass die vom Tragwerk maximal aufnehmbare Last $P_u^{II} = P_u$ (P_u = echte Traglast) bereits erreicht wird, bevor das Tragwerk zur kinetischen Kette wird. Bei Anwendung des P.d.v.V. auf die FG-Theorie II. Ordnung – jetzt allerdings angewendet auf ein deformiertes System – kann jedoch nur dieser letzte Zustand beschrieben werden, der eine plastische Grenzlast P_{pl}^{II} liefert, die unterhalb der *echten Traglast* P_u liegt. Damit ist man zwar lastmäßig auf der „sicheren Seite", befindet sich jedoch im *labilen Gleichgewichtszustand*, der logischerweise nicht vernünftig und zulässig ist: Eine Vergrößerung der Verformung δ wäre mit einer Reduktion der Belastung verbunden („fallender" Last-Verformungsast)! Die echte Traglast wird im Übrigen bei einer Laststufe erreicht, die unterhalb der *idealen Knicklast* des statischen Systems nach Einführung von zwei reibungsfreien Gelenken an den Stellen der beiden ersten Fließgelenke liegt. Damit hat man eine zuverlässige Kontrolle darüber, ob bei der jeweiligen Laststufe das Gleichgewicht noch *stabil* ist. Sind die Normalkräfte klein, wird auch bei Theorie II. Ordnung die Traglast P_u erreicht nach Ausbildung einer kinematischen Kette.

Anhand dieser kurzen Erläuterung wird ersichtlich, dass die FG-Theorie II. Ordnung für eine Handrechnung baupraktisch nur in Sonderfällen zur Anwendung kommen wird und dann jenen Ingenieuren vorbehalten bleibt, die die notwendigen Kenntnisse mitbringen. Die geschilderten Schwierigkeiten und den notwendigen Rechenaufwand kann man jedoch durch Anwendung spezieller Rechenprogramme umgehen, wenn diese in der Lage sind, wenigstens die geometrische Nichtlinearität (elastisch, Theorie II. Ordnung) zu erfassen. Die Berechnung der Traglast P_u erfolgt dann *iterativ* über eine quasi elastische Berechnung nach Theorie II. Ordnung, indem, der Laststeigerung folgend, sukzessiv an Stellen i, wo die Schnittgrößen $(N, M, V)_i$ die Interaktionsbeziehungen gerade mit „= 1" erfüllen, reibungsfreie Gelenke mit einem äußeren Doppelmoment der Größe $(M_{pl,N,V})$ in das statische System eingefügt werden. Anschließend wird die Last um einen leicht angebbaren Faktor so erhöht, dass sich an einer weiteren Stelle ein FG bildet. Mit dem heutigen Bedienungskomfort der Rechenprogramme ist die (ingenieurmäßig etwas unbefriedigende) Berechnungsweise einfach durchführbar. Die Vorgehensweise wird im folgenden Beispiel gezeigt.

Beispiel 4 (Bild **6.**17)

Für den zweigeschossigen Rahmen mit angehängten Pendelstielen ist der Tragsicherheitsnachweis nach der FG-Theorie II. Ordnung zu führen. Die Lasten sind bereits $\gamma_F \cdot \gamma_M$-fach und enthalten in den H-Lasten die Abtriebskräfte aus einer Vorverformung von

$$\varphi_0 = \frac{1}{200} \cdot \sqrt{\frac{5}{8}} \cdot 0{,}5 \cdot (1 + \sqrt{1/3}) \approx \frac{1}{300}$$

Die vollplastischen Schnittgrößen sind [40]:

	$M_{pl,y}$	N_{pl}	$V_{pl,z}$	α_{pl}
HE 200 B	154	1874	231	1,128
IPE 300	194	1503	331	1,128

Bei einer elastischen Berechnung (Theorie II. Ordnung) mit den vorhandenen Lasten wird festgestellt, dass an der höchstbeanspruchten Stelle im mittleren Riegel (Knoten 8) die Fließgrenze etwa bei einer $\gamma_e = 0{,}9$fachen Last erreicht wird.

Die FG-Theorie I. Ordnung liefert mit den im Bild **6.**17b dargestellten 6 Elementarketten (1) bis (6) eine plastische Grenzlast $P_{pl}^I = P_u^I$ für die maßgebende kombinierte Kette (K) über

$$\delta_v A_a = \{2 \cdot [18 \cdot 6 \cdot 2 \cdot 1/2 + 30 \cdot 2 + 30 \cdot 1] + 30 \cdot 8 + 65 \cdot 4\} \cdot \gamma_{pl}^I = 896 \text{ kNm} \cdot \gamma_{pl}^I$$

$$\delta_v A_i = 1{,}5 \cdot 194 \cdot 3 + 3{,}5 \cdot 154 = 1412 \text{ kNm}$$

$$\delta_v A_a = \delta_v A_i : \quad 896 \cdot \gamma_{pl}^I = 1412 \qquad \gamma_{pl}^I = 1{,}576$$

Die maßgebende Fließgelenkkette nach Theorie II. Ordnung muss jedoch nicht unbedingt mit der Bruchkette (K) übereinstimmen.

Damit kann ein möglicher Laststeigerungsfaktor γ_{pl}^{II} wie folgt eingegrenzt werden:

$$1{,}128 \cdot 0{,}9 \approx 1{,}02 < \gamma_{pl}^{II} < 1{,}576$$

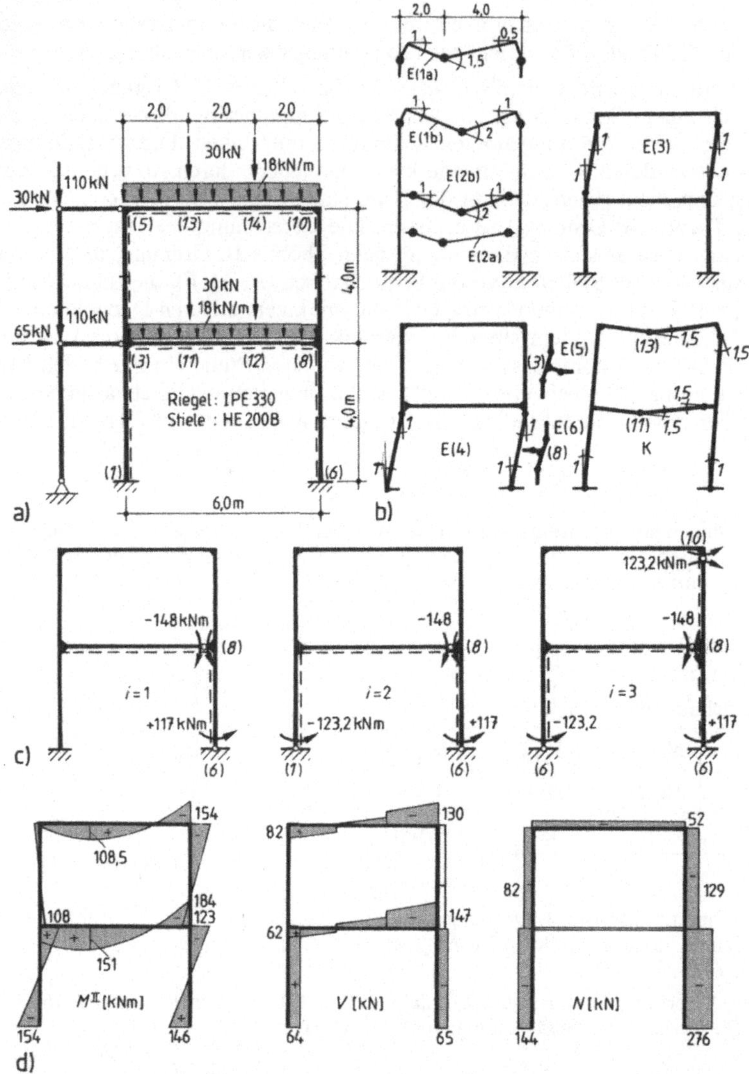

Bild **6**.17   Plastische Berechnung eines zweigeschossigen Rahmens
a) System, Abmessungen und Beanspruchungen b) Elementar- und kombinierte
Ketten c) Systemwandel bei Laststeigerung d) Zustandsgrößen bei Erreichen der Traglast

Es wird unterstellt, dass ein mittlerer Wert von mindestens $\gamma_{pl}^{I} = 1{,}25$ bei Theorie II. Ordnung erreicht werden kann. Unter dieser Last treten im 1. Iterationsschritt praktisch gleichzeitig im Knoten 6 und 8 (Riegel) zwei Fließgelenke auf. Im Knoten 8 ist eine Querkraft von $V_{z,8} \approx 153$ kN, im Knoten 6 eine Normalkraft von $N_6 \approx -274$ kN zu berücksichtigen. Die aufnehmbaren plastischen Momente reduzieren sich daher auf

$$M_{\mathrm{pl},8} = \left(1 - \frac{0,37 \cdot 153}{331}\right) \cdot \frac{194}{0,88} = 183 \,\mathrm{kNm} \qquad (183/1,25 = 146)$$

$$M_{\mathrm{pl},6} = \left(1 - \frac{274}{1874}\right) \cdot \frac{154}{0,9} = 146 \,\mathrm{kNm} \qquad (146/1,25 = 117)$$

Am Knoten 8 und 6 werden Gelenke eingebaut und die aufnehmbaren plastischen Momente unter Berücksichtigung des Laststeigerungsfaktors $\gamma_{\mathrm{pl}}^{\mathrm{II}} = 1,25$ als zusätzliche äußere Einwirkungen angesetzt (Bild **6**.17c, $i = 1$).

Das Programm wird mit der 1,25fachen Last erneut gestartet. Die Berechnung zeigt, dass nun am Knoten (1) ein FG eingeführt werden muss mit $M_{\mathrm{pl},1}/1,25 \approx -\,123,2$ kNm, (Bild **6**.17c, $i = 2$). Der folgende Berechnungsschritt erfordert ein FG im Stiel des Knotens (10), $i = 3$. Danach bilden sich unter der 1,25fachen Last keine weiteren FG, die Iteration kann mit der Aussage

$$\gamma_{\mathrm{pl}}^{\mathrm{II}} = \geq 1,25$$

abgeschlossen werden. Die endgültigen Schnittgrößen unter dieser Laststufe sind in Bild **6**.17d dargestellt. Die Verformungen betragen hierbei

$$\delta_{\mathrm{h},10} \approx 13 \,\mathrm{cm} \qquad \delta_{\mathrm{v},11} = 2,0 \,\mathrm{cm}$$

Unter den Gebrauchlasten sind sie kleiner als das $1 : (1,25 \cdot 1,35 \cdot 1,1) = 0,54$fache der angegebenen Werte; die Horizontalverschiebung ist bedenklich hoch.

Wichtiger Hinweis bei Verwendung von Stabwerksprogrammen

Zum Abschluss der *FG-Theorie II. Ordnung* sei noch auf folgenden, wichtigen Sachverhalt hingewiesen, der im Übrigen generell bei Theorie II. Ordnung (also auch elastisch) gilt: Stabwerksprogramme arbeiten nach der verallgemeinerten *Deformationsmethode* und führen auf ein Gleichungssystem für die unbekannten Knotenverschiebungen und -verdrehungen. Das Gleichungssytem besteht aus der *Steifigkeitsmatrix*, dem Deformations- und Lastvektor. Bei Theorie I. Ordnung gehen in die Steifigkeitsmatrix nur die Größen $(E, I, A, l)_{\mathrm{i}}$ der Stäbe i ein, sie ist also lastunabhängig und der Wert der Determinante D (= Nennerdeterminante) ist stets größer 0 ($D > 0$). Somit existiert für jeden beliebigen Lastzustand eine eindeutige Lösung. Bei Theorie II. Ordnung jedoch enthält die Steifigkeitsmatrix auch noch die Normalkräfte N_{i} der Stäbe i (i.d.R. nur die negativen Druckkräfte). Bei vorgegebenem statischen System ist der Wert der Determinante D_{N} also auch noch lastabhängig. Der Verlauf einer solchen Nennerdeterminante ist in Bild **6**.18 qualitativ in Abhängigkeit einer Vergleichsdruckkraft N_{c} dargestellt. Nimmt die Vergleichsdruckkraft

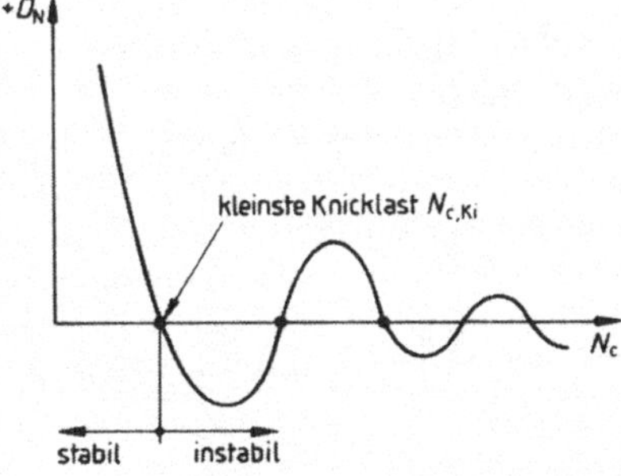

Bild **6**.18 Determinantenwert der Steifigkeitsmatrix

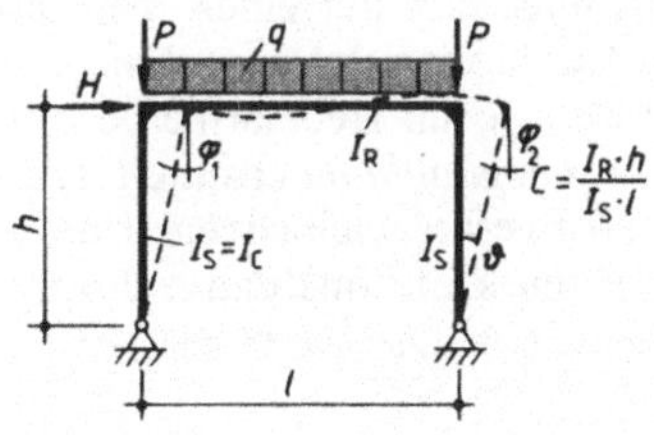

Bild **6**.19 Zweigelenkrahmen zum Beispiel 5

N_c bestimmte Werte (= Eigenwerte des Systems) an, so verschwindet D_N (= 0) und das Gleichungssystem ist unlösbar. Beim 1. Nulldurchgang ist die Knicklast des Systems erreicht. Da es jedoch unendlich viele solcher Nullstellen gibt und nur unterhalb des 1. Eigenwertes (Knicklast $N_\mathrm{e,ki}$) *stabiles Gleichgewicht* vorliegt, muss man sich vergewissern, dass die Determinante D_N „positiv definit" ist. Ansonsten ist es möglich, dass man mechanisch unsinnige Lösungen (z.B. „Verformungen entgegen der Last") erhält oder aber *instabile Gleichgewichtszustände* ermittelt.

Beispiel 5 (Bild 6.19)

Behandelt man den dargestellten Zweigelenkrahmen (Bild **6.19**) nach der Elastizitätstheorie mit Hilfe des DWV-II.O. unter Vernachlässigung der Stielkrümmungen gegenüber der Sehne und der – infolge H sowie den horizontalen Verschiebungen $\delta_\mathrm{h} = \vartheta \cdot h$ – ungleichen Stielnormalkräften, so erhält man für die EI_c/h-fachen geometrischen Unbekannten φ_1, φ_2 und ϑ folgende Steifigkeitsmatrix

$$D_\mathrm{N} = \begin{bmatrix} (3+4c) & 2c & -3 \\ 2c & (3+4c) & -3 \\ -3 & -3 & 2\cdot(3-\varepsilon^2) \end{bmatrix} \text{ mit } \varepsilon^2 = \frac{N\cdot h^2}{EI_\mathrm{S}}$$

Die Steifigkeitsmatrix ist symmetrisch und unterscheidet sich von der Theorie I. Ordnung nur durch den Ausdruck der letzten Zeile und Spalte: Nimmt die Stabkennzahl ε (Stielnormalkraft N einen bestimmten (kritischen) Wert an, so wird $D_\mathrm{N} = 0$ und das Gleichungssystem unlösbar. Für negative Werte von D_N ist die Lösung mechanisch unsinnig.

Es ist noch ein weiterer Umstand bei Anwendung der EDV von Bedeutung: In der Nähe des 1. Eigenwertes (Knicklast) kann es zu numerischen Schwierigkeiten kommen, die der Anwender nur bei sorgfältiger Prüfung der Ergebnisse (z.B. durch Untersuchung von benachbarten Lastzuständen) aufdecken kann. Da die (iterative) EDV-Berechnung mit einem geschätzten Verformungsvektor startet, kann sich der Rechner in unmittelbarer Nähe der Knicklast in ein unsinniges Ergebnis „festbeißen". Daher nochmals als oberstes Gebot: Der Anwender muss durch seine (theoretischen) Kenntnisse in der Lage sein, die Ergebnisse zuverlässig kontrollieren zu können.

6.2.4 Berechnung von Knicklängen bei Stabtragwerken

Will man die Einzelstäbe (i) eines Rahmentragwerkes mit Hilfe des *Ersatzstabverfahrens* nachweisen, müssen die Knicklängen s_Ki bekannt sein. In einfachen Fällen kann man sie über die β-Werte (z.B. nach [40]) – $s_\mathrm{Ki} = (\beta \cdot l)_\mathrm{i}$ – ermitteln oder der einschlägigen Literatur, z.B. [48], entnehmen. Andernfalls muss man sie selbst bestimmen durch Anwendung der Theorie II. Ordnung. Auf die Vielzahl der Berechnungsmöglichkeiten mit baustatischen oder energetischen Verfahren kann im Rahmen dieses Werkes nicht eingegangen werden, siehe [48].

Oftmals behilft man sich mit einer „baustatischen Näherung" durch Anwendung des in 6.2.2.3 beschriebenen Verfahrens: Im ausgeknickten Zustand werden die Momente infolge der Stabnormalkräfte und elastischen Hebelarme bestimmt und die repräsentativen Verformungsgrößen z.B. mit Hilfe der *Arbeitsgleichung* ermittelt. Das Verfahren ist anwendbar auf statisch bestimmte und unbestimmte Tragwerke, bleibt wegen des Rechenaufwandes jedoch auf einfache Systeme beschränkt. Dabei muss die qualitative Form der Knickbiegelinie möglichst zutreffend geschätzt werden, vgl. Bild **6.4**. Die Knicklast wird durch Nullsetzen der Nennerdeterminante bestimmt, siehe Bsp. 3.

Beispiel 6 (Bild **6.5**)

Für den in Beispiel 1 theoretisch behandelten Zweigelenkrahmen ist die Knicklast unter Vernachlässigung der Riegelnormalkraft und der ungleichen Stielnormalkräfte zu bestimmen.

Unter der Knicklast P_{Ki} stellt sich eine Knickbiegelinie ähnlich der Verformungsfigur nach Bild **6.7b** ein. Im Knickfall strebt der Stabdrehwinkel ϑ^{II} (6.14) gegen unendlich. Gleichung (6.14) lautet umgeschrieben

$$\vartheta^{II} \cdot \left[1 - \vartheta_{11}^{*} \cdot P_{Ki} \cdot h \right] = 1/2 \cdot H_E \cdot h \cdot \vartheta_{11} \tag{6.14a}$$

Für das *Stabilitätsproblem* wird nur das statische System unter bestimmten Normalkraftverhältnissen betrachtet; in Gl. (6.14a) ist daher $H_E = 0$ zu setzen. Dann ist Gl. (6.14a) für $\vartheta^{II} = 0$ und P_{Ki} beliebig bzw. für

$$\left[1 - \vartheta_{11}^{*} \cdot P_{Ki} \cdot h \right] = 0$$

lösbar. Nach P_{Ki} aufgelöst erhält man

$$P_{Ki} = \frac{1}{\vartheta_{11}^{*} \cdot h} \tag{6.21}$$

mit ϑ_{11}^{*} nach den Gin. (**6.13c**) und (**6.13d**)

Durch Vergleich dieser kritischen Last (ideale Knicklast) mit der Knicklast eines beidseitig gelenkig gelagerten Druckstabes gleicher Biegesteifigkeit und der gedachten Länge $s_K = \beta \cdot h$ erhält man

$$\frac{1}{\vartheta_{11}^{*} \cdot h} = \frac{\pi^2 \cdot EI_S}{\left(s_k \right)^2}$$

oder

$$s_k = \beta \cdot h = \left(\pi \cdot \sqrt{\frac{EI_S \cdot \vartheta_{11}^{*}}{h}} \right) \cdot h \tag{6.22}$$

Mit den Zahlenwerten des 2. Beispiels erhält man für den Rahmen (Bild **6.5**)

$$EI_S = 296{,}5 \cdot 10^3 \text{ kNm} \qquad \vartheta_{11}^{*} = 6{,}082 \cdot 10^{-5} \text{ 1/kNm} \qquad h = 8{,}0 \text{ m}$$

$$s_k = \pi \cdot \sqrt{\frac{296{,}5 \cdot 10^3 \cdot 6{,}082 \cdot 10^{-5}}{8{,}0}} \cdot h = 4{,}72 \cdot h = 37{,}73$$

Diese Größe kann verglichen werden mit den bekannten β-Werten der (alten) DIN 4114 [40], die auf ähnliche Weise abgeleitet wurden:

$$\beta = \sqrt{1 + 0{,}48 \cdot n} \cdot \sqrt{\frac{1}{2}(1+m)} \cdot \sqrt{4 + 1{,}4 \cdot c + 0{,}02 \cdot c^2} \tag{6.23}$$

mit

$N \leq 2$ Verhältnis der Pendelstiellasten zur größeren Stielnormalkraft
$m \leq 1$ Verhältnis der Stielnormalkräfte
$c \leq 10$ Reziprokwert von Gl. (6.13b)

In diesem Fall ist $m = 1$ und $n = 2\,k = 2{,}572 > 2$ und $c := 1/0{,}261 = 3{,}831 < 10$, näherungsweise (weil $n > 2$)

$$\beta = \sqrt{1 + 0{,}48 \cdot 2{,}572} \cdot \sqrt{1} \sqrt{4 + 1{,}4 \cdot 3{,}831 + 0{,}02 \cdot 3{,}831^2} = 4{,}65$$

(Abweichung $+ 1{,}5 \%$)

Das nichtlineare Tragverhalten des Rahmens unter Vertikal- und Horizontalkräften zeigt mit $\delta_h^{I,II} =$ Horizontalverschiebung des Knotens D nach Theorie I./II. Ordnung und P/P_{Ki} = Verhältnis der rechten Stielnormalkraft zu dessen Knicklast Bild **6.20**.

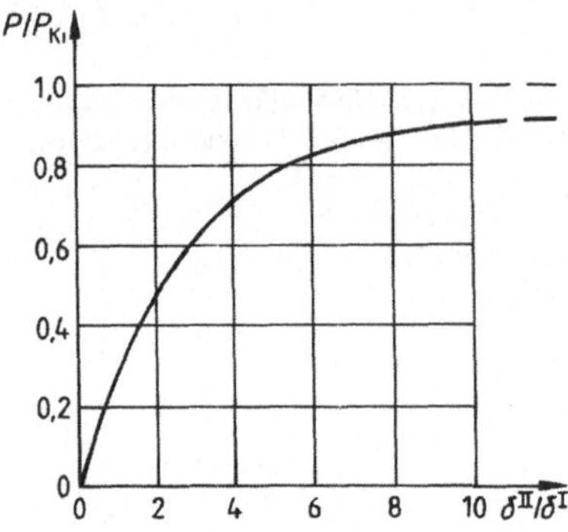

Bild **6.20**   Nichtlineares Tragverhalten bei Theorie II. Ordnung

Anwendung der Formeln und Diagramme nach DIN 18800-2

In der Norm ist ein Berechnungsverfahren angegeben und in [61] durch Beispiele erläutert, wie bei unverschieblichen und verschieblichen Systemen die Stielknicklängen iterativ bestimmt werden können. Es geht von dem in Gl. (6.27), s. Teil 1, definierten Verzweigungslastfaktor $\eta_{Ki} = N_{Ki}/N$ aus, der für alle Druckstäbe eines Stabwerkes bei fest vorgegebenen Verhältnissen der Stabdruckkräfte untereinander einen stets gleichen Wert hat. Aus Platzgründen wird auf die Wiedergabe der Formeln und Diagramme verzichtet und auf die Norm selbst sowie [61] bzw. [40] verwiesen. In letzterer Literaturangabe wird auch erläutert, wie angeschlossene Pendelstiele (P) erfasst und die errechneten Knicklängenbeiwerte β korrigiert werden können

Pendelstiele:
$$N = \sum N_j + \sum \frac{l_S}{l_{P,i}} \cdot N_{P,i} \qquad (6.24a)$$

Knicklängenbeiwert:
$$\beta_r = \sqrt{\frac{\eta_{Ki}}{\min \eta_{Ki,r}}} \cdot \beta_r \qquad (6.24b)$$

Die Bedeutung der Größen versteht sich mit der Norm von selbst.

Beispiel 7

Das Berechnungsverfahren wird auf den Rahmen nach Bild **6.**17a mit etwas vereinfachten (Bild **6.**17a) Zahlenwerten angewendet.

$$EI_R = 21 \cdot 10^3 \cdot 11\,770 \approx 25 \text{ MNm}^2$$

$$EI_S = 21 \cdot 103 \cdot 5\,700 \approx 12 \text{ MNm}^2$$

Unter Berücksichtigung der Pendelstiele erhält man

$$P = 18 \cdot 6{,}0/2 + 30 + 110/2 = 0{,}084 + 0{,}055 \approx 0{,}14 \text{ MN}$$

Im 1. Schritt wird das Tragwerk insgesamt betrachtet. Für die beiden Riegelanschlüsse gilt

$$\alpha = 4.$$

1. Schritt:

Stockwerk (o), $K_{S,o} = 0$

$$c_o = \cfrac{1}{1 + \cfrac{4 \cdot 25/6}{2 \cdot 12/4}} = 0,265 \qquad c_u = \cfrac{1}{1 + \cfrac{4 \cdot 25/6}{2 \cdot 12/4 + 2 \cdot 12/4}} = 0,419$$

Diagr.: $\Rightarrow \beta_{(o)} = 1,33 \qquad \eta_{Ki,(o)} = \left(\cfrac{\pi}{1,33 \cdot 4}\right)^2 \cdot \cfrac{2 \cdot 12}{4 \cdot 0,14} = 29,89$

Stockwerk (u)

$c_o = c_{u,(0)} = 0,419 \qquad c_u = 0$

Diagr.: $\Rightarrow \beta_{(u)} = 1,22 \qquad \eta_{Ki,(u)} = \left(\cfrac{\pi}{1,22 \cdot 4}\right)^2 \cdot \cfrac{2 \cdot 12}{4 \cdot 0,14} = 17,76$

Das obere Stockwerk ist wegen der geringeren Normalkraft wesentlich weniger knickgefährdet als das untere. Die Steifigkeit des mittleren Riegels wird daher geteilt und anteilsmäßig den beiden Stockwerken zugewiesen. Die Aufteilung wird geschätzt und solange variiert, bis die beiden Verzweigungslastfaktoren ungefähr gleich sind. Im vorliegenden Beispiel ist die Rechnung ausreichend genau bei der in (6.21b) vorgenommenen Verteilung:

2. Schritt:

Stockwerk (o)

$$c_0 = \text{wie im 1.Schritt} \qquad c_u = \cfrac{1}{1 + \cfrac{4 \cdot 0,175 \cdot 25/6}{2 \cdot 12/4}} = 0,673$$

Diagr.: $\Rightarrow \beta_{(u)} = 1,60 \qquad \eta_{Ki,(0)} = \left(\cfrac{\pi}{1,60 \cdot 4}\right)^2 \cdot \cfrac{12}{0,14} = 20,65$

Stockwerk (u)

$$c_0 = \cfrac{1}{1 + \cfrac{4 \cdot 0,825 \cdot 25/6}{2 \cdot 12/4}} = 0,304 \qquad c_u = 0$$

Diagr.: $\Rightarrow \beta_{(u)} = 1,135 \qquad \eta_{Ki,(u)} = \left(\cfrac{\pi}{1,135 \cdot 4}\right)^2 \cdot \cfrac{12}{2 \cdot 0,14} = 20,52$

Der Knicklängenbeiwert des oberen Stockwerkes wird über Gl. (6.24b) nicht mehr korrigiert. Die Knicklängen der Einzelstiele werden aus den $\beta_{(o,u)}$Werten wie folgt bestimmt:

$$s_{K,(o)} = \sqrt{\cfrac{2 \cdot 0,14 \cdot 12}{0,084 \cdot 2 \cdot 12}} \cdot 1,60 \cdot h = 2,07 \cdot h$$

$$s_{K,(u)} = \sqrt{\cfrac{4 \cdot 0,14 \cdot 12}{2 \cdot 0,084 \cdot 2 \cdot 12}} \cdot 1,135 \cdot h = 1,46 \cdot h$$

(Fehler gegenüber einer EDV-Berechnung: $s_{K,(o)} = 2,03 \cdot h \triangleq 2\,\%$.)

Die geometrische Deutung der Knicklängen geht aus Bild **6.21c** hervor.

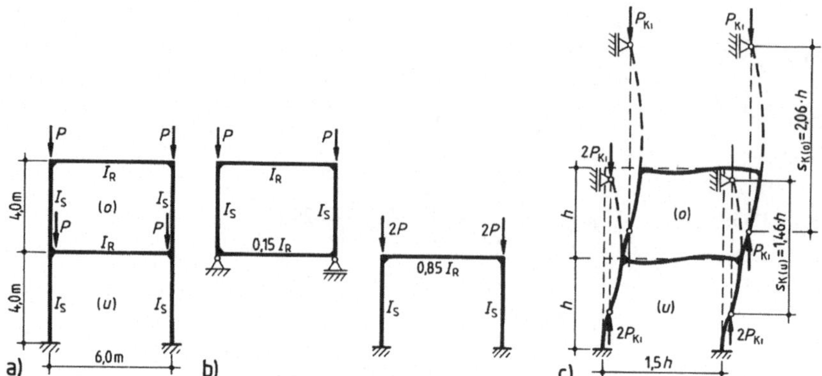

Bild **6.21** Knicklängenberechnung nach [14] durch Verteilung der Riegelsteifigkeiten a) System b)
Steifigkeitsverteilung c) geometrische Deutung der Knicklänge

6.3 Rahmenecken

In Rahmenecken (-knoten) werden die horizontal (geneigt) angeordneten *Rahmenriegel* mit den
vertikal (geneigt) stehenden *Rahmenstielen biegefest* zusammengefügt. Damit die in der statischen Berechnung als *starr* unterstellte Knotenverbindung tatsächlich auch gewährleistet ist, sind
i.d.R. besondere konstruktive Maßnahmen erforderlich. Diese ergeben sich aber auch aus der
zwangsläufigen Schnittkraftumlenkung vom Riegel $(N, M, V)_R$ auf den Stiel $(N, M, V)_S$. Sie findet auf einem begrenzten Stabwerksbereich (Knoten) statt und erzeugt daher einen nicht nur sehr
hohen, sondern gleichzeitig auch komplizierten Beanspruchungszustand im Rahmeneck. Dies
macht i. Allg. *Versteifungen* erforderlich in Form von *Rippen* zur Ein- und Fortleitung der
Flanschkräfte oder *Vouten* zur Vergrößerung des Kraftumlenkungsbereiches. Sie sind *lohnintensiv*, sodass es nicht an Versuchen fehlt, sogenannte *steifenlose Rahmenecken* auszuführen.

Eine zu starke Ausdünnung dieser hochbeanspruchten Tragwerkspunkte hält der Verfasser nicht
unbedingt für sinnvoll aus folgenden Gründen:

–   Die Stabilität des Gesamttragwerkes hängt im hohen Maße von der Steifigkeit der Knoten-
    punkte ab.
–   Alle Nachweise für Rahmenecken basieren auf mechanischen Rechenmodellen, die mit den
    praktischen Ausführungen nur bedingt übereinstimmen. Konstruktive Reserven sind bei zu
    schwacher Ausbildung nicht vorhanden.
–   Unversteifte Rahmenecken müssen in der statischen Berechnung als nachgiebige Knotenver-
    bindungen (drehelastisch-drehplastische Federn) berücksichtigt werden. Die Rahmensteifig-
    keit nimmt u.U. deutlich ab, der Berechnungsaufwand jedoch beträchtlich zu.
–   Infolge der abgeminderten Biegesteifigkeit im Rahmeneck nehmen die Feldschnittgrößen (des
    Riegels) entsprechend zu.
–   Aus vorhergenannten Gründen sind die Riegel und fallweise auch die Stiele kräftiger auszu-
    bilden und kompensieren durch höheren Materialeinsatz Einsparungen an Lohnkosten in den
    Knotenpunkten.

Aus den genannten Gründen werden daher die *ausgesteiften* Rahmenecken vorab und ausführlicher behandelt.

6.3.1 Grundformen ausgesteifter Rahmenecken

6.3.1.1 Geschweißte Rahmenecken

In Bild **6.**22 sind einige typische Konstruktionsprinzipien von geschweißten Rahmenecken dargestellt. Sie werden in der Werkstatt (in Ausnahmefällen auf der Baustelle/Einbauort) hergestellt.
Die dann fallweise erforderlichen Schraubstöße (z.B. aus Transport- oder Montagegründen) liegen im Rahmenriegel oder -stiel. Die unterschiedlichen Ausführungsformen sollen nur in ihren
wichtigsten Merkmalen beschrieben werden.

In Ausführung a) und b) sind die Verbindungen der Riegel mit den Stielen *ohne Voute* dargestellt.
Das Eckblech wird u.U. dicker ausgeführt (a) oder das Rahmeneck durch eine *Schrägsteife* verstärkt. Beide Ausführungen sind nur bei mäßigen Schnittgrößen möglich. Eine Stegblechverstärkung sollte stets bis an die Flansche des zu verstärkenden Stabes geführt werden (Detail „A"), da
die hohen Schubkräfte im Eckblech über die Flansche (und Aussteifungsrippen) eingeleitet werden. Die hier zugelegten Steglaschen werden der Ausrundung angepasst und müssen am Flansch
angeschweißt werden. Die Beilagen müssen dick genug sein, um die Schweißnaht aus dem Bereich evtl. Seigerungszonen in der Ausrundung herauszuhalten; als statisch wirksame Dicke der
Beilagen darf jedoch nur die Dicke der Anschlussschweißnähte angesetzt werden.

Bei Schrägsteifen werden Anhäufungen von Schweißnähten vermieden, wenn im Kreuzungspunkt der Flansche und Rippen ein Rund- oder Vierkantstahl eingeschweißt wird. Eine solche
schweißgerechte Ausführung ist indes teuer. Im Teilbild c), d) sind Verbindungen oberer Rahmenriegel mit den Stützen schematisch dargestellt. Im Fall c) läuft der Rahmenriegel über die
Stütze, im häufigeren Fall d) dagegen die Stütze durch. In den *Knickpunkten* der Flansche sind
Rippen angeordnet, die eine (übermäßige) Verbiegung der Flansche infolge der Kraftresultieren-
den aus den Flanschkräften (s. e) verhindern. Wie auch in den Bildern e), f) und g) (sowie i) und
j)) ist der Rahmenriegel (Stiel) *voutenförmig* von der Höhe h_R' (= Flanschabstand des ursprünglichen Riegelquerschnittes) auf die künstliche Höhe h_V' aufgezogen, um den Hebelarm der inneren
(Flansch-) Kräfte aus dem Riegelmoment zu vergrößern. Dadurch reduzieren sich die Schubspannungen im Eckblech und die Flanschanschlussgrößen zur Dimensionierung der erforderlichen
Schweißnähte (bzw. Schrauben bei geschraubtem Riegelanschluss). Bei g) und h) sind beidseitige
Vouten (im Riegel bzw. Stiel) angeordnet. Teilbild i) und j) stellt Rahmenecken mit „langen Vouten" dar, die im Hallenbau üblich sind. Soll die lange Voute nicht nur örtlich (im Rahmeneck)
wirksam werden, sondern auch in die Steifigkeitsverhältnisse der Rahmenberechnung eingehen,
so wählt man ihre Länge $h_V' \approx$ (1/12 bis 1/8) $\cdot l$ und ihre Höhe $h_V' \approx$ (1,5 bis 2,0) $\cdot h_R'$, l = Hallen-
stützweite, h_R' = Riegelhöhe, s. Bild **6.**22i. Der Voutenbereich wird dann als gesonderter Stab
mittlerer Voutensteifigkeit rechnerisch erfasst; dadurch verringern sich die Verformungen und die
Riegelfeldmomente.

Zur Vermeidung von Eckverstärkungen werden auch Stöße über *Gehrungsschnitte* (k, l) mit oder
ohne Zwischenblech bei geringer Beanspruchung ausgeführt. Diese Verbindungsart ist auch geeignet bei Hohlprofilen m), n), Ausführungsregeln hierzu s. [39], [44]. Auf weitere Einzelheiten
der unterschiedlichen Ausführungsformen soll nicht detaillierter eingegangen, sondern die Prob-
lematik aller konstruktiven Lösungen durch wenige Grundregeln festgehalten werden:

1) Geschweißte Rahmenecken weisen örtlich und fallweise eine Anhäufung von Schweißnähten
   auf, die zu räumlichen Spannungszuständen mit der Gefahr einer *Versprödung* neigen.
   Eine sorgfältige Auswahl der Werkstoffgüten [36] und Schweißfolgepläne (eine Aufgabe des
   Schweißfachingenieurs (SFI)) ist unbedingt erforderlich.

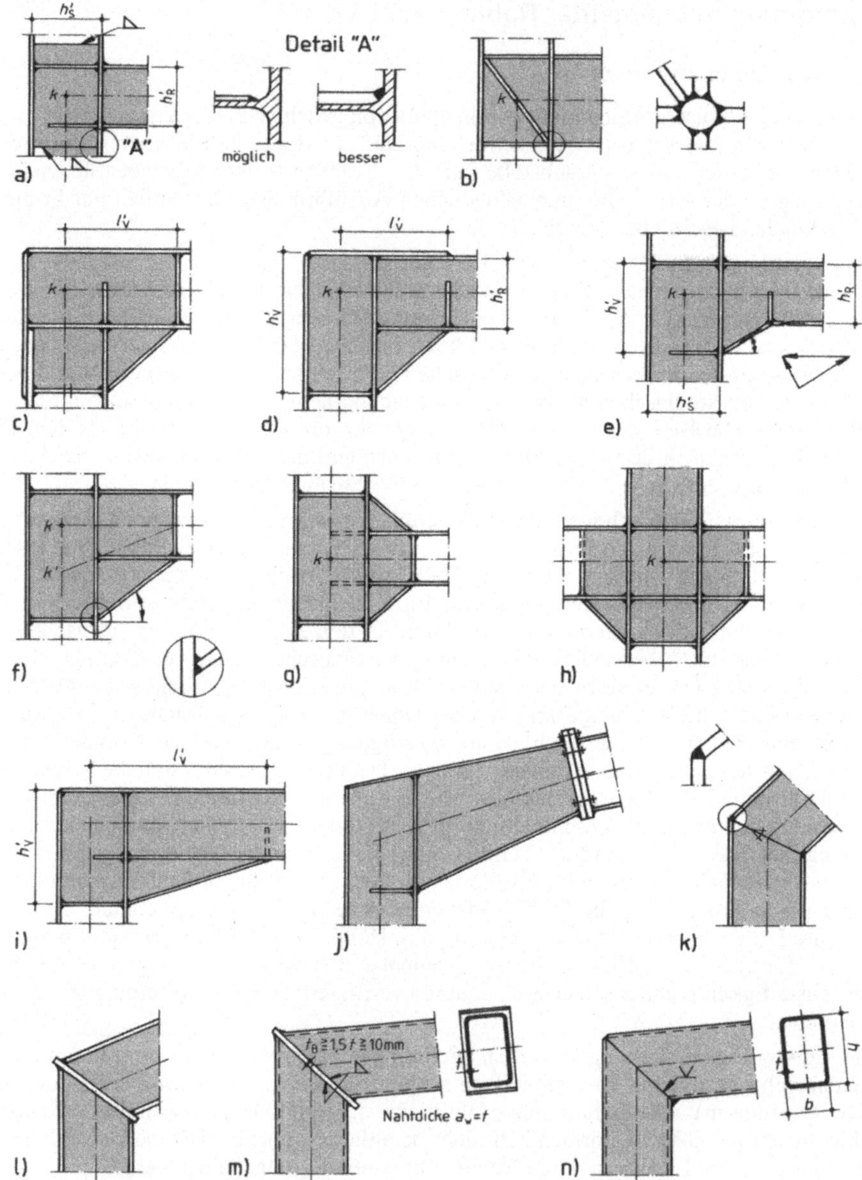

Bild **6.22**   Geschweißte Rahmenecken
a) ohne Eckverstärkung
b) mit Schrägsteife
c) bis f) mit einseitiger Voute
g) bis h) mit beidseitiger Voute
i) bis j) mit langer Voute im Hallenbau
k) bis l) mit Gehrungsschnitt
m) bis n) mit Gehrungsschnitt bei Hohlprofilen

2) Je nach Ausbildungsform werden Bleche (Flansche) durch direkte Verbindungen über Kehl-, K- oder Stumpfnähte kraftschlüssig angeschlossen und verursachen hohe Beanspruchungen in Dickenrichtung der Teile, an die angeschlossen werden soll. Für diese besteht dann eine *Rissegefahr* infolge *Doppelungen* oder eines *Terrassenbruches*. Über eine Güteprüfung der Werkstoffe (Druchschallen, Strahlen) und entsprechende Auswahl der Schweißnähte kann dieser Gefahr vorgebeugt werden.

3) Die Schweißtechnik verursacht zwangsläufig infolge der Wärmeeinbringung und des unterschiedlichen Abkühlungsverhaltens innerhalb der Schweißkonstruktion geometrische Verformungen, die z.B. bei durchlaufenden Stielen im Anschlusspunkt der Riegel zu deutlichen Knicken führen können.

Bei Beachtung dieser Gesichtspunkte lassen sich ausreichend tragfähige Detaillösungen finden. Die hier aufgeführten Grundsätze gelten natürlich auch für Rahmenecken, die im Kreuzungspunkt der Stäbe verschraubt werden, aber vergleichbare Anschlussdetails aufweisen.

In den Berechnungs- und Ausführungsbeispielen wird auf weitere Besonderheiten fallweise hingewiesen.

6.3.1.2 Geschraubte Rahmenecken

Die üblichen Konstruktionsformen sind natürlich den geschweißten Rahmenecken sehr ähnlich; aus diesem Grund sind in Bild **6**.23 nur einige Fälle aufgeführt:

In Teilbild a), b) ist die *übergreifende Zuglasche* am Stiel (Riegel) angeschweißt und mit dem Riegel (Stiel) verschraubt. Die Querkraftübertragung erfolgt im Fall a) über eine am Riegel angeschweißte und mit dem Stiel verschraubte Stirnplatte. Die vertikalen Schrauben sollten wegen der unterschiedlichen Steifigkeit der Zuglasche und des auf Biegung beanspruchten Stirnbleches zur Biegemomentenübertragung nicht herangezogen werden. Im Bild c) erfolgt der Riegelanschluss über eine *typisierte, überstehende Stirnplatte* [45], die jetzt wesentlich steifer als im Fall a) auszubilden ist. Als Schrauben kommen hier nur *vorgespannte, hochfeste Schrauben* in Frage. Bei Verwendung *roher Schrauben* benötigt man wesentlich mehr Verbindungsmittel und muss den Riegel dadurch mit einer Voute versehen, e). Bei wechselnden Momenten sind fallweise *Doppelvouten*, Teilbild d) erforderlich. Verschraubte *Gehrungsstöße* werden wiederum mit *biegesteifen Stirnplatten* ausgeführt. Für Zweigelenkrahmen aus IPE-Profilen kann man sich sowohl statisch als auch konstruktiv an [35 d] halten.

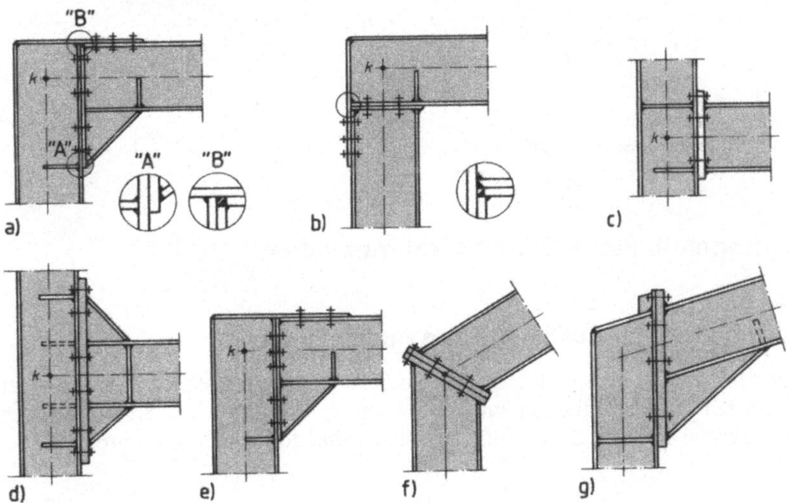

Bild **6**.23
Geschraubte Rahmenecken

6.3.1.3 Rahmenecken mit Gurtausrundungen

Voll geschweißte Rahmenecken mit Gurtausrundungen (Bild **6**.24) wurden früher (bei geringeren Lohnkosten) häufig aus optischen Gründen ausgeführt. Durch die kontinuierliche Kraftumlenkung der Flanschkräfte entstehen in ihnen radial gerichtete Umlenkkräfte, die die Flansche auf Querbiegung beanspruchen. Am Innengurt sind aus diesen Gründen – insbesondere bei kleineren Krümmungsradien – relativ dicht angeordnete Kraftumlenkungsrippen erforderlich (b, d, ... f), es sei denn, man hält den Druckflansch bei großer Dicke recht schmal und verstärkt das Stegblech (c). Bei großen Ausrundungsradien genügt u.U. eine Rippe in Richtung der Winkelhalbierenden (a). Die Ausführung des Baustellenschweißstoßes in Bild **6**.24f wird durch die vorgesehenen Montagewinkel erleichtert.

Solche Lösungen führt man heute nur noch selten, z.B. bei sehr hohen oder dynamischen Beanspruchnungen aus.

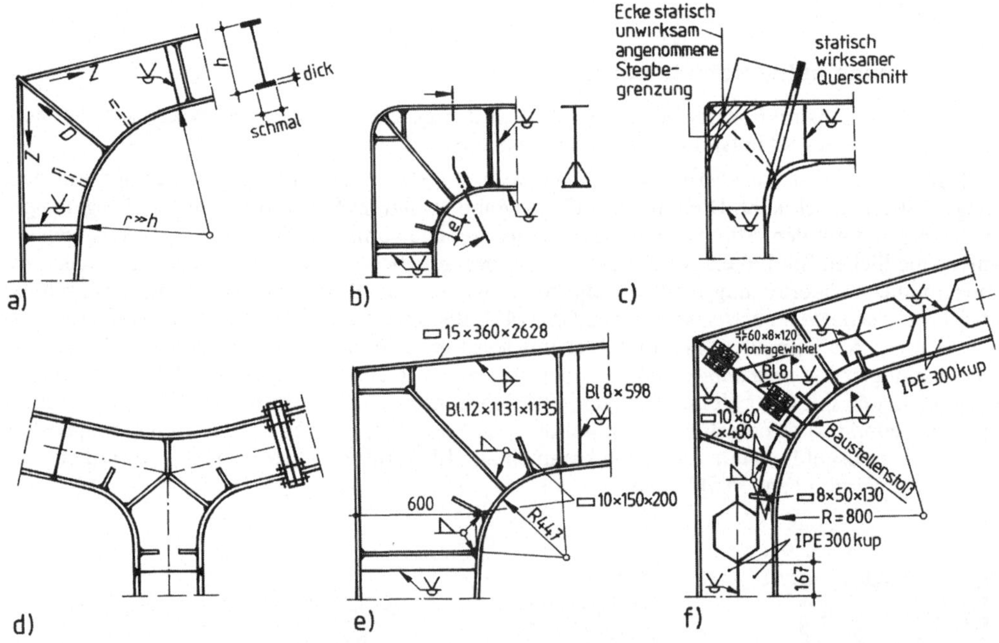

Bild **6**.24   Rahmenecken mit Gurtausrundungen

6.3.2 Beanspruchungen in ausgesteiften Rahmenecken

6.3.2.1 Berechnungsmodelle für Eckbleche und Aussteifungen

Die im Rahmenknoten vom Riegel und Stiel ankommenden Schnittgrößen stehen untereinander und fallweise mit den im Knoten angreifenden äußeren Lasten im Gleichgewicht. Im einfachsten Fall ohne äußere Knotenlasten (Bild **6**.25) entsprechen sich daher folgende Schnittgrößen (R = Riegel, S = Stiel):

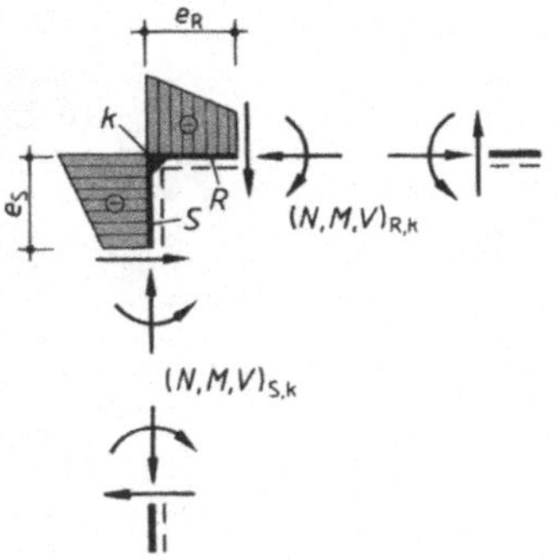

$$N_R \triangleq V_S$$

$$V_R \triangleq N_S \tag{6.25}$$

$$M_R \triangleq M_S \quad \text{bzw.} \quad N_{Fl,h}^{M_R} \rightarrow N_{Fl,v}^{M_S}$$

Bild **6.25** Schnittgrößen im Rahmeneck

Fasst man die Biegemomente schließlich jeweils als ein Flanschkräftepaar ($N_{Fl,h}^{M_R}$, $N_{Fl,v}^{M_S}$, h = horizontal, v = vertikal) auf, so findet im Rahmeneck eine reine Kraftumlenkung statt. Der tatsächliche Beanspruchungszustand ist äußerst kompliziert; unter Beachtung der Gleichgewichtsbedingungen und eines mechanisch plausiblen Verzerrungszustandes lassen sich jedoch *einfache Tragmodelle* ableiten, die auch in einer hinreichend genauen Übereinstimmung mit Versuchen bzw. neueren FEM-Methoden stehen. Bei diesem *Berechnungsmodell* werden die im Rahmeneck vorhandenen Stegbleche gedanklich von den Flanschen gelöst und an den Schnittkanten die freigesetzten Reaktionskräfte (nach *d'Alembert* (1717 – 1787) gegengleich) angetragen. Die Flansche bzw. Steifen seien gelenkig miteinander verbunden.

Von den Biegemomenten und Normalkräften wird vereinfachend angenommen, dass sie allein von den Flanschen aufgenommen (übertragen) werden, während die Querkräfte ohnehin nur in den Stegen vorhanden sind. Nach dieser Aufteilung werden die Kräfte an den entsprechenden Teilflächen als „äußere Lasten" angesetzt und längs der vertikalen und horizontalen bzw. schrägen Ränder die Gleichgewichtsbedingungen aufgestellt. Man erhält die zuvor erwähnten Reaktionskräfte im Eckblech des Rahmenknotens, aus denen sich die Beanspruchungen (σ), τ errechnen lassen. Dabei werden natürlich nicht die Schnittgrößen im *Systempunkt* (k) zugrunde gelegt, sondern die Größen am jeweiligen *Rahmeneckanschnitt*. Mit den in Rahmenecken üblicherweise vorhandenen Schnittgrößen (Bild **6.25**) und $e_{R,S}$ = Abstand des Anschnittes im Riegel bzw. Stiel wird, falls keine (oder vernachlässigbare) Knotenlasten angreifen:

$$M_R := M_{R,k} - V_R \cdot e_R \qquad N_R := N_{R,k} \qquad V_R := V_{R,k}$$

$$M_S := M_{S,k} - V_S \cdot e_S \qquad N_S := N_{S,k} \qquad V_S := V_{S,k} \tag{6.26}$$

Für *4 typische Fälle* werden die Beanspruchungen abgeleitet bzw. angeschrieben.

Wichtig: Für alle Ableitungen werden die mit Richtungssinn eingetragenen Knotenschnittgrößen (abweichend von den üblichen Bezeichnungen) als *positiv* betrachtet.

Fall 1 - Knieeck ohne Voute (Bild **6.26**)

Im Teilbild a) sind die Abmessungen und b) die bereits aufgeteilten Schnitt- und Reaktionskräfte eingetragen. Die Höhen h' beziehen sich auf die Flanschabstände, s_E ist die Blechdicke im Eckblech. Die Anschnittmomente sind

$$M_R = M_{R,k} - V_{R,k} \cdot h_R' / 2 \qquad M_S = M_{S,k} - V_{S,k} \cdot h_R' / 2 \tag{6.27}$$

Das horizontale Kräftegleichgewicht (Bild **6.26**b) liefert

$$\textit{oben:} \quad T_0 = M_\text{R}/h'_\text{R} - N_\text{R}/2 \quad = \frac{M_\text{R,k}}{h'_\text{R}} - V_R \cdot \frac{h'_\text{S}}{2 \cdot h'_\text{R}} - \frac{N_\text{R}}{2} \tag{6.28}$$

$$\textit{unten:} \quad T_\text{u} = M_\text{R}/h'_\text{R} + N_\text{R}/2 - V_\text{S} = \frac{M_\text{R,k}}{h'_\text{R}} - V_R \cdot \frac{h'_\text{S}}{2 \cdot h'_\text{R}} + \frac{N_\text{R}}{2} - V_\text{S}$$

Mit $V_\text{S} = N_\text{R}$, Gl. (6.25), wird

$$T_0 = T_\text{u} \tag{6.29}$$

Aus dem Gleichgewicht der vertikalen Kräfte folgt analog

$$\textit{links:} \quad T_\text{r} = T_1 = M_\text{S}/h'_\text{R} - N_\text{S}/2 \quad = \frac{M_\text{S,k}}{h'_\text{S}} - V_\text{S} \cdot \frac{h'_\text{S}}{2 \cdot h'_\text{S}} - \frac{N_\text{S}}{2} \tag{6.30}$$

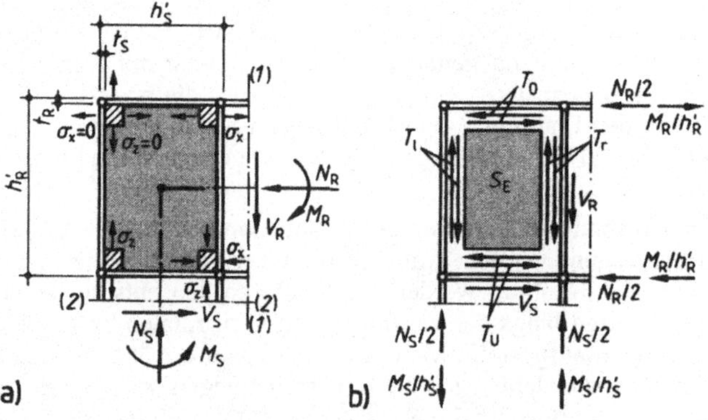

Bild **6.26** Berechnungsmodell für Rahmenecken mit flanschparallelen Stielen und Riegeln

Es wird angenommen, dass die Schubkräfte T sich gleichmäßig über die entsprechenden Breiten/Längen des Eckbleches verteilen – dann sind die Normalspannungen in den Steifen bzw. Flanschen an den kraftfreien Rändern identisch Null, wie es auch sein muss – und man erhält

$$t = t_\text{o,u} = T_\text{o,u}/h'_\text{S} = \frac{M_\text{k}}{h'_\text{R} \cdot h'_\text{S}} - \frac{1}{2} \cdot \left(\frac{V_\text{R}}{h'_\text{R}} + \frac{N_\text{R}}{h'_\text{S}} \right) = t_\text{l,r} \tag{6.31}$$

Somit gilt auch für die im Eckblech wirksamen Schubspannungen τ_E

$$\tau_\text{E} = t/s_\text{E} = \textbf{konst} \tag{6.32}$$

das (notwendige) mechanische Gesetz von der „Gleichheit zugeordneter Schubspannungen". Damit ist der Beanspruchungszustand im Eckbereich vollständig beschrieben. Für den Tragsicherheitsnachweis gegen Fließen wird in einigen Abhandlungen angenommen, dass im rechten unteren Eckbereich des Eckbleches (Bild **6.26**a) aus Kontinuitätsgründen natürlich eine vollständige Schnittkraftaufteilung allein auf die Flansche noch nicht stattgefunden haben kann und im (eng schraffierten) Einheitselement aus Sicherheitsgründen auch noch Normalspannungen aus N und M (theoretisch) vorhanden sind. Teilt man jedoch die Schnittgrößen konsequent auf und berücksichtigt das Fließvermögen des Werkstoffes, so hält es der Verfasser nicht für notwendig, die erwähnten Restspannungen im *Vergleichsspannungsnachweis* zu berücksichtigen, da sie dort ja (zusätzlich noch) in dem 3fach eingehenden Schubspannungsanteil enthalten wären.

Die Kräfte in den horizontalen *Steifen des Stieles* ergeben sich aus T_o bzw. T_u.

Fall 2 - Knieeck mit Voute (Bilder **6.27, 6.28**)

Diese Konstruktionsform mit einer 45°-Voute – insbesondere nach Bild **6.28** – trifft man überwiegend im Industriehochbau an, wo ästhetische Anforderungen an „elegante" Knotenpunkte hinter jenen der Zweckmäßigkeit und Kosten stehen. Mechanisch etwas allgemeiner ist die Ausführungsform in Bild **6.27**; der Riegel ist auf eine Höhe von h'_V aufgezogen. Das Voutendreieck wird aus einem Riegelreststück hergestellt und mit diesem verschweißt. Die Verbindungsmittel zwischen Riegel und Stiel sollen hier nicht betrachtet werden.

Die aus Bild **6.25** ableitbaren Anschnittgrößen (Schnitt 1 – 1 bzw. 3 – 3 und 2 – 2) sind in Bild **6.27** bereits auf die Teilflächen (Flansch, Steg) verteilt. Die Gleichgewichtsbedingungen werden verkürzt und in ihrer endgültigen Form angeschrieben.

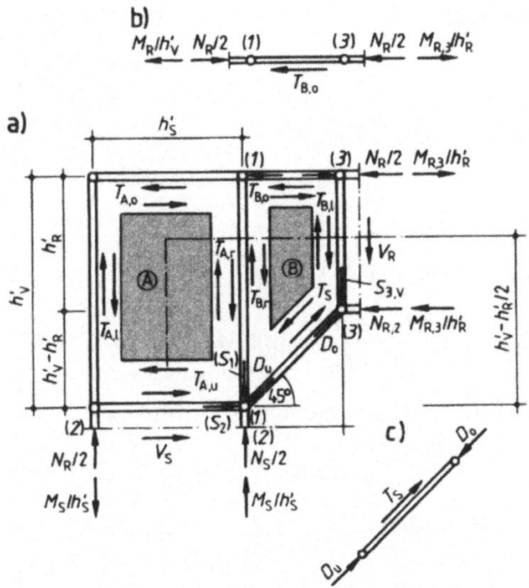

Bild **6.27** Berechnungsmodell für Rahmenecken mit Voute

Fall 2a – Bild **6.27**

Der gedrückte Riegelunterflansch läuft hier nicht bis zur Stütze durch und wird durch die unter 45° geneigte Schrägsteife ersetzt. Dadurch hat das Eckblech „B" einen geneigten (unteren) Rand. Die Gleichgewichtsbedingungen für die beiden Eckbleche (A, B) und die Ecksteifen werden getrennt aufgestellt und ausgewertet. Da die Systemlinie durch die Voute im Eckbereich einen Knick erfährt, entsteht durch die Normalkraft des Riegels ein „Versatzmoment" ($k \rightarrow k'$), welches aus Vereinfachungsgründen vernachlässigt wird. Im Schnitt 2 – 2 ist dann

$$M_S = M_{S,k} - V_S \cdot h'_V / 2 \tag{6.33}$$

Gleichgewicht am Eckblech A: Mit den Bezeichnungen des Bildes **6.27** und den Anschnittgrößen in 1 – 1 bzw. 2 – 2 gelten für die Kräfte $T_{A,o}$ und $T_{A,u}$ die Gl. (6.28), wenn h'_R durch h'_V ersetzt wird.

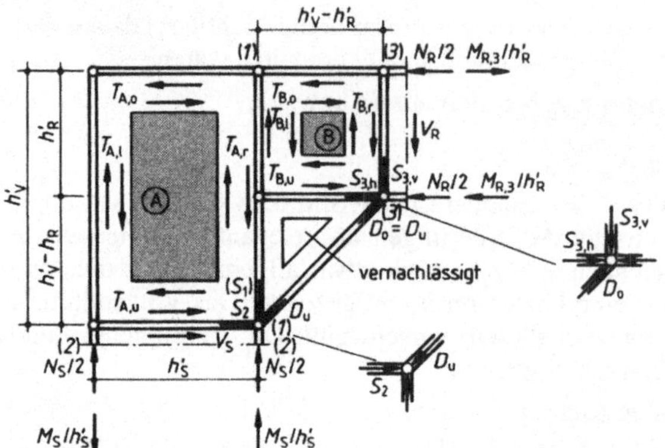

Bild **6.28**   Variante zu Bild **6.27**

Für $T_{A,l}$ und $T_{A,r}$ gilt Gl. (6.30) mit $h'_R := h'_V$. Der Schubfluss t_A wird nach Gl. (6.31) mit h'_V (anstelle h'_R) bestimmt und die Schubspannungen betragen

$$\tau_{E,A} = t_A / s_{E,A} \qquad (6.32\,a)$$

Gleichgewicht am Eckblech B: Hierzu betrachten wir Teilbild **6.27b** mit

$$M_{R,3} = M_{R,k} - V_R \cdot \left(\frac{h'_S}{2} - h'_V - h'_R \right) \qquad (6.34)$$

Aus dem Gleichgewicht längs des oberen Flansches zwischen (1) – (3) folgt

$$T_{B,o} = \frac{M_{R,3}}{h'_R} - \frac{M_R}{h'_V} = [M_k - V_R \cdot (h'_S / 2 + h'_V)] \cdot \frac{h'_V - h'_R}{h'_V \cdot h'_R} \quad \text{mit } M_R \text{ nach (6.27)).(6.35)}$$

Dann ist die Schubkraft T_S am schrägen Rand wegen $\Sigma H = 0$ (betragsmäßig)

$$T_S = T_{B,o} \cdot \sqrt{2} \qquad (6.36)$$

Die Momentengleichgewichtsbedingung der Schubkräfte fordert

$$T_{B,l} = T_{B,o} \cdot \frac{h'_R}{h'_V - h'_R} \qquad (6.37)$$

und das Vertikalkraftgleichgewicht

$$T_{B,r} = T_{B,l} + T_S / \sqrt{2} = T_{B,l} + T_{B,o} \qquad (6.38)$$

Damit ist das Gleichgewicht im Eckblech „B" erfüllt.

Allerdings ist wegen der schräg gerichteten Kraft T_S der Schubfluss längs der Ränder nicht konstant. Man begnügt sich rechnerisch mit einem mittleren Schubfluss (gemittelte Schubspannung) aus

$$t_{B,u} = t_{B,o} = [M_k - V_R \cdot (h'_S / 2 + h'_V)] / (h'_V \cdot h'_R) \qquad (6.39a)$$

und

$$t_{B,l} = t_{B,o} \cdot h'_R / h'_V \qquad\qquad t_{B,r} = t_{B,o} \cdot h'_V / h'_R \qquad (6.39b)$$

Ein *Rundschnitt* im Punkt (1) liefert

$$D_u = \left[\frac{M_k}{h_V'} - \frac{1}{2} \cdot \left(V_R \cdot \frac{h_S'}{h_V'} - N_R\right)\right] \cdot \sqrt{2} \tag{6.40}$$

$$S_2 = D_u / 2 \tag{6.41}$$

und das Gleichgewicht längs der Schrägsteife

$$D_o = D_u + T_{B,o} \cdot \sqrt{2} \ . \tag{6.42}$$

Die Steifenkraft $S_{3,V}$ erhält man aus

$$S_{3,V} = T_{B,r} + V_R \tag{6.43}$$

Fall 2b – Bild **6.28**

Diese übliche Ausführung führt den Riegel bis an den Stiel heran. Aus Vereinfachungsgründen wird auf eine Mitwirkung des kleinen, dreieckförmigen Eckbleches verzichtet, es stützt die Schrägsteife lediglich gegen Knicken. Die Formeln des Falles 2a können weitgehend übernommen werden mit folgenden, hier nicht abgeleiteten Änderungen.

Eckblech A: – Wie im Fall 2 a

Eckblech B:

$$T_{B,u} = T_{B,o} = S_{3,h} \qquad \text{nach Gl. (6.35)}$$

$$T_{B,l} = T_{B,r} \qquad \text{nach Gl. (6.37)}$$

$$D_u = D_o \qquad \text{nach Gl. (6.40)}$$

$$S_2 = S_{3,V} \qquad \text{nach Gl. (6.41)}$$

$$t_{B,o} = t_{B,l} = T_{B,o}/(h_V' - h_R') \tag{6.44}$$

Fall 2c - T-Eck mit einseitiger Voute – Bild **6.29**

Diese Ausführung wird in mehrstöckigen Rahmen benötigt. Das Knotengleichgewicht lautet

$$N_{S,u} = N_{S,o} + V_R \tag{6.45a}$$

$$V_{S,u} = V_{S,o} + N_R \tag{6.45b}$$

$$M_{R,k} = M_{S,k,o} + M_{S,k,u} \tag{6.45c}$$

Das Anschnittmoment in den Stielen bezogen auf k' ist

$$M_{S,o} = M_{S,k,o} - V_{S,o} \cdot h_V' / 2$$

$$M_{S,u} = M_{S,k,o} - V_{S,u} \cdot h_V' / 2 \tag{6.46}$$

M_R nach Gl. (6.27), $M_{R,3}$ nach Gl. (6.34).

Eckblech A:

$$T_{A,l} = T_{A,r} = (M_{S,o} + M_{S,u})/h_S' - V_R/2 \tag{6.47a}$$

$$T_{A,o} = T_{A,u} = M_R/h_V' - N_R/2 - V_{S,o} \tag{6.47b}$$

Alle anderen Schnitt- und Steifenkräfte wie im Fall 2 b.

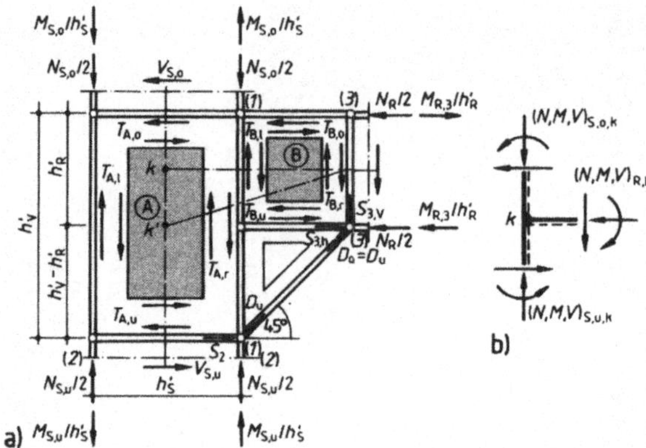

Bild **6.29**   Berechnungsmodell für Rahmenecken mit über das Rahmeneck durchlaufendem Stiel

Fall 3 - T-Eck mit Doppelvoute – Bild **6.30**

Solche Ecken trifft man im schweren Apparategerüstbau und bei Kesselgerüsten oder Vierendeelträgern (Bild **6.**1e) an. Die dreieckigen Eckbleche werden wie zuvor vernachlässigt.

Eckblech A

$$T_{A,l} = T_{A,r} \qquad\qquad\qquad\qquad \text{nach Gl. (6.47 a)}$$

$$T_{A,o} = T_{A,u} = T_{A,l} \cdot h_S' / h_V' \qquad\qquad\qquad (6.48)$$

Eckblech B

$$T_{B,l} = T_{B,r} = 2\,M_R / h_V' - V_R \qquad\qquad\qquad (6.49)$$

$$T_{B,o} = T_{B,u} \qquad\qquad\qquad\qquad \text{nach Gl. (6.35)}$$

Steifen

$$D = (M_R / h_V' + N_R / 2) \cdot \sqrt{2} \qquad\qquad\qquad (6.50\ \text{a})$$

$$Z = D - N_R \cdot \sqrt{2} \qquad\qquad\qquad\qquad (6.50\ \text{b})$$

M_R nach Gl. (6.27), $M_{R,3}$ nach Gl. 6.34

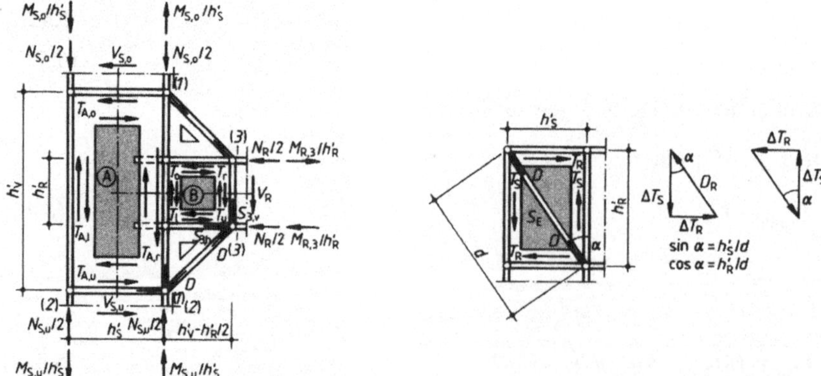

Bild **6.30**   Berechnungsmodell für Rahmenecken mit beidseitiger Riegelvoute

Bild **6.31**   Berechnungsmodell für Rahmenecken mit Schrägsteife

Fall 4 - Knieeck mit Schrägsteife (Bild **6.**31)

Wenn im *Fall I* das Eckblech mit der Dicke s_E nicht ausreicht, um die Schubkräfte T_0, T_1 – Gln. (**6.**28), (**6.**30) – zu übertragen und will man das Einschweißen einer Stegverstärkung wie in Bild **6.**22a oder **6.**36 vermeiden, kann man die nicht aufnehmbaren Differenzschubkräfte ΔT_R und ΔT_S über eine Druckstrebe aufnehmen. Die vom Eckblech mit s_E unter Berücksichtigung der Grenzschubspannung $\tau_{R,d}$ aufnehmbaren Schubkräfte T_R bzw. T_S

$$T_R = \tau_{R,d} \cdot s_E \cdot h'_V \tag{6.51a}$$

$$T_S = \tau_{R,d} \cdot s_E \cdot h'_R \tag{6.51b}$$

werden von T_0 bzw. T_1 abgezogen und liefern

$$\Delta T_R = T_0 - T_R \tag{6.52a}$$

$$\Delta T_S = T_1 - T_S \tag{6.52b}$$

Mit $D_R = \Delta T_R / \sin \alpha$, $D_S = \Delta T_S / \cos \alpha$ und den geometrischen Beziehungen in Bild **6.**31 wird

$$D = (D_R + D_S)/2 = d \cdot (t - \tau_{R,d} \cdot s_E) \tag{6.53}$$

mit

d Diagonalenlänge

t Schubfluss nach Gl. (**6.**31)

Aus Sicherheitsgründen kann man $\tau_{R,d}$ über den Vergleichsspannungsnachweis, Gl. (2.20), s. Teil 1, noch reduzieren, wenn die Normalspannungen aus N und M, zumindest teilweise berücksichtigt werden. Auch kann die aufnehmbare Schubspannung durch die Grenzbeulspannung (s. Abschn. 2) begrenzt sein, die aber durch das Einziehen der Steife wesentlich angehoben wird und dann kaum noch maßgebend ist. Für die dreiseitig gelagerte Steife muss u. U. der Beulnachweis geführt werden, wenn die grenz (*b/t*)-*Werte* nach Tafel **2.**4, Teil 1 nicht eingehalten sind.

Abschließend sei noch auf die Berechnung bei durchlaufenden Riegeln hingewiesen, Bild **6.**32: Dieser Fall lässt sich stets zurückführen auf den einfachen Fall des *Knieeckes*, da er sich zusammensetzt aus einer reinen *Durchlaufwirkung*, Teilbild b) und einer *Rahmeneckwirkung*, Teilbild c). Hier wirken nur noch im rechten (oder linken) Riegel die *Differenzschnittkräfte*

$$\Delta\left[(N,V,M)_R\right]_l^r \quad \text{bzw.} \quad (N_S - 2V_{R,l}, \ M, V)_S \tag{6.54}$$

mit

$[\ ]_l^r$ Differenz der Riegelschnittgrößen rechts – links

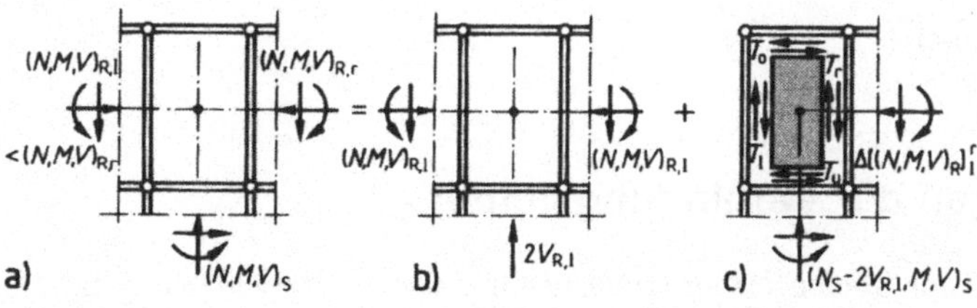

Bild **6.**32 Rahmeneck bei durchlaufendem Riegel

6.3.2.2 Umlenkkräfte bei ausgerundeten Rahmenecken

Ausgerundete Rahmenecken sind wie *Träger mit starker Krümmung* zu behandeln. Da hierbei die Dehnungen über die Höhe des gekrümmten Trägers infolge der Biegemomente nicht mehr linear verteilt sind, ergeben sich nichtlineare Spannungsverteilungen σ_x über die Trägerhöhe (Bild **6.**33a). Gleichzeitig erfolgt eine stetige Umlenkung der Flanschkräfte (Bild **6.**33b), die eine Verbiegung der Flansche (Bild **6.**33c) bewirken und ihre „mittragende Breite" verringern.

Will man diese nicht so kräftig ausbilden (Bild **6.**24c), dass sie in der Lage sind, die Querbiegebeanspruchungen ohne Verlust an mittragender Breite aufzunehmen, ordnet man in relativ kleinen Abständen kurze Rippen senkrecht zu den Flanschen an, die eine Kraft R aufnehmen müssen

$$R = N_G \cdot e/r \tag{6.53a}$$

Hierin bedeuten:

N_G gemittelte Flanschkraft
e Abstand der Rippen
r Krümmungsradius des Rahmenecks

Bezüglich der Spannungsnachweise für den gekrümmten Stab wird auf die 17. Auflage des Teiles 2 dieses Werkes verwiesen.

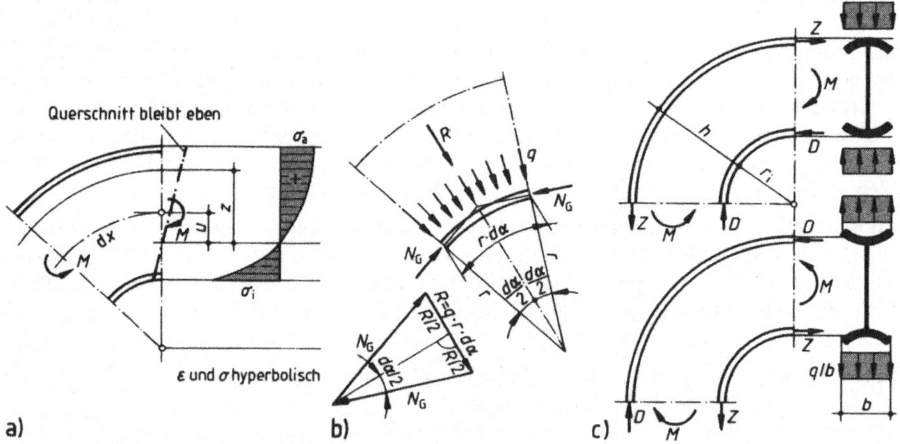

Bild **6.**33 Beanspruchungen gekrümmter Stäbe
   a) Spannungsverteilung
   b) Umlenkkräfte
   c) Flanschverformungen

6.3.3 Beanspruchungen der Verbindungsmittel

Die Verbindungen der Riegel mit Stielen erfolgt entweder nur über Schweißnähte (Bild **6.**22) oder über gemischte Anschlusssysteme (z.B. angeschweißte Stirnplatten und Verschraubung), Bild **6.**23.

Schweißverbindungen

Sie werden aus den zuvor errechneten Schnittgrößen (Schub- und Steifenkräfte) nach den bekannten Methoden nachgewiesen. Beispiele hierzu sind im Teil 1, Abschn. 3.5.5.2 enthalten, weitere folgen in Abschn. 6.3.3.

Schraubenverbindungen

Je nach Anschlusstyp werden die Schrauben auf *Abscheren* und *Lochleibung* oder auf *Zug* beansprucht. Es kommen alle *Schraubengüten* und *Verbindungsarten*, s. Teil 1, Abschn. 3.1, zur Anwendung. In der Regel werden geschraubte Stirnplattenanschlüsse mit relativ *dünnen* Stirnplatten und dann *rohen Schrauben* oder aber *typisierten, biegesteifen Anschlüsse* mit *dicken Stirnplatten* und *hochfesten, vorgespannten Schrauben* ausgeführt. Beim Rahmeneck mit *Zuglaschen* (Bild **6**.23a, b) sollte man möglichst eine SLP- oder GV(GVP)-Verbindung wählen, damit ein Knick im Rahmeneck, der dann als zusätzliche Imperfektion (z.B. über eine zusätzliche Stielverdrehung $\varphi_{0,\mathrm{A}}$) berücksichtigt werden müsste, vermieden wird. Bei *Rahmenecken mit Vouten* erfolgen die Stoßausbildung und deren Nachweis in Anlehnung an die „typisierten Verbindungen". Hierbei muss man sich vergewissern, ob im vorliegenden Fall die Voraussetzungen für die in [45] unterstellten Berechnungsmodelle tatsächlich auch erfüllt sind. Für das in Bild **6**.23g dargestellte und im Hallenbau heute schon mehrfach ausgeführte Rahmeneck sind gewisse Zweifel an der geforderten Tragsicherheit im oberen Anschlussbereich berechtigt, obwohl Schäden – vermutlich wegen der Gutmütigkeit des Werkstoffes – dem Verfasser bisher nicht bekannt sind.

Die Größe der *Zugbeanspruchung* der Schrauben bei Wahl dünner Stirnplatten hängt im starken Maß vom *Druckpunkt* (= Drehpunkt) der als starr unterstellten Rahmenecke ab. Liegt dieser nicht durch die Anordnung einer Drucksteife wie in Bild 6.23a, d, e, f fest, so bildet sich eine mehr oder weniger breite (hohe) Druckzone aus. Eine Berechnung nach dem Modell der „klaffenden Fuge" führt nur dann zu zutreffenden Ergebnissen, wenn der Anschluss relativ steif ist und von einem *ebenen Dehnungsverhalten* in der Anschlussebene ausgegangen werden kann. Dies ist jedoch in der Regel nicht der Fall. Die Berechnung nach [47] liefert dann genauere Ergebnisse, ist jedoch sehr aufwendig und daher nicht weiter behandelt.

Einige Beispiele mit festliegendem Druckpunkt und Verbindungen mit biegesteifen Stirnplatten enthält bereits Teil 1, Abschn. 3.1.4.3.

Auf die theoretischen Hintergründe und die besonderen *Versagensmechanismen* bei biegesteifen Stirnplattenverbindungen mit vorgespannten Schrauben wird in den folgenden Abschnitten ausführlich eingegangen.

6.3.3.1 Traglastberechnung der typisierten, biegesteifen Stirnplattenverbindungen mit vorgespannten Schrauben [45],[46]

Biegesteife Stirnplattenverbindungen können nach unterschiedlichen Berechnungsmodellen behandelt werden: Das *erste Berechnungsmodell* wurde in [45] erstmalig entwickelt und in [46] auf die neue Normungsgeneration [12] umgestellt. Die diesem Modell zugrunde liegenden Abmessungsverhältnisse und konstruktiven Bedingungen werden bereits in Teil 1, Abschn. 8.4.2.2 behandelt, und in Tafel **8**.10 ist angegeben, bis zu welchen Trägerhöhen bei Walzprofilen mit einem der 4 unterschiedlichen Anschlusstypen das elastische Grenzmoment des Trägerquerschnittes erreicht werden kann.

Das *zweite Berechnungsmodell* (aus jüngster Zeit) basiert auf dem EC 3 [31], verwendet in [46a] jedoch die gleichen Stirnplattenabmessungen wie [46]. Dieses Berechnungsmodell ist in seiner Handhabung wesentlich aufwendiger und sinnvollerweise nur mit EDV-Unterstützung einsetzbar. In seiner ursprünglichen Form behandelt das Modell unausgesteifte Träger-Stützenverbindungen und wird daher erst in Abschnitt 6.3.4 behandelt.

Damit biegesteife Stirnplattenverbindungen auch noch „per Hand" berechnet werden können, ist das (einfachere) erste Berechnungsmodell nachfolgend ausführlich behandelt.

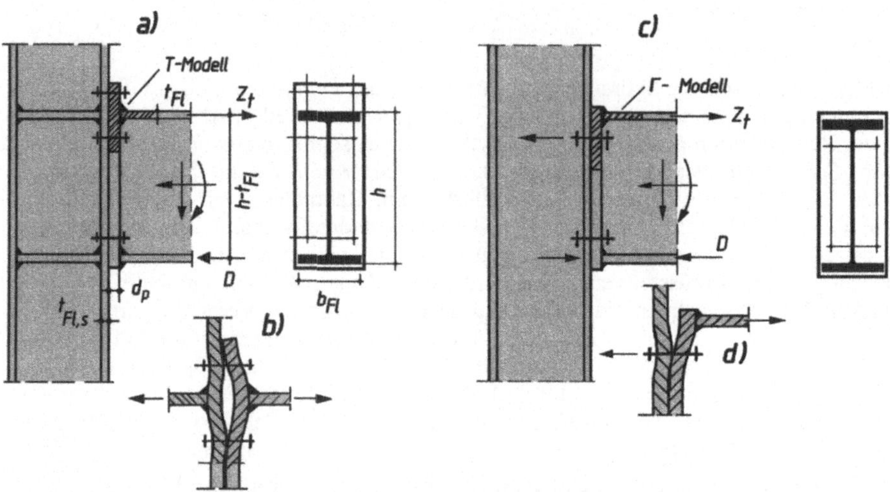

Bild **6**.34   Biegesteife Stirnplattenverbindung
a) überstehend, mit ausgesteifter Stütze
b) Verformungen am T-Modell
c) bündig, mit unausgesteifter Stütze
d) Verformungen am L-Modell

Prinzipiell unterscheidet man die tragfähigeren und steiferen *überstehenden Stirnplattenverbindungen* von den weniger tragfähigen und deutlich weicheren *bündigen Stirnplattenverbindungen*. Beide werden ausgeführt mit 2 bzw. 4 vertikalen Schraubenreihen, siehe Teil 1, Tafel **8**.9 bzw. Bild **6**.34. Bei Verwendung dieser Verbindungsart als Trägerstoß (Bild **6**.40) liegen auf beiden Seiten des Stoßes gleiche elastisch-plastische Verhältnisse vor. Stößt der Träger jedoch auf eine Stütze (Bild **6**.42) – und hierfür waren die Verbindungen in [12] ursprünglich gedacht – unterscheiden sich die Verhältnisse insofern, als nur am Trägerende eine Stirnplatte vorhanden ist und diese ihr Gegenstück im Stützenflansch findet, der hierfür und je nach Ausführungsart eine notwendige Dicke aufweisen muss, um mit der Stirnplatte als gleichwertig betrachtet werden zu können (siehe Teil 1, Tafel **8**.9). Werden die hier angegebenen Stützenflanschdicken nicht erreicht, müssen im Fall einer ursprünglich *rippenlos* geplanten Ausführung in die Stütze in Höhe der Trägerflansche Rippen eingeschweißt werden, womit die notwendige Stützenflanschdicke dann kleiner sein kann als ohne Steifen. War die Stütze bereits ausgesteift geplant, müssen dann bei zu dünnen Stützenflanschdicken unter die zugbeanspruchten Schrauben *Futterstücke* mit der Dicke $t_{Fu} \geq 0{,}5\ d_p$ angeordnet werden (Bild **6**.42). Stützenflanschdicken $t_{Fl,S} < 0{,}5\ d_p$ sollten auf jeden Fall vermieden werden bzw. eine Berechnung dann nach Abschn. 6.3.4 erfolgen (d_p = Stirnplattendicke). Versuche haben gezeigt, dass die Spannungen in der Stütze aus deren Normalkraft und Biegemoment keinen nennenswerten Einfluss auf die Anschlusstragfähigkeit haben, jedoch mit abnehmender Stützenflanschdicke die Verformungen im Anschluss größer werden. Die den typisierten Stirnplattenverbindungen zugrunde liegenden Berechnungsmodelle zur Ermittlung der möglichen Anschlussmomente basieren auf umfangreichen Versuchen und den hieraus entwickelten Traglastberechnungen.

Das Berechnungsmodell geht davon aus, dass das gesamte Riegelmoment M_R allein über die Flanschkräfte $Z_t = M_R/(h - t_{Fl})$ und $D_t = - Z_t$ abgesetzt werden kann. Die Riegelquerkraft wird allein den Schrauben im Druckbereich zugewiesen. Die Flanschzugkraft ruft eine Biegeverformung der Stirnplatte und eine ähnliche im Stützenflansch hervor (6.34 b, d) und in den Schrauben entstehen – neben den bereits vorhandenen, aber hier nicht berücksichtigten Vorspannkräften – zusätzliche Zugkräfte. Beim Erreichen des Anschlusstragmomentes können verschiedene Tragmechanismen mit Plastizierungen in der Stirnplatte und/oder im Riegelzugflansch bzw. mit einem Bruchversagen der Schrauben auftreten. Der maßgebende Mechanismus hängt von den gewählten Parametern ab. Die Wirkung einer Vorspannung der Schrauben (Vorspannkraft F_V) bleibt in den folgenden Betrachtungen (zunächst) unberücksichtigt und wird erst in Abschn. 6.3.3.3 weiter verfolgt. Zunächst wird der einfachere Fall der überstehenden Stirnplatte behandelt.

Überstehende Stirnplatte

In Bild **6.35** ist das *T-Modell* des Zugflansches mit der über a_{Fl} angeschweißten Stirnplatte dargestellt. Die (rechnerisch über Versuche ermittelten) reduzierten Hebelarme sind e_1 und c_1 (**6.35a**) und bilden mit den in Teilbild **6.35b** eingetragenen Kräften und Schnittgrößen das wirksame statische System. Unabhängig von der maßgebenden Versagensform (Tafel **6.1**) gelten die nachfolgenden Gleichgewichtsbedingungen (**6.35b**):

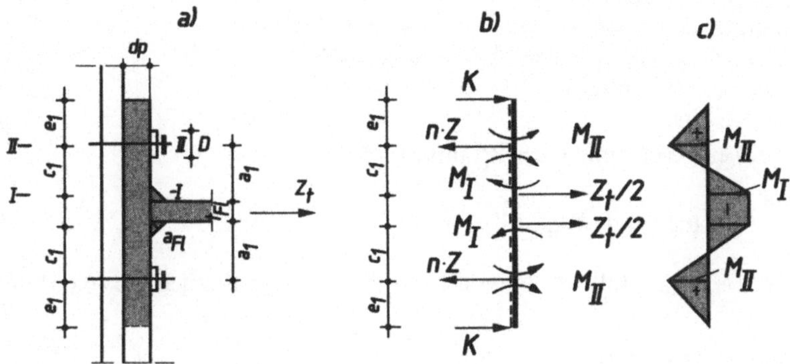

Bild **6.35** Statische Beziehungen am T-Modell
       a) Abmessungen und Bezeichnungen
       b) Kräfte und Schnittgrößen
       c) M-Linie

$$\Sigma H = 0: \quad Z_t + 2 \cdot K - 2 \cdot n \cdot Z = 0 \tag{6.55}$$

$$\Sigma M = 0: \quad K \cdot e_1 - M_{II} = 0 \quad \text{bzw.} \quad K = M_{II} / e_1 \tag{6.56}$$

$$Z_t \cdot c_1 - 2 \cdot (M_I + M_{II}) = 0 \quad \text{bzw.} \quad Z_t = 2 \cdot (M_I + M_{II}) / c_1 \tag{6.57}$$

Nach Ersatz von K in Gl. (6.55) durch (6.56) folgt

$$Z_t = 2 \cdot (n \cdot Z - M_{II} / e_1) \tag{6.55a}$$

mit n = Anzahl der vertikalen Schraubenreihen des Stirnplattenanschlusses (also $n = 2$ bzw. 4). Hiervon ausgehend, können 3 *Versagensformen* eintreten (Tafel **6.1**):

Fall a):   Sind die Stirnplattendicke und der Schraubendurchmesser optimal aufeinander abgestimmt, bildet sich im Schnitt I ein Fließgelenk und die Schrauben erreichen ihre Bruchkraft. Für das Moment im Schnitt II gilt dann $M_{\text{II}} \leq M_{\text{II,pl,d}}$ (*Optimale Verbindung*).

Fall b):   Bei „zu weicher" Stirnplatte entstehen Fließgelenke in den Schnitten I und II, während die Schraubenbruchkraft nicht erreicht wird, d.h. $n \cdot Z \leq n \cdot N_{\text{R,d}}$ (*nicht optimale Verbindung*).

Fall c):   Bei „zu schwachen" Schrauben versagen diese alleine ohne Ausbildung von Fließgelenken in der Stirnplatte (*nicht optimale Verbindung*).

Die Formeln der plastischen Grenzmomente in den Schnitten I und II, Gl. (6.59) und (6.60), gehen aus Tafel **6.**1 hervor. Der Faktor „1,1" soll die verhinderte Querdehnung der Stirnplatte abschätzen. Die Querkraft wird vernachlässigt.

Führt man die maßgebenden Grenzschnittgrößen ($N_{\text{R,d}}$, $M_{\text{I,pl,d}}$ und $M_{\text{II,pl,d}}$ – siehe Tafel **6.**1) entsprechend der Versagensform in die Gleichgewichtsbedingungen Gl. (6.55) bis (6.57) ein, lässt sich die mögliche Flanschzugkraft Z_{t} bestimmen.

Im *Fall a* erhält man durch Gleichsetzung von Z_{t} aus Gl. (6.55a) und Gl. (6.57)

$$2 \cdot (n \cdot N_{\text{R,d}} - M_{\text{II}} / e_1) = 2 \cdot (M_{\text{I,pl,d}} + M_{\text{II}}) / c_1$$

bzw. das Moment im Schnitt II zu

$$M_{\text{II}} = \frac{e_1 \cdot c_1}{e_1 + c_1} \cdot (n \cdot N_{\text{R,d}} - M_{\text{I,pl,d}}) / c_1 \tag{6.62}$$

Gl. (6.62) wird in Gl. (6.55a) eingesetzt und nach Z_{t}^{a} auflöst:

$$Z_{\text{t}}^{\text{a}} = \frac{2}{e_1 + c_1} \cdot \left[n \cdot N_{\text{R,d}} \cdot e_1 + M_{\text{I,pl,d}} \right] \tag{6.63}$$

Damit die Bedingung $M_{\text{II}} \leq M_{\text{II,pl,d}}$ erfüllt ist, muss die errechnete Zugkraft nach Gl. (6.63) die Gl. (6.64) erfüllen

$$Z_{\text{t}}^{\text{a}} \geq 2 \cdot (n \cdot N_{\text{R,d}} - M_{\text{II,pl,d}} / e_1) \tag{6.64}$$

Im *Fall b* ergibt sich die Zugkraft Z_{t}^{b} aus Gl. (6.57) durch Einführung der plast. Grenzschnittgrößen (Gl. (6.59), (6.60))

$$Z_{\text{t}}^{\text{b}} = 2 \cdot (M_{\text{I,pl,d}} + M_{\text{II,pl,d}}) / c_1 \tag{6.65}$$

Hierbei darf ein Schraubenbruch nicht eintreten ($n \cdot Z \leq n \cdot N_{\text{R,d}}$), was über Gl. (6.55) und Gl. (6.56) auf die Bedingung führt

$$Z_{\text{t}}^{\text{b}} \leq 2 \cdot (n \cdot N_{\text{R,d}} - M_{\text{II,pl,d}} / e_1) \tag{6.66}$$

Im letzten *Fall c* gilt schließlich die einfache Beziehung

$$Z_{\text{t}}^{\text{c}} = 2 \cdot n \cdot N_{\text{R,d}} \tag{6.67}$$

mit der Bedingung

$$Z_{\text{t}}^{\text{c}} \leq 2 \cdot (M_{\text{I,pl,d}} + M_{\text{II,pl,d}}) / c_1 \tag{6.68}$$

Die maßgebende Flanschzugkraft ist der kleinste Wert aus den Gln. (6.63), (6.65) und (6.67).

In *allen drei Fällen* darf natürlich auch die *Schubtragfähigkeit der Stirnplatte* nicht überschritten werden Gl. (6.61), siehe Tafel **6.1**.

Das mögliche Grenzanschlussmoment $M_{y,A,R,d}$ ergibt sich aus der maßgebenden Zugkraft Z_t und dem Hebelarm der inneren Kräfte und soll das *elastische Grenzmoment* des Trägers nicht überschreiten.

$$M_{y,A,R,d} = Z_t \cdot (h - t_{Fl}) \leq M_{y,el,R,d} = W_y \cdot \sigma_{R,d} \tag{6.69}$$

Schließlich wird in [45] noch gefordert, dass im *Gebrauchszustand* die Verformungen im Anschlussbereich in elastischen Größenordnungen bleiben. Diese Bedingung gilt als erfüllt, wenn das Anschlussmoment infolge der Gebrauchslasten das Moment $M_{y,A,k}$ nach Gl. (6.70) nicht überschreitet.

$$M_{y,A,k} = (h - t_{Fl}) \cdot n' \cdot 0{,}8 \cdot F_v \tag{6.70}$$

n' siehe Tafel **6.1**
F_v Vorspannkraft nach DIN 18800-7 [10].

Alle notwendigen Berechnungsformeln zu den 3 Tragmechanismen sind in Tafel **6.1** nochmals in übersichtlicher Form zusammengestellt.

Tafel 6.1 Formelzusammenstellung zur Berechnung überstehender Steinplattenverbindung

Überstehende Stirnplatte nach [45],[46]	
Vorwerte	**Grenzschnittgrößen**
e_1 oberer Stirnplattenabstand	$M_{I,pl,d} = 1{,}1 \cdot b_P \cdot d_P^2 \cdot \sigma_{R,d} / 4$ (6.59)
a_1 Abstand der obersten Schraube vom Riegelflansch	$M_{II,pl,d} = 1{,}1 \cdot (b_P - n \cdot d_L) \cdot d_P^2 \cdot \sigma_{R,d} / 4$ (6.60)
D Scheibendurchmesser	$V_{pl,d} = b_P \cdot d_P \cdot \sigma_{R,d} / \sqrt{3}$ (6.61)
d_L Lochdurchmesser	$N_{R,d}$ = Grenzzugkraft der Schraube (siehe Teil 1)
d_P, b_P Stirnplattendicke und – breite	$N_{R,d} = \min \begin{cases} A_{Sch} \cdot f_{y,b,k} / (1{,}1 \cdot \gamma_M) \\ A_{Sp} \cdot f_{u,b,k} / (1{,}25 \cdot \gamma_M) \end{cases}$

Weitere Vorwerte:

a_{Fl} Dicke der Flanschkehlnaht

$c_1 = a_1 - a_{Fl} \cdot \sqrt{2}/3 - (D + d_P)/4$ (6.58)
verkürzter Hebelarm

n Anzahl der vertikalen Schraubenreihen

W_y elast. Widerstandsmoment des Trägers

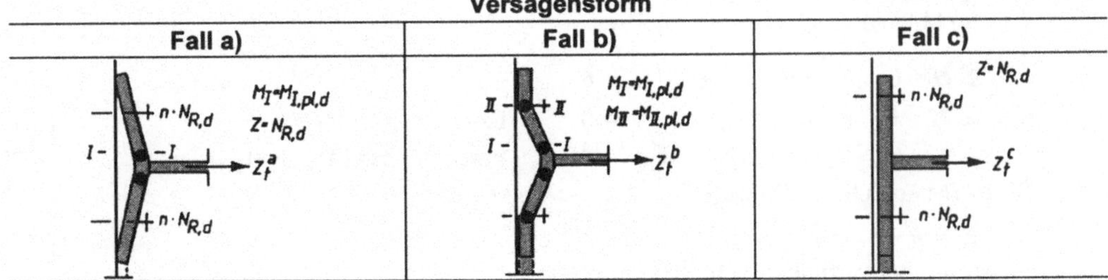

a)	b)	c)
	Zugkraft Z_t	
$Z_t^a = \dfrac{2}{e_1 + c_1} \cdot \left[n \cdot N_{R,d} \cdot e_1 + M_{I,pl,d} \right]$	$Z_t^b = 2 \cdot (M_{I,pl,d} + M_{II,pl,d}) / c_1$	$Z_t^c = 2 \cdot n \cdot N_{R,d} / c_1$
Bedingungen		
$Z_t \le 2 \cdot V_{pl,d}$ für alle 3 Fälle		
$(n \cdot N_{R,d} - Z_t^a / 2) \cdot e_1 \le M_{II,pl,d}$	$Z_t^b \le 2 \cdot (n \cdot N_{R,d} - M_{II,pl,d} / e_1)$	$M_{I,pl,d} + M_{II,pl,d} \ge Z_t^c \cdot c_1 / 2$
Anschlussmomente		
$M_{y,A,R,d} = Z_t \cdot (h - t_{Fl}) \cdot W_y \cdot \sigma_{R,d}$	h = Riegelhöhe	
$M_{y,A,k} = (h - t_{Fl}) \cdot n' \cdot 0{,}8 \cdot F_v$	$n' = 4$ 2 vertikale Schraubenreihen $n' = 7{,}2$ 4 vertikale Schraubenreihen	

Bündige Stirnplatte

Wie bereits erwähnt, verhalten sich bündige Stirnplattenverbindungen (**6.34c**) wesentlich weicher als die zuvor behandelten überstehenden Stirnplattenverbindungen. Diese Nachgiebigkeit wäre dann in der statischen Berechnung des Gesamttragwerkes (z.B. über Drehfedern) rechnerisch zu erfassen. Da jedoch mit den in [45] beschriebenen Rechenmodellen lediglich die Tragfähigkeit – nicht jedoch die Momenten-Rotations-Beziehungen – ermittelt werden können, sollten solche Verbindungen in stabilitätsgefährdeten Tragwerken wie Rahmen möglichst vermieden werden. (Mit den Rechenmodellen des EC 3 [32] – siehe Abschn. 6.3.4 – lassen sich auch die Rotations- (= Drehfeder) steifigkeiten der Verbindung angeben.).

In Bild **6.36** ist das *L-Modell* des Zugflansches und der Stirnplatte dargestellt. Auch hier wurden verkürzte (c_1) bzw. verlängerte (c_3) Hebelarme aus Versuchen abgeleitet.

Wie zuvor gelten – unabhängig von der Versagensart – folgende Gleichgewichtsbedingungen:

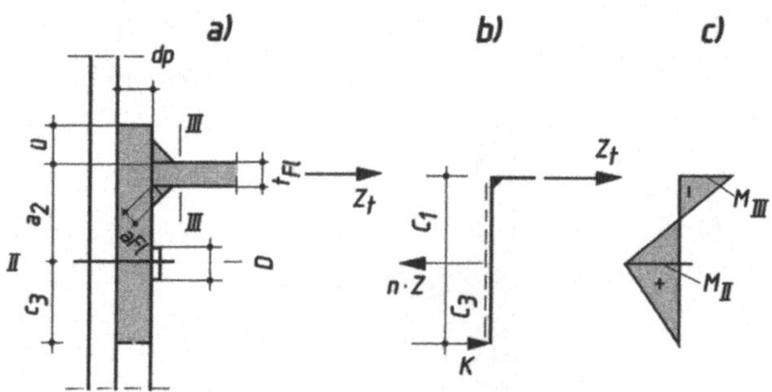

Bild **6.36** Statische Beziehungen am L-Modell
a) Abmessungen und Bezeichnungen
b) Kräfte und Schnittgrößen
c) M-Linie

$$\Sigma H = 0: \quad Z_t + K - n \cdot Z = 0 \tag{6.76}$$

$$\Sigma M = 0: \quad K \cdot c_3 - M_{II} = 0 \qquad \text{bzw.} \qquad K = M_{II} / c_3 \tag{6.77}$$

$$Z_t \cdot c_1 - M_{II} - M_{III} = 0 \qquad \text{bzw.} \qquad Z = (M_{II} + M_{III}) / c_1 \tag{6.78}$$

Aus Gl. (6.76) und Gl. (6.77) folgt

$$Z_t = n \cdot Z - M_{II} / c_3 \tag{6.76a}$$

mit n = Anzahl der vertikalen Schraubenreihen

Es sind 4 Versagensformen möglich (Tafel **6.2**)

Fall a):   Bei *optimaler Abstimmung* von Stirnplattendicke und Schraubendurchmesser bildet sich im Schnitt III ein Fließgelenk und die Schraube geht zu Bruch. Im Schnitt III ist das plastische Moment unter Berücksichtigung der gleichzeitig wirkenden Zugkraft Z_t anzusetzen, Gl. (6.74), Tafel **6.2**. Das Moment im Schnitt II ist dann kleiner als der zugehörende plastische Wert.

Fall b):   Ist die Stirnplatte „relativ weich", bilden sich im Schnitt II und im Zugflansch (III) gleichzeitig Fließgelenke. Die Schraubenkraft bleibt hierbei unter der Bruchkraft.

Fall c):   Bei „sehr dünnem" Zugflansch ist dessen plastisches Moment bei gleichzeitiger Zugkraft Z_t vernachlässigbar klein ($M_{III} = 0$). Der Flansch erreicht höchstens seine Grenzzugkraft, – Gl. (6.75) –, bei gleichzeitigem Bruchversagen der Schrauben. Auch hier darf in II kein Fließgelenk entstehen ($M_{II} \le M_{II,pl,d}$).

Fall d):   Bei einer „dünnen" Stirnplatte und gleichzeitig „dünnem" Zugflansch plastizieren Stirnplatte und Flansch (mit $M_{III} = 0$), ohne Bruchversagen der Schrauben.

Für die einzelnen Versagenszustände werden in die Gleichgewichtsbeziehungen die Grenzschnittgrößen nach Tafel **6.2** eingeführt und die Beziehungen nach Z_t aufgelöst.

Der Rechengang wird nur noch verkürzt wiedergegeben und die maßgebenden Formeln in Tafel **6.2** übersichtlich zusammengestellt.

Fall a):   Durch Gleichsetzen von Gl. (6.76a) und (6.78) mit $n \cdot Z = n \cdot N_{R,d}$ und $M_{III} = M_{III,pl,Zt,d}$ erhält man das Moment im Schnitt II zu

$$M_{II} = [n \cdot N_{R,d} \cdot c_1 - M_{III,pl,Z_t,d}] \cdot \frac{c_3}{c_1 + c_3} \tag{6.79}$$

Gl. (6.79) wird in Gl. (6.76a) eingesetzt und die Beziehung nach Z_t^a aufgelöst.

$$Z_t^a = \frac{Z_{pl,Fl,d}^2}{2 \cdot M_{III,pl,d}} \cdot \left[\sqrt{(c_1 + c_3)^2 + \frac{4 \cdot M_{III,pl,d}}{Z_{pl,Fl,d}^2} \cdot (M_{III,pl,d} + n \cdot N_{R,d} \cdot c_3)} - (c_1 + c_3) \right] \tag{6.80}$$

Aus der Bedingung $M_{II} \le M_{II,pl,d}$ erhält man

$$(n \cdot N_{R,d} - Z_t^a) \cdot c_3 \le M_{II,pl,d} \tag{6.81}$$

Fall b):   Mit $M_{II} = M_{II,pl,d}$ und $M_{III} = M_{III,pl,Zt,d}$ erhält man

$$Z_t^b = \frac{Z_{pl,Fl,d}^2}{2 \cdot M_{III,pl,d}} \cdot \left[\sqrt{c_1^2 + \frac{4 \cdot M_{III,pl,d} \cdot (M_{II,pl,d} + M_{III,pl,d})}{Z_{pl,Fl,d}^2}} - c_1 \right] \tag{6.82}$$

Damit die Schraubenkraft unter ihrer Bruchlast bleibt, muss gelten

$$n \cdot N_{R,d} \ge Z_t^b + M_{II,pl,d} / c_3 \tag{6.83}$$

In den beiden letzten Fällen ergeben sich einfache Beziehungen für die möglichen Zugkräfte:

$$Z_t^c = \frac{c_3}{c_1 + c_3} \cdot n \cdot N_{R,d} \le Z_{pl,Fl,d} \tag{6.84}$$

Tafel **6.2**   Formelzusammenstellung zur Berechnung bündiger Steinplattenverbindung

Bündige Stirnplatte nach [45], [46]

Vorwerte

$\ddot{u}$	Stirnplattenüberstand
a_2	Schraubenabstand vom Zugflansch
n	Anzahl der vertikalen Schraubenreihen
c_1, c_3	Hebelarme

alle anderen Vorwerte s. Tafel **6.1**

$\bullet$ Fliessgelenk
$\circ$ Gelenk

$$c_1 = e_4 - \ddot{u} - t_{Fl} - (D/2 + d_P)/2 \qquad (6.71)$$
$$c_3 = D/2 + d_P \qquad (6.72)$$

Grenzschnittgrößen

$M_{I,pl,d},\ M_{II,pl,d},\ V_{pl,d}$ siehe Tafel **6.1**

$$M_{III,pl,d} = 1,1 \cdot \frac{b_{Fl} \cdot t_{Fl}^2}{4} \cdot \sigma_{R,d} \qquad (6.73)$$

$$M_{III,pl,Z_t,d} = M_{III,pl,d} \cdot \left[1 - \left(\frac{Z_t}{Z_{pl,Fl,d}} \right)^2 \right] \qquad (6.74)$$

$$Z_{pl,Fl,d} = b_{Fl} \cdot t_{Fl} \cdot \sigma_{R,d} \qquad (6.75)$$

Versagensform

Fall a)

$M_{II} = M_{II,pl,Z_t,d}$
$Z = N_{R,d}$

$$k = \frac{Z_{pl,Fl,d}^2}{2 \cdot M_{III,pl,d}}$$

Fall b)

$M_I = M_{I,pl,d}$

$M_{II} = M_{II,pl,Z_t,d} \quad k = \dfrac{Z_{pl,Fl,d}^2}{2 \cdot M_{III,pl,d}}$

Fall c)

$M_{II} = 0$
$Z = N_{R,d}$

$\circ$ Gelenk

Fall d)

$M_{II} = 0$
$M_I = M_{I,pl,d}$

Grenzkraft Z_t

Fall a)
$$Z_t^a = k \cdot \left[\sqrt{(c_1 + c_3)^2 + \frac{4\,M_{III,pl,d}}{Z_{pl,Fl,d}^2} \cdot (M_{III,pl,d} + n \cdot N_{R,d} \cdot c_3)} - (c_1 + c_3) \right]$$

Fall b)
$$Z_t^b = k \cdot \left[\sqrt{\frac{4\,M_{III,pl,d}(M_{II,pl,d} + M_{III,pl,d})}{Z_{pl,Fl,d}^2} + c_1^2} - c_1 \right]$$

Fall c)
$$Z_t^c = \frac{c_3}{c_1 + c_3} \cdot n \cdot N_{R,d}$$
$$\leq Z_{pl,Fl,d}$$

Fall d)
$$Z_t^d = \frac{Z_{II,pl,d}}{c_1} \leq Z_{pl,Fl,d}$$

Bedingungen

Fall a)	Fall b)	Fall c)	Fall d)
$Z_t^a \geq n \cdot N_{R,d} - M_{II,pl,d}/c_3$	$Z_t^b \leq n \cdot N_{R,d} - M_{II,pl,d}/c_3$	$Z_t^c \leq M_{II,pl,d}/c_1$	$Z_t^d \leq n \cdot N_{R,d} - M_{II,pl,d}/c_3$

$$Z_t \leq V_{pl,d} \quad \text{(für alle 4 Fälle)}$$

Anschlussmoment $M_{y,A,R,d} = Z_t \cdot (h - t_{Fl}) \leq W_y \cdot \sigma_{R,d}$ $M_{y,A,k} = (h - a_2 - t_{Fl}) \cdot n' \cdot 0,8\,F_v$

$n' = 2$ 2 vertikale Schraubenreihen
$n' = 3,6$ 4 vertikale Schraubenreihen

mit $\qquad Z_t^c \cdot c_1 \leq M_{II,pl,d}$ $\qquad\qquad\qquad\qquad\qquad\qquad\qquad\qquad$ (6.85)

bzw. $\qquad Z_t^d = \dfrac{M_{II,pl,d}}{c_1} \leq Z_{pl,Fl,d}$ $\qquad\qquad\qquad\qquad\qquad\qquad$ (6.86)

mit $\qquad Z_t^d \leq n \cdot N_{R,d} - M_{II,pl,d} / c_3$ $\qquad\qquad\qquad\qquad\qquad$ (6.87)

In Ausnahmefällen ist zu prüfen, ob das plastische Moment der Stirnplatte im Schnitt I kleiner ist als das plastische Moment des Zugflansches ($M_{I,pl,d} \leq M_{III,pl,Zt,d}$). In den Fällen a) und b) ist dann das kleinere plastische Moment zu berücksichtigen. Die Gl. (6.80) und (6.82) vereinfachen sich dann.

Das *Grenz-Anschlussmoment* ergibt sich wie zuvor bei den überstehenden Stirnplattenverbindungen unter Beibehaltung der dort beschriebenen zusätzlichen Forderungen. Alle maßgebenden Formeln sind in Tafel **6.2** nochmals zusammengestellt.

6.3.3.2 Berechnungs- und Konstruktionsbeispiele

Für einige der in 6.3.2 und 6.3.3 allgemein besprochenen Rahmenecken werden die Tragsicherheitsnachweise weitgehendst geführt. In allen Beispielen wird ein S 235 JRG2 vorausgesetzt.

Beispiel 8 (Bild **6.**37)
Die voll verschweißte Rahmenecke mit Zuglasche ist ohne Voute nachzuweisen und eventuell durch eine Diagonalsteife zu verstärken.

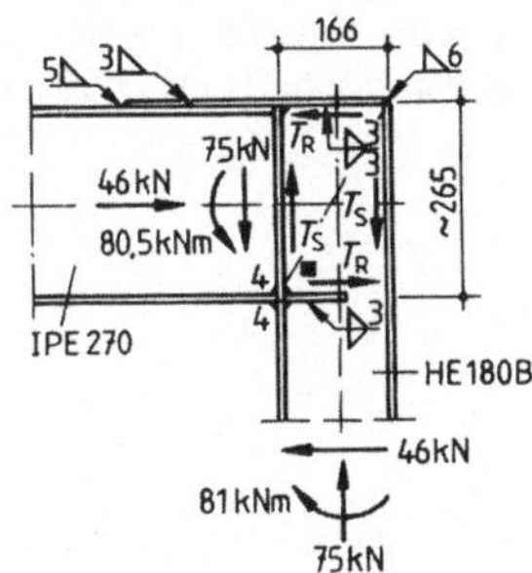

Bild **6.**37   Rahmeneck mit Zuglasche und Schrägsteife

Mit den bereits errechneten Anschnittmomenten im Riegel und Stiel werden am eingezeichneten Einheitselement (Beginn der Ausrundung) die Normalspannungen σ_x (aus Riegel) und σ_z (aus Stiel) errechnet und unter der Annahme, dass die Eckblechschubspannungen τ_E aus der Schnittkraftumlenkung nur mit 75 % ihres Größtwertes zu berücksichtigen sind, zusammen mit ($0,75 \cdot \tau_E'$) in die Vergleichsspannungsformel eingesetzt. Hieraus ergibt sich die vom Eckblech aufnehmbare Schubspannung τ_E'.

Riegel: $\qquad W' = 529$ cm^3 $\qquad\qquad \sigma_x = 46/45{,}9 + 8050/529 = 16{,}2$ kN/cm^2

Stiel: $\qquad W' = 628$ cm^3 $\qquad\qquad \sigma_z = 75/65{,}3 + 8100/628 = 14{,}0$ kN/cm^2

Nach den Gln. (2.20) und (2.18b), Teil 1 gilt dann

$$\sigma_v = \sqrt{\left(16,2^2 + 14,0^2 - 16,2 \cdot 14,0\right) + 3 \cdot \left(0,75 \cdot \tau_E'\right)^2} \le 1,1 \cdot \sigma_{R,d} = 24,0 \text{ kN/cm}^2$$

Damit wäre die vom Eckblech aufnehmbare Schubspannung $\tau_E' = 14,3$ kN/cm$^2 > \tau_{R,d}$. Wird jedoch die Schubspannung τ_E auf der sicheren Seite voll angerechnet, kann das Eckblech nur noch $\tau_E = 10,6$ kN/cm^2 übertragen. Mit dieser reduzierten Grenzschubspannung werden die möglichen Schubkräfte bestimmt und von den vorhandenen Schubkräften abgezogen. Die wirksamen und möglichen Schubkräfte sind

$$
\begin{array}{llll}
T_o & = 80,5/0,265 - 46/2 = 281 \text{ kN} & T_R & = 10,6 \cdot 0,85 \cdot 16,6 = 150 \text{ kN} \\
\Delta T_R & = 281 - 150 = 131 \text{ kN} & t_o & = 281/16,6 = 16,9 \text{ kN/cm} \\
T_1 & = 81/0,166 - 75/2 = 450 \text{ kN} & T_S & = 10,6 \cdot 0,85 \cdot 26,5 = 239 \text{ kN} \\
\Delta T_S & = 450 - 239 = 211 \text{ kN} & t_S & = 450/26,5 = 17,0 \text{ kN/cm}
\end{array}
$$

Mit $t \approx 17,0$ kN/cm und $d = 31,3$ cm wird die Druckkraft der erforderlichen Diagonalsteife nach Gl. (6.53)

$$D = 31,3 \cdot (17,0 - 10,6 \cdot 0,85) = 250 \text{ kN}$$

Es werden Steifen Bl 10×80 mit 15 mm Eckverschnitt gewählt

$$A_{st} = 2 \cdot 1,0 \cdot (8,0 - 1,5) = 13,0 \text{ cm}^2$$
$$\sigma = 250/13,0 = 19,2 \text{ kN/cm}^2 \qquad \sigma/\sigma_{Rd} = 0,88 < 1$$

Der Anschluss der Zuglasche erfolgt über die Längsnähte ($a = 3$ mm) am Stielsteg und über eine Stirnkehlnaht ($a = 6$ mm) am Stielflansch über eine Laschenbreite von 15 cm

$$A_w \approx 2 \cdot 0,3 \cdot (18 - 2 \cdot 1,4) + 0,6 \cdot 15 = 18,0 \text{ cm}^2$$
$$\tau = T_o/A_W = 281/18,0 = 15,6 \text{ kN/cm}^2$$
$$\tau / \tau_{w,R,d} = 15,6/20,7 = 0,75 < 1$$

Alle anderen Nähte sind konstruktiv gewählt.

Beispiel 9 (Bild 6.38)

Ein oberer Rahmenknoten einer Gerüstkonstruktion aus S 235 (ähnlich Bild **6.**17a) weist bei einer elastischen Berechnung nach Theorie II. Ordnung unter den $\gamma_F \cdot \gamma_M$-fachen Lasten die in Bild **6.**38 (Knoten k) angegebenen Schnittgrößen auf. Für den Knie-Knoten mit Voute und Zuglasche (Fall 2b nach Abschn. 6.3.2.1) sind die Tragsicherheitsnachweise zu führen.

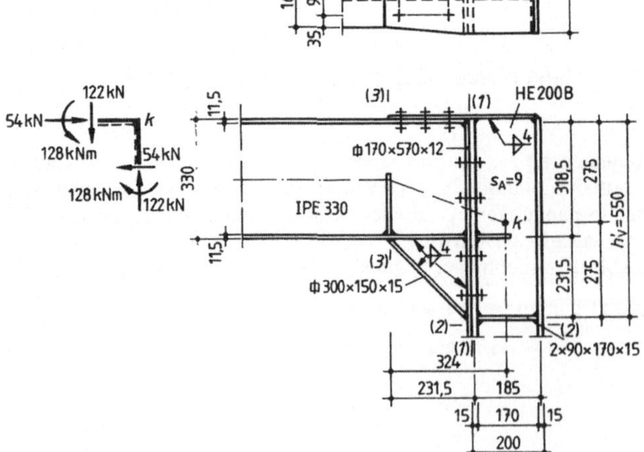

Bild **6.**38   Konstruktive Durchbildung einer geschraubten Rahmenecke

Mit den angegebenen Abmessungen wird ($h'_S / 2 + h'_V - h'_R$)=32,4 cm und die Anschnittgrößen in (1)−(1), (2) − (2) und (3) − (3) betragen

$$M_R = 128 - 122 \cdot 0,185/2 \approx 117\ kNm \qquad N_R = 54\ kN \qquad V_R = 122\ kN$$

$$M_{R3} = 128 - 122 \cdot 0,324 = 88,5\ kNm \qquad\qquad\qquad \text{nach Gl. (6.34)}$$

$$M_S = 128 - 54 \cdot 0,55/2 \approx 113\ kNm \qquad N_S = 122\ kN \qquad V_S = 54\ kN.$$

Die Querschnitte (Riegel, Stiel) sind ausreichend dimensioniert und werden hier nicht mehr nachgewiesen. Auch auf eine Untersuchung des Eckbleches B nach Bild **6.28** kann offensichtlich verzichtet werden.

Nachweis für Eckblech A ($h'_R \to h'_V$)

$$T_{A,o} = T_{A,u} = 117/0,55 - 54/2 = 186\ kN$$

$$\tau_{A,o} = 186/(18,5 \cdot 0,9) = 11,2\ kN/cm^2$$

$$T_{A,r} = T_{A,l} = 113/0,185 - 122/2 = 550\ kN$$

$$\tau_{A,r} = 550/(55 \cdot 0,9) = 11,1\ kN/cm^2$$

$$\tau_A / \tau_{y,k} = 11,2/13,8 = 0,8 < 1$$

Beulen

In Gl. (1.6) ist für $V_{z,d}$ die Schubkraft $T_{A,o}/\gamma_M$ wegen der Forderung $\alpha > 1$ einzusetzen. Mit

$$t_S = 0,9 > 0,07 \cdot \sqrt{186/\left(1,1 \cdot \sqrt{24}\right)} = 0,41\ cm$$

erübrigt sich ein Beulnachweis.

Nachweis der Voutensteife

Die Druckkraft im Voutenflansch wird über Gl. (6.40) bestimmt.

$$D = [128/0,55 - 0,5 \cdot (122 \cdot 0,185/0,55 - 54)] \cdot \sqrt{2} = 338\ kN$$

$$\sigma = 338/(1,5 \cdot 15) = 15,02\ kN/cm^2 \qquad \sigma / f_{y,k} = 0,63 < 1$$

Bei den gewählten Abmessungen ist ein Beulen ausgeschlossen.

Nachweis der Zuglasche, Schrauben und Nähte

Die Zuglasche sowie ihre Anschlussmittel müssen eine Kraft von $Z = T_{A,o} = 186$ kN übertragen. In der letzten Schraubenreihe der Zuglasche (links von Schnitt (1) − (1)) ist bei $\Delta d = 1$ mm und $d = 20$ mm

$$A \approx 20 \cdot 1,2 = 24\ cm^2 \qquad A_N = 24 - 2 \cdot 2,1 \cdot 1,2 = 18,96\ cm^2$$

$$A/A_N = 1,27 > 1,2$$

Damit gilt

$$\sigma = 186/18,96 = 9,81\ kN/cm^2 \ll f_{u,k}/1,25 = 28,8\ kN/cm^2.$$

Bei einer einschnittigen Verbindung beträgt die charakteristische Abscherkraft

$$V_{a,R} = V_{a,R,d} \cdot \gamma_M$$

$$V_{a,R} = 68,54 \cdot 1,1 = 75,4\ kN$$

$$V_a = 186/4 = 46,5\ kN \qquad V_a/V_{a,R} = 46,5/75,4 = 0,62 < 1$$

Die Schubspannunugen in der Anschlussnaht zwischen Zuglasche und Stützensteg betragen

$$\tau_\| = 186/(2 \cdot 18{,}5 \cdot 0{,}4) = 12{,}6 \text{ kN/cm}^2 < 22{,}8 \text{ kN/cm}^2$$

Anschluss der Riegelquerkraft

Der Anschluss ist konstruktiv gewählt; bei einer – nach den Schlosserarbeiten – relativ ebenen Stirnplatte sind auch weniger Schrauben möglich.

Alle anderen Nähte sind konstruktiv gewählt.

Beispiel 10 (Bild **6.39**)

Das T-Rahmeneck eines Apparategerüstes soll in den wesentlichen Punkten nachgewiesen werden. Die Bemessungswerte der Schnittgrößen im Systempunkt k gehen aus Bild **6.39**b, alle Abmessungen aus Bild **6.39**a hervor.

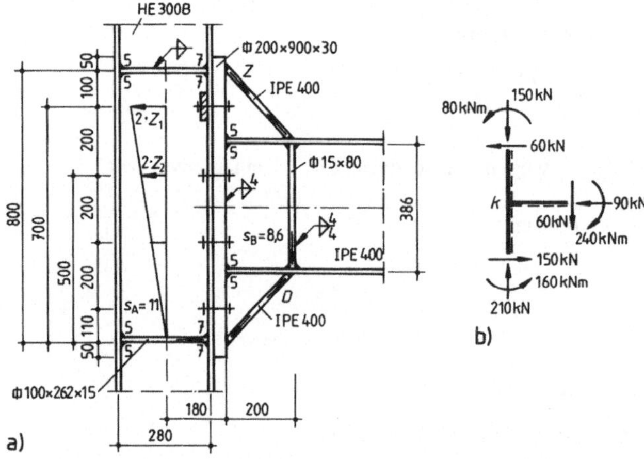

Bild **6.39**   Rahmeneck mit nicht vorgespannten Schrauben

Die Berechnung wird verkürzt und ohne Kommentare wiedergegeben. In den maßgebenden Anschnitten (Fall 3) betragen die Momente

$$M_R \quad = 240 - 60 \cdot 0{,}28/2 \qquad = 232 \text{ kNm}$$
$$M_{R,3} = 240 - 60 \cdot (0{,}18 + 0{,}2) \qquad = 217 \text{ kNm}$$
$$M_{S,o} = 80 - 60 \cdot 0{,}8/2 \qquad = 56 \text{ kNm}$$
$$M_{S,u} = 160 - 150 \cdot 0{,}8/2 \qquad = 100 \text{ kNm}$$

Nachweis Eckblech „B"

$$T_{B,l} = T_{B,r} = 2 \cdot 232/0{,}386 - 60 \quad = 520 \text{ kN} \qquad \text{nach Gl. (6.49)}$$
$$T_{B,o} = T_{B,u} = 217/0{,}386 - 232/0{,}8 \quad = 272 \text{ kN} \qquad \text{nach Gl. (6.35)}$$
$$\tau_{B,l} = 520/(38{,}6 \cdot 0{,}86) \qquad = 15{,}7 \text{ kN/cm}^2$$
$$\tau_{B,o} = 272/(20 \cdot 0{,}86) \qquad = 15{,}8 \text{ kN/cm}^2$$

Verteilt man die horizontalen Schubkräfte auf die Scherflächen ober- und unterhalb des Riegelflansches und die Schubkraft $T_{B,l}$ über die gesamte Voutenhöhe, so halbieren sich die Schubspannungen im Eckblech B und liegen dann deutlich unterhalb $\tau_{R,d} = 12{,}6 \text{ kN/cm}^2$.

Die Kräfte in den Voutenflanschen betragen

$$D = (232/0,8 + 90/2) \cdot \sqrt{2} = 473 \text{ kN} \qquad \text{nach Gl. (6.50 a)}$$

$$Z = 473 - 90 \cdot \sqrt{2} = 346 \text{ kN} \qquad \text{nach Gl. (6.50 b)}$$

Mit den Flanschabmessungen des IPE 400 ist

$$\sigma = 473/(1,35 \cdot 18) = 19,5 \text{ kN/cm}^2 \qquad \sigma/\sigma_{R,d} = 19,5/21,8 = 0,89 < 1$$

Der verlängerte, untere Riegelflansch ($S_{3,h}$) und die Vertikalsteife ($S_{3,v}$) müssen die Kräfte

$$S_{3,h} = S_{3,v} = 473/\sqrt{2} = 334 \text{ kN} \qquad \text{nach Gl. (6.41)}$$

aufnehmen. Mit einem Eckverschnitt der Breite $r = 21$ mm ist

$$\sigma = \frac{334}{2 \cdot (8,0 - 2,1) \cdot 1,5} = 18,9 \text{ kN/cm}^2 \qquad \sigma/\sigma_{Rd} = 0,87 < 1$$

Alle Anschlussnähte sind konstruktiv gewählt und werden nicht weiter nachgewiesen.

Nachweis Eckblech „A"
Das Eckblech „A" wird durch die Stielsteifen begrenzt. Die Schubkräfte betragen

$$T_{A,l} = T_{A,r} = (56 + 100)/0,28 - 60/2 = 527 \text{ kN} \qquad \text{nach Gl. (6.47a)}$$

$$T_{A,o} = T_{A,u} = 527 \cdot 0,28/0,8 \quad\quad = 184 \text{ kN} \qquad \text{nach Gl. (6.48)}$$

$$\tau = 527/(1,1 \cdot 80) = 184/(1,1 \cdot 28) \quad = 6,0 \text{ kN/cm}^2$$

Eine Stegverstärkung des Stieles ist damit nicht erforderlich.

Nachweis der Schrauben
Bei der gewählten Stirnplattendicke darf der Voutenbereich als „starr" und ein Drehpunkt in Höhe der unteren Stielsteife angenommen werden. Die Dehnungen der Schrauben nehmen daher linear mit ihrem Abstand von Drehpunkt zu (Bild **6.39**). Die größte Schraubenzugkraft Z_1 wird unter Berücksichtigung dieser Schraubenkraftverteilung und bei Vernachlässigung der Schraubenkräfte unterhalb der Riegelachse wie folgt bestimmt:

$$Z_2/Z_1 = 500/700 \qquad\qquad Z_2 = 0,714 \cdot Z_1$$

Die Momentengleichgewichtsbedingung um den Druckpunkt liefert mit den entsprechenden Hebelarmen

$$2 \cdot (Z_1 \cdot 0,7 + Z_2 \cdot 0,5) = 232 - 90 \cdot 0,8/2 = 196 \text{ kNm} \qquad Z_1 = 93 \text{ kN}$$

Damit ist die Grenzzugkraft $N_{R,d} = 89,73$ kN um 3,5 % überschritten. Die Verwendung der gewählten Schrauben im dargestellten Anschluss ist dennoch vertretbar.

Die Druckkraft der unteren Riegelsteife (Anschnitt 30 mm) wird hier aus $\Sigma H = 0$ errechnet:

$$2 \cdot (Z_1 + Z_2) + N_R = S_2 \qquad\qquad S_2 = 409 \text{ kN}$$

$$A_{st} = 2 \cdot 1,5 \cdot (10 - 3,0) = 21 \text{ cm}^2$$

$$\sigma = 409/21 = 19,5 \text{ kN/cm}^2 \qquad\qquad \sigma/\sigma_{R,d} = 19,5/21,8 = 0,89 < 1$$

Beispiel 11 (Bild **6.40**)

Für den in Beispiel 2 berechneten Rahmen sind die Tragsicherheitsnachweise für die Voute sowie die Anschlussmittel zu führen.

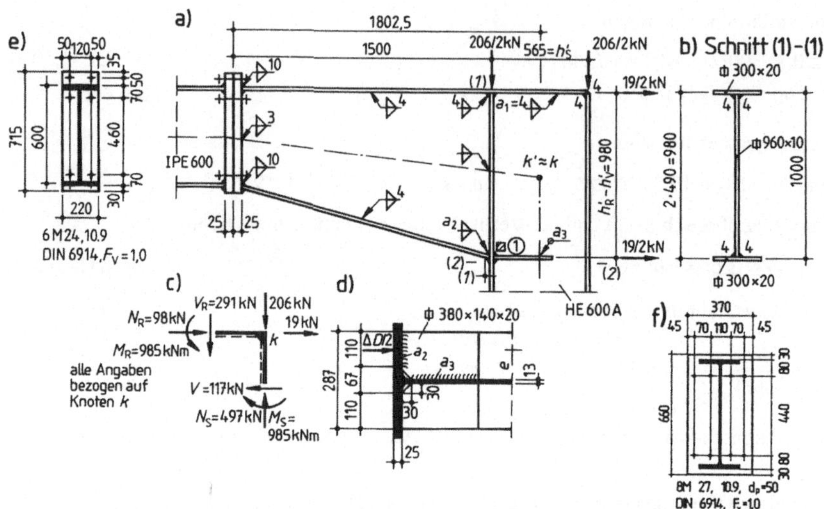

Bild **6.**40   Konstruktive Ausbildung der Voute des Rahmenriegels aus Beispiel 2

Mit den in Bild **6.**40 angegebenen Abmessungen beträgt die Voutenlänge l_V' ca. $1{,}8/20{,}0 \approx l/11$ und die Voutenhöhe h_V' ca. $0{,}98/0{,}6 \approx 1{,}63 \cdot h_R'$. Im Knoten D wirken die in Teilbild c) eingetragenen Knotenschnittgrößen (k-Werte). Außerdem müssen hier die äußeren Knotenlasten mit berücksichtigt werden. Die geringe Neigung im Voutenbereich darf vernachlässigt werden, das Eckblech wird nach Fall 1 behandelt. In den Anschnitten (1) – (1) und (2) – (2) betragen die ($\gamma_M = 1{,}1$fachen) Schnittgrößen:

$$M_R = 985 - 291 \cdot 0{,}565/2 = 903 \text{ kNm} \quad N_R = 98 \text{ kN} \qquad V_R = 291 \text{ kN}$$

$$M_S = 985 - 117 \cdot 0{,}98/2 \ \ = 928 \text{ kNm} \quad N_S = 497 \text{ kN} \qquad V_S = 117 \text{ kN}$$

Die Nachweise erfolgen mit den γ_M-fachen Lasten gegen die Fließgrenze $f_{y,k}$.

Nachweise für den Voutenquerschnitt (1) – (1)

Mit dem in Bild **6.**40b dargestellten Querschnitt ist

$$A_V \ \ = 2 \cdot 2{,}0 \cdot 30 + 96 \cdot 1{,}0 = 216 \text{ cm}_2 \qquad A_{Vz} = 96 \text{ cm}^2$$
$$I_{y,V} \ = 1{,}0 \cdot 96^3/12 + 2 \cdot 60 \cdot 49^2 = 361848 \text{ cm}^4 \quad W_{y,V} = 7237 \text{ cm}^3$$

Die Spannungen betragen

$$\sigma \ \ = 98/216 + 90300/7237 = 12{,}93 \text{ kN/cm}^2 \qquad \sigma/f_{y,k} = 12{,}93/24{,}0 = 0{,}54 < 1$$
$$r_m \ = 291/96 = 3{,}03 \text{ kN/cm}^2 \qquad\qquad\quad \tau/\tau_{y,k} = 3{,}03/13{,}8 = 0{,}23 < 1$$
$$(\tau_{y,k} \ = f_{y,k} \ / \ \sqrt{3} \ , \ \sigma_v\text{-Nachweis entfällt})$$

In den Verbindungsnähten zwischen dem Stegblech und der Flansche ist die Schubspannung mit $S_y = 60 \cdot 49 = 2940$ cm^3

$$\tau_{||} = \frac{291 \cdot 2940}{361848 \cdot 2 \cdot 0{,}4} = 2{,}95 \text{ kN/cm}^2$$

vernachlässigbar klein.

Eine (überschlägige) Überprüfung der gewählten Stegblechdicke mit den Gln. (1.6), (1.7) liefert

$$t_S \geq 0{,}07 \cdot \sqrt{(291/1{,}1)/\sqrt{24}} = 0{,}51 \text{ cm} < 1{,}0 \text{ cm}$$

$$t_S \geq 96 \cdot \sqrt{24}/670 = 0{,}70 \text{ cm} < 1{,}0 \text{ cm}$$

so dass sich ein Beulnachweis (unter σ und τ) erübrigt.

Nachweis des Eckbleches (s_E = 13 mm)

Mit h'_V = 98 cm anstelle von h'_R sind die Schubkräfte im Eckblech unter Berücksichtigung der äußeren Knotenlasten, die gleichmäßig auf die Flansche/ Steifen verteilt werden,

$$T_o = 903/0{,}98 - 98/2 - 19/2 = 863 \text{ kN}$$

$$T_u = 903/0{,}98 + 98/2 - 117 + 19/2 = 863 \text{ kN} = T_o \qquad \text{nach Gl. (6.28)}$$

$$T_1 = T_r = 928/0{,}565 - 497/2 + 206/2 = 1497 \text{ kN} \qquad \text{nach Gl. (6.30)}$$

und die Schubspannungen

$$\tau_E = \tau_o = \tau_u = 863/(1{,}3 \cdot 56{,}5) = 11{,}75 \text{ kN/cm}^2$$

$$(\tau_1 = \tau_r = 1497/(1{,}3 \cdot 98) = 11{,}75 \text{ kN/cm}^2)$$

$$\tau/\tau_{y,k} = 11{,}75/13{,}8 = 0{,}85 < 1$$

Nimmt man an, dass z.B. am Einheitselement ①, Bild **6.40a**, auch noch Normalspannungen aus den Riegel- (x) und Stielschnittkräften (z) vorhanden sind, kann man auf der sicheren Seite den Vergleichsspannungsnachweis σ_v nach Gl. (2.20), Teil 1, führen. In diesem Fall ist es berechtigt, die errechnete Schubspannung im Eckblech τ_E auf ca. 75 % abzumindern, da in ihr ja die Umlenkkräfte aus den Biegemomenten bereits enthalten sind. Mit den Widerstandsmomenten an den Stegblechrändern

$$W'_{y,V} = 7538 \text{ cm}^3 \text{ und} \qquad W'_S = 5230 \text{ cm}^3 \quad \text{erhält man}$$

$$\sigma_x \quad = 98/216 + 90300/75380 \quad = (-)\, 12{,}43 \text{ kN/cm}^2$$

$$\sigma_z \quad = 497/226 + 92800/5230 \quad = (-)\, 19{,}94 \text{ kN/cm}^2$$

$$\tau'_E = 0{,}75 \cdot 11{,}75 \qquad = 8{,}81 \text{ kN/cm}^2$$

$$\sigma_v = \sqrt{12{,}43^2 + 19{,}94^2 - 12{,}43 \cdot 19{,}94 + 3 \cdot 8{,}81^2} = 23{,}2 \text{ kN/cm}^2$$

$$\sigma_v / f_{y,k} = 0{,}97 < 1$$

Beulnachweis

Das Eckblech ist spannungsmäßig stark ausgenutzt. Unter dem reinen Schubspannungszustand mit $\tau_d = \tau/\gamma_M =$ 11,75/1,1 = 10,68 kN/cm^2 wird der Beulnachweis nach Abschn. 2 geführt. Nach Gl. (1.6) gilt mit α = 980/565 = 1,735 und $V_{z,d} = T_o/1{,}1$ = 785 kN

$$t_S = s_E = 1{,}3 \text{ cm} > \sqrt{\frac{785 \cdot 1{,}735}{80 \cdot \sqrt{\left(5{,}34 \cdot 1{,}735^2 + 4{,}0\right)} \cdot 24}} = 0{,}88 \text{ cm}$$

Nachweis der Anschlussnähte

Die Zugkraft T_0 im oberen Voutenflansch wird allein den Kehlnähten $a_1 = 4$ mm zugewiesen. Mit der Nahtlänge $l_1 = 56,5 - 2,5 = 54,9$ cm ist

$$\tau_\parallel = 863/(2 \cdot 0,4 \cdot 54) \approx 20,0 \text{ kN/cm}^2$$

$$\tau_\parallel /(0,95 \cdot f_{y,k}) = 20,0/(0,95 \cdot 24) = 0,98 < 1$$

Der untere Flansch ist mit einer Kraft von

$$D = 903/0,98 + 98/2 = 970 \text{ kN}$$

über die Kehlnähte a_2 anzuschließen; eine Kontaktwirkung wird nicht unterstellt. Die Schweißnahtlänge l_2 beträgt $l_2 = 2 \cdot 30 - 1,0 = 59$ cm. Mit $0,95 \cdot f_{y,k} = 22,8$ kN/cm² für Kehlnähte wird

$$\text{erf } a_2 = 970/(59 \cdot 22,8) = 0,72 \text{ cm.}$$

Der Anschluss wird mit $a_2 = 8$ mm ausgeführt.

Ein Teil der Kraft D wird direkt in den Stielsteg eingeleitet. Die Restkraft muss von den horizontalen Stielsteifen (Bild **6.**40d) übernommen werden. Diese Kraft wird aufgrund der geometrischen Verhältnisse zu

$$\Delta D = 970 \cdot 2 \cdot 11/28,7 \approx 744 \text{ kN} \qquad \Delta D/2 = 372 \text{ kN}$$

bestimmt. Diese Kraft gelangt über die 8 mm (a_2) dicken Nähte am Stielflansch über die Nähte a_3 in den Steg. Bei einem vereinfachten Nachweis müssen diese auch noch ein Versatzmoment $(\Delta D/2) \cdot e$ aufnehmen. Mit $e = (14,0 - 11,0/2) = 8,5$ cm ist $\Delta M = 372 \cdot 8,5 = 3162$ kNcm. Bei einem Steifenausschnitt von 30 mm und $a_3 = 10$ mm wird

$$A_{W,3} = 2 \cdot (38,0 - 3,0) \cdot 1,0 = 70 \text{ cm}^2$$

$$W_{W,3} = 2 \cdot 1,0 \cdot 35^2/6 = 408 \text{ cm}^3$$

Die Schweißnahtspannungen betragen:

$$\tau_\parallel = 372/70 = 5,31 \text{ kN/cm}^2 \qquad \tau_\perp = 3162/408 = 7,75 \text{ kN/cm}^2.$$

Der Vergleichswert nach Gl. (3.45), Teil 1 liefert

$$\sigma_{w,v} = \sqrt{5,31^2 + 7,75^2} = 9,4 \text{ kN/cm}^2 \qquad 9,4/22,8 = 0,4 < 1.$$

Tatsächlich sind die Spannungen etwas geringer, da sich auch die Nähte am Flansch an der Aufnahme des Versatzmomentes beteiligen. Im Stützensteg sind die Schubspannungen

$$\tau = (2 \cdot 5,31) \cdot 1,3/1,0 = 13,8 \text{ kN/cm}^2 \approx f_{y,k}/\sqrt{3} = 13,86 \text{ kN/cm}^2$$

Kürzer sollten die Steifen also auf keinen Fall ausgebildet werden.

Es verbleibt noch der Nachweis für den *typisierten Stirnplattenanschluss* am Voutenende. Er wird ausgeführt als Typ IH3E mit voll vorgespannten Schrauben M 24, 10.9 nach DIN 6914. Die Vorspannkraft beträgt für diese Schraube $F_V = 220$ kN und die Grenzzugkraft $N_{R,d} = 256,4$ kN (siehe Teil 1, Tafel **3.**9). Die Unterlegscheibe hat einen Außendurchmesser von $D = 44$ mm und ist $t_s = 4$ mm dick. Die Stirnplattendicke ist mit $d_p = 25$ mm angegeben, der Lochdurchmesser mit $d_L = 25$ mm. Alle anderen Abmessungen gehen aus Bild **6.**40e hervor. Das elastische Grenzmoment des Riegelquerschnittes IPE 600 beträgt mit $\sigma_{R,d} = 21,82$ kN/cm² und $W_y = 3070$ cm³

$$M_{el,R,d} = 3070 \cdot 21,82 / 100 = 669,4 \text{ kNm}$$

Mit den angegebenen Abmessungen und der Grenzspannung $\sigma_{R,d}$ erhält man zunächst nach Tafel **6.1** folgende

Vorwerte: e_1 $= 35$ mm, $a_1 = 50$ mm, $b_p = 220$ mm, $d_p = 25$ mm, $a_{Fl} = 10$ mm, n $= 2$

$$c_1 = 50 - 10\sqrt{2}/3 - (44 + 25)/4 = 28{,}0 \text{ mm}$$

$$M_{I,pl,d} = 1{,}1 \cdot 22 \cdot 2{,}5^2 \cdot 21{,}82/4 = 825{,}1 \text{ kNcm}$$

$$M_{II,pl,d} = 1{,}1 \cdot (22 - 2 \cdot 2{,}5) \cdot 2{,}5^2 \cdot 21{,}82/4 = 637{,}5 \text{ kNcm}$$

$$V_{pl,d} = 2{,}5 \cdot 22 \cdot 21{,}82/\sqrt{3} = 693 \text{ kN}$$

Es werden nun nacheinander die möglichen Zugkräfte entsprechend der drei Versagensformen errechnet und die Grenzbedingungen kontrolliert. Maßgebend ist die kleinste Flanschzugkraft Z_t.

Fall a): $Z_t^a = \dfrac{2}{3{,}5 + 2{,}8} \cdot [2 \cdot 256{,}4 \cdot 3{,}5 + 825{,}1] = \mathbf{831{,}7\,kN} < 2 \cdot 693$ kN

$$(2 \cdot 256{,}4 - 831{,}7/2) \cdot 3{,}5 = 339{,}3 \text{ kNcm} < 637{,}5 \text{ kNcm}, \text{ Bedingung erfüllt})$$

Fall b): $Z_t^b = 2 \cdot (825{,}1 + 637{,}5)/2{,}8 = 1044{,}7\,\text{kN} > 831{,}7\,\text{kN}$

(Die Bedingung für Z_t^b – Gl. 6.66 – wird nicht eingehalten).

Fall c): $Z_t^c = 2 \cdot 2 \cdot 256{,}4 = 1025{,}6\,\text{kN} > 831{,}7\,\text{kN}$

(Auch hier ist die Bedingung Gl. 6.68 nicht eingehalten)

Damit beträgt die kleinste Zugkraft $Z_t = 831{,}7$ kN und das Anschlusstragmoment ergibt sich zu

$$M_{y,A,R,d} = 831{,}7 \cdot (60 - 1{,}9)/100 = \mathbf{483{,}2 \text{ kNm}}$$

Im Gebrauchszustand mit $\gamma_F = 1{,}0$ soll das vorhandene Moment den Wert

$$M_{y,A,k} = (60 - 1{,}9) \cdot 4 \cdot 0{,}8 \cdot 220/100 = 409{,}0 \text{ kNm}$$

nicht überschreiten.

Im Stoß liegen mit $\gamma_F \cdot \gamma_M = 1{,}35 \cdot 1{,}1$ folgende Bemessungswerte der Schnittgrößen vor:

$$M_{St,d} = (-985 - 27{,}5 \cdot 1{,}8^2/2 + 291 \cdot 1{,}8)/1{,}1 = -459{,}8 \text{ kNm}$$

$$M_{St,k} = -459{,}8/1{,}35 = -340{,}6 \text{ kNm}$$

$$V_{Z,d} = (291 - 1{,}8 \cdot 27{,}5)/1{,}1 = 219{,}5 \text{ kN}$$

Die Querkraft wird den zwei Schrauben im Druckbereich zugewiesen (2 $\cdot$ $V_{a,R,d} = 2 \cdot 226{,}2 = 452{,}4$ kN > 219,5 kN).

Mit

$$|M_{St,d}|/M_{y,A,R,d} = 459{,}8/483{,}2 = 0{,}95 < 1$$

ist die Tragsicherheit des Anschlusses nachgewiesen. (Auf den Nachweis der Anschlussschweißnähte ist hier verzichtet.).

Es wäre auch ein *bündiger Stirnplattenanschluss* nach Typ IH2E und 4 vertikalen Schraubenreihen – siehe Bild **6.40f** – möglich gewesen, allerdings mit Schrauben M 27, 10.9. In diesem Fall erweist sich die Versagensform Fall c nach Tafel **6.2** als maßgebend.

Mit

$$d_\mathrm{p} = 50 \text{ mm}, \qquad D = 50 \text{ mm}, \qquad t_\mathrm{S} = 5 \text{ mm} \qquad \text{und}$$

$$e_4 = 110 \text{ mm}, \qquad \ddot{u} = 30 \text{ mm}, \qquad a_2 = 80 \text{ mm} \qquad \text{sowie}$$

$$N_\mathrm{R,d} = 334,1 \text{ kN} \qquad \text{und} \qquad F_\mathrm{V} = 290 \text{ kN}$$

erhält man

$$c_1 = 110 - 30 - 19 - (50 / 2 + 50) / 2 = 23,5 \text{ mm}$$

$$c_3 = 50 / 2 + 50 = 75 \text{ mm}$$

$$Z_\mathrm{t}^\mathrm{c} = \frac{7,5}{2,35 + 7,5} \cdot 4 \cdot 334,1 = 1017,6 \text{ kN}$$

$$M_\mathrm{y,A,R,d} = 1017,6 \cdot (60 - 1,9)/100 = 591,2 \text{ kNm} > 459,8 \text{ kNm}$$

$$M_\mathrm{y,A,k} = (60 - 8 - 1,9/2) \cdot 3,6 \cdot 0,8 \cdot 290/100 = 426,4 \text{ kNm} > 340,6 \text{ kNm}$$

Der bündige Stirnplattenanschluss ist jedoch wesentlich weicher als der Anschluss mit überstehender Stirnplatte.

Alternativ zu Bild **6.**40 wären auch Ausführungen nach Bild **6.**41a, b möglich (Darstellung nur qualitativ).

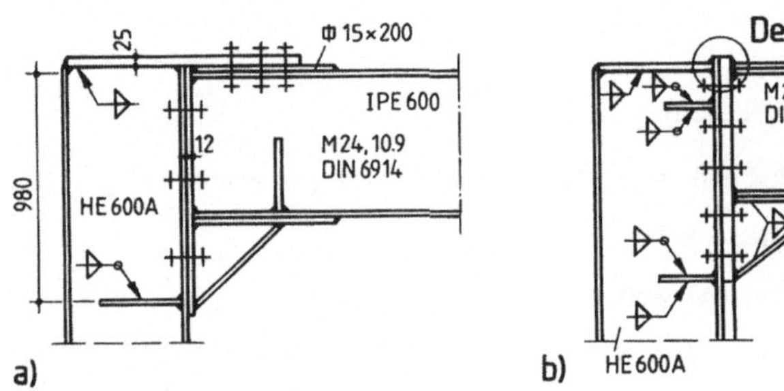

Bild **6.**41   Konstruktive Alternativen zu Bild **6.**40

Beispiel 12 (Bild **6.**42)

Der Rahmenknoten 8 von Beispiel 4 soll über eine biegesteife Stirnplattenverbindung und mit durchlaufendem Stiel nachgewiesen werden.

Die gewählte Ausführung weicht u.a. mit Rücksicht auf die vorhandenen Schnittgrößen (unter $\gamma_\mathrm{F} \cdot \gamma_\mathrm{M}$-facher Last) in einigen Abmessungen von der typisierten Form [45] ab. Für den Anschluss ist daher die Grenztragfähigkeit zu ermitteln. Zunächst jedoch werden das Eckblech und die Steifen nachgewiesen. Es liegt ein T-Knoten ohne Voute (Kombination von Fall 1 und Fall 2 c) vor.

Nachweis des Eckbleches und der Steifen

Die im Riegel und Stiel vorhandenen Schnittgrößen in den Rahmeneckanschnitten betragen

$$M_\mathrm{R} = 184 - 147 \cdot 0,185/2 = 170,0 \text{ kNm} \qquad\qquad N_\mathrm{R}, V_\mathrm{R}$$

$$M_\mathrm{S,o} = 61 - 56 \cdot 0,3185/2 = 52,0 \text{ kNm} \qquad\qquad N_\mathrm{S,o}, V_\mathrm{S,o} \qquad \left.\begin{array}{c} \\ \\ \end{array}\right\} \text{ s. Knoten } k$$

$$M_\mathrm{S,u} = 123 - 66 \cdot 0,3185/2 = 112,5 \text{ kNm} \qquad\qquad N_\mathrm{S,u}, V_\mathrm{S,o}$$

Die Schubkräfte errechnen sich mit Gl. (47 a, b)

$$T_{A.l} = T_{A,r} = (52 + 112,5)/0,185 - 147/2 = 816 \text{ kN}$$

$$T_{A.o} = T_{A,u} = 170/0,3185 - 10/2 - 56 = 473 \text{ kN}$$

und die Schubspannungen zu

$$\tau = \tau_1 = \tau_0 = \frac{816}{31,85 \cdot 0,9} = \frac{473}{18,5 \cdot 0,9} \approx 28,5 \text{ kN/cm}^2$$

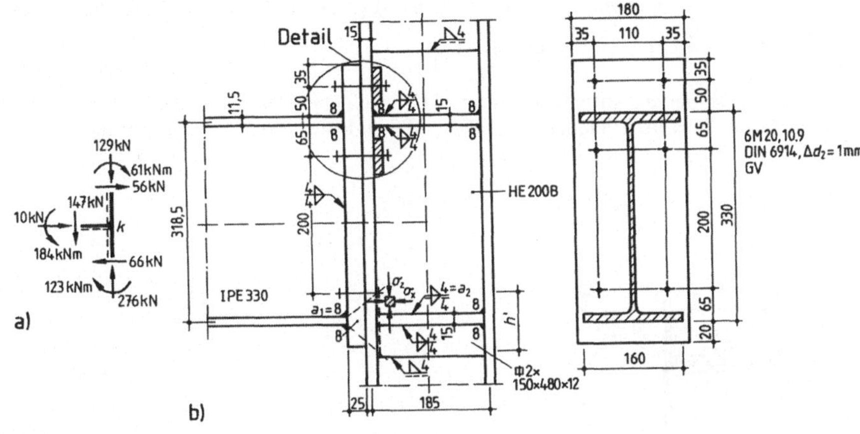

Bild **6.**42 Rahmeneck mit HV-Stirnplattenanschluss
und Aussteifungsrippen
a) Schnittgrößen
b) konstruktive Ausbildung
c) Stirnplattendetail und Stegverstärkung

Sie liegen damit weit über der Fließschubspannung von $\tau_{y,k} = f_{y,k} / \sqrt{3} = 13,86 \text{ kN/cm}^2$. Das Stegblech des Rahmenstiels wird daher durch eine beidseitige Blechbeilage von $2 \times t = 2 \times 12$ mm verstärkt. Davon sind wegen der Ausrundung und der möglichen Schweißnähte nur jeweils 8 mm anrechenbar (Bild **6.**42c). Mit $\Sigma s = 0,9 + 2 \cdot 0,8 = 2,5$ cm betragen die Schubspannungen

$$\tau = 28,5 \cdot 0,9/2,5 = 10,3 \text{ kN/cm}^2 \qquad \tau/\tau_{y,k} = 0,74 < 1$$

Die Blechbeilagen werden so weit geführt, dass ihr Ende außerhalb des Riegelanschlusses liegt. Unter gleichzeitiger Wirkung der (zumindest zu einem Teil) noch vorhandenen Normalspannung aus den Schnittgrößen des unteren Stieles und eines direkt in den Steg fließenden Anteils aus dem unteren Riegelflansch wird die Vergleichsspannung nachgewiesen. Die Querschnittswerte des verstärkten Stieles sind

$$A = 78,1 + 2 \cdot 1,2 \cdot 15 = 114 \text{ cm}^2$$

$$I_y = 5700 + 2 \cdot 1,2 \cdot 15^3/12 = 6375 \text{ cm}^4$$

$$W = 6375/(10 - 1,5 - 1,8) = 951 \ \text{cm}^3$$

und die Normalspannung

$$\sigma_z = 276/114 + 11250/951 = 14,25 \ \text{kN/cm}^2$$

Es wird unterstellt, dass von der Druckkraft im Riegelflansch

$$D = 170/0,3185 + 10/2 = 539 \ \text{kN}$$

aufgrund der Steifenbreite von $2 \times 6,5$ cm (Bild **6.43**) ein Anteil D_S direkt in den Steg eingeleitet wird

$$D_S = 539 \cdot (1 - 2 \cdot 6,5/18) = 150 \ \text{kN}$$

und sich vom Beginn der Stirnplatte aus unter 45° nach oben und unten ausbreitet (Bild **6.42**b) und am Beginn der Ausrundung im Stielquerschnitt sich auf eine Höhe von h' verteilt. Mit $t_{Fl} = 15$ mm, $r_{Fl} = 18$ mm, $t_R = 11,5$ mm und $d_p = 25$ mm ist

$$h' = 11,5 + 2 \cdot (25 + 15 + 18) \approx 127,5 \ \text{mm}$$

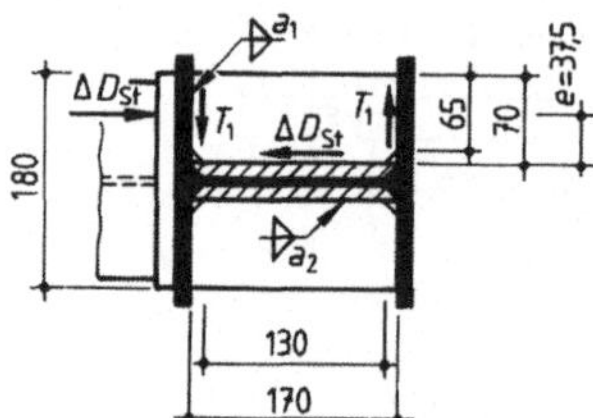

Bild **6.43**   Beanspruchung der Stielrippen

Die Druckspannung σ_x beträgt dann mit $\Sigma s' = 0,9 + 2 \cdot 1,2 = 3,3$ cm

$$\sigma_x = 150/(3,3 \cdot 12,75) = 3,56 \ \text{kN/cm}^2$$

Die Schubspannung wird aus bereits erwähnten Gründen nur mit 75 % berücksichtigt.

$$\sigma_v = \sqrt{3,56^2 + 14,25^2 - 3,56 \cdot 14,25 + 3 \cdot \left(0,75 \cdot 10,3\right)^2} = 18,5 \ \text{kN/cm}^2$$

$$\sigma_v/f_{y,k} = 0,77 < 1$$

Der verbleibende Druckkraftanteil des Riegelflansches

$$\Delta D_{St} = 539 - 150 = 389 = 2 \cdot 195 \ \text{kN}$$

wird von den Steifen übernommen.

$$\sigma_{St} = 195/(1,5 \cdot 6,5) = 20 \ \text{kN/cm}^2$$

$$\sigma_v/f_{y,k} = 0,83 < 1$$

Ihr Anschluss erfolgt über Flanschkehlnähte $a_1 = 8$ mm und Stegkehlnähte $a_2 = 4$ mm. Das Versatzmoment von D_S bezüglich des Steges wird in ein Kräftepaar T_1 aufgelöst. Mit $e = 3,75$ cm ist $T_1 = 195 \cdot 375/17,0 = 43$ kN.

Die Spannungen in den Schweißnähten sind

a_1: $\quad \sigma_\perp \quad = 195/(2 \cdot 0,8 \cdot 6,5) = 18,75 \text{ kN/cm}^2$

$\qquad \tau_\parallel \quad = 18,75 \cdot 43/195 = 4,10 \text{ kN/cm}^2$

$\qquad \sigma_v = \sqrt{18,75^2 + 4,10^2} = 19,2\ kN/\text{cm}^2 \qquad\qquad \sigma_v / \sigma_{w,R} = 19,2/22,8 = 0,84 < 1$

a_2: $\quad \tau_\parallel \quad = 195/(2 \cdot 0,4 \cdot 13,0) = 18,75 \text{ kN/cm}^2$

Nachweis des biegesteifen Stirnplattenanschlusses

Mit den Abmessungen der Stirnplatte nach Bild **6**.41b und den Rechenanweisungen der Tafel **6**.1 werden zunächst wieder alle benötigten Vorwerte bestimmt:

$a_1 \qquad = 50 \text{ mm}, \qquad a_{Fl} = 8 \text{ mm}, \qquad e_1 = 35 \text{ mm}, \qquad d_p = 25 \text{ mm}, \qquad D = 37 \text{ mm}$

$c_1 \qquad = 50 - 8 \cdot \sqrt{2}/3 - (37 + 25)/4 = 30,7 \text{ mm}, \qquad \sigma_{R,d} = 24,0/1,1 = 21,82 \text{ kN/cm}^2$

$M_{I,pl,d} = 1,1 \cdot 18 \cdot 2,5^2 \cdot 21,82/4 = 675 \text{ kNcm}$

$N_{R,d} \quad = 118 \text{ kN}, \quad F_V = 160 \text{ kN}$

Bei der vorliegenden konstruktiven Ausbildung wird die Versagensform a) nach Tafel **6**.1 maßgebend:

$$Z_t = Z_t^a = \frac{2}{3,5 + 3,07} \cdot [2 \cdot 178 \cdot 3,5 + 675,0] = 584,8 \text{ kN}$$

(Die Bedingungen für die Zugkraft Z_t^a sind eingehalten)

Das Anschlusstragmoment beträgt damit

$$M_{y,A,R,d} = 584,8 \cdot (33 - 1,15) / 100 = \textbf{186,3 kNm}$$

Mit dem Bemessungswert des Anschlussmomentes $M_{A,d} = M_R/\gamma_M = 170/1,1 = 154,5$ kNm und

$$M_{A,d} / M_{y,A,R,d} = 154,5 / 186,3 = 0,83 < 1$$

ist die Tragsicherheit des Anschlusses nachgewiesen.

Die Riegelquerkraft $V_{A,d} = V_R/\gamma_M = 147,0 / 1,1 = 133,6$ kN wird von den unteren Schrauben sicher übertragen

$$\frac{133,6/2}{157,1} = 0,42 < 1$$

Bei voller Vorspannung der Schrauben ist der Anschluss auch ausreichend für den Gleitnachweis nach Gl. (3.14), Teil 1:

$$2 \cdot \frac{0,5 \cdot 160}{1,15 \cdot 1,1} = 126,5 \text{ kN} > V_{A,d} / \gamma_F = 133,6/1,35 = 99 \text{ kN}$$

Im Gebrauchszustand beträgt das Anschlussmoment $M_{A,k} = 154,5 / 1,35 = 114,4$ kNm ; es soll kleiner sein als

$$M_{y,A,k} = (33 - 1,15) \cdot 4 \cdot 0,8 \cdot 160 / 100 = 163,1 \text{ kNm}$$

$$M_{A,k} / M_{y,A,k} = 114,4 / 163,1 = 0,70 < 1.$$

Wegen der gegenüber [45, 46] etwas vergrößerten Schraubenabstände wird der Stützenflansch durch möglichst große Futterbleche der Dicke $t_\mathrm{F} = d_\mathrm{p} = 25$ mm unterstützt (Bild **6**.42c). Dies wäre auch erforderlich bei strenger Auslegung der Anwendungsregeln nach [45], s. Tafel **8**.9, Teil 1: $t_\mathrm{Fl} = 15$ mm $< 0,8 \cdot d = 0,8 \cdot 20 = 16$ mm.

Schließlich noch ein Hinweis zur „Überfestigkeit": Für den nachgewiesenen Riegelstoß spielt eine eventuelle Überfestigkeit des Riegelmaterials in diesem Falle keine Rolle, da die Tragfähigkeit im FG des Knotens 8 nicht durch den Querschnitt, sondern durch das Tragmoment des Anschlusses bestimmt ist, von dem eine ausreichende Rotationsfähigkeit angenommen werden darf; das Anschlusstragmoment ist im Übrigen rund 20 % höher als das vorhandene $\gamma_\mathrm{pl}^\mathrm{II}$-fache Moment.

6.3.3.3 Tragverhalten vorgespannter Schraubenverbindungen unter achsialer Zugkraft

Die Beanspruchbarkeit der Schrauben auf Zug wird bereits im Teil 1 in den Abschnitten 3.1.3, 3.1.4.3 und 8.4.2.2 behandelt, wobei beim Einsatz der hochfesten Schrauben der Festigkeitsklassen 8.8 und 10.9 die Schrauben (i.d.R.) vorzuspannen sind. Ihr Einsatz bei den biegesteifen Stirnplattenverbindungen wird in Abschn. 6.3.3.1 ausführlich behandelt.

Bei allen Nachweisen für die *zugbeanspruchte, vorgespannte Schraube* fällt auf, dass in der auf die Schraube entfallenden Zugkraft N – siehe Teil 1, Gl. (3.11) – die Vorspannkraft F_V der Schraube nicht berücksichtigt wird. Dies hängt damit zusammen, dass bei der *vorgespannten Verbindung* tatsächlich nur ein kleiner Anteil aus der *äußeren Zugkraft* als zusätzliche Belastung (über F_V hinaus) auf die Schraube entfällt. (Besonders günstig wirkt sich dieser Umstand dann aus, wenn die äußere Zugkraft aus einer häufig sich ändernden Einwirkung resultiert.).

Der beschriebene Sachverhalt soll in den folgenden Ausführungen näher erläutert werden:

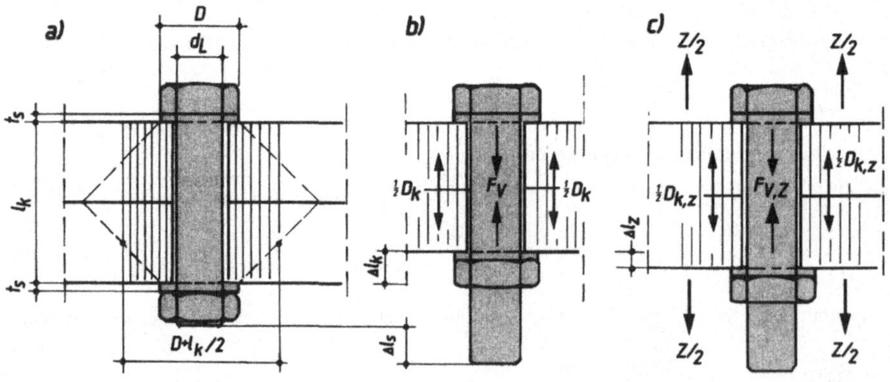

Bild **6**.44   Last-Verformungsverhalten vorgespannter Verbindungen
      a) spannungsloser Zustand, Bezeichnungen
      b) mit F_V vorgespannte Verbindung
      c) zusätzlich einwirkende Zugkraft Z
      d) Last-Verformungsdiagramm (s.S. 297)

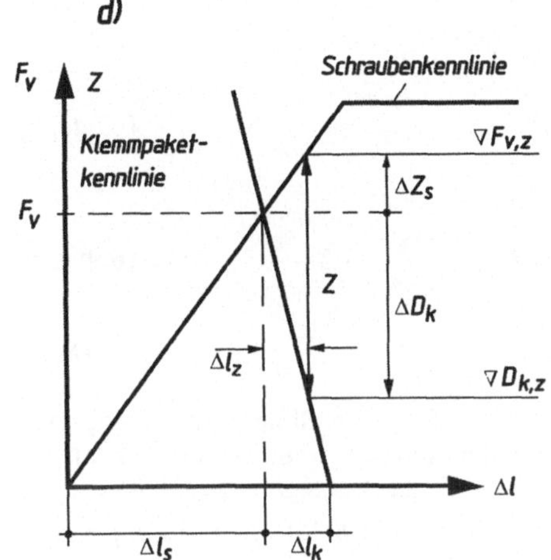

In Bild **6.44a** ist eine zunächst nicht vorgespannte Schraube dargestellt, welche die zwei Bleche mit der Klemmlänge l_k zusammenhält. Spannt man diese Schraube mit einer Vorspannkraft F_V vor, breitet sich die gleich große Druckkraft D_k in den Blechen – ausgehend vom äußeren Rand der Unterlegscheibe – annähernd unter einem Winkel von 45° kegelförmig aus. Dieser Druckkegel kann vereinfachend durch einen etwa gleichwertigen Hohlzylinder mit dem Außendurchmesser $(D + l_k/2)$ erfasst werden. Bei diesem Vorspannvorgang verlängert sich die Schraube um das Maß

$$\Delta l_s = \frac{F_V \cdot (l_k + 2\,t_s)}{E \cdot A_{Sch}} = \frac{F_V}{c_s} \tag{6.88}$$

mit $\qquad c_s = \dfrac{E \cdot A_{Sch}}{(l_k + 2\,t_s)} \tag{6.89}$

Gleichzeitig werden die Bleche einschließlich der Scheiben um das Maß

$$\Delta l_k = \frac{F_V \cdot l_k}{E \cdot \pi \cdot [(D + l_k/2)^2 - d_L^2]/4} + \frac{F_V \cdot 2t_s}{E \cdot \pi \cdot (D^2 - d_L^2)/4} = \frac{F_V}{C_k} \tag{6.90}$$

mit $\qquad c_k = \dfrac{E \cdot \pi/4}{\dfrac{2t_s}{(D^2 - d_L^2)} + \dfrac{l_k}{(D + l_k/2)^2 - d_L^2}} \tag{6.91}$

zusammengedrückt, Bild **6.44b**.

Wird nun auf diese vorgespannte Verbindung eine äußere Zugkraft Z aufgebracht, verlängert sich die Schraube um das gleiche Maß Δl_Z, wie das zusammengedrückte Blechpaket entlastet wird, Bild **6.44c**. Überträgt man diese geometrische Bedingung des statisch unbestimmten Systems in das Verspannungsdiagramm, Bild **6.44d**, so lässt sich hier ablesen, welcher Anteil der Zugkraft Z auf die Schraube und welcher auf das Blechpaket entfällt. (Das Verspannungsdiagramm ist die graphische Darstellung der Gleichungen (6.88) und (6.90) – vgl. auch Teil 1, Bild **3**.13.).

Bei dem geschilderten Vorgang wächst die Zugkraft auf $F_{V,Z}$ an und die Druckkraft im Blechpaket fällt auf die Klemmkraft $D_{k,Z}$ ab. Diese jetzt wirksamen Kräfte lassen sich wie folgt bestimmen:

$$\Delta l_Z = \frac{\Delta Z_s}{c_s} = \frac{\Delta D_k}{c_k}\,; \qquad \Delta D_k = \Delta Z_s \cdot \frac{c_k}{c_s} \tag{6.92a, b}$$

mit $\quad Z = \Delta Z_{\mathrm{s}} + \Delta D_{\mathrm{k}}$ $\hfill$ (6.93)

Wir setzen ΔD_{k} nach (6.92b) in (6.93) ein und lösen nach ΔZ_{s} auf:

$$\Delta Z_{\mathrm{s}} = \frac{c_{\mathrm{s}}}{c_{\mathrm{s}} + c_{\mathrm{k}}} \cdot Z \quad ; \quad \Delta D_{\mathrm{k}} = \frac{c_{\mathrm{k}}}{c_{\mathrm{s}} + c_{\mathrm{k}}} \cdot Z \qquad (6.94\mathrm{a, b})$$

Die resultierenden Kräfte sind dann

$$F_{\mathrm{V,Z}} = F_{\mathrm{V}} + \frac{c_{\mathrm{s}}}{c_{\mathrm{s}} + c_{\mathrm{k}}} \cdot Z \quad \text{und} \quad D_{\mathrm{k,z}} = F_{\mathrm{v}} - \frac{c_{\mathrm{k}}}{c_{\mathrm{s}} + c_{\mathrm{k}}} \cdot Z \qquad (6.95\mathrm{a, b})$$

$$Z_{\mathrm{krit}} = \frac{c_{\mathrm{s}} + c_{\mathrm{k}}}{c_{\mathrm{k}}} \cdot F_{\mathrm{V}} \qquad (6.96)$$

Wenn infolge der äußeren Zugkraft Z die Klemmkraft bei $Z = Z_{\mathrm{krit}}$ auf Null abgesunken ist, muss die Schraube eine darüber hinaus wirkende Zugkraft allein übernehmen; es entsteht eine Klaffung zwischen den Blechen, bis schließlich die Schraube bei $F_{\mathrm{V,Z}} = F_{\mathrm{u}}$ zu Bruch geht, Bild **6.45a**.

Ist die Zugkraft Z schließlich eine zeitlich veränderliche Größe, Bild **6.45b**, ist nur ein geringer Anteil hiervon nach Gl. (6.94a) ermüdungswirksam.

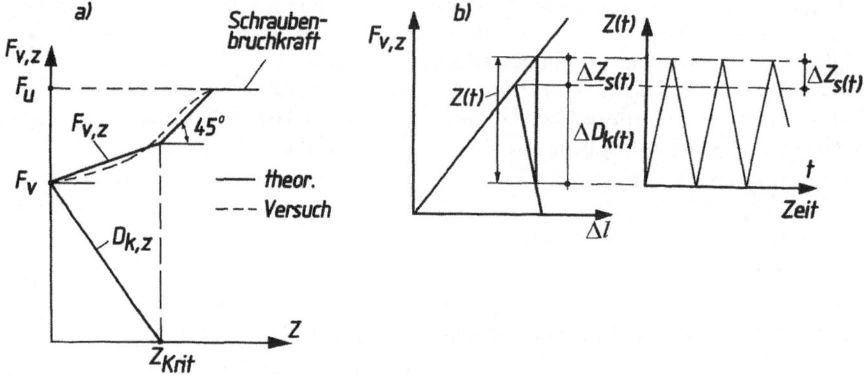

Bild **6.45**   Resultierende Schraubenkraft und verbleibende Klemmkraft einer vorgespannten Verbindung und äußerer Zugbeanspruchung
a) resultierende Schraubenkraft, kritische Zugkraft
b) Schwingbreite der Schraubenkraft bei zeitlich veränderlicher Zugkraft

Diese (etwas vereinfachten) Zusammenhänge sollen auf die Stirnplattenverbindung des Beispiels 8 zahlenmäßig angewendet werden.

Beispiel 13 (Bild **6.40**)

Für den in Beispiel 8 nachgewiesenen Stirnplattenstoß mit Schrauben M 24, 10.9, DIN 6914 wird die effektive Schraubenkraft berechnet. Aus dem Anschlussmoment von $M_{\mathrm{St,d}} = -459,8$ kNm und dem Abstand der Flanschschwerpunkte – siehe Bild **6.40** – entfällt auf jede der 4 Zugschrauben eine rechnerische Kraft von $N = Z = \frac{1}{4} \cdot 45980 / (60 - 1,9) = 198$ kN.

Unterstellt man eine unendlich steife Stirnplatte – dies ist gleichbedeutend mit der Vernachlässigung der Abstützkräfte K der Stirnplatte, siehe Teil 1, Bild **3.11** – lautet der Nachweis für die Schrauben mit $N_{\mathrm{R,d}} = 256,4$ kN (Tafel **3.9**, Teil 1)

$$\frac{N}{N_{\mathrm{R,d}}} = \frac{198}{256,4} = 0,77 < 2$$

(Die Vorspannkraft $F_V = 220$ kN bleibt unberücksichtigt).

Mit den Abmessungen der Unterlegscheiben und der Stirnplattendicke erhält man für die Schraube und den Ersatzdruckzylinder folgende *Federsteifigkeiten* c_S und c_k

$$(l_k + 2 \cdot t_s) = (2 \cdot 25 + 2 \cdot 4) = 58 \text{ mm}$$

$$A_{Sch} = \pi \cdot 24^2 / 4 = 452,4 \text{ mm}^2$$

$$c_S = 21 \cdot 10^3 \cdot 4,524 / 5,8 = 16,38 \cdot 10^3 \text{ kN/cm} \qquad \text{nach Gl. (6.89)}$$

$$c_k = \frac{21 \cdot 10^3 \cdot \pi / 4}{\dfrac{2 \cdot 0,4}{(4,4^2 - 2,5^2)} + \dfrac{2 \cdot 2,5}{(4,4 + 2 \cdot 2,5 / 2)^2 - 2,5^2}} = 90,67 \cdot 10^3 \text{ kN/cm} \qquad \text{nach Gl. (6.91)}$$

und die Zugkraft Z verteilt sich auf die Schraube und das Klemmpaket nach Gl. (6.94a, b):

$$\Delta Z_s = \frac{16,38}{16,38 + 90,67} \cdot 198 = 30,3 \text{kN} \qquad \Delta Z_k = \frac{90,67}{16,38 + 90,67} \cdot 198 = 167,7 \text{ kN}$$

(Kontrolle $\Delta Z_s + \Delta Z_k = 30,3 + 167,7 = 198 \text{ kN} = Z$)

Dies bedeutet, dass von der äußeren Zugkraft rd. nur 15 % als Mehrbelastung auf die vorgespannte Schraube entfällt.

Die resultierende Schraubenkraft (einschließlich Vorspannung) ist dann

$$F_{V,Z} = 220 + 30,3 = 250,3 \text{ kN} = 1,14 \cdot F_V$$

Der verschärfte – aber nicht notwendige – Nachweis lautet dann

$$\frac{F_{V,Z}}{N_{R,d}} = \frac{250,3}{256,4} = 0,98 < 1$$

Im Anschluss selbst verbleibt noch eine kleine Klemmkraft, da die kritische Zugkraft

$$Z_{krit} = \frac{16,38 + 90,67}{90,67} \cdot 220 = 259,7 \text{kN} = 1,18 \cdot F_V$$

größer ist als die Zugkraft / Schraube $Z = 198$ kN.

Schließlich soll die effektive Schraubenkraft noch für den Fall ermittelt werden, wenn der Anschluss (mit $M_{St,d} = M_{y,A,R,d}$) voll ausgenutzt wäre.

Bei der Versagensform a) nach Tafel **6.**1 ist die (äußere) Stützkraft / Schraube im Schnitt II-II des statischen Systems – siehe Bild **6.**35a, b – gerade so groß wie die Grenzzugkraft $N_{R,d} = 256,4$ kN $= 1,165 \, F_V$. (Diese, auf die vorgespannte Verbindung einwirkende Zugkraft enthält dann auch die zuvor vernachlässigte Abstützkraft K aus der Stirnplattenverformung.).

Wir setzen diese Kraft als äußere Zugkraft Z (vgl. Bild **6.**44c) auf die vorgespannte Verbindung an und ermitteln die effektive Schraubenkraft aus der Vorspannung F_V und zusätzlicher Beanspruchung aus Z nach Gl. (6.95a):

$$F_{V,Z} = F_V + \frac{16,38}{16,38 + 90,67} \cdot 1,165 \cdot F_V = 1,178 \cdot F_V = 259,2 \text{kN} .$$

Auch jetzt verbleibt gerade noch eine winzige Klemmkraft in der Verbindung ($1,178 \, F_V < 1,18 \, F_V = Z_{krit}$) und der Tragsicherheitsnachweis liefert

$$\frac{F_{V,Z}}{N_{R,d}} = \frac{259,2}{256,4} = 1,01 \approx 1,0$$

Die geringfügige Überschreitung der Grenzzugkraft ist mit Rücksicht auf die Versuchsergebnisse, die zu den Ableitungen der Versuchsmechanismen in [45] geführt haben, unbedeutend.

6.3.4 Steifenlose Rahmenecken

Der kostenbewusst handelnde Stahlbauingenieur war stets bemüht, den Fertigungsaufwand seiner Konstruktion so gering wie möglich zu halten. Auch in Rahmenecken sind Kosteneinsparungen zu erzielen, wenn die statisch mögliche Ausführung im ausgewogenen Verhältnis zum Gesamtmaterialeinsatz steht. Es macht daher keinen Sinn, einen übertriebenen Aufwand in Detailnachweise ausgemagerter Rahmenecken zu stecken, wenn gleichzeitig bei Berücksichtigung des jetzt nachgiebigen Rahmeneckes, die Beanspruchungen der Einzeltragglieder (Riegel und Stiel) zu deutlich größeren Querschnitten führt und die Lohnkosteneinsparungen durch den höheren Materialeinsatz weitgehendst kompensiert werden. Im Übrigen wird auch auf den „modellhaften" Charakter *aller Detailnachweise* verwiesen, der *a* priori eine vollkommene Ausnutzung der Materialfestigkeit aus Sicherheitsgründen verbietet.

Bei Rahmenecken sind Kosteneinsparungen möglich durch Verzicht auf Aussteifungsrippen. Dadurch wird der Rahmenknoten allerdings *biegeweicher* und muss als *drehelastisches Gelenk* in die Rahmenberechnung einbezogen werden. Die Bestimmung der vorhandenen „Drehfedersteifigkeit" erfordert i.d.R. eine aufwendige Berechnung, falls vergleichbare Werte nicht aus dem Schrifttum entnommen werden können.

Die folgenden Ausführungen sind daher nur *Hinweise*, wie *Tragsicherheitsnachweise* fallweise möglich sind.

6.3.4.1 Rippenlose Lasteinleitung nach [12]

In Teil 1 ist im Abschn. 8.4.1.2 gezeigt, welche konzentrierten Kräfte in die Trägerflansche/-stege rippenlos eingeleitet werden können, ohne allzu große Deformationen in den von der Krafteinleitung betroffenen Träger-/Stützenteilen hervorzurufen. Diese Regeln können natürlich auch auf die örtlichen Kräfte bei Rahmenecken angewendet werden. Man kann dann nachweisen, dass Verstärkungen durch Rippen fallweise nicht erforderlich sind. Über die Nachgiebigkeit des so entwickelten Rahmenknotens erhält man allerdings keine Auskunft. Es sei noch vermerkt, dass die erwähnten Nachweisregelungen von „warm gewalzten Profilen" der Güte S235 ausgehen und nicht ohne Einschränkungen auf höherfesten Stahl übertragbar sind.

Unter Einhaltung einer vom Ingenieurstandpunkt vertretbaren „Sicherheitsspanne" sind rippenlose Rahmenecken mit den in Teil 1 angegebenen Grenzkräften bei örtlicher Beanspruchung nach Auffassung des Verfassers möglich, wenn bei der „Rahmenberechnung" die Biegesteifigkeit der im Knoten zusammentreffenden Stäbe örtlich entsprechend abgemindert wird.

6.3.4.2 Träger-Stützenverbindungen nach EC 3, Beispiel

In EC 3 [31], Abschn. 6.8 und im Anhang J[1] ist geregelt, wie das *Grenzmoment* M_{Rd} und die *Rotationssteifigkeit* S_j von Träger-Stützenverbindungen ermittelt werden können. Von den sehr umfangreichen Anweisungen soll hier der wichtige Fall der *überstehenden Stirnplattenverbindung* verkürzt vorgestellt und in einem Beispiel erläutert werden. Dabei wird das aufnehmbare Grenzmoment durch schrittweise Bestimmung der Grenztragfähigkeiten aller am Stoß beteiligten Komponenten (Stützensteg- und Flansch, Trägersteg- und Flansch, Stirnplatte sowie Schrauben) ermittelt. Die Drehfedersteifigkeit S_j wird analog über eine „Reihenschaltung von Einzelfeldern" bestimmt.

Es werden folgende Indizes und Abkürzungen verwendet:

c = column (Stütze), b = beam (Träger), f = flange (Flansch), w = web (Steg),

c = compression (Druck), t = tension (Zug), p = panel/plate (Feld/Platte),

f = force (Kraft), B = bolt (Schraube).

---

[1] Überarbeitete Fassung von 5/96 bzw. 1/97, siehe hierzu auch die Hinweise am Ende dieses Abschnittes.

Die Berechnungsschritte sind in Tafel **6**.3 bildlich dargestellt. Zunächst sind

Tafel **6**.3 Maßgebende Stellen zur Bestimmung des Anschlussgrenzmomentes M_{Rd} in steifenlosen Rahmenecken nach EC 3

	1	2	3	
	Schub im Stützensteg	Druck im Stützensteg	Druck im Trägerflansch	
I	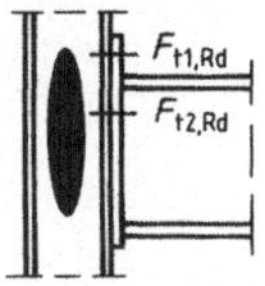	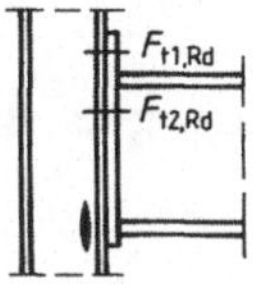	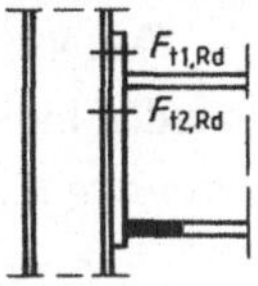	
	$F_{t1,Rd} + F_{t2,Rd} \leq V_{wp,Rd}$	$F_{t1,Rd} + F_{t2,Rd} \leq F_{c,wc,Rd}$	$F_{t1,Rd} + F_{t2,Rd} \leq F_{c,fb,Rd}$	
	Schraubenreihe (1)			
	T-Modell Flansch	Zug im Stützensteg	T-Modell Kopfplatte	
II	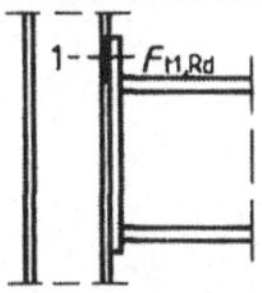	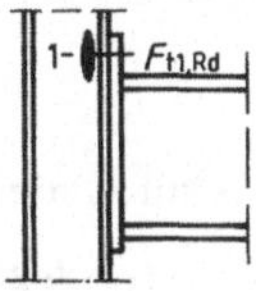	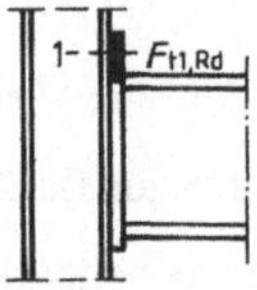	
	$F_{t1,Rd} \leq F_{t1,fc,Rd}$	$F_{t1,Rd} \leq F_{t1,fc,Rd}$	$F_{t1,Rd} \leq F_{t1,ep,Rd}$	
	1	2	3	4
	Schraubenreihe (2)			
	T-Modell Flansch	Zug im Stützensteg	T-Modell Platte	T-Modell Kopfplatte
III	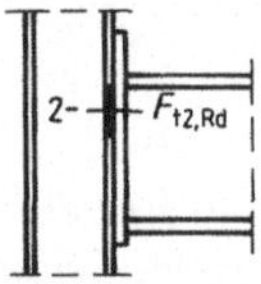	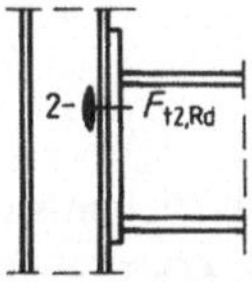	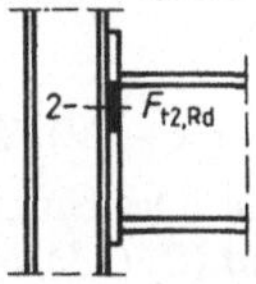	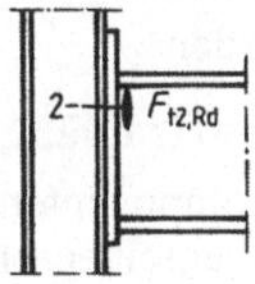
	$F_{t2,Rd} \leq F_{t2,fc,Rd}$	$F_{t2,Rd} \leq F_{t2,wc,Rd}$	$F_{t2,Rd} \leq F_{t2,ep,Rd}$	$F_{t2,Rd} \leq F_{t2,wb,Rd}$
	1	2		
	Schraubenreihe (1) und (2) als Gruppe			
	T-Modell Stützflansch	Zug im Stützensteg		
IV	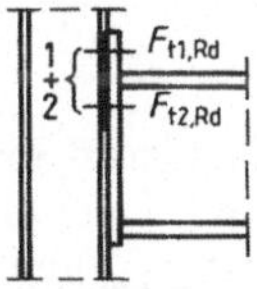	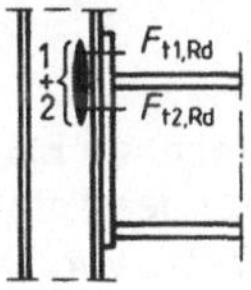		
	$F_{t1,Rd} + F_{t2,Rd} \leq F_{t\,(1+2),fc,Rd}$	$F_{t1,Rd} + F_{t2,Rd} \leq F_{t\,(1+2),wc,Rd}$		
	Maßgebend für $F_{t2,Rd}$ ist die kleinere Kraft aus			
	$V_{wp,Rd} - F_{t1,Rd}$	$F_{c,wc,Rd} - F_{t1,Rd}$	$F_{c,fb,Rd} - F_{t1,Rd}$	
	$F_{t2,fc,Rd}$	$F_{t2,wc,Rd}$	$F_{t2,ep,Rd}$	$F_{t2,wb,Rd}$
	$F_{t(1+2),fc,Rd} - F_{t1,Rd}$	$F_{t(1+2),wc,Rd} - F_{t1,Rd}$		

Globale Grenztragfähigkeiten – (I), Tafel 6.3 zu bestimmen. Danach ist die Momententragfähigkeit begrenzt durch

Schubversagen im Stützensteg $V_{\mathrm{wp,Rd}}$

$$A_{\mathrm{v}} = Ac - 2 \cdot (b \cdot t)_{\mathrm{fc}} + (t_{\mathrm{w}} + 2 \cdot r)_{\mathrm{c}} \cdot t_{\mathrm{fc}} \tag{6.97}$$

$$V_{\mathrm{wp,Rd}} = \frac{0,9 \cdot A_{\mathrm{v}} \cdot f_{\mathrm{y,k}}}{\gamma_{\mathrm{M}} \cdot \sqrt{3}} \tag{6.98}$$

(Soweit wie möglich werden Indizierungen weggelassen; s.a. Bild **6.43**)

Druckversagen im Stützensteg $F_{\mathrm{wc,Rd}}$

$$b_{\mathrm{eff}} = t_{\mathrm{fb}} + 2 \cdot \sqrt{2} \cdot a_{\mathrm{fp}} + 2 \cdot t_{\mathrm{p}} + 5 \cdot (t + r)_{\mathrm{fc}} \tag{6.99}$$

$$\omega_1 = \frac{1}{\sqrt{1 + 1,3 \cdot (b_{\mathrm{eff}} \cdot t_{\mathrm{wc}} / A_{\mathrm{v}})^2}} \tag{6.100}$$

$$F_{\mathrm{wc,Rd}} = \omega_1 \cdot t_{\mathrm{wc}} \cdot b_{\mathrm{eff}} \cdot f_{\mathrm{y,k}} / \gamma_{\mathrm{M}} \tag{6.101}$$

ω_1 Abminderungsfaktor zur Berücksichtigung der Schubspannungen

In Gl. (6.99) ist die Anrechenbarkeit von „$2 \cdot t_{\mathrm{p}}$" geometrisch zu prüfen, s. Bild **6.44c**.

Bei dünnen Stegen ist aufgrund des „Stegkrüppelns" F_{wsRd} noch durch einen Faktor ϱ ($\triangleq \varkappa$-Wert beim Beulen) abzumindern, siehe Norm.

Druckversagen im Riegelflansch $F_{\mathrm{c,fb,Rd}}$

$$F_{\mathrm{c,fb,Rd}} = M_{\mathrm{pl,b,d}} / (h - t)_{\mathrm{b}} \tag{6.102}$$

Danach werden

Lokale Grenztragfähigkeiten – (II – IV), Tafel 6.3

der Einzelkomponenten bestimmt. Die Untersuchungen beziehen sich dabei auf Einzelschnitte in den Schraubenreihen (1)/(II) und (2)/(III) sowie auf das Zusammenwirken beider Schraubenreihen (1) und (2)/(IV). Im Vordergrund der Betrachtung steht dabei die Grenztragfähigkeit von T-Modellen (vgl. Bild **6.35**), welche durch eine der in Tafel **6.4** dargestellten Versagensformen kollabieren können. Diese Untersuchungen sind für den Stützenflansch und die Kopfplatte in den jeweils maßgebenden Bruchlinien, Tafel **6.5** und **6.6** durchzuführen. Gleichzeitig werden die Stegzugkräfte in Höhe der Schraubenreihen sowohl für die Stütze als auch für den Riegel kontrolliert.

Schraubenreihe (1), (2)

Beide Schraubenreihen sind getrennt zu behandeln. Die möglichen Bruchlinien jeder Schraubenreihe gehen aus der oberen Hälfte der Tafel **6.6** für den *Stützenflansch* und aus Tafel **6.5** (Reihe 1,2, Spalte 1,2) für die *Kopfplatte* hervor. Die hierfür notwendigen Abstände e, e_{min} und m sowie e_{x}, m_{x} und m_2 für die Kopfplatte sind Bild **6.47** zu entnehmen; für die Kopfplatte benötigt man schließlich noch den Beiwert α, der aus Bild **6.46** mittels der Parameter λ_1 und λ_2 bestimmt wird. Bei der Versagensart (2) (Tafel **6.4**) sind Fließkegelmuster (= Kreismuster) nicht möglich. Über die plastischen Momente $M_{\mathrm{pl,li,Rd}}$, Gl. (6.103) wird die aufnehmbare Kraft im Stützenflansch und der Kopfplatte je Schraubenreihe bestimmt. Sie darf nicht größer sein als $V_{\mathrm{wp,Rd}}$ und die Zugtragfähigkeit im Stützensteg $F_{\mathrm{t1,wc,Rd}}$. Diese wird wie die mögliche Druckkraft im Stützensteg, Gl. (6.101), jedoch mit $b_{\mathrm{eff}} = l_{\mathrm{eff}}$ bestimmt.

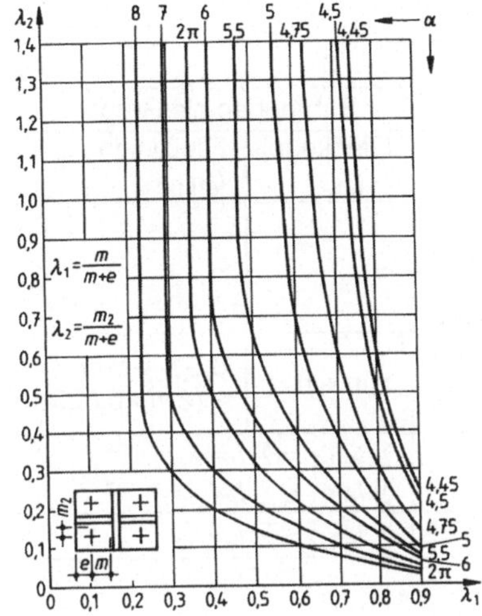

Bild **6.46** Beiwert α für Stirnplattenverbindung

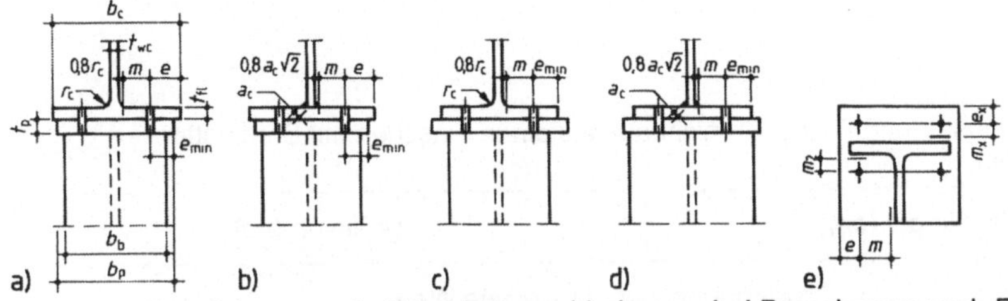

Bild **6.47** Bezeichnungen in Stirnplattenverbindungen bei Berechnung nach EC 3

Tafel **6.4** Versagensarten beim T-Modell

Versagensart	Flanschversagen (1)	Schrauben- und Flanschversagen (2)	Schraubenversagen (3)
$F_{te,Rd} =$	$\dfrac{4\,M_{pl,l_1,Rd}}{m}$	$\dfrac{2\,M_{pl,l_2Rd} + n \cdot s \sum B_{t,Rd}}{m + n}$	$\sum B_{t,Rd}$

$$M_{pl,li,Rd} = \frac{1}{4} \cdot \frac{l_{eff,i} \cdot t_{fc}^2 \cdot f_{y,k}}{\gamma_M} \qquad (6.103)$$

$l_{eff,i} \quad i = 1,2 \qquad\qquad$ nach Tafel **6.5**

$$B_{t,Rd} = \frac{0{,}9 \cdot f_{u,b,k} \cdot A_{Sp}}{1{,}25} \qquad (6.104)$$

$n =$ emim, jedoch $\leq 1{,}25 \cdot m$ m s. Bild **6.42**

Tafel 6.5 Länge der Fließlinien in Stirnplatten

		1	2	3	4
		Schraubenreihe einzeln		Schrauben als Gruppe	
		Fließkegel $l_{eff,cp}$	Fließlinie $l_{eff,nc}$	Fließkegel $l_{eff,cp}$	Fließlinien $l_{eff,nc}$
1	Schraubenreihe oberhalb des Zugflansches	$2\,\pi\,m_x$ $\pi\,m_x + w$ $\pi\,m_x + 2\,e$	$4\,m_x + 1{,}25\,e_x$ $e + 2\,m_x + 0{,}625\,e_x$ $0{,}5\,b_p$ $0{,}5\,w + 2\,m_x + 0{,}625\,e_x$	–	–
2	1. Reihe unter dem Zugflansch	$2\,\pi\,m$	$\alpha\,m$	$\pi\,m + p$	$0{,}5\,p + \alpha\,m$ $- (2\,m + 0{,}625\,e)$
	Versagensart (1)	$l_{eff,1} = l_{eff,nc}$ und $\quad l_{eff,1} \leq l_{eff,cp}$		$\sum l_{eff,1} = \sum l_{eff,nc}$ und $\sum l_{eff,1} \leq \sum l_{eff,nc}$	
	Versagensart (2)	$l_{eff,2} = l_{eff,nc}$		$\sum l_{eff,2} = \sum l_{eff,nc}$	

Tafel 6.6 Fließlinienmuster und -längen in nicht ausgesteiften Flaschen mit Stirnplatten-Anschlüssen

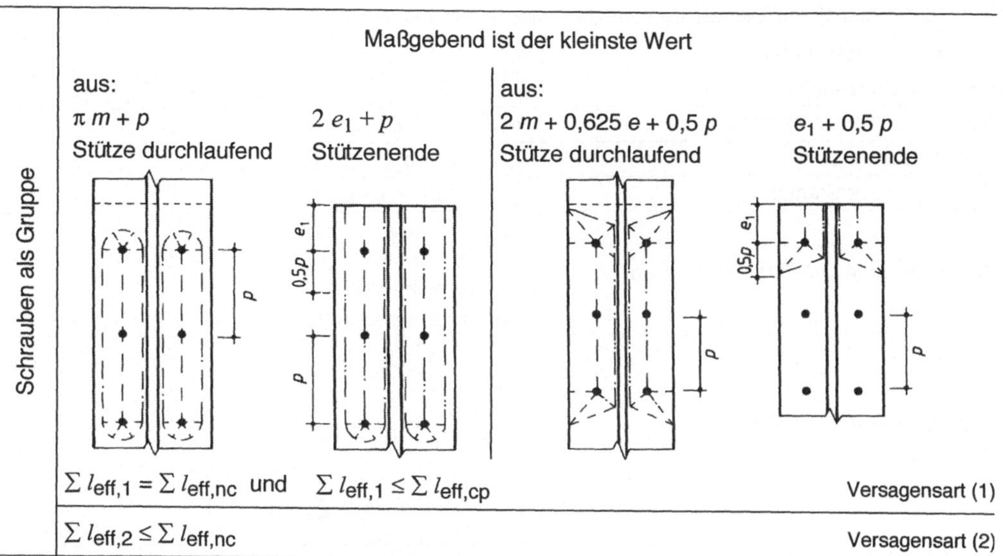

Schraubenreihe (1) *und* (2) *zusammen als Gruppe*

Für beide Schraubenreihen als Gruppe müssen die gleichen Berechnungen wie zuvor, jedoch nur für den Stützenflansch (T-Modell) und Stützensteg (Zug) durchgeführt werden. Die möglichen Bruchlinien (mit Einzellängen $l_{\mathrm{eff,i}}$) erhält man aus der unteren Hälfte von Tafel **6.6**.

Anschließend werden die Kräfte F_{t1} und F_{t2} bzw. $F_{\mathrm{t(1+2)}}$ über die Bedingungen in Tafel **6.3** festgelegt und das *Grenzmoment* M_{Rd} über Gl. (6.105) errechnet:

$$M_{\mathrm{Rd}} = \sum_{r=1}^{2} h_{\mathrm{r}} \cdot F_{\mathrm{tr,Rd}} \tag{6.105}$$

Hierin bedeuten:

r 1,2 Nummer der Schraubenreihe

h Abstand der Schraubenreihe r vom Trägerdruckflansch; falls die Schubtragfähigkeit maßgebend ist, gilt für $h_{\mathrm{r}} = (h - t_{\mathrm{f}})_{\mathrm{b}}$.

Bisher wurde der *Einfluss der Stielschnittgrößen* $(N,M)_{\mathrm{cd}}$ vernachlässigt. Er wird auf einfache Weise erfasst, indem die plastischen Momente der Stielflansche (Tafel **6.4**) um einen Wert k_{fc} abgemindert werden, wenn die größte Spannung σ_{cd} aus $(N,M)_{\mathrm{cd}}$ im Stielflansch den Wert von 180 N/mm² überschreitet.

$$k_{\mathrm{fc}} = (2 \cdot f_{\mathrm{yc}} - 180 - \sigma_{\mathrm{cd}})/(2 \cdot f_{\mathrm{yc}} - 360)$$

f_{yc} Fließgrenze in N/mm² des Stützenquerschnittes

Rotationssteifigkeit

Die Drehfedersteifigkeit der Knotenverbindung bestimmt sich über die Einzelsteifigkeiten der Knotenkomponenten und dem Gesetz über die Hintereinanderschaltung von Federn. Die Berechnung erfolgt nach Tafel **6.7**; die geometrischen Kenngrößen gehen aus der Definition der Einzelsteifigkeiten hervor bzw. aus den Zahlen im Beispiel 14.

Tafel **6.7** Steifigkeitskoeffizienten zur Berechnung der Rotationssteifigkeit

Schub im Schützensteg	$k_1 = 0{,}38\, A_{vc}/z_b;\qquad z_b = (h - t_f)_b$
Druck im Stützensteg	$k_2 = 0{,}7 \cdot b_{eff} \cdot t_{wc}/d_c;\qquad d_c = h_c - 2 \cdot (t_f + r)_c$
Biegung im Stützenflansch	$k_3 = 0{,}85 \cdot l_{eff} \cdot (t_{fc}/m)^3$
Zug im Stützensteg	$k_4 = 0{,}7 \cdot b_{eff} \cdot t_{wc}/d_c;$
Biegung in der Stirnplatte	$k_5 = 0{,}85 \cdot l_{eff} \cdot (t_p/m_{(x)})^3$
Nachgiebigkeit der Einzelschrauben	$k_7 = 1{,}6\, A_S/L_b$ $L_b = (t_{fc} + t_p) + 2 \cdot t_{B,w} + 0{,}5 \cdot (k + m)_b$ $t_{B,w}$ Scheibendicke k,m Kopf- und Mutterhöhe
Nachgiebigkeit der Schrauben gemeinsam (1 + 2)	$k_{eq} = \dfrac{\sum k_{eff,r} \cdot h_r}{z}$ $k_{eff,r} = 1/\sum_i k_{i,r}\quad i = 3,4,5,7$ $z = \sum_r (k_{eff,r} \cdot h_r^2)/\sum_r (k_{eff,r} \cdot h_r)$
Rotationssteifigkeit S_j	$S_j = \dfrac{E \cdot z^2}{\mu \sum_i 1/k_i}\quad i = 1,2\ \ \text{und}\ \ i := e_q$ $\mu = 1{,}0\quad M_d \le (2/3) \cdot M_{Rd}$ $\mu = (1{,}5 \cdot M_d/M_{Rd})^{2{,}7};\qquad M_d > (2/3)\, M_{Rd}$

Beispiel 14 (Bild **6.**48)

Der in Bild **6.**42 dargestellte, ausgesteifte Rahmenknoten soll ohne Steifen, Stegblechverstärkung und Futterbleche nach EC 3, Anhang J untersucht werden. Er ist in Bild **6.**48 nochmals und mit den Bezeichnungen nach EC 3 dargestellt. Die Stielschnittgrößen sollen vernachlässigt werden und es wird mit $f_y = 235$ N/mm^2 (Fe 360 = S235) gerechnet.

Es werden alle Berechnungsschritte durchgeführt, obwohl einige aufgrund der Abmessungen offensichtlich überflüssig sind.

1. *Globale Grenztragfähigkeiten*

1.1 Schub im Stützensteg:

$$A_v = 78{,}1 - 2 \cdot 20 \cdot 1{,}5 + (0{,}9 + 2 \cdot 1{,}8) \cdot 1{,}5 = 24{,}85\ \text{cm}^2$$

$$V_{wp,Rd} = 0{,}9 \cdot 24{,}85 \cdot 23{,}5/(1{,}1 \cdot \sqrt{3}) = \mathbf{275{,}8\ kN}$$

1.2 Druck im Stützensteg ($\varrho = 1$, kein Stegkrüppeln):

$$b_{eff} = 1{,}15 + 2 \cdot 0{,}8 \cdot \sqrt{2} + (2{,}5 + 0{,}87) + 5 \cdot (1{,}5 + 1{,}8) = 23{,}28\ \text{cm}\quad (\text{s. Bild } \mathbf{6.}48c)$$

$$\omega_1 = \frac{1}{\sqrt{1 + 1{,}3 \cdot (23{,}28 \cdot 0{,}9/24{,}85)^2}} = 0{,}721$$

$$F_{wc,Rd} = 0{,}721 \cdot 0{,}9 \cdot 23{,}28 \cdot 23{,}5/1{,}1 = \mathbf{322{,}7\ kN}$$

1.3 Druck im Riegelflansch:

$$M_{\mathrm{pl,d}} = \alpha_{\mathrm{pl}} \cdot W_{\mathrm{el}} f_{\mathrm{y,k}}/\gamma_{\mathrm{M}} = 1{,}128 \cdot 713 \cdot 23{,}5 \cdot 10^{-2} / 1{,}1 = 171{,}8 \text{ kNm}$$

$$f_{\mathrm{c,fb,Rd}} = 17180/(33 - 1{,}15) = \mathbf{539{,}5 \ kN}$$

2. Lokale Beanspruchungen

2.1 Schraubenreihe (1): $e = 4{,}5$ cm $n = e_{\mathrm{min}} = 3{,}5$ cm

T-Modell im Stützenflansch:

$$m \quad = [(20 - 0{,}9 - 2 \cdot 0{,}8 \cdot 1{,}8) - 2 \cdot 4{,}5]/2 = 3{,}61 \text{ cm} \qquad \text{Bild (6.47, 6.48)}$$

$$l_{\mathrm{eff}} = 2 \cdot \pi \cdot 3{,}61 = 22{,}68 \text{ cm 1} \qquad \left.\right\} \quad \text{Tafel } \mathbf{6.5}$$

$$= 4 \cdot 3{,}61 + 1{,}25 \cdot 4{,}5 = 20{,}06 \text{ cm}$$

(Muster mit e_1 hier nicht möglich)

$$l_{\mathrm{eff,1}} = l_{\mathrm{eff,2}} = 20{,}06 \text{ cm}$$

$$M_{\mathrm{pl, l_1,Rd}} = M_{\mathrm{pl, l_2,Rd}} = (20{,}06 \cdot 1{,}5^2 \cdot 23{,}5)/(1{,}1 \cdot 4) = 241{,}06 \text{ kNcm}$$

$$B_{\mathrm{t,Rd}} = (0{,}9 \cdot 100 \cdot 2{,}45)/1{,}25 = 176{,}4 \text{ kN}$$

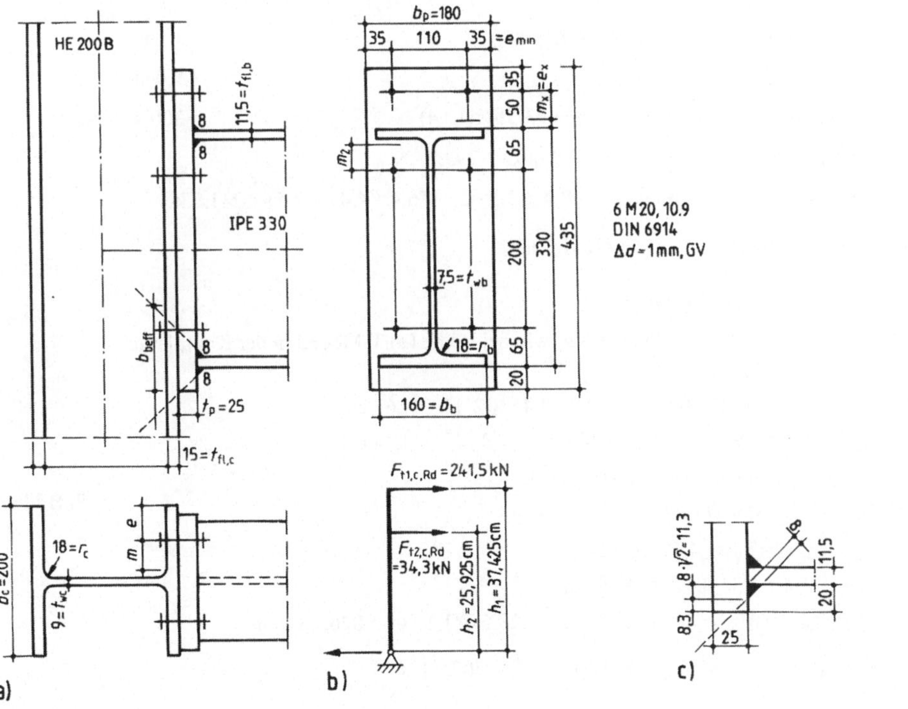

Bild **6.48**   Nicht ausgesteiftes Rahmeneck nach EC 3

Versagen (1) $F_{t_1,c,Rd} = 4 \cdot 241,06/3,61 = 267,1$ kN

Versagen (2) $F_{t_1,c,Rd} = (2 \cdot 241,06 + 3,5 \cdot 2 \cdot 176,4)/(3,61 + 3,5) = \mathbf{241,5\ kN}$

Versagen (3) $F_{t_1,c,Rd} = 2 \cdot 176,4 = 352,8$ kN

Zug im Stützensteg:

$$b_{eff} = l_{eff,1} = 20,06\ \text{cm}$$

$$\omega_1 = \frac{1}{\sqrt{1 + 1,3 \cdot (20,06 \cdot 0,9/24,85)^2}} = 0,77$$

$$f_{t_1wc,Rd} = 0,77 \cdot 0,9 \cdot 20,06 \cdot 23,5/1,1 = 297,0\ \text{kN}$$

T-Modell in der Kopfplatte:

$$e_x = 3,5\ \text{cm}$$

$$m_x = 5,575 - 1,15/2 - 0,8 \cdot 0,8 \cdot \sqrt{2} \qquad\qquad = 4,09\ \text{cm}$$

$$
\begin{aligned}
l_{eff} \quad &= 2 \cdot \pi \cdot 4,09 & &= 25,7 \ \text{cm}\\
&= \pi \cdot 4,09 + 11,0 & (cp)\quad &= 23,85 \ \text{cm}\\
&= \pi \cdot 4,09 + 2 \cdot 3,5 & &= 19,85 \ \text{cm}\\
&= 4 \cdot 4,09 + 1,25 \cdot 3,5 & &= 20,74 \ \text{cm}\\
&= 3,5 + 2 \cdot 4,09 + 0,625 \cdot 3,5 & (nc)\quad &= 13,87 \ \text{cm}\\
&= 0,5 \cdot 18 & &= 9,0 \ \text{cm}\\
&= 0,5 \cdot 11 + 2 \cdot 4,09 + 0,625 \cdot 3,5 & &= 15,87 \ \text{cm}
\end{aligned}
$$

$$l_{eff1} = l_{eff2} \qquad\qquad\qquad = 9,0\ \text{cm}$$

$$M_{pl,l_1,Rd} = M_{pl,l_2,Rd} = (9,0 \cdot 2,5^2 \cdot 23,5)/(1,1 \cdot 4) \qquad = 300,4\ \text{kNcm}$$

Versagen (1) $F_{t_1,p,Rd} = 4 \cdot 300,4/4,09 = 293,8$ kN

Versagen (2) $F_{t_1,p,Rd} = (2 \cdot 300,4 + 3,5 \cdot 2 \cdot 176,4)/(4,09 + 3,5) = 241,8$ kN

Maßgebend: Stützenflansch $F_{t_1,p,Rd} = \mathbf{241,5\ kN}$

2.2 *Schraubenreihe (2): e, n* wie bei (1)

T-Modell Stützenflansch, Zug im Stützensteg: wie bei Reihe (1) T-Modell in der Kopfplatte:

$$
\begin{aligned}
e \quad &= 3,5\ \text{cm}\\
m \quad &= (11,0 - 0,75 - 2 \cdot 0,8 \cdot 0,4 \cdot \sqrt{2}\ )/2 = 4,67\ \text{cm}\\
m_2 \quad &= 5,925 - 1,15/2 - 0,8 \cdot 0,8 \cdot \sqrt{2} \qquad = 4,44\ \text{cm}\\
\lambda_1 \quad &= 4,67/(4,67 + 3,5) = 0,571\\
\lambda_2 \quad &= 4,44/(4,67 + 3,5) = 0,54
\end{aligned}
$$

$\left.\right\}\ \alpha = 5,3$ \qquad nach Bild **6.47**

$$
\begin{aligned}
l_{eff} \quad &= 2 \cdot \pi \cdot 4,67 = 29,34\ \text{cm}\\
&= 5,3 \cdot 4,67 = 24,75\ \text{cm}
\end{aligned}
$$

$$M_{pl,l_1,Rd} = M_{pl,l_2,Rd} = (24,75 \cdot 2,5^2 \cdot 23,5)/(1,1 \cdot 4) = 826,2\ \text{kNcm}$$

Versagen (1) $F_{t_2,p,Rd} = 4 \cdot 826,2/4,67 = 707,7$ kN

Versagen (2) $F_{t_2,p,Rd} = (2 \cdot 826,2 + 3,5 \cdot 2 \cdot 176,4)/(4,67 + 3,5) = 353,4$ kN

Zug im Stützensteg > Zug im Trägersteg:

$$F_{t_2,wb,Rd} = 0,75 \cdot 24,75 \cdot 23,5/1,1 = 396,6 \text{ kN}$$

2.3 *Schraubenreihe* (1) + (2) *als Gruppe*

T-Modell im Stützenflansch:

$$e \qquad = 4,5 \text{ cm}, \qquad m = 3,61 \text{ cm}, \quad n = 3,5 \text{ cm} = e_1$$

$$l_{eff} \qquad = \pi \cdot 3,61 + 11,5 = 22,84 \text{ cm}$$

$$\qquad = 2 \cdot 3,61 + 0,625 \cdot 4,5 + 0,5 \cdot 11,5 = 15,7 \text{ cm}$$

$$\Sigma l_{eff_{1,2}} \qquad = 2 \cdot 15,78 = 31,56 \text{ cm}$$

$$M_{pl,\,l_{1,2},Rd} = (31,56 \cdot 1,5^2 \cdot 23,5)/(1,1 \cdot 4) = 379,3 \text{ kNcm}$$

Versagen (1) $\quad F_{t_{(1+2)},c,Rd} = 4 \cdot 379,3/3,61 = 420,3 \text{ kN}$

Versagen (2) $\quad F_{t_{(1+2)},c,Rd} = (2 \cdot 379,3 + 3,5 \cdot 4 \cdot 176,4)/(3,61 + 3,5) = 454,0 \text{ kN}$

Zug im Stützensteg:

$$b_{eff} = 31,56 \text{ cm}$$

$$\omega_1 = \frac{1}{\sqrt{1 + 1,3 \cdot (31,56 \cdot 0,9/24,85)^2}} = 0,609$$

$$F_{t_{(1+2)},wc,Rd} = 0,609 \cdot 0,9 \cdot 31,56 \cdot 23,5/1,1 = 369,5 \text{ kN}$$

T-Modell Kopfplatte: Durch Trägersteg ausgesteift! Versagensform als Gruppe nicht möglich.

3. *Maßgebende Anschlussgrößen, Grenzmoment*

Aus dem Vergleich der einzelnen Kräfte ist ersichtlich, dass

$$F_{t_1,c,Rd} \qquad = \mathbf{241,5 \text{ kN}} \text{ und}$$

$$F_{t_{(1+2)},c,Rd} \quad \leq V_{wp,Rd} - F_{t_1,c,Rd} = 275,8 - 241,5 = \mathbf{34,3 \text{ kN}}$$

für die Beanspruchbarkeit des Anschlusses maßgebend sind.

Das Momentengleichgewicht nach Bild **6.**48b liefert mit den Hebelarmen $h_1 = 374,25$ mm und $h_2 = 259,25$ mm das Anschlussgrenzmoment

$$M_{R,d} = F_{t_1,c,Rd} \cdot h_1 + F_{t_{(1+2)},c,Rd} \cdot h_2 = 241,5 \cdot 0,37425 + 34,3 \cdot 0,25925 = \mathbf{99,3 \text{ kNm}}$$

4. *Rotationssteifigkeit Steifigkeitsparameter der Einzelkomponenten*

$$k_1: \quad z_b \quad = 33 - 1,15 = 31,85 \text{ cm} \qquad\qquad k_x = 0,38 \cdot 24,85/31,85 = 0,296 \text{ cm}$$

$$k_2: \quad d_c \quad = 20 - 2 - (1,5 + 1,8) = 13,4 \text{cm} \qquad k_2 = 0,7 - 23,28 \cdot 0,9/13,4 = 1,095 \text{cm}$$

$$k_{3,(1,2)} \qquad = 0,85 \cdot 15,78 \cdot (1,5/3,61)^3 = 0,962 \text{ cm}$$

$$k_{4,(1,2)} \qquad = 0,7 \cdot 15,78 \cdot 0,9/13,4 \qquad = 0,742 \text{ cm}$$

$$k_5: \quad k_{5,(1)} \quad = 0,85 \cdot 9,0 \cdot (2,5/4,09)^3 \qquad = 1,747 \text{ cm}$$

$$\qquad\qquad k_{5,(2)} \quad = 0,85 \cdot 24,75 \cdot (2,5/4,67)^3 = 3,227 \text{ cm}$$

$$k_7: \quad t_{B,w} \quad = 0,4 \text{ cm} \qquad k_b = 1,3 \text{ cm} \qquad m_b = 1,6 \text{ cm [40]}$$

$$\qquad\quad L_B \quad = 1,5 + 2,5 + 2 \cdot 0,4 + 0,5 \cdot (1,3 + 1,6) \quad = 6,25 \text{ cm}$$

$$\qquad\quad k_7 \quad = 1,6 \cdot 2,45/6,25 \qquad\qquad = 0,672 \text{ cm}$$

k_{eq}:

$k_{eff,(1)}$ = 1/(1/0,962 + 1/0,742 + 1/1,747 + 1/0,672) = 0,225 cm

$k_{eff,(2)}$ = 1/(1/0,962 + 1/0,742 + 1/3,227 + 1/0,672) = 0,239 cm

$$z = \frac{0,225 \cdot 37,425^2 + 0,239 \cdot 25,925^2}{0,225 \cdot 37,425 + 0,239 \cdot 25,925} = 32,55 \text{ cm}$$

k_{eq} = (0,225 · 37,425 + 0,239 · 25,925)/32,55 = 0,449 cm

Mit diesen Vorwerten wird die Rotationssteifigkeit zu

$$S_j = \frac{21 \cdot 10^3 \cdot 32,55^2}{\mu \cdot (1/0,296 + 1/1,095 + 1/0,449)} = \frac{34,13}{\mu} \text{ kNm/mrad}$$

$$
\left.
\begin{array}{lll}
M < 2/3\ M_{Rd}: & S_j & = 34,13 \text{ kNm/mrad} \\
M = 0,75\ M_{Rd}: & \mu & = (1,5 \cdot 0,75)^{2,7} = 1,374 \\
 & S_j & = 24,83 \text{ kNm/mrad} \\
M = M_{Rd}: & \mu & = (1,5 \cdot 1,0)^{2,7} \approx 3,0 \\
 & S_{j,Rd} & = 11,38
\end{array}
\right\}
$$

(mrad = 10^{-3} rad)

Mit dem Verhältnis

$$\frac{S_j}{(EI/L)_B} = \frac{34130}{\left(21 \cdot 10^3 \cdot 11770 \cdot 10^{-4}/6,0\right)} = 8,28 < 25$$

ist der Knoten als „nachgiebig" mit der Drehfedercharakteristik nach Bild **6.49** zu behandeln.

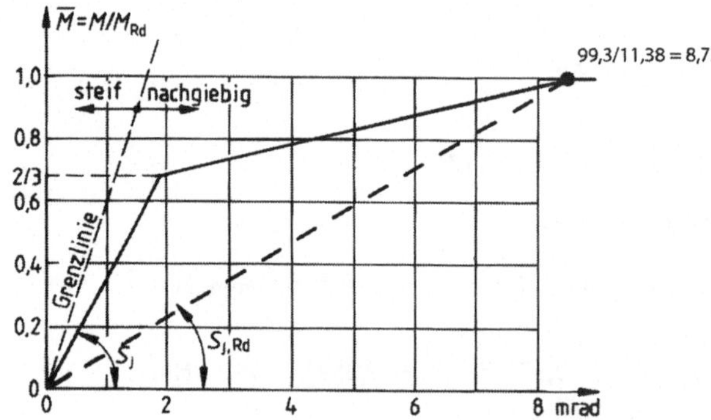

Bild **6.49** Rotationssteifigkeits-Charakteristik des Knotens nach Bild **6.48**

Es zeigt sich, dass eine dermaßen aufwendige Berechnung des Knotens und der anschließenden Rahmenberechnung unter Einbeziehung einer bilinearen Federcharakteristik nur über spezielle EDV-Programme durchführbar ist.

Der hier für den Sonderfall des Anschlusstyps IH3 vorgeführte Rechengang ist inzwischen in [42a] für die bereits in [45] bzw. [46] festgelegten Verbindungstypen insgesamt neu ausgewertet. Dieses „neue Ringbuch" basiert dabei auf einem (unveröffentlichten, überarbeiteten) Anhang J (Fassung [10.89]) von EC 3. Im Unterschied zu den in diesem Abschnitt angegebenen Formeln gilt dort z.B. für $\gamma_M = \gamma_{M0} = 1,0$ und die Auswertungen sind mit Rücksicht auf die vom EC 3 etwas abweichenden Regelungen in DIN 18800-1 daher über einen Faktor „1,1 · γ_M" mit $\gamma_M = 1,1$ angepasst. Da der Abschnitt jedoch nur informellen Charakter hat, ist die Fassung [10.98] hier nicht weiter eingearbeitet.

6.4 Rahmenfüße

Die Stiele der Rahmentragwerke werden zunächst genau so ausgebildet wie die Stützen, s. Abschn. 7.3.1, Teil 1.

6.4.1 Gelenkige Auflagerung

Gelenkige Stielfüße werden durch die vertikalen und horizontalen Auflagerkräfte des Rahmens beansprucht und führen bei jeder Änderung der Gebrauchslasten gewisse Drehbewegungen aus. Bei mäßigen Abmessungen der Stiele genügt dennoch eine flächige Auflagerung (Bild **6**.50), jedoch müssen die horizontalen Auflagerdrücke über sog. Schubdollen in das Fundament eingeleitet werden, s. Beispiel 7 in Abschn. 7.3.1.4, Teil 1.

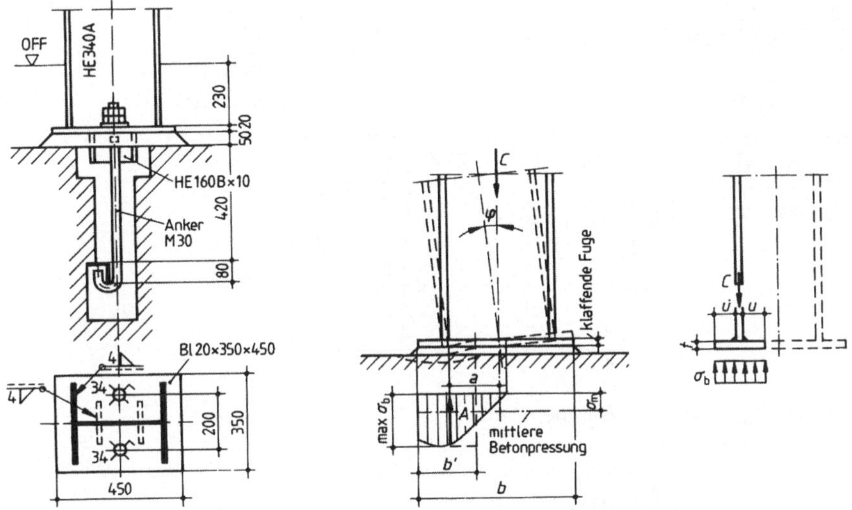

Bild **6**.50   Verankerung von Rahmenstielen bei mäßiger Belastung

Bild **6**.51   Verformungen und Pressungsverteilung in der Fußplatte

Bei größeren Stielabmessungen verursacht eine Verdrehung φ eine ungleichförmige Pressung mit deutlicher Konzentration unter einem der Flansche (Bild **6**.51).

Strebt man eine zweifelsfreie Gelenkausführung mit konzentrierter Lasteinleitung an, bietet sich als eine der Möglichkeiten die Ausführung über eine Fußtraverse mit Zentrierleiste an (Bild **6**.52). Die Zentrierleiste wird wie in Teil 1, Abschn. 7.3.2 bemessen und die Lasttraverse auf Schub und Biegung (Vergleichsspannung) nachgewiesen.

6.4.2 Eingespannte Stielfüße

Eingespannte Stielfüße müssen außer C_v und C_h noch das Einspannmoment vom Fuß auf das Fundament übertragen und werden wie eingespannte Stützenfüße durchgebildet. Berechnung und Konstruktion s. Teil 1. Da es sich hierbei um die biegefeste Verbindung zwischen Rahmenstiel und Fußkonstruktion handelt, können auch die verschiedenen Möglichkeiten der Gestaltung von Rahmenecken als Vorbilder für weitere Konstruktionen eingespannter Rahmenfüße dienen.

Für den einwandigen Fuß nach Bild **6**.53 wurden z.B. Konstruktionselemente der Rahmenecken mit Gurtausrundung benutzt. Die Stegverstärkung in der Rahmenecke dient zugleich der Aufnahme der großen Querkräfte in den Kragarmen des Fußes. Die Anker werden selbstverständlich nicht an der Fußplatte, sondern oben auf der Fußkonstruktion verschraubt, damit ihre Kräfte über die beiderseitigen Aussteifungen einwandfrei in den Steg gelangen können. Diese Aussteifungen stützen zugleich die Fußplatte bei Druckbeanspruchung in der Auflagerfuge ebenso wie die benachbarten kurzen Aussteifungsbleche. Horizontalkräfte leitet der Dübel HE 140B in das Fundament, damit die Anker von ihnen nicht belastet werden.

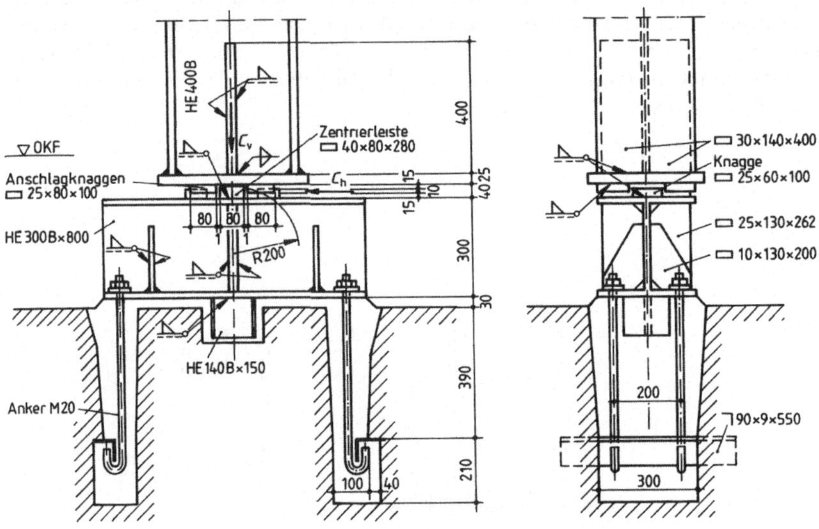

Bild **6**.52 Zentrische Lagerung eines Rahmenstiels

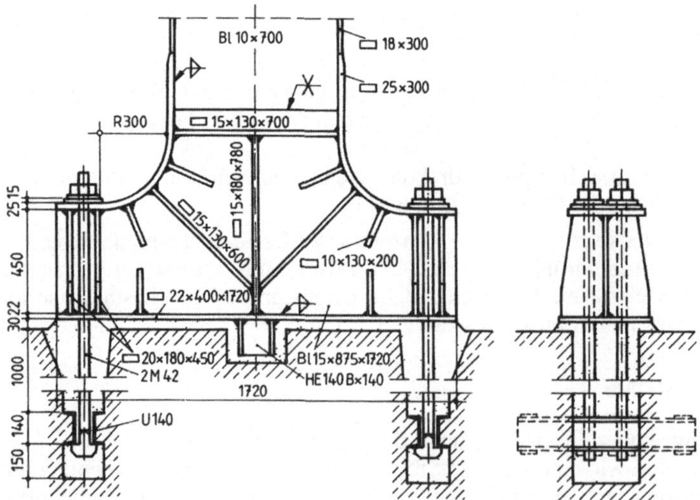

Bild **6**.53 Eingespannter Rahmenstiel mit ausgerundeter Fußpunktausbildung

7 Tragelemente mit dünnwandigen Querschnittsteilen

7.1 Allgemeines

In der Stahlbaugrundnorm DIN 18800-1 ist die *Mindestdicke tragender Bauteile* nur indirekt festgelegt, indem die Berechnung der Schraubenverbindung auf Lochleibung an eine Bauteildicke von $t \geq 3$ mm gebunden ist. Eine etwa gleiche Mindestdicke ergibt sich aus der Empfehlung über die größte Dicke tragender Kehlnähte $a \leq 0,7 \cdot \min t \geq 2$ mm:

$$\min t = 2/0,7 \approx 3 \text{ mm.}$$

Ansonsten wird auf die sogenannten Fachnormen verwiesen. So gilt für den *Stahlhochbau* mit vorwiegend ruhender Beanspruchung $t > 1,5$ mm. Die Dickenbegrenzung von $\min t = 3$ mm liegt auch den besonderen Korrosionsschutzbestimmungen für tragende dünnwandige Bauteile zugrunde. Diese Größenordnung wird von den üblichen Walzprodukten (I-, U-, L-Profilen) nicht unterschritten, wohl aber von den Hohlprofilen (Rohre, Quadrat und Rechteckhohlprofile) sowie den Kaltprofilen, siehe Teil 1.

Geht man davon aus, dass in einem gegebenen Querschnitt mit Druck- oder/und Schubbeanspruchung alle Querschnittsteile bis zum Erreichen der unter der jeweiligen Beanspruchung errechenbaren Grenztragfähigkeit (elastisch oder plastisch) voll mitwirken sollen, so müssen die in Teil 1, Tafel **2.4** bzw. **8.6** angegebenen Grenzwerte grenz (b/t), grenz (d/t) eingehalten sein. In diesem Fall besteht dann keine Beulgefahr und es handelt sich um kompakte Querschnitte. Werden die Grenzwerte jedoch überschritten, kann eine ausreichende Tragfähigkeit auf dreierlei Art nachgewiesen werden:

Druckstäbe

1. mit Hilfe der *Grenzbeulspannung mit Knickeinfluss* nach DIN 18800-3, siehe Abschnitt 2.3.3 oder
2. mit Hilfe besonderer Berechnungsmethoden unter Einschluss der Wirkung *ausgebeulter* Querschnittsteilbereiche

Biegeträger

3. mit Hilfe der *Zugfeldtheorie* (bei Trägern mit Quersteifen)

Bei den Druckstäben liegt man bei der Nachweismethode 1 – wie bereits in 2.3.3 erwähnt – u.U. stark auf der sicheren Seite, während die Nachweismethoden 2 und 3 die überkritischen Tragreserven des Querschnittes und Tragsystems bewusst ausnutzen.

Dieser Abschnitt beschäftigt sich ausschließlich mit der 2. und 3. Nachweismöglichkeit, wobei lediglich zwei wichtige Anwendungsfälle (aus Platzgründen) behandelt werden können:

- Druckstäbe (Biegeträger) mit dünnwandigen Querschnittsteilen
- Blechträger mit schlanken Stegen und Quersteifen

Bei den Druckstäben erfolgt der Nachweis über vereinfachte Regelungen in DIN 18800-2, Abschn. 7; für die Blechträger gilt die DASt-Ri 015 [23]; sie basiert auf dem gleichen Sicherheitskonzept wie die neuen Stahlbaunormen (DIN 18800-1 bis -4) und ist weitgehendst kompatibel mit dem Eurocode 3.

Nicht behandelt werden Elemente des eigentlichen *Stahlleichtbaus,* die sich durch noch kleinere Blechdicken (z.B. von 0,75 mm bei Trapezblechen) und die Berücksichtigung der Profilverformungen von den hier zu besprechenden Sonderfällen unterscheiden. Der Stahlleichtbau (mit Tragwerken aus dünnwandigen, kalt verformten Bauteilen) wird in DASt-Ri 016 [24] und im Anhang A auch in Beispielen behandelt.

7.2 Druckstäbe und Biegeträger mit dünnwandigen Querschnittsteilen

7.2.1 Der Begriff der wirksamen Breite

Die wirksame Breite eines gedrückten und ausgebeulten Bleches darf nicht verwechselt werden mit der *mittragenden Breite* von Blechträgern mit breiten Gurten, die sich aus der Schubverzerrung bei Querkraftbiegung ergibt. Erstere ist dagegen eine Folge der Spannungsumlagerungen in ebenen Blechen bei Beanspruchungen oberhalb der kritischen Beulspannung.

Besonders einfach und anschaulich wird ihre Definition bei der *beidseitig* (eigentlich vierseitig) gelagerten Platte unter einer konstanten Randverschiebung u (Annäherung der Querränder, Bild 7.1a, vgl. auch Bild 2.4b): Nach Erreichen einer kritischen Zusammendrückung geht die anfänglich ebene Platte in eine gekrümmte Fläche über, wobei sich stark ausgebeulte Bereiche einer (äußeren) Kraftaufnahme entziehen. Die anfänglich konstante Spannungsverteilung über die Breite b der Platte nimmt eine nichtlineare Verteilung an. Wenn das Maß der Annäherung der Querränder die kritische Dehnung $\varepsilon_{y,k} = \Delta a_y/a$ erreicht hat – (dann ist die über die Plattenlänge gemittelte Spannung in Blechebene an den Längsrändern gerade $\sigma = \varepsilon_{y,k} \cdot E = f_{y,k}$), – gilt das Tragvermögen der Platte als erschöpft. Durch Integration der dann vorhandenen Spannungsverteilung über die Plattenbreite lässt sich die resultierende Längskraft angeben: Sie wird auch erreicht durch zwei gleich breite und an den Längsrändern scharnierartig gelagerte, aber nicht ausgebeulte Plattensteifen mit der Gesamtbreite b' (= wirksame Breite), Bild 7.1b. Die bekannteste und allen zitierten Normen zugrunde liegende Definition der Breite b' für den beschriebenen Fall geht auf *G. Winter* zurück; sie lautet

$$b'/b = \varrho = 1/\overline{\lambda}_{P_\sigma} - 0{,}22/\overline{\lambda}^2_{P_\sigma} \tag{7.1}$$

mit

$\overline{\lambda}_{P_\sigma}$ bezogene Plattenschlankheit bei Längsspannungen n. Gl. (2.10) bzw. Tafel **2.2**.

Sie ist im Übrigen identisch mit dem Abminderungsfaktor $\varkappa$ für Beulen nach Zeile 3 in Tafel **2.2** für $\Psi = 1$. Sind die Längsrandstauchungen kleiner als Δa_y, so fällt die „Spannungsaushöhlung" geringer aus und die wirksame Breite b' nimmt zu. Sie ist somit abhängig vom Beanspruchungszustand, was sich auch in den entsprechenden Nachweisregeln niederschlägt.

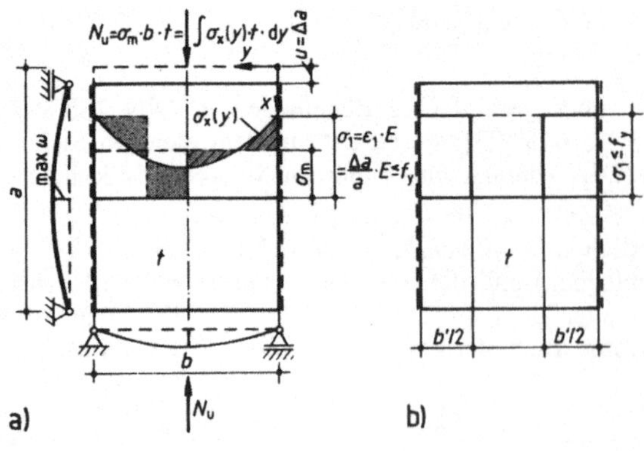

Bild **7.1** Vierseitig gelagerte Platte
a) Spannungsverteilung im ausgebeulten Zustand
b) wirksame Breite b'

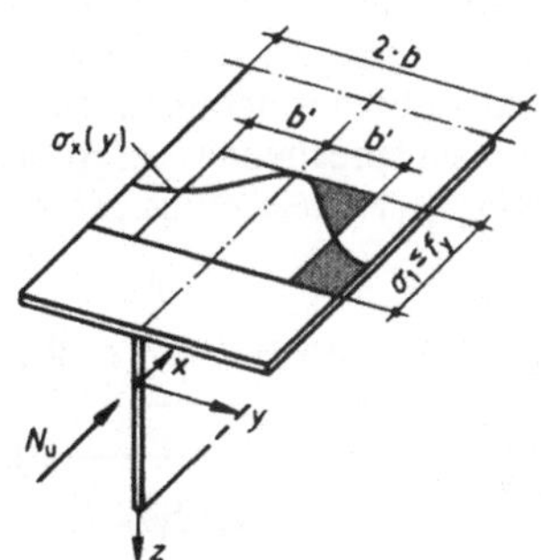

Bild 7.2 Wirksame Breite des symmetrisch (einseitig) gelagerten Druckgurtes bei konstanter Zusammendrückung

Die in Bild **7.**1a, b dargestellte (geometrische) Deutung der wirksamen Breite ist auch direkt übertragbar auf *einseitig* (eigentlich dreiseitig) gelagerte Platten, wenn diese (sowohl geometrisch als auch beanspruchungsmäßig) die Symmetriehälfte eines Querschnittsteils (nämlich der Gurte) darstellen, Bild **7.**2. Natürlich ist der Faktor ϱ (= b'/b) jetzt anders als in Gl. (7.1) zu bestimmen. Liegen solche Verhältnisse bei der *einseitig* gelagerten Platte nicht vor, wie z.B. beim Steg des T-Querschnittes in (Bild **7.**2), ist die Formulierung einer „wirksamen Breite" äußerst schwierig, da nicht nur ihre Größe, sondern auch deren Verteilung über die wirklich vorhandene Plattenbreite unbekannt ist. Gerade letztere Unbekannte ist aber entscheidend für eine gleichzeitig zuverlässige als auch wirtschaftliche Berechnung. Die in Bild **7.**1a angegebene Formel zur Definition von b' ist jetzt allein nicht mehr ausreichend. Die Verteilung von b' geht nämlich auch in die Berechnung der *effektiven Biegesteifigkeit EI* ein und beeinflusst damit (nach Theorie II. Ordnung) auch den Beanspruchungszustand.

Eigene Untersuchungen und solche in [64], [65] zeigen, dass alle bisher *normativ* getroffenen Regelungen zunächst mechanisch schwer verständlich sind und im Vergleich mit Versuchen zum Teil zu völlig unsinnigen Ergebnissen führen. Es ist zu erwarten, dass aus den Erkenntnissen und Vorschlägen in [64] in absehbarer Zukunft bessere Lösungen angebbar sind. Bis dahin behilft man sich mit dem Hinweis in 7.2.2.

7.2.2 Bestimmung der wirksamen Breite [14]

Wenn die Grenzwerte grenz (b/t) einzelner Querschnittsteile überschritten sind, ist der Einfluss des Beulens dieser Querschnittsteile sowohl bei der Berechnung der Schnittgrößen als auch der Beanspruchbarkeiten zu berücksichtigen. Die folgenden Darstellungen (und später die Nachweise) beschränken sich auf das Nachweisverfahren Elastisch-Elastisch (Tafel **2.**3, Teil 1) und gehen von der Vernachlässigbarkeit gleichzeitig wirkender Schubspannungen τ aus. Dies ist erfüllt, falls gilt

$$\tau \leq 0{,}2 \cdot f_{y,d} \qquad \text{bzw.} \qquad \tau \leq 0{,}3\, \tau_{Pi,d} \qquad\qquad (7.2a, b)$$

mit

$f_{y,d} = f_{y,k}/\gamma_M$

$\tau_{Pi,d} = \tau_{Pi}/\gamma_M,$

τ_{Pi} ideale Beulschubspannung, s. Abschn. 2

Die geometrische Breite des *gedrückten* dünnwandigen Teils wird ersetzt durch die wirksame Breite b', Bild **7.**3. Vereinfachend darf auf eine Reduktion des Biegezugbereichs verzichtet werden, auch wenn (durch die Druckkraft) resultierende Druckspannungen vorhanden sind. Durch die Reduktion der Querschnittsteile im Biegedruckbereich verschiebt sich die Lage des Schwerpunktes um das Maß e. Diese Schwerpunktverschiebung darf über die Stablänge als konstant angenommen werden und ist bei Stäben, für die eine *Vorkrümmung* w_0 anzusetzen ist, nach Tafel 7.1 zusätzlich zu berücksichtigen. Bei zur Biegeachse symmetrischen Querschnitten gilt i.d.R. e_p = e_n = e. Eine entsprechende Vergrößerung der Imperfektionen gilt auch bei Stäben, für die eine Vorverdrehung φ_0 anzusetzen ist, siehe Norm.

Tafel **7.1**   Stich der zusätzlichen Vorkrümmung Δw_0

Momentenverlauf	1	2	3	
Δw_0	e_p	$e_p + \dfrac{1}{2}\, e_n$	$e_p + e_n$	

e_p Schwerpunktverschiebung infolge eines positiven Momentes
e_n Schwerpunktverschiebung infolge eines negativen Momentes

Beidseitig gelagerte Platten

Beidseitige Lagerung liegt vor für die Stege von I- und U-Querschnitten (Bild **7.4**) und für die Gurte bei Hohlquerschnitten (Bild **7.3**). Die Größe der wirksamen Breite ergibt sich aus den Gleichungen (7.3) bis (7.5)

$$M'_y = M_y + N \cdot e$$

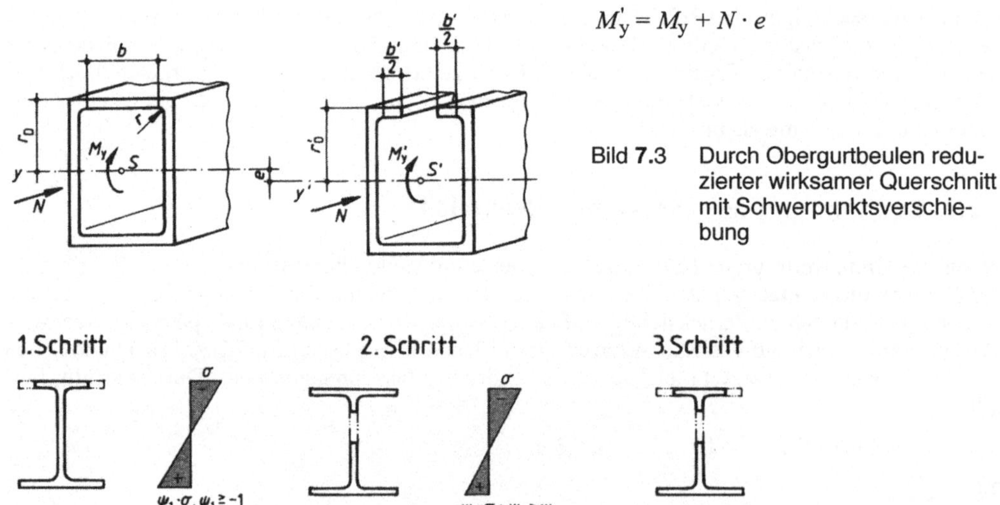

Bild **7.3**   Durch Obergurtbeulen reduzierter wirksamer Querschnitt mit Schwerpunktsverschiebung

Bild **7.4**   Wirksamer Querschnitt bei I-Profilen

$$\overline{\lambda}_{P_\sigma} \leq 0{,}673: \qquad b' = b \tag{7.3}$$

$$\overline{\lambda}_{P_\sigma} < 0{,}673: \qquad b' = \frac{(1 - 0{,}22 / \overline{\lambda}_{P_\sigma})}{\overline{\lambda}_{P_\sigma}} \cdot b \qquad \text{für } \Psi = 1 \tag{7.4a}$$

$$b' \text{ nach Tafel 7.2} \qquad \text{für } \Psi \neq 1 \tag{7.4b}$$

Hierin bedeuten:

b Breite des dünnwandigen Teils

$\overline{\lambda}_{P_\sigma}$ bezogener Plattenschlankheitsgrad nach Gl. (7.5)

$$\overline{\lambda}_{P_\sigma} = \sqrt{\frac{\sigma \cdot \gamma_M}{k \cdot \sigma_e}} \tag{7.5}$$

Hierin ist

σ die unter Zugrundelegung des wirksamen Querschnittes berechnete maximale Druckspannung am *tatsächlichen* Längsrand des dünnwandigen Teils aus den Schnittgrößen nach Theorie II. Ordnung

k Beulwert nach Tafel **2.1** mit dem Randspannungsverhältnis ψ des vollen, nicht reduzierten Querschnittsteils

σ_e Eulersche Bezugsspannung nach Gl. (2.6b) mit der vollen Breite b

Auf der sicheren Seite darf im Gl. (7.5) für max $\sigma = \sigma_{R.d} = f_{y,k} / \gamma_M$ eingesetzt werden. Falls jedoch die wirksame Breite mit einer Spannung max $\sigma < \sigma_{R.d}$ bestimmt wird, ist dies dann auch in den entsprechenden Nachweisen zu berücksichtigen.

Bei einem Randspannungsverhältnis $\Psi \neq 1$ erfolgt die Berechnung und die Aufteilung der wirksamen Breite $b' = b'_1 + b'_2 \leq b$ auf die beiden Längsränder nach Tafel 7.2.

Tafel 7.2   Aufteilung der wirksamen Breite b' bei beidseitig gelagerten Blechrändern

σ (Druck) $\psi\sigma$ b'_1 b'_2 b

$$-1 \leq \Psi \leq 1$$

$$b'_1 = \varrho \cdot b \cdot k_1$$
$$b'_2 = \varrho \cdot b \cdot k_2$$

mit

$$\varrho = \frac{1}{\overline{\lambda}_{P_\sigma}} [(0{,}97 + 0{,}03 \, \Psi) - (0{,}16 + 0{,}06 \, \Psi) / \overline{\lambda}_{P_\sigma}]$$

$$k_1 = -0{,}04 \, \Psi^2 + 0{,}12 \, \Psi + 0{,}42$$
$$k_2 = +0{,}04 \, \Psi^2 - 0{,}12 \, \Psi + 0{,}58$$

Einseitig gelagerte Platten

Dies sind die Gurte bei I-, T- und U-Querschnitten sowie die Stege bei T-Profilen. Auf Winkelprofile dürfen die Regelungen nicht angewendet werden, eigentlich auch nicht auf T-Profile. Da diese aber als halbe Hutprofile deutbar sind, müsste eine Anwendung zulässig sein. Die Größe der wirksamen Breite errechnet sich aus Gl. (7.6), die Aufteilung erfolgt nach Tafel 7.3:

Tafel **7.3** Aufteilung der wirksamen Breite b' bei einseitig gelagerten Blechrändern

1	2	3
σ (Druck) ... $\psi\sigma$ b', b $0 \le \psi \le 1$	σ (Druck) ... $\psi\sigma$ (Zug) b', b_z, b $-1 \le \psi < 0$	$\psi\sigma$ ... σ (Druck) b', b $-1 \le \psi \le 1$

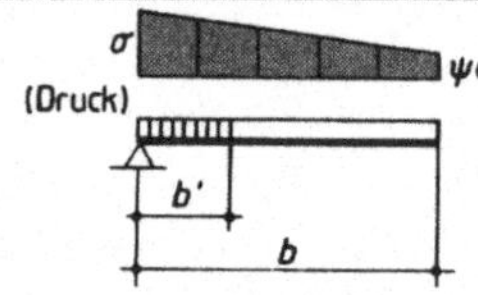

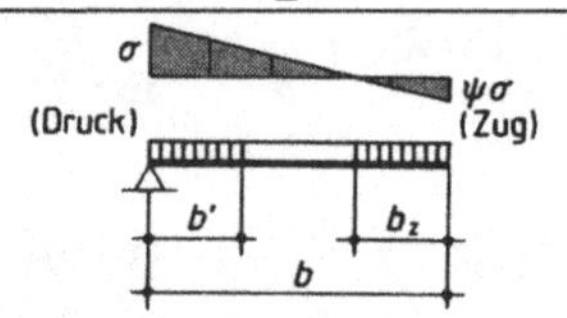

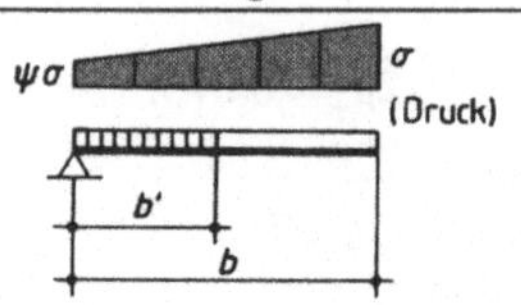

$$\overline{\lambda}_{P_\sigma} \le 0,7: \qquad b' = b \qquad\qquad\qquad\qquad\qquad\qquad\qquad\qquad (7.6a)$$

$$\overline{\lambda}_{P_\sigma} > 0,7: \qquad b' = 0,7 \cdot b / \overline{\lambda}_{P_\sigma} \;\; \text{und} \;\; b' < b \qquad\qquad\qquad (7.6b)$$

$\overline{\lambda}_{P_\sigma}$ hat die gleiche Bedeutung wie bei der beidseitigen Lagerung.

Hinweis

Wie bereits erwähnt, liefert die Aufteilung (nicht so sehr die Größe) der wirksamen Breite b' in den Fällen der Spalte 1 und 3 nach Tafel **7.3**, insbesondere bei den Stegen von T-Querschnitten und den Gurten bei U-Profilen mit Biegung um die z-Achse, z.T. sehr schlechte Ergebnisse (Tragfähigkeiten). Bei der Untersuchung von T-Querschnitten unter planmäßig mittigem Druck (und Imperfektion ($w_0 + \Delta w_0$)) zeigt sich z.B., dass die größte aufnehmbare Last dann erreicht wird, wenn der bezogene Schlankheitsgrad des Steges gerade den Wert $\overline{\lambda}_{P_\sigma} = 0,7$ annimmt und daher nicht reduziert werden muss. Unter der dabei errechenbaren Normalkraft liegt die größte Druckrandspannung deutlich unterhalb der Grenzspannung $f_{y,k}/\gamma_M$. Dieses Ergebnis würde bedeuten, dass der einseitig gelagerte Plattenstreifen über keinerlei überkritische Reserven verfügt, was im deutlichen Widerspruch zu genauen Berechnungen und Traglastversuchen steht. Im Übrigen verläuft eine Querschnittsiteration (bedingt durch die beanspruchungsabhängige wirksame Breite b') stets divergent und führt auf $\overline{\lambda}_{P_\sigma} = 0,7$.

Vereinfachung bei I-Querschnitten

Ist bei I-Querschnitten sowohl eine reduzierte Breite des Biegedruckflansches und eine solche für den Steg zu berücksichtigen, so darf der wirksame Gesamtquerschnitt über die in Bild **7.4** angegebenen Teilschritte bestimmt werden, wobei für das Randspannungsverhältnis im Steg von einer auf der sicheren Seite liegenden Abschätzung oder vom nicht reduzierten Querschnitt ausgegangen werden kann.

1. Schritt: Bestimmung von b' des Gurtes unter σ und $\Psi_1 \ge -1$
2. Schritt: Bestimmung von b' des Steges unter σ und $\Psi_2 > \Psi_1$
3. Schritt: Zusammensetzen des Gesamtquerschnittes.

7.2.3 Tragsicherheitsnachweise

Wie bei den kompakten Querschnitten stehen die Nachweise an einem *Ersatzstab* oder ein Nachweis nach *Theorie II. Ordnung* zur Auswahl.

7.2.3.1 Ersatzstabverfahren (vgl. Abschn. 6.3, Teil 1)

In diesem Fall sind die Schnittgrößen nach Theorie I. Ordnung maßgebend.

Planmäßig mittiger Druck

Der Nachweis wird analog zu Abschn. 6.3.2, Teil 1 mit dem durch Einführung der wirksamen Breiten für Gurt (und (z.B. durch Annahme eines fallweise für den Steg) erhaltenen wirksamen Querschnitt geführt. Für den Steg ist eine Spannungsverteilung Momentes $N \cdot w_0$) zu schätzen. Der Nachweis lautet im Fall

Biegeknicken

$$\frac{N}{\varkappa' \cdot A' \cdot f_{\mathrm{y,d}}} \le 1 \tag{7.7}$$

mit

$$\varkappa' = \frac{1}{k' + \sqrt{k'^2 - \bar{\lambda}'^2_{\mathrm{K}}}} \quad \text{jedoch } \varkappa' \le 1 \tag{7.8}$$

$$k' = \frac{1}{2}\left(1 + \alpha' \cdot (\bar{\lambda}'_{\mathrm{K}} - 0,2) + \bar{\lambda}'^2_{\mathrm{K}} + \frac{\Delta w_0 \cdot r'_{\mathrm{D}}}{i'^2}\right) \tag{7.9}$$

$$\alpha' = \alpha \cdot \frac{i \cdot r'_{\mathrm{D}}}{i' \cdot r_{\mathrm{D}}} \tag{7.10}$$

$$\bar{\lambda}'_{\mathrm{K}} = \frac{s_{\mathrm{K}}}{i' \cdot \lambda_{\mathrm{a}}} \tag{7.11}$$

$$i' = \sqrt{I'/A'} \tag{7.12}$$

Hierin bedeuten:

I', A' Flächenmoment 2. Grades (Trägheitsmoment), Querschnittsfläche des wirksamen Querschnitts

Δw_0 Schwerpunktsverschiebung durch Querschnittsreduzierung, entsprechend den Angaben in Abschn. 7.2.2

$r_{\mathrm{D}}, r'_{\mathrm{D}}$ Abstand des Biegedruckrandes des nicht reduzierten dünnwandigen Querschnittteil von der Schwerachse des vollen bzw. wirksamen Querschnittes, Bild **7.3**

α Parameter nach Tafel **6.4**, Teil 1 bzw. $\alpha_{\mathrm{a.b.c.d}} = 0{,}21/0{,}34/0{,}49/0{,}76$

i, i' Trägheitsradius des vollen bzw. wirksamen Querschnitts

s_{K} Knicklänge, berechnet unter Berücksichtigung des wirksamen Flächenmomentes 2. Grades I'

zusätzlich muss gelten

$$\frac{N}{A' \cdot \sigma_{\mathrm{R,d}}} \le 1 \tag{7.13}$$

Hierbei ist A' unter der Annahme konstanter Druckspannung über die *wirksame* Fläche zu bestimmen.

Biegedrillknicken

Der Nachweis erfolgt nach den Gln. (7.7) bis (7.12), wobei fallweise der Schlankheitsgrad des Stabes $\bar{\lambda}'_{\mathrm{K}}$ über λ_{Vi} nach Abschn. 6.3.2, Teil 1 mit den reduzierten Querschnittswerten zu bestimmen ist. Der Abminderungsfaktor $\varkappa$ ist für das Ausweichen $\perp$ zur z-Richtung zu berechnen.

Einachsige Biegung mit Normalkraft (vgl. Abschn. 6.3.3, Teil 1)

Biegeknicken

Der Nachweis wird mit Gl. (7.14) geführt.

$$\frac{N}{\varkappa' \cdot N'_{\mathrm{pl,d}}} + \frac{\beta_{\mathrm{m}} \cdot M}{M'_{\mathrm{pl,d}}} + \Delta n' \le 1 \tag{7.14}$$

Hierin bedeuten:

$$N'_{\text{pl,d}} = A' \cdot \sigma_{\text{R,d}} \qquad (7.15)$$

$$M'_{\text{pl,d}} = \frac{I'}{r'_{\text{D}}} \cdot \sigma_{\text{R,d}} \qquad (7.16)$$

$\varkappa'$, λ'_{K} nach den Gln. (7.8), (7.11)

$\Delta n'$ Auswirkung der Theorie II. Ordnung nach Gl. (6.46), Teil 1, errechnet mit den „'-Werten", vereinfacht $\Delta n' = 0{,}1$

Biegedrillknicken

Der Nachweis erfolgt analog zu Abschn. 6.3.3.3, Teil 1 mit einem reduzierten Biegedrillknickmoment

$$\text{red } M_{\text{Ki,y}} = M_{\text{Ki,y}} \cdot \sqrt{\frac{1}{\sqrt{1 + \left(\dfrac{M_{\text{Ki,y}}}{M_{\text{Ki,p}}}\right)^2}}} \qquad (7.17)$$

mit

$$M_{\text{Ki,p}} = k \cdot \sigma_{\text{e}} \cdot W \qquad (7.18)$$

k, σ_{e} nach Abschn. 7.2.2

W Widerstandsmoment des vollen Querschnittes

Dabei ist k und σ_{e} für denjenigen Querschnittsteil zu bestimmen, der unter einem reinen Biegemoment am frühesten beult. Der bezogene Schlankheitsgrad $\overline{\lambda}_{\text{M}}$ sowie der Nachweis selbst ist mit $M'_{\text{pl,d}}$ anstelle $M_{\text{pl,y,d}}$ zu errechnen bzw. zu führen.

Einachsige Biegung ohne Normalkraft (Kippen)

Ein vereinfachter Nachweis (des gedrückten Gurtes als Knickstab) gelingt in gleicher Weise wie in Abschn. 8.2.2.3, Teil 1, wenn $k_{\text{c}} = 1$ und $M_{\text{pl,y,d}} = M'_{\text{pl,d}}$ gesetzt und der Trägheitsradius $i'_{\text{z,g}}$ aus Gl. (7.19) bestimmt wird.

$$i' = \sqrt{\frac{I'_{\text{z,g}}}{A'_{\text{g}} + A_{\text{S}}/5}} \qquad (7.19)$$

mit

A'_{g}, $I'_{\text{z,g}}$ Fläche, Trägheitsmoment des reduzierten Druckgurtes um die z-Achse

A_{S} volle Stegfläche

7.2.3.2 Nachweis nach Theorie II. Ordnung

Es ist nachzuweisen, dass die unter Zugrundelegung des wirksamen Querschnittes berechneten Schnittgrößen unter Einschluss der vergrößerten Imperfektion Δw_0, $\Delta \varphi_0$ und nach Theorie II. Ordnung an den Längsrändern der *nicht reduzierten* dünnwandigen Querschnittsteile keine größeren Spannungen als $\sigma_{\text{R,d}}$ hervorrufen.

$$\text{max } \sigma_{\text{D}} \leq \sigma_{\text{R,d}} \qquad (7.20)$$

Für einfeldrige, beidseitig gelenkig gelagerte Stäbe ist dieser Nachweis auch per Hand möglich, da sich das größte Biegemoment nach Theorie II. Ordnung über den Dischinger Faktor $\alpha' = 1/(1 - 1/\eta'_{\text{Ki,d}})$ – vgl. Gl. (6.4) – genügend genau angeben lässt. In $\eta'_{\text{Ki,d}}$ geht dann natürlich das reduzierte Trägheitsmoment I' ein.

7.2.4 Berechnungsbeispiele

Die Beispiele beschränken sich vorzugsweise auf die Bestimmung des wirksamen Querschnittes nach diesem Kapitel und behandeln daher nur einfache Lagerungs- und Belastungsverhältnisse.

Beispiel 1 (Bild **7.5**)

Es ist der Tragsicherheitsnachweis für die dargestellte Stütze zu führen. Der geschweißte Hohlkastenquerschnitt aus S 235 ($f_{y,k}$ = 240 N/mm²) ist warm gefertigt.

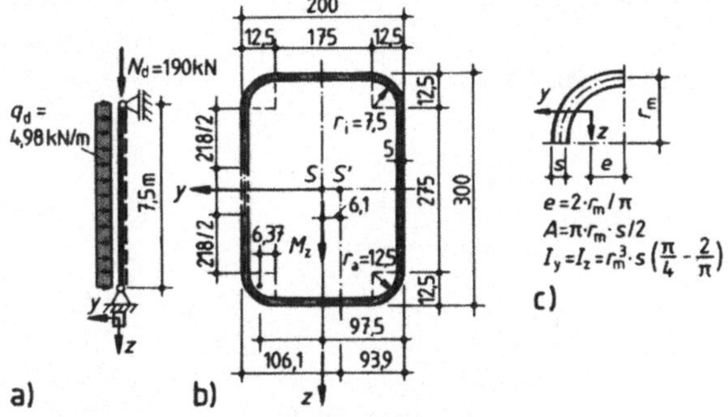

Bild **7.5** Druckstab mit einachsiger Biegung
a) statisches System
b) Querschnitt
c) statische Werte des Viertelkreisringes

Querschnittswerte des Vollquerschnittes

Mit den Angaben in Teilbild **7.5**b, c gilt der Querschnitt als rechteckig (b/r = 175/7,5 = 23,3 » 5) und weist folgende Querschnittswerte auf:

$$A = 48,14\ \text{cm}^2 \qquad I_z = 3338\ \text{cm}^4 \qquad i_z = 8,33\ \text{cm} \qquad r_D = 10,0\ \text{cm}$$

Querschnittswerte des wirksamen Querschnittes

Auf der sicheren Seite wird die Randspannung im Druckgurt mit $\sigma = \sigma_{R,d}$ = 21,8 kN/cm² angenommen. Mit Ψ = 1 wird k = 4 und das Grenzverhältnis grenz (b/t) – siehe Teil 1, Tafel **2.4**

$$\text{grenz}\ (b/t) = (1 - 0,278 - 0,025) \cdot 420,4 \cdot \sqrt{4,0/240} = 37,83$$

und ist damit kleiner als

$$\text{vorh}\ (b/t) = 275/5 = 55$$

Damit ist zunächst der Druckgurt zu reduzieren, Abschn. 7.2.2:

$$\sigma_e = 1,898 \cdot (100 \cdot 5/275)^2 = 6,27\ \text{kN/cm}^2 \qquad\qquad \text{nach Gl. (2.6b)}$$

$$\overline{\lambda}_{P_\sigma} = \sqrt{\frac{21,8 \cdot 1,1}{4 \cdot 6,27}} = 0,978 > 0,673 \qquad\qquad \text{nach Gl. (7.5)}$$

$$b' = \frac{1 - 0,22/0,978}{0,978} \cdot 275 = 218 \qquad\qquad \text{nach Gl. (7.4a)}$$

Beispiel 1 Forts.

Der Druckgurt wird um ΔA reduziert.

$$\Delta A = (27,5 - 21,8) \cdot 0,5 = 2,85 \text{ cm}^2$$

Unter der Annahme, dass für die Stege keine Reduktion erforderlich ist, wird

$$A' = 48,14 - 2,85 = 45,29 \text{ cm}^2$$

und der Schwerpunkt verschiebt sich um

$$e_\text{y} = -\Delta A \cdot y_\text{g}/A' = -2,85 \cdot 9,75/45,29 = -0,61 \text{ cm}$$

Eine Überprüfung obiger Annahme für den Steg bei reiner Biegung, max $\sigma = \sigma_\text{R,d}$ im Biegedruckgurt und reduzierter Gurtfläche liefert (hier ohne Vorrechnung)

$$\text{vorh } (b/t) = 35 \qquad k_\sigma = 9,74 \qquad \text{grenz } (b/t) = 90,2 \gg 35$$

Der Steg trägt demnach voll mit.

Damit wird das Trägheitsmoment I'

$$I' \approx I - \Delta A \cdot y_\text{g}^2 - A' \cdot e_\text{y}^2 = 3338 - 2,85 \cdot 9,75^2 - 45,29 \cdot 0,61^2 = 3050 \text{ cm}^4$$

Der Abstand des Druckrandes vom Schwerpunkt S' ist

$$r'_\text{D} = 20/2 + 0,61 = 10,61 \text{ cm}$$

und der Trägheitsradius

$$i' = \sqrt{3050/45,29} = 8,21 \text{ cm}$$

Tragsicherheitsnachweis

a) *nach dem Ersatzstabverfahren*

$$\overline{\lambda}'_\text{K} \quad = 750/(8,21 \cdot 92,9) = 0,983 \hspace{4cm} \text{nach Gl. (7.11)}$$

Knickspannungslinie *a* mit $\alpha = 0,21$

$$\alpha' \quad = 0,21 \cdot \frac{8,33 \cdot 10,61}{8,21 \cdot 10,0} = 0,226 \hspace{3cm} \text{nach Gl. (7.10)}$$

$$k' \quad = 0,5 \cdot \left(1 + 0,226 \cdot (0,983 - 0,2) + 0,983^2 + \frac{0,61 \cdot 10,61}{8,21^2}\right) = 1,12$$

(mit $\Delta w_0 = -e_\text{y} = 0,61$ cm)

$$1/\varkappa' \quad = 1,12 + \sqrt{1,12^2 - 0,983^2} \hspace{2cm} \varkappa' = 0,6 \hspace{2cm} \text{nach den Gln. (7.8), (7.9)}$$

Mit den neuen plastischen Grenzschnittgrößen

$$N'_\text{pl,d} = 45,29 \cdot 21,8 \hspace{2cm} = 987,0 \text{ kN}$$

$$M'_\text{pl,d} = \frac{3050}{10,61} \cdot 21,8 \cdot 10^{-2} \quad = 62,7 \text{ kNm}$$

wird

$$\Delta n' = \frac{190}{0,6 \cdot 987} \cdot \left(1 - \frac{190}{0,6 \cdot 987}\right) \cdot 0,6^2 \cdot 0,983^2 = 0,076 < 0,1$$

Das größte Feldmoment nach Theorie I. Ordnung ist $M_m = 4,98 \cdot 7,5^2/8 = 35$ kNm, der Beiwert $\beta_m = 1,0$

Nachweis: $\dfrac{190}{0,6 \cdot 987} + \dfrac{1,0 \cdot 35,0}{62,7} + 0,076 = 0,95 < 1$

b) *Alternativ: Nachweis nach Theorie II. Ordnung*

Mit I' und $s_K = 7,5$ m ist die ideale Knicklast

$$N'_{Ki,d} = \frac{\pi^2 \cdot 21 \cdot 10^3 \cdot 3050}{750^2 \cdot 1,1} = 1022 \text{ kN}$$

Für die Knickspannungslinie *a* gilt $w_0 = l/300$ (s. Tafel **6.1**, Teil 1). Diese Imperfektion ist um $\Delta w_0 = e_p = e_y$ = 0,61 zu vergrößern. Das Moment in Feldmitte erhöht sich um

$$\Delta M_{w_0} = 190 \cdot (750/300 + 0,61) = 591 \text{ kNcm} = 5,91 \text{ kNm}$$

Unter Verwendung des Dischinger-Faktors, siehe Abschn. 7.2.3.2,

$$\alpha' = 1/(1 - 190/1022) = 1,228$$

erhält man das Moment nach Theorie II. Ordnung (auf der sicheren Seite, da die Schwerpunktsverschiebung über die Stablänge als konstant unterstellt wurde) zu

$$\max M_m^{II} = (35,0 + 5,91) \cdot 1,228 = 50,25 \text{ kNm}$$

Nachweis: $\sigma = 190/45,29 + 5025 \cdot 10,61/3050 = 21,7 \text{ kN/cm}^2$

$$\sigma/\sigma_{R,d} = 21,7/21,8 \approx 1,0$$

Beispiel 2 (Bild **7.6**)

Der Deckenunterzug (Blechträger aus S235) ist in Abständen von $1/5 = 2,0$ m seitlich gegen Kippen durch die Deckenträger gehalten. Es sind die Tragsicherheitsnachweise unter Berücksichtigung der Dünnwandigkeit von Gurt und Steg zu führen.

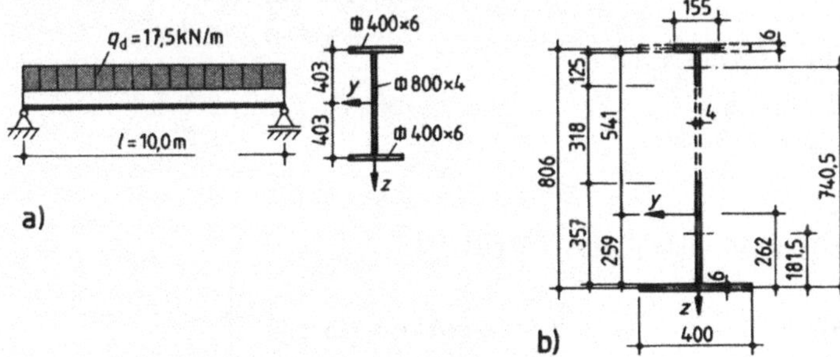

Bild **7.6**   Geschweißter dünnwandiger Biegeträger
a) System, Belastung und Querschnitt
b) wirksamer Querschnitt

Es wird das elastische Grenzmoment $M_{gr,el}$ unter Berücksichtigung der dünnwandigen Querschnittteile bestimmt.

Vollquerschnitt

$$A_G \quad = 40 \cdot 0{,}6 = 24 \text{ cm}^2 \quad A_S = 80 \cdot 0{,}4 = 32 \text{ cm}^2 \qquad A = \quad 80 \text{ cm}^2$$

$$I_y \quad = 0{,}4 \cdot 80^3/12 + 2 \cdot 24 \cdot 40{,}3^2 = 95023 \text{ cm}^4 \qquad W_y = 2340 \text{ cm}^3$$

$$(M_{gr,el,voll} \quad = 21{,}8 \cdot 2340 \cdot 10^{-2} = 510 \text{ kNm})$$

Grenzschlankheiten

Für den Biegedruckgurt (vereinfachend mit $b = 400/2 = 200$) wird bei $\Psi_G = 1$ mit $\sigma = \sigma_{R,d}(= f_{y,d})$ gerechnet. Nach Tafel **2.4**, Teil 1 ist $k_\sigma = 0{,}43$ und

$$\text{grenz } (b/t) = 305 \cdot \sqrt{0{,}43/(1{,}1 \cdot 218)} = 12{,}91 < \text{vorh } (b/t) = 200/6 = 33{,}3$$

Damit ist die Gurtbreite zu reduzieren.

Für den Steg ist $\sigma = 218 \cdot 40/40{,}6 = 215 \text{ N/mm}^2$, $\Psi_S = -1$ und $k_\sigma = 23{,}9$. Die Grenzschlankheit beträgt

$$\text{grenz } (b/t) = 420{,}4 \cdot \sqrt{23{,}9/(1{,}1 \cdot 215)} = 133{,}6 < \text{vorh } (b/t) = 800/4 = 200$$

Damit ist auch für den Steg eine wirksame Breite einzuführen.

Wirksamer Querschnitt

Da die Größe der wirksamen Breite von der Spannungsverteilung abhängt, diese aber zunächst nicht bekannt ist, wird eine *Iteration* erforderlich, wenn man nicht von einer guten Schätzung ausgeht. Die Iteration konvergiert nach 2 – 3 Iterationsschritten.

1. Iteration:

Mit $\Psi_{S,0} = -1$ $\qquad \Psi_G = \text{konst.} = 1$

Gurt $\quad \sigma_e = 1{,}898 \cdot (100 \cdot 6/200)^2 = 17{,}08 \text{ kN/cm}^2$

$$\bar{\lambda}_{P_\sigma} = \sqrt{\frac{21{,}8 \cdot 1{,}1}{0{,}43 \cdot 17{,}08}} = 1{,}807 > 0{,}7 \qquad\qquad \text{nach Gl. (7.5)}$$

$$b' = 0{,}7 \cdot 200/1{,}807 = 77{,}5 \text{ mm} \qquad \text{nach Gl. (7.6b)}, \qquad b'_G = 15{,}5 \text{ cm}$$

Steg $\quad \sigma_e = 1{,}898 \cdot (100 \cdot 4/800)^2 = 0{,}475 \text{ kN/cm}^2$

$$\bar{\lambda}_{P_\sigma} = \sqrt{\frac{21{,}5 \cdot 1{,}1}{23{,}9 \cdot 0{,}475}} = 1{,}443$$

$$\varrho = \frac{1}{1{,}443} \cdot [(0{,}97 - 0{,}03) - (0{,}16 - 0{,}06)/1{,}443] = 0{,}603$$

$$k_1 = -0{,}04 - 0{,}12 + 0{,}42 = 0{,}26 \qquad b'_1 = 0{,}603 \cdot 800 \cdot 0{,}26 \approx 125 \text{ mm}$$

$$k_2 = 0{,}04 - 0{,}12 + 0{,}58 = 0{,}74 \qquad b'_2 = 0{,}603 \cdot 800 \cdot 0{,}74 \approx 357 \text{ mm}$$

nach Tafel **7.2**

Damit erhält man den in Bild (**7.6b**) dargestellten *wirksamen Querschnitt* nach der 1. Iteration. Aus der (hier nicht vorgerechneten) neuen Schwerpunktslage erhält man

$$A'_1 = 53 \text{ cm}^2 \qquad I'_{y1} = 58110 \text{ cm}^4 \qquad W'_{y,0,1} = 1062 \text{ cm}^3$$

sowie

$$\Psi_{s,1} = -259/541 = -0,479$$

Wie die Rechnung zeigt, sind weitere Iterationsschritte nicht erforderlich.

Das elastische Grenzmoment beträgt jetzt nur noch

$$M_{gr,el} = 21,8 \cdot 1062 \cdot 10^{-2} = 231,5 \text{ kNm}$$

Mit max $M = 17,5 \cdot 10,0^2/8 = 218,75$ kNm lautet der

Tragsicherheitsnachweis:

$$\text{max } M/M_{gr,el} = 218,75/231,5 = 0,945 < 1$$

Kippnachweis

Es wird mit dem reduzierten Querschnitt nach Gl. (7.19) der vereinfachte Kippnachweis in Form eines Knicknachweises des gedrückten Gurtes geführt, s. Abschn. 8.2.2.3, Teil 1:

$$I'_{z,g} = \frac{0,6 \cdot 15,5^3}{12} = 186 \text{ cm}^4 \qquad A'_g = 15,5 \cdot 0,6 = 9,3 \text{ cm}^2$$

$$\frac{A_S}{5} = \frac{32}{5} = 6,4 \text{ cm}^2$$

$$i'_{z,g} = \sqrt{186/(9,3+6,4)} = 3,44 \text{ cm}$$

Mit $M'_{pl,d} = M_{gr,el}$, $k_c = 1$ und $c = 200$ cm ist

$$\overline{\lambda}_K = \frac{200 \cdot 1,0}{3,44 \cdot 92,9} = 0,63 > 0,5 \cdot 231,5/218,75 = 0,53$$

Da der Nachweis über $\overline{\lambda}_K$ i.d.R. auf der sicheren Seite liegt und hier überdies mit $M_{gr,el}$ gerechnet wird, darf eine angemessene Kippsicherheit unterstellt werden.

Damit ist der Deckenunterzug ausreichend dimensioniert. Die Verformungen unter den Gebrauchslasten sind vernachlässigbar klein ($\approx l/1260$). Bei gleichen Verformungen hätte man auch ein Walzprofil IPE 600 mit $I_y = 92080$ cm$^4 \approx 95023$ cm^4 und $g = 122$ kg/m Trägergewicht wählen können. Aufgrund der Stückgewichte von Walzprofil und Blechträger sowie der unterschiedlichen Materialpreise ist der Blechträger dann wirtschaftlicher, wenn er in weniger als ca. 30 Werkstattstunden gefertigt werden kann, was bei den heutigen Bearbeitungsmaschinen (Brenn- und Schweißautomaten) natürlich möglich ist.

Für den in Bild **7.7b** dargestellten Querschnitt aus S235 ist bei einer Knicklänge von $s_{K,y} = s_{K,z} = 3,45$ m die Tragfähigkeit $N'_{R,d}$ bei planmäßig mittigem Druck zu bestimmen. Die Grenzschlankheiten für den Steg (bei $\Psi = 1$) und den Gurt sind überschritten.

Es werden *Berechnungsmöglichkeiten* aufgezeigt, wie man bei textgetreuer Anwendung der Norm zu Ergebnissen gelangen kann.

Mit den in Bild (**7.7a**) angegebenen allgemeinen Beziehungen kann der Stab (bei Annahme von voll wirksamen Querschnittsteilen) nach Theorie II. Ordnung, z.B. mit Hilfe von Gln. (6.40), (6.41), Teil 1 mit $M_q^I = 0$, behandelt werden. Bei der hier maßgebenden Ausweichrichtung des Stabes in negative z-Richtung ist w_0 ebenfalls

Beispiel 3 (Bild 7.7)

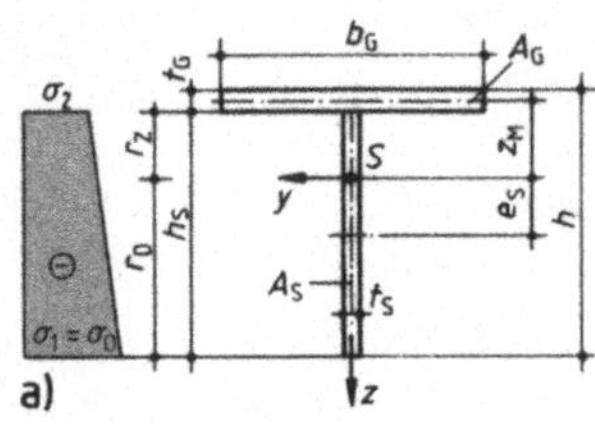
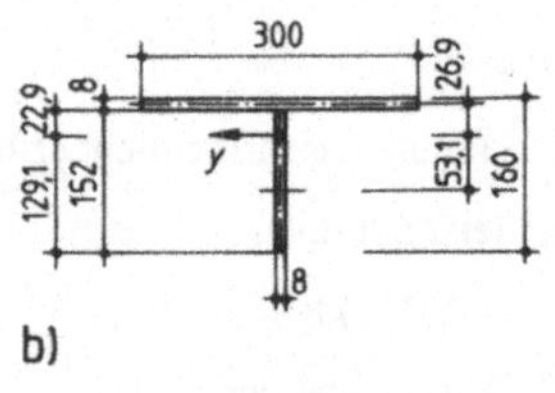
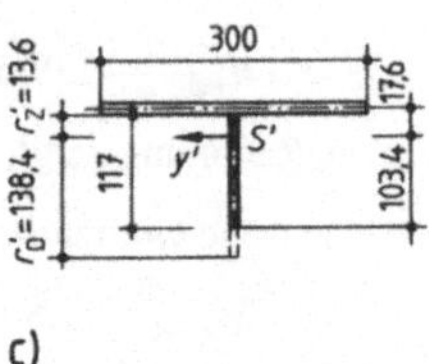

$$A = A_S + A_G; \quad \delta = A_S/A \qquad I_y = \frac{1}{12}[(t \cdot h^3)_S + (b \cdot t^3)_G] + A_S \cdot e_s^2 + A_G \cdot z_M^2 \qquad I_T = \frac{1}{3}[(b \cdot t^3)_G + (b \cdot b^3)_S]$$

$$z_M = 0,5 \cdot \delta \cdot h \quad e_s = 0,5 \cdot (1-\delta) \cdot h \quad I_z = \frac{1}{12}[(h \cdot t^3)_S + (t \cdot b^3)_G]; \; I_\omega = C_M = 0 \qquad \text{alle anderen Werte s. Tafel } 6.6, \text{ Teil 1}$$

Bild **7.7**   Geschweißter T-Querschnitt mit mittiger Druckkraft
a) allgemeine Bezeichnung und Querschnittswerte
b) ursprünglicher Querschnitt
c) wirksamer Querschnitt

negativ zu berücksichtigen. Nach Auswertung obiger Gleichungen erhält man (ohne Ableitung) folgende *Spannungen nach Theorie II. Ordnung*

Steg: $\sigma_1 = \varkappa \cdot (1 + \tau \cdot r_D/i_y) \cdot f_{y,d}$ (7.21a)

$\sigma_2 = \varkappa \cdot (1 - \tau \cdot r_Z/i_y) \cdot f_{y,d}$ (7.21b)

Gurt: $\sigma_m = \varkappa \cdot (1 - \tau \cdot r_m/i_y) \cdot f_{y,d}$ (7.22)

$$\Psi_S = \sigma_2/\sigma_1 = \frac{1 - \tau \cdot r_Z/i_y}{1 + \tau \cdot r_D/i_y} \tag{7.23}$$

$$\tau = \tau^{II} = -\frac{w_0}{\left(1 - \varkappa \cdot \overline{\lambda}_K^2\right) \cdot i_y} \qquad \text{(Th. II. O.)} \tag{7.24a}$$

mit

$f_{y,d}$ $f_{y,k}/\gamma_M$ (= $\sigma_{R,d}$) Grenznormalspannung
$\varkappa$ $N_d/N_{pl,d}$
$\overline{\lambda}_K$ bezogener Schlankheitsgrad für Biegeknicken

Die Spannungen nach Theorie I. Ordnung unter Berücksichtigung von w_0 erhält man aus den gleichen Formeln, jedoch mit

$$\tau = \tau^I = w_0/i_y \tag{7.24b}$$

1. *Berechnungsmöglichkeit* (nach 7.2.3.2)

Diese iterative Berechnung ist praktisch nur möglich über ein EDV-(Taschenrechner-)Programm. Man beginnt mit dem Vollquerschnitt, schätzt einen Wert $\varkappa_{(0)}$ und iteriert die wirksame Stegbreite so lange, bis Konvergenz eintritt; dabei ist w_0 um die im vorangegangenen Schritt berechnete Schwerpunktsverschiebung zu erhöhen. Bei Divergenz ist $\varkappa_{(0)}$ durch $\varkappa_{(1)} < \varkappa_{(0)}$ zu ersetzen. Wichtig dabei ist, dass die Spannung max σ_D am Stegblechrand des *vollen* Querschnittes die für $\bar{\lambda}_{P_\sigma}$ angenommene Spannung nicht überschreitet. Dieses Verfahren führt hier auf einen nicht reduzierten Querschnitt, wobei die Iteration von b'_S bei $\varkappa = 0{,}28$, $\Psi_S = 0{,}45$ und grenz $(b/t)_S \approx 19$ konvergiert.

$$N'_{R,d} = 0{,}28 \cdot 36{,}2 \cdot 21{,}8 = 221 \text{ kN}$$

(Bei dieser Normalkraft wird $\sigma_1 = 11{,}46 \text{ kN/cm}^2$, $\sigma_2 = 5{,}15 \text{ kN/cm}^2$ und grenz $(b/t) = 19{,}01 \approx 19$.)

2. *Berechnungsmöglichkeit* (nach 7.2.3.1)

Die Randspannung $\sigma_1 = \sigma_D$ zur Berechnung von $\bar{\lambda}_{P_\sigma}$ nach Gl. (7.6 b) wird aus dem Knicknachweis für den Vollstab unter Einschluss eines Momentes nach Theorie I. Ordnung infolge w_0 (rückwärts) abgeschätzt. Das Randspannungsverhältnis Ψ_S, Gl. (7.23) liegt mit τ^{I} unabhängig von der Beanspruchungshöhe eindeutig fest.

Für den angegebenen Vollquerschnitt gilt

$$A = 36{,}2 \text{ cm}^2 \qquad I_y = 752 \text{ cm}^4 \qquad I_z = 1800 \text{ cm}^4 \qquad I_T = 7{,}71 \text{ cm}^4$$

$$i_y = 4{,}56 \text{ cm} \qquad i_z = 7{,}06 \text{ cm} \qquad r_D = 12{,}91 \text{ cm} \qquad r_z = 2{,}29 \text{ cm}$$

Mit diesen Werten wird λ_y, λ_z und λ_{vi} nach Tafel **6.6**, Teil 1 bestimmt. In unserem Fall ist $\lambda_{vi} = 106$ maßgebend.

Über Gl. (6.37), Teil 1 wird mit der Knickspannungslinie c

$$\varkappa = 0{,}506 \qquad (N_{R,d} = 0{,}506 \cdot 36{,}2 \cdot 21{,}8 = 399 \text{ kN})$$

Beim Nachweisverfahren Elastisch-Elastisch beträgt die Imperfektion w_0 (s. Teil 1) für die Linie c

$$|w_0| \quad = \frac{2}{3} \cdot \frac{l}{200} = l/300 = 345/300 = 1{,}15 \text{ cm}$$

$$\tau^{\mathrm{I}} \quad = 1{,}15/4{,}56 = 0{,}252 \qquad \Psi_S = \frac{1 - 0{,}252 \cdot 2{,}29/4{,}56}{1 + 0{,}252 \cdot 12{,}91/4{,}56} = 0{,}51 \qquad \text{nach Gl. (7.24b), (7.23)}$$

Aus Gl. (7.21a) folgt die Randspannung σ_1

$$\sigma_1 \quad = 0{,}506 \cdot (1 + 0{,}252 \cdot 12{,}91/4{,}56) \cdot 21{,}8 = 18{,}9 \text{ kN/cm}^2$$

Mit den Werten σ_1 und Ψ_S wird die wirksame Breite des Steges ermittelt. Der Gurt liegt auf der Biegezugseite und braucht nicht reduziert zu werden.

$$k \quad = 0{,}57 - 0{,}21 \cdot 0{,}51 + 0{,}07 \cdot 0{,}51^2 = 0{,}48 \qquad \text{nach Tafel \textbf{2.4}, Teil 1}$$

$$\sigma_e \quad = 1{,}898 \cdot (100 \cdot 8/152)^2 \qquad = 52{,}6 \text{ kN/cm}^2 \qquad \text{nach Gl. (2.6b)}$$

$$\bar{\lambda}_{P_\sigma} \quad = \sqrt{\frac{18{,}9 \cdot 1{,}1}{0{,}48 \cdot 52{,}6}} \qquad = 0{,}91$$

$$b' \quad = h'_S = 0{,}7 \cdot 15{,}2/0{,}91 \qquad = 11{,}7 \text{ cm} \qquad h' = 12{,}5 \text{ cm}$$

Die neuen Querschnittswerte sind dann (Formeln in Bild **7.**7a)

$$A'_\text{S} \quad = 0{,}8 \cdot 11{,}7 \quad = 9{,}36 \text{ cm}^2 \qquad\qquad A_\text{G} = 24 \text{ cm}^2 \quad A' = 33{,}36 \text{ cm}^2$$

$$\delta' \quad = \frac{9{,}36}{33{,}36} \quad = 0{,}281 \qquad\qquad z'_\text{M} = 0{,}5 \cdot 0{,}281 \cdot 12{,}5 = 1{,}76 \text{ cm}$$

$$e' \quad = 0{,}5 \cdot 12{,}5 \cdot (1 - 0{,}281) = 4{,}49 \text{ cm}$$

$$r'_\text{Z} \quad = 1{,}76 - 0{,}4 \qquad\qquad = 1{,}36 \text{ cm} \qquad r'_\text{D} = 15{,}2 - 1{,}36 = 13{,}84 \text{ cm}$$

$$(r'_\text{D} \text{ nach } [64]\text{: } r'^{*}_\text{D} = 11{,}7 - 1{,}36 = 10{,}34 \text{ cm})$$

$$I'_\text{y} \quad = 371 \text{ cm}^4 \quad i'_\text{y} = 3{,}33 \text{ cm} \qquad\qquad \lambda'_\text{y} = 104 > \lambda_\text{vi} = 91$$

Durch die Schwerpunktsverschiebung erhöht sich der Stich der Vorkrümmung um

$$|\Delta w_0| \quad = 2{,}69 - 1{,}76 = 0{,}93 \text{ cm} \qquad (w_0 + \Delta w_0) = -2{,}08 \text{ cm}$$

$$\bar\lambda_\text{y} \quad = 104/92{,}9 = 1{,}12$$

$$\alpha' \quad = 0{,}49 \cdot \frac{4{,}56 \cdot 13{,}84(10{,}34)}{3{,}2 \cdot 12{,}91} = 0{,}72(0{,}54) \qquad\qquad\qquad \text{nach Gl. (7.10)}$$

$$k' \quad = 0{,}5 \cdot \left[1 + 0{,}72 \cdot (1{,}12 - 0{,}2) + 1{,}12^2 + \frac{0{,}93 \cdot 13{,}84}{3{,}33^2} \right] = 2{,}04\ (1{,}81) \qquad\qquad \text{nach Gl. (7.9)}$$

$$1/\varkappa' = 2{,}04 + \sqrt{2{,}04^2 - 1{,}12^2} \qquad \varkappa' = 0{,}267\ (0{,}309)$$

$[(\ )\text{-Werte für } r'^{*}_\text{D}\ ]$ Damit beträgt die Grenzlast

$$N'_\text{R,d} \quad = 0{,}267 \cdot 33{,}36 \cdot 18{,}9 = 168 \text{ kN}$$

$$(\ N'^{*}_\text{R,d} \quad = 0{,}309 \cdot 33{,}36 \cdot 18{,}9 = 195 \text{ kN})$$

Nach Abschluss des obigen Berechnungsganges verlangt die Norm keine weiteren Kontrollen. Würde man jedoch, wie am Anfang der Berechnung, die Spannungen am tatsächlichen Rand des Steges mit den wirksamen Querschnittswerten des reduzierten Querschnittes infolge $N'_\text{R,d}$ und $N'_\text{R,d} \cdot (w_{0+} + \Delta w_0)$ ermitteln, käme man allerdings auf einen höheren Wert als anfänglich angenommen ($\sigma_1 = 18{,}9 \text{ kN/cm}^2$).

Auf der sicheren Seite wäre auch ein Rechnungsgang mit $\varPsi_\text{S} = 1$ und $\sigma_1 = f_\text{y,d}$ möglich gewesen mit einer Grenzkraft von

$$N'_\text{R,d} = 128{,}3 \text{ kN}$$

Abschließend sei noch ein 3. Weg vorgestellt, der wesentlich kürzer ist.

3. Berechnungsmöglichkeit

Mit der wie zuvor ermittelten Spannungsverteilung im Steg $\varPsi_\text{S} = 0{,}51$ und dem Beulbeiwert $k = 0{,}48$ wird aus Gl. (7.6b) und τ^I die Spannung $\sigma = \sigma_1$ so errechnet, dass $\bar\lambda_{\text{P}_\sigma} = 0{,}7$ ist, und damit eine Stegreduktion nicht erforderlich wird.

$$\bar\lambda_{\text{P}_\sigma} = 0{,}7 = \sqrt{\frac{\sigma \cdot 1{,}1}{0{,}48 \cdot 52{,}6}} \qquad\qquad \sigma = \sigma_1 = 11{,}25 \text{ kNcm}^2$$

Diese Spannung wird zusammen mit τ^I in Gl. (7.21a) eingesetzt und nach $\varkappa$ aufgelöst

$$\sigma_1 \quad = 11{,}25 = \varkappa \cdot (1 + 0{,}252 \cdot 12{,}91/4{,}56) \cdot 21{,}8$$

$$\varkappa \quad = \frac{11,25}{(1+0,252\cdot12,91/4,56)\cdot21,8} = 0,3$$

$$N'_{R,d} = 0,3 \cdot 36,2 \cdot 21,8 = 237 \text{ kN}$$

Je nach Berechnungsweise erhält man gegenüber dem Vollquerschnitt eine Traglast von ... (128,3; 168; 195; 221; 237)/399 $\doteq$ 32 %, 42 %, 49 %, 55 % und 59 %.

Aufgrund der recht unglücklichen Verteilung der wirksamen Breite des Steges (nur am gelagerten Rand)[1] sinkt die Tragkraft erheblich ab. Gegen die Verwendung der zuletzt errechneten Kraft ($N'_{R,d}$ = 237 kN) bestehen dennoch keine Bedenken, da eine genauere FEM-Berechnung einen vermutlich deutlich höheren Wert ermitteln dürfte. Hätte man übrigens DIN 18800-3 angewendet, s. Abschn. 2.3.3, Gl. (2.12a), ergäbe sich $N_{R,d}$ = 254 kN > 237 kN. In diesem Fall liefert der Teil 3 günstigere Werte – ob auch genauere, sei dahingestellt.

Das vorliegende Beispiel zeigt, dass normative Regelungen auslegungsbedürftig sind, da der (praktische) Anwender die Gültigkeitsgrenzen der Formeln in der Norm nur schwer abschätzen kann.

7.3 Träger mit schlanken Stegen und Quersteifen

7.3.1 Einführung, Geltungsbereich

Die nach Abschn. 1 entworfenen geschweißten Vollwandträger erfordern neben dem Tragsicherheitsnachweis gegenüber der Materialfestigkeit ($\sigma_{R.d}$, $\tau_{R.d}$) und dem Kippnachweis stets auch den Nachweis ausreichender *Beulsicherheit der Stege* (und Gurte) entweder durch Einhaltung gewisser Blechschlankheiten oder -dicken (s. Abschn. 1, Gln. (1.6), (1.7) bzw. (1.13)) oder über den „genauen" Nachweis nach Abschn. 2. Obwohl in den letztgenannten Nachweisen das „überkritische Tragverhalten" von schub- (und druck-)beanspruchten Platten bereits enthalten ist, müssen (speziell) die Stege oft unnötig dick ausgeführt werden, weil ein möglicher *Wandel des Tragmechanismus* des Vollwandträgers durch den Beulnachweis nicht erfasst wird:

Vollwandträger mit Zwischen(quer)steifen (Bild 7.10) besitzen nämlich die Fähigkeit, nach Erreichen der kritischen Beulschubspannung (s. Abschn. 2) zusätzliche Lasten (in Stegebene) durch Ausbildung eines *fachwerkartigen Tragcharakters* sicher aufzunehmen. Wie zahlreiche Versuche zeigen, überlagert sich dem reinen Schubbeanspruchungszustand unter der kritischen Beullast ein geometrisch recht eindeutig definierbares *Zugfeld* im Wesentlichen in Richtung der Felddiagonalen (= Fachwerk mit Zugstreben) und führt erst dann zum Versagen des gesamten Trägers, wenn sich in den Gurten aufgrund der jetzt erhöhten Spannungen Fließgelenke bilden und sind in Richtung der Zugfelddiagonalen (mit der Neigung Φ) Fließen einstellt, Bild 7.8.

Auf der Grundlage dieser Tragmechanismen wurden durch Versuche abgedeckte Methoden entwickelt, die auch oberhalb der kritischen Beulspannung ausreichende Tragsicherheit gewährleisten [66], [67]. Diese in den angelsächsischen und skandinavischen Ländern sehr verbreitete Berechnungsmethode hat hierzulande nur eine geringe Verbreitung aus zweierlei Gründen erfahren:

1. Die bisher veröffentlichten Berechnungsmethoden [23] sind weitgehendst unbekannt und teilweise sehr aufwendig; sie bedürfen auch eines vertieften Wissensstandes.
2. Die nach den in den folgenden Abschnitten vorgestellten Berechnungsmethoden entworfenen Vollwandträger weisen u.U. bereits nach der Fertigung und unter den Gebrauchslasten in den Stegen deutliche Verwerfungen in Form von „Beulen" auf, deren Tiefe das 3- bis 4fache der Stegblechdicke erreichen kann. Solche anfänglichen und unter den Gebrauchslasten auftretenden Deformationen sind oftmals unerwünscht und zwingen zu dickeren Querschnittsteilen.

---

[1] siehe auch Veröffentlichungen in [41], Jahrg. 67 bis 69

Mit den nachfolgenden Ausführungen soll versucht werden, die unter Pkt. 1 entstandene Lücke zu schließen.

Die hier vorgestellten Berechnungsverfahren gelten unter folgenden Voraussetzungen.

Geltungsbereich

- Werkstoffe S235, S355 nach DIN EN 10025
- Stegblechdicke $t > 1{,}5$ mm; Stegschlankheit $h/t \leq 350$ (S235), 250(S355), jedoch $h \leq 3500$ mm und $0{,}5 \leq \alpha \leq 3$ ($\alpha =$ Seitenverhältnis a/b)
- Einfeld- und Durchlaufträger bei vorwiegend ruhender Last
- wirksame Zwischensteifen, kompakte Endsteifen
- Ausreichende Kippsicherheit, Aussteifungen bei lokalen Lasten
- nur geringe Trägerlängsdruckkräfte, mit resultierenden Druckspannungen nur in einem der Flansche

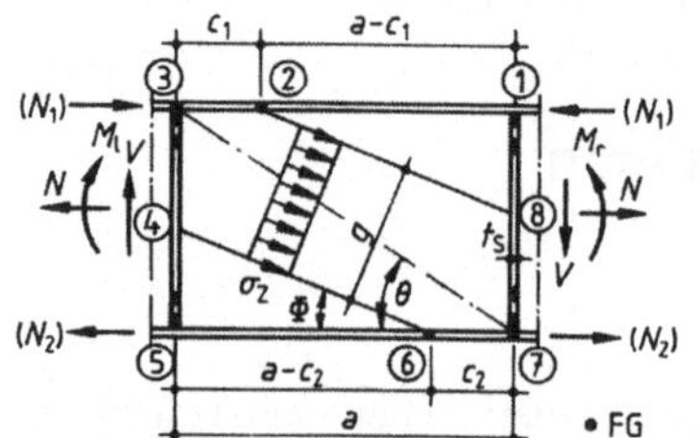
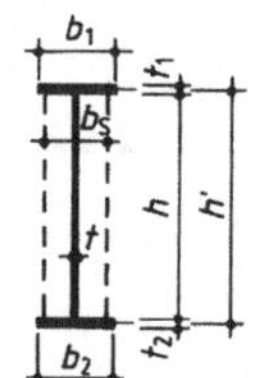

Bild **7.8**   Allgemeine Angaben zum Zugfeld zwischen zwei Quersteifen

7.3.2 Tragsicherheitsnachweise

7.3.2.1 Bestimmung der rechnerischen Grenzquerkraft $V_{R,d}$

Es wird unterstellt, dass das Biegemoment (und eine evtl. vorhandene, (geringe) Druckkraft) allein von den i. Allg. symmetrischen Flanschen übertragen wird. Demnach erhält der Steg nur Querkräfte. Die Grenzquerkraft $V_{R,d}$ setzt sich aus zwei Anteilen zusammen:

$$V_{R,d} = V_{P,d} + 0{,}85 \cdot V_{Z,d} \tag{7.25}$$

mit

$V_{P,d}$ Schubfeldkraft nach Gl. (7.26) unter der rechnerischen Grenzbeulspannung $\tau_{P,R,d}$ nach Abschn. 2, jedoch mit

$\varkappa_\tau$ nach Tafel 7.4 in Abhängigkeit von $\overline{\lambda}_P$

$$V_{P,d} = \tau_{P,R,d} \cdot h \cdot t \tag{7.26}$$

h, t Höhe und Dicke des Stegbleches
$V_{Z,d}$ Querkraft aus der Zugbandkraft $Z_{R,d}$ nach den Gln. (7.33), (7.34)

Tafel **7.4**   Abminderungsfaktor $\varkappa_\tau$ (= bezogene Tragbeulspannung) nach [23]

	$\varkappa_\tau$
$\overline{\lambda}_P \leq 0{,}84$	$1{,}0$
$0{,}84 < \overline{\lambda}_P \leq 1{,}19$	$\dfrac{0{,}84}{\overline{\lambda}_P}$
$\overline{\lambda}_P > 1{,}19$	$\dfrac{1}{\overline{\lambda}_P^2}$

Zugfeldquerkraft $V_{Z,d}$ (Bild 7.8)

Zur Umgehung einer Iteration darf die Zugfeldneigung stets unter einem Winkel

$$\Phi = 2/3 \cdot \Theta \tag{7.27}$$

mit

Θ Neigung der Beulfelddiagonalen

angenommen werden. Die mögliche Zugfeldspannung σ_Z wird unter Berücksichtigung der unter $45°$ verlaufenden Hauptzugspannungen aus $\tau_{P,R,d}$ nach den Gln. (7.28) und (7.29) bestimmt

$$\bar{\sigma}_{Z,P} = 0{,}5 \cdot \sqrt{3} \cdot \varkappa_\tau \cdot \sin 2\Phi \tag{7.28}$$

$$\sigma_Z = f_{y,k} \cdot \left[\sqrt{1 + \bar{\sigma}_{Z,P}^2 - \varkappa_\tau^2} - \bar{\sigma}_{Z,P} \right] \tag{7.29}$$

Die Zugfeldbreite g ergibt sich aus den geometrischen Bedingungen. Dabei ist die Lage der Fließgelenke in den beiden Flanschen c_1, c_2 durch die plastische Grenztragfähigkeit der Gurte (Rechteckquerschnitt mit $(b \cdot t)_i$, $i = 1,2$) unter Berücksichtigung der Gurtnormalkräfte aus M_y und N festgelegt. Für den Druckgurt wird unterstellt, dass er voll wirksam ist, was für

$$b_1 < 25{,}8\, t_1 \cdot \sqrt{240 / f_{y,k}} \quad \text{zutrifft.}$$

Aus

$$M_{\mathrm{pl,N_i,k}} = \left(\frac{b \cdot t^2}{4} \right)_i \cdot f_{y,k} \cdot [1 - (\gamma_M \cdot N_i / N_{\mathrm{pl,i,k}})]^2 \tag{7.30}$$

mit

b_i, t_i Abmessungen des Gurtes i
N_i Normalkraft des Gurtes i: $N_i = M_y/h' \pm N/2$ (+ für Druckgurt, – für Zuggurt)
N äußere Normalkraft (als Druck positiv)
h' Abstand der Flansche

erhält man mit der Stegblechdicke t die Lage der Fließgelenke in den Gurten

$$\left. \begin{aligned} c_1 &= \frac{2}{\sin \Phi} \cdot \sqrt{M_{\mathrm{pl,N_1,k}} / (t \cdot \sigma_Z)} \\ c_1 &= \frac{2}{\sin \Phi} \cdot \sqrt{M_{\mathrm{pl,N_1,k}} / (t \cdot \sigma_Z)} \end{aligned} \right\} \leq a \tag{7.31}$$

Auf die Normalkraftinteraktion nach Gl. (7.30) darf verzichtet werden, falls $N_i \leq 0{,}3 \cdot N_{\mathrm{pl,i}}$. Somit liegt die Zugfeldbreite g fest

$$g = h \cdot \cos \Phi - (a - c_1 - c_2) \cdot \sin \Phi \geq 0 \tag{7.32}$$

Die Zugbandkraft Z_R beträgt

$$Z_R = g \cdot t \cdot \sigma_z \tag{7.33}$$

Ihre Vertikalkomponente ist $V_{Z,d}$

$$V_{Z,d} = \frac{Z_R}{\gamma_M} \cdot \sin \Phi \tag{7.34}$$

Der Tragfähigkeitsnachweis lautet somit

$$V/V_{R,d} \leq 1 \tag{7.35}$$

Die angegebenen Beziehungen gelten für den Fall, dass die Gurte und Stege aus dem gleichen Material bestehen; bei unterschiedlicher Materialgüte sind die Formeln sinngemäß anzuwenden bzw. s. [23].

7.3.2.2 Grenzbiegemoment $M_{R,d}$

Der Nachweis beschränkt sich bei gleich großen Gurten auf den Knicksicherheitsnachweis des Druckgurtes. Der Nachweis lautet mit N_1 aus den Erläuterungen zu Gl. (7.30)

$$N_1/N_{1,R,d} \leq 1 \tag{7.36a}$$

mit

$$N_{1,R,d} = \frac{\varkappa_K \cdot f_{y,k}}{\gamma_M} \cdot (b \cdot t)_1 \tag{7.36b}$$

Hierin ist

$\varkappa_K$ Abminderungsfaktor für Biegeknicken des Gurtes (aus der Stegebene) mit $s_K = a$; der Trägheitsradius des Gurtes ist dabei $i_1 = 0,289 \cdot b_1$, vollwirksame Breite b_1 vorausgesetzt; Knickspannungslinie c, s. Teil 1. Bei gedrungenen Gurten kann auch das Drillknicken maßgebend sein, s. [23].

7.3.2.3 Nachweis der Steifen

Damit die zuvor errechnete Grenzquerkraft auch erreicht werden kann, sind die Zwischen-(quer)steifen und die Endquersteifen ausreichend kräftig zu bemessen. Von beiden Steifen wird vorausgesetzt, dass sie mit beiden Gurten über entsprechende Schweißnähte verbunden sind.

Zwischenquersteifen

Quersteifen an Stellen *ohne* Vorzeichenwechsel in der Querkraftlinie müssen folgende Bedingung erfüllen (Knicken aus der Trägerebene heraus)

$$\frac{V_{Z,d} \cdot \gamma_M}{\varkappa_K \cdot f_{y,k} \cdot A_s} \leq 1 \tag{7.37}$$

mit

$A_s = b_s \cdot t_s$ Steifenquerschnitt nach (Bild **7.8**)
$\varkappa_K$ Abminderungsfaktor für Steifenknicken aus der Stegblechebene für die Knickspannungslinie c, s. Teil 1
$V_{Z,d}$ Größtwert der Zugfeldkraft aus den benachbarten Stegfeldern

Bei *Vorzeichenwechsel* in der Querkraftlinie ist für $V_{Z,d}$ die Summe der Zugfeldkräfte aus beiden (benachbarten) Stegfeldern einzusetzen.

Neben der ausreichenden Knicksicherheit müssen die Quersteifen auch eine ausreichende Biegesteifigkeit (aus der Stegblechebene) aufweisen, um das Stegblech wirksam auszusteifen. Sie wird hier ohne Nachweis unterstellt, s. u.a. [15]. Erfolgt über die Zwischensteifen eine direkte und hohe Lasteinleitung, ist ein örtlicher „Beul-Krüppel"-Nachweis erforderlich, s. [23].

Kompakte Endsteifen (Walzprofil)

Mit Rücksicht auf das Berechnungsbeispiel und aus Platzgründen sollen hier nur die Nachweise für eine kompakte Endsteife aus Walzprofilen behandelt werden. Nachweise für eine einfache oder doppelte Endquersteife s. [23].

Die Zugbandkraft Z_R hängt sich im Endfeld nicht nur in den Druckgurt, sondern auch mit einem Teil ihrer Horizontalkomponenten in die Endquersteife ein und verursacht in ihr eine Verbiegung in Richtung der Trägerachse, Bild **7.9**.

Der Abstand c_1 im Endfeld muss u.U. neu bestimmt werden für den Fall, dass c_1 nach Gl. (7.38) kleiner wird als nach Gl. (7.31)

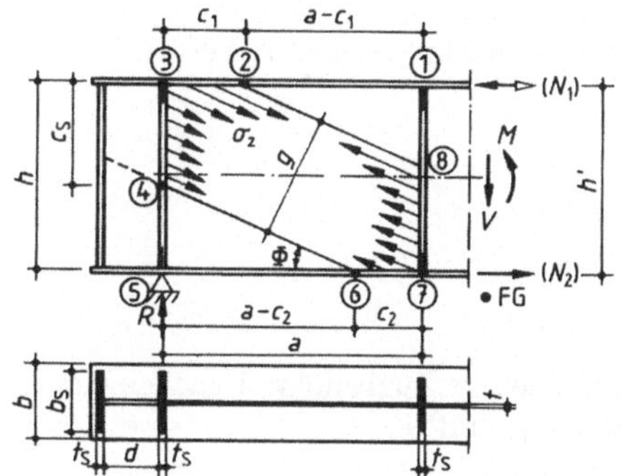

Bild **7.9**   Allgemeine Angaben zum Zugfeld am Endauflager mit kompakter Endquersteife

$$c_1 = \frac{2}{\sin \Phi} \cdot \sqrt{\frac{M^{②}_{\text{pl,N}_1,\text{k}} + M^{③}_{\text{pl,N}_2,\text{k}}}{2 \cdot t \cdot \sigma_Z}} \tag{7.38}$$

Der Wert für c_1 ist dann *iterativ* zu bestimmen, da sich mit ihm auch die Zugfeldbreite g ändert und damit die plastischen Momente in den FG ② und ③.

In Gl. (7.38) gilt für

$$M^{②}_{\text{pl,N}_1,\text{k}} = \frac{(b \cdot t^2)_1}{4} \cdot f_{\text{y,k}} \cdot \left[1 - \left(\frac{Z_R \cdot \cos \Phi}{N_{\text{pl,1,k}}} \right)^2 \right] \tag{7.39}$$

und

$$M^{③}_{\text{pl,N}_2,\text{k}} = \frac{(b \cdot t^2)_1}{4} \cdot f_{\text{y,k}} \cdot \left[1 - \left(\frac{(g - c_1 \cdot \sin \Phi) \cdot t \cdot \sigma_Z \cdot \cos \Phi}{N_{\text{pl,1,k}}} \right)^2 \right] \tag{7.40}$$

Die Horizontalkomponente der Zugbandkraft über die projizierte Höhe c_s (Bild **7.9**) beträgt

$$H_k = (c_s \cdot \cos \Phi - d \cdot \sin \Phi) \cdot t \cdot \sigma_Z \cdot \cos \Phi \tag{7.41}$$

mit d lichter Abstand zwischen den Flanschen der Endquersteife (Bild **7.9**)

$$c_s = h - (a - c_2) \cdot \text{tg} \, \Phi \tag{7.42}$$

Die von der Endquersteife aufnehmbare Kraft in Richtung der Trägerachse beträgt

$$H_{\text{R,s,k}} = 2 \cdot (M^{③}_{\text{pl,N,k}} + M^{④}_{\text{pl,N,k}})/c_s \tag{7.43}$$

mit

$$M_{\mathrm{pl,N,k}}^{④} = 1,1 \cdot M_{\mathrm{pl,k}} \cdot \left(1 - \frac{\gamma_{\mathrm{M}} \cdot V}{N_{\mathrm{pl,k}}}\right) \tag{7.44}$$

und

$M_{\mathrm{pl,k}}$ plastisches Moment der Endquersteife

V Auflagerkraft

$M_{\mathrm{pl,N,k}}^{③}$ nach Gl. (7.40)

Der Nachweis lautet dann $H_{\mathrm{R}}/H_{\mathrm{R,S,k}} \leq 1.$

Für den Steg der Endquersteife muss schließlich noch der Schubnachweis geführt werden:

$$s_{\mathrm{s}} \geq \begin{cases} \sqrt[3]{\dfrac{0,587 \cdot d \cdot M_{\mathrm{pl,k}}}{c_{\mathrm{s}} \cdot E}} \\[2em] \dfrac{\sqrt{3} \cdot H_{\mathrm{k}}}{f_{\mathrm{y,k}} \cdot d} \end{cases} \tag{7.45}$$

Damit ist die Biegetragfähigkeit der Endquersteife für die anteilige Zugbandkraft nachgewiesen. Es verbleibt noch der Nachweis der Endquersteife für ihre Längskraft V:

$V/V_{\mathrm{S,d}} \leq 1$:

$$V_{\mathrm{S,d}} = V_{\mathrm{P,d}} + 0,85 \cdot V'_{\mathrm{Z,d}} \tag{7.46}$$

mit

$$V'_{\mathrm{Z,d}} = (c_1 \cdot \sin \varPhi + c_{\mathrm{S}} \cdot \cos \varPhi) \cdot t \cdot \frac{\sigma_{\mathrm{Z}}}{\gamma_{\mathrm{M}}} \cdot \sin \varPhi \tag{7.47}$$

Für kompakte Endquersteifen wird ein Knicknachweis (aus der Stegebene) i.d.R. nicht maßgebend. Im Auflagerbereich ist für eine ausreichende Krafteinleitungsfläche zu sorgen.

Konstruktive Hinweise

[23] enthält noch einige konstruktive Hinweise für die praktische Ausführung, insbesondere über die Schweißnahtdicken im Bereich der Zugfelder; s. hierzu das Berechnungsbeispiel.

7.3.3 Berechnungsbeispiel

Beispiel 4 (Bild 7.10)

Der 15 m lange und 1,5 m hohe Blechträger aus S 235 ist durch Quersteifen in 5 gleiche Felder eingeteilt und wird an diesen Stellen durch Einzellasten $P_{\mathrm{d}} = 112$ kN belastet. An den Lastangriffspunkten ist der Träger gleichzeitig seitlich gegen Kippen gestützt. Es sind die Tragsicherheitsnachweise nach DIN 18800-1 bis -3 und DASt-Ri. 015 zu führen.

Zunächst werden einige geometrische Vorwerte errechnet bzw. überprüft.

Vorwerte:

$$h/t = 1470/5,0 = 294 < 350$$

$$b_1 = b_2 = 24,0 \ \mathrm{cm} < 25,8 \cdot 1,5 \cdot \sqrt{240/240} = 38,7 \ \mathrm{cm}$$

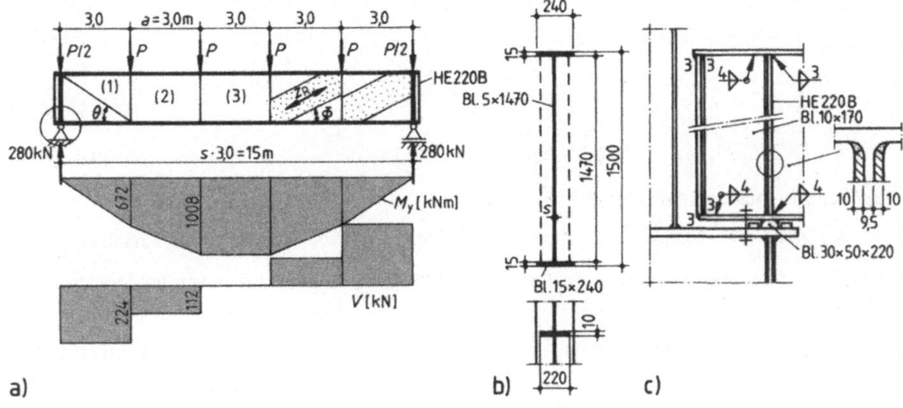

Bild **7**.10 Einfeldträger mit schlankem Steg und Zwischensteifen
a) Statisches System mit Abmessungen und Schnittkraftverlauf
b) Querschnitt c) Auflagerung auf abgesetzter Stütze

$$A_1 = A_2 = 24 \cdot 1,5 = 36 \text{ cm}^2; \qquad A_V = 147 \cdot 0,5 = 73,5 \text{ cm}^2$$

$$A = 145,5 \text{ cm}^2$$

$$\alpha = 300/147 = 2,04 > 0,5 \qquad (<3,0)$$

$$\Theta = \text{arctg}\,(1470/3000) = 0,456 \qquad (\hat{=}\ 26,1°)$$

$$\Phi = 2/3 \cdot \Theta = 0,304,\ \sin\Phi = 0,299,\ \cos\Phi = 0,954,\ \text{tg}\,\Phi = 0,313,\ \sin 2\Phi = 0,571$$

Nacheinander werden die Tragfähigkeiten der Stegfelder (3), (2) und (1) untersucht und mit den vorhandenen Schnittgrößen verglichen. Anschließend erfolgt der Nachweis der Zwischensteifen und Endquersteifen.

Grenzbiegemoment im Feld (3): $\qquad V = 0 \qquad M_y = 1008$ kNm

$$i_{z,1} = 0,289 \cdot 24 = 6,94 \text{ cm} \qquad \overline{\lambda}_{z,1} = \frac{300}{6,94 \cdot 92,9} = 0,465$$

Mit der Knickspannungslinie c gilt $\qquad (\alpha = 0,49) \qquad \varkappa_c = 0,863$

und die aufnehmbare Normalkraft ist

$$N_{1,\text{R,d}} = 0,863 \cdot 24,0 \cdot 36,0/1,1 = 678 \text{ kN} \qquad\qquad\qquad \text{nach Gl. (7.36)}$$

Die Normalkraft in den Flanschen beträgt

$$N_1 = -N_2 = 100800/(147,0 + 1,5) = 679 \text{ kN}$$

Nachweis: $N_1/N_{1,\text{R,d}} = 679/678 = 1,0$

Schubtragfähigkeit im Feld (2): $\qquad V = 112$ kN $\quad M_y < 1008$ kNm

Die Grenzbeulspannung $\tau_{\text{P,R,d}}$ wird wie folgt bestimmt

$$\sigma_e = 1,898 \cdot (100 \cdot 5/1470)^2 = 0,22 \text{ kN/cm}^2 \qquad\qquad \text{nach Gl. (2.6b)}$$

$$k_\tau = 5,34 + 4,0/2,042 = 6,30 \qquad\qquad\qquad\qquad \text{nach Tafel } \mathbf{2}.1$$

$$\tau_{\text{Pi}} = 6,3 \cdot 0,22 = 1,386 \text{ kN/cm}^2 \qquad\qquad\qquad\qquad \text{nach Gl. (2.8)}$$

$$\overline{\lambda}_P \;=\; \sqrt{\frac{24,0}{1,386 \cdot \sqrt{3}}} = 3,162 > 1,19 \qquad\qquad\qquad \text{nach Tafel } \mathbf{2.2}$$

$$\varkappa_\tau \;= 1/3,162^2 = 0,1 \qquad\qquad\qquad\qquad\qquad \text{nach Tafel } \mathbf{7.4}$$

$$\tau_{P,R,d} = 0,1 \cdot 24/(\sqrt{3} \cdot 1,1) = 1,26 \text{ kN/cm}^2 \qquad\qquad \text{nach Gl. (2.13)}$$

Damit kann über Schubspannungen eine Kraft von

$$V_{P,d} \;= 1,26 \cdot 73,5 = 92,6 \text{ kN} \qquad\qquad\qquad\qquad \text{nach Gl. (7.26)}$$

übertragen werden. Die restliche Querkraft muss über Zugfeldwirkung aufgenommen werden. Die aufnehmbare Kraft wird wie folgt bestimmt.

$$\overline{\sigma}_{Z,P} \;= 0,5 \cdot \sqrt{3} \cdot 0,1 \cdot 0,571 = 0,049 \qquad\qquad\qquad \text{nach Gl. (7.28)}$$

$$\sigma_Z \;= 24,0 \cdot [\,\sqrt{1+0,049^2 - 0,1^2} - 0,049\,] = 22,73 \text{ kN/cm}^2 \qquad \text{nach Gl. (7.29)}$$

Die Lage der plastischen Gelenke in den Gurten wird auf der sicheren Seite mit $|N_1| = |N_2| = 679$ kN bestimmt.

$$N_{pl,1,2,k} = 36,0 - 24 \qquad\qquad\qquad\qquad = 864 \text{ kN}$$

$$M_{pl,N1,2,k} = \frac{24 \cdot 1,5^2}{4} \cdot 24 \cdot [1 - (1,1 \cdot 679/864)^2] = 81,9 \text{ kNcm} \qquad \text{nach Gl. (7.30)}$$

$$c_1 = c_2 = \frac{2}{0,299} \cdot \sqrt{81,9/(0,5 \cdot 22,73)} \qquad\qquad = 17,96 \text{ cm} \qquad \text{nach Gl. (7.31)}$$

Mit der Zugfeldbreite g nach Gl. (7.32) erhält man

$$g \;= 147 \cdot 0,954 - (300 - 2 \cdot 17,96) \cdot 0,299 \qquad = 61,3 \text{ cm}$$

$$Z_R \;= 61,3 \cdot 0,5 \cdot 22,73 \qquad\qquad\qquad\qquad = 697 \text{ kN} \qquad \text{nach Gl. (7.33)}$$

$$V_{Z,d} = 697 \cdot 0,299/1,1 \qquad\qquad\qquad\qquad = 189 \text{ kN}$$

Damit ist Grenzquerkraft $V_{R,d}$

$$V_{R,d} = 92,6 + 0,85 \cdot 189 = 253 \text{ kN} \qquad\qquad\qquad \text{nach Gl. (7.25)}$$

Nachweis: $V/V_{R,d} = 112/253 = 0,44 < 1$

Schubtragfähigkeit im Feld (1): $\qquad\qquad\qquad$ V = 224 kN $\qquad$ My < 672 kNm

In Anlehnung an den Anhang A zu [23] wird – obwohl etwas unverständlich – die Lage des plastischen Gelenkes im Druckflansch (c_1) ebenfalls aus Gl. (7.31), und nicht über Gl. (7.38) wie beim Nachweis der Endquersteifen, bestimmt. Es werden lediglich andere Gurtnormalkräfte N_i berücksichtigt. An der Kraft $V_{P,d}$ und an σ_Z hat sich nichts geändert.

Mit $N_1 = -N_2 = 67200/148,5 = 452,5$ kN wird

$$M_{pl,N1,2,k} = \frac{24 \cdot 1,5^2}{4} \cdot 24 \cdot [1 - (1,1 \cdot 452,5/864)^2] = 324 \cdot 0,667 \qquad = 216 \text{ kNcm}$$

$$c_1 \;= c_2 = \frac{2}{0,299} \cdot \sqrt{216/(0,5 \cdot 22,73)} \qquad\qquad\qquad = 29,2 \text{ cm}$$

$$g \;= 147 \cdot 0,954 - (300 - 2 \cdot 29,2) \cdot 0,299 \qquad\qquad = 68 \text{ cm}$$

$$Z_R \;= 68 \cdot 0,5 \cdot 22,73 = 773 \text{ kN} \qquad V_{Z,d} = 773 \cdot 0,299/1,1 = 210 \text{ kN}$$

Nachweis: $\dfrac{224}{92,6+0,85\cdot 210}=0,83$ $(0,85)<1$ (Klammerwert mit Z_R aus Endquersteifennachweis)

Nachweis der Zwischenquersteifen

Die Einzellasten werden über (oberflanschbündige) Quertäger direkt in die Steifen eingeleitet. Ein örtlicher Beulnachweis ist nicht erforderlich. Es wird lediglich das Knicken nach Gl. (7.37) mit $V_{Z,d}\le 210$ kN untersucht

$$A_S = 22\cdot 1,0 = 22\ \text{cm}^2$$

$$i = 0,289\cdot 22 = 6,36\ \text{cm}$$

$$\overline{\lambda}_K = 147/(6,36\cdot 92,9) = 0,249$$

$$\varkappa_c = 0,975$$

Nachweis: $\dfrac{1,1\cdot 210}{0,975\cdot 24\cdot 22}=0,45<1$

Nachweis der Endquersteifen (Bild 7.11)

Als Endquersteife wird ein HE200B gewählt. Für diesen ist

$$M_{\text{pl,k}}^{④} = 1,1\cdot 180 = 198\ \text{kNm} \qquad\qquad N_{\text{pl,k}} = 1,1\cdot 1986 = 2185\ \text{kN}$$

Für den Nachweis der Steife ist die Zugfeldbreite (über c_1) iterativ neu zu bestimmen. Ausgehend von den Werten für den Nachweis der Schubtragfähigkeit im Feld (1) liefert der 1. Iterationsschritt:

$$M_{\text{pl,N}_1,\text{k}}^{②} = 324\cdot\left[1-\left(\frac{773\cdot 0,954}{864}\right)^2\right] = 88\ \text{kNcm} \qquad\qquad \text{nach Gl. (7.39)}$$

$$M_{\text{pl,N}_2,\text{k}}^{③} = 324\cdot\left[1-\left(\frac{(68-29,2\cdot 0,299)\cdot 0,5\cdot 22,73\cdot 0,954}{864}\right)^2\right] = 144,8\ \text{kNcm} \quad \text{nach Gl. (7.40)}$$

$$c_1 = \frac{2}{0,299}\cdot\sqrt{\frac{88+144,8}{2\cdot 0,5\cdot 22,73}} = 21,4\ \text{cm} < 29,2\ \text{cm} \qquad\qquad \text{nach Gl. (7.38)}$$

$$g = 147\cdot 0,954 - (300-21,4-29,2)\cdot 0,299 = 65,7\ \text{cm}$$

Mit dieser Zugfeldbreite liefert ein 2. Iterationsschritt den Wert

$$c_1 = 22,1\ \text{cm}$$

Die Iteration darf abgebrochen und mit einem mittleren Wert $c_{1m}=c_1=(21,4+22,1)/2=21,8$ cm weitergerechnet werden.

Er liefert $g = 65,8$ cm und $Z_R = 748$ kN. Damit wird

$$M_{\text{pl,N}_2,\text{k}}^{③} = 144,7\ \text{kNcm}$$

Das aufnehmbare plastische Moment im Steifenquerschnitt beträgt

$$M_{\text{pl,N,k}}^{④} = 1,1\cdot 19800\cdot(1-1,1\cdot 224/2185) = 19324\ \text{kNcm} \qquad\qquad \text{nach Gl. (7.44)}$$

Somit kann die Endquersteife eine in Richtung der Trägerachse wirkende Gesamtkraft bei

$$c_S \quad = 147 - (300 - 29{,}2) \cdot 0{,}313 \;= 62{,}2 \text{ cm}$$

$$H_{R,S,k} = 2 \cdot (144{,}7 + 19324)/62{,}2 \quad = 626 \text{ kN} \qquad\qquad \text{nach Gl. (7.43)}$$

aufnehmen. Die anteilige Horizontalkomponente der Zugbandkraft ist nach Gl. (7.41) und $d = 22 - 2 \cdot 1{,}6 = 18{,}8$cm

$$H_k = (62{,}2 \cdot 0{,}954 - 18{,}8 \cdot 0{,}299) \cdot 0{,}5 \cdot 22{,}73 \cdot 0{,}954 = 582 \text{ kN} \qquad\qquad \text{nach Gl. (7.41)}$$

Nachweis: $H_k/H_{R,S,k} = 582/626 = 0{,}93 < 1$

Für den Steifensteg muss noch Gl. (7.45) überprüft werden:

$$s_S = 0{,}95 \text{ cm} \quad \geq 3\sqrt{\frac{0{,}587 \cdot 18{,}8 \cdot 19800}{62{,}2 \cdot 21 \cdot 10^3}} = 0{,}55$$

$$< \frac{\sqrt{3} \cdot 582}{24 \cdot 18{,}8} = 2{,}23$$

Der Steg der Endquersteife wird mittels 2Bl 10×170 verstärkt (Schweißnahtanschluss am Flansch).

Die Längskraft der Endsteife beträgt mit den Gln. (4.47) und (4.46)

$$V'_{Z,d} = (21{,}8 \cdot 0{,}299 + 62{,}2 \cdot 0{,}954) \cdot 0{,}5 \cdot 22{,}73 \cdot 0{,}299/1{,}1 = 203 \text{ kN}$$

$$V_{S,d} = 92{,}6 + 0{,}85 \cdot 203 = 265 \text{ kN}$$

Nachweis: $V/V_{S,d} = 224/265 = 0{,}84 < 1$

Konstruktive Ausbildung (Nähte)
Halsnähte zwischen Steg und Gurt ($a \geq 1{,}5$ mm)

Im Zugbereich c_1, c_2 gilt

$$a_c \geq 0{,}5 \cdot t = 0{,}5 \cdot 5 = 2{,}5 \text{ mm}$$

außerhalb Zugfeldbereich

$$a_a \geq \frac{V}{2 \cdot h \cdot \tau_{W,R,d}} = \frac{224}{2 \cdot 147 \cdot 0{,}95 \cdot 21{,}8} \quad = (0{,}04) \;\left.\rule{0pt}{2.2em}\right\}$$
$$a_a \geq 0{,}5 \cdot a_c \qquad\qquad\qquad = (1{,}25 \text{ mm}) \qquad a_a = 1{,}5 \text{ mm}$$

Kehlnähte im Bereich c_S (mit $c_1 \approx c_2$)

$$a_c \geq 0{,}5 \cdot t \qquad\qquad\qquad = 2{,}5 \text{ mm}$$
$$c_S \approx 147 - (300 - 25) \cdot 0{,}313 \;= 61 \text{ cm}$$
$$\text{mit } (c_1 + c_2)/2 \approx 25 \text{ cm}$$

Alle anderen Nähte sind konstruktiv gewählt, Bild **7.11**.

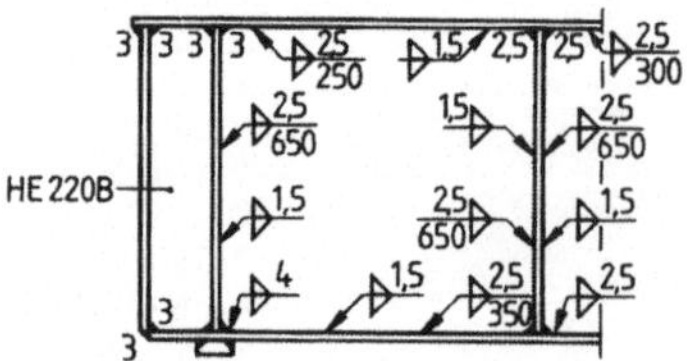

Bild **7.11**   Schweißtechnische Details

8 Verbundkonstruktionen des Hochbaus nach EC 4

8.1 Allgemeines

8.1.1 Verbundbauweise im Hochbau

Der *Stahlverbundbau* ist ca. 50 Jahre alt und hat sich in den letzten zwei Jahrzehnten neben den vier klassischen Bauweisen in *Holz, Mauerwerk/Steine, Beton/Stahlbeton* und in *Stahl* als jüngster „Werkstoff" im Hochbau fest etabliert.

Hier findet er vorzugsweise Anwendung im *Skelettbau* (Geschoss- und Industriebau, Parkhausbau), d.h. bei Träger- und Stützenkonstruktionen bzw. Decken. (Auf den Einsatz der Verbundtechnik im *Brückenbau* wird hier grundsätzlich nicht eingegangen.). Dieser „neue" Werkstoff vereinigt dabei die Vorteile der beiden eingesetzten Materialien *Stahl* und *Beton* durch Ausnutzung ihrer spezifischen Werkstoffeigenschaften:

Stahl ist ein homogener, ideal-elastisch/plastischer Werkstoff mit zeit- und alterungsunabhängigen Festigkeitseigenschaften, die allerdings bei Einwirkung hoher Temperaturen (z.B. im Brandfall) relativ rasch verloren gehen. Aufgrund der hohen Festigkeiten ist ein geringer Materialeinsatz möglich.

Beton hat dagegen ein nichtlineares Werkstoffgesetz (im Druckbereich), ist inhomogen und kann nur begrenzt auf Zug beansprucht werden (Zustand I = ungerissene Zugzone, Zustand II = gerissene Zugzone). Er ist unempfindlich gegen hohe Temperaturen (Brandfall) und vermag hierdurch die mit ihm in Berührung stehenden oder von ihm umschlossenen Stahlteile gegen Brand zu schützen. Er verhindert fallweise mögliche Instabilitäten der „schlanken" Stahleinzelteile (Beulen) und erhöht die Kippstabilität im negativen Momentenbereich, insbesondere bei *kammergefüllten* Stahlverbundträgern. Nachteilig wirken sich die *zeitabhängigen* Festigkeitseigenschaften durch *Kriechen* und *Schwinden* aus. Sie bewirken einen größeren Rechenaufwand, wenn man die *Verbundtragglieder* genauer untersuchen muss, und führen zu gewissen Unsicherheiten in der statischen Berechnung, da die zeitabhängige Werkstoffgröße (*E*-Modul) doch relativ großen Streuungen unterworfen ist. Auch zählt Beton zu den nicht alterungsbeständigen Werkstoffen.

Stahlverbund zeichnet sich durch einen hohen Grad industrieller Fertigung und Maßhaltigkeit (der Stahlbauteile) aus, ist relativ witterungsunabhängig herstell- und montierbar durch „stahlbaumäßige" Anschlüsse und verhilft zu kurzen, präzise planbaren Bauabläufen in nahezu „trockener" Bauweise.

Typische Verbundtragglieder (Bild **8.**1)

Verbunddecken (Bild **8.**1a, b) werden hergestellt aus profilierten Blechen (Trapezblechen) und Aufbeton. Das kalt geformte und speziell profilierte Blech dient entweder nur als verlorene Schalung, kann aber auch als Längsbewehrung angerechnet werden, wenn der Verbund durch entsprechende Maßnahmen gesichert ist. In Deutschland erfolgt der Tragfähigkeitsnachweis i. Allg. über entsprechende „Zulassungen". Auf ihre Behandlung wird daher hier verzichtet.

Verbundträger (Bild **8.**1c, d, e) besitzen i.d.R. einen einfach- oder doppelsymmetrischen I-Querschnitt aus Walzprofilen oder Blechträgern, die mit der Ortbetonplatte (u.U. als Verbunddecke) schubstarr (oder elastisch) verbunden sind. Bei kammergefüllten Stahlprofilen erhöht sich die Feuerwiderstandsklasse und Instabilitäten (Beulen, Kippen) sind ausgeschlossen oder behindert. Der Verbund erfolgt über entsprechende Verbundmittel, wobei vorzugsweise *Kopfbolzendübel* zum

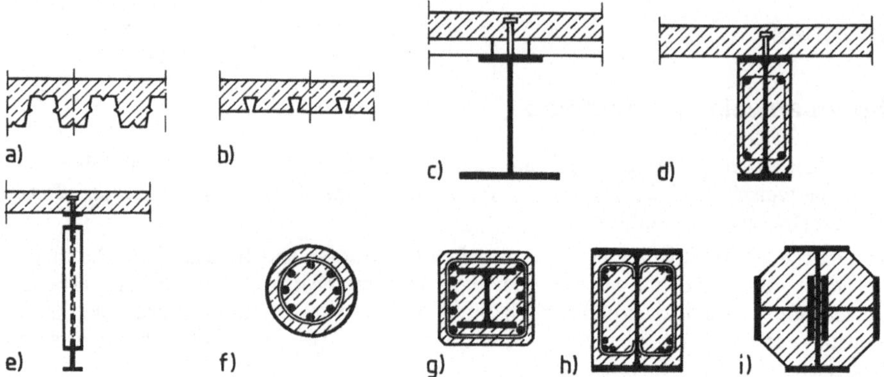

Bild **8.**1   Typische Verbundtragglieder
a) bis b) Verbunddecken c) bis d) Verbund-Vollwandträger e) Verbund-Fachwerkträger f)
bis i) Verbundstützen

Einsatz kommen. Neben der statischen Funktion übernimmt die Betondecke auch die bauphysika-
lischen Aufgaben des Schall-, Wärme- und Brandschutzes. Neben diesen Grundtypen kommen
noch einige Sonderformen (z.B. Preflex-Träger, Fachwerkverbundträger) zum Einsatz, auf die
hier nicht näher eingegangen wird.

Verbundstützen (Bild **8.**1 f bis i) werden aus betongefüllten Hohlprofilen (Kreis- oder kastenför-
mig) bzw. aus ein- oder ausbetonierten I-Querschnitten (auch Kreuzquerschnitten) hergestellt.
Das Stahlprofil dient dabei auch als Schalung. Bei I-Querschnitten ist eine zusätzliche Bewehr-
rung des Betonquerschnittes längs und durch Bügel erforderlich.

Alle Verbundtragglieder können sowohl vor Ort als auch industriell (werkstattmäßig) hergestellt
werden.

8.1.2 Vorschriften, Richtlinien

Die momentan noch gültigen Regelwerke für Verbundträger [28] und Verbundstützen [20]
bestimmen die *Beanspruchbarkeit* auf der Grundlage des rechnerischen Bruchzustandes (plastisch) und vergleichen diese mit den Schnittgrößen aus *Einwirkungen* des Lastfalles H bzw. HZ;
sie basieren somit auf dem Konzept der „zulässigen Schnittgrößen" mit einem globalen
Sicherheitsfaktor $\gamma_{H/HZ}$ = 1,7/1,5. Die genannten Vorschriften werden zukünftig
zusammengefasst in DIN 18800-5; diese Norm liegt als Entwurf (1999-01) vor; sie basiert
weitgehendst auf dem nachfolgend beschriebenen EC 4 und enthält darüber hinaus einige

Der *Eurocode 4* (EC 4) [32] hat hinsichtlich der Beanspruchbarkeiten den gleichen mechanischen
Hintergrund wie das nationale Regelwerk – DIN 18808 (Verbundstützen) und die entsprechenden
Regelungen im EC 4 sind praktisch identisch –, verwendet jedoch wie DIN 18800-1 bis -4 bzw.
wie der EC 1, 2 und EC 3 getrennte Teilsicherheitsbeiwerte für die Einwirkungen (γ_F) und die
Widerstände (γ_M).

Aus diesem Grund erfolgt die Behandlung der Verbundkonstruktionen hier nur nach EC 4 [32]
und EC 2 [29] im Zusammenhang mit dem nationalen Anwendungsdokument DASt-Ri 104 [26].

Die folgenden Abschnitte lehnen sich dabei deutlich an die kommentierende Literatur [68] und
[69] an. Es werden die grundlegenden Begriffe des Stahlbeton- und Stahlbaus vorausgesetzt.

8.2 Werkstoffe

Die in () gesetzten Buchstaben werden als Index verwendet.

Beton (c)

Als Arbeitslinie wird in [32] ein Parabel-Rechteck-Diagramm (Bild **8.2**a) bzw. das bilineare Diagramm unterstellt. Es werden neue Festigkeitsklassen verwendet, wobei die 1. Zahl in der Bezeichnung die Zylinderdruckfestigkeit ($f_{ck,cyl}$) und die 2. Zahl die Würfeldruckfestigkeit ($f_{ck.cub}$) bedeuten. In Tafel **8.**1 sind die mit DIN 1045 vergleichbaren Werkstoffe angegeben. Der E-Modul E_{cm} gilt für Kurzzeitbelastung. Die Zeitabhängigkeit der Werkstoffeigenschaften (Kriechen und Schwinden) sind durch die *Endkriechzahlen* φ_∞ (für Normalbeton) und die *Endschwindmaße* $\varepsilon_{cs,\infty} = $ nach Tafel **8.**2 und **8.**3 festgelegt. Ihre Erfassung in den *Kriech-* und *Schwindfunktionen* wird in Abschn. 8.4.3.2 behandelt.

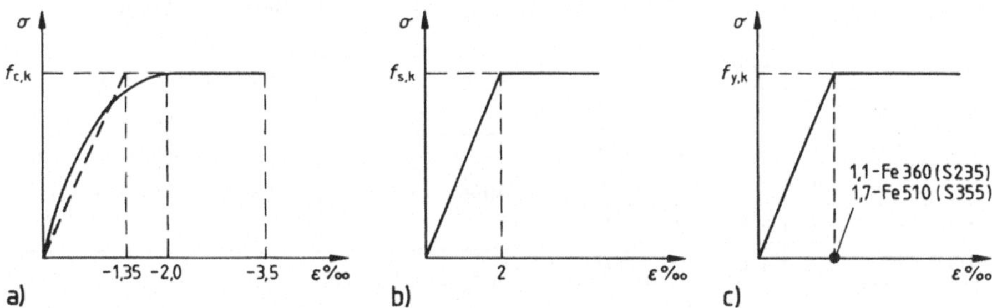

Bild **8.2**   Arbeitslinien der Verbundwerkstoffe a) Beton b) Betonstahl c) Baustahl

Bei einfachen Hochbauten darf im Gebrauchszustand mit folgenden Werten gerechnet werden:

$$E'_c = E_{cm}/3 \qquad \text{Langzeitbelastung}$$

$$E'_c = E_{cm}/2 \qquad \text{Mittelwert für die gesamte Belastung (einschl. Schwindkriechen)}$$

$$\varepsilon_{cs,\infty} = -32,5 \cdot 10^{-5} \quad \text{trockene Umgebung} \tag{8.1}$$

$$\varepsilon_{cs,\infty} = -20,00 \cdot 10^{-5} \quad \text{andere Umgebung}$$

Für die Zusammensetzung des Betons sind die Umweltbedingungen [29] zu beachten.

Betonstahl (s)

Bis zum Abschluss der Bearbeitung der Werkstoffnorm DIN EN 10080 sind die Werkstoffkennwerte der DIN 488-1 maßgebend. Zur Anwendung kommt BSt 500 (S, M) mit $f_{s,k} = 500$ N/mm^2 und der Arbeitslinie Bild **8.2**b.

Tafel **8.1**   Charakteristische Werte der Zylinder-Druckfestigkeit und des *E*-Moduls der verschiedenen Betonfestigkeitsklassen

Betonfestig-keitsklasse	C 20/25 (≈ B25)	C 25/30	C 30/37 (≈ B35)	C 35/45 (B 45)	C 40/50	C 45/55 (≈ B55)	C 50/60
f_{ck} [N/mm^2]	20	25	30	35	40	45	50
E_{cm} [kN/mm^2]	29	30,5	32	33,5	35	36	37

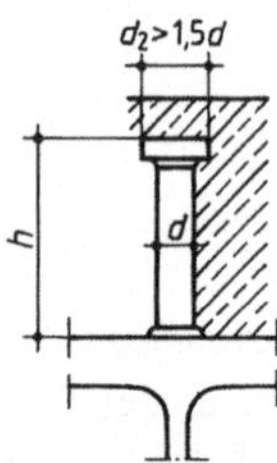

Bild **8.3**   Kopfbolzendübel als Verbundmittel

Tafel **8.2** Endkriechzahlen φ_∞ von Normalbeton nach EC 2 [29]

Alter bei Belastung t_0 (Tage)	h_m = wirksame Bauteildicke = $2 \cdot A_c/u$ [in mm] [1]					
	50	150	600	50	150	600
	Trockene Umgebung (rel. Luftfeuchte $\approx$ 50 %)			Feuchte Umgebung (rel. Luftfeuchte $\approx$ 80 %)		
1	5,5	4,6	3,7	3,6	3,2	2,9
7	3,9	3,1	2,6	2,6	2,3	2,0
28	3,0	2,5	2,0	1,9	1,7	1,5
90	2,4	2,0	1,6	1,5	1,4	1,2
365	1,8	1,5	1,2	1,1	1,0	1,0

Tafel **8.3** Endschwindmaße $\varepsilon_{cs\infty}$ von Normalbeton nach EC 2 [29]

Lage des Bauteils	Relative Luftfeuchte [%]	h_m = wirks. Bauteildicke = $2 \cdot A_c/u$ [in mm] [1]	
		$\leq$ 150	600
Innen	$\approx$ 50	$-0,60 \cdot 10^{-3}$	$-0,50 \cdot 10^{-3}$
Außen	$\approx$ 80	$-0,33 \cdot 10^{-3}$	$-0,28 \cdot 10^{-3}$

1) A_c/u – s. Beispiel 1

Baustahl (a)

Als Werkstoffe kommen die Stähle nach DIN EN 10025, s. Tafel **3**.6 mit der Arbeitslinie (Bild **8**.1c) zum Einsatz. Für den E-Modul, G-Modul und die Querdehnungszahl β gelten die üblichen Größen, s. Tafel **2**.2, Teil 1.

Verbundmittel (v)

Hier werden nur die üblichen Kopfbolzendübel (nach [11]) mit d = 19 mm bzw. d = 22 mm (d = Durchmesser) behandelt (Bild **8**.3), die durch automatische Bolzenschweißverfahren auf die Stahlprofile aufgeschweißt werden (s. Tafel **3**.5, Teil 1). Sie sind hinreichend verformbar, wenn die Höhe des Dübels nach dem Aufschweißen $h \geq 4d$ beträgt und der *Verdübelungsgrad* den Mindestanforderungen (s. Abschn. 8.4.6.1) genügt. Kopfbolzen mit d = 19 mm können bis zu Stahlprofilblechdicken von t = 1,25 mm durchgeschweißt werden, bei d = 22 mm ist ein Durchschweißen nicht möglich. Die Tragfähigkeiten der Bolzen auf Schub ergeben sich aus dem kleineren der Werte

$$P_{R,d} = 0,8 \cdot f_{u,b,k} \cdot \frac{\pi \cdot d^2}{4} \Big/ \gamma_v \tag{8.2}$$

$$P_{R,d} = 0,29 \cdot \alpha \cdot d \cdot d^2 \cdot \sqrt{f_{ck} \cdot E_{cm}} \Big/ \gamma_v \tag{8.3}$$

hierin bedeuten:

$$\begin{aligned} \alpha &= 0,2 \cdot [(h/d) + 1] \quad && \text{für } 3 \leq h/d \leq 4 \\ \alpha &= 1,0 \quad && h/d > 4 \end{aligned} \tag{8.4}$$

mit γ_v = 1,25 (Tafel **8**.8) und α = 1 ergeben sich die Grenzkräfte P_{Rd} aus Tafel **8**.4. Sie gelten bei Verwendung von Vollbetonplatten, s. hierzu auch Abschn. 8.4.6.1.

Tafel **8.4**   Grenzkräfte P_{Rd} in kN für Kopfbolzendübel bei Verwendung in Vollbetonplatten

Durchmesser	nach Gl. (8.2)		nach Gl. (8.3), $\alpha = 1$				
d [mm]	f_u [N mm^2]						
	450	500	C 25/30	C 30/37	C 35/45	C 40/50	C 45/55
22	109,4	121,6	98,1	110,0	121,6	(132,9)	(142,9)
19	81,6	90,7	73,1	82,1	90,7	(99,1)	(106,6)
16	57,9	64,3	51,9	58,2	64,3	(70,3)	(75,6)

8.3 Allgemeine Bemessungsgrundlagen

8.3.1 Grenzzustände der Tragfähigkeit und Gebrauchstauglichkeit

Die grundlegenden Anforderungen an jedes Tragwerk beziehen sich auf die Tragfähigkeit und Gebrauchstauglichkeit, die über entsprechende Nachweise sichergestellt werden.

Grenzzustand der Tragfähigkeit

Dieser Zustand wird erreicht unmittelbar vor

- dem Verlust des Gleichgewichtes des Gesamttragwerkes oder eines seiner Teile bzw. der Stabilität.
- Eintritt übermäßiger Verformungen oder Bruch.

Hierbei sind verschiedene Bemessungssituationen (ständige, vorübergehende und außergewöhnliche Einwirkungen) zu berücksichtigen, wobei insbesondere auch der Bauablauf bei Verbundtragwerken eine entscheidende, bemessungsrelevante Situation darstellen kann. Im Unterschied zu [12] und [31] sind dabei auf der Widerstandsseite für die einzelnen Materialien werkstoffspezifische Teilsicherheitswerke γ_M definiert.

Der Nachweis der Tragfähigkeit erfolgt i.d.R. durch die Gegenüberstellung der Bemessungswerte der Schnittgrößen S_d und der zugehörigen Bemessungswerte der Beanspruchbarkeiten R_d ($S_d \leq R_d$, bzw. $S_d/R_d \leq 1$). Die Bestimmung von R_d erfolgt in den entsprechenden Unterabschnitten.

Grenzzustand der Gebrauchstauglichkeit

Dieser wird überschritten

- bei zu großen Verformungen (Durchbiegungen) bzw.
- durch unangenehme Schwingungen oder
- durch unzulässig große Risse im Beton

Für *Hochbauten* dürfen hierbei vereinfachte Einwirkungskombinationen (vgl. Tafel **2.1**, Teil 1) bei $\gamma_M = 1,0$ zugrunde gelegt werden.

Bei der Berechnung von *Spannungen* und *Verformungen* im Gebrauchszustand müssen u.a. folgende Auswirkungen berücksichtigt werden:

- Kriechen und Schwinden
- Nachgiebigkeiten in der Verbundfuge
- plastische Verformungen des Stahls (insbesondere bei Trägern ohne Eigengewichtsverbund)

Tafel **8.5** Empfohlene Größtwerte der Verformungen im Grenzzustand der Gebrauchstauglichkeit

	δ_{max}	δ_2
Dächer	$L/200$	$L/250$
Decken	$L/250$	$L/300$
Stützenkopf	$h/300$	

δ_{max}　Durchbiegung (Stützenkopfverschiebung) insgesamt

δ_2　Durchbiegung infolge veränderlicher Last

Tafel **8.6** Teilsicherheitsbeiwerte für ungünstige Einwirkungen im Hochbau

Ständige Einwirkungen (γ_G)	Veränderliche Einwirkungen (γ_Q)	
	führende veränderliche Einwirkung	begleitende veränderliche Einwirkungen
1,35	1,5	1,5

Unter gewissen Bedingungen sind hierbei Vereinfachungen bzw. Vernachlässigungen zulässig, s. Norm.

Hinsichtlich der Größe von Verformungen wird auf EC 3 verwiesen; einen Auszug enthält Tafel **8.5**.

Risse in Verbundträgern sind, wenn Betonquerschnittsteile auf Zug beansprucht werden, unvermeidbar. Eine Rissbreitenbeschränkung ist fallweise (im Bereich negativer Momente) nachzuweisen. Hierauf kann verzichtet werden, wenn die Längsbewehrung innerhalb der mittragenden Breite des Betongurtes

> 0,4 % der Betonfläche bei Trägern mit Eigengewichtsverbund

> 0,2 % der Betonfläche bei Trägern ohne Eigengewichtsverbund

ist. Profilbleche dürfen nicht angerechnet werden. Die Längsbewehrung ist über eine Länge von 25 % (50 %) der Spannweite (Kragarmlänge) zu beiden Seiten der Stützung auszuführen.

Eine Begrenzung der Rissbreite ist auch erreichbar durch Beschränkung der Abstände und Durchmesser der Bewehrungsstäbe, s. Norm.

Dauerhaftigkeit

Anforderungen hierzu beziehen sich vorwiegend auf den Werkstoff Beton. Es gilt Abschn. 4.1 im EC 2.

Das Verhältnis von Dauerstandfestigkeit zur Kurzzeitfestigkeit wird i. A. durch den Faktor $a_c = 0,85$ (im Parabel-Rechteckdiagramm) berücksichtigt. Bei Stützen gilt für a_c Abschn. 8.5.2.1.

8.3.2 Bemessungswerte der Einwirkungen und Widerstände

Einwirkungen

Zunächst gelten die Ausführungen nach Abschn. 2.1, Teil 1. Zusätzlich erfolgt eine *Klasseneinteilung* der Tragwerke, die sich fallweise auf die Teilsicherheitsbeiwerte γ_F und das Berechnungsverfahren auswirken können, s. Norm.

Neben den grundlegenden Kombinationen 1 bis 3 der Tafel **2.1**, Teil 1 sind u.U. noch weitere Kombinationen nach Tafel **8.7** zu bilden. Hierbei gilt für die Kombinationen

ständige und *vorübergehende Einwirkungen*

$$\sum_j \gamma_G \cdot G_{K,j} + \gamma_Q \cdot Q_{K,1} + \sum_{i>1} \gamma_Q \cdot \psi_{0,i} \cdot Q_{k,i} \tag{8.5a}$$

und für *außergewöhnliche Einwirkungen*

$$\sum G_{Kj} + (\gamma_A \cdot A_K) + \psi_{1,1} \cdot Q_{K,1} + \sum_{i>1} \cdot \psi_{2,i} \cdot Q_{K,i} \tag{8.5b}$$

mit

$\gamma_G = 1{,}35$

$\gamma_Q = 1{,}5$

$Q_{k,1}$ charakteristischer Wert der führenden veränderlichen Einwirkung

$Q_{k,i}$, $i > 1$ charakteristische Werte der begleitenden veränderlichen Einwirkungen

$(\psi_0, \psi_1, \psi_2)_i$ Kombinationswerte nach Tafel **8.7**

$(\gamma_A \cdot A_k)$ oder A_d festgelegter Wert der außergewöhnlichen Einwirkung

Weitere Regelungen sind der Norm zu entnehmen.

Tafel 8.7   Kombinationswerte ψ_i für veränderliche Einwirkungen im Hochbau nach [25]

Einwirkung	ψ_0	ψ_1	ψ_2
Verkehrslast auf Decken			
Wohnräume; Büroräume; Verkaufsräume bis 50 m²; Flure, Balkone und Räume in Krankenhäusern	0,7	0,5	0,3
Versammlungsräume, Garagen und Parkhäuser; Tribünen; Flure in Lehrgebäuden; Büchereien; Archive, Turnhallen	0,8	0,8	0,5
Ausstellungs- und Verkaufsräume; Geschäfts- und Warenhäuser	0,8	0,8	0,8
Windlasten	0,6	0,5	0,0
Schneelasten	0,7	0,2	0,0
alle anderen Einwirkungen	0,8	0,7	0,5

Widerstände

Die Bemessungswerte der Widerstände (= Beanspruchbarkeiten) sind mit den Teilsicherheitsfaktoren γ_M nach Tafel **8.8** und entsprechend dem gewählten Nachweisverfahren (elastisch oder plastisch) zu bestimmen. Für physikalische Größen (z.B. α_T) gilt $\gamma_M = 1{,}0$. Die Ermittlung von Grenzschnittgrößen erfolgt bei den jeweiligen Traggliedern.

Tafel 8.8   Teilsicherheitsbeiwert für die Tragfähigkeiten der Verbundwerkstoffe

Kombination	Baustahl	Beton	Betonstahl	profiliertes Blech	Verdübelung (Bolzen, Längsschub in Platten)
	γ_a	γ_c	γ_s	γ_{ap}	γ_v, γ_{vs}
grundlegend	1,10	1,5	1,15	1,10	1,25
außergewöhnlich	1,0	1,3	1,0	1,0	1,00

8.3.3 Schnittgrößenermittlung bei statisch unbestimmtem System

Da im Rahmen dieses Werkes nur statisch bestimmte Systeme (rechnerisch in Beispielen) behandelt werden, sollen einige Hinweise genügen.

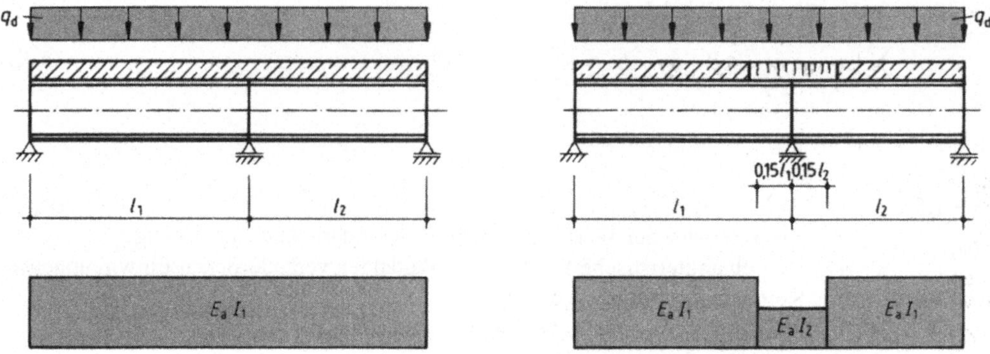

Bild 8.4   Annahme der Biegesteifigkeiten bei Durchlaufträgern zur Bestimmung der Schnittgrößen

Die Bestimmung der Schnittgrößen kann nach der *Elastizitätstheorie* oder nach einem *elastischplastischen Verfahren* erfolgen.

Es wird vorzugsweise die erstere Methode angewendet, wobei von einem linearen σ-ε-Diagramm aller Werkstoffe ausgegangen wird. Die Rissbildung im Beton sowie die Bewehrung in der Zug- und Druckzone darf vernachlässigt werden.

Für *Durchlaufträger* im Hochbau kann eine elastische Berechnung auf zweierlei Art erfolgen (Bild **8.4**):

1. mit der konstanten Biegesteifigkeit $E_a I_1$ des ungerissenen Querschnittes oder
2. mit der Biegesteifigkeit $E_a I_2$ im gerissenen Zustand über den Stützen (mit einer Länge von 15 % der angrenzenden Felder).

Bei Trägern mit konstanter Höhe dürfen Stützmomente um die in Tafel **8.9** angegebenen Prozentwerte abgemindert bzw. erhöht werden. Die Feldmomente sind dann aufgrund der Gleichgewichtsbedingungen entsprechend zu erhöhen bzw. abzumindern („Querschnittsklasse" s. Abschn. 8.4.2).

Tafel 8.9   Größtwerte der zulässigen Momentenumlagerungen von elastisch ermittelten Stützmomenten

	Betragsmäßige Abminderung in %				Betragsmäßige Erhöhung in %
Querschnittsklasse im negativen M-Bereich	1	2	3	4	Klasse 1 und 2
Elastische Berechnung ohne Berücksichtigung der Rissbildung	40	30	20	10	10
Elastische Berechnung mit Berücksichtigung der Rissbildung	25	15	10	0	20

8.4 Verbundträger

8.4.1 Allgemeines, Tragverhalten, Herstellungsverfahren

Einfeldige Verbundträger werden als *Deckenträger* mit Stützweiten zwischen 6 bis 8 (12) m und *Unterzüge* mit Stützweiten von 8 bis 18 m bei einem Deckenträgerraster (= Stützweite der Ortbeton- oder Verbunddecken) von 2,5 bis 4 m wirtschaftlich eingesetzt. Bei Trägerhöhen (einschließlich der Decke) mit einem Verhältnis zur Stützweite von L/h = 18 bis 20 (Deckenträger) bzw. L/h = 15 bis 18 (bei Unterzügen) bleiben die Verformungen bei den üblichen Einwirkungen beschränkt.

Als Stahlträger kommen IPE, HEA und HEB oder geschweißte Blechträger zum Einsatz, wobei durch die Verwendung höherfester Stähle (S355) kleinere Querschnitte möglich sind. Die Betondecke hat eine Dicke zwischen 10 und 18 cm und wird aus C 25/30 (etwa B 25), oder C 35/45 (etwa B 35) hergestellt. Ihre *vollständige* oder *teilweise Verdübelung* mit dem Stahlprofil erfolgt über die bereits behandelten Kopfbolzendübel (Bild **8.**3) oder Verbundmittel nach Bild **8.**5. Bei teilweisem Verbund tritt in der Fuge zwischen Betongurt und Stahlgurt ein gewisser *Schlupf auf* und erfordert verformungsfähige Kopfbolzendübel.

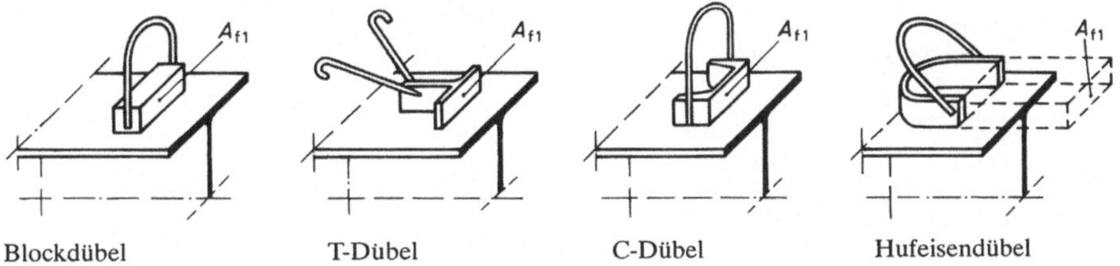

Bild **8.**5   Ausführungsarten von Verdübelungen

Bei der Berechnung wird immer vom Ebenbleiben des Querschnittes ausgegangen, d.h. ein *starrer* Verbund unterstellt, obwohl durch die Verformungen der Verbundmittel ein *nachgiebiger* Verbund vorliegt. Der Einfluss auf die Querschnittstragfähigkeit kann bei vollständiger Verdübelung jedoch vernachlässigt werden. Bei teilweiser Verdübelung ist der Schlupf in der Verbundfuge bei der Berechnung der *Durchbiegungen im Gebrauchszustand* allerdings nicht vernachlässigbar.

Bei der *Herstellung* von Verbundträgern (= Belastungsgeschichte) unterscheidet man zwei Fälle:
– Träger *ohne Eigengewichtsverbund* (Fall A)
– Träger *mit Eigengewichtsverbund* (Fall B)

Im **Fall A** wird der Stahlträger während des Betonierens nicht unterstützt und muss sein Eigengewicht und die Last des Frischbetons (einschließlich Schalung) sowie einer angemessenen *Montagelast* wie bei Verbunddecken (z.B. 1,5 kN/m^2 auf 3 × 3 m, Restbereich 0,75 kN/m^2) allein aufnehmen. Nur die Ausbau- und Nutzlasten wirken auf den Verbundquerschnitt.

Fall B. Während des Betonierens wird der Stahlträger (wie die Deckenplatte) durch Hilfsstützen von obengenannten Lasten weitgehendst frei, d.h. spannungslos gehalten. Nach dem Erhärten des Betons werden die Hilfsstützen entfernt und alle Lasten wirken auf den Verbundquerschnitt.

Schließlich kann noch ein **Fall** C betrachtet werden, bei dem die Hilfsstützen von Fall B angedrückt und der Stahlträger dadurch vorgespannt wird.

In allen Fällen hat das Herstellungsverfahren keinen Einfluss auf die plastische Grenztragfähigkeit, wohl aber auf die Spannungen und Verformungen im Gebrauchszustand. Dies wird durch das Lastverschiebungsdiagramm, Bild **8.6** verdeutlicht.

Im Falle einer teilweisen Verdübelung kann der bereits erwähnte Schlupf in der Verbundfuge bei der Verformungsberechnung wie folgt erfasst werden:

Für Träger *ohne Eigengewichtsverbund* bleibt der Schlupf unberücksichtigt, wenn

- der Verdübelungsgrad $N/N_f \geq 0{,}5$
- die charakteristische Dübeltragfähigkeit nur bis zu 70 % ausgenutzt und
- bei Verwendung von Profilblechen die Rippenhöhe $h_p \leq 80$ mm ist.

Sind die Bedingungen nicht eingehalten, wird eine vergrößerte Durchbiegung nach folgender Gleichung ermittelt:

$$\frac{\delta}{\delta_c} = 1 + 0{,}3 \cdot \left(1 - \frac{N}{N_f}\right) \cdot \left(\frac{\delta_a}{\delta_c} - 1\right) \tag{8.6}$$

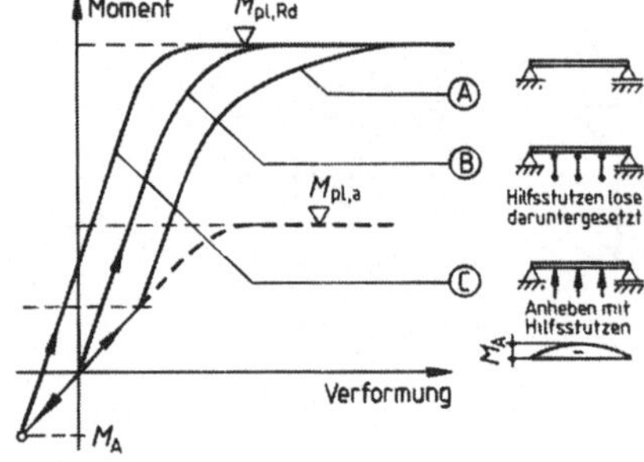

Bild 8.6
Verformungsverhalten und Tragfähigkeit unter
Berücksichtigung des Herstellungsverfahrens

mit

N/N_f	Verdübelungsgrad
δ_c	Durchbiegung ohne Berücksichtigung des Schlupfes
δ_a	rechnerische Durchbiegung des Stahlträgers allein bei gleicher Last

Für Träger *mit Eigengewichtsverbund* ist in Gl. (8.6) der Faktor 0,3 durch 0,5 zu ersetzen.

Bei der Verwendung von *Profilblechen* für die Betondecke muss die *Verlegerichtung* sowohl im Montagezustand als auch bei der Ermittlung der Tragfähigkeiten berücksichtigt werden. Liegen die Rippen rechtwinklig zum Stahlträger (mit oder ohne Stoß), bilden sie eine Kippsicherung im Montagezustand. Als wirksamer Betongurt kann natürlich nur die Dicke h_c (Bild **8.8**, Tafel **8.11**) in Rechnung gestellt und die Dübeltragfähigkeit muss fallweise abgemindert werden. Liegen die Rippen dagegen parallel zum Stahlträger, ist die Dübeltragfähigkeit ebenfalls abzumindern, aber der gesamte Deckenquerschnitt einschließlich der ausgefüllten Rippen ist rechnerisch voll ansetzbar. Als Kippsicherung fallen die Bleche im Montagezustand allerdings aus.

Abschließend soll am Beispiel eines Zweifeldträgers mit $L_1 = L_2$ unter Gleichstreckenlast das Tragverhalten von Verbundträgern beschrieben werden. Man kann hier insgesamt 4 Laststufen unterscheiden

1. Stufe: Rissbildung in Betongurt über der Stütze

2. Stufe: $\sigma_a = f_y$ am Stahlträgeruntergurt, Beginn des Plastizierens

3. Stufe: FG über der Mittelstütze

4. Stufe: FG im Verbundquerschnitt im Feld

Bei allen Laststufen hat der Träger an den erwähnten Stellen und über seine Länge unterschiedliche Biegesteifigkeit, bis diese bei der 4. Laststufe auf Null absinkt. Dadurch ist das gesamte Lastverformungsverhalten nichtlinear; mittels eines EDV-Programms können die einzelnen Stadien rechnerisch nachvollzogen werden.

8.4.2 Mitwirkende Betongurtbreite und Querschnittsklassifizierung

Mitwirkende Breite b_e (Bild **8.7** a)

Die mittragende Breite des Betongurtes beidseitig des Trägersteges darf feldweise über die Trägerlänge als konstant angesetzt werden. Ihre Größe beträgt bei Bestimmung der Schnittgrößen auf jeder Seite des Steges

$$b_{ei} = l_0/8 \quad \text{jedoch} \quad b_{e_1} + b_{e_2} \leq b \tag{8.7}$$

mit

l_0 – Stützweite bei Einfeldträgern

– Abstand der Momentennullpunkte bei Durchlaufträgern n. Bild (**8.7**b).

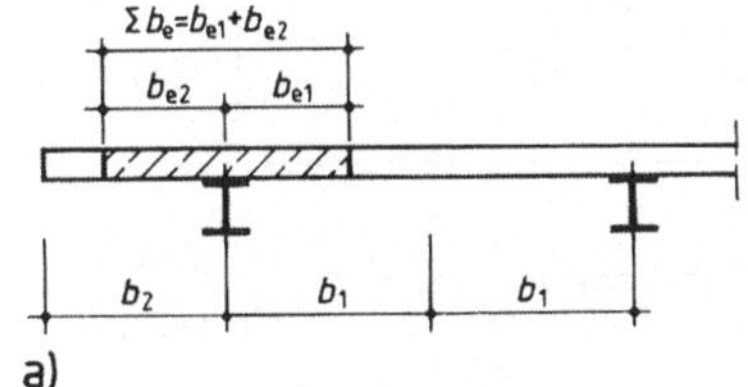

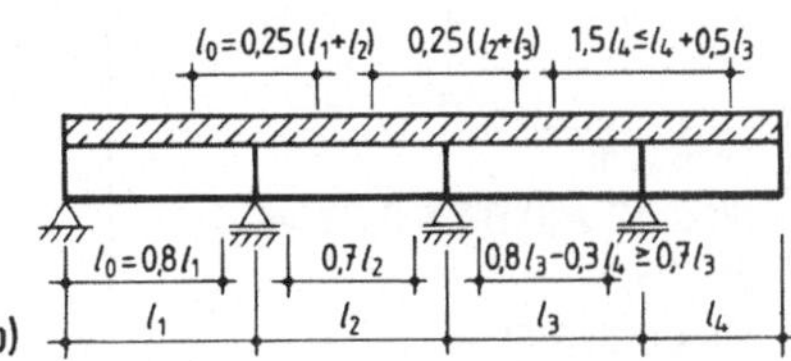

Bild **8.7**   Mittragende Breite
a) Verteilung im Querschnitt b) Bestimmung von l_0 bei Durchlaufträgern

Für die Deckenstärke h (s. Tafel **8.**11) wählt man $h \geq 8,0 + \Sigma b_e/60$ (h, b_e in cm).

Beim Nachweis der Querschnittstragfähigkeit gilt für die mittragende Breite bei positiven Momenten der Wert in Feldmitte, bei negativen Momenten der Wert über der Stütze.

Querschnittsklassifizierung

Die Einstufung der Querschnitte in 4 Klassen erfolgt nach EC 3 [31]. Querschnitte der Klasse 1 und 2 können vollplastisch beansprucht werden; jene der Klasse 1 besitzen darüber hinaus eine ausreichende Rotationsfähigkeit und eignen sich für die FG-Theorie bei statisch unbestimmten Systemen. Die Einstufung in diese beiden Klassen erfordert Mindestdicken der Querschnittsteile (vgl. grenz (c/t), (d/t)) nach Tafel **8.**10.

Verbundquerschnitte, bei denen die plastische Null-Linie (s. Abschn. 8.4.4) im Betongurt liegt, fallen automatisch in Klasse 1. Für den Steg ist dabei ein Schubbeulenachweis erforderlich, falls

– bei Stegen von Trägern ohne Kammerbeton $d/t_w > 69 \cdot \varepsilon$ und
– bei Stegen von Trägern mit Kammerbeton $d/t_w > 124 \cdot \varepsilon$ ist.

Querschnitte der Klasse 3 besitzen keine plastischen Querschnittsreserven, die der Klasse 4 unterliegen der örtlichen Beulung. Beide Klassen werden hier nicht weiter behandelt.

Von den Walzprofilen IPE, HEB und HEM erfüllen alle Flansche die Forderungen der Klasse 1; von den HEA Profilen sind bei S355 die Flansche nicht ausreichend hei den Kurzzeichen (180, 200, 240 bis 340). Bei Einfeldträgern und $N = 0$ sowie bei $\alpha \leq 0{,}5$ erfüllen auch alle Stege der IPE und HE-Profile die Anforderungen an Klasse 1. Sonderregelungen und Abgrenzungen s. EC 4 bzw. [69].

Tafel **8**.10 Größte Breiten-Dickenverhältnisse in den Stegen und Gurten von Querschnitten der Klasse 1 bis 3

Stege: grenz (d/t)-Werte

Klasse	1	2
	$\alpha > 0{,}5$ $\dfrac{d}{t} \leq \dfrac{396\varepsilon}{13\alpha - 1}$ $\alpha < 0{,}5$ $\dfrac{d}{t} \leq \dfrac{36\varepsilon}{\alpha}$	$\alpha > 0{,}5$ $\dfrac{d}{t} \leq \dfrac{456\varepsilon}{13\alpha - 1}$ $\alpha < 0{,}5$ $\dfrac{d}{t} \leq \dfrac{41{,}5\varepsilon}{\alpha}$

Klasse	3
	$\psi > -1$ $d/t \leq 42\ \varepsilon/(0{,}67 + 0{,}33\ \psi)$ $\psi \leq -1$ $d/t \leq 62\ \varepsilon \cdot (1 - \psi)\sqrt{-\psi}$

Druckgurte: grenz (c/t)-Werte

Klasse				
1	$10\,\varepsilon$	$10\,\varepsilon$	$9\,\varepsilon$	$9\,\varepsilon$
2	$11\,\varepsilon$	$15\,\varepsilon$	$10\,\varepsilon$	$14\,\varepsilon$
3	$15\,\varepsilon$	$21\,\varepsilon$	$14\,\varepsilon$	$20\,\varepsilon$

$$\varepsilon = \sqrt{\frac{235}{f_y}}\ [\text{N/mm}^2] \qquad \alpha = \text{Höhe der Druckzone}$$

8.4.3 Elastische Querschnittsberechnung und Tragfähigkeit

Es wird von Ebenbleiben der Querschnitte ausgegangen, welches eine lineare Dehnungsverteilung zur Folge hat. Aufgrund des zeitabhängigen Verhaltens des Betons treten infolge Kriechen und Schwinden im Verlauf der Belastungsdauer jedoch Schnittgrößenumlagerungen vom Betonquerschnitt auf den Stahlquerschnitt auf. Der endgültige Beanspruchungszustand zum Zeitpunkt t kann dabei mit Hilfe von *Verteilungs-* und *Umlagerungsschnittgrößen* berechnet werden oder an einem *ideellen Gesamtquerschnitt*. Dieses letzte, allgemein übliche Verfahren wird im folgenden beschrieben, wobei auf die Formelableitungen verzichtet wird.

8.4.3.1 Ideelle Querschnittswerte

Um zu einer einheitlichen Darstellung zu gelangen, wird die Gesamthöhe von Betongurt (mit der effektiven Dicke h_c) und Profilblech (mit der Höhe h_p) mit h bezeichnet, s. Bild **8**.8 in Tafel **8**.11. Es wird eine zur Schwerachse des Betongurtes symmetrische Längsbewehrung mit der Gesamtfläche A_s unterstellt und mit dem Profilstahl zur Gesamtstahlfläche A_{st} zusammengefasst. Als Bezugsachse wird hier die Schwerachse des Betongurtes gewählt.

Die Betonfläche $A_c = \sum b_e \cdot h_c$ wird über das Verhältnis der E-Moduli in eine äquivalente Profilstahlfläche mit Hilfe der Gl. (8.8) umgewandelt (abgemindert)

$$n = E_a / E_c \tag{8.8}$$

Die *Reduktionszahl n* ist allerdings keine konstante, sondern eine zeit- und belastungsabhängige Größe.

Unter Berücksichtigung des Eigenträgheitsmomentes des Betondruckgurtes (abgemindert mit dem Faktor *n*) ergeben sich die in Tafel **8**.11 angegebenen Querschnittswerte. Die einzelnen Größen verstehen sich von selbst und benötigen keiner weiteren Erläuterung. Der ideelle Verbundquerschnitt hat den Index „*i*".

Mit Rücksicht auf die Dimension der Schnittgrößen M [kNm] empfiehlt sich die Verwendung der in Tafel **8**.11 angegebenen Dimensionen für die entsprechenden Querschnittswerte. Diese gelten auch für die Ermittlung der Spannungen infolge Schwinden und Kriechen, wenn für *n* die entsprechenden Reduktionszahlen eingesetzt werden.

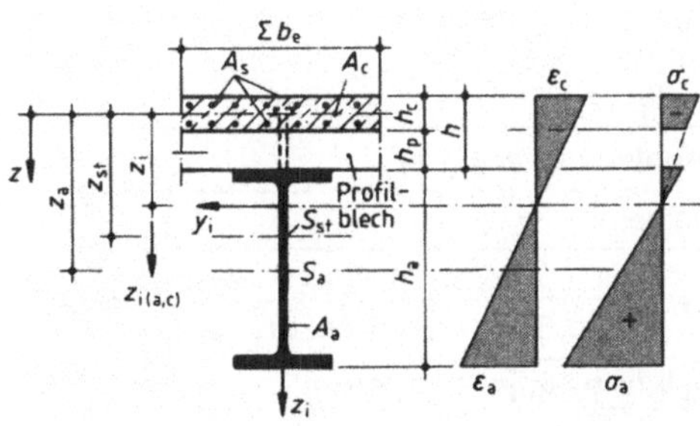

Bild 8.8
Allgemeine Bezeichnung eines Verbundträger-Querschnittes, Dehnungs- und Spannungsverteilung

Tafel 8.11 Querschnittswerte von elastisch berechneten Verbundträgern

Reduktionszahl n

$$n = E_a/E_c \tag{8.8}$$

Betonquerschnitt (c)

$$A_c = \Sigma b_e \cdot h_c \qquad [\text{cm}^2] \tag{8.9}$$

$$I_c = \Sigma b_e \cdot h_c \frac{(h_c/100)^2}{12} \; [\text{cm}^2\text{m}^2] \tag{8.10}$$

b_e, h_c [cm]

$$\left. \begin{array}{l} A_{c,n} = A_c/n \\ I_{c,n} = I_c/n \end{array} \right\} \tag{8.11}$$

Stahlquerschnitt (a, s)

Profilstahl: A_a, I_a, z_a [cm^2, cm^{2}m^2, m]
Bewehrungsstahl: $A_s, z_s = 0$ [cm^2]

Gesamtstahlquerschnitt (st)	**Verbundquerschnitt (i)**
$A_{st} = A_a + A_s \quad [\text{cm}^2] \tag{8.12}$	$A_i = A_{st} + A_{c,n} \quad [\text{cm}^2] \tag{8.15}$
$z_{st} = A_a \cdot z_a/A_{st} \quad [\text{m}] \tag{8.13}$	$z_i = A_{st} \cdot z_{st}/A_i \quad [\text{m}] \tag{8.16}$
$I_{st} = I_a + \dfrac{A_a \cdot A_s}{A_{st}} \cdot z_a^2 \; [\text{cm}^2\text{m}^2] \tag{8.14}$	$S_i = A_{c,n} \cdot A_{st} \cdot z_{st}/A_i = A_{c,n} \cdot z_i \; [\text{cm}^2\text{m}] \tag{8.17}$
	$I_i = I_{st} + I_{c,n} + S_i \cdot z_{st} \quad [\text{cm}^2\text{m}^2] \tag{8.18}$

8.4.3.2 Einfluss von Kriechen und Schwinden

Während Beton wie jeder andere Baustoff unter kurzfristiger Belastung sich quasi ideal elastisch verhält, entsteht bei länger andauernder Druckbelastung eine zusätzliche Verformung durch Kriechen und infolge des Wasserverlustes eine lastunabhängige Schwindverkürzung.

Insgesamt setzen sich die Dehnungen zum Zeitpunkt t aus 5 Anteilen zusammen:

$$\varepsilon_c(t) = \varepsilon_{t_0} + \varphi(t) \cdot \varepsilon_{t_0} + \Delta\varepsilon_{t-t_0} + \varphi_t \cdot \Delta\varepsilon_{t-t_0} + \varepsilon_s(t) \tag{8.19}$$

Der erste Anteil ist die elastische Verkürzung aus der Last zum Zeitpunkt t_0, der zweite Anteil die hierdurch bedingte Kriechverkürzung. Der dritte Anteil erfasst die elastischen Dehnungen infolge der Lasten zwischen $(t - t_0)$ und der vierte die hieraus resultierenden zusätzlichen Kriechverformungen. Der letzte Anteil schließlich wird durch das Schwinden verursacht. $\varphi(t)$ beschreibt eine zeitabhängige *Kriechfunktion*; ϱ ist ein *Relaxionsfaktor* und erfasst das infolge Betonalterung abgeminderte Kriechverhalten. Er schwankt zwischen 0,5 bis 1,0 und liegt in baupraktischen Fällen bei 0,7 bis 0,9.

Auf dieser Grundlage lassen sich zeitabhängige Reduktionszahlen $n(t)$ angeben, mit deren Hilfe der Spannungszustand zu jedem Zeitpunkt ermittelt werden kann. Auf die verwickelten Zusammenhänge soll hier nicht weiter eingegangen werden.

Da in Gl. (8.18) auch das Eigenträgheitsmoment des Betongurtes erfasst ist, sind die zeitabhängigen Reduktionszahlen sowohl für die Betonfläche als auch für ihr Eigenträgheitsmoment zu formulieren (n_A, n_I). Zusätzlich muss unterschieden werden zwischen der Art der Lasteinwirkung (und dem Fall „Vorspannung", auf den hier nicht weiter eingegangen wird). Unter Verwendung der Relaxionszahlen ϱ_A, ϱ_I werden die Reduktionszahlen mit Hilfe der Kriechbeiwerte ψ_A, ψ_I und der Kriechzahl φ_t nach Tafel **8**.12 bestimmt.

Tafel **8**.12 Reduktionszahlen n und Kriechwerte ψ nach [68]

Reduktionszahlen n_0, n_A, n_I	**Kriechbeiwerte ψ_A, ψ_I**
$n_0 = E_a/E_{c,m}$ (8.8a)	Allgemein:
$\boxed{n_{A,L} = n_0 \cdot (1 + \psi_{A,L} \cdot \varphi_t)}$ nach (8.8 b) (8.8 b) $\boxed{n_{I.L} = n_0 \cdot (1 + \psi_{I.L} \cdot \varphi_t)}$ Tafel **8**.2 (8.8 c)	$\psi_{A,B} = \dfrac{1}{1 - 0,5 \cdot \alpha_T \cdot \varphi_t + 0,08 \cdot (\alpha_T \cdot \varphi_t)^2}$ (8.22) $\psi_{I,B}$ wie $\psi_{A,B}$, jedoch mit α_I (8.23)
L = Last: B zeitlich konstante Last BT, S zeitlich veränderliche Last und Schwinden (S)	$\boxed{\psi_{A,BT,(S)} = 0,5 + 0,08 \cdot \alpha_T \cdot \varphi_t}$ (8.24) $\boxed{\psi_{I,BT,(S)} = 0,5 + 0,08 \cdot \alpha_I \cdot \varphi_t}$ (8.25)
Querschnittsparameter α	**Vereinfachung:**
<table><tr><td></td><td>⊥</td><td>▣</td></tr><tr><td>A</td><td>α_T</td><td>(α_A)</td></tr><tr><td>I</td><td>α_I</td><td>α_I</td></tr></table> $\alpha_T = \dfrac{A_{st} \cdot I_{st}}{A_{i,0}(I_{i,0} - I_{c,0})}$ (8.20) $\alpha_I = \dfrac{I_{st}}{I_{c,0} - I_{st}}$ (8.21)	
(α_A) für Vorspannung, siehe [68] $I_{i,0}$, $I_{c,0}$ berechnet nach Tafel **8**.11 mit $n = n_0$	

Für den oberen Block rechts gilt die Tabelle:

	B (für M_y)	B (für N)	BT, S
ψ_A	1,1	1,1	0,5
ψ_I	1,7	0,7	0,7

Anmerkung: $\psi_{I,B}$ nach Gl. (8.23) gilt für zeitlich konstante Momentenbeanspruchung.
               Für zeitlich konstante Normalkraftbeanspruchung gilt für $\psi_{I,B,BT,(S)}$ Gl. (8.25).

Für den *Lastfall* Schwinden entsteht im Betongurt eine Schwindnormalkraft N_{cS} (Zug)

$$N_{c,S} = \varepsilon_S \cdot \frac{n_0}{n_{A,S}} \cdot E_{c,m} \cdot A_c \tag{8.26}$$

und im Verbundquerschnitt die betragsmäßig gleich große Normalkraft $N_{c.S}$ (als Druck) und ein Moment der Größe

$$M_{i,S} = N_{c,S} \cdot z_{i,S} \tag{8.27}$$

8.4.3.3 Spannungsermittlung

Mit den zeitabhängigen Schnittgrößen und den dazugehörigen Querschnittswerten nach Tafel **8**.11 bzw. **8**.12 werden die Spannungen nach folgenden Gleichungen bestimmt:

Stahl:
$$\sigma = \frac{N_{\mathrm{L}}}{A_{\mathrm{i,L}}} + \frac{M_{\mathrm{L}}}{I_{\mathrm{i,L}}} \cdot z_{\mathrm{i,St}} - \frac{N_{\mathrm{c,S}}}{A_{\mathrm{i,S}}} + \frac{M_{\mathrm{i,S}}}{I_{\mathrm{i,S}}} \cdot z_{\mathrm{i,St}} \tag{8.28}$$

Beton:
$$\sigma = \frac{N_{\mathrm{L}}}{A_{\mathrm{i,L}} \cdot n_{\mathrm{A,L}}} + \frac{M_{\mathrm{L}}}{I_{\mathrm{i,L}} \cdot n_{\mathrm{A,L}}} \cdot z_{\mathrm{id,c}} + \frac{N_{\mathrm{c,S}}}{A_{\mathrm{c}}} - \frac{N_{\mathrm{c,S}}}{A_{\mathrm{i,S}} \cdot n_{\mathrm{A,S}}} + \frac{M_{\mathrm{i,S}}}{I_{\mathrm{i,S}} \cdot n_{\mathrm{A,S}}} \cdot z_{\mathrm{id,c}} \tag{8.29}$$

Hierin bedeuten:

$N_{\mathrm{L}}, M_{\mathrm{L}}$ Schnittgrößen aus äußeren Einwirkungen
$z_{\mathrm{i.st}}$ Abstand der Stahlfaser von der ideellen Schwerachse
$z_{\mathrm{id,c}}$ Abstand der Betonrandfaser einer ideellen Betongurtdicke $h_{\mathrm{c,id}}$ nach Gl. (8.30)

Alle anderen Größen nach Tafel **8**.11 bzw. **8**.12.

Da für den Betongurt für die Fläche und das Eigenträgheitsmoment fallweise mit unterschiedlichen Reduktionszahlen gerechnet wird, ist – aufgrund eines Vergleiches mit dem Verfahren nach Teilschnittgrößen – die Spannung im Betongurt an einer *ideellen Plattendicke* $h_{\mathrm{c.id}}$ nach Gl. (8.30) zu berechnen.

$$h_{\mathrm{c,id}} = h_{\mathrm{c}} \cdot \frac{n_{\mathrm{A,L}}}{n_{\mathrm{I,L}}} \tag{8.30}$$

8.4.3.4 Elastisches Grenzmoment

Querschnitte der Klasse 4 werden nicht behandelt. Für Querschnitte der *Klasse* 3 sind zunächst die Bemessungswerte der Festigkeiten – für den Betongurt gilt hierbei Gl. (8.32) – einzuhalten. Das elastische Grenzmoment wird über Gl. (8.31) bestimmt.

$$M_{\mathrm{el,Rd}} = (M_{\mathrm{a,Sd}} + M_{\mathrm{c,Sd}}) \cdot \frac{\sigma_{\mathrm{d}}}{\dfrac{M_{\mathrm{a,Sd}}}{W_{\mathrm{a}}} + \dfrac{M_{\mathrm{c,Sd}}}{W_{\mathrm{c}}}} \tag{8.31}$$

Hierin bedeuten:

$M_{\mathrm{a.sd}}$ Biegemoment im Stahlträger vor Verbund
$M_{\mathrm{c.Sd}}$ Biegemoment im Verbundquerschnitt
σ_{d} Bemessungswerte der jeweiligen Tragspannungen
W_{a} Widerstandsmoment des Baustahlquerschnittes   } in der jeweils betrachteten
W_{c} Widerstandsmoment des Verbund- bzw. Gesamtstahlquerschnittes   } Querschnittsfaser

Die Auswertung der Gl. (8.31) ist fallweise für das Stahlprofile bzw. den Betongurt getrennt vorzunehmen.

8.4.3.5 Berechnungsbeispiel

Beispiel 1 (Bild **8**.9)

Für einen Deckenträger (im Inneren eines Lagergebäudes) mit 16,0 m Stützweite und dem in (Bild **8**.9) dargestellten Querschnitt sind die Spannungen zum Zeitpunkt $t = \infty$ zu berechnen. Der Träger wird mit Eigengewichtsverbund hergestellt. Bei Aufbringung der zeitlich konstant wirkenden Last hat die Betondecke ein wirksames Betonalter von $t = 90$ Tagen.

Das Biegemoment in Feldmitte beträgt $M = 1490$ kNm.

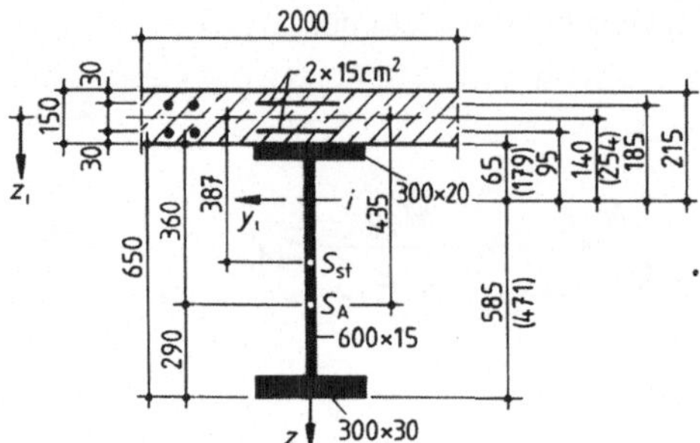

Bild 8.9   Abmessungen des Verbundquerschnittes im Beispiel 1

Das Verhältnis von Stützweite zur Trägerlänge beträgt (vgl. 8.4.f): $L/h = 1600/80 = 20$

Werkstoffe

Beton	Baustahl	Betonstahl
C 35/45	Fe 360 (S235)	BSt 500 S
$f_{c.k} = 3{,}5$ kN/cm^2 $E_{cm} = 3350$ kN/cm^2	$f_{y,k} = 23{,}5$ kN/cm^2	$\beta_{0.2} = 50$ kN/cm^2 $E_a = E_s = 21 \cdot 10^3$ kN/cm^2

Querschnittswerte

Querschnittswerte Baustahl, Gesamtstahl

$$A_a = 30 \cdot 2{,}0 + 60 \cdot 1{,}5 + 30 \cdot 3{,}0 = 60 + 90 + 90 = 240 \text{ cm}^2$$

Die Schwerpunktslage des Stahlprofils bezogen auf die Unterkante des Betongurtes beträgt

$$z_a' = (60 \cdot 1{,}0 + 90 \cdot 32 + 90 \cdot 63{,}5)/240 = 36{,}0 \text{ cm} \qquad z_a = 36 + 15/2 = 43{,}5 \text{ cm}$$

und das Eigenträgheitsmoment

$$I_a = 1{,}5 \cdot 60^3/12 + 60 \cdot (36 - 1{,}0)^2 + 90 \cdot (32 - 36)^2 + 90 \cdot (63{,}5 - 36)^2$$
$$= 170000 \text{ cm}^2 = 17 \text{ cm}^2\text{m}^2$$

Damit liegt folgender Gesamtstahlquerschnitt vor:

$$A_{St} = 240 + 2 \cdot 15 \qquad\qquad = 270 \text{ cm}^2$$

$$z_{St} = 240 \cdot 43{,}5/270 \qquad\quad = 38{,}7 \text{ cm} \qquad\qquad\qquad \text{nach Gl. (8.13)}$$

$$I_{St} = 17 + 240 \cdot 30 \cdot 0{,}435^2/270 \quad = 22{,}05 \text{ cm}^2\text{m}^2 \qquad\qquad \text{nach Gl. (8.14)}$$

Betonquerschnitt (Index „o" für n_0)

Die mitwirkende Plattenbreite $\sum b_e$ beträgt hier weniger als $2 \cdot 16{,}0/8 = 4$ m nach Gl. (8.7)

$$\sum b_e \qquad\qquad\qquad = 200 \text{ cm}$$

$$n_0 \;\;= 21 \cdot 10^3/3{,}35 \cdot 10^3 \;\;= 6{,}27 \qquad\qquad\qquad\qquad \text{nach Gl. (8.8 a)}$$

Damit wird

$$A_c \;\;= 200 \cdot 15 \qquad\qquad = 3000 \text{ cm}^2 \qquad A_{c,0} \;\;= 3000/6{,}27 \;\;= 478{,}5 \text{ cm}^2$$

$$I_c \;\;= 200 \cdot 15 \cdot 0{,}15^2/12 = 5{,}625 \text{ cm}^2\text{m}^2 \qquad I_{c,0} \;\;= 5{,}625/6{,}27 \;\;= 0{,}897 \text{ cm}^2\text{m}^2$$

Querschnittswerte des Verbundquerschnittes (Index o)

$$A_{1,o} = 270 + 478{,}5 \qquad\qquad\;\; = 748{,}5 \text{ cm}^2 \qquad\qquad\qquad \text{nach Gl. (8.15)}$$

$$z_{i,o} = 270 \cdot 0{,}387/748{,}5 \qquad\quad\; = 0{,}14 \text{ m} \qquad\qquad\qquad\quad \text{nach Gl. (8.16)}$$

$$S_{i,o} = 478{,}5 \cdot 0{,}14 \qquad\qquad\; = 66{,}8 \text{ cm}^2\text{m} \qquad\qquad\qquad \text{nach Gl. (8.17)}$$

$$I_{i,o} = 22{,}05 + 0{,}897 + 66{,}8 \cdot 0{,}387 = 48{,}8 \text{ cm}^2\text{m}^2 \qquad\qquad \text{nach Gl. (8.18)}$$

Man erkennt, dass das Eigenträgheitsmoment des Betongurtes i.d.R. vernachlässigbar klein ist. Mit den in Bild **8**.9 eingetragenen Randabständen werden folgende Widerstandsmomente errechnet:

$$W_a^u = 48{,}8/0{,}585 \;\;= 83{,}42 \text{ cm}^2\text{m} \qquad\qquad W_a^o = 48{,}8/0{,}065 = 750{,}77 \text{ cm}^2\text{m}$$

$$W_s^u = 48{,}8/0{,}095 \;\;= 513{,}68 \text{ cm}^2\text{m} \qquad\qquad W_s^o = \qquad\quad = 263{,}78 \text{ cm}^2\text{m}$$

$$W_c^u = W_a^o \qquad\quad = 750{,}77 \text{ cm}^2\text{m} \qquad\qquad W_c^o = \qquad\quad = 226{,}98 \text{ cm}^2\text{m}$$

Spannungen unmittelbar nach Lastaufbringung

Vereinfachend wird hier unterstellt, dass das Eigengewicht der gesamten Deckenkonstruktion erst zusammen mit der Nutzlast wirksam wird. Für die einzelnen Werkstoffe gelten mit Tafel **8**.8 folgende Grenzspannungen

$$f_{a,d} \;\;= f_{y,d} = f_{y,k}/\gamma_a \;\;\; = 23{,}5/1{,}1 \;= 21{,}36 \text{ kN/cm}^2$$

$$f_{s,d} \;\;= \qquad\; = f_{s,k}/\gamma_s \;\;\; = 50/1{,}15 \;= 43{,}48 \text{ kN/cm}^2$$

In Anlehnung an die plastische Bemessung begrenzt man die *Betonspannung* auf $f'_{c,d}$

$$f'_{c,d} = a_c \cdot f_{c,d} = a_c \cdot f_{c,k}/\gamma_c \qquad\qquad\qquad\qquad\qquad\qquad (8.32)$$

also

$$f_{cd} \;\;= 0{,}85 \cdot 3{,}5/1{,}5 = 0{,}85 \cdot 2{,}333 = 1{,}98 \text{ kN/cm}^2$$

Im Stahlprofil und Betongurt wirken somit folgende Spannungen

$$\sigma_a^u \;\;= 1490/83{,}42 = 17{,}86 \text{ kN/cm}^2 < 21{,}36 \text{ kN/cm}^2$$

$$\sigma_a^o \;\;= \qquad\qquad = -1{,}99 \text{ kN/cm}^2$$

$$\sigma_c^u \;\;= -1490/(6{,}27 \cdot 750{,}77) = \;\; -0{,}32 \text{ kN/cm}^2$$

$$\sigma_c^o \;\;= -1490/(6{,}27 \cdot 226{,}98) = (-)\,1{,}05 \text{ kN/cm}^2 < 1{,}98 \text{ kN/cm}^2$$

Durch das Kriechen und Schwinden des Betons verlagert sich das Biegemoment teilweise auf den Stahlquerschnitt.

Spannungen nach Kriechen ($t = \infty$)

Die Last wird nach einem wirksamen Betonalter von 90 Tagen aufgebracht. Die Endkriechzahlen φ_{∞} und Endschwindmaße $\varepsilon_{s\infty}$ (Tafeln **8.2**, **8.3**) sind außer vom Betonalter noch von der mittleren Dicke h_m abhängig. Hierbei ist u gleich dem Umfang der der Austrocknung ausgesetzten Begrenzungsfläche des Betonquerschnittes. Wird unmittelbar nach dem Erhärten ausgeschalt, ist

$$h_m = 2 \cdot A_c/u = 2 \cdot \textstyle\sum b_e \cdot h/(2 \cdot \textstyle\sum b_e) = h = 150 \text{ mm}$$

Damit ist

$$\varphi_{\infty} = 2{,}0 \text{ und } \varepsilon_{s\infty} = -60 \cdot 10^{-5}$$

Mit den neuen Reduktionszahlen (Tafel **8**.12) ergeben sich die jetzt wirksamen Querschnittswerte

Vorwerte

$$\alpha_T = \frac{270 \cdot 22{,}05}{748{,}5 \cdot (48{,}8 - 0{,}897)} = 0{,}166 \qquad\qquad \text{nach Gl. (8.20)}$$

$$\alpha_I = \frac{22{,}05}{0{,}897 + 22{,}05} = 0{,}961$$

$$\psi_{A,B} = \frac{1}{1 - 0{,}5 \cdot 0{,}166 \cdot 2{,}0 + 0{,}08 \cdot (0{,}166 \cdot 2{,}0)^2} = 1{,}186 \qquad \text{nach Gl. (8.22)}$$

$$\psi_{I,B} = \frac{1}{1 - 0{,}5 \cdot 0{,}961 \cdot 2{,}0 + 0{,}08 \cdot (0{,}961 \cdot 2{,}0)^2} = 2{,}989$$

$$n_{A,B} = 6{,}27 \cdot (1 + 1{,}186 \cdot 2{,}0) = 6{,}27 \cdot 3{,}372 = 21{,}14$$

$$n_{I,B} = 6{,}27 \cdot (1 + 2{,}989 \cdot 2{,}0) = 6{,}27 \cdot 6{,}978 = 43{,}75$$

Diese Reduktionszahlen werden auf den Betonquerschnitt (A_c, I_c) angewendet:

$$A_{c,B} = 3000/21{,}14 = 141{,}91 \text{ cm}^2 \qquad I_{c,B} = \frac{5{,}625}{43{,}75} = 0{,}129 \text{ cm}^2\text{m}^2 \ (\approx 0)$$

$$A_{i,B} = 270 + 141{,}91 = 411{,}91 \text{ cm}^2$$

$$z_{i,B} = \frac{270 \cdot 0{,}387}{411{,}91} = 0{,}254 \text{ m}$$

$$S_{i,B} = 141{,}91 \cdot 0{,}254 = 36{,}05 \text{ cm}^2\text{m}$$

$$I_{i,B} = 22{,}05 + 0{,}129 + 36{,}05 \cdot 0{,}387 = 36{,}13 \text{ cm}^2\text{m}^2$$

Für die Betondecke wird eine ideelle Dicke $h_{c,id}$ nach Gl. (8.30) errechnet

$$h_{c,id} = 15{,}0 \cdot 21{,}14/43{,}75 = 7{,}25 \text{ cm}$$

Mit den maßgebenden Randfaserabständen erhält man

$$z_{i,St}^{u} = 0{,}471 \text{ m, } (\, z_{i,St}^{o} = 0{,}179 \text{m})$$

$$z_{id,c}^{u} = 0{,}254 - 0{,}0725/2 = 0{,}21775 \text{ m} \qquad \text{und} \qquad z_{id,c}^{o} = 0{,}29025 \text{ m ist}$$

$$W_a^{u} = 76{,}71 \text{ cm}^2\text{m} \qquad\qquad W_a^{o} = 201{,}84 \text{ cm}^2\text{m}$$

$$W_c^{u} = 165{,}92 \text{ cm}^2\text{m} \qquad\qquad W_a^{o} = 124{,}48 \text{ cm}^2\text{m}$$

Nach Abschluss des Kriechens sind daher folgende Spannungen wirksam

$$\sigma_a^u = 1490/76,71 \qquad\qquad = \quad 19,42 \text{ kN/cm}^2 < 21,36 \text{ kN/cm}^2$$

$$\sigma_a^o = -1490/201,84 \qquad\qquad = -7,38 \text{ kN/cm}^2$$

$$\sigma_c^u = -1490/(21,14 \cdot 165,92) = -0,42 \text{ kN/cm}^2$$

$$\sigma_c^u = -1490/(21,14 \cdot 124,48) \; = -0,57 \text{ kN/cm}^2$$

Das Schwinden verursacht eine weitere Spannungsumlagerung, die durch die Reduktionszahlen n_{As}, $n_{I,S}$ erfasst werden.

Spannungen nach Schwinden ($t = \infty$)

Der Schwindvorgang wird zeitlich affin zum Kriechvorgang unterstellt. Dann lassen sich die entsprechenden Spannungen linear überlagern, wenn für das Schwinden die maßgebenden Reduktionsfaktoren berücksichtigt werden. Sie hängen von folgenden Kriechbeiwerten ab:

$$\psi_{A.S} = 0,5 + 0,08 \cdot 0,166 \cdot 2,0 = 0,527 \qquad\qquad \text{nach Gl. (8.24)}$$

$$\psi_{I,S} = 0,5 + 0,08 \cdot 0,961 \cdot 2,0 = 0,654 \qquad\qquad \text{nach Gl. (8.25)}$$

Daraus errechnen sich folgende Reduktionszahlen

$$n_{A.S} = 6,27 \cdot (1 + 0,527 \cdot 2,0) = 12,88$$

$$n_{I.S} = 6,27 \cdot (1 + 0,654 \cdot 2,0) = 14,47$$

Die Berechnung der Querschnittswerte erfolgt analog zum Lastfall „Kriechen" und wird hier nicht nochmals vorgeführt. Man erhält

$$z_{I.S} = 0,21 \text{ m}$$

$$I_{I,S} = 41,37 \text{ cm}^2\text{m}^2$$

Die ideelle Plattendicke ist dann

$$h_{c,id} = 15 \cdot 12,88/14,47 = 13,35 \text{ cm}$$

und die maßgebenden Querschnittswerte

$$A_c = 3000 \text{ cm}^2$$

$$A_{I.S} = 502,92 \text{ cm}^2 \qquad I_{I.S} = 41,37 \text{ cm}^2\text{m}^2$$

$$W_a^u = 80,33 \text{ cm}^2\text{m} \qquad W_a^o = 306,44 \text{ cm}^2\text{m}$$

$$W_c^o = 149,48 \text{ cm}^2\text{m} \qquad W_c^u = 288,80 \text{ cm}^2\text{m}$$

Das Schwinden verursacht eine (fiktive) Normalkraft von

$$N_S = \pm 60 \cdot 10^{-5} \cdot (6,27/12,88) \cdot 3350 \cdot 3000 = \pm 2935 \text{ kN}$$

und ein Moment von

$$M_S = 2935 \cdot 0,21 = 616,4 \text{ kNm}$$

Die Wirkungsweise der Schwindnormalkraft wurde in Abschn. 8.4.3.2 erläutert.

Durch das Schwinden ergeben sich daher im Verbundquerschnitt zusätzlich zu den „Kriechspannungen" noch folgende Spannungsanteile, s. Gln. (8.28) und (8.29):

$$\sigma_a^u = -\frac{2935}{502,92} + \frac{616,4}{80,33} = -5,84 + 7,67 = +1,93 \text{ kN/cm}^2$$

$$\sigma_a^o = -5,84 - \frac{616,4}{306,44} = \qquad\qquad = -7,85 \text{ kN/cm}^2$$

$$\sigma_c^u = +\frac{2935}{3000} - \frac{5,84}{12,88} - \frac{616,4}{12,88 \cdot 288,80} = +0,36 \text{ kN/cm}^2$$

$$\sigma_c^o = \frac{2935}{3000} - \frac{5,84}{12,88} - \frac{616,4}{12,88 \cdot 149,48} = +0,20 \text{ kN/cm}^2$$

Nach Abschluss von Kriechen und Schwinden herrschen also vor

Resultierende Spannungen

$$\sigma_a^u = 19,42 + 1,93 = 21,35 \text{ kN/cm}^2 \approx 21,36 \text{ kN/cm}^2$$

$$\sigma_a^o = -7,38 - 7,85 = -15,23 \text{ kN/cm}^2$$

$$\sigma_c^u = -0,42 + 0,36 = -0,06 \text{ kN/cm}^2$$

$$\sigma_c^o = -0,57 + 0,20 = (-)\, 0,37 \text{ kN/cm}^2 < 1,98 \text{ kN/cm}^2$$

Die zeitliche Änderung der Spannungen ist in Bild **8**.10 dargestellt.

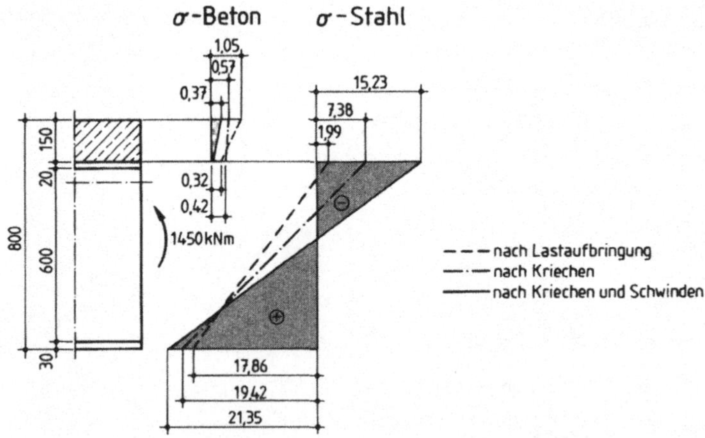

Bild **8**.10   Zeitabhängige Spannungsverteilungen

Klassifizierung des Querschnittes

Die Flansche sind aufgrund ihrer Abmessungen ohne Überprüfung in Klasse 1 einzuordnen. Für den Steg gilt

$$\psi = -21,35/15,23 = -1,402 \qquad \varepsilon = 1$$

$$d/t = 60/1,5 = 40 < 62 \cdot 1 \cdot (1 + 1,402) \cdot \sqrt{1,402} = 176,3$$

mindestens Klasse 3, wahrscheinlich günstiger.

Elastisches Grenzmoment

Im vorliegenden Beispiel ist $M_{a,Sd} = 0$. Unter dem angegebenen Moment wird gerade der Bemessungswert der Stahlfließgrenze (an der unteren Faser) erreicht, so dass der Quotient in Gl. (8.31) gleich 1 ist. Somit ist

$$M_{el,Rd} = M_d = 1490 \text{ kNm}$$

(*Vergleich*: Der reine Stahlquerschnitt könnte nur aufnehmen $M_{el,a,Rd} = 17{,}0 \cdot 21{,}36/0{,}36 = 1009 \text{ kNm} \approx 0{,}68 \cdot M_{el,Rd}$).

8.4.4 Plastische Querschnittsberechnung

Aufgrund der Fließfähigkeit des Bau- und Bewehrungsstahls ist es möglich, die Verbundquerschnitte plastisch zu berechnen. Neben dem Fließvermögen müssen dabei noch weitere Bedingungen eingehalten sein:

- Ausschluss örtlicher Beulgefahr durch Einhaltung der grenz (c/t)-Werte nach Tafel **8**.10
- ausreichende Kippsicherheit (bei negativen Momenten, s. 8.4.5)
- ausreichende Rotationsfähigkeit bei Anwendung der Fließgelenktheorie

Da die Abhandlungen sich auf Einfeldträger beschränken, werden die notwendigen Kriterien für die letzte Forderung hier nicht angeführt.

Für alle beteiligten Werkstoffe wird mit einem bilinearen Werkstoffgesetz gerechnet (Bild **8**.2); eine Dehnungsbegrenzung ist nicht erforderlich. Bei positiven Momenten ist der Bewehrungsstahl vernachlässigbar, Profilbleche parallel zur Trägerachse sind (wegen der Beulgefahr) nicht anrechenbar.

8.4.4.1 Plastische Grenztragfähigkeiten für Biegung und Querkraft

Biegung

Das plastische Moment (für $M > 0$, positiv) ergibt sich aus einer einfachen Berechnung anhand der Spannungsblöcke in den Bildern der Tafel **8**.13. Die plastische Spannungsnull-Linie ist dadurch festgelegt, dass die Summe der Zug- und Druckkräfte über den Gesamtquerschnitt Null sein muss. Für den häufigen (und einfachsten) Fall eines doppelsymmetrischen Stahlquerschnittes und Null-Linie im Betongurt sowie einer Bezugslinie am *oberen* Betonrand (also anders als in Tafel **8**.11) gilt dann:

Null-Linie im Betongurt

$$N_{pl,a,Rd} = A_a \cdot f_{y,d} = z_{pl} \cdot \Sigma b_e \cdot 0{,}85 \cdot f_{cd} = N_{pl,c,Rd} \qquad (8.33)$$

$$z_{pl} \quad = A_a \cdot f_{y,d}/(\Sigma b_e \cdot 0{,}85 \cdot f_{cd}) \le h_c \qquad (8.34)$$

$$M_{pl,Rd} \quad = N_{pl,a,Rd} \cdot (z_a - z_{pl}/2) \qquad (8.35)$$

Auf die Ableitung der Formeln für die anderen Fälle wird wegen ihrer Einfachheit verzichtet. Die Berechnung erfolgt nach Tafel **8**.13.

Anmerkung   In Spalte 2 und 3 rechnet man sinnvollerweise mit einer fiktiven Spannungsverteilung anstelle der realen, indem der Spannungsblock für N_{a2} (Spalte 2) bis zur Oberkante des Trägers ergänzt und zum Ausgleich die Kraft N_{a1} verdoppelt wird ($2N_{a1} = N_f$). Dies gilt sinngemäß auch für Spalte 3.

Tafel **8**.13 Plastische Grenzmomente von Verbundträger-Querschnitten bei M > 0

POSITIVES MOMENT		
Plastische Null-Linie im Betongurt	Plastische Null-Linie im Stahlobergurt	Plastische Null-Linie im Stahlträgersteg
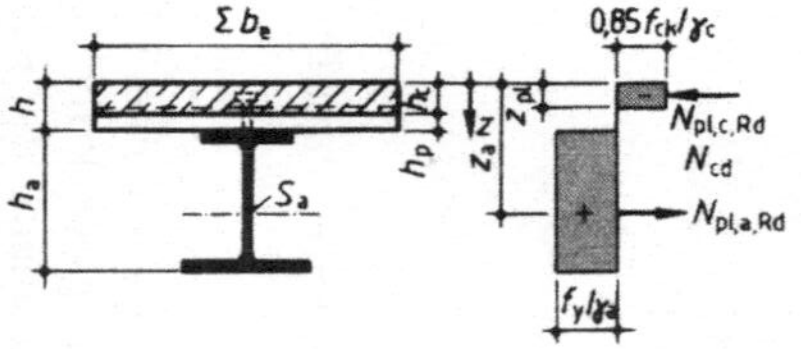	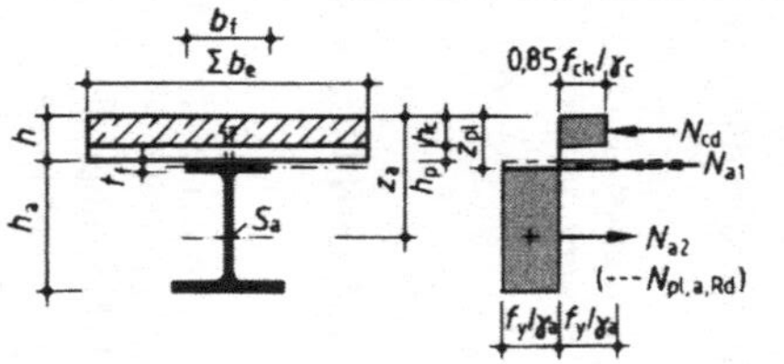	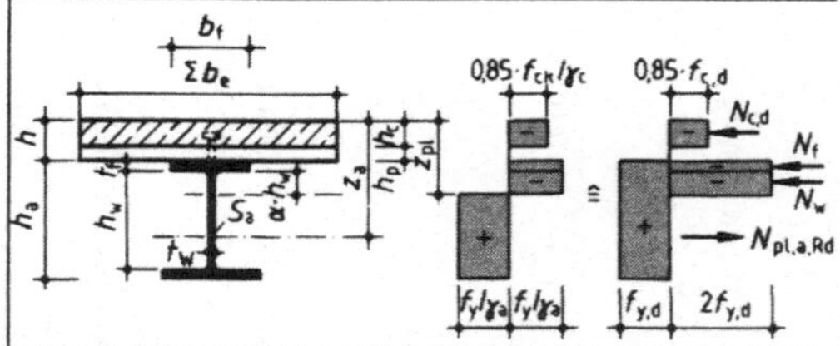
$N_a = N_{pl,a,Rd} = A_a \cdot f_{y,d}$ (8.33a)	$N_{pl,a,Rd}$ n. Gl. (8.33a)	$N_{pl,a,Rd}$, $N_{c,d}$ n. Gl. (8.33a), (83.6)
	$N_{c,d} = 0{,}85 \cdot f_{c,d} \sum b_e \cdot h_c$ (8.36)	$N_f = 2 \cdot f_{y,d} \cdot b_f \cdot t_f$ (8.40)
$z_{pl} = \dfrac{N_{pl,a,Rd}}{0{,}85 \cdot f_{c,d} \sum b_e} \leq h_c$ (8.34a)	$z_{pl} = h + \dfrac{N_{pl,a,Rd} - N_{c,d}}{2 \cdot f_{y,d} \cdot b_f} \leq h + t_f$ (8.37)	$z_{pl} = h + t_f + \dfrac{N_{pl,a,Rd} \cdot - N_{c,d} - N_f}{2 \cdot f_{y,d} \cdot t_w}$ (8.41)
	$N_f = 2 \cdot f_{y,d} \cdot b_f \cdot (z_{pl} - h) = 2 \cdot N_{a1}$ (8.38)[1]	$N_w = 2 \cdot f_{y,d} \cdot t_w \cdot \phi \cdot h_w \quad \phi = (z_{pl} - h - t_f)/h_w$ (8.42)
$M_{pl,Rd} = N_{pl,a,Rd} \cdot (z_a - z_{pl}/2)$ (8.35)	$M_{pl,Rd} = N_{pl,a,Rd} \cdot (z_a - h_c/2) - N_f \cdot (z_{pl} + h_p)/2$ (8.39)	$M_{pl,Rd} = N_{pl,a,Rd} \cdot (z_a - h_c/2) - N_f \cdot (t_f + h + h_p)/2 - N_w \cdot (z_{pl} + t_f + h_p)/2$ (8.43)

1) siehe Anmerkung im Text, gestrichelter Spannungsblock

Bei *negativen Momenten* liegt – mit Ausnahme des seltenen Falles einer „starken Bewehrung" – die Spannungsnull-Linie im Steg des Stahlprofiles. Mit den Bezeichungen des Bildes **8.11** erhält man die Gln. (8.44) bis (8.46).

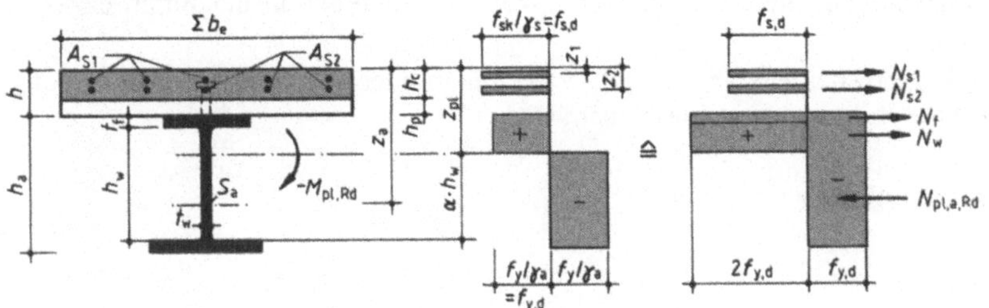

$$N_{\text{pl,a,Rd}}, N_{\text{f}}, N_{\text{w}} \qquad\qquad\qquad \text{nach Gl. (8.33a), (8.40), (8.42)}$$

$$N_{\text{S,i}} = f_{\text{S,d}} \cdot A_{\text{S,i}} \quad i = 1,2 \tag{8.44}$$

$$z_{\text{pl}} = h + t_{\text{f}} + \frac{N_{\text{pl,a,Rd}} - \Sigma(N_{\text{S,i}}) - N_{\text{f}}}{2 f_{\text{y,d}} \cdot t_{\text{w}}} \tag{8.45}$$

$$M_{\text{pl,Rd}} = N_{\text{pl,a,Rd}} \cdot z_{\text{a}} - \Sigma(N_{\text{S,i}} \cdot z_{\text{i}}) - N_{\text{f}}(h + t_{\text{f}}/2) - N_{\text{w}}(z_{\text{pl}} + t_{\text{f}} + h)/2 \tag{8.46}$$

Bild 8.11 Plastische Tragfähigkeit bei negativem Moment

Querkraft

Üblicherweise wird die Querkraft allein dem Steg des Stahlprofils zugewiesen. Mit der bekannten Grenzschubspannung $\tau_{\text{R,d}} = f_{\text{y,k}}/(\gamma_{\text{a}} \cdot \sqrt{3})$ gilt vereinfachend für *Walzprofile*

$$V_{\text{Pl,Rd}} = 1{,}04 \cdot h_{\text{a}} \cdot t_{\text{w}} \cdot \tau_{\text{R,d}} \tag{8.47}$$

Für *geschweißte Querschnitte* ist in Gl. (8.47) die tatsächliche Stegfläche $A_{\text{w}} = h_{\text{w}} \cdot t_{\text{w}}$ einzusetzen.

Die Anwendung von Gl. (8.47) setzt voraus, dass Stegbeulen ausgeschlossen ist; für den Steg müssen daher die Bedingungen der Querschnittsklasse 3 erfüllt sein.

8.4.4.2 Interaktionsbeziehungen für Biegung und Querkraft

Wirken an einer bestimmten Stelle im Tragwerk (Träger) Biegemomente und Querkräfte gleichzeitig, so sind die in Tafel **8.13** und Bild **8.11** angegebenen *vollplastischen Momente* des Verbundquerschnittes nicht voll aktivierbar, da die Tragfähigkeit des Steges zum Teil durch die Querlast V_{d} aufgebraucht ist. Die Querkraft im Steg muss erst dann berücksichtigt werden, wenn der Bemessungswert der (einwirkenden) Querlast 50 % der plastischen Querkraft überschreitet. Ist der Steg durch die Querkraft bereits voll beansprucht, müssen die Flansche des Stahlquerschnittes das anteilige Biegemoment allein übertragen. Zwischen beiden Grenzwerten ($0{,}5\, V_{\text{pl,Rd}} < V_{\text{d}} \le V_{\text{pl,Rd}}$) wird das Zusammenwirken beider Schnittgrößen durch eine quadratische Parabel erfasst. Damit erhält man die *Interaktionsbeziehung*

$$M_{\text{pl,Rd,V}} = M_{\text{f,Rd}} + (M_{\text{pl,Rd}} - M_{\text{f,Rd}}) \cdot \left[1 - \left(\frac{2V_{\text{d}}}{V_{\text{pl,Rd}}} - 1 \right)^2 \right] \tag{8.48}$$

mit

$M_{\text{f.Rd}}$ Momententragfähigkeit des Verbundquerschnittes bei Vernachlässigung des Steges des Stahlprofiles

Somit kann für jeden Verbundquerschnitt auf einfache Weise ein Interaktionsdiagramm entwickelt werden.

Normalkräfte in Verbundträgern des Hochbaus sind relativ selten oder von einer Größe, die auf die Tragfähigkeit des Verbundträgers vernachlässigbar sind.

8.4.4.3 Berechnungsbeispiele

Beispiel 2 (Bild **8.**9)

Für den in Beispiel 1 elastisch berechneten Verbundträger sollen die plastischen Grenzschnittgrößen ($M > 0$) berechnet und das Interaktionsdiagramm für Biegung mit Querkraft entwickelt werden. Der Bewehrungsanteil darf vernachlässigt werden. Festigkeiten und Querschnittswerte s. Beispiel 1.

Die plastische Normalkraft beträgt

$$N_{\text{pl,Rd}} = 240 \cdot 21{,}36 = 5126 \text{ kN} \qquad\qquad \text{nach Gl. (8.33 a)}$$

Es wird vermutet, dass die plastische Null-Linie im Betongurt liegt; ein Profilblech ist nicht vorhanden und es gilt $h = h_{\text{c}}, h_{\text{p}} = 0$.

$$z_{\text{pl}} = \frac{5126}{1{,}98 \cdot 200} = 12{,}94 \text{ cm} < 15{,}0 \text{ cm} \qquad\qquad \text{nach Gl. (8.34 a)}$$

Man beachte, dass z_{a} in den Gleichungen der Tafel **8.**13 von der Oberkante des Betongurtes aus gerechnet wird.

$$z_{\text{a}} \quad = 0{,}36 + 0{,}15 = 0{,}51 \text{ m}$$

$$M_{\text{pl,Rd}} = 5162 \cdot (0{,}51 - 0{,}1294/2) = 2283 \text{ kNm} \qquad\qquad \text{nach Gl. (8.35)}$$

Dies bedeutet gegenüber der elastischen Berechnung eine Steigerung von 53 %.

Die Einstufung des Querschnittes erfolgt automatisch in Klasse 1, da die plastische Null-Linie im Betongurt liegt. Ein Schubnachweis ist nicht erforderlich, da mit $\varepsilon = (235/235)^{1/2} = 1$ das Breiten-Dicken-Verhältnis

$$d/t_{\text{w}} = 60/1{,}5 = 40 < 69 \cdot \varepsilon = 69 \text{ (s. Abschn. 8.4.2)}$$

ist.

Die plastische Grenzquerkraft beträgt demzufolge

$$V_{\text{pl,Rd}} = 60 \cdot 1{,}5 \cdot 21{,}36 / \sqrt{3} = 1110 \text{ kN} \qquad\qquad \text{nach Gl. (8.46)}$$

Zur Aufstellung des Interaktionsdiagrammes wird das plastische Moment ohne den Steganteil des Stahlprofils benötigt. Der Steganteil am plastischen Moment wird dann ab $V_{\text{d}} > 0{,}5\ V_{\text{pl,Rd}}$ über eine vereinfachte Interaktionsbeziehung – s. Teil 1, 8.2.3.2 – abgemindert. Die Berechnung von $M_{\text{f.Rd}}$ erfolgt wieder nach Tafel **8.**13, jedoch ohne den Steg (Bild **8.**12).

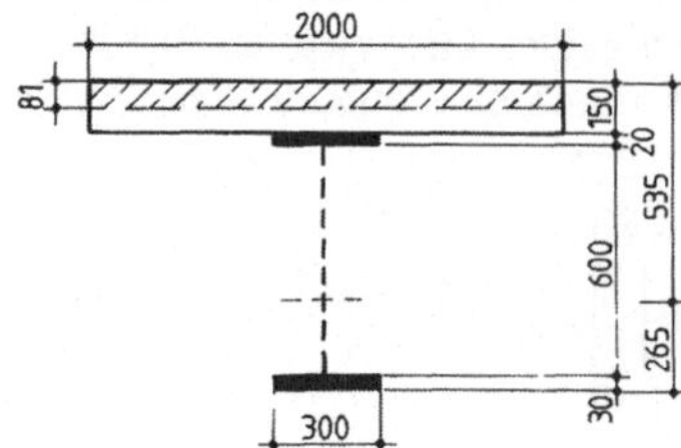

Bild **8.**12 Plastisches Moment bei Vernachlässigung des Steges

$$A_f = 60 + 90 = 150 \text{ cm}^2 \qquad N_{f.Rd} = 150 \cdot 21,36 = 3204 \text{ kN}$$

$$z_f = (60 \cdot 16 + 90 \cdot 78,5)/150 = 53,5 \text{ cm}$$

$$z_{pl} = 3204/(1,98 \cdot 200) = 8,1 \text{ cm} < 15,0 \text{ cm}$$

$$M_{f,Rd} = 3204 \cdot (0,535 - 0,081/2) = 1584 \text{ kNm}$$

Für einen Zwischenwert von $V_d/V_{pl,Rd} = 0,75$ gilt dann

$$M_{pl,Rd,V} = 1584 + (2283 - 1584) \cdot [1 - (2 \cdot 0,75 - 1)2] = 2108 \text{ kNm}$$

Das Interaktionsdiagramm ist in Bild **8.**13 dargestellt.

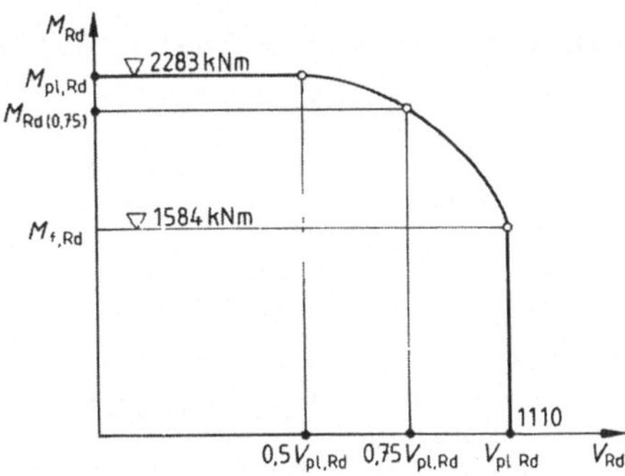

Bild **8.**13 $M_{Rd} - V_{Rd}$-Interaktionsdiagramm für den Querschnitt nach **8.**9

Beispiel 3 (Bild **8.**14)

In diesem Beispiel soll der Rechengang bei Lage der Null-Linie im Flansch gezeigt werden. Aus Vereinfachungsgründen wird der gleiche Stahlquerschnitt wie im 1. und 2. Beispiel gewählt und die Deckendicke (auf ein baupraktisch unübliches Maß) von $h_c = 10$ cm reduziert.

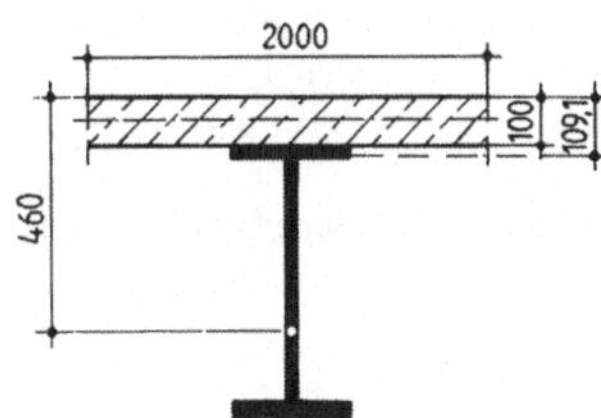

Bild **8.**14 Querschnitt mit plastischer Null-Linie im Flansch

Der Wert von z_a ändert sich um 5 cm auf

$$z_a = 36 + 10 = 46 \text{ cm}$$

Die plastische Druckkraft im Betongurt beträgt

$$N_{c,d} = 1,98 \cdot 200 \cdot 10 = 3960 \text{ kN} \qquad\qquad \text{nach Gl. (8.36)}$$

während $N_{pl,a,Rd}$ des Stahlprofiles gleichgeblieben ist, $N_{pl,a,Rd} = 5126$ kN.

Damit wird z_{pl}

$$z_{pl} = 10 + \frac{5126 - 3960}{2 \cdot 21,36 \cdot 30} = 10,91 \text{ cm} > 10,0 \text{ cm} \qquad\qquad \text{nach Gl. (8.37)}$$

$$< 12,0 \text{ cm}$$

Die über eine Dicke von 0,91 cm wirksame Flanschkraft $N_{a1} = N_f/2$ ist

$$N_{a1} = 0,91 \cdot 30 \cdot 21,36 = 583 \text{ kN} \qquad N_f = 2N_{a1} = 1166 \text{ kN} \qquad \text{nach Gl. (8.38)}$$

und das plastische Moment beträgt

$$M_{pl,Rd} = 5126 \cdot (0,46 - 0,10/2) - 1166 \cdot 0,1091/2 = 2038 \text{ kNm} \qquad \text{nach Gl. (8.39)}$$

Beispiel 4 (Bild **8.**15)

Plastisches Grenzmoment bei Null-Linie im Steg.

Zur Abkürzung der Berechnung wird der Querschnitt des 3. Beispiels mit $\sum b_c = 180$ cm gewählt und das Stahlprofil in Fe 510 (S355) ausgeführt.

Für Fe 510 gilt $f_{y,d} = 35,5/1,1 = 32,27$ kN/cm². Die volle plastische Grenznormalkraft des Stahlquerschnittes beträgt

$$N_{pl,a,Rd} = 240 \cdot 32,27 = 7745 \text{ kN}$$

und die des Druckgurtes

$$N_{c,d} = 1,98 \cdot 180 \cdot 10 = 3564 \text{ kN}$$

Die Flanschkraft N_f wird jetzt nach Gl. (8.40) bestimmt.

$$N_f \; = 2 \cdot 32,27 \cdot 30 \cdot 2,0 = 3872 \text{ kN}$$

Die Lage der plastischen Null-Linie ergibt sich aus Gl. (8.41)

$$z_{pl} \; = 10 + 2,0 + \frac{7745 - 3564 - 3872}{2 \cdot 32,27 \cdot 1,5} = 15,2 \text{ cm} > 10 + 2 = 12 \text{ cm}$$

Die im Druckbereich liegende Stegkraft ist dann

$$N_w = 2 \cdot 32,27 \cdot 1,5 \, (15,2 - 10,0 - 2,0) = 310 \text{ kN} \qquad \text{nach Gl. (8.42)}$$

und das plastische Moment

$$M_{pl,Rd} = 7745 \cdot (0,46 - 0,10/2) - 3872 \cdot (0,02 + 0,10)/2$$
$$- 310 \cdot (0,152 + 0,02)/2 = 2916 \text{ kNm} \qquad \text{nach Gl. (8.43)}$$

Für den vorliegenden Fall ist die Einstufung des Querschnittes (Steg) nochmals zu überprüfen. Mit der Spannungsverteilung nach Bild **8.**15 ist die Höhe des gedrückten Steges

$$h_w' = 15,2 - 10,0 - 2,0 = 3,2 \text{ cm}$$

und der Wert α nach Tafel **8.**10

$$\alpha - 3,2/60 = 0,053 < 0,5$$

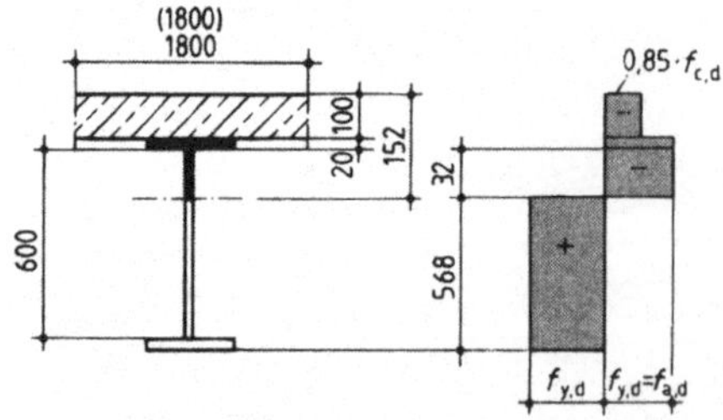

Bild **8.**15   Querschnitt mit plastischer Null-Linie im Steg

Der Wert ε für das Streckgrenzverhältnis ist

$$\varepsilon = \sqrt{235/355} = 0,81$$

und es gilt nach Tafel **8**.10

$$d/t = 600/1,5 = 40 < 36 \cdot 0,81/0,053 = 550$$

Damit ist auch hier der Steg in die Querschnittsklasse 1 einzustufen.

Zum Abschluss wird noch der Rechengang für negative Momente vorgeführt, bei der der (nicht anrechenbare) Betongurt Zugkräfte erhält, die nur durch die dann notwendige Längsbewehrung aufgenommen werden muss.

Beispiel 5 (Bilder **8**.9, **8**.16)

Für den Querschnitt des 1. Beispiels soll das plastische Grenzmoment für $M < 0$ (negativ) bestimmt werden.

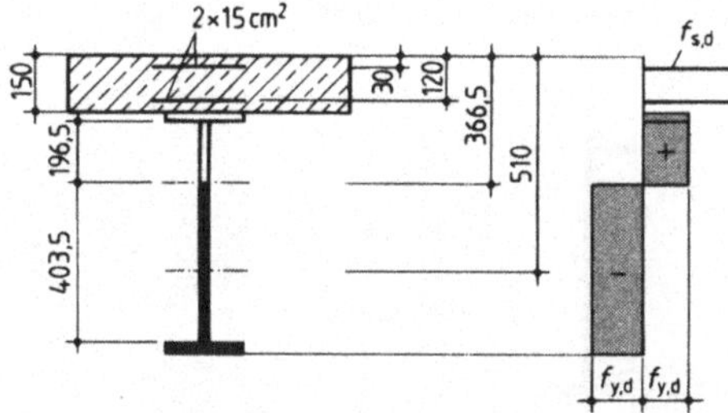

Bild **8**.16
Querschnitt und Spannungsverteilung bei negativem Moment

Die der Berechnung zugrunde liegende plastische Spannungsverteilung geht aus Bild **8**.16 hervor. Für den Bewehrungsstahl (mit ausreichendem Fließvermögen) gilt

$$f_{s,d} = 50/1,15 = 43,48 \text{ kN/cm}^2$$

Bei symmetrisch zur Schwerachse des Betongurtes angeordneter oberen und unteren Bewehrung ist bei $A_{s1} = A_{s2} = 15$ cm²

$$N_{s1} = N_{s2} = 43,48 \cdot 15 = 652 \text{ kN}$$

Die plastische Null-Linie liegt dann nach Gl. (8.45) bei

$$z_{pl} = 15 + 2,0 + \frac{5126 - 2 \cdot 652 - 2563}{2 \cdot 21,36 \cdot 1,5} = 36,65 \text{ cm}$$

Die im Steg noch verbleibende Zugkraft ist

$$N_w = 2 \cdot 21,36 \cdot 1,5 \cdot (36,65 - 15 - 2,0) = 1259 \text{ kN}$$

Mit den errechneten Vorwerten und den Abständen nach Bild **8**.16 kann das plastische Moment (für $M < 0$) nach Gl. (8.46) bestimmt werden

$$M_{pl,Rd} = 5126 \cdot 0,51 - 652 \cdot (0,03 + 0,12) - 2563 \cdot (0,15 + 0,02/2)$$

$$- 1259 \cdot (0,3665 + 0,02 + 0,15)/2 = 1769 \text{ kNm}$$

Das plastische Moment über den Innenstützen bei Durchlaufträgern ist daher nur mit rd. 75 % des plastischen Feldmomentes in Rechnung zu stellen.

Die nach [28] und damit auf der Grundlage der plastischen Bemessung aufgestellten Tabellen z.B. in [38] und [35e] können für Entwurfszwecke weiterhin verwendet werden, wenn die zusätzlichen Bedingungen nach EC 4 (z.B. Querschnittsklassifizierung) beachtet werden.

In [69] sind in wenigen Diagrammen Bemessungshilfen für Durchlaufträger und Unterzüge (als Einfeld- bzw. Dreifeldträger) nach EC 4 angegeben.

8.4.5 Biegedrillknicken (Kippen)

Bei einfeldrigen Trägern (mit $M > 0$) besteht keine Kippgefahr, da der gedrückte (Ober-) Flansch durch die Verbundmittel (Kopfbolzen) am seitlichen Ausweichen behindert ist. Daher besteht Kippgefahr nur bei Durchlaufträgern (und Rahmenriegel) mit negativen Momentenbereichen, bei denen der gedrückte Flansch (unten) gegen seitliches Ausweichen nicht gestützt ist. Nach wie vor ist jedoch der (gezogene) Obergurt seitlich geführt und kann nicht ausweichen. Es handelt sich daher um eine „gebundene Kippung mit drehelastischer Lagerung" des oberen Flansches. Die Drehfederkonstante k_s liefert hier der über die Kopfbolzen fest verbundene, biegeelastische Betongurt, Bild **8.17**.

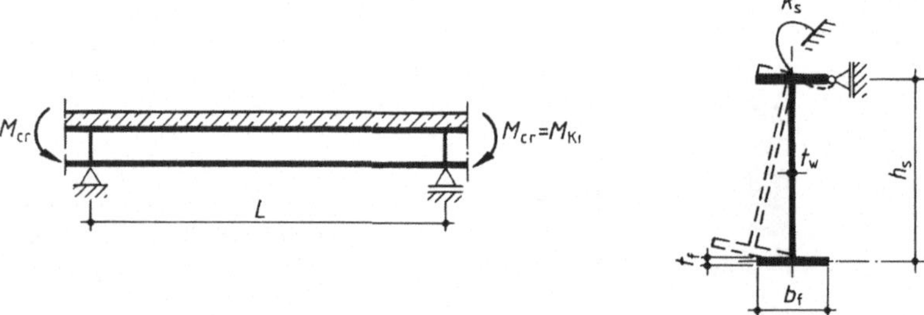

Bild **8.17** Biegedrillknicken von Durchlaufträgern

Der Nachweis erfolgt sinngemäß wie bei reinen Stahlträgern über einen Abminderungsfaktor $\varkappa_{LT}$ ($\triangleq \varkappa_M$, s. Teil 1, Abschn. 8.2.2.4), der – je nach Querschnittsklasse – von dem bezogenen Schlankheitsgrad $\bar{\lambda}_{LT}$ ($\triangleq \bar{\lambda}_{LM}$) abhängig ist. EC 4 enthält hierzu Formeln und Tabellen zur Bestimmung des idealen Biegedrillknickmomentes, welches mit M_{cr} bezeichnet wird. Über Beiwerte wird der Einfluss der Stegnachgiebigkeit, der Nachgiebigkeit in der Verbundfuge und der Momentenverteilung erfasst.

Da in diesem Werk nur Einfeldträger behandelt werden, wird auf die Wiedergabe der Formeln/Tafeln verzichtet, s. Norm.

Auf einen Nachweis der Kippsicherheit kann ohnehin verzichtet werden, wenn folgende Bedingungen eingehalten sind:

- Der Stützweitenunterschied benachbarter Felder beträgt in Bezug auf die kürzeren Stützweite weniger als 20 %,
- die Beanspruchung besteht aus einer Gleichstreckenlast mit einem mindestens 40 %igen Anteil der ständigen Einwirkungen an der Gesamtlast (Bemessungswerte),
- Verdübelung und Deckenabmessungen entsprechen den üblichen Hochbauanforderungen,
- die Trägerhöhe bei gewalzten Profilen (oder geschweißten Querschnitten mit ähnlichen Querschnitten) überschreitet die in Tafel **8.14** angegebenen Trägerhöhen nicht.

Tafel **8**.14 Grenzprofilhöhen h_a für Walzprofilträger, für die der Kippnachweis entfällt

Kippen ausgeschlossen bei $h_a \le$ [mm]						
Profile	Fe 360	Fe 430	Fe 510	Fe 360	Fe 430	Fe 510
IPE	600	550	400	800	750	600
HEA	800	700	650	1000	900	850

8.4.6 Verbund- und Schubsicherung

Grundsätzliche Nachweise

Neben den bereits behandelten Nachweisen der *Biegetragfähigkeit* in den Schnitten I und III, bei letzterem unter Berücksichtigung der Querkraft, s. Bild **8**.18, sowie der *Querkrafttragfähigkeit* im Schnitt II sind noch folgende *kritische Schnitte* zu untersuchen.

- Schnitt IV: Verbundsicherung
- Schnitt V: Nachweis der Dübelumrissfläche

und

- Schnitt VI: Schubsicherung des Betongurtes

Diese Untersuchungen werden nachfolgend behandelt.

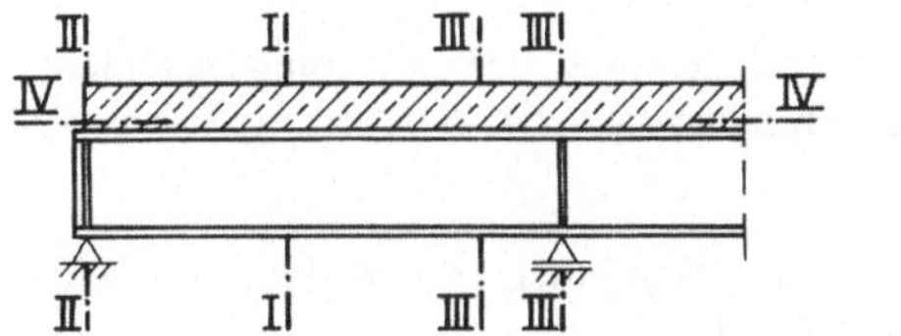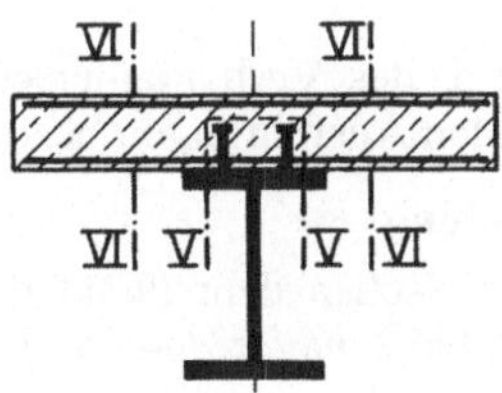

Bild **8**.18   Kritische und nachzuweisende Schnitte im Grenzzustand der Tragfähigkeit

8.4.6.1 Längsschubkräfte, erforderliche Dübelanzahl

Ist die Deckenplatte mit dem Stahlträger unverbunden, so entsteht bei Biegebeanspruchung (mit Querkräften) am Trägerende und in der Verbundfuge eine gegenseitige Verschiebung von Decke und Stahlträger (Bild **8**.19a). Bei Verbundträgern (mit voller Verdübelung) verschwindet diese Verschiebung dadurch, dass die Längsschubkräfte V in der Verbundfuge einen Dehnungsausgleich zwischen der Betonunterkante und der Stahlträgeroberkante bewirken (Bild **8**.19 b). Diese Längsschubkräfte V müssen von den Verbundmitteln übertragen werden. Hier werden von den sonst noch möglichen Verbundmitteln (Bild **8**.5) nur die Kopfbolzendübel (Bild **8**.3) behandelt. Ihre Tragfähigkeit ist durch Gl. (8.2) bzw. (8.3) bestimmbar oder wird (einfacher) der Tafel **8**.4 entnommen.

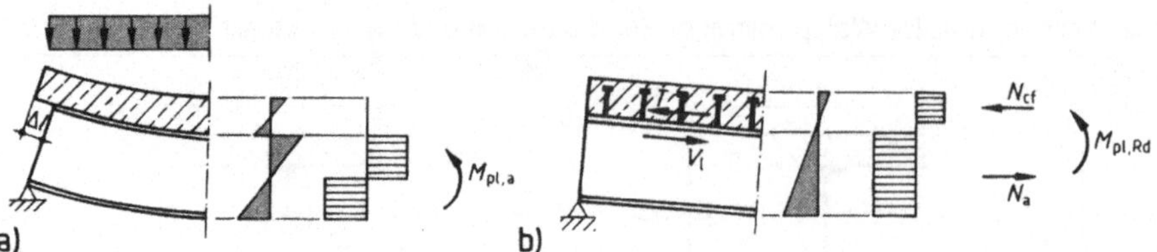

Bild **8**.19 Tragverhalten
a) ohne Verbund b) mit Verbund, Längsschubkraft V

Die Verbundmittel müssen in Trägerlängsrichtung so angeordnet werden, dass die Schubkräfte im Grenzzustand der Tragfähigkeit (elastisch, plastisch) sicher übertragen werden können, wobei ein natürlicher Haftverbund nicht in Rechnung gestellt werden darf.

Die *Verteilung* der Verbundmittel in Trägerlängsrichtung soll zunächst entsprechend dem Längskraftschub-Verlauf ($\triangleq$ Querkraftverlauf) vorgenommen werden. Jedoch sind folgende Vereinfachungen zulässig:

Zwischen benachbarten kritischen Schnitten ist eine *äquidistante* Anordnung über die entsprechende Länge L_{cr} möglich, wenn

– zwischen den kritischen Schnitten die Querschnittsklasse 1 oder 2 vorliegt,
– der Verdübelungsgrad N/N_f dem Mindestverdübelungsgrad nach Bild **8**.21 entspricht und
– das plastische Moment des Verbundquerschnittes den 2,5fachen Wert des plastischen Grenzmomentes des Baustahlquerschnittes nicht überschreitet.

Bei *elastischer Berechnung* des Verbundträgers erfolgt die Verteilung der Dübel entsprechend des Schubflusses

$$t_1 = \frac{V_d \cdot S_i}{I_i} \tag{8.49}$$

S_i, I_i Querschnittswerte des Verbundquerschnittes unter Beachtung der Belastungsgeschichte. Die nachfolgenden Ausführungen beziehen sich auf eine *plastische Bemessung*.

Vollständige Verdübelung

Die Längsschubkraft zwischen dem Punkt des maximalen Feldmomentes und dem gelenkigen Endauflager (also auch bei *Einfeldträgern*), Bild **8**.20a, beträgt

$$V_1 = F_{cf} = A_a \cdot f_{y,d} \qquad \text{oder} \tag{8.50}$$

$$V_1 = F_{cf} = 0{,}85 \cdot A_c \cdot f_{c,d} + A_s \cdot f_{s,d} \tag{8.51}$$

und zwischen dem maximalen Feldmoment und dem Zwischenauflager (oder einer Einspannung) bei *Durchlaufträgern*

$$V_1 = F_{cf} + A_s \cdot f_{s,d} + A_p \cdot f_{y,p,d} \tag{8.52}$$

mit

A_p die auf die Längsbewehrung angerechnete Fläche des Profilbleches
$f_{y,p,d}$ Bemessungswert der Fließgrenze des Profilbleches
A_s, $f_{s,d}$ anrechenbare Fläche und Bemessungswert der Fließgrenze der Längsbewehrung
$F_{c,f}$ nach Gln. (8.50), (8.51)

Aus diesen Längsschubkräften errechnet sich die Dübelanzahl aus

$$N_f = V_1 / P_{Rd} \tag{8.53}$$

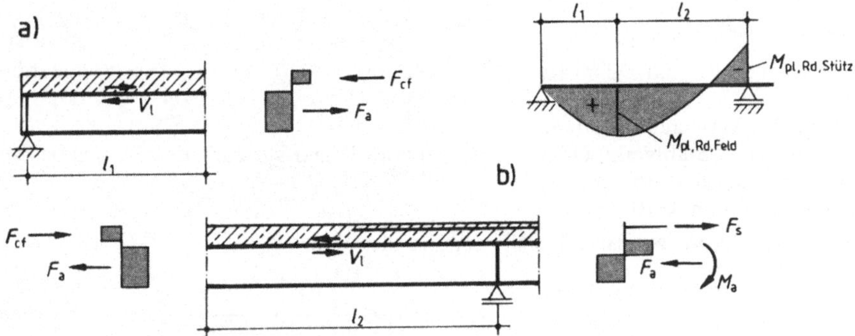

Bild **8.**20   Längsschubkräfte V_l in der Verbundfuge und ihre Verteilung bei Durchlaufträgern
a) Endfeld b) über einer Mittelstütze

Teilweise Verdübelung

Bei Verwendung verformungsfähiger Kopfbolzendübel darf bei Trägern der Querschnittsklasse 1 und 2 auch eine Verbundsicherung nach der Theorie des Teilverbundes erfolgen. Diese Verdübelungsart ist dann wirtschaftlich, wenn das Bemessungsmoment (deutlich) unter dem plastischen Grenzmoment liegt. Man kann dann die Dübelanzahl und damit die Kosten verringern.

Die Verdübelung z.B. für das Feldmoment erfolgt jetzt für jene Betondruckkraft, die ausreicht, um den Bemessungswert des einwirkenden Momentes zu erzielen. Aus der dafür notwendigen Dübelzahl kann dann ein reduziertes plastisches Moment abgeleitet werden. Wegen des Schlupfes zwischen Betongurt und Stahlprofil (infolge der Dübelverformung) entstehen dann allerdings zwei plastische Null-Linien.

Der *Teilverbund* unterliegt noch folgenden Einschränkungen:

– Teilverbund ist nur im positiven Momentenbereich zulässig
– der Verdübelungsgrad in Abhängigkeit von der Trägerlänge L und der Querschnittsgeometrie erfüllt die Anforderungen des Bildes 8.21, wobei grundsätzlich gilt: $N/N_f \geq 0{,}4$ und $N/N_f = 1$ ab Trägerlängen $L > 25$ m.

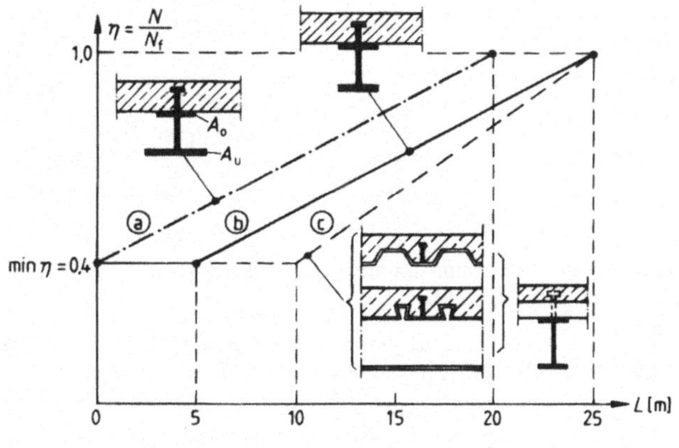

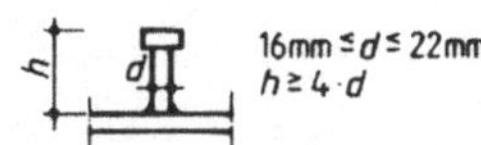

(a): $L \leq 20$ m; $A_u \leq 3 \cdot A_o$:
$\eta \geq 0{,}4 + 0{,}03 \cdot L$

(b): 5 m $\leq L \leq 25$ m:
$\eta \geq 0{,}25 + 0{,}03 \cdot L$

(c): 10 m $\leq L \leq 25$ m:
$\eta \geq 0{,}04\, L$

Bild **8.**21   Mindestverdübelungsgrad η in Abhängigkeit von der Trägerstützweite L

Die Gerade (c) ist anwendbar, wenn

- innerhalb einer Rippe nur ein Dübel (mit $d = 19$ mm und $h = 76$ mm) zentrisch angeordnet wird,
- IPE oder HE-Profile verwendet werden,
- der Betongurt aus einer Stahlverbunddecke mit quer zum Träger verlaufenden Rippen besteht, die Profilbleche ungestoßen sind und mit
- $b_0/h_p \geq 2$ und $h_p \leq 60$ mm, s. Bild **8.23**,
- und die lineare Interaktion nach Bild **8.22**(B) angewendet wird.

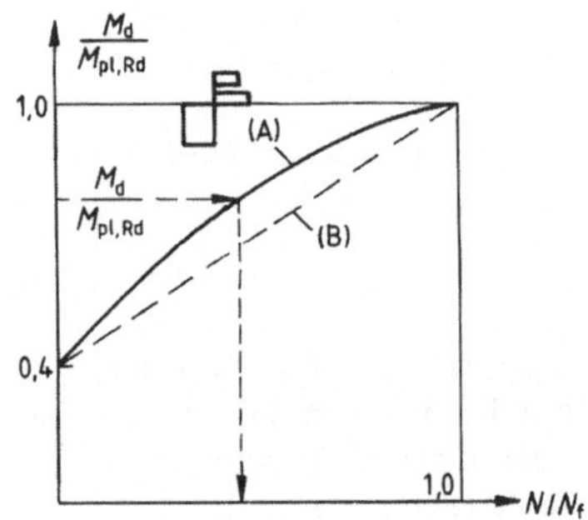

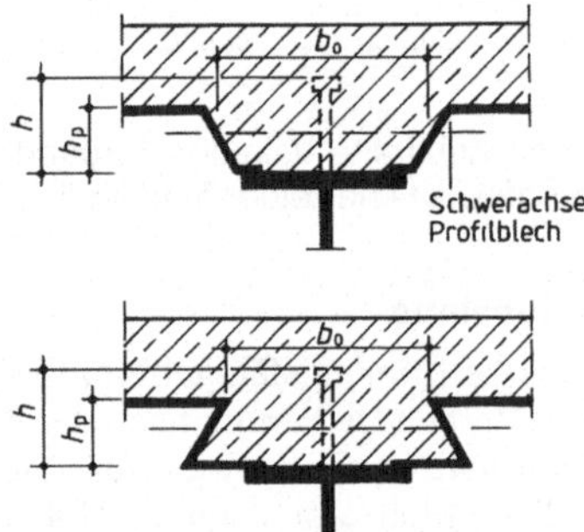

Bild **8.22** Momentengrenztragfähigkeit bei Teilverbund

Bild **8.23** Dübeltragfähigkeit bei Verwendung von Profilblechen

Grenzmoment bei Teilverbund

Das plastische Grenzmoment $M_{pl,Rd}$ bei Teilverbund kann über die im Gleichgewicht stehenden Spannungsblöcke (Kurve (A) in Bild **8.22**) ermittelt werden (genauer Wert) oder einfacher über eine auf der sicheren Seite liegende lineare Interpolation zwischen dem plastischen Grenzmoment bei vollständiger Verdübelung $M_{pl,Rd}$ und dem plastischen Moment des reinen Stahlträgers $M_{p,a,Rd}$ (Kurve B). Dies ist gleichbedeutend mit der notwendigen Anzahl der Dübel nach Gl. (8.54) infolge des maßgebenden Bemessungsmomentes M_d

$$N_c \geq \frac{M_d - M_{pl,a,Rd}}{M_{pl,Rd} - M_{pl,a,Rd}} \cdot N_f \tag{8.54}$$

N_f nach Gl. (8.53)

Beispiel 6 (Bild **8.9**)

Für den Verbundträger des 1. Beispiels beträgt das Bemessungsmoment $M_d = 2140$ kNm. Der Verbund erfolgt über Kopfbolzen Ø 22, $h = 125$ mm und $f_{u,b,k} = 450$ N/mm^2.

Für den Stahlquerschnitt gilt $A_u/A_o = 90/60 = 1,5 < 3,0$ und für die Dübel $h/d = 125/22 = 5,7 > 4$. Die Trägerlänge liegt mit $L = 16$ m innerhalb der Grenze nach Bild **8.21**; die Gerade ⓐ darf verwendet werden.

Im 2. Beispiel wurde errechnet:

$$N_{pl,a,Rd} = 5126 \text{ kN} \qquad \text{und} \qquad M_{pl,Rd} = 2283 \text{ kNm.}$$

Für den reinen Stahlquerschnitt erhält man (s. Teil 1, 8.2.3.1, Gl. (8.34))

$$M_{pl,a,Rd} = 1259 \text{ kNm}$$

Die Tragfähigkeit des Kopfbolzendübels nach Tafel **8.4** beträgt $P_{Rd} = 109{,}4$ kN. Bei vollständiger Verdübelung benötigt man daher für jede Trägerhälfte

$$N_f = 5126/109{,}4 = 47 \text{ Dübel}$$

Bei $M_d = 2140$ kNm kann die Dübelzahl rechnerisch nach Gl. (8.54) reduziert werden auf

$$N_c \geq \frac{2140 - 1259}{2283 - 1259} \cdot 47 = 40 \text{ Dübel}$$

Der Verdübelungsgrad beträgt dann

$$N_c/N_f = 40/47 = 0{,}85 < \text{erf } (N_c/N_f) = 0{,}4 + 0{,}03 \cdot 16 = 0{,}88.$$

Es müssen mindestens $0{,}88 \cdot 47 = 42$ Dübel angeordnet werden. Hier lohnt sich u.U. eine genauere Berechnung über die Spannungsblöcke, s. z.B. [68], wobei eine weitere Reduzierung der Dübelanzahl (um ca. 10 %) denkbar ist.

Kopfbolzentragfähigkeit bei Profilblechen

Die in Tafel **8.4** angegebenen Tragfähigkeitswerte gelten bei Vollbetondecken. Verwendet man jedoch Profilbleche mit *Rippen parallel zur Trägerachse* (z.B. als verlorene Schalung), so liegen die Dübel innerhalb einer durch die Profilblechgeometrie gebildeten Voute (Bild **8.23**); die Tragfähigkeiten nach Tafel **8.4** können dann nicht voll ausgenutzt werden. Die Dübelkräfte sind dann mit dem Faktor k_p abzumindern.

$$k_p = 0{,}6 \cdot \frac{b_0}{h_p} \cdot (h/h_p - 1) \leq 1 \quad \text{mit} \quad h \leq h_p + 75 \text{ (mm)} \tag{8.55}$$

Verlaufen die Rippen dagegen *rechtwinklig zur Trägerachse*, so liegen die Dübel in Rippenzellen. Bei Profilblechhöhen $h_p \leq 85$ mm und Rippenbreiten $b_0 \geq h_p$ sowie Dübeldurchmesser $d < 20$ mm sind die Dübelkräfte nach Tafel **8.4** mit k_t abzumindern wobei $f_u \leq 450$ N/mm^2 sein soll.

$$k_t = \frac{0{,}7}{\sqrt{N_r}} \cdot \frac{b_0}{h_p} \cdot (h/h_p - 1) \quad \text{mit} \quad N_r \leq 2 \tag{8.56}$$

N_r Anzahl der Dübel/Rippe

     (durchgeschweißte Dübel: $N_r = 1$: $k_t \leq 1$; $N_r = 2$: $k_t \leq 0{,}8$)

Bei vorgelochten Blechen sowie für Profilbleche mit $t \leq 1{,}0$ mm und durchgeschweißten Dübeln gilt Tafel **8.15**. Sind die Profilbleche über dem Träger gestoßen (übliche Ausführung) ist die Tragfähigkeit nicht abzumindern.

Tafel **8.15** Abminderungsfaktor k_t zur Berechnung der Grenztragfähigkeit von Kopfbolzen in Verbindung mit Profilblechen [26]

Anzahl der Dübel pro Rippenzeile	durchgeschweißte Dübel $\varnothing \leq 20$ mm	vorgelochte Profilbleche, Dübel $\varnothing$ 19 u. 22 mm
$N_r = 1$	0,85	0,75
$N_r = 2$	0,70	0,60

Dübelanordnung

Für die übliche Dübelanordnung gelten die Grenzwerte nach Bild **8.**24.

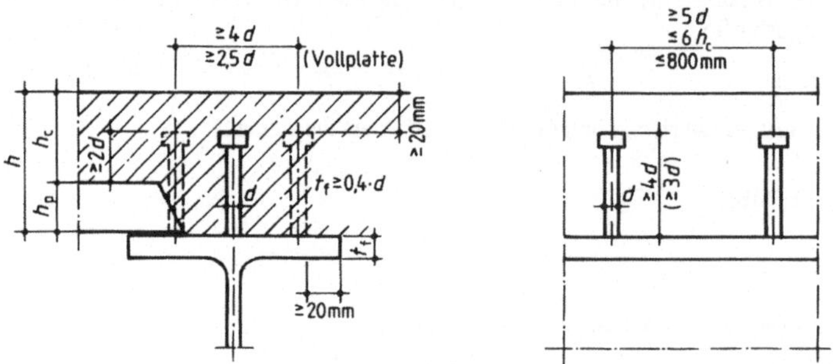

Bild **8.**24   Grenzwerte der Dübelabstände, Flanschdicke und Betonüberdeckung

8.4.6.2 Schubsicherung des Betongurtes

Für den Betongurt sind die Nachweise in den globalen Schnitten V und VI (Bild **8.**18) zu führen. Im Einzelnen sind dabei die *örtliche Krafteinleitung* der Dübelkräfte (Längsschubkräfte V) und der sogen. *Schulterschluss* der Betondecke VI (= seitliche Kraftausleitung der Dübelkräfte) zu untersuchen, Bild **8.**25. Es ist nachzuweisen, dass der Bemessungswert der einwirkenden Längsschubkraft/Längeneinheit $v_{s,d}$ in dem für ein Versagen maßgebenden Schnitt kleiner ist als der zugehörige Bemessungswert der Längsschubtragfähigkeit $v_{R,d}$.

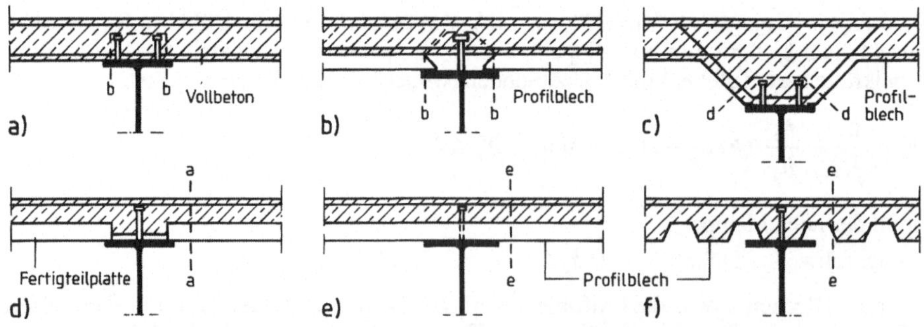

Bild **8.**25   Kritische Schnitte beim Längsschubversagen des Betongurtes
a) bis c) Dübelumrissfläche d) bis f) Plattenanschnitt

Nachweis der Dübelumrissfläche

Die Schubtragfähigkeit in der Dübelumrissfläche (Schnitt b – b, d – d, Bild **8.**25a, b, c) wird nach Gl. (8.57) oder Gl. (8.58) bestimmt. Die maßgebende Betonschubfläche ergibt sich aus der Länge der Schnitte b – b, d – d in (Bild **8.**25) und dem Dübelabstand; der in Bild **8.**25b dargestellte Schnitt gilt für über den Träger gestoßene Bleche. Auf einen Nachweis der Dübelumrissfläche darf verzichtet werden, wenn bei durchlaufendem Blech mit dem Abminderungsfaktor k_t in Gl. (8.56) gerechnet wurde. In Gl. (8.57) darf nur die Querbewehrung im Bereich der Dübelumrissfläche angerechnet werden.

Schubtragfähigkeit im Plattenanschnitt

Sie wird ermittelt auf der Grundlage von EC 2 mit Hilfe eines idealisierten Fachwerkmodells (z.B. für den Druckgurt) nach Bild **8.**26; die unter 45° geneigten Druckstrebenkräfte D_c stehen mit den Zugkräften Z_s der Querbewehrung sowie der Längsschubkraft im Gleichgewicht. Der Nachweis ist für die Schnitte a – a bzw. e – e (**8.**25 d, e, f) zu führen.

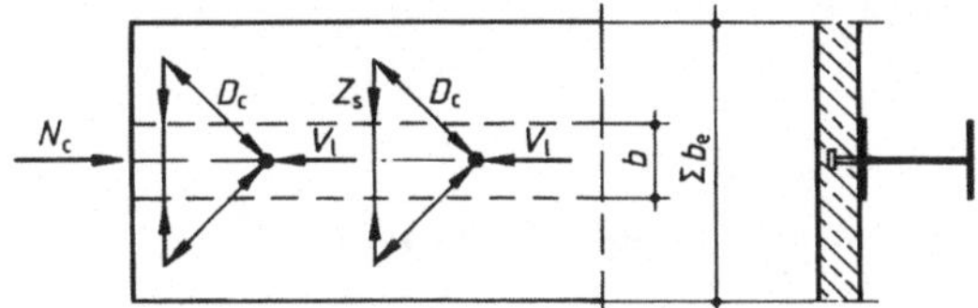

Bild **8.**26   Modell zur seitlichen Ausleitung
               der Längsschubkräfte

Die *Schubtragfähigkeit/Längeneinheit* im jeweiligen Schnitt ergibt sich entweder aus dem Versagen der Bewehrung

$$v_{R,d} = 2{,}5 \cdot A_{cv} \cdot \eta \cdot \tau_{R,d} + A_e \cdot f_{s,d} + (v_{p,d}) \tag{8.57}$$

oder dem Versagen der Druckstreben

$$v_{R,d} = 0{,}2 \cdot A_{cv} \cdot \eta \cdot f_{c,d} + (v_{p,d}/\sqrt{3}\,) \tag{8.58}$$

Hierin bedeuten:

η = 1 für Normalbeton

     = $0{,}3 + 0{,}7 \cdot (\varrho/24)$ für Leichtbeton, ϱ Dichte in [kN/m^3]

$A_{c,v}$ mittlere Querschnittsfläche/Längeneinheit des Träger(beton)gurtes im betrachteten Schnitt

A_e Gesamtquerschnittsfläche/Längeneinheit der quer zum Träger verlaufenden Bewehrung, die die betrachtete Schnittebene kreuzt. Vorhandene Bewehrung aus der Plattentragwirkung darf angerechnet werden.

$v_{p,d}$ anrechenbarer Beitrag des Stahlprofilbleches, s. Norm (nach [26] nicht anrechenbar, nach [69] anrechenbar; $v_{p,d} = A_p \cdot f_{y,p,d}$ – s. Gl. (8.52))

τ_{Rd} Bemessungswert der Schubfestigkeit abweichend vom EC 4 nach [26], Gl. (8.59)

$$\tau_{Rd} = 0{,}09 \sqrt[3]{f_{c,k}} \ [\text{N/mm}^2] \tag{8.59}$$

Auf eine weitere Erläuterung der vorgenannten Gleichungen wird verzichtet und auf die Literatur verwiesen [68].

Die Bemessungsschubkraft v_{Sd} ergibt sich aus den Dübelkräften im betrachteten Schnitt nach 8.4.6.1, bezogen auf deren Abstand e in Längsrichtung.

Die Anwendung vorgenannter Gleichungen erfolgt im Beispiel 7.

Mindestquerbewehrung

In Vollbetonplatten ist eine gleichmäßig verteilte Mindestbewehrung von 0,2 % der Betonfläche A_{cv} erforderlich. Bei Verwendung von Profilblechen gilt

–   Rippen parallel zum Träger: 0,2 % der Betonfläche oberhalb der Rippen
–   Rippen senkrecht zum Träger: 0,2 % der Betonfläche im Plattenanschnitt; ungestoßene Profilbleche dürfen angerechnet werden.

8.4.6.3 Berechnungsbeispiel

Beispiel 7 (Bild **8.**27)

Für den 15,5 m langen, einfeldrigen Deckenträger (im Gebäudeinneren) sind die Tragsicherheitsnachweise, entsprechend der Belastungsgeschichte, und die Gebrauchstauglichkeitsnachweise zu führen. Die Herstellung des Verbundträgers mit der Verbunddecke erfolgt ohne Eigengewichtsverbund. Der Träger wird während des Betonierens nicht unterstützt. Deckenträgerabstand a = 2,5 m.

Werkstoffe

Beton: C 25/30: E_{cm} = 3050 kN/cm^2, $f_{c,k}$ = 2,5 kN/cm^2, $f_{c,d}$ = 2,5/1,5 = 1,67 kN/cm^2

Betonstahl: BSt 500 M: E_s = 21 · 10^3 kN/cm^2, $f_{s,k}$ = 50,0 kN/cm^2, $f_{s,d}$ = 50/1,15 = 43,48 kN/cm^2

Q 221 oben A_{s1} = 2,21 cm^2/m   ⎫
  im ideellen Querschnitt vernachlässigt
Q 188 unten A_{s2} = 1,88 cm^2/m   ⎭

Baustahl: IPE 500, Fe 510 (S355) E_a = 21 · 10^3 kN/cm^2, $f_{y,k}$ = 35,5 kN/cm^2

$f_{y,d}$ = 35,5/1,1 = 32,27 kN/cm^2, A_a = 116 cm^2, I_a = 48200 cm^4 = 4,82 cm^{2}m^2

Verbundmittel: Kopfbolzendübel $\varnothing$ 19/125: $f_{u,b,k}$ = 45 kN/cm^2, $f_{u,d}$ = 45/1,25 = 36,0 kN/cm^2

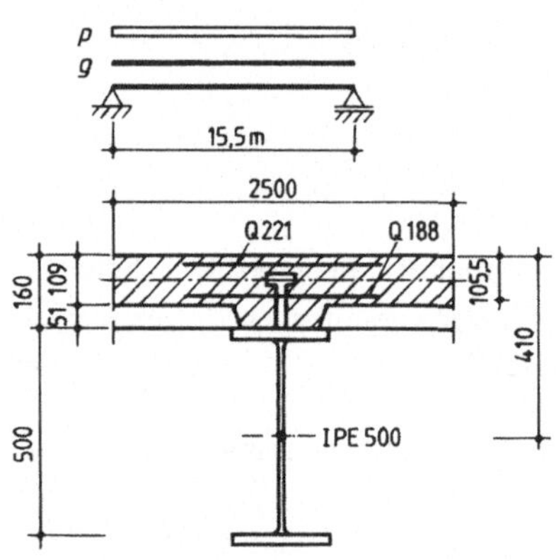

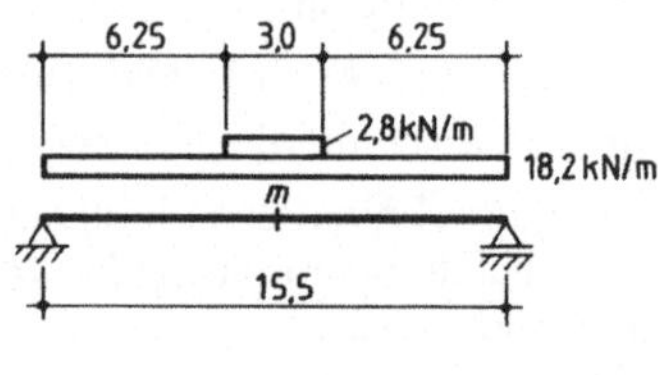

Bild **8.**27   Deckenträger, statisches System und Querschnitt

Bild **8.**28   Belastung im Bauzustand

Einwirkungen

Ständige Einwirkungen

Stahlträger, Betonplatte, Profilblech g_1 = 11,0 kN/m

Deckenbelag, Unterdecke, Installation ⎫
                                        (Ausbaulasten) g_2 = 6,0 kN/m
Trennwandzuschlag   ⎭ g_3 = 3,15 kN/m

$$\sum_{1}^{3} g_i = g = 20,15 \text{ kN/m}$$

Veränderliche Einwirkungen

Verkehr (3,5 kN/m^2) $\hspace{6cm}$ $p_1 = 8,75$ kN/m

Bauzustand

Frischbetonzuschlag $\hspace{6cm}$ $g_4 = 0,40$ kN/m

Montagelast   1,5 kN/m^2 $\hspace{5cm}$ $p_2 = 3,75$ kN/m

Montagelast   0,75 kN/m^2 $\hspace{5cm}$ $p_3 \approx 1,85$ kN/m

Nachweis für den Bauzustand

Durch die Trapezbleche ist der Stahlträger gegen Kippen gesichert.

Bemessungswerte der Einwirkungen (γ_F nach Tafel 8.6)

$$g_d \;= 1,35 \cdot (11,0 + 0,4) \hspace{5cm} = \;15,4 \text{ kN/m}$$

$$p_{d3} = 1,50 \cdot 1,85 \hspace{6cm} = \;\;\;2,8 \text{ kN/m}$$

$$q_d = \;18,2 \text{ kN/m}$$

$$\Delta p_d = 1,5 \cdot (3,75 - 1,85) \hspace{3cm} \Delta p_d = 2,8 \text{ kN/m (mittig)}$$

Mit dem Belastungsbild (Bild 8.28) erhält man das größte Biegemoment in Feldmitte und die Auflagerkräfte zu

$$M_{md} = 18,2 \cdot 15,5^2/8 + 2,8 \cdot 3,0 \cdot (2 \cdot 15,5 - 3)/8 \quad = 576 \text{ kNm}$$

$$A \;\; = B = \hspace{5cm} = 145 \text{ kN}$$

$$\sigma_a \;\; = 57600/1930 = 29,84 \text{ kN/cm}^2 \hspace{1cm} \sigma/\sigma_{R,d} = 29,84/32,27 = 0,92 < 1$$

Nachweis der Grenztragfähigkeiten

Bemessungswerte der Einwirkungen, Schnittgrößen, $\psi = 1,0$. Hierzu zählen bei plastischer Bemessungen auch die vom Stahlträger allein übernommenen ständigen Lasten

$$p_d \;\; = 1,35 \cdot 20,15 + 1,5 \cdot 1,0 \cdot 8,75 = \;\;40,33 \text{ kN/m}$$

$$M_d \;\; = 40,33 \cdot 15,5^2/8 \hspace{2.5cm} = 1211,00 \text{ kNm}$$

$$V_d \;\; = A = B = 40,33 \cdot 15,5/2 \hspace{1.5cm} = \;\;313,00 \text{ kN}$$

Das plastische Moment wird nach Tafel 8.13 ermittelt unter der Annahme, dass die Null-Linie im Betongurt liegt. Bei 2,5 m Deckenträgerabstand ist $\sum b_e = 2 \cdot 15,5/8 = 3,87$ m, d.h. $\sum b_e = b = 2,5$ m. Für den Betongurt ist nur die Höhe über dem Profilblech $h = 10,9$ cm anrechenbar.

Plastisches Moment

$$N_{pl,a,Rd} \;= 116 \cdot 32,27 = 3743 \text{ kN} \hspace{2cm} z_a = 0,5/2 + 0,16 = 0,41 \text{ m}$$

$$z_{pl} \hspace{1.2cm} = 3743/(0,85 \cdot 1,67 \cdot 250) = 10,55 \text{ cm} < 10,9 \text{ cm}$$

$$M_{pl,Rd} \;= 3743 \cdot (0,41 - 0,1055/2) = 1337 \text{ kNm} \hspace{1cm} \frac{M_d}{M_{pl,Rd}} = 0,91 < 1$$

Plastische Querkraft

$$A_W \hspace{1cm} \approx 1,04 \cdot 50 \cdot 1,02 = 53 \text{ cm}^2$$

$$V_{pl,Rd} \;= 53 \cdot 32,27/\sqrt{3} = 987 \text{ kN} \hspace{1.5cm} V_d/V_{pl,Rd} = 0,32 < 1$$

Querschnittsklassifizierung. Nach 8.4.2 erfüllt das Stahlprofil die Bedingungen der Klasse 1 (z_{pl} im Betongurt). Für den Steg muss noch das Schubbeulen nachgewiesen werden. Mit

$$d = 50 - 2 \cdot (1,6 + 2,1) = 42,6 \text{ cm} \qquad t_w = 1,02 \text{ cm}$$

$$\varepsilon = \sqrt{235/355} = 0,81$$

ist $\qquad d/t_w = 42,6/1,02 = 41,8 < 69 \cdot 0,81 = 56.$

Damit liegt für den Steg keine Beulgefahr vor.

Biegedrillknicken ist bei Einfeldträgern ausgeschlossen.

Verbundsicherung

Die gewählten Kopfbolzendübel erfüllen alle Bedingungen hinsichtlich der Verformbarkeit. Die Betondeckung ist mit 35 mm größer als 20 mm (Bild **8**.30). Da die Profilbleche über dem Träger gestoßen sind, ist eine Abminderung der Dübeltragfähigkeit nicht erforderlich. Sie beträgt

$$P_{Rd} = 73,1 \text{ kN} \qquad\qquad\qquad\qquad \text{(Tafel } \mathbf{8}.4\text{)}.$$

Vollständige Verdübelung. Die Längsschubkraft nach Gl. (8.50) beträgt $V_1 = 3743$ kN. Zu ihrer Verdübelung benötigt man

$$N_f = 3743/73,1 = 51,2 \text{ Dübel} \qquad\qquad\qquad \text{nach Gl. (8.53)}$$

Teilverbund. Da der Querschnitt in Klasse 1 fällt und nur positive Momente vorliegen, ist eine teilweise Verdübelung mit einer Reduzierung der Dübelanzahl/Trägerhälfte wie folgt möglich:

$$M_{pl,a,Rd} = 2 \cdot 1100 \cdot 32,27 \cdot 10^{-2} = 710 \text{ kNm} \qquad\qquad \text{(s. Teil 1)}$$

$$N_c \geq \frac{1211 - 710}{1337 - 710} \cdot 51,2 = 41 \text{ Dübel} \qquad\qquad \text{nach Gl. (8.54)}$$

Der Mindestverdübelung nach Bild **8**.21 beträgt

$$N/N_f \geq 0,25 + 0,03 \cdot 15,5 = 0,72 < N_c/N_f = 41/51,2 = 0,8$$

Die 41 Kopfbolzendübel dürfen äquidistant über die Trägerhälfte verteilt werden, Bild **8**.29.

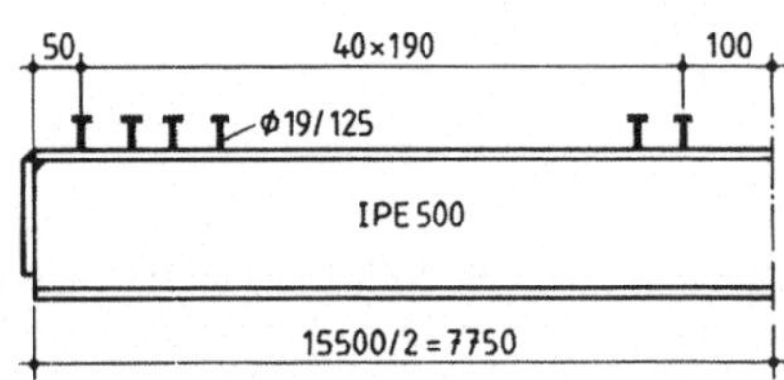

Bild **8**.29   Dübelanordnung in Längsrichtung

Schubsicherung des Betongurtes

Nachweis der Dübelumrissfläche

Die Dübelumrissfläche (pro Meter Trägerlänge) wird zeichnerisch ermittelt, Bild **8**.30. Es werden zwei Schnitte (a – a) und (b – b) geführt, wobei für Schnitt a – a der Profilblechsickerbereich (links und rechts vom Dübel) von der Dübelumrissfläche abgezogen wird. Die Umrissflächen sind dann:

Schnitt a – a

$$A_{cv} = (3,2 + 2 \cdot 9,5 + 2 \cdot 5,1) \cdot 100/1,0 - \left(\frac{3,6 + 1,2}{2}\right) \cdot 5,1 \cdot 2 /0,15 = 3077 \text{ cm}^2/\text{m}$$

Schnitt b – b

$$A_{cv} = (3{,}2 + 2 \cdot 12{,}5) \cdot 100/1{,}0 = 2820 \text{ cm}^2/\text{m (maßgebend)}$$

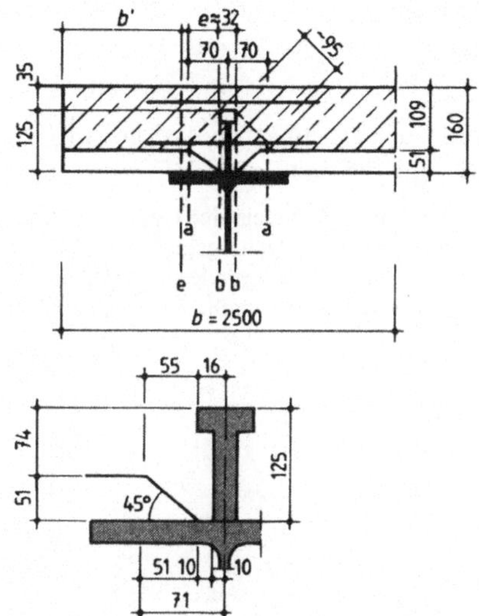
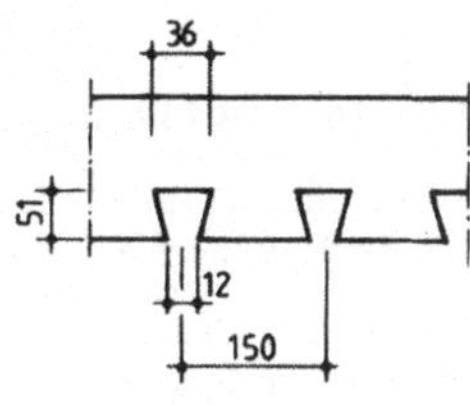

Bild **8.**30   Abmessungen zur Bestimmung der Dübelumrissfläche

Schubtragfähigkeit/Längeneinheit (ohne Anrechnung der Profilbleche) mit

$$\tau_{Rd} = 0{,}09 \cdot 3/25 = 0{,}26 \text{ N/mm}^2 = 0{,}026 \text{ kN/cm}^2$$

und Berücksichtigung der unteren Bewehrung

$$v_{rd} = 2{,}5 \cdot 2820 \cdot 1{,}0 \cdot 0{,}026 + 1{,}88 \cdot 43{,}48 \cdot 2 = 347 \text{ kN/m} \qquad \text{nach Gl. (8.57)}$$

bzw.

$$v_{Rd} = 0{,}2 \cdot 2820 \cdot 1{,}0 \cdot 1{,}67 = 942 \text{ kN/m} \qquad \text{nach Gl. (8.58)}$$

Die Längsschubkraft V_1 entspricht der Dübeltragkraft; auf den Dübelabstand $e = 190$ mm bezogen ist

$$v_{S,d} = 73{,}10/0{,}19 = 385 \text{ kN/m} \qquad\qquad v_{S,d}/v_{R,d} = 385/347 = 1{,}11 > 1$$

Es muss eine zusätzliche Querbewehrung vorgesehen werden, z.B. BSt 500 S, $\varnothing$ 6 mit $e = 50$ cm oben und unten in versetzter Anordnung. Damit erhält man Δa_s und die Schubtragfähigkeit erhöht sich auf

$$v_{R,d} = 347 + 2 \cdot 0{,}56 \cdot 43{,}48 = 396 \text{ kN/m} \qquad\qquad v_{S,d}/v_{R,d} = \frac{385}{396} = 0{,}97 < 1$$

Alternativ könnte man unten auch eine Matte Q 257 vorsehen.

Schubtragfähigkeit im Plattenanschnitt

Der Nachweis erfolgt im Schnitt e – e, Bild **8.**30. Die Längsschubkraft wird aus der Dübelkraft zurückgerechnet:

$$v_{S,d} = \left(P_{R,d} \cdot \frac{b'}{b_e} \cdot \frac{\text{erf } N_c}{\text{vorh } N_c} \right) / e_L \qquad\qquad (8.60)$$

$$v_{S,d} = \left(73{,}1 \cdot \frac{(250 - 2 \cdot 7)/2}{250} \cdot \frac{41}{41} \right) / 0{,}19 = 182 \text{ kN/m}$$

Die Schubkrafttragfähigkeit im Plattenanschnitt beträgt mit $A_{cv} = 10,9 \cdot 100/1,0 = 1090$ cm²/m

$$v_{Rd} = 2,5 \cdot 1090 \cdot 1,0 \cdot 0,026 + (2,21 + 1,88 + 0,56) \cdot 43,48$$

$$= 273 \text{ kN/m} > 182 \text{ kN/m} \quad \text{nach Gl. (8.57)}$$

bzw.

$$v_{R,d} = 0,2 \cdot 1090 \cdot 1,0 \cdot 1,67 = 364 \text{ kN/m} > 182 \text{ kN/m} \qquad \text{nach Gl. (8.58)}$$

Mit $A_e = 2,21 + 1,88 + 0,56 = 4,65$ cm²/m wird ein Bewehrungsgrad von $4,65 \cdot 100/1090 = 0,43 \% > 0,2 \%$ erreicht. In A_{cv} ist vereinfachend der Kammerbeton im Profilbereich vernachlässigt.

Damit sind alle Tragfähigkeitsnachweise erbracht und es verbleibt noch der Nachweis der Gebrauchstauglichkeit. Dazu wird die Durchbiegung in Feldmitte unter Berücksichtigung der Belastungsgeschichte sowie Kriechen und Schwinden ermittelt. Der Rechengang zur Bestimmung der (zeitlich veränderlichen) ideellen Querschnittswerte wurde im 1. Beispiel ausführlich gezeigt und braucht daher hier nicht mehr vorgeführt werden.

Gebrauchstauglichkeitsnachweis

Belastungsgeschichte

Herstellung ohne Eigengewichtsverbund $\qquad t_0 = 1$ Tag

Aufbringung der Ausbaulast $\qquad t_0 = 28$ Tage

Aufbringung der Verkehrslast mit

40 % als zeitlich konstant $\qquad$ } wirkend $\qquad t_0 = 90$ Tage

60 % als zeitlich veränderlich

Mit diesen Angaben entnimmt man den Tafeln **8**.2 und **8**.3 durch Interpolation bei

$$h_m = 2 \cdot 160 \cdot 250/250 = 320 \text{ mm}$$

	Kurzzeit	28 Tage	90 Tage
φ_t	$\approx 4,1$	$\approx 2,3$	$\approx 1,8$
ε_s		$- 55 \cdot 10^{-5}$	

Die *Querschnittswerte* der ideellen Verbundquerschnitte werden nach Tafel **8**.11 und den Reduktionszahlen nach Tafel **8**.12 errechnet. Man erhält bei Vernachlässigung der Mattenlängsbewehrung folgende Eingangswerte:

$$A_c = 250 \cdot 10,9 = 2725 \text{ cm}^2 \qquad I_c = 250 \cdot 10,9 \cdot 0,109^2/12 = 2,70 \text{ cm}^2\text{m}^2$$

$$A_a = A_{st} \quad = 116 \text{ cm}^2 \qquad I_a = I_{st} = 4,82 \text{ cm}^2\text{m}^2 \qquad z_a = z_{st} = 35,35 \text{ cm}$$

		Kurzzeit	28 Tage		90 Tage
		0	B	S	B
n_0		$\approx 6,89$	–	–	–
ψ_A/ψ_I		–	1,0825/3,3518	0,5223/0,8034	1,0638/2,5689
n_A/n_I		–	24,04/60,01	21,64/29,59	20,08/38,75
$A_{c,n}$	[cm²]	395,5	113,35	125,92	135,71
$I_{c,n}$	[cm²m²]	0,39	0,045	0,091	0,07
A_i	[cm²]	511,5	229,35	241,92	251,71
z_i	[m]	0,08	0,18	0,17	0,164
S_i	[cm²m]	31,64	41,28	21,47	22,23
I_i	[cm²m²]	16,44	12,12	12,54	12,79

In ψ_A, ψ_I wurde dabei mit folgenden Werten gerechnet

$$\alpha_T = \frac{116 \cdot 4{,}82}{511{,}5 \cdot (16{,}44 - 0{,}39)} = 0{,}068 \qquad\qquad \alpha_I = \frac{4{,}82}{0{,}39 + 4{,}82} = 0{,}925$$

Verformungen

Für eine Gleichstreckenlast gilt beim Einfeldträger

$$w_m = \frac{5}{384} \cdot \frac{q \cdot L^4}{E_a \cdot I_i} = \frac{5}{384} \cdot \frac{15{,}5^4}{21 \cdot 10^3} \cdot \frac{q}{I_i} = 0{,}03579 \cdot q / I_i$$

Bauzustand: $q = 11{,}0$ kN/m $\hspace{6cm}$ $I_i = I_a$

$\hspace{2cm} w_{m,B} = 0{,}03579 \cdot 11{,}0/4{,}82 = 0{,}0817$ $\hspace{3cm}$ $w_{m,B} = 8{,}2$ cm

Ausbaulasten: $q = g_2 + g_3 = 9{,}15$ kN/m $\hspace{4cm}$ $I_i = I_{i,28}$

$\hspace{2cm} w_{m,A} = 3{,}579 \cdot 9{,}15/12{,}12 = 2{,}7$ cm

ständige Lasten: 40 % von 8,75 kN/m $\hspace{4cm}$ $q = 0{,}4 \cdot 8{,}75 = 3{,}5$ kN/m

$\hspace{10cm}$ $I_i = I_{i,90}$

$\hspace{2cm} w_{m,sL} = 3{,}579 \cdot 3{,}5/12{,}79 \approx 1{,}0$ cm

Schwinden: $I_i = I_{i,28,S}$

Schwindnormalkraft $N_{c,S} = -55 \cdot 10^{-5} \cdot \dfrac{6{,}89}{21{,}64} \cdot 3050 \cdot 2725 = -1455$ kN $\hspace{2cm}$ nach Gl. (8.26)

Schwindmoment $M_{i,S}$ $\quad = 1455 \cdot 0{,}17 = 247{,}4$ kNm $\hspace{4cm}$ nach Gl. (8.27)

$$w_{m,S} = \frac{M_{i,S} \cdot L^2}{8 E_a \cdot I_{i,s}} = \frac{247{,}4 \cdot 15{,}5^2 \cdot 100}{8 \cdot 21 \cdot 10^3 \cdot 12{,}54} = 2{,}8 \text{ cm}$$

Die resultierende Durchbiegung in Feldmitte beträgt demnach

$$w_{m,\infty} = 8{,}2 + 2{,}7 + 1{,}0 + 2{,}8 = 14{,}7 \text{ cm}$$

Es wird empfohlen, den Stahlträger werkstattmäßig (parabolisch) um 15 cm zu überhöhen.

Will man diese hohe Werkstattüberhöhung vermeiden, empfiehlt es sich, den Träger 28 Tage lang mittig zu unterstützen (Träger mit Eigengewichtsverbund). Die dabei nach 28 Tagen auf den Verbundquerschnitt (ständig) einwirkende Stützlast von $V = 1{,}25 \cdot 11{,}0 \cdot 15{,}5/2 \approx 106$ kN erzeugt dann eine Mittendurchbiegung von

$$w_{m,B} = \frac{V \cdot L^3}{48 E_a \cdot I_i} = \frac{106 \cdot 15{,}5^3 \cdot 100}{48 \cdot 21 \cdot 10^3 \cdot 12{,}12} = 3{,}2 \text{ cm}$$

und

$$w_{m,\infty} = 3{,}2 + 2{,}7 + 1{,}0 + 2{,}8 \qquad = 9{,}7 \approx 10 \text{ cm}.$$

(Überhöhung um 10 cm.).

Unter den „häufig veränderlichen Lasten" biegt sich der Träger mit $\psi_{1,1} = 0{,}8$ nach Tafel **8.**7 noch um folgenden Wert durch:

$$q \quad = 0{,}8 \cdot 0{,}6 \cdot 8{,}75 = 4{,}2 \text{ kN/m}$$

$$w_{m,vL} = 3{,}579 \cdot 4{,}2/(16{,}44) \approx 1{,}0 \text{ cm}$$

Zum Vergleich wird noch die Mittendurchbiegung vereinfacht nach EC 4 mit $E_{c,\varphi_t} = E_{c,m}/3$ berechnet. Mit $n_{\varphi_t} = 3 \cdot 6{,}89 = 20{,}67$ erhält man $I_{i,\varphi_t} = 12{,}73$ cm^{2}m^2. Die Gesamtlast beträgt $q = 9{,}15 + 3{,}5 = 12{,}65$ kN/m

$$w_{m,\infty} \approx 8{,}2 + 3{,}579 \cdot 12{,}65/12{,}73 = 11{,}8 \text{ cm}$$

Sie stimmt genau genug überein mit $8{,}2 + 2{,}7 + 1{,}0 = 11{,}9$ cm. Der Anteil aus Schwinden von $w_{m,S} = 2{,}8$ cm erscheint allerdings als nicht vernachlässigbar.

8.5 Verbundstützen

Nach EC 4 sind für Verbundstützen zwei Bemessungsverfahren möglich. Das „genaue" Verfahren ist nur mit Hilfe spezieller EDV-Programme möglich, während das *vereinfachte Verfahren* auch für eine Handrechnung geeignet ist. Es ist im Übrigen weitgehendst identisch mit DIN 18806; ausgenommen hiervon sind das Sicherheitskonzept, welches in der deutschen Norm noch auf den globalen Sicherheitsfaktoren γ_H und γ_{HZ} (H = Hauptlasten, HZ = Haupt- und Zusatzlasten) beruht und der Anwendungsbereich, der im EC 4 auf seitenunverschiebliche Systeme beschränkt ist, während DIN 18806 diese Einschränkung nicht fordert. Wegen der weitgehenden Übereinstimmung beider Regelwerke sind daher auch die Bemessungshilfen [35f], [38] weiterhin anwendbar.

8.5.1 Querschnittsformen, Anwendungsgrenzen

Verbundstützen sind i. Allg. doppelsymmetrisch und werden eingeteilt in
- vollständig einbetonierte Querschnitte, Bild **8.31**a
- ausbetonierte I-Querschnitte, Bild **8.31**b und
- betongefüllte Hohlprofile, Bild **8.31**c, d

Für die Anwendung des vereinfachten Bemessungsverfahrens gelten folgende Einschränkungen:

Anteilige Stahlfläche

$$0{,}2 \le \delta = \frac{N_{pl,a,Rd}}{N_{pl,Rd}} \le 0{,}9 \tag{8.63}$$

mit

$$\left. \begin{array}{l} N_{pl,aRd} \\ N_{pl,Rd} \end{array} \right\} \quad \text{nach Gl. (8.66, (8.68)}$$

Für $\delta < 0{,}2$ ist die Stütze als Stahlbetonstütze, für $\delta > 0{,}9$ als Stahlstütze nach EC 3 zu behandeln.

Lokales Beulen

ist durch Einhaltung der Breiten-Dickenverhältnisse nach Tafel **8.16** ausgeschlossen. Bei vollständig einbetonierten Profilen besteht keine Beulgefahr, jedoch sind Mindestbetonbedeckungen einzuhalten.

Mindestbetondeckung

$$\left. \begin{array}{l} 40 \text{ mm} \le c_y \le 0{,}4\,b \\ 40 \text{ mm} \le c_z \le 0{,}3\,h \\ b/6 \quad\quad \le c_z \end{array} \right\} \tag{8.64}$$

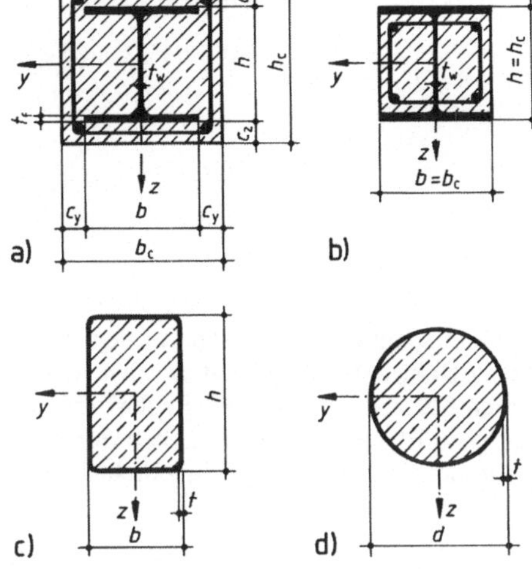

Bild **8.31**   Bezeichnungen bei Verbundstützen

Tafel **8.16** Grenzdicken für Stahlprofile ohne lokale Beulgefahr

Profile		Fe 360 (S 235)	Fe 430	Fe 510 (S 355)
	grenz (d/t)	90	77	60
	grenz (h/t)	52	48	42
	grenz (b/t_f)	44	41	36

Mindestbewehrung

Wird die Längsbewehrung auf die Tragfähigkeit angerechnet, so gilt für den Bewehrungsgrad $\varrho = A_s/(A - A_a)$

$$0,3\ \% \le \varrho \le 4\ \% \qquad \text{(rechnerisch)} \tag{8.65}$$

(A ist die Gesamtfläche der Verbundstütze, also $b_c \cdot h_c$ oder $b \cdot h$ bzw. $\pi d^2/4$)

Falls die Längsbewehrung nicht in Anrechnung gebracht wird, ist folgende Bewehrung für Querschnitte nach Bild **8.31**a, b vorzusehen.

$$\left. \begin{array}{lll} \text{Stäbe} & \varnothing \ge 8\ \text{mm} & \text{maximaler Abstand 250 mm} \\ \text{Bügel} & \varnothing \ge 6\ \text{mm} & \text{maximaler Abstand 200 mm} \\ \text{Matten} & \varnothing \ge 4\ \text{mm} & - \end{array} \right\}$$

Die Bügel sind an das Stahlprofil anzuschweißen oder durch den Steg zu stecken. Anstelle der Bügel sind auch Durchsteckhaken erlaubt. Betongefüllte Hohlprofile dürfen ohne Bewehrung ausgeführt werden.

Grenzschlankheit

Das vereinfachte Verfahren ist begrenzt auf einen bezogenen Schlankheitsgrad $\overline{\lambda}_K \le 2,0$ ($\overline{\lambda}_K$ nach Gl. (8.76)).

Bei Schlankheiten $\overline{\lambda}_K \le 0,2$ oder für $N_{sd}/N_{cr} \le 0,1$ – s. 8.5.3 – besteht keine Knickgefahr.

8.5.2 Plastische Querschnittstragfähigkeiten

8.5.2.1 Plastische Grenznormalkraft $N_{pl,Rd}$

Aus der Forderung vom Ebenbleiben der Querschnitte ergibt sich die plastische Grenznormalkraft aus der Addition der plastischen Grenzkräfte der einzelnen Querschnittsteile.

Einbetonierte Stahlprofile, betongefüllte Rechteck-Hohlprofile (Bild 8.31a, b, c)

$$N_{\mathrm{pl,Rd}} = A_\mathrm{a} \cdot f_\mathrm{y,d} + a_\mathrm{c} \cdot A_\mathrm{c} \cdot f_\mathrm{c,d} + A_\mathrm{s} \cdot f_\mathrm{s,d} \tag{8.66}$$

mit

a_c = 1,0 für betongefüllte Hohlprofile

  = 0,85 für alle anderen Querschnitte

Alle anderen Werte wie zuvor.

Betongefüllte Rundrohre

Nach einer gewissen Belastungszeit übt das Stahlrohr eine Umschnürungsfunktion auf den Beton aus, wodurch die Betonfestigkeit deutlich ansteigt. Dieser Effekt darf ausgenutzt werden, wobei eine merkliche Steigerung der Tragfähigkeit nur bei kurzen Stützen erzielt wird. Er darf nur bis zu bezogenen Schlankheiten von $\overline{\lambda}_\mathrm{K} \leq 0{,}5$ in Rechnung gestellt werden. Wirkt neben der Normalkraft auch noch ein Biegemoment, so darf die Ausmittigkeit $e = \max M_\mathrm{S.d}/N_\mathrm{S.d}$ nicht größer als

$$e \leq d/10 \tag{8.67}$$

sein (M_Sd, N_Sd = M, N, Bemessungswerte der einwirkenden Schnittgrößen). Die Grenznormalkraft ergibt sich aus Gl. (8.68)

$$N_{\mathrm{pl,Rd}} = A_\mathrm{a} \cdot f_\mathrm{y,d} + \eta_2 \cdot A_\mathrm{c} \cdot f_\mathrm{cd} \cdot \left[1 + \eta_1 \cdot \frac{t}{d} \cdot \frac{f_\mathrm{y,k}}{f_\mathrm{c,k}} \right] + A_\mathrm{s} \cdot f_\mathrm{s,d} \tag{8.68}$$

mit

η_1, η_2 Beiwerte nach Tafel **8**.17 in Abhängigkeit von e/d

t, d Wanddicke und Außendurchmesser des Stahlrohres

Alle anderen Werte wie zuvor.

Tafel **8**.17 Beiwerte η_i zur Bestimmung der Grenznormalkraft betongefüllter Rundrohre

	$0 \leq e/d \leq 0{,}1$	$e = 0$	$e/d > 0{,}1$
η_1	$\eta_{10} \cdot (1 - 10\, e/d)$	$\eta_{10} = 4{,}9 - 18{,}5 \cdot \overline{\lambda} + 17 \cdot \overline{\lambda}^2 \geq 0$	0
η_2	$\eta_{20} + (1 - \eta_{20}) \cdot 10\, e/d$	$\eta_{20} = 0{,}25 \cdot (3 + 2\,\overline{\lambda}) \qquad \leq 1$	1

8.5.2.2 Plastische Grenzmomente

Plastische Grenzmomente werden natürlich nur benötigt, wenn der Fall „Biegung mit Normalkraft" vorliegt. Der Tragfähigkeitsnachweis wird dann über die *Interaktionsbeziehung* zwischen den einwirkenden Schnittgrößen und den entsprechenden Grenzschnittgrößen geführt. Bei Verbundstützen wird dabei wie bei reinen Betonstützen das gleiche Phänomen beobachtet, dass die zusätzlich durch eine Normalkraft belastete Stütze u.U. ein größeres (plastisches) Moment aufnehmen kann als ohne Normalkraft. Dies hängt damit zusammen, dass der durch den Biegezug gerissene Betonquerschnitt infolge der Normalkraft überdrückt wird. Der Betonteil liefert dann einen größeren Anteil am plastischen Gesamtmoment.

Das plastische Grenzmoment kann daher nicht isoliert betrachtet werden, sondern muss im Zusammenhang mit den Normalkräften gesehen werden. Aus Platzgründen wird hier nur der I-Querschnitt mit *Biegung um die* starke (y)-Achse behandelt. Für andere Fälle s. [32],[68].

Grundsätzlich werden die Interaktionskurven (s. 8.5.2.3) wie folgt ermittelt: Man wählt für den zu untersuchenden Querschnitt der Reihe nach verschiedene Lagen der plastischen Null-Linie und bestimmt anhand der Spannungsblöcke die resultierende Normalkraft und das zugehörige Biegemoment um die Schwerachse des ungerissenen Querschnittes.

Der Größtwert des aufnehmbaren Biegemomentes (bei $N \neq 0$) wird mit $M_{\mathrm{max,Rd}}$ bezeichnet, das plastische Moment bei $N = 0$ heißt $M_{\mathrm{pl,Rd}}$. Dieser letzte Wert hängt u.a. ab von der (rechnerischen) Größe der Normalkraft des reinen Betonquerschnittes $N_{\mathrm{pm,Rd}}$

$$N_{\mathrm{pm,Rd}} = A_{\mathrm{c}} \cdot f'_{\mathrm{cd}} = A_{\mathrm{c}} \cdot a_{\mathrm{c}} \cdot f_{\mathrm{cd}} = 2\,N_{\mathrm{D,Rd}} \tag{8.69}$$

mit

f'_{cd} nach Gl. (8.32) mit $a_{\mathrm{c}} = 0{,}85$

$N_{\mathrm{D,Rd}}$ Normalkraft im Querschnitt bei $M_{\mathrm{max,Rd}}$ (Punkt D in Bild **8.**32)

Allgemein sind dabei drei Lagen der plastischen Null-Linie möglich, deren Abstand von der y-Achse (des ungerissenen Querschnittes) mit h_{n} bezeichnet wird. Diese Größe kann nach Tafel **8.**18 bestimmt werden und muss natürlich mit den geometrischen Querschnittsbedingungen übereinstimmen.

Tafel **8.**18 Abstände h_{n} der plastischen Null-Linie und Widerstandsmomente W_{pan} der Stahlteile im Bereich $2 \cdot h_{\mathrm{n}}$

Null-Linie im Steg

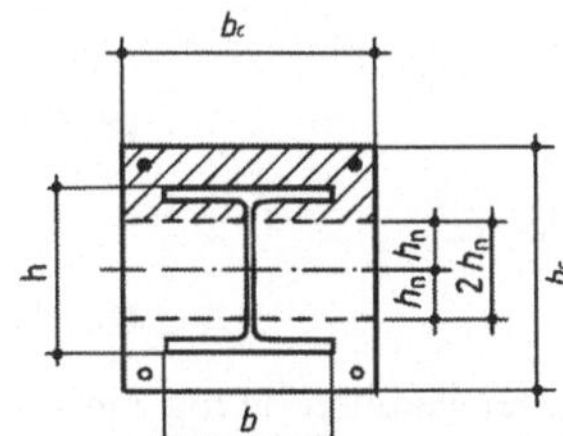

$$h_{\mathrm{n}} = \frac{A_{\mathrm{c}} \cdot f'_{\mathrm{cd}} - A_{\mathrm{sn}}(2f_{\mathrm{sd}} - f'_{\mathrm{cd}})}{2b_{\mathrm{c}} \cdot f'_{\mathrm{cd}} + 2t_{\mathrm{w}}(2f_{\mathrm{yd}} - f'_{\mathrm{cd}})}$$

$$W_{\mathrm{pan}} = t_{\mathrm{w}} \cdot h_{\mathrm{n}}^2$$

Null-Linie im Flansch

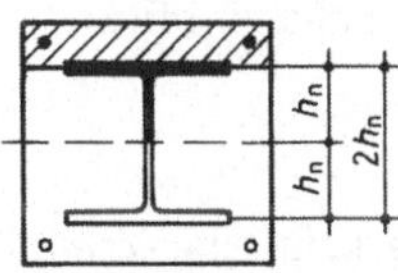

$$h_{\mathrm{n}} = \frac{A_{\mathrm{c}} \cdot f'_{\mathrm{cd}} - A_{\mathrm{sn}}(2f_{\mathrm{sd}} - f'_{\mathrm{cd}}) + (b - t_{\mathrm{w}})(h - 2t_{\mathrm{f}})(2f_{\mathrm{yd}} - f'_{\mathrm{cd}})}{2b_{\mathrm{c}} \cdot f'_{\mathrm{cd}} + 2b(2f_{\mathrm{yd}} - f'_{\mathrm{cd}})}$$

$$W_{\mathrm{pan}} = b \cdot h_{\mathrm{n}}^2 - \frac{(b - t_{\mathrm{w}})(h - 2t_{\mathrm{f}})^2}{4} = W_{\mathrm{pa}} - \frac{b}{4} \cdot (h^2 - 4h_{\mathrm{n}}^2)$$

Null-Linie außerhalb Profil

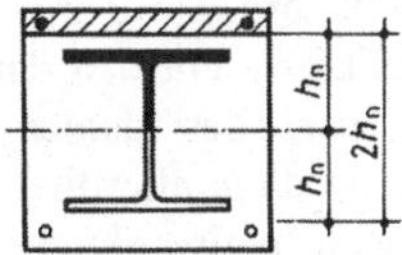

$$h_{\mathrm{n}} = \frac{A_{\mathrm{c}} \cdot f'_{\mathrm{cd}} - A_{\mathrm{sn}}(2f_{\mathrm{sd}} - f'_{\mathrm{cd}}) - A_{\mathrm{a}}(2f_{\mathrm{yd}} - f'_{\mathrm{cd}})}{2b_{\mathrm{c}} \cdot f'_{\mathrm{cd}}}$$

$$W_{\mathrm{pan}} = W_{\mathrm{pa}}$$

Mit den plastischen Widerstandsmomenten der einzelnen Querschnittsteile

$$W_{\text{pa}} = 2 \cdot S_{\text{y,a}} \quad \text{oder nach Tabellen [40]} \tag{8.70a}$$

$$W_{\text{ps}} = \sum_{1}^{n} (A_{\text{s}} \cdot z_{\text{s,i}}) \tag{8.70b}$$

$$\text{und} \quad W_{\text{pc}} = \frac{b_{\text{c}} \cdot h_{\text{c}}^2}{4} - W_{\text{pa}} - W_{\text{ps}} \tag{8.70c}$$

wird das größtmögliche Moment

$$M_{\text{max,Rd}} = M_{\text{D,Rd}} = W_{\text{pa}} \cdot f_{\text{y,d}} + 0{,}5 \cdot W_{\text{pc}} \cdot f'_{\text{c,d}} + W_{\text{ps}} \cdot f_{\text{s,d}} \tag{8.71}$$

errechnet. Das plastische Moment bei $N = 0$ ergibt sich aus Gl. (8.71) durch Abzug aller plastischen Momentenanteile, die innerhalb des Bereiches von jeweils h_{n} beidseitig zur y-Achse liegen; die hierzu gehörenden Widerstandsmomente sind W_{pan}, W_{pcn} und W_{psn}. Das abzuziehende Moment beträgt

$$M_{\text{n,Rd}} = W_{\text{pan}} \cdot f_{\text{y,d}} + 0{,}5 \cdot W_{\text{pcn}} \cdot f'_{\text{c,d}} + W_{\text{psn}} \cdot f'_{\text{s,d}} \tag{8.72}$$

Hierin bedeuten:

W_{pan} nach Tafel **8.**18
W_{psn} nach Gl. (8.70b) für alle Bewehrungsflächen innerhalb $2h_{\text{n}}$
W_{pcn} nach Gl. (8.73)

$$W_{\text{pcn}} = b_{\text{c}} \cdot h_{\text{n}}^2 - W_{\text{pan}} - W_{\text{psn}} \tag{8.73}$$

Das plastische Grenzmoment bei reiner Biegung ($N = 0$) erhält man dann aus

$$M_{\text{pl,Rd}} = M_{\text{max,Rd}} - M_{\text{n,Rd}} \tag{8.74}$$

Die hier nur formelmäßig wiedergegebenen und in der Reihenfolge einer Handrechnung dargestellten Einzelgrößen gehen prinzipiell aus gedanklich einfachen, jedoch rechenintensiven Ableitungen hervor. Auf deren Darstellung darf im Rahmen dieses Werkes verzichtet werden.

In Ausnahmefällen weisen Stahlstützen auch merkliche Querkräfte auf. Ihr Einfluss auf das plastische Moment des Stahlprofils kann über Gl. (8.48) erfolgen. Sinnvollerweise reduziert man mit dem eckigen Klammerausdruck in Gl. (8.47) die vorhandene Stegdicke des Stahlprofiles.

8.5.2.3 Interaktionsbeziehung zwischen *N* und *M*

Mit den bisherigen Ableitungen der maßgebenden Grenzschnittgrößen kann ein *vereinfachtes Interaktionsdiagramm* angegeben werden, das die genauen Beziehungen polygonal begrenzt und i.d.R. auf der sicheren Seite liegt. Lediglich zwischen den Punkten A und C in Bild **8.**32a bestehen in Sonderfällen gewisse Unsicherheiten.

Der Punkt D im Interaktionsdiagramm ist dadurch gekennzeichnet, dass alle anrechenbaren Spannungsblöcke positive Beiträge zum Moment bei Bezug auf die y-Achse liefern. Dies ist dann der Fall, wenn die plastische Null-Linie mit der y-Achse (= Flächenhalbierende des idealen Querschnittes) zusammenfällt. Die resultierende Normalkraft im Querschnitt ist dann allerdings nicht Null, sondern entspricht gerade der halben Größe von $N_{\text{pm,Rd}}$ nach Gl. (8.69), also gleich $N_{\text{D,Rd}}$. Im Punkt B des Interaktionsdiagramms ist die resultierende Normalkraft aus den Spannungsblöcken identisch Null und die Spannungsnull-Linie hat sich um h_{n} von der y-Achse verschoben; das

Moment beträgt $M_{pl,Rd}$. Dieser Momentenwert wird nochmals erreicht, wenn man die plastische Null-Linie um h_n von der y-Achse aus nach unten verschiebt, wobei sich eine Normalkraft von $N_{pm,Rd}$ ergibt. Damit hat man den Punkt C des polygonalen Interaktionsdiagramms gefunden.

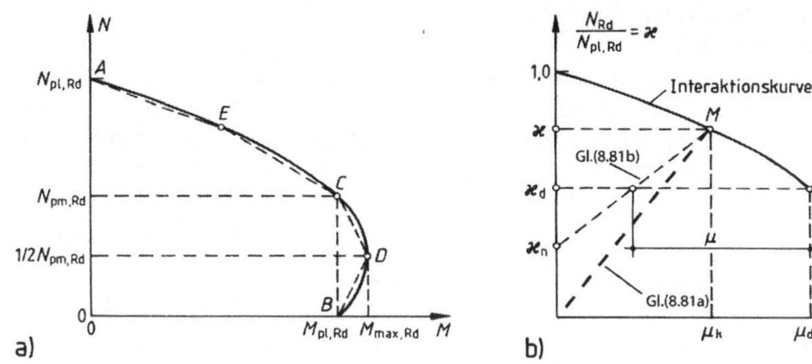

Bild **8.32** *M-N*-Interaktionsdiagramm
a) allgemeine Bezeichnungen und Polygonzug b) Anwendung beim Nachweis für einachsige Biegung mit Normalkraft und Imperfektion nach Theorie II. O.

Der Wert h_n für die Lage der plastischen Null-Linie bei reiner Momentenbeanspruchung wird nach Tafel **8**.18 bestimmt.

Die beschriebene Vorgehensweise gilt auch bei Biegung um die (schwache) z-Achse und bei Hohlprofilen, wie sich allgemein zeigen lässt [68].

8.5.2.4 Einfluss von Kriechen und Schwinden

Der Einfluss von Kriechen und Schwinden bei Verbundstützen ist fallweise beim *Tragsicherheitsnachweis* und u.U. beim Nachweis der *Verbundsicherung* sowie der *Krafteinleitung* zu berücksichtigen.

Tragsicherheitsnachweis

Kriechen und Schwinden haben nur dann einen Einfluss, wenn die Stütze auch Biegemomente aufnehmen muss. Das Langzeitverhalten des Betons wird in der elastischen Biegesteifigkeit des Betons durch Einführung eines abgeminderten E-Moduls nach Gl. (8.75) erfasst.

$$E_c = E_{cd} \cdot (1 - 0,5 \cdot N_{G,Sd}/N_{Sd}) \tag{8.75}$$

$N_{G,Sd}$ (N_{Sd}) Bemessungswert der ständigen (gesamten) Normalkraft. Diese Abminderung ist erforderlich, wenn die Lastausmitte – vgl. Gl. (8.67) –

$$e/d < 2$$

ist **und** der bezogene Schlankheitsgrad die Grenzwerte der Tafel **8**.19 überschreitet.

Tafel **8**.19 Grenzwerte der bezogenen Schlankheit $\bar{\lambda}$, bei denen Kriechen und Schwinden vernachlässigt werden darf; δ nach Gl. (8.63)

	ausgesteifte, seitensteife Rahmen	seitenweiche und/oder nicht ausgesteifte Rahmen
einbetonierte Querschnitte	0,8	0,5
beton gefüllte Querschnitte	$\dfrac{0,8}{1-\delta}$	$\dfrac{0,5}{1-\delta}$

Verbundsicherheit und Krafteinleitung

Die Einleitung der Kräfte in Verbundstützen erfolgt entweder

- zunächst nur auf das Stahlprofil mit anschließender Weiterleitung durch Verbundmittel in den Beton (Laschen-, Stirnplatten-, Knaggenanschlüsse) oder
- gleichzeitg in beide Querschnittteile (über kräftige Kopfplatten).

Die Einleitung der Kräfte *zunächst nur in den Betonquerschnitt* sollte grundsätzlich vermieden werden, da dann die Schubkräfte in der Verbundfuge im Laufe der Beanspruchungsdauer zunehmen. Im ersten Fall dagegen nehmen die Schubkräfte in der Verbundfuge infolge Kriechen und Schwinden im Laufe der Zeit ab, so dass für die Bemessung der Verbundmittel der Zeitpunkt $t = 0$ maßgebend wird. Weitere Einzelheiten s. 8.5.4.

8.5.3 Tragsicherheitsnachweise

8.5.3.1 Planmäßig mittiger Druck

Der Nachweis erfolgt auf der Grundlage der Europäischen Knickspannungskurven (s. Teil 1, **6.3**) und ist daher mit den Regelungen des EC 3 oder DIN 18800-2 führbar.

Mit Hilfe des bezogenen Schankheitsgrades $\overline{\lambda}_K$ nach Gl. (8.76)

$$\overline{\lambda}_K = \sqrt{\frac{N_{pl,R}}{N_{Ki}}} \tag{8.76}$$

mit

$N_{pl,R}$ charakteristischer Wert der plastischen Normalkraft nach Gl. (8.66) bzw. Gl. (8.67) mit
         $\gamma_M = \text{konst} = 1,0$
N_{Ki} ideale Knicklast nach Gl. (8.77)

wird der Abminderungsfaktor $\varkappa$ bestimmt, wobei folgende Knickspannungslinien zu verwenden sind:

- Betongefüllte Hohlprofile: **Linie *a***
- teilweise oder vollständig einbetonierte I-Profile, Ausweichen rechtwinklig zur *y*-Achse: **Linie *b***
- wie zuvor, Ausweichen rechtwinklig zur *z*-Achse: **Linie *c***

Die Knicklast

$$N_{ki} = \pi^2 \cdot (EI)_e / s_{Ki}^2 \tag{8.77}$$

wird mit der Biegesteifigkeit $(EI)_e$ ermittelt

$$(EI)_e = (EI)_a + 0,8 \cdot E_{cd} \cdot I_c + (EI)_s \tag{8.78}$$

Hierin bedeuten:

I_a, I_c, I_s Flächenmoment 2. Grades (Trägheitsmoment) des Baustahls, des ungerissenen Betons und der Bewehrung
$E_a = E_s$ E-Modul des Baustahls und der Bewehrung
E_{cd} wirksamer E-Modul des Betons mit $E_{cd} = E_{cm}/\gamma_c$
$\gamma_c = 1,35$ Materialsicherheitsbeiwert für die Steifigkeit

Der Tragfähigkeitsnachweis lautet

$$\frac{N}{\varkappa \cdot N_{pl,Rd}} \leq 1 \tag{8.79}$$

8.5.3.2 Einachsige Biegung mit Normalkraft

Der Nachweis erfolgt mit Hilfe des Interaktionsdiagramms nach 8.5.2.3, wobei die Biegemomente nach *Theorie II. Ordnung* zu bestimmen sind, falls

- $N/N_{Ki} > 0{,}1$ oder
- bei Druckstäben mit Randmomenten $\bar{\lambda} > 0{,}2 \cdot (2 - \psi)$ ist ($\psi \leq 1$, Verhältnis der Randmomente).

Vereinfachend darf das Biegemoment nach Theorie II. Ordnung über den *Vergrößerungsfaktor* α und dem Biegemoment aus Theorie I. Ordnung ohne Ansatz einer geometrischen Ersatzimperfektion (M^I) errechnet werden.

$$\alpha = \frac{\beta_m}{1 - N/N_{Ki}} \geq 1{,}0 \qquad M^{II} = \alpha \cdot M^I \tag{8.80}$$

Hierbei ist β_m der gleiche Momentenbeiwert wie beim Nachweis der reinen Stahlstütze, s. Tafel **6.7**, Teil 1.

Da in M^I eine geometrische Ersatzimperfektion (als Vorkrümmung oder Schiefstellung) nicht enthalten ist, muss diese notwendige Absicherung (bei Druckstäben) indirekt erfasst werden. Dies erfolgt nach EC 4 im Interaktionsdiagramm (Bild **8.32b**) auf folgende Weise:

1. Bei planmäßig mittiger Beanspruchung wäre der Abminderungsfaktor gegenüber der plastischen Normalkraft des Verbundquerschnittes bei gleicher Biegeachse $\varkappa = N/N_{pl,Rd}$ (Gl. (8.78)).

2. Zu dieser Normalkraft gehört bei stabilitätsgefährdeten Druckstäben (offensichtlich) ein auf das plastische Grenzmoment $M_{pl,Rd}$ bezogenes Imperfektionsmoment von der Größe μ_k, s. Bild **8.32b**, Punkt M.

3. Dieses Imperfektionsmoment braucht bei planmäßig einwirkenden Biegemomenten jedoch nicht voll in Rechnung gestellt und darf (linear) auf Null reduziert werden in Abhängigkeit von der Momentenverteilung nach Theorie I. Ordnung.

4. Das Imperfektionsmoment ist Null bei

$$\varkappa_n = 0 \qquad \text{– bei Momenten aus Querlasten} \tag{8.81a}$$

$$\varkappa_n = \varkappa \cdot \frac{1 - \psi}{4} \quad \text{– beim Überwiegen der Randmomente ($\psi \leq 1$, Randmomenten-} \tag{8.81b}$$
$$\text{verhältnis)}$$

5. Zwischen dem Wert $\varkappa_n$ auf der Ordinate des Interaktionsdiagramms und dem Punkt M auf der Interaktionskurve wird das Imperfektionsmoment linear interpoliert (Bild **8.32b**).

6. Zwischen dieser Geraden und der Interaktionskurve wird das noch aufnehmbare, bezogene Biegemoment μ auf der Höhe von

$$\varkappa_d = N/N_{pl,Rd} \tag{8.82}$$

abgegriffen (Bild **8.32b**).

7. Dieses ist mit Rücksicht auf mehrere Vereinfachungen im Nachweisverfahren auf 90 % zu begrenzen.

Der Nachweis lautet daher

$$\frac{M^{II}}{0{,}9 \cdot \mu \cdot M_{pl,Rd}} \leq 1 \qquad \begin{array}{ll} \text{mit} & \\ M^{II} & \text{nach Gl. (8.79)} \\ M_{pl,Rd} & \text{nach Gl. (8.74)} \\ \mu & \text{aus Interaktionsdiagramm, wie beschrieben.} \end{array} \tag{8.83}$$

Der Fall der *zweiachsigen Biegung mit Normalkraft* kommt im Geschossbau nur selten vor und wird daher hier nicht behandelt. Für diesen Fall enthält der EC 4 spezielle Regelungen.

8.5.4 Verbundsicherung und Krafteinleitung

Hierzu enthält der EC 4 nur allgemeine Ausführungen und regelt detailliert die Schubtragfähigkeit der *Verbundfuge* zwischen Profilstahl und Beton sowie die bei Kopfbolzen an den Stegen von einbetonierten I-Profilen aktivierbaren Reibungskräfte an den Innenseiten der Flansche.

Man wird sich hier an die bekannten Regelungen der DIN 18806 halten und entsprechende Nachweise in Übereinstimmung mit EC 2 führen. Hierzu einige Hinweise:

Querkraftschub

Die Querkraft kann entweder nur dem Stahlprofil zugewiesen oder aber auf das Stahlprofil und den Betonquerschnitt aufgeteilt werden. Die einzelnen Anteile können wie folgt bestimmt werden:

$$\left. \begin{aligned} V_{c+s,Sd} &= V_{Sd} \cdot \frac{M_{pl,c+s,Rd}}{M_{pl,Rd}} \\[2ex] V_{a,Sd} &= V_{Sd} - V_{c+s,Sd} \end{aligned} \right\} \tag{8.84}$$

mit

$M_{pl,c+s,Rd}$ plastisches Moment des (bewehrten) Betonquerschnittes

$V_{c+s,Sd}, V_{a,Sd}$ anteilige Querkraft von Beton- und Stahlquerschnitt

Für diese Anteile werden die entsprechenden Nachweise geführt. Die Schubspannung im Betonteil kann bei Biegung um die y-Achse z.B. über

$$\tau_c = \frac{V_{c+s,Sd}}{2 \cdot c_y \cdot z_{pl,c+s}} \tag{8.85}$$

mit

$z_{pl,c+s}$ Hebelarm der inneren Kräfte in $M_{pl,c+s,Rd}$

kontrolliert werden. (Grundwerte der Schubfestigkeit τ_{Rd} nach EC 2), Tafel **8.20**. Für die restliche Querkraft $V_{a,Sd}$ ist nachzuweisen, dass die *Schubspannungen in der Verbundfuge* aus

$$\tau = \frac{V_{a,Sd} \cdot S}{I_{ges} \cdot b} \tag{8.86}$$

die Grenzwerte der Tafel **8.21** nicht überschreiten. Anderenfalls sind auch hier Verbundmittel erforderlich. In Gl. (8.86) ist S das statische Moment der Betonfläche oberhalb des Flansches, Bild **8.33**.

Tafel **8.20** Grundwerte der Bemessungsschubsteifigkeit τ_{Rd} in N/mm² nach [29]

Beton	C 20/25	C 25/30	C 30/37	C 35/45	C 40/50	C 45/55	C 50/60
τ_{Rd}	0,25	0,30	0,33	0,37	0,42	0,45	0,48

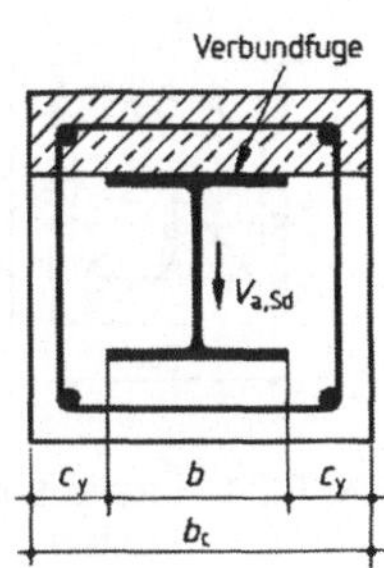

Tafel **8.21** Grenzwerte der Verbundspannungen zwischen Stahlprofil und Beton

Verbundspannung τ_{Rd} in [N/mm²]	
Einbetonierte Querschnitte	0,6
Betongefüllte Querschnitte	0,4
Flansche ⎫ teilweise einbetonierte Querschnitte	0,2
Stege ⎭	0,0

Bild **8.33** Verbundfuge zur Aufnahme des Querschubes $V_{a,sd}$

Krafteinleitungsbereich

Falls die am Stützenkopf (Trägeranschluss) einzuleitenden Kräfte nicht direkt über entsprechende konstruktive Maßnahmen auf beide Querschnittsflächen (Stahl, Beton) eingeleitet werden, muss der auf den Beton entfallende Anteil aus Biegung und Normalkraft über Verbundmittel (am Steg des Stahlprofils) in den Betonquerschnitt eingeleitet werden. Dabei soll die Lasteinleitungslänge den zweifachen Betrag der kleineren (Gesamt-)Querschnittsabmessung nicht überschreiten. Die Aufteilung der Schnittgrößen erfolgt auf einfache Weise über

$$N_{a,Sd} = N_{Sd} \cdot \frac{N_{a,Rd}}{N_{pl,Rd}} \qquad M_{a,Sd} = M_{Sd} \cdot \frac{M_{a,Rd}}{M_{pl,Rd}}$$

Der auf den Betonquerschnitt entfallende Normalkraftanteil ist über eine Bügelbewehrung in die entsprechenden Querschnittsteile einzuleiten, siehe Beispiel 8.

Dübelkräfte

Bei Verwendung von Kopfbolzendübeln werden infolge der Kraftausbreitung (Druckstreben unter 45° Neigung) an den Flanschen der Profile Reibungskräfte R aktiviert, die bei der Bestimmung der erforderlichen Dübelzahl mit

$$R = \mu \cdot P_{Rd}/2 \tag{8.88}$$

mit

$\mu = 0,5$ für $t_f > 10$ mm

$\mu = 0,55$ für $t_f > 15$ mm

P_{Rd} Dübeltragfähigkeit nach Tafel **8.4**

je Flansch berücksichtigt werden dürfen. Dabei sollen die Flanschabstände nach Bild **8.34** nicht überschritten werden.

Genauere Nachweise als hier angegeben – auch unter Berücksichtigung von Kriechen und Schwinden – können über spezielle EDV-Programme durchgeführt werden.

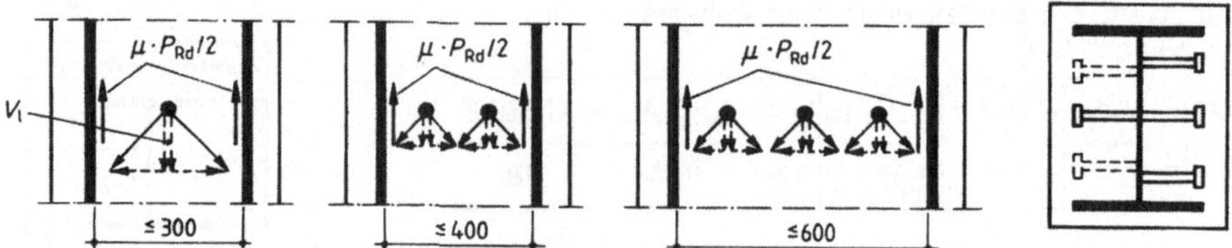

Bild **8.34** Lastausbreitung der Dübelkräfte, maximale Flanschabstände bei Ansatz von Reibungskräften

8.5.5 Berechnungsbeispiel

Beispiel 8 (Bild **8.35**)

Für den in Bild **8.35**a dargestellten Verbundquerschnitt sollen die Querschnittstragfähigkeiten bestimmt und das (polygonale) Interaktionsdiagramm aufgestellt werden. Anschließend sind die Tragfähigkeitsnachweise für das in Bild **8.35**b angegebene statische System mit den eingetragenen Einwirkungen zu führen.

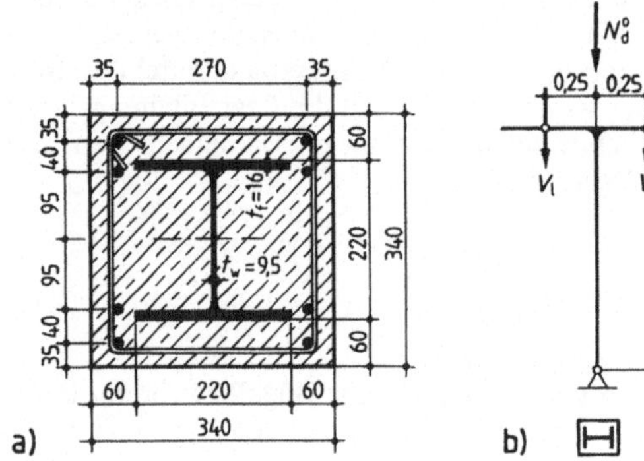

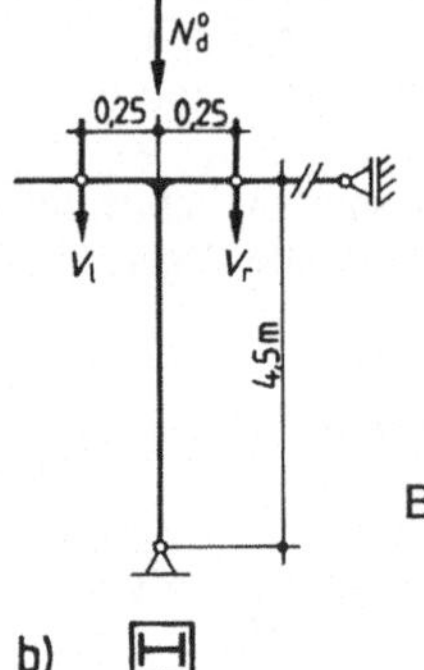

Bild **8.35** Einfeldrige Stütze mit einachsiger Biegung
a) Querschnitt und Bewehrung
b) statisches System

8.5.5.1 Querschnittstragfähigkeiten

Werkstoffe

Beton:

C 35/45 $E_{cm} = 3{,}35 \cdot 10^3 \ \text{kN/cm}^2$ $f_{c,d} = 3{,}5/1{,}5 = 2{,}33 \ \text{kN/cm}^2$

Betonstahl:

BSt 500 S, $\varnothing$ 20 $f_{s,d} = 50/1{,}15 = 43{,}5 \ \text{kN/cm}^2$

Bügel $\varnothing$ 8, BSt 420 S $f_{s,d} = 42/1{,}15 = 36{,}52 \ \text{kN/cm}^2$

Baustahl:

HE 220 B Fe 510 (S355) $E_a = E_s = 21 \cdot 10^3 \ \text{kN/cm}^2$ $f_{y,d} = 35{,}5/1{,}1 = 32{,}3 \ \text{kN/cm}^2$

Querschnittswerte

$$A_a = 91 \ \text{cm}^2 \qquad A_s = 8 \cdot 3{,}14 = 25{,}12 \ \text{cm}^2$$

$$A_c = 342 - 91 - 25{,}12 \quad = 1065 - 25{,}12 \approx 1040 \ \text{cm}^2$$

$$\varrho \ = 25{,}12 \cdot 100/1065 \quad = 2{,}36 \ \% < 4 \ \% \ \text{nach Gl. (8.65)}$$

Die Mindestbetondeckungen nach Gl. (8.64) sind eingehalten.

Plastische Grenznormalkraft

Mit $a_c = 0,85$ erhällt man nach Gl. (8.66)

$$N_{pl,Rd} = 91 \cdot 32,3 + 0,85 \cdot 2,33 \cdot 1040 + 25,12 \cdot 43,5$$

$$= 2939,3 + 2059,7 + 1092,7 \approx 6092 \text{ kN}$$

Der Querschnittsparameter δ nach Gl. (8.63) ist

$$\delta = 2939,3/6092 = 0,48 < 0,9$$
$$> 0,2$$

Es handelt sich also um eine „echte" Verbundstütze.

Plastisches Moment um die y-Achse

Es wird angenommen, dass die plastische Null-Linie im Steg liegt. Mit Tafel **8**.18, Spalte 1 und $N_{pm,Rd}$ nach Gl. (8.69) erhält man

$$N_{pm,Rd} = 1040 \cdot 0,85 \cdot 2,33 = 2059,7 \text{ kN}$$

und

$$h_n = \frac{2059,7}{2 \cdot 34 \cdot 0,85 \cdot 2,33 + 2 \cdot 0,95 \cdot (2 \cdot 32,3 - 0,85 \cdot 2,33)} = 8,12 \text{ cm}$$

$$< (19/2 - 2,0/2) = 8,5 \text{ cm}$$

Die einzelnen plastischen Widerstandsmomente sind

$$W_{pa} = 2 \cdot S_y = 2 \cdot 414 \qquad = 828 \text{ cm}^3$$

$$W_{ps} = 2 \cdot 2 \cdot 3,14 \cdot (9,5 + 13,5) = 289 \text{ cm}^3$$

$$W_{pc} = \frac{34 \cdot 34^2}{4} - 828 - 289 \qquad = 8709 \text{ cm}^3$$

und

$$W_{pan} = 0,95 \cdot 8,12^2 \qquad = 62,64 \text{ cm}^3$$

$$W_{pcn} = 34 \cdot 8,12^2 - 62,64 \qquad = 2179 \text{ cm}^3$$

$$W_{psn} = 0$$

Damit beträgt das größte aufnehmbare plastische Moment (in Punkt D) der Interaktionskurve

$$M_{max,Rd} = [828 \cdot 32,3 + 0,5 \cdot 8709 \cdot 0,85 \cdot 2,33 + 289 \cdot 43,5] \cdot 10^{-2} = 479,4 \text{ kNm}$$
$$\text{nach Gl. (8.71)}$$

Das plastische Moment innerhalb von $2/h_n$ ist

$$M_{n,Rd} = [62,64 \cdot 32,3 + 0,5 \cdot 2179 \cdot 0,85 \cdot 2,33 + 0] \cdot 10^{-2} = 41,8 \text{ kNm}$$

Bei $N = 0$, reine Biegung, ist das plastische Moment

$$M_{pl,Rd} \qquad = 479,4 - 41,8 = 437,6 \text{ kNm}$$

$$M_{max,Rd}/M_{pl,Rd} = 479,4/437,6 \approx 1,1$$

Die Lage der Punkte D und C des Interaktionsdiagramms wird mit Hilfe von $N_{pm,Rd}$ gefunden:

$$\frac{0,5 \cdot N_{pm,Rd}}{N_{pl,Rd}} = \frac{0,5 \cdot 2059,7}{6092} = 0,17 \ (D) \qquad \frac{N_{pm,Rd}}{N_{pl,Rd}} = 0,34 \ (C)$$

Ein Zwischenwert zwischen C und $N_{Rd}/N_{pl,Rd} = 1$ braucht nicht ermittelt werden. Das Interaktionsdiagramm ist in Bild **8**.36 dargestellt.

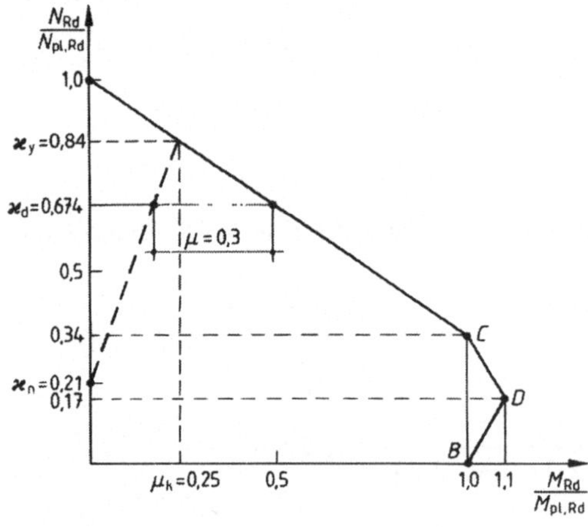

Bild **8**.36   Interaktionsdiagramm

8.5.5.2 Tragfähigkeitsnachweise

Für die 4,5 m lange Stütze im Erdgeschoss soll die Tragfähigkeit nachgewiesen werden. Aus den oberen Geschossen wirkt eine mittige Normalkraft von N_d^0 = 3330 kN ein. Im 1. Geschoss schließen links und rechts Unterzüge mit e = 25 cm exzentrisch an und geben als ständige Last $G_{l,k} = G_{r,k}$ = 165 kN und als veränderliche Last $V_{l,k} = V_{r,k}$ = 220 kN an die Stütze ab. Die veränderliche Last kann dabei auch nur einseitig wirken. Es sind daher zwei Lastkombinationen zu untersuchen

LK 1   „Mittiger Druck"

$$\max N_{Sd} = 3330 + 2 \cdot (1,35 \cdot 165 + 1,5 \cdot 220) = 4436 \text{ kN}$$

LK2   „Druck mit einachsiger Biegung"

$$N_{Sd} = 3330 + 2 \cdot 1,35 \cdot 165 + 1,5 \cdot 220 \approx 4106 \text{ kN}$$

$$M_{Sd} = 1,5 \cdot 220 \cdot 0,25 \qquad\qquad = 82,5 \text{ kNm}$$

$$V_{Sd} = 82,5/4,5 \qquad\qquad = 18,3 \text{ kN}$$

Lastkombination 1

Für mittigen Druck müssen die Abminderungsfaktoren $\varkappa_y$ und $\varkappa_z$ bestimmt werden.

Biegesteifigkeiten (nach Gl. (8.78)). Für den Werkstoff Beton ist ein Sicherheitsbeiwert γ_c = 1,35 für Steifigkeiten zu berücksichtigen.

y-Achse: $I_a = 8090 \text{ cm}^4$ $\qquad\qquad = 0{,}809 \text{ cm}^2\text{m}^2$

$\qquad I_s = 4 \cdot 3{,}14 \cdot (9{,}5^2 + 13{,}5^2) \cdot 10^{-4} = 0{,}342 \text{ cm}^2\text{m}^2$

$$I_c = \frac{34^2 \cdot 0{,}34^2}{12} - 0{,}809 - 0{,}342 \quad = 9{,}98 \text{ cm}^2\text{m}^2$$

z-Achse: $I_a = \qquad\qquad\qquad\quad = 0{,}284 \text{ cm}^2\text{m}^2$

$\qquad I_s = 2 \cdot 4 \cdot 3{,}14 \cdot 0{,}135^2 \qquad = 0{,}458 \text{ cm}^2\text{m}^2$

$\qquad I_c = 11{,}14 - 0{,}284 - 0{,}458 \qquad = 10{,}39 \text{ cm}^2\text{m}^2$

$$(EI_y)_e = 21 \cdot 10^3 \cdot (0{,}809 + 0{,}342) + 0{,}8 \cdot \frac{3{,}35 \cdot 10^3}{1{,}35} \cdot 9{,}98 = 43983 \text{ kNm}^2$$

$$(EI_z)_e = 21 \cdot 10^3 \cdot (0{,}284 + 0{,}458) + 0{,}8 \cdot \frac{3{,}35 \cdot 10^3}{1{,}35} \cdot 10{,}39 = 36208 \text{ kNm}^2$$

Knicklasten, bezogene Schlankheitsgrade, Abminderungsfaktoren

y-Achse: $N_{Ki,y} = \pi^2 \cdot 43983/4{,}5^2 = 21437 \text{ kN}$

$\qquad N_{pl} = 91 \cdot 35{,}5 + 0{,}85 \cdot 3{,}5 \cdot 1040 + 25{,}12 \cdot 50 = 7580 \text{ kN}$

$\qquad \overline{\lambda}_K = \sqrt{7580/21437} = 0{,}595 < 0{,}8$

$\qquad$ Knickspannungslinie $b \qquad \varkappa_y = 0{,}84$

z-Achse: $N_{Ki,z} = \pi^2 \cdot 36208/4{,}5^2 = 17647 \text{ kN}$

$\qquad \overline{\lambda}_K = \sqrt{7580/17647} = 0{,}655 < 0{,}8$

$\qquad$ Knickspannungslinie $c \qquad \varkappa_c = 0{,}75$

Da der bezogene Schlankheitsgrad $\overline{\lambda}_K$ kleiner als 0,8 ist, vgl. Tafel **8.**19, ist Kriechen und Schwinden nicht zu berücksichtigen.

Nachweis $\dfrac{\max N_{sd}}{\varkappa \cdot N_{pl,Rd}} = \dfrac{4436}{0{,}75 \cdot 6092} = 0{,}97 < 1$

(Vergleich: Das reine Stahlprofil kann bei $s_K = 4{,}5$ m nur 1493 kN aufnehmen.)

Lastkombination 2

Das Biegemoment nach Theorie II. Ordnung in Feldmitte (!) wird mit Hilfe Gl. (8.80) und der Tafel **6.**7, Teil 1 bestimmt. Das Randmomentenverhältnis ψ beträgt 0. Der Verzweigungslastfaktor η_{Ki} ist nach Gl. (6.28), Teil 1

$$\eta_{Ki} \approx \frac{N_{Ki,d}}{N_{Sd}} = \frac{21437/1{,}1}{4106} = 4{,}75$$

$$\beta_m = 0{,}66 < (1 - 1/4{,}75 = 0{,}79)$$

Der größere β_m-Wert über η_{Ki} wird in EC 4 nicht erwähnt. Auch ist im Vergrößerungsfaktor α nach Gl. (8.80) mit N_{Ki} anstatt $N_{Ki,d}$ nach DIN 18800-2 zu rechnen, was eigentlich nicht konsequent ist. Daher wird hier mit $N_{Ki,d}$ gearbeitet.

$$\alpha = \frac{0,66}{1-1/4,75} = 0,84 < 1$$

Dies bedeutet, dass das Moment am Stabende maßgebend wird.

Grenzmoment. Das Grenzmoment wird unter Berücksichtigung der noch nicht erfassten Imperfektion aus dem Interaktionsdiagramm, Bild **8**.36, bestimmt, wobei $\varkappa = \varkappa_y$ ist. Nach Gl. (8.81) gilt

$$\varkappa_n = 0,84 \cdot 1/4 = 0,21$$

und $\qquad \varkappa_d = 4106/6092 = 0,674$

Aus dem Interaktionsdiagramm liest man $\mu = 0,3$ ab.

Nachweis $\quad \dfrac{M_{Sd}}{0,9 \cdot \mu \cdot M_{pl,Rd}} = \dfrac{82,5}{0,9 \cdot 0,3 \cdot 437,6} = 0,70 < 1 = 0,70 < 1$

Damit sind die Tragsicherheitsnachweise für die Stütze erbracht.

8.5.5.3 Verbund- und Schubsicherung, Krafteinleitung

Die Detailnachweise für den Verbundquerschnitt sollen unter folgenden Voraussetzungen geführt werden:

1. Die Last aus den oberen Geschossen wird über eine dicke Kopflatte gleichmäßig auf den Gesamtquerschnitt übertragen und erzeugt keine Verbundspannungen.

2. Die Lasten aus dem 1. Geschoss werden über Anschlusslaschen zunächst nur in den Stahlquerschnitt eingeleitet und müssen über entsprechende Verbundmittel in den Stahlbetonquerschnitt weitergeleitet werden.

3. Die Lastabtragung am Fußpunkt erfolgt ebenfalls über eine kräftige Fußplatte, so dass auch hier keine Verbundkräfte wirksam werden.

Demnach verbleibt der Nachweis für den Querkraftschub und die Lastein- bzw. Weiterleitung der Lasten aus dem 1. Geschoss.

Querkraftschub und Verbundspannungen

Die Querkraft wird nach Gl. (8.84) auf das Stahlprofil und den Betonquerschnitt aufgeteilt. Hierzu muss das plastische Moment der Betonstütze *ohne* Stahlprofil bekannt sein. Die Berechnung erfolgt auf elementare Weise über die Spannungsblöcke; auf die Wiedergabe der Zahlenrechnung wird hier verzichtet. Man erhält

$$M_{pl,c+s,Rd} = 144 \text{ kNm} \qquad\qquad z_{pl,c+s} = 18,2 \text{ cm}$$

Damit entfällt auf den Betonquerschnitt eine anteilige Querkraft von

$$V_{c+s,Sd} = 18,3 \cdot \frac{144}{437,6} = 6,0 \text{ kN} \qquad\qquad V_{a,Sd} = 12,3 \text{ kN}$$

Die geringe Betonquerkraft erzeugt vernachlässigbare Schubspannungen nach Gl. (8.85)

$$\tau_c = \frac{6,0}{2 \cdot 6,0 \cdot 18,2} = 0,027 \text{ kN/cm}^2$$

Der Grundwert der Schubspannungen nach EC 2 beträgt $\tau_{Rd} = 0,037$ kN/cm^2, so dass eine Verbügelung statisch nicht erforderlich ist, siehe Tafel **8**.20. In der *Verbundfuge* entstehen Verbundspannungen aus der Querkraft $V_{a,Sd}$. Sie werden mit der bekannten Dübelformel Gl. (8.86) nachgewiesen. Da diese auf einer elastischen Berechnung beruht, sind in Gl. (8.86) S und I_{ges} mit einem (frei wählbaren) Bezugswerkstoff zu bestimmen. Hier wird der Werkstoff Stahl gewählt und der Betonwerkstoff über $n_0 = 21 \cdot 10^3/3{,}35 \cdot 10^3 = 6{,}27$ umgerechnet. Mit den Trägheitsmomenten aus 8.5.5.2 erhält man

$$I_{ges} = 0{,}809 + 0{,}342 + 9{,}98/6{,}27 = 2{,}743 \text{ cm}^2\text{m}^2 = 274{,}3 \text{ cm}^3\text{m}$$

Das statische Moment der Betonfläche (einschließlich Bewehrung) oberhalb des Flansches ist

$$S = (6{,}0 \cdot 34 - 6{,}28) \cdot \frac{(0{,}34 - 0{,}06)}{(2 \cdot 6{,}27)} + 6{,}28 \cdot \left(\frac{0{,}34}{2} - 0{,}035\right) = 5{,}263 \text{ cm}^2\text{m}$$

Damit betragen die Verbundspannungen

$$\tau_v = \frac{12{,}3 \cdot 5{,}263}{274{,}3 \cdot 22} = 0{,}011 \text{ kN/cm}^2 = 0{,}11 \text{ N/mm}^2 < 0{,}6 \text{ N/mm}^2 \qquad \text{nach Tafel } \mathbf{8.21}$$

und das Zusammenwirken von Stahl und Beton ist gewährleistet.

Krafteinleitung

Die Kraft- und Momenteneinleitung erfolgt über am Steg angeschweißte Kopfbolzen $\varnothing$ 22. Sie sollen (aus Sicherheitsgründen) auch noch den Schubanteil der Verbundfuge über die halbe Stützenlänge übertragen

$$T = \tau_v \cdot b \cdot l/2 = 0{,}011 \cdot 22 \cdot 450/2 = 54{,}4 \text{ kN}$$

Die Kopfbolzendübel werden, wie in Bild **8.37** dargestellt, angeordnet. Die Schnittgrößen $N_{c.Sd}$ und $M_{c+s,Rd}$ werden mit Hilfe der Gl. (8.87) bestimmt.

$$\frac{N_{a,Rd}}{N_{pl,Rd}} = \frac{2939{,}3}{6092} = 0{,}482 \qquad \frac{N_{c+s,Rd}}{N_{pl,Rd}} = 0{,}518 \qquad \frac{M_{c+s,Rd}}{M_{pl,Rd}} = \frac{144}{437{,}6} = 0{,}329$$

Damit sind folgende Lasten je Dübelreihe in den Beton einzuleiten, wenn das Moment in ein Kräftepaar aufgelöst wird:

LK 1 $N_{c+s}^* = [0{,}518 \cdot (4436 - 3330) + 54{,}4]/2 = 314 \text{ kN}$

LK 2 $N_{c+s}^* = [0{,}518 \cdot (4106 - 3330) + 54{,}4]/2 + 0{,}329 \cdot 82{,}5/0{,}1 \approx 500 \text{ kN}$

Mit Aktivierung der Reibungskräfte nach Gl. (8.88) kann jeder Dübel (s. Tafel **8.4**) eine Kraft von

$$P_{Rd}' = 109{,}4 + 0{,}55 \cdot 109{,}4/2 = 139{,}5 \text{ kN}$$

übertragen. Damit sind je Dübelreihe

$$\text{erf } n = 500/139{,}5 = 3{,}58 < 4 \ (6)$$

Dübel erforderlich (6 aus konstruktiven Gründen).

Die betonanteilige Normalkraft und das anteilige Moment

$$N_{c+s} = 0{,}518 \cdot (4436 - 3330) = 573 \text{ kN}$$

$$M_{c+s} = 0{,}329 \cdot 82{,}5 = 27{,}1 \text{ kNm}$$

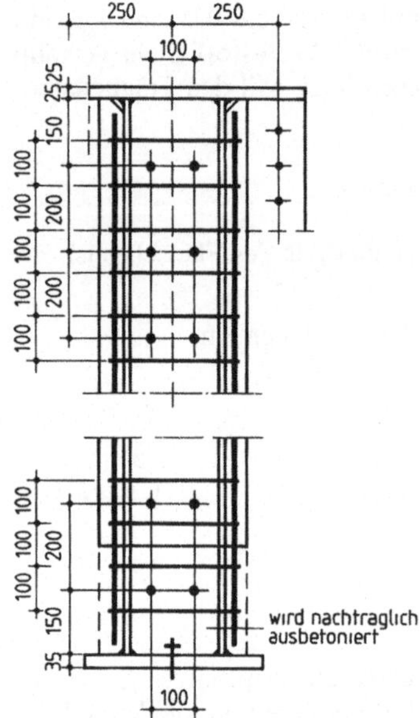

Bild **8.37**   Konstruktive Ausbildung des Stützen-
kopfes und -fußes

müssen über Bügel im gesamten Betonquerschnitt verteilt werden. Dies geschieht hier auf einfache Weise dadurch, dass die Normalkraft flächenmäßig (n_i) aufgeteilt wird. Aus dem Biegemoment wird über eine lineare Dehnungsverteilung eine anzuschließende Kraft aus Gl. (8.89) ermittelt

$$N^{M}_{c+s,i} = M_{c+s} \cdot S_{c+s,i}/I_{c+s} = M_{c+s} \cdot m_i \tag{8.89}$$

mit

$S_{c+s,i}$ statisches Moment der anzuschließenden Betonfläche einschließlich Bewehrung

I_{c+s} Gesamtträgheitsmoment des Betonquerschnittes einschließlich Bewehrung

Sowohl in n_i als auch in m_i ist mit einem einheitlichen Bezugswerkstoff, hier Stahl, zu rechnen.

Der Nachweis wird für den gleichen Querschnittsanteil wie beim Nachweis der Verbundspannungen durchgeführt. Als Verteilungszahlen erhält man hier mit

$$A_{c1,n} = (6 \cdot 34 - 628)/6,27 = 31,53 \text{ cm}^2$$

$$A_{s1} = 2 \cdot 3,14 \qquad\qquad = 6,28$$

$$n_i = \frac{31,53 + 6,28}{1040/6,27 + 25,12} = 0,2$$

und

$$S_{c1,n} = (6 \cdot 34 \cdot 14 - 6,28 \cdot 13,5)/6,27 = 442 \text{ cm}^3$$

$$S_{s1} = 6,28 \cdot 13,5 \qquad\qquad = 84,8 \text{ cm}^3$$

$$I_{c,n} = 99800/6,27 \qquad I_s = 3420 \text{ cm}^4 \text{ (s. Abschn. 8.5.5.2)}$$

$$m_i = \frac{442 + 84,8}{99800/6,27 + 3420} = 0,027 \text{ [cm}^{-1}\text{]}$$

Mit diesen Verteilungszahlen müssen die Bügel eine Schubkraft von

$$T = 0{,}2 \cdot 573 + 0{,}027 \cdot 27{,}1 \cdot 100 = 188 \ \text{kN}$$

weiterleiten.

Es wird vollständige Schubdeckung unterstellt (Druckstrebenneigung unter 45°) und eine Lastverteilungslänge (= Lasteinleitungslänge) von $l_E \leq 2 \cdot 34 = 68$ cm, $l_E = 60$ cm unterstellt.

Die auf die Längeneinheit bezogene Schubkraft beträgt

$$t_{B\ddot{u}} = 188/0{,}6 = 313 \ \text{kN/m}$$

Bei zweischnittigen Bügeln ($n = 2$) wird

$$\text{erf } a_{sB\ddot{u}} = \frac{t_{B\ddot{u}}}{n \cdot f_{sd}} = \frac{313}{2 \cdot 36{,}52} = 4{,}29 \ \text{cm}^2/\text{m}$$

Es werden das Stahlprofil umschließende Bügel ⌀ 8 in sinnvollen Anständen von 10 cm angeordnet. Dies erfordert eine zusätzliche Dübelreihe ($n_{D\ddot{u}} = 2 \times 6 = 12$ Dübel). Mit der in Bild **8.37** gewählten Bügelanordnung ist

$$\text{vorh } a_s = 6 \cdot 0{,}5/0{,}6 = 5{,}0 \ \text{cm}^2/\text{m} > 4{,}29 \ \text{cm}^2/\text{m}$$

Mit diesen Nachweisen ist auch die Kraftein- und -weiterleitung sichergestellt. Am Stützenfuß werden konstruktiv 4×2 Dübel und vier die Dübelpaare umschließende Bügel ⌀ 8, $s_{B\ddot{u}} = 10$ cm angeordnet.

8.6 Konstruktive Hinweise

Die Verbindung von *Stahlverbundträgern* mit *Stahlstützen* erfolgt auf die gleiche Weise wie bei einer Stahlkonstruktion über *Winkel, Stirnplattenanschlüsse* oder *Knaggenauflagerungen* (Bild **8.38**a, b, c). Beim Anschluss an einbetonierte Stahlverbundstützen ragen die Anschlusslaschen aus dem Betonquerschnitt heraus (Bild **8.38**d). Sind die Stahlverbundstützen aus Profilstahl lediglich kammergefüllt, ist ein Anschluss wie in Bild **8.38**c zweckmäßig. Anschlüsse an *Hohlprofilverbundstützen* erfolgen i.d.R. über Knaggen oder *Laschen*, die über Schlitze durch das Hohlprofil gesteckt werden (Bild **8.38**e, f). Die *Stützenkopfausbildung* von Verbundstützen/Verbundträgern unterscheidet sich prinzipiell nicht von der üblichen Stahlbaupraxis.

Auch sind *biegesteife Verbindungen* über HV-Stirnplattenverbindungen oder Laschen denkbar, wobei in einigen Anschlusspunkten die Verbunddecke oder der Kammerbeton des Stahlprofils zunächst weggelassen und nach erfolgter Montage nachträglich mit Beton gefüllt wird (Bild **8.38**g, h). So verfährt man auch bei gelenkig gelagerten Stützen (Bild **8.37**), bei denen die Anschlusspunkte nachträglich ausbetoniert werden. (Interessante Anschlussvarianten werden auch in [72], 3. Jahrg. behandelt.).

Auf eine Reihe von *Sonderkonstruktionen* wie z.B. der *Preflex-Träger* (Bild **8.39**a) mit einbetoniertem Steg und unterem Flansch (profilfolgend), der teilweise auch über Spannglieder vorgespannt werden kann, oder Verbundträger mit *Reibungsverbund* (Bild **8.39**b) kann nicht weiter eingegangen werden. Auch wurden eine Anzahl von vorgefertigten *Verbund-Fachwerkträgern* entwickelt, bei denen z.T. auch der Obergurt des Stahlfachwerkträgers durch die Verbunddecke ersetzt ist.

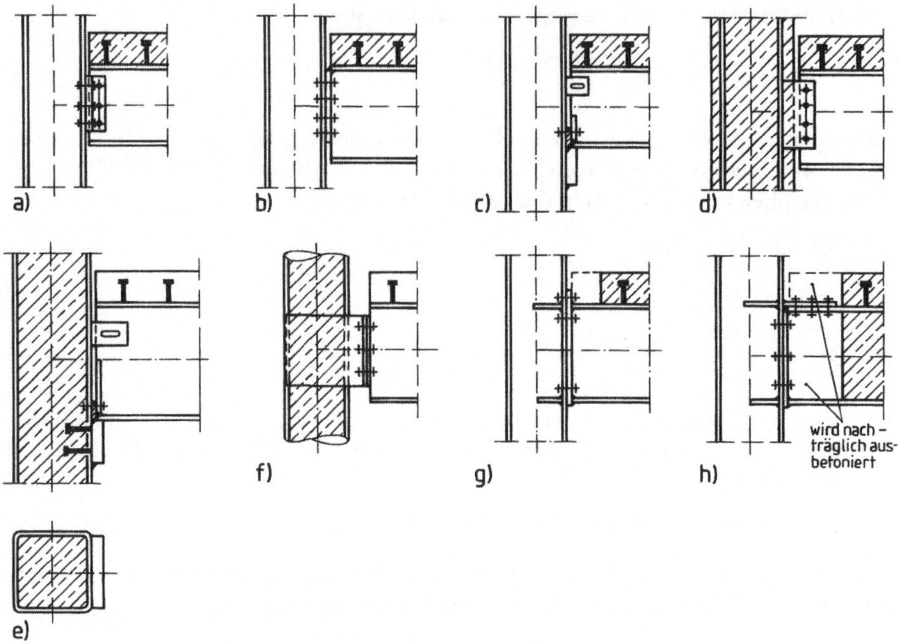

Bild **8.38** Mögliche Träger-Stützenverbindungen
a) bis f) gelenkige Anschlüsse g) bis h) biegesteife Anschlüsse

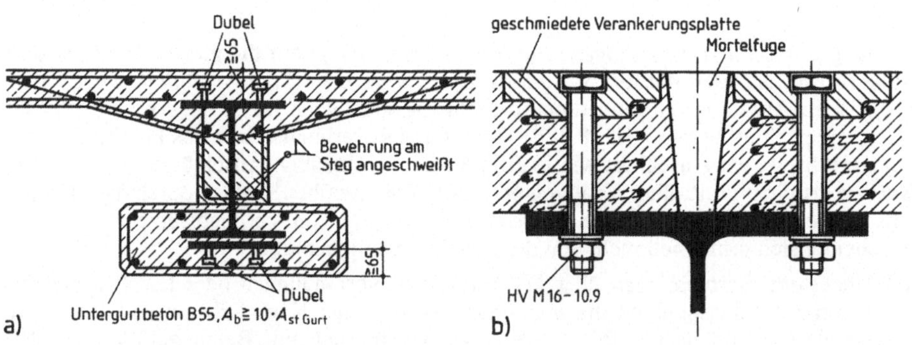

Bild **8.39** Sonderkonstruktionen
a) Querschnitt eines Preflex-Trägers b) Reibungsverbund zwischen Träger und Deckenelement durch HV-Schrauben

8.7 Bemessung von Verbundkonstruktionen im Brandfall

Wesentliche Vorteile gegenüber der reinen Stahl- bzw. Stahlbetonbauweise weisen Verbundkonstruktionen im *Brandfall* auf, wenn die besonderen Anforderungen bereits bei der sogenannten
„Kaltbemessung" berücksichtigt werden. Natürlich können Verbundträger und -stützen durch die
üblichen Bekleidungen oder dämmschichtbildende Beschichtungen wirkungsvoll gegen den

Brandfall geschützt werden, siehe Teil 1. Sinnvoll sind diese Maßnahmen aufgrund der neueren Erkenntnisse über das Tragverhalten von Verbundkonstruktionen im Brandfall jedoch nicht mehr.

Verbundträger

Anstelle der herkömmlichen Brandschutzmaßnahmen verwendet man *kammergefüllte* Stahlträger (Bild **8.**40a), bei denen der beflammte untere Flansch infolge der raschen Temperaturzunahme relativ schnell seine Tragfähigkeit verliert. Seine Funktion übernimmt dann eine Stegverstärkung oder zusätzliche Bewehrungsstähle längs, die jedoch in einer gewissen Entfernung vom unteren Flansch und möglichst (seitlich) weit innen liegen sollten. Auf dieser Grundlage erfolgt die Warmbemessung praktisch wie für den Kaltzustand. Bei den Anschlüssen dieser Träger muss natürlich auch die Anschlusskonstruktion den brandtechnischen Erfordernissen genügen, z.B. wie in Bild **8.**40b.

Stützen

Eine hohe *Feuerwiderstandsdauer* wird von den einbetonierten Stahlprofilen erreicht (F(R)240), auch wenn diese im Kaltzustand vollständig ausgenutzt sind. Der Beton schützt den Stahlquerschnitt vor zu schneller Erwärmung, die Bewehrung verhindert das Abplatzen des Betons. Etwas ungünstiger verhalten sich die nur kammergefüllten Stützen, bei denen die Flansche nahezu ungeschützt beflammt werden und rasch ihre Tragfähigkeit verlieren. Bei abgeminderter Ausnutzung im Kaltzustand wird auch hier die Feuerwiderstandsklasse F(R)120 erreicht.

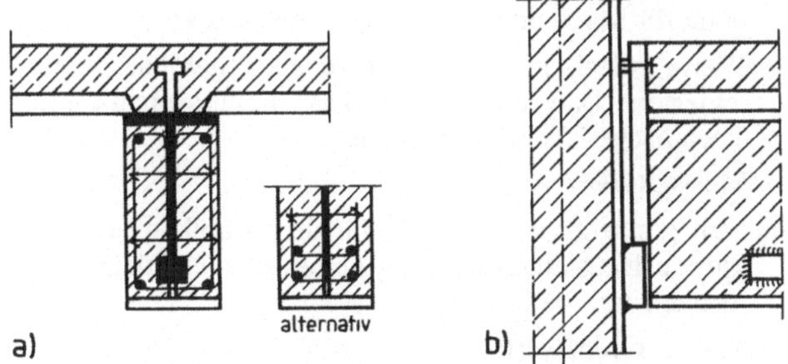

Bild **8.**40   Brandschutz bei Verbundträgern
a) Kammerbeton und Ersatzquerschnitt im Brandfall
b) Anschluss an Stütze

Betongefüllte Hohlprofile schneiden im Brandfall am schlechtesten ab, weil dann die Tragfähigkeit allein vom Tragvermögen des (bewehrten) Betonquerschnittes abhängt. An den Kopf- und Fußpunkten sind Dampfaustrittslöcher vorzusehen, um ein Aufplatzen des Hohlprofils infolge Dampfdruck zu vermeiden.

Die *Warmbemessung* erfolgt zukünftig nach Eurocode 4-1 und -2, der bei Drucklegung in der endgültigen Fassung noch nicht vorlag. Eine Handrechnung ist sehr aufwendig; man verwendet besser spezielle EDV-Programme.

Vorläufig begnügt man sich noch mit den Regelungen in [22]; hier sind für Verbundträger und Verbundstützen in Tafeln und Bildern Mindestquerschnittsabmessungen, Verhältniswerte von Zulagebewehrungen und notwendige Stababstände angegeben, mit deren Hilfe in Abhängigkeit vom Ausnutzungsgrad im Kaltzustand die Feuerwiderstandsklasse angegeben werden kann. Weitere Literatur zum Verbundbau [70], [71], [38], [35g], [35h].

Normen und Richtlinien, Literatur

Normen und Richtlinien

Werkstoffe, Walzerzeugnisse

[1] DIN EN 10025 (3.94) Warm gewalzte Erzeugnisse aus unlegierten Baustählen; Technische Lieferbedingungen

[2] DIN EN 10027–1 (9.92) Bezeichnungssysteme für Stähle; Kurznamen, Hauptsymbole

DIN EN 10027–2 (9.92) Nummernsystem

[3] DIN 59410 [*)] (5.74) Hohlprofile für den Stahlbau, warm gefertigte quadratische und rechteckige Stahlrohre; Maße, Gewicht, zulässige Abweichungen, statische Werte

[4] DIN 59411 [*)] (7.78) Hohlprofile für den Stahlbau, kalt gefertigte quadratische und rechteckige Stahlrohre; Maße, Gewicht, zulässige Abweichungen, statische Werte

[5] DIN 2448 [*)] (2.81) Nahtlose Stahlrohre; Maße, längenbezogene Massen

[6] DIN 2458 [*)] (2.81) Geschweißte Stahlrohre; Maße, längenbezogene Massen

[6a] DIN EN 10220 (03/03) Nahtlose und geschweißte Stahlrohre; allgemeine Tabelle für Maße und längenbezogene Massen

[7] DIN EN 10210–1 (9.94) Warm gefertigte Hohlprofile für den Stahlbau aus unlegierten Baustählen und aus Feinkornbaustählen; Technische Lieferbedingungen

DIN EN 10210–2 (9.94) Masse, Grenzwerte

[8] DIN EN 10219–1 (11.97) Kalt gefertigte Hohlprofile für den Stahlbau aus unlegierten Baustählen und aus Feinkornbaustählen; Technische Lieferbedingungen

DIN EN 10219–2 (11.97) Masse, Grenzwerte

[9] DIN 536–1 (9.91) Kranschienen; Form A (mit Fußflansch); Maße, statische Werte, Stahlsorten

[10] DIN 536–2 (12.74) Kranschienen; Form F (flach); Maße, statische Werte, Stahlsorten

[11] DIN EN ISO 13918 (12.98) Schweißen – Bolzen und Keramikringe zum Lichtbogenschweißen

Berechnung und Ausführungen

[12] DIN 18800–1 (11.90) Stahlbauten; Bemessung und Konstruktion

[13] DIN 18800–1/A1 (2.96) Änderung A1

[14] DIN 18800–2 (11.90) Stabilitätsfälle, Knicken von Stäben und Stabwerken

[15] DIN 18800–3 (11.90) Stabilitätsfälle, Plattenbeulen

[*)] Normen zurückgezogen, Bezeichnung jedoch noch üblich

[15a] DIN 18800-7   (09/02)   Stahlbauten; Ausführung und Herstellerqualifikation

[16]   DIN 18801   (9.83)   Stahlhochbau; Bemessung, Konstruktion, Herstellung

[17]   DIN 18808   (10.84)   Stahlbauten; Tragwerke aus Hohlprofilen unter vorwiegend ruhender Beanspruchung

[18]   DIN 4132   (2.81)   Kranbahnen, Stahltragwerke; Grundsätze für Berechnung, bauliche Durchbildung und Ausführung

[19]   DIN 15018-1   (11.84)   Krane, Stahltragwerke; Berechnung

       DIN 15018-2   (11.84)   Grundsätze für die bauliche Durchbildung und Ausführung

[20]   DIN 18806-1   (3.84)   Verbundkonstruktionen; Verbundstützen

[21]   DIN 18807-1   (6.87)   Trapezprofile im Hochbau, Stahltrapezprofile; allgemeine Anforderungen, Ermittlung der Tragfähigkeitswerte durch Berechnung

       DIN 18807-2   (6.87)   Durchführung und Auswertung von Tragfähigkeitsversuchen

       DIN 18807-3   (6.87)   Festigkeitsnachweis und konstruktive Ausbildung

[22]   DIN 4102-4   (3.94)   Brandverhalten von Baustoffen und Bauteilen; Zusammenstellung und Anwendung klassifizierter Baustoffe, Bauteile und Sonderbauteile mit Berichtigungen 1–3 von 5.95, 4.96, 9.98

[23]   DASt-Ri 015   (7.90)   Träger mit schlanken Stegen

[24]   DASt-Ri 016   (7.88)   Bemessung und konstruktive Gestaltung von Tragwerken aus dünnwandigen kalt geformten Bauteilen

[25]   DASt-Ri 103   (11.93)   Nationales Anwendungsdokument (NAD)-Richtlinien zur Anwendung von DIN V EN 1993 Teil 1–1 (Eurocode 3)

[26]   DASt-Ri 104   (2.94)   Nationales Anwendungsdokument (NAD)-Richtlinien zur Anwendung von DIN V EN 1994 Teil 1–1 (Eurocode 4)

[27]   (7.95)   Anpassungsrichtlinie Stahlbau DIN 18800 Teil 1 bis 4 (11.90), korr. Ausg. 10.98, sowie Anpassung der Fachnormen. Mitteilungen Institut für Bautechnik, 29. Jahrgang, Sonderheft Nr. 11/2, 3. Aufl.

                         (3.96)   Herstellungsrichtlinie Stahlbau, korr. und ergänzte Ausg. 10.98. Mitteilungen Institut für Bautechnik, 29. Jahrgang, Sonderheft Nr. 11/2, 3. Aufl.

[28]   (3.81)   Richtlinie für die Bemessung und Ausführung von Stahlverbundträgern mit ergänzenden Bestimmungen 1984 und 1991

[29]   DIN V ENV 1992-1-1 (6.92)   Eurocode 2; Planung von Stahlbeton und Spannbetontragwerken; Grundlagen und Anwendungsregeln für den Hochbau

[30]   DAfStb   (3.93)   Richtlinien zur Anwendung von Eurocode 2 Teil 1

[31]   DIN V ENV 1993-1-1 (4.93)   Eurocode 3; Bemessung und Konstruktion von Stahlbauten; allgemeine Bemessungsregeln, Bemessungsregeln für den Hochbau

[32]   DIN V ENV 1994–1–1   (2.94)   Eurocode 4; Bemessung und Konstruktion von Verbundtragwerken aus Stahl und Beton. Allgemeine Bemessungsregeln, Bemessungsregeln für den Hochbau

[33]   VDI-Richtlinien 2388   (7.95)   Krane in Gebäuden, Planungsgrundlagen

[34]   VDI-Richtlinien 3576   (12.76)   Schienen für Krananlagen; Schienenverbindungen, Schienenbefestigungen, Toleranzen

Vorläufige Normen/Literatur zu den Abschnitten 4.8 und 5.5

[V1]   E DIN EN 13001–1   (12/97)   Kransicherheit: Konstruktion allgemein, Teil 1: Allgemeine Prinzipien und Anforderungen

[V2]   E DIN EN 13001–2   (12/97)   Teil 2: Lasteinwirkungen

[V3]   E DIN 1055–10   (04/02)   Einwirkungen auf Tragwerke, Teil 10: Einwirkungen infolge von Kranen und Maschinen

[V3a] DIN 1055–100   (03/01)   Einwirkungen auf Tragwerke: Grundlagen der Tragwerksplanung, Sicherheitskonzept und Bemessungsregeln

[V4]   DIN V ENV 1991–5   (10/00)   Eurocode 1: Grundlagen der Tragwerksplanung und Einwirkungen auf Tragwerke, Teil 5: Einwirkungen aus Kranen und anderen Maschinen

[V6]   DIN V ENV 1993–6   (02/01)   Eurocode 3: Bemessung und Konstruktion von Stahlbauten, Teil 6: Kranbahnen

[V7]   NAD DIN V ENV 1993–6   DIN-Fachbericht 126: Nationales Anwendungsdokument (NAD). Richtlinie zur Anwendung von [V6], 1. Aufl. 2002, Beuth Verlag

[V8]   siehe [31] und [25]

[V9]   pr EN 1993–1–9   (05/03)   Eurocode 3: Bemessung von Stahlbauten, Teil 1.9: Ermüdung

[V10] DIN V ENV 1993–1–5   (02/01)   Eurocode 3: Bemessung und Konstruktion von Stahlbauten, Teil 1-5: Allgemeine Bemessungsregeln, ergänzende Regelungen zu ebenen Blechfeldern ohne Querbelastung

[V11] *Stahlbaukalender*   5. Jahrgang 2003, Ernst & Sohn, Berlin

[V12] *Obretinow/Wagner*:   Die Europäische Krannorm (EN 13001).Verbindung zu den Eurocodes und grundlegende Änderungen gegenüber DIN 15018. Der Stahlbau 69 (2000).

[V13] *Sedlacek/Schneider*:   Neue europäische Regelwerke für die Bemessung von Kranbahnträgern. Der Stahlbau 69 (2000).

[V14] *Sedlacek/Müller*:   Die Neuordnung des Eurocodes 3 für die EN-Fassung und der neue Teil 1.9-Ermüdung. Der Stahlbau 69 (2000).

Literatur

[35]   *Beratungsstelle für Stahlverwendung bzw. Stahl-Informations-Zentrum*: *Merkblätter*. Düsseldorf

[35a] *Merkblatt 361*: Wabenträger

[35b] *Merkblatt 354*: Planung von Hallenlaufkranen für leichten und mittleren Betrieb

[35c] *Merkblatt 154*: Entwurf und Berechnung von Kranbahnen nach DIN 4132

[35d] *Merkblatt 440*: Entwurfshilfen für Hallenrahmen aus IPE–Profilen

[35e] *Merkblatt 267*: Verbundträger im Hochbau

[35f] *Merkblatt 217*: Verbundstützen aus einbetonierten Walzprofilen

[35g] *Merkblatt 107*: Betongefüllte Stahlhohlprofilstützen

[35h] *Merkblatt 417*: Verbundkonstruktionen im Hoch- und Brückenbau

[36]   *Thiele/Lohse*: Stahlbau Teil 1, 23. Auflage 1997. Stuttgart. B. G. Teubner

[37]   *Beuth-Kommentare*: Stahlbauten. Erläuterungen zu DIN 18800 Teil 1 bis Teil 4, 3. Auflage 1998, Beuth Verlag GmbH

[38]   *Stahl im Hochbau*: Bd. 1, 15. Aufl., Bd. I/Teil 2, Bd. II/Teil 1, 14, Aufl. Düsseldorf 1995/1986/1987

[39]   *Stahlbau-Handbuch*: Für Studium und Praxis. Bd. 1A, Bd. 1B, 3. Aufl., Bd. 2, 2. Aufl. Köln 1993/1996/1985

[40]   *Wendehorst*: Bautechnische Zahlentafeln. 26. Aufl. 1994, 27. Aufl. 1996, 28. Aufl. 1998 Stuttgart. B. G. Teubner

[41]   *Der Stahlbau*: Verschiedene Jahrgänge. Berlin

[42]   *Klöppel/Scheer* und *Klöppel/Möller*: Beulwerte ausgesteifter Rechteckplatten. Band I und II, Berlin

[43]   *Lindner/Habermann*: Zur Weiterentwicklung der Beulnachweise für Platten bei mehrachsiger Beanspruchung. Der Stahlbau 11(1988) und Der Stahlbau 11(1989)

[44]   *CIDECT*: Konstruieren mit Stahlhohlprofilen-Knotenverbindungen aus rechteckigen Hohlprofilen unter vorwiegend ruhender Beanspruchung. TÜV Rheinland

[45]   *DStV/DASt*: Typisierte Verbindungen im Stahlhochbau. 2. Aufl. mit 1. Ergänzung, Köln 1978/84

[45a] *DStV*/Stahlbau-Verlags GmbH; Typisierte Anschlüsse im Stahlhochbau, Köln, Band 1 (1. Aufl. 2000), Band 2 (2. Aufl. 2003)

[46]   *Oberegge/Hockelmann/Russnak*: Bemessungshilfen für profilorientiertes Konstruieren. 3. Aufl., Köln 1997

[47]   *Petersen, Ch.*: Stahlbau. 2. Aufl. Braunschweig 1990

[48]   *Petersen, Ch.*: Statik und Stabilität der Baukonstruktionen. 2. Aufl. Braunschweig 1982

[49]   *Hofmann/Sahmel/Veit*: Grundlagen der Gestaltung geschweißter Konstruktionen. 9. Aufl. Düsseldorf 1993

[50]   *v. Berg, D.*: Krane und Kranbahnen, 2. Aufl. 1989. Stuttgart. B. G. Teubner

[51]   *Oxfort, J.*: Zur Biegebeanspruchung des Stegblechanschlusses ... Der Stahlbau 50 (1981)

[52]   *Protte, W.*: Zum Scheiben- und Beulproblem längsversteifter Stegblechfelder bei örtlicher Lasteinleitung ... Der Stahlbau 45 (1976)

[53] *Oxfort/Bitzer*: VDI-Konstruktion und Berechnung von Kranbahnen nach DIN 4132. Köln

[54] *Rose, G.*: Ein Beitrag zur Berechnung von Kranbahnen. Der Stahlbau 27 (1958)

[55] *Hülsdünker, A.*: Kippsicherheitsnachweis bei I-Trägern. 2. Aufl. Düsseldorf 1971

[56] *Wagner/Erlhof*: Praktische Baustatik. Teil 1, 19. Aufl./Teil 2, 14. Aufl./Teil 3, 8. Aufl. 1994/1991/1997. Stuttgart. B. G. Teubner

[57] *Radaj, D.*: Gestaltung und Berechnung von Schweißkonstruktionen. Ermüdungsfestigkeit. Düsseldorf 1985

[58] *Neumann, A.*: Schweißtechnisches Handbuch für Konstrukteure, Teil 1 bis 3, 5. Aufl. Düsseldorf 1985

[59] *Vogel/Heil*: Traglasten-Tabellen, Tabellen für die Bemessung durchlaufender I-Träger mit und ohne Normalkraft nach dem Traglastverfahren. 3. Aufl. Düsseldorf

[60] *Heil, W.*: Stabilisierung von biegedrillknickgefährdeten Trägern durch Trapezblechscheiben. Der Stahlbau 6 (1994)

[61] *Rubin, H.*: Näherungsweise Bestimmung der Knicklängen und Knicklasten von Rahmen nach DIN 18800 Teil 2. Der Stahlbau 4 (1989)

[62] *Siebert, G.*: Biegesteife Stirnplattenverbindungen nach DSTV – Berechnung nach alter und neuer Norm. Der Stahlbau 4 (1995)

[63] *Krüger, U.*: Zuschrift zu [62]. Der Stahlbau 3 (1996)

[64] *Fischer/Priebe/Zhu*: Zum gegenwärtigen Stand des Einsatzes der Methoden der wirksamen Breiten. Der Stahlbau 11 (1995)

[65] *Priebe, I.*: Die Methode der wirksamen Breiten bei der Berechnung von Querschnitts- und Stabtragfähigkeiten. Der Stahlbau 11 (1995)

[66] *Rockey/Evans/Porter*: A Design Method for Predicting the Collapse Behaviour of Plate Girders. Proc. Instn. Civ, Engrs, Part 2, 1978

[67] *Rockey/Skaloud*: The Ultimate Load Behaviour of Plate Girders in Shear. IABSE Proceedings, London 1971

[68] *Roik/Bergmann/Haensel/Hanswille*: Verbundkonstruktionen. Bemessung auf der Grundlage des Eurocodes 4, Teil 1-1. Betonkalender Teil II, 1993

[69] *Deutscher Stahlbau-Verband DSTV*: Europäische Konventionen für Stahlbau EKS-Bemessung und Konstruktion von Verbundtragwerken aus Stahl und Beton. Köln 1994

[70] *Bode, H.*: Euro-Verbundbau, Konstruktion und Berechnung. Düsseldorf 1998

[71] *Mues, H.*: Verbundträger im Hochbau. Berlin 1973

[72] *Stahlbaukalender*. Jahrgänge ab 1999, Ernst & Sohn, Berlin

Sachverzeichnis